华为数据通信 · 基础理论系列

丛书主编 · **徐文伟**

Fundamentals of Queueing Theory
（Fifth Edition）

排队论基础
（第5版）

[美] 约翰·F.肖特尔 (John F. Shortle)

[美] 詹姆斯·M.汤普森 (James M. Thompson)　著

[美] 唐纳德·格罗斯 (Donald Gross)

[美] 卡尔·M.哈里斯 (Carl M. Harris)

闫　煦　邓博文　译

U0341595

人民邮电出版社

北 京

图书在版编目（CIP）数据

排队论基础：第5版 /（美）约翰·F.肖特尔
(John F. Shortle) 等著；闫煦，邓博文译. -- 北京：
人民邮电出版社，2022.3（2023.7重印）
（华为数据通信. 基础理论系列）
ISBN 978-7-115-56998-1

Ⅰ. ①排… Ⅱ. ①约… ②闫… ③邓… Ⅲ. ①排队论
－研究 Ⅳ. ①O226

中国版本图书馆CIP数据核字(2021)第225709号

版权声明

◆ 著　　　[美] 约翰·F.肖特尔（John F. Shortle）

　　　　　[美] 詹姆斯·M.汤普森（James M.Thompson）

　　　　　[美] 唐纳德·格罗斯（Donald Gross）

　　　　　[美] 卡尔·M.哈里斯（Carl M.Harris）

　　译　　　闫　煦　邓博文

　　责任编辑　韦　毅　杨长青

　　责任印制　李　东　周昇亮

◆ 人民邮电出版社出版发行　　北京市丰台区成寿寺路 11 号

　　邮编 100164　　电子邮件 315@ptpress.com.cn

　　网址 https://www.ptpress.com.cn

　　北京天宇星印刷厂印刷

◆ 开本：720×1000　1/16

　　印张：36.5　　　　　　　2022 年 3 月第 1 版

　　字数：695 千字　　　　　2023 年 7 月北京第 5 次印刷

　　著作权合同登记号　图字：01-2020-0706 号

定价：179.00 元

读者服务热线：(010)81055552　印装质量热线：(010)81055316
反盗版热线：(010)81055315
广告经营许可证：京东市监广登字 20170147 号

内 容 提 要

本书介绍了如何分析排队模型的概率性质，以及分析过程中所涉及的统计原理。作者并没有局限于某个特定的应用领域，而是基于计算机科学、工程学、商业和运筹学等多个领域的实践阐述了相关的排队论理论。本书特别介绍了一种数值方法，可以帮助读者理解排队论并对相关数据进行估算，并全面地介绍了简单的和高级的排队模型。

本书扩展了对排队论的定性（非数学）描述，包括对日常生活中排队场景的描述，扩展了对随机过程的介绍，包括泊松过程及马尔可夫链。在介绍理论知识的同时，本书还提供了实际应用的例子，所有习题都已经过国外本科及研究生高等课程的课堂测试，可以帮助读者掌握解决实际排队问题的技巧。各章所介绍的关键概念和公式都是相对独立的，读者可以单独阅读感兴趣的内容。

本书可作为高等院校应用数学、统计学等专业师生的参考书，也可为应用数学、运筹学、工程学和工业工程领域的从业者提供有益参考。

总　序

"2020 年 12 月 31 日，华为 CloudEngine 数据中心交换机全球销售额突破 10 亿美元。"

我望向办公室的窗外，一切正沐浴在旭日玫瑰色的红光里。收到这样一则喜讯，倏忽之间我的记忆被拉回到 2011 年。

那一年，随着数字经济的快速发展，数据中心已经成为人工智能、大数据、云计算和互联网等领域的重要基础设施，数据中心网络不仅成为流量高地，也是技术创新的热点。在带宽、容量、架构、可扩展性、虚拟化等方面，用户对数据中心网络提出了极高的要求。而核心交换机是数据中心网络的中枢，决定了数据中心网络的规模、性能和可扩展性。我们洞察到云计算将成为未来的趋势，云数据中心核心交换机必须具备超大容量、极低时延、可平滑扩容和演进的能力，这些极致的性能指标，远远超出了当时的工程和技术极限，业界也没有先例可循。

作为企业 BG 的创始 CEO，面对市场的压力和技术的挑战，如何平衡总体技术方案的稳定和系统架构的创新，如何保持技术领先又规避不确定性带来的风险，我面临一个极其艰难的抉择：守成还是创新？如果基于成熟产品进行开发，或许可以赢得眼前的几个项目，但我们追求的目标是打造世界顶尖水平的数据中心交换机，做就一定要做到业界最佳，铸就数据中心带宽的"珠峰"。至此，我的内心如拨云见日，豁然开朗。

我们勇于创新，敢于领先，通过系统架构等一系列创新，开始打造业界最领先的旗舰产品。以终为始，秉承着打造全球领先的旗舰产品的决心，我们快速组建研发团队，汇集技术骨干力量进行攻关，数据中心交换机研发项目就此启动。

CloudEngine 12800 数据中心交换机的研发过程是极其艰难的。我们突破了芯片架构的限制和背板侧高速串行总线（SerDes）的速率瓶颈，打造了超大容量、超高密度的整机平台；通过风洞试验和仿真等，解决了高密交换机的散热难题；通过热电、热力解耦，突破了复杂的工程瓶颈。

我们首创数据中心交换机正交架构、Cable I/O、先进风道散热等技术，自研超薄碳基导热材料，系统容量、端口密度、单位功耗等多项技术指标均达到国际领先水平，"正交架构 + 前后风道"成为业界构筑大容量系统架构的主流。我们首创的"超融合以太"技术打破了国外 FC（Fiber Channel，光纤通道）存储网络、超算互联 IB（InfiniBand）网络的技术封锁；引领业界的 AI ECN（Explicit Congestion Notification，显式拥塞通知）技术实现了 RoCE（RDMA over Converged Ethernet，基于聚合以太网的远程直接存储器访问）网络的实时高性能；PFC（Priority-based Flow Control，基于优先级的流控制）死锁预防技术更是解决了 RoCE 大规模组网的可靠性问题。此外，华为在高速连接器、SerDes、高速 AD/DA（Analog to Digital/Digital to Analog，模数/数模）转换、大容量转发芯片、400GE 光电芯片等多项技术上，全面填补了技术空白，攻克了众多世界级难题。

2012 年 5 月 6 日，CloudEngine 12800 数据中心交换机在北美拉斯维加斯举办的 Interop 展览会闪亮登场。CloudEngine 12800 数据中心交换机闪耀着深海般的蓝色光芒，静谧而又神秘。单框交换容量高达 48 Tbit/s，是当时业界最高水平的 3 倍；单线卡支持 8 个 100GE 端口，是当时业界最高水平的 4 倍。业界同行被这款交换机超高的性能数据所震撼，业界工程师纷纷到华为展台前一探究竟。我第一次感受到设备的 LED 指示灯闪烁着的优雅节拍，设备运行的声音也变得如清谷幽泉般悦耳。随后在 2013 年日本东京举办的 Interop 展览会上，CloudEngine 12800 数据中心交换机获得了 DCN（Data Center Network，数据中心网络）领域唯一的金奖。

我们并未因为 CloudEngine 12800 数据中心交换机的成功而停止前进的步伐，我们的数据通信团队继续攻坚克难，不断进步，推出了新一代数据中心交换机——CloudEngine 16800。

华为数据中心交换机获奖无数，设备部署在 90 多个国家和地区，服务于 3800 多家客户，2020 年发货端口数居全球第一，在金融、能源等领域的大型企业以及科研机构中得到大规模应用，取得了巨大的经济效益和社会效益。

数据中心交换机的成功，仅仅是华为在数据通信领域众多成就的一个缩影。CloudEngine 12800 数据中心交换机发布一年多之后，2013 年 8 月 8 日，华为在北京发布了全球首个以业务和用户体验为中心的敏捷网络架构，以及全球首款 S12700 敏捷交换机。我们第一次将 SDN（Software Defined Network，软件定义网络）理念引入园区网络，提出了业务随行、全网安全协防、IP（Internet Protocol，互联网协议）质量感知以及有线和无线网络深度融合四大创新方案。基于可编程 ENP（Ethernet Network Processor，以太网络处理器）灵活的报文处理和流量控制能力，S12700 敏捷交换机可以满足企业的定制化业务诉求，助力客户构建弹性可扩展的网络。在面向多媒体及移动化、社交化的时代，传统以技术设备为中心的网络必将改变。

多年来，华为以必胜的信念全身心地投入数据通信技术的研究，业界首款 2T 路由器平台 NetEngine 40E-X8A／X16A、业界首款 T 级防火墙 USG9500、业界首款商用 Wi-Fi 6 产品 AP7060DN……随着这些产品的陆续发布，华为 IP 产品在勇于创新和追求卓越的道路上昂首前行，持续引领产业发展。

这些成绩的背后，是华为对以客户为中心的核心价值观的深刻践行，是华为在研发创新上的持续投入和厚积薄发，是数据通信产品线几代工程师孜孜不倦的追求，更是整个 IP 产业迅猛发展的时代缩影。我们清醒地意识到，5G、云计算、人工智能和工业互联网等新基建方兴未艾，这些都对 IP 网络提出了更高的要求，"尽力而为"的 IP 网络正面临着"确定性"SLA（Service Level Agreement，服务等级协定）的挑战。这是一次重大的变革，更是一次宝贵的机遇。

我们认为，IP 产业的发展需要上下游各个环节的通力合作，开放的生态是 IP 产业成长的基石。为了让更多人加入到推动 IP 产业前进的历史进程中来，华为数据通信产品线推出了一系列图书，分享华为在 IP 产业长期积累的技术、知识、实践经验，以及对未来的思考。我们衷心希望这一系列图书对网络工程师、技术爱好者和企业用户掌握数据通信技术有所帮助。欢迎读者朋友们提出宝贵的意见和建议，与我们一起不断丰富、完善这些图书。

华为公司的愿景与使命是"把数字世界带入每个人、每个家庭、每个组织，构建万物互联的智能世界"。IP 网络正是"万物互联"的基础。我们将继续凝聚全人类的智慧和创新能力，以开放包容、协同创新的心态，与各大高校和科研机构紧密合作。希望能有更多的人加入 IP 产业创新发展活动，让我们种下一份希望、发出一缕光芒、释放一份能量，携手走进万物互联的智能世界。

徐文伟

华为董事、战略研究院院长

2021 年 12 月

"华为数据通信·基础理论系列" 序言

20 世纪 30 年代，英国学者李约瑟（Joseph Needham）曾提出这样的疑问：为什么在公元前 1 世纪到公元 15 世纪期间，中国文明在获取自然知识并将其应用于人的实际需要方面要比西方文明更有成效？然而，为什么近代科学蓬勃发展没有出现在中国？这就是著名的"李约瑟难题"，也称"李约瑟之问"。对这个"难题"的理解与回答，中外学者见仁见智。有一种观点认为，在人类探索客观世界的漫长历史中，技术发明曾经长期早于科学研究。古代中国的种种技术应用，更多地来自匠人经验知识的工具化，而不是学者科学研究的产物。

近代以来，科学研究的累累硕果带来了技术应用的爆发和社会的进步。力学、热学基础理论的进步，催生了第一次工业革命；电磁学为电力的应用提供了理论依据，开启了电气化时代；香农（Shannon）创立了信息论，为信息与通信产业奠定了理论基础。如今，重视并加强基础研究已经成为一种共识。在攀登信息通信技术高峰的 30 多年中，华为公司积累了大量成功的工程技术经验。在向顶峰进发的当下，华为深刻认识到自身理论研究的不足，亟待基础理论的突破来指导工程创新，以实现技术持续领先。

"华为数据通信·基础理论系列"正是基于这样的背景策划的。2019 年年初，华为公司数据通信领域的专家们从法国驱车前往位于比利时鲁汶的华为欧洲研究院，车窗外下着大雨，专家们在车内热烈讨论数据通信网络的难点问题，不约而同地谈到基础理论突破的困境。由于具有"统计复用"和"网络级方案"的属性，数据通信领域涉及的理论众多，如随机过程与排队论、图论、最优化理论、信息论、控制论等，而与这些理论相关的图书中，适合国内从业者阅读的中文版很少。华为数据通信产品线研发部总裁刘少伟当即表示，我们华为可以牵头，与业界专家一起策划一套丛书，一方面挑选部分经典图书引进翻译，另一方面系统梳理我们自己的研究成果，让从业者及相关专业的高校老师和学生能更系统、更高效地学习理论知识。

在规划丛书选题时，我们考虑到随着通信技术和业务的发展，网络的性能受到了越来越多的关注。在物理层，性能的关键点是提升链路或者 Wi-Fi 信道的容量，这依赖于摩尔定律和香农定律；网络层主要的功能是选路，通常路径上链路的瓶颈决定了整个业务系统所能实现的最佳性能，所以网络层是用户业务体验的上界，业务性能与系统的瓶颈息息相关；传输层及以上是用户业务体验的下界，通过实时反馈精细调节业务的实际发送，网络性能易受到网络服务质量（如时延、丢包）的影响。因此，从整体网络视角来看，网络性能提升优化是对"业务要求+吞吐率+时延+丢包率"多目标函数求最优解的过程。为此，首期我们策划了《排队论基础》（第 5 版）（*Fundamentals of Queueing Theory, Fifth Edition*）、《网络演算：互联网确定性排队系统理论》（*Network Calculus: A Theory of Deterministic Queuing Systems for the Internet*）和《MIMO-OFDM 技术原理》（*Technical Principle of MIMO-OFDM*）这三本书，前两本介绍与网络服务质量保障相关的理论，后一本介绍与 Wi-Fi 空口性能研究相关的技术原理。

由美国乔治·华盛顿大学荣誉教授唐纳德·格罗斯（Donald Gross）和美国乔治·梅森大学教授卡尔·M. 哈里斯（Carl M. Harris）撰写的《排队论基础》自 1974 年第 1 版问世以来，一直是排队论领域的权威指南，被国外多所高校列为排队论、组合优化、运筹管理相关课程的教材，其内容被 7000 余篇学术论文引用。这本书的作者在将排队论应用于多个现实系统方面有丰富的实践经验，并在 40 多年中不断丰富和优化图书内容。本次引进翻译的是由美国乔治·梅森大学教授约翰·F. 肖特尔（John F. Shortle）、房地美公司架构师詹姆斯·M. 汤普森（James M. Thompson）、唐纳德·格罗斯和卡尔·M. 哈里斯于 2018 年更新的第 5 版。由让-伊夫·勒布代克（Jean-Yves Le Boudec）和帕特里克·蒂兰（Patrick Thiran）撰写的《网络演算：互联网确定性排队系统理论》一书于 2002 年首次出版，是两位作者在洛桑联邦理工学院从事网络性能分析研究、系统应用时的学术成果。这本书出版多年来，始终作为网络演算研究者的必读书目，也是网络演算学术论文的必引文献。让-伊夫·勒布代克教授的团队在 2018 年开始进行针对时间敏感网络的时延上界分析，其方法就脱胎于《网络演算：互联网确定性排队系统理论》这本书的代数理论框架。本次引进翻译的是作者于

2020 年 9 月更新的最新版本，书中详细的理论介绍和系统分析，对实时调度系统的性能分析和设计具有指导意义。

《MIMO-OFDM 技术原理》的作者是华为 WLAN LAB 以及华为特拉维夫研究中心的专家多伦·埃兹里（Doron Ezri）博士和希米·希洛（Shimi Shilo）。从 2007 年起，多伦·埃兹里一直在特拉维夫大学教授 MIMO-OFDM 技术原理的研究生课程，这本书就是基于该课程讲义编写的中文版本。相比其他 MIMO-OFDM 图书，书中除了给出 MIMO 和 OFDM 原理的讲解外，作者团队还基于多年的工程研究和实践，精心设计了丰富的例题，并给出了详尽的解答，对实际无线通信系统的设计有较强的指导意义。读者通过对例题的研究，可进一步深入地理解 MIMO-OFDM 系统的工程约束和解决方案。

数据通信领域以及整个信息通信技术行业的研究最显著的特点之一是实用性强，理论要紧密结合实际场景的真实情况，通过具体问题具体分析，才能做出真正有价值的研究成果。众多学者看到了这一点，走出了象牙塔，将理论用于实践，在实践中丰富理论，并在著书时鲜明地体现了这一特点。本丛书书目的选择也特别注意了这一点。这里我们推荐一些优秀的图书，比如，排队论方面，可以参考美国卡内基·梅隆大学教授莫尔·哈肖尔-巴尔特（Mor Harchol-Balter）的 *Performance Modeling and Design of Computer Systems: Queueing Theory in Action*（中文版《计算机系统的性能建模与设计：排队论实战》已出版）；图论方面，可以参考加拿大滑铁卢大学两位教授约翰·阿德里安·邦迪（John Adrian Bondy）和乌帕鲁里·西瓦·拉马钱德拉·莫蒂（Uppaluri Siva Ramachandra Murty）合著的 *Graph Theory*；优化方法理论方面，可以参考美国加州大学圣迭戈分校教授菲利普·E. 吉尔（Philip E. Gill）、斯坦福大学教授沃尔特·默里（Walter Murray）和纽约大学教授玛格丽特·H. 怀特（Margaret H. Wright）合著的 *Practical Optimization*；网络控制优化方面，推荐波兰华沙理工大学教授米卡尔·皮奥罗（Michal Pioro）和美国密苏里大学堪萨斯分校的德潘卡·梅迪（Deepankar Medhi）合著的 *Routing, Flow, and Capacity Design in Communication and Computer Networks*；数据通信网络设备的算法设计原则和实践方面，则推荐美国加州大学圣迭戈分校教授乔治·瓦尔盖斯（George Varghese）的 *Network Algorithmics: An Interdisciplinary Approach to Designing Fast Networked Devices*；等等。

基础理论研究是一个长期的、难以快速变现的过程，几乎没有哪个基础科学理论的产生是由于我们事先知道了它的重大意义与作用从而努力研究形成的。但是，如果没有基础理论的突破，眼前所有的繁华都将是镜花水月、空中楼阁。在当前的国际形势下，不确定性明显增加，科技对抗持续加剧，为了不受制于人，更为了有助于全面提升我国的科学技术水平，开创未来 30 年的稳定发展局面，重视基础理论研究迫在眉睫。为此，华为公司将继续加大投入，将每年20%~30% 的研发费用用于基础理论研究，以提升通信产业的原始创新能力，真正实现"向下扎到根"。华为公司也愿意与学术界、产业界一起，为实现技术创新和产业创新打好基础。

首期三本书的推出只是"华为数据通信·基础理论系列"的开始，我们也欢迎各位读者不吝赐教，提出宝贵的改进建议，让我们不断完善这套丛书。如有任何建议，请您发送邮件至 networkinfo@huawei.com，在此表示衷心的感谢。

序

随着现代科技的迅猛发展，人们面对的世界充满了极大的复杂性和不确定性。客观世界里有限的资源往往伴随着过多的需求，因而出现了大量由随机因素支配和受其影响的现象。排队论（queueing theory）就是在 20 世纪初随着电话业务的发展，由丹麦工程师 A.K. 埃尔朗（A.K. Erlang）在 1909 年考虑电话线路与人工服务的合理配置问题时创立的。类似的问题在生产线管理、交通运输调度、医疗卫生保健管理、武器装备后勤管理等领域也大量存在，因此排队论也被称为随机服务系统理论，它被公认为研究系统随机聚散现象和随机服务系统工作过程及优化控制的基础理论。

20 世纪 50 年代初，经过第二次世界大战的洗礼，运筹学（operations research）应运而生。在运筹学发展的前 20 年里，排队论的贡献是深远的。一批著名学者，如英国的肯德尔（Kendall）、林德利（Lindley）、史密斯（Smith）、考克斯（Cox）和洛因斯（Loynes）在排队论领域做出了里程碑式的工作。匈牙利学者塔卡奇（Takacs）的两部著作（1962，1967）利用变换及组合数学的方法给出了各种排队系统的瞬态和稳态行为的刻画，影响深远。20 世纪 50 年代后期和 60 年代又有一些重要的排队论专著（Morse，1958；Syski，1960；Saaty，1961；Benes，1963；Prabhu，1965；Feller，1957，1966；Cohen，1969）出版，构建了排队论的理论大厦。20 世纪 70 年代后期，随着互联网和计算机网络的快速增长，网络拥塞和数据冲突引起人们的密切关注。克兰罗克（Kleinrock）两卷排队论著作（1975，1976）介绍了当时极为前沿的计算机网络应用问题研究。诺伊斯（Neuts）在著作（1981，1989）中引入了矩阵几何解析理论和计算概率方法，适用于计算机大规模计算高维度排队问题，极大地推进了排队论的发展，至今仍方兴未艾。

我国对排队论的研究始于 20 世纪 50 年代。在中国科学院数学研究所越民义、吴方、韩继业、徐光辉等先生的努力下，我国对排队系统瞬时性态的研究取得了系列创新成果，得到了国际同行的好评。当时的应用研究聚焦于工业中的纺织与矿山两大领域、国防中的卫星信息处理优化管理等。改革开放后，徐光煇、曹晋华、汪荣鑫、董泽清等先生带头培养了一大批高校与科研院所从事排队论与相关领域工作的学者，他们成为当前国内排队论研究的主力军。

笔者有幸于 20 多年前在中国科学院应用数学研究所曹晋华先生的指导下进行排队论、可靠性、随机库存理论等随机优化理论方面的研究。当时遍览排队论的教材，恰逢唐纳德·格罗斯和卡尔·M. 哈里斯的《排队论基础》（第 3 版）出版（1998 年），如获至宝，日夜揣摩，受益匪浅。当时笔者研究兴趣是重试排队（retrial queues），历经 10 年，这个研究课题的成果被收入《排队论基础》（第 4版，2008 年出版），可以说我是和这部教材一起成长的。再经 10 年，《排队论基础》（第 5 版）面世（英文版于 2018 年出版）。十年磨一剑，磨砺日久，终成经典。

读博时奢望国内有类似 AT&T、贝尔实验室这样的研究机构提供学以致用的机会，20 多年后华为技术有限公司勇于创新，在此领域展开基础研究。在《排队论基础》（第 5 版）中文译本的问世之际，我受邀作序，荣幸之至。国泰民安，科技发轫，华为技术有限公司组织专家翻译的《排队论基础》（第 5 版），笔者有幸先睹为快。

《排队论基础》（第 5 版）对前一版本进行了全面的修订和扩充，反映了该领域的最新发展。它延续了前 4 版内容翔实、循序渐进、结构严谨等优点，给出了分析排队系统概率性质所必需的基本统计方法，介绍了排队论中重要的基本概念，以及这些概念在计算机科学、工程学、商业和运筹学等不同领域的应用。读者可以使用本书中介绍的数值方法来更好地理解排队系统，并对其相关指标进行估算。此外，书中还新增了关于非平稳型流体排队的章节，介绍了通过流体逼近来处理非平稳型队列的基本方法。附录讨论了数学变换、母函数，以及微分方程和差分方程。这本书囊括了近一个世纪排队理论与实践的主要思想、模型和发展。笔者认为，对于国内学习排队论的各位师生，这本书作为排队论初级教程，当是不二之选。

当今排队论的应用随处可见。学者对于大规模复杂的排队系统，发展出了新的理论，如重话务理论、多类排队网络、流体模型与系统稳定性、哈芬-惠特重排（Halfin-Whitt regime）、有效带宽、大偏差理论、重尾分布尾部概率估计、渐进性分析、基于服务质量的排队控制、基于博弈论的排队经济学等，都是排队论后续的高阶理论，正在各个应用领域发挥着重要的作用，相信本书的读者会走进一个精彩绝伦的排队炫世界。我相信此中文译本的出版一定会使国内相关领域的学生和学者获益匪浅，特此推荐。

是为序。

王金亭
中央财经大学管理科学与工程学院副院长、教授

译 者 序

在我们的生活中,排队是很常见的现象:上下班高峰期拥挤的地铁站,"双十一"堵在路上久久不到的快递包裹,以及总是抢购不到的新上市手机,背后都是排队拥塞。为了缓解排队拥塞,人们也想出了很多种办法,比如地铁站外使用折回围杆疏导,"双十一"各快递公司高薪聘请快递员加快配送等。排队论就是用来揭示我们生活以及自然界中无处不在的排队现象背后数学规律的学科,是数学领域运筹学的分支。

排队论最早是 1909 年丹麦数学家 A.K. 埃尔朗为了研究电话网络场景而提出的。在当前的数据通信网络领域中,排队论也发挥着重要作用。比如 2020 年,面对突如其来的新冠肺炎疫情,远程办公、在线视频、在线教育等网络流量井喷,网络上路由器和交换机在高负载下时延变大、丢包严重,全球在线视频服务质量严重下降,这背后的原理就可用排队论来描述,通过排队论也可以找到更合适的优化方案。再比如,在线游戏玩家都有过这样的经历,当我们在家里用Wi-Fi 玩游戏时,如果家里有人同时使用该 Wi-Fi 观看或下载视频,那么游戏效果会变差,但其实如果能基于排队论理论优化网络设备调度器设计,智能化地合理配置网络资源,就能更好地满足各种不同业务的服务质量(quality of service,QoS)需要。除此之外,在数据通信网络中,对于设备缓存大小选择、设备组网接口带宽大小选择、业务端到端时延优化、芯片和软件中各种任务调度和队列调度优化等问题,排队论都能给予很好的理论和实践指导。

自 1974 年的第 1 版问世以来,本书的英文版一直是排队论领域的权威指南,难能可贵的是,作者 40 多年来基于众多学生及工程师的实践意见持续不断丰富和优化内容,每 10 年左右迭代一个新版本,分别在 1985 年、1998 年、2008年和 2018 年更新。任何一部数学理论类图书在能够再版 3 次以上,就堪称经典教材了。当前呈现在各位读者面前的是 2018 年第 5 版的中译本。本书的第 1 章主要介绍排队论的基础知识,如排队系统的特征和效益指标。第 2 章对排队中常见的随机过程理论进行了回顾，帮助读者快速了解一些重要概念。第3、4章分别讨论生灭类型和非生灭类型的马尔可夫模型。排队网络，包括串联和循环网络等，是排队论中的重要概念，第5章介绍了相关内容。第6章讨论到达时间间隔或服务时间服从一般分布的模型。第7章讨论更一般的排队模型。以上各章均是通过解析方法对模型进行分析，然而对于许多排队系统，不能直接得到其效益指标的解析解。因此，第8章讨论如何求效益指标的上下界或近似解。除近似方法外，第9章介绍如何使用数值方法和仿真方法来对排队系统进行分析。

本书每一章末尾均有习题，读者可以通过练习巩固本章的知识点。原书作者并没有局限于某个特定的领域，而是基于计算机科学、运筹学、应用数学等多个领域的实践阐述了相关的排队理论；无论是对于高校学生，还是相关领域的从业者，本书均具有极高的参考价值。

翻译本书的缘起，是华为数据通信领域几位技术专家驱车前往华为比利时鲁汶研究所的路上，车窗外下着大雨，车内专家们热烈讨论数据通信网络难点问题，有专家提到，数据通信网络是一个统计复用的系统，拥塞、排队、调度是很自然的问题，需要从排队论、网络演算等基础理论中找到更优化的解决方法，而这些基础理论的经典图书，国内一直没有中译本。数据通信产品线研发总裁刘少伟当即表示，华为数据通信产品线应该牵头翻译几本经典理论图书，让从业者及相关专业的高校老师和学生可以更系统地学习网络基础理论。

于是，"华为数据通信·基础理论系列"第一批图书的筛选和翻译工作顺利展开。希望本书与该系列另外两本基础理论译著——《网络演算：互联网确定性排队系统理论》和《MIMO-OFDM技术原理》能为从业人员的问题研究和实践做一些微小的贡献。我们也希望这只是开始，各行各业能有更多专家加入编写和翻译的队伍，出版更多、更好的基础理论图书。我们欣喜地看到，卡内基·梅隆大学莫尔·哈肖尔-巴尔特教授的《计算机系统的性能建模与设计：排队论实战》也已经由北京工业大学方娟、蔡旻、张佳玥等学者翻译完成并出版上市。

本书从开始翻译到出版，历时一年有余。由于本书的专业性非常强，译者为提高自己的知识储备，在启动翻译前参阅了业界诸多图书及论文。翻译过程中，逐字斟酌，力求忠于原文；遇到晦涩难懂的表达或知识点，译者通过查阅论文或咨询专家等方式，反复推敲，直至能完全理解。对于术语，译者更是逐一予以查证，并选用业界最为常用的说法。翻译工作初步完成后，译者对译稿反复回读修改数遍有余，并交由资深专家进行审校。在翻译和校对的过程中，译者也对原书中存在的错误进行了更正。

　　本书的翻译和出版是多人共同努力的成果。本书由华为翻译中心闫煦和邓博文负责翻译，由华为数据通信研究部多位技术专家参与技术审校，其中宋健审校了第 1、6 章，杨文斌审校了第 2、7 章，郑德高审校了第 3、4 章，白宇审校了第 5 章，我们还特邀中央财经大学王金亭教授审校了第 8、9 章。

　　在本书的翻译过程中，很多专家提出了中肯的建议和鼓励，特别感谢华为数据通信研究部专家宋健、中央财经大学王金亭教授提供细致、专业的审阅意见；特别感谢华为数据通信数字化信息和内容体验部姚成霞全程协调本书出版的各项工作并指导跟踪本书的翻译；特别感谢教授级高级工程师闫建新阅读全书后给出的宝贵意见。

　　要感谢的还有华为的各位领导、专家和同事，感谢刘少伟、常悦、钱骁、金闽伟、王焘涛、解明震、孟文君、朱正宏、汪洋、谭金芳、马红霞、张威武、王小忠，感谢你们在本书翻译和出版过程中给予的帮助和支撑。

　　由于时间仓促，本书的错误在所难免，有不当之处请读者批评指正。有任何建议，请发送邮件至 networkinfo@huawei.com，在此表示衷心感谢。

前　言

1974 年，由唐纳德·格罗斯和卡尔·M. 哈里斯合著的《排队论基础》（第 1 版）成功出版。随后，该著作大约每隔 10 年便重新修订和发布一版。2005 年，受唐纳德·格罗斯的邀请，我们有幸参与该著作新版本的修订。相对于第 4 版，第 5 版纳入了广大师生和同事的真知灼见。第 5 版几乎保留了第 4 版的全部内容，但对其进行了大量改编和信息重组，同时也添加了部分新章节。希望这些修订如前几版一样，能够帮助丰富该书的内容。

在第 5 版中，我们将第 4 版的第 1 章拆分为独立的两章。新的第 1 章总体介绍了排队论，新的第 2 章则大体描述了随机过程。在第 1 章中，我们将利特尔法则（Little's law）一节进行了扩展，加入了大量例子、几何证明，同时增加了利特尔法则的分布形式以及 $H = \lambda G$ 公式，从而使内容更加丰富、严谨。除此之外，我们还在第 1 章加入了关于等待心理学的新的一节。

针对第 2 章介绍的随机过程的内容，我们在第 4 版的基础上进行了大量的改写和信息重组。通过这些改写，信息更加清晰，可以让熟悉随机过程的读者轻松决定阅读时是否要跳过这一章。对于不太熟悉随机过程的读者，改写后的内容通篇更加简洁明了、言简意赅。

我们对高级马尔可夫排队模型的相关内容（即现在的第 4 章）也进行了大量修改，其中增加了关于排队的公平性的一节以及处理器共享的内容。与此同时，我们也针对界和近似解的内容（即现在的第 8 章）进行了修改，加入了有关流体队列的新内容。全书增加了 20 多个新例题和 60 多个新习题。

约翰·F. 肖特尔

詹姆斯·M. 汤普森

2017 年 10 月于美国弗吉尼亚州费尔法克斯

致　　谢

很荣幸能够参与《排队论基础》这本书第 4 版和第 5 版的修订和改写，同时感谢原作者唐纳德·格罗斯和卡尔·M. 哈里斯在撰写前 3 版时所做的大量工作。站在巨人的肩膀上，我们希望这两版的修改能对图书内容的丰富有所助益。

感谢同事和学生给我们提供的帮助，他们的广泛意见和建议对我们后续修订图书有很大的帮助。衷心感谢所有人，特别感谢家人们一如既往的鼓励和支持，感谢约翰威立出版公司（John Wiley & Sons）所有人的倾力支持。

同时感谢美国乔治·梅森大学沃尔格诺工程学院和系统工程与运作管理系的大力支持。

约翰·F. 肖特尔

詹姆斯·M. 汤普森

目　　录

第 1 章

基 础 知 识

我们都经受过不得不排队的烦恼，排队现象在拥挤的、城市化的、高科技的社会中普遍存在。我们在堵车时坐在汽车里等待或在收费站前排队等待；在拨打电话时会等待客服接通我们的电话；在超市、快餐店结账时排队；在银行、邮局里排队等候服务。顾客不喜欢排队，而服务场所的管理者也不希望顾客排队，因为这可能会导致顾客流失，影响他们的生意。既然这样，为什么还会有排队这一现象呢？

答案很简单，这是因为顾客对服务的需求大于服务场所对服务的供给。具体来说，有许多原因，如服务员的数量不足（对企业来说，雇用足够多的服务员来避免排队现象的发生并不经济）、可提供的服务受空间限制等。一般来说，投入更多的资本可以在一定程度上消除这些限制。为了解面对排队现象服务场所应该提供多少服务，我们需要回答一些问题，例如：顾客需要等待多长时间？等待队列中将会有多少顾客？本书所研究的排队论就是通过详细的数学过程来分析并回答这些问题的。值得一提的是，在很多场合下，排队论已成功地解决了相关问题。

排队论最早研究的问题是电话流量拥塞问题。丹麦数学家埃尔朗是这一研究领域的先驱，他在 1909 年发表了论文《概率论和电话通信理论》。在后来的研究中，他发现电话系统的特征通常为：泊松输入、指数占用时间（服务时间）和多通道（多服务员）；或泊松输入、定长占用时间和单通道。在埃尔朗之后，学者们对排队论在电话通信领域应用的研究一直在持续进行。1927 年，莫利纳（E. C. Molina）发表了论文《概率论在电话中继问题中的应用》。一年后，桑顿·弗莱（Thornton Fry）《概率及其工程应用》一书的出版扩展了埃尔朗早期的大部分研究。在 20 世纪 30 年代初，费利克斯·波拉切克（Felix Pollaczek）在泊松输入、任意输出以及单通道、多通道问题上做了进一步的开创性研究。此外，苏联的科尔莫戈罗夫（Kolmogorov）和辛钦（Khintchine）、法国的克罗梅林（Crommelin）和瑞典的巴尔姆（Palm）在当时也做了相应的研究。排队论的研究起步比较缓慢，但在 20 世纪 50 年代飞速发展，此后这一领域产生了大量的研究成果。

排队论在许多方面的应用都很有价值，包括流量规划（车辆、飞机、通信）、调度（病人就诊、机器作业、计算机程序）和服务设施设计（银行、邮局、游乐场、快餐店）等。大多数实际问题并不完全对应于某个数学模型，所以人们也越来越关注复杂的计算分析、近似解、仿真和敏感度分析等数学方法。

1.1　系统的效益指标

图 1.1 展示了一个典型的排队系统：顾客到达，排队等待服务，接受服务，离开系统。部分顾客可能会在接受服务前离开，可能是因为排队等待的时间过长导致他们失去耐心（①）；也可能是因为没有足够的等待空间，顾客在一开始就没有进入服务场所（②）。

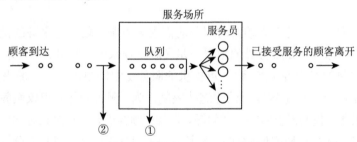

图 1.1　典型的排队系统

请注意，本书中会经常提及"顾客"一词，但"顾客"不一定指人。例如，顾客可以是等待抛光的滚珠轴承、等待起飞的飞机或等待运行的计算机程序。

关于排队系统的效益问题，我们需要了解什么？一般来说，我们需要关注 3 个系统指标：顾客的**等待时间**；队列或系统中累积的**顾客数**；服务员的**空闲时间**。由于大多数排队系统含有随机元素，因此以上 3 个指标通常是随机变量，我们将研究这些随机变量的概率分布（或期望值）。

等待时间分为两类：顾客在队列中等待的时间（排队时间），以及顾客在系统中等待的总时间（排队时间与接受服务时间之和）。根据所要研究的系统，我们可能会更关注其中一种类型的等待时间。例如，如果研究的是某个游乐场，我们会更关注顾客在队列中等待的时间，因为顾客会由于排队时间过长而感到不愉快。如果我们研究的是某个机器维修系统，那么总时间（排队时间与维修时间之和）对我们来说更有意义，因为我们希望尽可能减少机器停机的总时间。在本书中，我们用 W_q 来表示顾客在队列中的平均等待时间，用 W 来表示顾客在系统中的平均等待时间。

相应地，权衡累积顾客数量也有两个指标：队列中的顾客数和系统中的顾客总数。如果需要确定等待空间的大小（例如，需要确定在理发店的等待区放置多少把椅子），我们将更关注队列中的顾客数；如果需要知道有多少机器无法使用（排队等待维修的机器和正在维修的机器的总和），我们将更关注系统中的顾客总数。我们用 L_q 来表示队列中的平均顾客数，用 L 来表示系统中的平均顾客数。此外，有两个空闲时间指标：任一服务员空闲的时间百分比和整个系统中没有顾客的时间百分比。

排队论的研究通常分为以下两方面：对于某个排队过程，确定衡量其效益的指标；根据某些准则设计"最优"系统。对于前者，要根据给定的顾客输入流和服务过程的属性来确定顾客等待时间和队列长度。对于后者，希望根据某种成本结构来平衡顾客的等待时间和服务员的空闲时间。例如，如果可以直接获得顾客等待和服务员空闲的成本，那么可以基于该成本来确定最优的服务员数。为了获得最优的系统设计，可能还需要考虑等待场所的空间成本，而要设计等待场所，就需要知道队列可能会有多长。在任何情况下，都可以首先尝试用解析法来解决问题。如果解析法不可行，可以考虑用仿真的方法。问题通常归结为服务质量（等待时间）和服务成本之间的权衡，增加服务成本可以减少顾客的等待时间。

1.2　排队系统的特征

定量评估排队系统需要对排队过程进行数学表征，多数情况下，可以用以下 6 个基本特征来描述排队系统：

- 顾客的到达过程；
- 服务员的服务过程；
- 服务员的数量和服务通道的数量；
- 排队规则；
- 系统容量；
- 服务阶段的数量。

后文将介绍用前 5 个特征来描述排队系统的标准表示法（见第 1.2.7 节）。

1.2.1 顾客的到达过程

在常见的排队场景中，顾客的到达过程往往是随机的，因此有必要知道描述连续两个顾客到达的时间间隔的概率分布。**泊松过程**（Poisson process）是一种常见的到达过程，第 2.2 节将详细介绍泊松过程。如果存在多个顾客同时到达（批量到达）的情况，还需要知道描述批量到达的顾客数的概率分布。

顾客的到达过程可能会随时间而变化。不随时间变化的到达过程（即描述到达过程的概率分布与时间无关）称为**平稳到达**（stationary arrival），随时间变化的到达过程称为**非平稳到达**（nonstationary arrival）。餐厅是一个非平稳到达的系统，因为早中晚餐时间到达的顾客数往往比其他时间多。本文中的许多模型都假设到达过程是平稳的。

还有必要知道顾客到达系统时的反应。在某些情况下，无论队列多长，顾客都会排队等待；但在一些情况下，如果队列太长，顾客会决定不排队。如果顾客在到达时决定不排队，则称该顾客**止步**（balked）；如果顾客决定排队，但过一段时间就失去耐心，决定离开，则称该顾客**中途退出**（reneged）；如果有两个或多个队列，顾客可能从其中一个换到另一个，则称该顾客**换队**（jockey）。以上这 3 种情况都是**不耐烦顾客**（impatient customer）排队的例子。

1.2.2 服务员的服务过程

前面关于到达过程的讨论大多也适用于服务过程。最重要的是，由于为顾客提供服务的时间通常是随机的，因此需要一个概率分布来描述服务员为顾客服务的时间序列。服务可以是一对一提供的，也可以是批量提供的。通常认为一个服务员一次为一个顾客提供服务，但在许多情况下，一个服务员可以同时为多个顾客提供服务，例如一台计算机并行处理多个操作，一个导游同时带领多个游客，一辆火车同时载有多个乘客。服务过程还可能取决于等待服务的顾客数。如果队列越来越长，服务员可能会加速工作，效率提高，也可能会变得慌乱，效率降低。依赖于等待的顾客数的服务过程称为**状态相依服务**（state-dependent service）。与到达过程类似，服务过程在时间上可以是平稳的或非平稳的，体现了时间相依性。例如，服务员在服务过程中可能随着经验的积累，服务效率变得越来越高，那么该服务过程就是非平稳的。时间相依性与状态相依性不同。前者取决于系统运行的时间（与系统的状态无关），后者取决于系统中的顾客数（与系统运行的时间无关）。当然，排队系统可以同时是非平稳的和状态相依的。

1.2.3 服务员的数量和服务通道的数量

服务员的数量是排队系统的一个重要特征。企业需要权衡服务员的数量，因为增加服务员会增加企业的成本，但可以大大减少顾客排队的可能。因此，服务员数量的多少通常非常关键。第 3.4 节将介绍权衡服务员的数量和顾客排队长度的经验法则。

服务通道（排队队列）的配置也同样重要。对于多服务员系统，有几种可能的配置。图 1.2 展示了两种主要场景。在第一种场景下，多个服务员服务单个队列的顾客，例如，航空公司的行李托运柜台及理发店的等待区（假设没有顾客在等某个特定的发型师）。在第二种场景下，每个服务员只服务自己队列中的顾客，如超市的收银台。混合情况也可能发生，例如，机场排队等待办理登机手续的旅客队列最初可能是一个长队，之后会根据航班检票员的数量把长队分成多个短队。后面会介绍，多服务员排队系统通常最好服务一个队列的顾客，因此，在指定并行服务员数时，通常假设这些服务员服务一个队列的顾客。此外，通常假设服务员彼此独立工作。

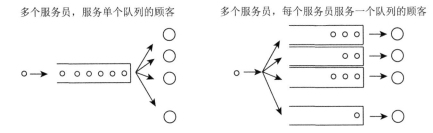

多个服务员，服务单个队列的顾客　　　　　多个服务员，每个服务员服务一个队列的顾客

图 1.2　多服务员排队系统

1.2.4 排队规则

排队规则是指当队列形成时，服务员选择顾客进行服务的方式。在日常生活中，最普遍的规则是**先到先服务**（first come first served，FCFS）。然而，还有许多其他规则：**后到先服务**（last come first served，LCFS），适用于许多库存系统，因为后到的货物更容易被拿到；**随机服务**（random selection for service，RSS），服务员从队列中随机选择顾客服务，与顾客到达时间无关；**处理器共享**（processor sharing，PS），服务员同时服务所有顾客（或并行处理所有任务），但分摊的顾客（或任务）数越多，处理速度越慢（这在计算机系统中很常见）；**轮**

询（polling），一个服务员为多个队列的顾客提供服务，先服务第一个队列的顾客，然后服务第二个队列的顾客，以此类推（如红绿灯是一种轮询系统）；此外，还有多种优先权方案，部分顾客在接受服务时有优先权。

优先权方案在第 4.4 节中有更详细的介绍。在这些规则中，优先级较高的顾客将先于优先级较低的顾客接受服务。在优先规则中有两种场景：**抢占**（preemptive）和**非抢占**（nonpreemptive）。在非抢占的场景下，具有最高优先级的顾客排在队列的最前面，但要一直等到当前正在接受服务的顾客的服务结束后，才能接受服务，即使正在接受服务的顾客的优先级更低。在抢占的场景下，即使优先级较低的顾客已经在接受服务，也允许优先级较高的顾客在到达时立即接受服务，中断服务员对该低优先级顾客的服务，只有在高优先级顾客接受完服务后，该低优先级顾客才能继续接受服务。这时又有两种情况：该低优先级顾客可以从被抢占的时刻继续接受服务，或者需要重新开始接受服务。

1.2.5　系统容量

在某些系统中，顾客等待的物理空间受限，因此当队列达到限制长度时，在有可用空间之前，不允许其他顾客进入。这被称为有限排队场景，也就是说，系统大小是有上限的。当等待空间有限且队列长度达到上限时，新到达的顾客将被迫放弃排队。

1.2.6　服务阶段的数量

排队系统可以只有一个服务阶段，也可以有多个服务阶段。例如，体检就是一个多阶段排队系统，每个病人必须经过几个阶段，包括病史问询、耳鼻喉检查、血液检查、心电图检查、眼科检查等。多阶段排队过程作为排队系统的一种特殊情况，在第 5.1 节中有更详细的介绍。在一些多阶段排队过程中，可能会有反馈（见图 1.3）。反馈在制造过程中很常见：系统会在某些阶段之后进行质量检查，不符合质量标准的零件会被送回之前的阶段重新进行加工。类似地，电信网络中，可以通过随机选择的节点序列来处理消息，其中一些消息可能需要在同一阶段进行路由重选。

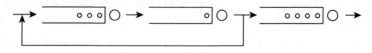

图 1.3　有反馈的多阶段排队系统

1.2.7 表示法

现代常用的表示法是依据英国数学家肯德尔（Kendall）1953 年的研究提出的，该表示法已在排队论文献中作为一种标准使用。排队过程用一组符号和斜线来描述，如 $A/B/X/Y/Z$，其中 A 表示到达时间间隔分布，B 表示服务时间分布，X 表示并行的服务员数，Y 表示系统容量，Z 表示排队规则。表 1.1 给出了这些特性的一些标准符号（关于文中使用的符号和缩写，另见附录 A）。

表 1.1　排队系统表示法 $A/B/X/Y/Z$

特征	符号	说明
到达时间间隔分布（A） 服务时间分布（B）	M	指数分布
	D	确定性分布
	E_k	k 阶埃尔朗分布（$k = 1, 2, \cdots$）
	H_k	k 阶超指数分布（$k = 1, 2, \cdots$）
	PH	阶段型分布
	G	一般分布
并行服务员数（X） 系统容量（Y）	$1, 2, \cdots, \infty$	
	$1, 2, \cdots, \infty$	
排队规则（Z）	FCFS	先到先服务
	LCFS	后到先服务
	RSS	随机服务
	PR	优先级
	GD	一般规则

例如，$M/D/2/\infty/\text{FCFS}$ 表示这样一个排队系统：到达时间间隔服从指数分布，服务时间是定长的，有两个并行的服务员，系统容量无限（即允许进入系统的顾客数没有限制），排队规则是先到先服务。在许多情况下，只使用前 3 个符号。通常，如果系统容量没有限制（$Y = \infty$[①]），则省略系统容量的符号；如果排队规则是先到先服务（$Z = \text{FCFS}$），则省略排队规则的符号。因此，$M/D/2$ 与 $M/D/2/\infty/\text{FCFS}$ 表达的含义相同。

表 1.1 中的符号大多数比较容易理解，下面对部分符号进行解释说明。首先，符号 M 用于表示指数分布可能看起来很奇怪，你可能希望用符号 E，但是，E 很容易与 E_k 混淆，E_k 用于表示埃尔朗分布。M 体现了指数分布的**马尔可夫性**（Markovian）或**无记忆性**（memoryless）（如第 2.1 节所述）。另外，符号 G 表示一般概率分布，即没有对分布的确切形式做任何假设，其结果适用于任何概率分布。最后需要说明的是这张表并不完整。例如，其中没有表示批量到达或串联排队的符号。许多情况下，本书介绍某个模型时，会相应地给出这个模型

---

① 本书中 ∞ 表示正无穷，$-\infty$ 表示负无穷。

的符号。然而，有些模型没有对应的符号，或者其对应的符号没有被当作标准符号使用，这些模型通常在文献中较少分析。

1.2.8 模型选择

本节讨论的 6 个特征足以描述许多常见的排队系统。然而，由于实际中会遇到各种各样的排队系统，因此了解所研究的系统以选择最能描述实际情况的模型是至关重要的。在模型选择过程中往往需要进行大量的思考，而了解这 6 个基本特征是其中必不可少的一步。

例如，以超市为例，假设有 c 个收银台。如果顾客完全随机地选择一个收银台（不考虑每个收银台前队列的长度），并且从不换队，那么就是 c 个独立的单服务员模型。如果所有收银台前只有一个队列，那么就是有 c 个服务员的单队列模型。当然，大多数超市的情况不是这样。通常情况下，每个收银台前都会排起长队，但刚来到收银台前的顾客会选择进入最短的队列（或者前面的顾客买的东西最少的队列），而且也有很多顾客在队列之间移动。我们需要决定哪种模型更适合描述这个场景。

如果顾客会在不同队列之间移动，使用 c 个服务员的单队列模型可能更适合，因为等待的顾客总是会移动到空闲的服务员处。因此，当有顾客在等待服务时，没有服务员会处于空闲状态。由于在超市收银台前排队的顾客很容易在队列间移动，因此有 c 个服务员的单队列模型可能比 c 个独立的单服务员模型更适合且更符合现实情况。在深入考虑该过程之前，我们可能会想当然地选择 c 个独立的单服务员模型。

1.3 等待的体验

本书主要讨论等待的效益指标，如 W、W_q、L 和 L_q。这一节将简要地对等待进行定性介绍。管理者除了可以通过雇用更多服务员来优化等待的效益指标，也可以通过其他许多方式提升顾客的等待体验。本节总结了迈斯特尔（Maister）在 1984 年提出的与等待的体验和心理相关的原则。这些原则可以应用到日常的等待体验中，当某次等待的过程比我们预想的更令人恼火时，我们或许会联想到这些原则。迈斯特尔在 1984 年的论文中总结了以下 8 条原则。

无所事事的等待比有事可做的等待让人感觉时间长。如果顾客在等待时能保持忙碌，那么他感觉到的等待时间会比实际的等待时间短。例如，餐馆将菜单发给正在等待的顾客，或者邀请顾客到吧台等待，以此来减少顾客感觉到的等待时间。在队列中，顾客分阶段向前移动也会占用等待的时间。例如，为了购买一个三明治，队列中的顾客可能会经历多个阶段：顾客在第一个服务员处下单，在第二个服务员处选择三明治配料，最后在第三个服务员处付款。在队列中渐进式地向前移动会占用等待的时间，从而减少顾客感觉到的等待时间。

过程前的等待比过程中的等待让人感觉时间长。过程前的等待发生在服务开始之前，过程中的等待发生在服务开始之后。例如，当你在餐厅坐下时，如果服务员接待了你并为你先点了饮品，或者服务员对你说"请稍等，我马上就来"，你会觉得服务已经开始了。服务员与顾客的初次接触时间很重要，在此之前的等待可能会让顾客感到不耐烦。

焦虑使顾客感觉到的等待时间比实际时间长。顾客可能会有以下焦虑：是否排错了队，能否赶上飞机，能否赶上下一班班车，班车上会不会太拥挤，是否应该换到另一个速度更快的队列。在这些场景中，队列负责人可以通过一些举措减少顾客的焦虑，例如，引导顾客在正确的队列排队，告知顾客他们能赶上飞机，等等。

不确定的等待比已知且有限的等待让人感觉时间长。顾客通常可以通过快速扫视队列长度来预估等待时间。但是，当队列很长或移动缓慢时，顾客很难预估等待时间。此外，当队列是虚拟队列时（如呼叫中心），顾客无法"看到"队列长度，因此也无法预估等待时间。直接告知顾客预估的等待时间可以减少等待的不确定性。然而，这也提高了顾客的期望，如果实际等待时间超过被告知的等待时间，可能会让顾客感到更不耐烦；相反，如果过高地预估了等待时间，可能会让一些顾客直接放弃排队，而这部分顾客本来可以接受实际的等待时间。

没有说明理由的等待比说明了理由的等待让人感觉时间长。如果顾客知道等待的原因，尤其是当他们认为该原因合理的时候（例如，雷雨天气导致航班延误），顾客会更有耐心。当意外事件发生时，向顾客解释原因会让顾客更有耐心。然而，一般性的解释（例如，"目前我们的电话呼叫量很高"），可能会被顾客认为是不合理的（"呼叫量难道不是一直很高吗？"）。

不公平的等待比公平的等待让人感觉时间长。公平的原则之一是，早到的顾客应在晚到的顾客之前开始接受服务（先到先服务）。不遵循先到先服务原则的情况可能会被视为不公平。例如，在超市，可能会有多个收银员，每个收银员前都有一个队列。虽然每个队列都遵循先到先服务原则，但整个系统可能并不是这样的。可以设想一下，如果某个队列的移动速度比你所在的队列快，比你晚到的顾客在你之前接受了服务，你有可能会恼火。此外，没有排队的系统也可能是不公平的。例如，在公交车站，乘客不排队，一起往车上挤，但公交车空间有限，部分乘客需要等待下一辆车。然而，留下来等待下一辆车的乘客未必比已上车的乘客晚到达车站。基于优先级的系统（第 4.4 节）违反了先到先服务原则，这类系统可能被视为是公平的，也可能被视为是不公平的。在急诊室里，需要急救的病人可以在其他病人之前接受服务，这种情况不会被视为是不公平的。在其他系统中，支付额外费用的顾客可以优先接受服务（如游乐场的快速通行队列），这可能被视为是公平的，也可能被视为是不公平的。

服务的价值越高，顾客愿意等待的时间越长。为了获得更长时间的服务（假设服务时间越长，服务的价值越高），顾客可能会容忍更长时间的等待。例如，当在超市购买了大量商品时，与购买单件商品时相比，顾客对长时间排队等待结账的容忍度比购买单件商品时高。由此引出了另一个公平原则：其他条件相同时，服务时间较短的顾客应当比服务时间较长的顾客的等待时间少。这一原则可能会与先到先服务原则冲突。当仅购买了一件商品的顾客在购买了大量商品的顾客之后来到收银台，会发生什么？应不应该让购买商品少的顾客先结账？在餐馆中，是否可以优先为人数少的顾客团体安排座位？第 4.4.3 节将更详细地讨论这种冲突和公平问题。

一个人等待比许多人一起等待让人感觉时间长。

1.4 利特尔法则

在排队论和本书中广泛使用的一个基本关系式由**利特尔法则**（Little's law，也称 **Little 定理**）给出。利特尔法则给出了 3 个基本量之间的关系：顾客到达系统的平均速率 λ、单个顾客在系统中花费的平均时间 W 和系统中顾客的平均数 L。这一关系的公式表达为 $L = \lambda W$。给定 3 个基本量中的两个，可以推算出第三个基本量。例如，观察顾客离开商店的情况（获得 λ 的估计值），并且询问每个顾客在商店里停留了多长时间（获得 W 的估计值），那么就可以估算出商店中顾客的平均数 L。

利特尔法则的应用非常广泛，它适用于各类系统，也包括非排队系统。在正式介绍利特尔法则之前，我们用下面这个例子来说明该法则的原理。

■ **例 1.1**

　　一所小学有 6 个年级（一年级到六年级），每年有 30 名新生进入一年级，学生们每年升一个年级，并在完成六年级的学业后毕业。这所学校的学生总数是多少？

我们很容易计算出结果：每年 30 名新生，所以系统的到达速率 $\lambda = 30$ 名/年；每名学生在学校学习 6 年，所以 $W = 6$ 年；根据利特尔法则，可以计算出学生总数为 $L = \lambda W = 180$。

这个例子可能会让读者认为利特尔法则是一种"显而易见"的关系。每个年级有 30 名学生，有 6 个年级，所以学生总数是 180。然而，这一结论隐含了许多假设。例如，这个结论假设所有学生都是每年升 1 个年级。如果在某个年级，部分学生中途入学或退学怎么办？如果部分学生跳级或留级怎么办？如果入学人数逐年随机变化怎么办？如果入学人数随着时间的推移而缓慢增加怎么办？

为了进一步分析上述问题，我们用数学语言给出利特尔法则的精确描述。假定有一个系统（见图 1.4），设 $A^{(k)}$ 为顾客 k（顾客编号）进入系统的时间，$A^{(k)}$ 是有序的，所以 $A^{(k+1)} \geqslant A^{(k)}$；设 $A(t)$ 为时刻 t 前累计到达系统的顾客数；设 $W^{(k)}$ 为顾客 k 在系统中花费的时间，顾客在到达前不能离开，因此 $W^{(k)} \geqslant 0$；设 $N(t)$ 是时刻 t 系统中的顾客数。那么 $\forall t \geqslant 0$, 满足 $A^{(k)} \leqslant t$ 且 $A^{(k)} + W^{(k)} \geqslant t$ 的 k 的个数与 $N(t)$ 的值相等。当极限存在时，极限定义如下：

$$\lambda \equiv \lim_{t \to \infty} \frac{A(t)}{t}, \quad W \equiv \lim_{k \to \infty} \frac{1}{k} \sum_{i=1}^{k} W^{(i)}, \quad L \equiv \lim_{T \to \infty} \frac{1}{T} \int_0^T N(t)\,\mathrm{d}t \qquad (1.1)$$

极限 λ 是长期平均到达速率，极限 W 是每个顾客在系统中花费的长期平均时间，极限 L 是系统中的长期平均顾客数。

图 1.4　利特尔法则的一般设定

定理 1.1（利特尔法则）　　如果式（1.1）中的极限 λ 和 W 存在并且是有限的，则存在极限 L，且

$$\boxed{L = \lambda W}$$

证明过程可以在诸如斯蒂达姆（Stidham, 1974）和沃尔夫（Wolff, 2011）等

的论文中找到；惠特的论文（Whitt，1991）证明了定理 1.1 的一个小的变形。对系统的随机过程进行不同的假设也可以证明定理 1.1。在 1961 年利特尔（Little）的原始证明中，排队过程是严格平稳的，布鲁梅尔（Brumelle，1971a）的证明过程也是基于同样的假设。其他版本的证明过程要求当系统被清空且重启时，有再生节点存在，例如，朱厄尔（Jewell，1967）的证明。利特尔在一篇回顾性文章（Little，2011）中给出了定理 1.1 在有限时间内的一些变形。

在给出例子之前，需要对利特尔法则进行一些一般性的解释说明。

第一，定理 1.1 用于计算长期平均值，即式（1.1）中的 L、λ 和 W 都被定义为无穷极限，本书中的许多结果也都是基于长期无穷平均值而得到的（可以从利特尔法则的推导过程中获得必要的关系式）。

第二，定理 1.1 要求 λ 和 W 有极限存在，这就排除了当时间无限增长时系统的指标无界的情况。这种情况发生在顾客到达速率超过最大服务速率的不稳定排队系统中，其队列长度会随着时间的推移而不受限制地增长（同理，排队时间也会不受限制地增长）。

第三，严格来说，定理 1.1 没有要求必须存在一个"队列"，但要求存在一个"系统"，顾客可以到达和离开该系统。该系统可以被视为一个黑盒，除了必须满足前面所述的限制外，定理 1.1 对黑盒内发生的事情没有特定的要求。例如，定理 1.1 没有要求顾客必须按照到达系统的顺序离开系统。此外，定理 1.1 没有要求系统必须满足泊松到达、指数型服务或先到先服务原则（本书中常见的假设）。定理 1.1 的关键要求是顾客必须在到达后才能离开（即 $W^{(k)} \geqslant 0$）。根据系统的定义，从利特尔法则中可以推导出多种关系，如例 1.2。因此，利特尔法则被看作一个原理，而不是一个固定的方程。特别是对于一个给定的排队系统，系统定义不同，L、λ 和 W 可能具有不同的含义。

■ 例 1.2

图 1.5 展示了利特尔法则的一个常见表示。该系统包含一个队列和一个服务员，为本书中"系统"的典型设定。根据定义，L 为系统中顾客总数的平均值，包括正在排队的顾客数和正在接受服务的顾客数。W 为顾客从到达系统到离开系统所花费的总时间（排队时间与接受服务时间的总和）的平均值。因此，根据利特尔法则，可以得到 $L = \lambda W$。

图 1.5 展示的系统仅包含了一个队列和一个服务员，系统中有多个服务员或多个队列时，利特尔法则依然成立。

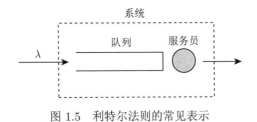

图 1.5　利特尔法则的常见表示

■ **例 1.3**

本例将"系统"视为单个队列（见图 1.6）。根据利特尔法则，得到

$$L_q = \lambda W_q$$

其中，L_q 表示队列中顾客的平均数，W_q 表示顾客在队列中花费的平均时间。顾客到达队列的速率与到达整个系统的速率相同（以 λ 表示）。

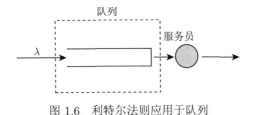

图 1.6　利特尔法则应用于队列

■ **例 1.4**

本例将"系统"视为单个服务员（见图 1.7）。在这种情况下，L 表示正在接受服务的平均顾客数。由于只有一个服务员（假设一个服务员一次只能服务一个顾客），则正在接受服务的平均顾客数 $L = 0 \cdot p_0 + 1 \cdot (1 - p_0) = 1 - p_0$，其中 p_0 表示系统空闲的时间占比。W 表示顾客接受服务所花费的平均时间，也可以用 $E[S]$ 来表示，其中 S 为随机服务时间。假设有一个稳定的队列（即顾客离开队列的长期平均速率与他们进入队列的长期平均速率相同），顾客到达服务员处的速率为 λ。此时，"$L = \lambda W$"变形为

$$1 - p_0 = \lambda \cdot E[S] \tag{1.2}$$

这种关系是在非常一般的条件下推导出来的。特别是，式（1.2）不需要本书中用到的许多常见假设，例如泊松到达、指数型服务或先到先服务原则。然而，使用该等式的前提条件是系统中仅有一个服务员（如果有多个服务员，正在

接受服务的平均顾客数将不再是 $1 - p_0$，因为 $1 - p_0$ 仅在单个服务员的场景下成立）。

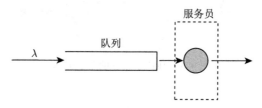

图 1.7　利特尔法则应用于单个服务员

■ **例 1.5**

　　本例考虑了一个阻塞队列（见图 1.8）。阻塞发生在容量有限的系统中。假定到达的顾客发现系统已满，顾客将不进入系统就直接离开。这类模型在通信领域很常见，服务提供商处理电话呼入的能力有限（例子见第 3.5 节和第 3.6 节）。假设有比例为 p_b 的顾客被阻塞而没有进入系统，则顾客进入系统的速率为 $(1 - p_b)\lambda$。此时，根据利特尔法则，得出

$$L = (1 - p_b)\lambda W$$

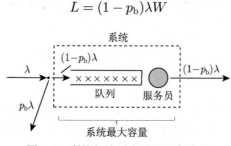

图 1.8　利特尔法则应用于阻塞队列

　　在本例中，需要关注 W 的含义。由于被阻塞的顾客不进入系统，因此这些顾客花费的时间不计入 W 的平均值。也就是说，W 表示实际进入系统的顾客在系统中花费的平均时间。

1.4.1　利特尔法则的几何式图解

　　本节将给出利特尔法则的一个粗略的几何证明。这不是一个严格的证明，但是可以帮助我们理解利特尔法则的主要思想。完整的证明过程可以在前文提到的参考文献中找到。在本节的几何证明中，假设系统的开始和结束状态都为空，且顾客按照到达系统的顺序离开系统（这一假设条件在后文会放宽）。

设 $A(t)$ 和 $D(t)$ 分别表示在时刻 t 之前累计到达和离开的顾客数。图 1.9 展示了 $A(t)$（实线）和 $D(t)$（虚线）的样本路径。在时刻 t，系统中的顾客数为 $A(t) - D(t)$，因此当 $A(t) = D(t)$ 时，系统为空。在图 1.9 中，系统的开始和结束状态都为空。另外，在中间某个时间点，系统暂时为空。令 N 表示时间范围 $[0, T]$ 内到达的顾客数，在图 1.9 中，$N = 6$。

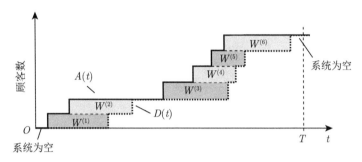

图 1.9 利特尔法则的几何表示（顾客按到达系统的顺序离开系统）

因为顾客是按照到达的顺序离开的，所以每个阴影矩形的面积代表某个特定顾客 k 在系统中花费的时间，即 $W^{(k)}$。所有顾客在系统中花费的总时间为 $W^{(1)} + W^{(2)} + \cdots + W^{(N)}$，即 N 个阴影矩形的总面积。

此时，可以计算 $A(t) - D(t)$ 在 $[0, T]$ 上的积分，即计算所有矩形阴影的总面积：

$$\int_0^T [A(t) - D(t)]\mathrm{d}t = \text{阴影矩形总面积} = \sum_{k=1}^N W^{(k)} \tag{1.3}$$

等式两边同除以 T，并在等号右边乘以并除以 N，可得

$$\frac{1}{T} \int_0^T [A(t) - D(t)]\mathrm{d}t = \frac{N}{T} \cdot \left(\frac{1}{N} \sum_{k=1}^N W^{(k)} \right)$$

等号左边为 $A(t) - D(t)$ 的积分对时间取平均值，表示系统中的平均顾客数（即 L）。在等号右边，第一项 $\dfrac{N}{T}$ 表示单位时间内到达的顾客数（即 λ），第二项为每个顾客在系统中花费的平均时间（即 W）。因此，得到

$$L = \lambda W$$

请注意，在这里定义 L、λ 和 W 为有限时间范围内的平均值，而在定理 1.1 中，L、λ 和 W 被定义为无穷极限。

在本节中，顾客按到达顺序离开的假设并不是关键点。即使顾客离开的顺序没有规律可言，也可以得出类似的结论，图 1.10 对此进行了说明。在图 1.10 中，阴影矩形面积表示每位顾客在系统中花费的时间，这与前述一致。不同的是，顾客乱序离开：顾客 2 首先离开，然后顾客 1 离开，紧接着顾客 5、6、4 和 3 依次离开。此时，$D(t)$（虚线）与阴影矩形的边缘不重合。

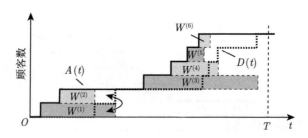

图 1.10　利特尔法则的几何表示（顾客乱序离开）

然而，在虚线之外的每个阴影区域都正好对应于 $A(t)$ 和 $D(t)$ 之间一个面积相等的空白区域。例如，$W^{(1)}$ 中超过 $D(t)$ 的部分可以平移到其上方的空白区域，如图中的箭头所示。类似地，$W^{(3)}$ 和 $W^{(4)}$ 中超过 $D(t)$ 的部分也可以平移到其上方的空白区域（需要对阴影矩形进行切割和重新排列）。

综上所述，即使顾客乱序离开，顾客在系统中花费的总时间（即阴影矩形的总面积 $W^{(1)} + W^{(2)} + \cdots + W^{(N)}$）等于 $A(t) - D(t)$ 在 $[0, T]$ 上的积分。我们可以这样进行计算的根本原因如下：顾客在系统中等待的每个单位时间正好占系统中顾客总数在时间上积分的一个单位。如果系统的开始和结束状态都为空，则每位顾客在系统中花费的时间都计入 $[0, T]$ 上的积分中。

如果系统不以空状态结束会发生什么？在这种情况下，至少会有一个矩形 $W^{(i)}$ 延伸超过 T，则阴影矩形的总面积将不等于 $A(t) - D(t)$ 在 $[0, T]$ 上的积分。然而，可以合理地设想，当 $T \to \infty$ 时，这两者的差值相对于总积分来说是很小的，所以 $L = \lambda W$ 成立。在定理 1.1 的假设下，即式（1.1）中的长期平均到达速率的极限 λ 和系统中顾客花费的平均时间的极限 W 存在，这种设想是正确的。

1.4.2　$H = \lambda G$

$L = \lambda W$ 是更一般的关系 $H = \lambda G$ 的一种特殊情况。在 $H = \lambda G$ 中，G 表示与每位顾客相关的平均成本，H 表示系统在单位时间内产生的总的平均成本。

更具体地说，假设顾客 k 在时刻 $A^{(k)}$ 到达系统，并在时刻 $A^{(k)} + W^{(k)}$ 永久离开。设 $f_k(t)$ 表示时刻 t 与顾客 k 相关的成本关于时间的加权函数，当 $t \notin [A^{(k)}, A^{(k)}+W^{(k)}]$ 时，$f_k(t) = 0$。该加权函数的值可以为负，但规定 $\int_0^\infty |f_k(t)| \, \mathrm{d}t = 0$。定义了以下量：

$$G^{(k)} \equiv \int_{A^{(k)}}^{A^{(k)}+W^{(k)}} f_k(t) \, \mathrm{d}t$$

$$H(t) \equiv \sum_{k=1}^\infty f_k(t)$$

$G^{(k)}$ 表示与顾客 k 相关的总成本，$H(t)$ 表示系统在时刻 t 产生的总成本。类似于式（1.1），定义以下极限：

$$
\boxed{
\begin{aligned}
\lambda &\equiv \lim_{t \to \infty} \frac{A(t)}{t} \\
G &\equiv \lim_{k \to \infty} \frac{1}{k} \sum_{i=1}^k G^{(i)} \\
H &\equiv \lim_{T \to \infty} \frac{1}{T} \int_0^T H(t) \mathrm{d}t
\end{aligned}
}
\tag{1.4}
$$

定理 1.2　若式 (1.4) 中的极限 λ 和 G 存在并且有限，且当 $k \to \infty$ 时，$W^{(k)}/A^{(k)} \to 0$，那么 H 存在，且 $H = \lambda G$。

有关该定理的证明，请参阅参考文献（Wolff，2011）。要求 $W^{(k)}/A^{(k)} \to 0$ 是为了避免离开时刻被拖得离到达时刻越来越远。利特尔法则是该定理的一个特例，在利特尔法则中，当时刻 t 在区间 $[A^{(k)}, A^{(k)}+W^{(k)}]$ 内时，$f_k(t) = 1$。

■　例 1.6

一家公司有两种机器（1 型和 2 型）。机器发生故障后，会被送到修理厂。一台 i 型机器的修理费用为 c_i，其中 $c_1 = 500$ 美元/h，$c_2 = 200$ 美元/h。所有机器中，平均每 40 h 就会有一台机器出现故障。所有故障中，1 型和 2 型机器各占一半。修理一台机器平均需要 3 h，不分类型。公司每小时花费在机器故障修理上的平均费用 H 是多少？

当 $t \in [A^{(k)}, A^{(k)}+W^{(k)}]$ 时，设 $f_k(t) = c_{i(k)}$ [当 t 不属于该区间时，$f_k(t) = 0$]，其中 $A^{(k)}$ 是出现第 k 次故障的时间；$W^{(k)}$ 是第 k 次故障持续的时间；

$i(k)$ 是第 k 次出现故障的机器类型，且 $i(k) \in \{1, 2\}$；$G^{(k)}$ 是修复第 k 次故障的费用。因为两种机器出现故障的可能性相同，所以修复机器故障的平均费用为 $G = 3 \times (500 + 200)/2 = 1050$（美元/台）。由于 $\lambda = \dfrac{1}{40}$ 台/h，可得 $H = (1/40) \times 1050 = 26.25$（美元/h）。

■ **例 1.7**

一个游乐场每天有 5000 个游客，开放时间为上午 10 点到晚上 10 点。游乐场里的游乐设施之一是过山车，每位游客每次来游乐场平均坐 1.2 次过山车，每次坐过山车的平均排队时间为 30 min，那么坐过山车的平均排队人数是多少？

设 $A^{(k)}$ 为游客 k 到达游乐场的时间，$A^{(k)} + W^{(k)}$ 为游客离开游乐场的时间。当游客 k 在时间 t 排队坐过山车时，$f_k(t) = 1$ [其他情况下，$f_k(t) = 0$]。$G^{(k)}$ 是游客 k 一天中排队坐过山车的总时间。所有游客的平均排队时间为 $G = 1.2 \times 0.5 = 0.6$（h），因为每个游客平均坐 1.2 次过山车，每次排队时间为 0.5 h。在本例中，"系统"为游乐场，因此，到达速率 λ 是游客到达游乐场的速率，而不是到达过山车设施的速率，所以 $\lambda = \dfrac{5000}{12}$ 个/h。坐过山车的平均排队人数为 $H = \lambda G = (5000/12) \times 0.6 = 250$。本例说明了加权函数可用于处理顾客多次访问子系统的情况。

1.4.3 利特尔法则的分布形式

利特尔法则给出了 $N(t) \equiv A(t) - D(t)$（在时刻 t，系统中的顾客数）的一阶矩和 $W^{(k)}$ 之间的关系。你可能还想知道是否有可能把 $N(t)$ 的二阶矩与 $W^{(k)}$ 联系起来，答案是肯定的。事实上，$N(t)$ 的所有高阶矩都可以与 $W^{(k)}$ 联系起来，这些结果可以从利特尔法则的分布形式得出。然而，与定理 1.1 所述的利特尔法则的基本形式相比，我们需要基于更严格的假设来得出这些与高阶矩相关的结果。

为了说明利特尔法则的分布形式，考虑这样一个系统，顾客到达、离开该系统，且假设该系统具有以下特性：（1）到达过程是平稳的；（2）顾客按照到达的顺序离开系统；（3）第 k 个顾客在系统中所花费的时间 $W^{(k)}$ 是平稳的；(4)$W^{(k)}$ 与顾客 k 到达后的其他顾客的到达过程无关，则有

$$\Pr\{N(t) \leqslant j\} = \Pr\{A(W^{(k)}) \leqslant j\} \tag{1.5}$$

式（1.5）将系统中顾客数 $N(t)$ 的分布与在 $W^{(k)}$ 期间到达的顾客数 $A(\cdot)$ 的分

布联系起来。也就是说，如果随机生成等待时间 $W^{(k)}$ 和在时间段 $W^{(k)}$ 内随机到达的顾客数，则该随机的到达顾客数与系统中的顾客数具有相同的分布。参考文献（Haji et al.，1971；Brumelle，1972；Keilson et al.，1988；Bertsimas et al.，1995；Wolff，2011）给出了该结果的各种形式。

当到达过程是泊松过程时，会出现一种重要的特殊情况。由式（1.5）可推导出以下关系，即 j 阶矩之间的关系：

$$E\left[N\left(t\right)\left(N\left(t\right)-1\right)\left(N\left(t\right)-2\right)\cdots\left(N\left(t\right)-j+1\right)\right]=\lambda^{j}E[(W^{(k)})^{j}] \qquad (1.6)$$

例如，$j=2$ 时，二阶矩之间的关系如下：

$$E\left[N\left(t\right)\left(N\left(t\right)-1\right)\right]=\lambda^{2}E[(W^{(k)})^{2}]$$

对于 $M/G/1$ 排队模型，这些公式可以直接推导出，见第 6.1.5 节的式（6.30）。

在使用利特尔法则的分布形式时，必须注意假设是否成立。例如 $M/M/c$ 多服务员排队模型，顾客按到达顺序离开这一假设通常不成立（对于 $M/D/c$ 排队模型，该假设成立）。这是因为如果有多个服务员，顾客可能会在被服务期间相互超越，为后获得服务的顾客提供的服务可能先完成。但对于一个队列本身，先入先出（first in first out，FIFO）原则是成立的，前提是顾客在队列中保持顺序不变，并且不会发生中途退出的情况（提前离开队列的顾客违反了先入先出原则）。因此，利特尔法则的分布形式不适用于整个 $M/M/c$ 排队系统（队列和多服务员），它仅适用于队列。

优先级排队系统的情况类似。优先级排队系统违反了先入先出原则，因为后到达的高优先级顾客可以先于先到达的低优先级顾客接受服务，所以利特尔法则的分布形式不适用于整个优先级排队系统，但可以分别应用于顾客级别相同的队列（前提是满足前面的假设）。例如，在有两个等级的 $M/G/1$ 优先级排队系统中，利特尔法则的分布形式可以单独应用于低优先级顾客的队列，也可以单独应用于高优先级顾客的队列。

最后，我们注意到，如果到达过程不是更新过程（即顾客到达的时间间隔不独立且分布不相同），则违反了假设（4）。因为到达的时间间隔不是独立的，所以在顾客 k 到达之前的其他顾客的到达时间和在顾客 k 到达之后的其他顾客的到达时间之间可能存在依赖关系，这意味着顾客 k 的等待时间不仅取决于之前其他顾客的到达时间，也可能取决于随后其他顾客的到达时间。在本书中，我们通常假设到达过程是一个更新过程。

1.5 一 般 结 果

后续各章将介绍一些特定模型。在此之前，本节介绍 $G/G/1$ 和 $G/G/c$ 排队模型的一些一般结果，这些结果在后续各章中非常有用。

表 1.2 列出了一些关键符号的含义。设 λ 表示顾客到达排队系统的平均速率，S 表示随机服务时间。每个服务员为顾客提供服务的平均速率 $\mu \equiv 1/\mathrm{E}[S]$。系统的总负荷用**输入负荷**（offered load）$r \equiv \lambda/\mu = \lambda\mathrm{E}[S]$ 来衡量。由于 λ 为单位时间内到达的顾客平均数，并且每位顾客需要的平均工作量为 $\mathrm{E}[S]$，因此输入负荷 $\lambda\mathrm{E}[S]$ 表示单位时间内系统的工作量。与此密切相关的是，衡量流量拥塞程度的指标为 $\rho \equiv \lambda/c\mu$，即**流量强度**（traffic intensity）或**服务员利用率**（server utilization）。流量强度等于输入负荷除以服务员的数量，表示单位时间内每个服务员的平均工作量。

表 1.2　一些关键符号的含义

符号	含义
λ	平均到达速率
S	随机服务时间
$\mu \equiv 1/\mathrm{E}[S]$	平均服务速率
c	服务员数
$r \equiv \lambda/\mu$	输入负荷
$\rho \equiv \lambda/c\mu$	流量强度或服务员利用率
T, T_{q}	顾客在系统、队列中花费的随机时间
W, W_{q}	顾客在系统、队列中花费的平均时间
N, N_{q}	系统、队列中的随机顾客数
L, L_{q}	系统、队列中的平均顾客数

设 T_{q} 表示某个（处于稳态的）顾客在接受服务前在队列中等待的随机时间，T 表示顾客在系统中花费的随机时间。因此，$T = T_{\mathrm{q}} + S$，其中 S 为随机服务时间。顾客在队列中的平均等待时间 W_{q} 和顾客在系统中花费的平均时间 W 是衡量系统效益的两个常用指标，即

$$W_{\mathrm{q}} \equiv \mathrm{E}[T_{\mathrm{q}}], \text{且} W \equiv \mathrm{E}[T]$$

设 N_{q} 表示稳态下队列中的顾客数（随机变量），N 表示稳态下系统中的顾客数（随机变量）。与之相关的两个指标为队列中的平均顾客数 L_{q} 和系统中的平均顾客数 L。设 $p_n = \mathrm{Pr}\{N = n\}$ 表示系统中存在 n 个顾客的稳态概率。那

么对于有 c 个服务员的系统，L 和 L_q 可以表示如下：

$$L \equiv \mathrm{E}[N] = \sum_{n=0}^{\infty} np_n, \quad L_q \equiv \mathrm{E}[N_q] = \sum_{n=c+1}^{\infty} (n-c)p_n$$

使用利特尔法则（第 1.4 节），可以得到效益指标 L、L_q、W 和 W_q 之间的关系（见图 1.11）。具体地说，应用于系统的利特尔法则给出 $L = \lambda W$（例 1.2），应用于队列的利特尔法则给出 $L_q = \lambda W_q$（例 1.3）。另外，由于 $T = T_q + S$（一位顾客在系统中花费的时间等于在队列中花费的时间加上在服务中花费的时间），因此基于期望值得出

$$W = W_q + 1/\mu$$

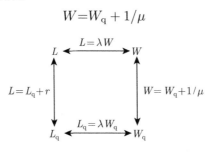

图 1.11 L、L_q、W 和 W_q 之间的关系

接着，可以基于这几个关系式，得出 L 和 L_q 之间的关系：

$$L = \lambda W = \lambda(W_q + 1/\mu) = \lambda W_q + \lambda/\mu = L_q + r \tag{1.7}$$

在后面各章中，将重点对 4 个效益指标之一进行推导。最初的推导可能比较困难，但是一旦推导出 4 个效益指标中的一个，就可以依据图 1.11 轻松地推导出其他 3 个效益指标。

对于单个服务员系统 $(c = 1)$，式（1.7）具有特定形式：

$$r = L - L_q = \sum_{n=1}^{\infty} np_n - \sum_{n=1}^{\infty} (n-1)p_n = \sum_{n=1}^{\infty} p_n = 1 - p_0$$

当 $c = 1$ 时，$r = \rho$，因此得到

$$\rho = 1 - p_0 \text{ 或 } p_0 = 1 - \rho$$

也就是说，对于单个服务员系统，系统为空的时间占比为 $1 - \rho$（在例 1.4 中，通过对服务员系统应用利特尔法则，也可以直接得到这种关系）。这些结果汇总在表 1.3 中。

表 1.3 $G/G/1$ 和 $G/G/c$ 排队模型的汇总结果

效益指标间的关系	排队模型
$L = \lambda W$	$G/G/c$
$L_q = \lambda W_q$	$G/G/c$
$W = W_q + 1/\mu$	$G/G/c$
$L = L_q + r$	$G/G/c$
$r \equiv \lambda/\mu = $ 忙碌服务员的平均数	$G/G/c$
$\rho \equiv \lambda/c\mu = $ 服务员忙碌的时间占比	$G/G/c$
$p_0 = 1 - \rho$	$G/G/1$
$L = L_q + \rho$	$G/G/1$

输入负荷 r 定义为平均到达速率 λ 和平均服务速率 μ 的比值。式（1.7）表明，r 也可以被解释为预期的正在接受服务的顾客数或忙碌的服务员的平均数量（因为 $r = L-L_q$，即系统中的顾客数减去队列中的顾客数就是正在接受服务的顾客数）[①]。输入负荷表示满足特定流量所需的最少服务员数。例如，如果顾客以 $\lambda = 12$ 个/h 的速率到达，并且每个顾客所需的平均服务时间为 E[S] = 0.5 h，则该系统至少需要 6 个服务员才能不发生拥塞。

类似地，流量强度 $\rho \equiv \lambda/c\mu$ 可以解释为每个服务员都处于忙碌状态的时间占比。由于在任何时刻都处于稳态且忙碌的服务员的预期数量为 r，并且一共有 c 个服务员，因此每个服务员都处于忙碌状态的时间占比为 $r/c = \rho$，其中假设服务员的对称性——顾客对任何一个服务员都没有偏好。

可以证明，要使稳态存在，就必须有 $\rho < 1$ 或 $\lambda < c\mu$。也就是说，顾客进入系统的平均速率必须严格小于系统的最大平均服务速率。当 $\rho>1$ 时，顾客到达的平均速率大于接受服务的平均速率，随着时间的流逝，队列变得越来越长。因为队列长度一直在增长，所以没有稳态。当 $\rho = 1$ 时，顾客的到达速率恰好等于最大服务率。在这种情况下，除非顾客的到达时间和服务时间固定且进行了合理的安排（例如，所有顾客均每隔 1 min 到达队列，且每个顾客均需要 1 min 的服务时间），否则将不会有稳态。综上，如果知道平均到达速率和平均服务速率，则可以找到满足 $\rho = \lambda/c\mu < 1$ 的 c 的最小值，即保证稳态所需的并行服务员数的最小值。

在现实中，队列长度不可能没有边界地一直增长。无边界队列是建模假设的结果，即假设所有到达的顾客都会加入队列并在接受服务之前一直留在系统中。实际上，当 $\lambda > c\mu$ 且队列变得非常长时，有几个因素有助于稳定队列：顾客可

[①] 该解释对 $G/G/c$ 排队模型有效。对于有阻塞的模型，例如 $M/M/c/K$ 排队模型，若假设系统中有无穷多的服务员，则输入负荷可以解释为正在接受服务的平均顾客数。

能因为队列太长而选择不排队（止步），队列中的顾客可能会变得不耐烦并选择离开队列（中途退出），顾客可能由于空间限制而无法加入队列（阻塞）。第 3.10 节将讨论这些情景。

1.6　队列的简单记录

本节使用基于事件的记录方式来说明到达和服务的随机事件是如何相互关联从而形成队列的。在记录过程中，需要关注事件发生时系统状态的更新、相关项目的记录及效益指标的计算。基于事件的记录方式只在事件发生时（例如，顾客到达或离开时）更新系统状态。主时钟的值每次都可能增加不同的量（这与基于时间的记录方式不同，在基于时间的记录中，无论何时发生事件，主时钟的值在每一步骤都会增加某个固定的量）。

表 1.4 中给出的到达和服务的数据举例说明了基于事件的记录方式，这些数据记录了顾客到达排队系统的时间以及每个顾客的服务时间。根据这些数据可以确定队列是如何形成的，假设该排队系统只有一个服务员且排队规则为先到先服务。

表 1.4　输入数据

数据分类	n											
	1	2	3	4	5	6	7	8	9	10	11	12
第 n 个顾客的到达时间	0	2	3	6	7	8	12	14	19	20	24	26
第 n 个顾客的服务时间	1	3	6	2	1	1	1	2	5	1	1	3

为了进行分析，我们定义了与每个顾客相关的多个变量，如表 1.5 所示。变量 $A^{(n)}$ 和 $S^{(n)}$ 是输入变量，其余的变量可以通过这两个输入变量导出。表 1.5 中还给出了变量之间的各种关系，例如，顾客离开系统的时间是顾客开始接受服务的时间加上顾客的服务时间。有一个重要的关系，$U^{(n+1)} = \max\{D^{(n)}, A^{(n+1)}\}$，它表示当第 n 个顾客离开时，第 $n+1$ 个顾客开始接受服务；当然，第 $n+1$ 个顾客不能在自己到达之前开始接受服务，因此 $U^{(n+1)}$ 在两个变量中取最大值。这一关系式仅针对单个服务员且排队规则为先到先服务的排队系统。表 1.5 中的其他关系式适用于更一般的情况。

为了计算排队等待时间，我们观察到任何满足先到先服务规则的单服务员排队模型中两个相继到达的顾客的等待时间 $W_{\mathrm{q}}^{(n)}$ 和 $W_{\mathrm{q}}^{(n+1)}$ 都有以下的递归关系：

$$W_{\mathrm{q}}^{(n+1)} = \max\{W_{\mathrm{q}}^{(n)} + S^{(n)} - T^{(n)}, 0\} \tag{1.8}$$

式（1.8）被称为**林德利方程**（Lindley's equation），该方程是一个重要的一般关系式，会在后文中使用到。我们可以通过图 1.12 来理解该方程。该方程表明，一个顾客的排队时间等于前一个到达的顾客的排队时间加上前一个顾客的服务时间，再减去两个顾客到达时间的间隔（图 1.12 中的场景 1）；然而，如果这两个顾客到达的时间间隔较长，等式中的第一个值可能为负（图中的场景 2），因此，在式（1.8）中，通过取两个值中的最大值来确保 $W_q^{(n+1)}$ 永不为负。

表 1.5 符号和基本关系

变量	定义	关系示例
$A^{(n)}$	第 n 个顾客的到达时间	
$S^{(n)}$	第 n 个顾客的服务时间	
$T^{(n)}$	第 n 个顾客和第 $n+1$ 个顾客到达的时间间隔	$T^{(n)} = A^{(n+1)} - A^{(n)}$
$U^{(n)}$	第 n 个顾客开始接受服务的时间	$U^{(n+1)} = \max\{D^{(n)}, A^{(n+1)}\}$
$D^{(n)}$	第 n 个顾客离开系统的时间	$D^{(n)} = U^{(n)} + S^{(n)}$
$W_q^{(n)}$	第 n 个顾客的排队时间	$W_q^{(n)} = U^{(n)} - A^{(n)}$
$W^{(n)}$	第 n 个顾客在系统中的时间	$W^{(n)} = W_q^{(n)} + S^{(n)}$

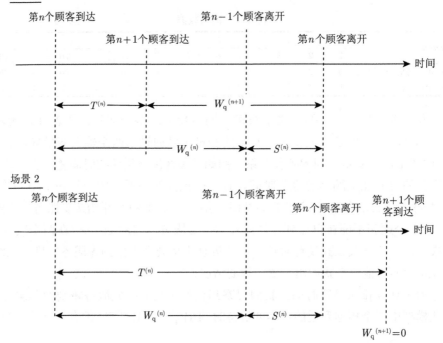

图 1.12 林德利方程：相继到达的顾客的等待时间（$G/G/1$ 排队模型）

林德利方程也可以通过表 1.5 中的关系得到

$$
\begin{aligned}
W_{\mathrm{q}}^{(n+1)} &= U^{(n+1)} - A^{(n+1)} \\
&= \max\left\{D^{(n)}, A^{(n+1)}\right\} - A^{(n+1)} \\
&= \max\{D^{(n)} - A^{(n+1)}, 0\} \\
&= \max\{U^{(n)} + S^{(n)} - A^{(n)} - T^{(n)}, 0\} \\
&= \max\{W_{\mathrm{q}}^{(n)} + S^{(n)} - T^{(n)}, 0\}
\end{aligned}
$$

根据表 1.5 中的关系,表 1.6 展示了基于表 1.4 中的输入数据而得出的记录结果。在电子表格中输入每个变量的计算公式,并在每一列下拉复制对应的公式,可得到表 1.6 中各个变量的值。利用林德利方程,通过 $S^{(n)}$ 和 $T^{(n)}$ 的值可以得出 $W_{\mathrm{q}}^{(n)}$ 的值,因此没有必要记录所有变量的值。

表 1.6　事件记录

顾客	$A^{(n)}$	$S^{(n)}$	$T^{(n)}$	$U^{(n)}$	$D^{(n)}$	$W_{\mathrm{q}}^{(n)}$	$W^{(n)}$
1	0	1	2	0	1	0	1
2	2	3	1	2	5	0	3
3	3	6	3	5	11	2	8
4	6	2	1	11	13	5	7
5	7	1	1	13	14	6	7
6	8	1	4	14	15	6	7
7	12	1	2	15	16	3	4
8	14	2	5	16	18	2	4
9	19	5	1	19	24	0	5
10	20	1	4	24	25	4	5
11	24	1	2	25	26	1	2
12	26	3	—	26	29	0	3

接下来将介绍如何计算效益指标。可以通过计算表 1.6 中 $W_{\mathrm{q}}^{(n)}$ 和 $W^{(n)}$ 列的平均值来得到 W_{q} 和 W 的样本平均值,即 $W_{\mathrm{q}} = 29/12$,$W = 56/12$。为了计算 L 和 L_{q},必须先定义计算样本平均值的时间范围。由于最后一位顾客在时间点 29 离开,可以定义时间范围为 $[0, 29]$。在该时间段内,系统以空状态开始和结束,在这种情况下,可以基于利特尔法则得到 L、λ 和 W 样本值之间的关系(参见图 1.9 和相关讨论)。该时间段内的样本到达速率 $\lambda = 12/29$。因此,

$$
L_{\mathrm{q}} = \lambda W_{\mathrm{q}} = \frac{12}{29} \times \frac{29}{12} = 1, \quad L = \lambda W = \frac{12}{29} \times \frac{56}{12} = \frac{56}{29}
$$

或者，可以直接用 $N(t)$ 在时间上的平均值来确定 L 的值，$N(t)$ 是时刻 t 系统中的顾客数。假设系统在空状态下启动（略早于 $t = 0$），把 $N(t)$ 写作

$$N(t) = \{[0, t] \text{时间段内的到达数}\} - \{[0, t] \text{时间段内的离开数}\} \tag{1.9}$$

图 1.13 展示了 $N(t)$ 的样本路径。在每个顾客的到达时间，$N(t)$ 的值增加 1，在每个顾客的离开时间，$N(t)$ 的值减少 1。系统中顾客数在时间上的平均值为

$$L = \frac{1}{29} \int_0^{29} N(t)\mathrm{d}t = \frac{1}{29}(1 \times 10 + 2 \times 9 + 3 \times 4 + 4 \times 4) = \frac{56}{29}$$

其中，$N(t) = 1$ 有 10 个时间单位，$N(t) = 2$ 有 9 个时间单位，以此类推，可得 $N(t)$ 在时间上的平均值。类似地，也可以通过 $N_q(t)$ 在时间上的平均值来确定 L_q 的样本平均值，其中 $N_q(t) = \max\{N(t) - 1, 0\}$。

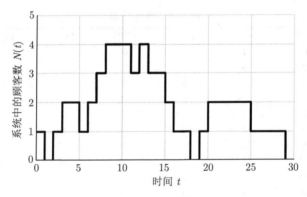

图 1.13　排队过程的样本路径

请注意，记录方法是基于数据样本路径的观察结果来实现的。由于结果是直接从数据中推导出来的，因此无论到达间隔或服务时间所基于的概率公式是什么，都不需要为这些概率公式做任何假设。

1.7　软件介绍

如今，电子表格是工程师和运筹学研究专家不可或缺的工具。有几篇参考文献（Bodyal，1986；Leon et al.，1996；Grossman，1999）讨论了电子表格在各种运筹学分支中的应用，如最优化和排队论。为了便于学习，本书提供了一组

实现排队模型的电子表格，统称为 QtsPlus。本书中分析的大部分模型都可以用 QtsPlus 实现。有关 QtsPlus 的运行说明，请参阅附录 E。

我们用一个涉及马尔可夫链平稳分布的例子（见下一章的例 2.6）来说明如何使用 QtsPlus。按照附录 E 中的说明启动软件，成功启动软件后，从列表中选择 "**Basic**" 模型类别，然后从可用列表中选择 "**Discrete-Time Markov Chain**" 模型。打开模型工作簿（marchain.xlsm）后，在 "**Number of States**" 处中输入 "**2**"。此时可能会弹出消息框，并显示如下消息：

"This will cause existing model parameters to be discarded. Do you wish to continue?"（该操作会导致现有模型参数丢失，是否继续？）

点击 "**Yes**" 来设置新的矩阵 $\boldsymbol{P}$。使用 Excel 公式，用初始参数填充工作表中矩阵 $\boldsymbol{P}$ 的各个元素，如下所示：

$$= 3/5 \quad = 2/5$$

$$= 1/5 \quad = 4/5$$

点击 "**Solve**" 按钮，答案出现在工作表的左侧（如图 1.14 所示），与第 2.3.2 节中得出的结果一致。

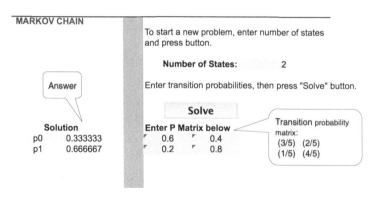

图 1.14 例 2.6 在 QtsPlus 中得出的解

习题

1.1 根据第 1.2 节中给出的特征讨论下列排队场景。

（a） 在机场降落的飞机。

（b） 超市结账过程。

（c） 邮局或银行服务窗口。

（d） 桥梁或公路上的收费站。

（e） 有若干个加油机的加油站。

（f） 自动洗车设施。

（g） 打入客服中心的电话。

（h） 有预约的病人进入医生办公室就诊。

（i） 希望在导游带领下参观景点的游客。

（j） 装配流水线上的电子部件，装配流水线包括 3 项操作和 1 项检查。

（k） 在中央计算机上对来自局域网上若干独立源的程序进行处理。

1.2 给出 3 个排队的例子（习题 1.1 中所列场景除外），根据第 1.2 节中给出的特征讨论这 3 种排队场景。

1.3 印度一家快餐店想要确定提供多少并行的服务通道。他们估计，在就餐高峰期，平均每小时有 40 人到达，一般情况下，一个服务通道服务一个顾客平均需要 5.5 min。根据现有信息，建议开通多少个服务通道？

1.4 一家小型的本地航空公司设有顾客服务呼叫中心。他们想知道提供多少来电等待席位最合适。他们计划雇用足够多的客服，这样在一天中最繁忙的时间段内，来电者的平均等待时间将不超过 75 s。他们估计在这段时间内，平均每分钟打入 3 个电话。你有什么建议？

1.5 一家烧烤店仅有外卖业务。在订单高峰期，有两个服务员在值班，老板注意到，在这段时间内，服务员几乎没有空闲。老板估计每个服务员的空闲时间百分比为 1%。理想情况下，空闲时间的百分比为 10% 时，服务员才有足够的休息时间。

（a） 如果老板决定在这段时间内增加一个服务员，那么每个服务员有多少空闲时间？

（b） 假设增加了一个服务员后，服务员的压力减小了，并且他们可以更仔细地工作，但是他们的服务输出率降低了 20%。那么，服务员的空闲时间百分比是多少？

（c） 假设老板决定雇用一名助手（其工资比服务员低很多）来协助两个服务员（而不是雇用一个全职服务员），两个服务员的平均服务时间因此减少 20%（相对于原来的服务时间）。现在这两个服务员的空闲时间百分比是多少？

1.6 冻酸奶摊在炎热夏季的夜晚生意火爆，即便如此，在任何时候都只有一个服务员值班。服务时间（包括制作酸奶和收钱的时间）服从正态分布，期望为 2.5 min，标准差为 0.5 min（尽管正态分布允许有负值，但相对于期望，标准差很小，负值比期望低 4 个标准差以上，有负值的概率基本为 0）。你在某个晚上到这个冻酸奶摊来买你最喜欢的松脆巧克力酸奶蛋卷，发现前面有 8 个人。请估算你买到酸奶蛋卷前的等待时间。你等待超过 0.5 h 的可能性有多大？（提示：正态随机变量之和也服从正态分布。）

1.7 一个足球联赛有 32 支球队，每队有 67 名现役队员，球队每年都通过一场选拔赛来选拔新球员，每支球队每年选拔 7 名新球员。每队的现役队员人数必须始终是

67，因此，每个球队每年必须裁减一些现役球员，为新球员腾出位置。

（a）假设一名足球运动员只能通过选拔加入一个队，请估算他在联赛中的平均职业生涯长度。

（b）现在假设球员可以通过以下两种方式之一加入一个球队：①在选拔赛中被选中；②不通过选拔，直接与球队签约。假设足球运动员的平均职业生涯为 3.5 年，请估算联赛中每年不通过选拔入队的球员的平均人数。

1.8 表 1.7 给出了某大学本科生的入学统计数据。根据这些数据，请估算一个本科生在该校就读的平均时间长度（本题应该考虑到正常毕业的学生以及转入或退学的学生）。

表 1.7　习题 1.8 的数据

年度	新注册学生数		总注册在校学生数
	首年入学学生数	转入学生数	
1	1820	2050	16 800
2	1950	2280	16 700
3	1770	2220	17 100
4	1860	2140	16 400
5	1920	2250	17 000

1.9 假设你要卖房子。经观察，在任何一个特定的时间，你所在的地区通常有 50 套左右的房子在出售，新房以每周 5 套左右的速度上市。你的房子大概要多久才能卖出？为了得到答案，你做了哪些假设？

1.10 假设 $M/G/1/K$ 排队模型的队列阻塞概率为 $p_K = 0.1$，其中 $\lambda = \mu = 1$，$L = 5$。求 W、W_q 和 p_0。

1.11 假设生产一剂疫苗需要 3 美元，一剂疫苗生产出来后，保质期为 90 天，过期不能再使用。生产商希望在任何给定的时间，都能有平均 3 亿剂疫苗可用。

（a）执行该计划每年的费用是多少？

（b）假设疫苗的保质期满足埃尔朗分布，平均值为 90 天，标准差为 30 天。执行这个计划每年的费用是多少？

（c）假设可以生产保质期更长的疫苗，但成本更高。研究发现，生产保质期为 x 天的疫苗的成本为 $a + bx^2$，其中 $a = 2.5$ 美元，$b = 0.000\,05$ 美元。生产保质期为多少天的疫苗可以使每年的成本最低？

1.12 购买了某品牌笔记本电脑的顾客可以致电顾客支持中心寻求技术帮助。电话接通后先由普通客服接听，如果普通客服无法处理该问题，则会将电话转接给专家，平均 20% 的电话转接给了专家，该系统如图 1.15 所示。平均而言，有 40 个顾客正在接受或正在等待普通客服的服务，有 10 个顾客正在接受或正在等待专家的服务。平均每小时有 100 个来电，顾客支持中心有 30 名普通客服和 10 名专家。

（a）任意顾客在系统中平均花费的时间是多少？请说明你为回答这个问题所做的假设。

（b） 需要专家服务的顾客在系统中平均花费的时间是多少？

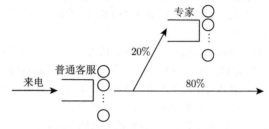

图 1.15　习题 1.12 的系统示意

1.13 考虑以下非常简化的社会保障模式。每年有 300 万人年满 65 岁，年满 65 岁的人开始领取社会保障金，每人每年 4 万美元。不考虑其他因素，每个 65 岁以上的人每年有 5% 的死亡概率。

（a） 一个人可以领取社会保障金的平均时间是多久？

（b） 社会保障金的年平均支出总额是多少？

1.14 飞机按照泊松过程到达圆形空域，每小时有 20 架飞机到达该区域，该区域的半径是 40 km，每架飞机以 400 km/h 的速度飞行。如图 1.16 所示，该区域有 4 个可能的入口/出口 A、B、C、D。飞机从 A、B、C、D 点到达和离开的可能性是一样的（但飞机不能从同一点进出）。例如，飞机到达 A 点的概率为 1/4，由于是从 A 点到达的，其从 B、C 或 D 点离开的概率均为 1/3。假设飞机的飞行路径是直线，并且在该区域内不会发生碰撞且没有为避免相撞而产生的飞行。

（a） 一架飞机在该区域的平均飞行路径长度是多少？

（b） 该区域内的平均飞机数量是多少？

（c） 假设飞机有时会为避免相撞而执行躲避机动，那么（b）的答案是增加还是减少？

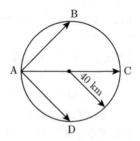

图 1.16　习题 1.14 的系统示意

1.15 在购买新车之前，美国一个人使用一辆车的平均时间为 5 年，并且服从三阶埃尔朗分布。假设美国大约有 1.5 亿辆汽车。

（a） 假设美国人将在购买新车时毁掉旧车。汽车行业每年预计销售多少辆汽车？

（b）　假设美国人在购买新车时会将旧车卖给其他人。购买二手车的人使用二手车的平均时间为 7 年，并且服从三阶埃尔朗分布；当购买二手车的人购买下一辆二手车时，手头这辆二手车将被毁掉。汽车行业每年预计销售多少辆新车？

1.16　飞机进入如图 1.17 所示的区域，该区域长为 50 km，进入该区域的飞机的间距为 5 km 加上平均值为 1 km 的指数分布随机变量。假设飞机始终以 400 km/h 的速度飞行，该区域的平均飞机数量是多少？

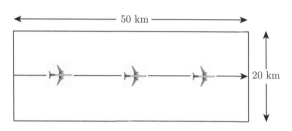

图 1.17　习题 1.16 的系统示意

1.17　表 1.8 给出了关于满足先到先服务规则的单服务员排队模型中的顾客的观察结果。

（a）　计算顾客在队列中的平均等待时间和在系统中的平均时间。

（b）　计算必须等待服务的顾客在系统中的平均等待时间（即不包括到达系统后立即接受服务的顾客）。计算队列的平均长度、系统中的平均顾客数和服务员空闲时间的比例。

表 1.8　习题 1.17 的数据

顾客	到达时间间隔/min	服务时间 /min
1	1	3
2	9	7
3	6	9
4	4	9
5	7	10
6	9	4
7	5	8
8	8	5
9	4	5
10	10	3
11	6	6
12	12	3
13	6	5
14	8	4
15	9	9

顾客	到达时间间隔/min	服务时间 /min
16	5	9
17	7	8
18	8	6
19	8	8
20	7	3

1.18 某检查站的初始状态为空，物品以每 5 min 一个的速度到达该检查站，第一个物品的到达时间设置为第 5 分钟，前 10 个物品检查完成的时间分别为第 7 分钟、第 17 分钟、第 23 分钟、第 29 分钟、第 35 分钟、第 38 分钟、第 39 分钟、第 44 分钟、第 46 分钟和第 60 分钟。请利用这些数据，模拟运行该检查站从第 0 到第 60 分钟的过程，计算该检查站中的平均物品数和检查站空闲时间百分比。

1.19 表 1.9 列出了满足先到先服务规则的单服务员排队模型中顾客的到达时间和服务时间。根据这些数据，计算 L_q（队列中的平均顾客数）和 $L_q^{(A)}$（新到达的顾客观察到的已在队列中的平均顾客数）。对于 L_q，假设时间范围为 $[0, 15.27]$，其中 15.27 是最后一个顾客离开系统的时间。假设 $t = 0$ 时系统为空。

表 1.9 习题 1.19 的数据

到达时间/min	服务时间/min
1	2.22
2	1.76
3	2.13
4	0.14
5	0.76
6	0.70
7	0.47
8	0.22
9	0.18
10	2.41
11	0.41
12	0.46
13	1.37
14	0.27
15	0.27

第 2 章

随机过程回顾

本章概述本书用到的几个随机过程中的关键概念，包括指数分布、泊松过程、马尔可夫链（离散时间马尔可夫链和连续时间马尔可夫链），以及它们的长期行为。本章的目的是快速回顾相关结论，并非解决某个具体的问题，假设读者对这些概念以及这些概念所涉及的概率论知识已有基本的了解。熟悉这些概念的读者可以选择跳过此章，读者也可以阅读与随机过程相关的参考文献（Ross，2014），来更深入地理解这些概念。

2.1 指 数 分 布

在排队论中，指数分布通常用来表示独立随机事件发生的时间间隔，比如顾客到达的时间间隔、服务员为顾客服务的时间。本章将探讨指数分布的一些基本性质。泊松过程是排队论中的常用模型，指数分布与泊松过程密切相关（详见第 2.2 节）。另外，指数分布是连续时间马尔可夫链的基础（详见第 2.4 节），而连续时间马尔可夫链是第 3~5 章中所讨论的排队模型的基础。

定义 2.1 服从指数分布的随机变量是连续型随机变量，其**概率密度函数**（probability density function，PDF）为：

$$f(t) = \lambda e^{-\lambda t}, \qquad t \geqslant 0$$

其中 λ 是大于 0 的常数。

服从指数分布的随机变量 T 的**累积分布函数**（cumulative distribution function，CDF）、**互补累积分布函数**（complementary cumulative distribution function，CCDF）、期望和方差可以通过其概率密度函数求得（见习题 2.1），分别表示为

$$F(t) \equiv \Pr\{T \leqslant t\} - 1 - e^{-\lambda t}, \quad t \geqslant 0$$

$$\bar{F}(t) \equiv \Pr\{T > t\} = \mathrm{e}^{-\lambda t}, \quad t \geqslant 0$$

$$\mathrm{E}[T] = \frac{1}{\lambda}, \quad \mathrm{Var}[T] = \frac{1}{\lambda^2} \tag{2.1}$$

在本书中，服从指数分布的随机变量通常用来表示时间间隔。参数 λ 表示每单位时间内发生的事件数，因此，$1/\lambda$ 表示相邻事件时间间隔的期望。指数分布的一个重要特征是无记忆性。无记忆性的定义如下。

定义 2.2 如果式 (2.2) 成立，则随机变量 T 具有**无记忆性**（memoryless property）：

$$\Pr\{T > t + s \mid T > s\} = \Pr\{T > t\}, \quad s, t \geqslant 0 \tag{2.2}$$

可以将 T 看作事件发生的时间间隔，例如，公交车到达的时间间隔。无记忆性表示，如果某个乘客已经花费了 s 个时间单位来等待公交车到达（$T > s$），那么该乘客至少还需要等待 t 个时间单位的条件概率与该乘客一开始就等待至少 t 个时间单位的概率相等，即 $\Pr\{T > t + s | T > s\} = \Pr\{T > t\}$，即公交车到达的概率与乘客已经等待的时间长短无关。无记忆性表示事件发生之前的剩余等待时间与已经等待的时间无关。

定理 2.1 指数分布的随机变量具有无记忆性。

可以使用**贝叶斯定理**（Bayes' theorem）来证明该定理：

$$\Pr\{T > t + s | T > s\} = \frac{\Pr\{T > t + s, T > s\}}{\Pr\{T > s\}} = \frac{\Pr\{T > t + s\}}{\Pr\{T > s\}}$$

$$= \frac{\mathrm{e}^{-\lambda(t+s)}}{\mathrm{e}^{-\lambda s}} = \mathrm{e}^{-\lambda t}$$

在该证明中，$\Pr\{T > t + s, T > s\} = \Pr\{T > t + s\}$（如果 T 大于 $t + s$，则 T 也大于 s）。

现在考虑一个不具有无记忆性的随机变量。设 T 在 $[0, 60]$（min）内均匀分布，则 $\Pr\{\dot{T} > 1\} = 59/60$。在同样的场景下，假如前提条件是 $T > 58$，即事件在前 58 min 未发生，那么至少还需要等待 1 min 的概率为 $\Pr\{T > 1 + 58 | T > 58\} = (1/60) / (2/60) = 0.5$。在这个场景中，等待的时间越长，事件发生的概率就越大，类似的例子有很多。事实上，指数分布是唯一具有无记忆性的连续分布（几何分布是离散形式的指数分布，也是除指数分布外唯一具有无记忆性的分布）。

定理 2.2 指数分布是唯一具有无记忆性的连续分布。

如果连续函数 $g(t)$ 满足 $g(s+t)=g(s)+g(t)$，则 $g(t)$ 的表达式一定为如下形式：

$$g(t)=Ct \tag{2.3}$$

其中，C 是任意常数。这一结论的证明并不复杂，读者可参考相关文献（Prazen，1962），在此仅引用这一结论。如果随机变量 T 具有无记忆性，我们希望推导出

$$\Pr\{T>t\}=\mathrm{e}^{Ct}$$

该式是指数分布的互补累积分布函数（$C=-\lambda$）。由条件概率的性质及式（2.2）可得

$$\Pr\{T>t\}=\Pr\{T>t+s|T>s\}=\frac{\Pr\{T>t+s,T>s\}}{\Pr\{T>s\}}$$
$$=\frac{\Pr\{T>t+s\}}{\Pr\{T>s\}}$$

因此，$\Pr\{T>t+s\}=\Pr\{T>t\}\cdot\Pr\{T>s\}$ 也可以写为 $\bar{F}(t+s)=\bar{F}(t)\cdot\bar{F}(s)$。两边同取自然对数可得

$$\ln\bar{F}(t+s)=\ln\bar{F}(t)+\ln\bar{F}(s)$$

根据式（2.3），可得 $\ln\bar{F}(t)=Ct$，即 $\bar{F}(t)=\mathrm{e}^{Ct}$。

本书也使用了指数分布的其他几个重要性质。接下来要介绍的性质与多个服从指数分布的随机变量的最小值有关。设 T_1 为等待事件 A 发生的时间，T_2 为等待事件 B 发生的时间，则 $\min\{T_1,T_2\}$ 表示等待这两个事件中第一个事件发生所需的时间。定理 2.3 指出，如果等待各事件发生的时间 $T_1,\cdots,T_n$ 分别服从参数为 $\lambda_1,\cdots,\lambda_n$ 的指数分布且相互独立，那么等待各事件发生的时间的最小值（即等待这几个事件中第一个事件发生所需的时间）服从参数为 $\lambda=\sum\limits_{i=1}^{n}\lambda_i$ 的指数分布。这里省略该定理的证明，读者可以在相关参考文献（Ross，2014）中找到该定理的证明过程。

定理 2.3　设 $T_1,\cdots,T_n$ 为相互独立的随机变量，且分别服从参数为 $\lambda_1,\cdots,\lambda_n$ 的指数分布，则 $\min\{T_1,\cdots,T_n\}$ 服从参数为 $\lambda=\sum\limits_{i=1}^{n}\lambda_i$ 的指数分布。

■ **例 2.1**

等待公交车和出租车到达的时间均为指数分布随机变量，平均等待时间分别为 20 min 和 5 min。乘客需要等待至少 5 min 后才有公交车或出租车到达的概率是多少？

设 T_1 为等待公交车到达的时间，T_2 为等待出租车到达的时间。T_1 服从参数为 $\lambda_1 = 1/20$ 的指数分布，T_2 服从参数为 $\lambda_2 = 1/5$ 的指数分布。假设 T_1 和 T_2 是相互独立的，则由定理 2.3 可知，等待公交车和出租车到达的时间的较小值 $T = \min\{T_1, T_2\}$ 服从参数为 $\lambda = 1/20 + 1/5 = 1/4$ 的指数分布。因此，等待超过 5 min 的概率为 $e^{-\lambda t} = e^{-\frac{1}{4} \times 5} = e^{-5/4}$。

接下来要介绍的性质与某一特定事件先发生的概率有关。例如，在例 2.1 中，我们或许会想知道是公交车先到达还是出租车先到达。如果公交车先到达，那么 $T_1 < T_2$，此时 $T_1 = \min\{T_1, T_2\}$。公交车先到达的概率为

$$\Pr\{T_1 = \min\{T_1, T_2\}\} = \frac{\lambda_1}{\lambda_1 + \lambda_2} = \frac{1/20}{1/20 + 1/5} = \frac{1}{5}$$

这个结果很直观，因为出租车到达的频率是公交车的 4 倍，所以公交车先到达的概率（1/5）是出租车先到达的概率（4/5）的四分之一。定理 2.4 将这一结果推广到任意数量的事件中。此处也省略该定理的证明，但是读者可以在相关参考文献中找到该定理的证明过程。

定理 2.4 设 $T_1, \cdots, T_n$ 为相互独立的随机变量，分别服从参数为 $\lambda_1, \cdots, \lambda_n$ 的指数分布，则

$$\Pr\{T_i = \min\{T_1, \cdots, T_n\}\} = \frac{\lambda_i}{\lambda_1 + \cdots + \lambda_n}$$

最后介绍事件的独立性，该性质与前两个定理均相关。该性质表明，事件发生的顺序与事件的类型无关，可以通过一个例子来说明。设 T_1 表示飓风发生的时间间隔，T_2 表示地震发生的时间间隔，假设 T_1 与 T_2 均为服从指数分布的随机变量，期望分别为 $1/\lambda_1 = 1$ 年和 $1/\lambda_2 = 100$ 年。假设知道第一场灾难发生在第 100 年，即 $T = \min\{T_1, T_2\} = 100$ 年，那么这场灾难是飓风还是地震？因为这场灾难在第 100 年（T_2 的期望）发生，所以这场灾难看起来更有可能是地震。事实上，哪个事件先发生与 T 的值无关。根据定理 2.4 可得，这场灾难是地震的概率为 $(1/100)/(1 + 1/100) = 1/101$，该概率与 T 的值无关。定理 2.5 更准确地表述了这一结论。

定理 2.5 设 $T_1, \cdots, T_n$ 是相互独立的随机变量，分别服从参数为 $\lambda_1, \cdots, \lambda_n$ 的指数分布，令 $T = \min\{T_1, \cdots, T_n\}$，那么事件 $\{T_i = T\}$ 与 T 无关。

2.2　泊松过程

泊松过程通常用来对排队系统的到达过程进行建模。直观地讲，泊松过程可以用来描述在时间上随机发生的事件，本节将详细地介绍随机性这一概念。

随机变量的集合 $\{N(t), t \geqslant 0\}$ 称为**随机过程**（stochastic process），在此处，t 是连续的，即在连续时间内定义随机过程，但也可以在离散时间内定义随机过程。**计数过程**（counting process）是一种随机过程，其中，$N(t)$ 的取值为非负整数，且 $N(t)$ 不随时间递减。计数过程通常表示时刻 t 前累计发生的事件数。在这些条件下，可以得到泊松过程的定义。

定义 2.3　到达速率 $\lambda > 0$ 的**泊松过程**（Poisson process）是满足下列性质的计数过程 $N(t)$：

（1）$N(0) = 0$；

（2）$\Pr\{t$ 到 $t + \Delta t$ 间发生一个事件$\} = \lambda\Delta t + o(\Delta t)$；

（3）$\Pr\{t$ 到 $t + \Delta t$ 间发生两个或两个以上事件$\} = o(\Delta t)$；

（4）在非重叠的时间区间内发生的事件数是相互独立的，即泊松过程是独立增量过程。

在这个定义中，当 $\Delta t \to 0$ 时，$o(\Delta t)$ 与 Δt 相比可以忽略不计，即

$$\lim_{\Delta t \to 0} \frac{o(\Delta t)}{\Delta t} = 0$$

当 Δt 很小时，$o(\Delta t)$ 近似为 0。定义 2.3 的性质（2）表明，在一个短时间区间内恰好发生一个事件的概率与这个时间区间的长度近似成正比。例如，假设平均每小时有一辆公交车到达，则 10 min 内公交车到达的概率大约是 5 min 内公交车到达的概率的两倍。性质（3）表明，在一个短时间区间内发生两个或两个以上事件的概率基本上为 0。虽然在一个短时间区间 $[t, t + \Delta t](\Delta t > 0)$ 内有可能发生两个事件，但相对于时间区间的长度 Δt 来说，发生这种情况的概率非常小，可以通过极限取极小值证明两个事件不可能在同一时刻发生。该性质也可以被称为**有序性**（orderliness）。性质（4）表明，在不重叠的时间区间内发生的事件数是相互独立的。如果两个时间区间不重叠，那么在一个时间区间内发生的事件数与在另一个时间区间内发生的事件数无关。

定义 2.3 描述了泊松过程 $N(t)$ 的基本性质，为了得到 $N(t)$ 的概率分布，需要定义**泊松随机变量**（Poisson random variable）。

定义 2.4 泊松随机变量是离散型随机变量，其概率质量函数为

$$p_n = \mathrm{e}^{-A}\frac{A^n}{n!}, \quad n = 0, 1, 2, \cdots$$

其中 A 是大于 0 的常数。

泊松随机变量 X 的期望和方差分别为

$$\mathrm{E}[X] = A, \quad \mathrm{Var}[X] = A$$

定理 2.6 给出了泊松过程和泊松随机变量之间的关系。

定理 2.6 设 $N(t)$ 是到达速率 $\lambda > 0$ 的泊松过程，则时刻 t 前发生的事件数是期望为 λt 的泊松随机变量，即

$$p_n(t) = \frac{(\lambda t)^n}{n!}\mathrm{e}^{-\lambda t}, \quad n = 0, 1, 2, \cdots \tag{2.4}$$

其中，$p_n(t) \equiv \mathrm{Pr}\{N(t) = n\}$。

先求 $p_0(t)$，$p_0(t)$ 为时刻 t 前没有事件发生（没有顾客到达）的概率：

$$\begin{aligned}
p_0(t + \Delta t) &= \mathrm{Pr}\{[0, t] \text{ 内没有顾客到达且 } (t, t + \Delta t] \text{ 内没有顾客到达}\} \\
&= \mathrm{Pr}\{[0, t] \text{ 内没有顾客到达}\} \cdot \mathrm{Pr}\{(t, t + \Delta t] \text{ 内没有顾客到达}\} \\
&= p_0(t)[1 - \lambda \Delta t - o(\Delta t)]
\end{aligned}$$

因为 $[0, t]$ 和 $(t, t + \Delta t]$ 是不重叠的，由定义 2.3 中的性质（4）可知，上式的第二行遵循独立增量性；第三行遵循性质（2）和性质（3）。整理上式可得

$$p_0(t + \Delta t) - p_0(t) = -\lambda \Delta t p_0(t) - o(\Delta t)p_0(t)$$

两边同除以 Δt，且同时取极限 $\Delta t \to 0$，可得

$$p_0'(t) = -\lambda p_0(t) \tag{2.5}$$

该微分方程的通解为 $p_0(t) = Ce^{-\lambda t}$。因为 $p_0(0) = 1$［性质（1）］，所以常数 C 等于 1。当 $n \geqslant 1$ 时，可以用类似的方法得到 $p_n(t)$：

$$p_0(t + \Delta t)$$
$$= \mathrm{Pr}\{[0, t] \text{ 内有 } n \text{ 个顾客到达且 } (t, t + \Delta t] \text{ 内有 } 0 \text{ 个顾客到达}\} +$$

$\Pr\left\{[0,t]\text{ 内有 }n-1\text{ 个顾客到达且 }(t,t+\Delta t]\text{ 内有 1 个顾客到达}\right\}+$

$\Pr\left\{[0,t]\text{ 内有 }n-2\text{ 个顾客到达且 }(t,t+\Delta t]\text{ 内有 2 个顾客到达}\right\}+$

$\cdots+\Pr\left\{[0,t]\text{ 内有 0 个顾客到达且 }(t,t+\Delta t]\text{ 内有 }n\text{ 个顾客到达}\right\}$

根据性质 (2)、(3) 和 (4)，上式可以写为

$$p_n(t+\Delta t) = p_n(t)[1-\lambda\Delta t - o(\Delta t)] + p_{n-1}(t)[\lambda\Delta t + o(\Delta t)]$$
$$+ p_{n-2}(t)[o(\Delta t)] + \cdots + p_0[o(\Delta t)] \tag{2.6}$$

合并所有包含 $o(\Delta t)$ 的项，上式可整理为

$$p_n(t+\Delta t) - p_n(t) = -\lambda\Delta t p_n(t) + \lambda\Delta t p_{n-1}(t) + o(\Delta t), \quad n \geqslant 1 \tag{2.7}$$

两边同除以 Δt，且同时取极限 $\Delta t \to 0$，可得到一组微分差分方程：

$$p_n'(t) = -\lambda p_n(t) + \lambda p_{n-1}(t), \quad n \geqslant 1 \tag{2.8}$$

当 $n=1$ 时，该方程为

$$p_1'(t) + \lambda p_1(t) = \lambda p_0(t) = \lambda e^{-\lambda t}$$

该方程的解为

$$p_1(t) = Ce^{-\lambda t} + \lambda t e^{-\lambda t}$$

当 $n>1$ 时，使用边界条件 $p_n(0)=0$，可得 $C=0$，所以 $p_1(t) = \lambda t e^{-\lambda t}$。

用类似的方法可以求得

$$p_2(t) = \frac{(\lambda t)^2}{2}e^{-\lambda t}, \quad p_3(t) = \frac{(\lambda t)^3}{3!}e^{-\lambda t}, \quad \cdots \tag{2.9}$$

由此推测式（2.4）为一般表达式，这一结论可以用数学归纳法来验证（见习题 2.2）。

定理 2.7 至 2.11 介绍了泊松过程的其他性质。定理 2.7 表明泊松过程具有平稳增量性，也就是说，在一个给定的时间区间内发生的事件数（即增量）的分布仅取决于该区间的**长度**（length），与时间区间内的**绝对位置**（absolute location）无关。例如，下午 1 点到下午 2 点之间发生的事件数与下午 3 点到下午 4 点之间发生的事件数服从相同的分布，因为这两个时间区间的长度都是 1 h。该结论的证明留作练习（见习题 2.5）。

定理 2.7 泊松过程具有平稳增量性，即如果 $t > s$，对于任意 $h > 0$，$N(t) - N(s)$ 与 $N(t+h) - N(s+h)$ 服从相同的分布。

■ **例 2.2**

设 $N(t)$ 是到达速率 $\lambda = 5$ 的泊松过程，则在时刻 $t = 3$ 前（即时间区间 $[0, 3]$ 内）发生两个事件的概率为

$$\Pr\{N(3) = 2\} = \mathrm{e}^{-5 \times 3} \frac{(5 \times 3)^2}{2!}$$

该概率与在时间区间 $(3, 6]$ 内发生两个事件的概率相同，因为这两个时间区间的长度都是 3。$[0, 3]$ 内发生两个事件且 $(3, 6]$ 内也发生两个事件的概率为

$$\Pr\{N(3) = 2, N(6) - N(3) = 2\} = \mathrm{e}^{-5 \times 3} \frac{(5 \times 3)^2}{2!} \cdot \mathrm{e}^{-5 \times 3} \frac{(5 \times 3)^2}{2!}$$

因为泊松过程是独立增量过程[定义 2.3 中的性质（4）]，所以在 $[0, 3]$ 和 $(3, 6]$ 内发生的事件数是相互独立的。

定理 2.6 描述了泊松过程中发生的事件数的分布，在长度为 t 的时间区间内发生的事件数是期望为 λt 的泊松随机变量。定理 2.8 描述了事件发生的时间间隔的分布，连续两个事件发生的时间间隔服从参数为 λ 的指数分布，这一结论将泊松过程和指数分布联系了起来。

定理 2.8 设 $N(t)$ 是到达速率为 λ 的泊松过程，连续发生的事件的时间间隔为相互独立的随机变量，服从参数为 λ 的指数分布（期望为 $1/\lambda$）。

设 T 为第一个事件发生的时间，那么，

$$\Pr\{T > t\} = \Pr\{时刻\ t\ 前没有事件发生\} = p_0(t) = \mathrm{e}^{-\lambda t}$$

设 $P_n(t) \equiv \Pr\{N(t) \leqslant n\}$ 是到达过程的累积分布函数，则

$$p_n(t) = \Pr\{N(t) = n\} = P_n(t) - P_{n-1}(t), \quad n \geqslant 1$$

此时，$P_n(t) = \Pr\{n+1$ 次到达的时间间隔之和大于 $t\}$，且已知独立同分布的指数分布随机变量之和服从埃尔朗分布（Γ 分布的特例）。因此，

$$P_n(t) = \int_t^\infty \frac{\lambda(\lambda x)^n}{n!} \mathrm{e}^{-\lambda x} \mathrm{d}x \tag{2.10}$$

令 $u = x - t$，且根据二项式定理，可得

$$
\begin{aligned}
P_n(t) &= \int_0^\infty \frac{\lambda^{n+1}(u+t)^n}{n!} \mathrm{e}^{-\lambda t} \mathrm{e}^{-\lambda u} \mathrm{d}u \\
&= \int_0^\infty \frac{\lambda^{n+1}\mathrm{e}^{-\lambda t}\mathrm{e}^{-\lambda u}}{n!} \sum_{i=0}^n u^{n-i} t^i \frac{n!}{(n-i)!i!} \mathrm{d}u
\end{aligned}
$$

交换求和与积分的顺序，可得

$$
P_n(t) = \sum_{i=0}^n \frac{\lambda^{n+1}\mathrm{e}^{-\lambda t}t^i}{(n-i)!i!} \int_0^\infty \mathrm{e}^{-\lambda u} u^{n-i} \mathrm{d}u
$$

在上式中，积分部分是著名的 Γ 函数，其结果等于 $(n-i)!/\lambda^{n-i+1}$。把这一结果代入上式，整理可得

$$
P_n(t) = \sum_{i=0}^n \frac{(\lambda t)^i \mathrm{e}^{-\lambda t}}{i!}
$$

上式为泊松过程的累积分布函数。

有时称泊松-指数到达过程是"完全随机的"，定理 2.9 对此进行了解释（定理 2.9 介绍的随机性并非指到达时间间隔服从指数分布）。

定理 2.9　设 $N(t)$ 为泊松过程，如果已知时间区间 $[0, T]$ 内发生了 k 个事件，那么这 k 个事件发生的时刻 $\tau_1 < \tau_2 < \cdots < \tau_k$ 与 k 个相互独立且在 $[0, T]$ 上均匀分布的随机变量的顺序统计量服从相同的分布。

该性质表明，如果已知 $[0, T]$ 内发生了一定数量的事件，那么这些事件发生的时刻在 $[0, T]$ 上均匀分布。之所以说事件发生的时刻是"完全随机的"，是因为这些时刻在时间区间内是均匀分布的。我们需要准确地理解"事件发生的时刻"，确切地说，需要区分有序事件和无序事件的发生时刻。为了说明这一区别，假设朝一条标有数字刻度（从 0 到 T）的直线上投掷 k 个飞镖，飞镖的落点相互独立且在 $[0, T]$ 上均匀分布。例如，令 $k = 3$ 且 $T = 1$，第 1 个飞镖可能落在 0.87 上，第 2 个飞镖可能落在 0.23 上，第 3 个飞镖可能落在 0.51 上。无序的序列是 {0.87, 0.23, 0.51}，这是按扔飞镖的顺序排列的。有序的序列是 {0.23, 0.51, 0.87}，这是按落点的顺序排列的（对应于事件发生时刻的先后）。综上所述，如果已知 $[0, T]$ 内发生了 k 个事件，那么无序事件的发生时刻是相互独立且均匀分布的，或者可以说，有序事件的发生时刻与 k 个相互独立且均匀分布的随机变量的顺序统计量服从相同的分布。

由泊松过程均匀分布的性质，可得出一个重要的结论：任意按泊松过程到达系统的顾客看到系统中的随机过程 $X(t)$ 处于某个状态的概率与系统外部的观测者在任意时间点看到 $X(t)$ 处于该状态的概率是相同的。当 $X(t)$ 是队列时，此性质被称为**泊松到达看见时间平均**（Poisson arrivals see time averages，PASTA），详细介绍请参阅参考文献（Wolff，1982）。

条件概率密度的微分部分可以写为

$$
f_\tau(\vec{t} \mid k)\mathrm{d}t
$$
$$
\equiv f\left(t_1, t_2, \cdots, t_k \mid [0, T] \text{ 内到达 } k \text{ 个顾客}\right) \mathrm{d}t_1\mathrm{d}t_2\cdots\mathrm{d}t_k
$$
$$
\approx \Pr\left\{t_1 \leqslant \tau_1 \leqslant t_1 + \mathrm{d}t_1, \cdots, t_k \leqslant \tau_k \leqslant t_k + \mathrm{d}t_k \mid [0, T] \text{ 内到达 } k \text{ 个顾客}\right\}
$$
$$
= \frac{\Pr\left\{t_1 \leqslant \tau_1 \leqslant t_1 + \mathrm{d}t_1, \cdots, t_k \leqslant \tau_k \leqslant t_k + \mathrm{d}t_k, [0, T] \text{ 内到达 } k \text{ 个顾客}\right\}}{\Pr\{[0, T] \text{ 内到达 } k \text{ 个顾客}\}}.
$$

最后一个等式是由条件概率的定义得出的。因为我们希望求出在每个 $[t_i, t_i + \mathrm{d}t_i]$ 内（共有 k 个时间区间）恰好发生一个事件，并且在其他时间区间（即在长度为 $T - \mathrm{d}t_1 - \mathrm{d}t_2 - \cdots - \mathrm{d}t_k$ 的时间区间）内没有发生事件的概率，所以可以基于式（2.4）和泊松过程的独立增量性来求等号右边的分子。类似地，分母也可以基于式（2.4）来计算。可得

$$
f_\tau(\vec{t} \mid k)\mathrm{d}t \approx \frac{\lambda\mathrm{d}t_1\mathrm{e}^{-\lambda\mathrm{d}t_1}\lambda\mathrm{d}t_2\mathrm{e}^{-\lambda\mathrm{d}t_2}\cdots\lambda\mathrm{d}t_k\mathrm{e}^{-\lambda\mathrm{d}t_k}\mathrm{e}^{-\lambda(T-\mathrm{d}t_1-\mathrm{d}t_2-\cdots-\mathrm{d}t_k)}}{(\lambda T)^k\mathrm{e}^{-\lambda T}/k!}
$$
$$
= \frac{k!}{T^k}\mathrm{d}t_1\mathrm{d}t_2\cdots\mathrm{d}t_k
$$

因此，$f_\tau(\vec{t}\mid k) = k!/T^k$，该式是 $[0, T]$ 内 k 个独立同均匀分布随机变量的顺序统计量的联合密度函数。

最后介绍泊松过程的**分流**（splitting）与**汇合**（superposition），如图 2.1 所示。在一定的独立性假设下，可以将一个泊松过程分为多个相互独立的泊松过程，类似地，也可以将多个相互独立的泊松过程合为一个泊松过程。

定理 2.10（分流） 设 $N(t)$ 是到达速率为 λ 的泊松过程，假设每个事件都被标记成发生概率为 p_i 的 i 型事件 $(i = 1, \cdots, n)$，且各事件相互独立。设 $N_i(t)$ 为时刻 t 前发生的 i 型事件数，则 $N_i(t)$ 是到达速率为 λp_i 的泊松过程。对于任意 $i \neq j$，$N_i(t)$ 和 $N_j(t)$ 是相互独立的。

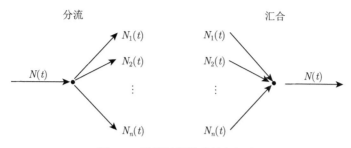

图 2.1　泊松过程的分流与汇合

定理 2.11（汇合）　设 $N_1(t), \cdots, N_n(t)$ 是到达速率分别为 $\lambda_1, \cdots, \lambda_n$ 的相互独立的泊松过程，则 $N(t) \equiv N_1(t) + \cdots + N_n(t)$ 是到达速率 $\lambda \equiv \lambda_1 + \cdots + \lambda_n$ 的泊松过程。

■　**例 2.3**

假设旅客按照泊松过程到达机场安检中心的入口。安检中心有两个队列，入口处的工作人员将每位到达的旅客分配到其中一个队列，到达的第偶数个旅客被分配在左边的队列，第奇数个旅客被分配在右边的队列。旅客到达这两个队列的过程均是泊松过程吗？

不是。在本例中，旅客 j 被分配到哪个队列取决于旅客 $j-1$ 被分配到哪个队列。旅客到达这两个队列的过程不是相互独立的，所以定理 2.10 不适用于本例。但是，如果工作人员通过随机掷硬币的方式来决定旅客的分配，那么旅客到达这两个队列的过程均是泊松过程（到达速率是原泊松过程到达速率的一半）。

下面介绍泊松过程的推广。泊松过程有很多推广，大多数推广都可以直接应用于排队过程，下面将更详细地介绍这些推广。

第一个推广是**非齐次泊松过程**（non-homogeneous Poisson process，NHPP）。当非齐次泊松过程的到达速率函数 $\lambda(t)$ 是常数时，可将非齐次泊松过程视为标准泊松过程。非齐次泊松过程广泛应用于多种场景，例如餐厅、咖啡厅、杂货店、银行、机场、呼叫中心等，在这些场景中，顾客的到达速率 $\lambda(t)$ 在一天中随时间 t 变化，图 2.2 所示为 $\lambda(t)$ 随时间 t 变化的一种可能情况。

定义 2.5　非齐次（或非平稳）泊松过程是将定义 2.3 中的性质（2）替换为以下性质的泊松过程：

$$\Pr\{t \text{ 到 } t + \Delta t \text{ 间到达数为 } 1\} = \lambda(t)\Delta t + o(\Delta t)$$

非齐次泊松过程仍然具有标准泊松过程的独立增量性和有序性，但不具有平稳性。在长度为 Δt 的短时间区间内，到达数为 1 的概率不仅取决于时间区间的长度 Δt，还取决于时间区间在时间上的绝对位置，这种对时间的依赖性体现在函数 $\lambda(t)$ 上。

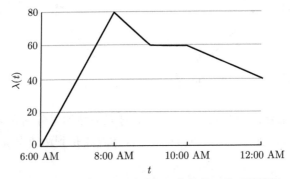

图 2.2　到达速率 $\lambda(t)$ 随时间 t 变化的一种可能情况

$\lambda(t)$ 表示预期到达速率，一个时间区间内的实际到达数是随机的。定理 2.12 具体说明了在时间区间 $(s,t]$ 内随机事件数的分布。该分布是泊松分布，但与标准泊松分布不同的是，此处的期望取决于到达速率函数 $\lambda(t)$ 的积分，证明过程可参阅参考文献（Ross，2014）。

定理 2.12　对于到达速率为 $\lambda(t)$ 的非齐次泊松过程 $N(t)$，$(s,t]$ 内发生的事件数是期望为 $m(t) - m(s)$ 的泊松随机变量，其中

$$m(t) \equiv \int_0^t \lambda(u)\,\mathrm{d}u$$

函数 $m(t)$ 也被称为均值函数，表示时刻 t 前累计预期发生的事件数。标准泊松过程是非齐次泊松过程 $\lambda(t) = \lambda$ 时的一个特例，在标准泊松过程中，$m(t) = \lambda t$。定理 2.12 隐含了以下关系：

$$\Pr\{N(t) - N(s) = n\} = \mathrm{e}^{-[m(t)-m(s)]} \frac{[m(t) - m(s)]^n}{n!}, \qquad n \geqslant 0 \qquad (2.11)$$

在式（2.11）中，$m(t) - m(s)$ 等于 $\lambda(u)$ 在 $(s,t]$ 上的积分：

$$m(t) - m(s) = \int_s^t \lambda(u)\,\mathrm{d}u$$

■　**例 2.4**

　　一家咖啡厅的顾客的到达过程是非齐次泊松过程，到达速率 $\lambda(t)$ 随时间 t 变化的情况如图 2.2 所示。请计算上午 7 点到 10 点之间有 100 个或 100 个以上顾客到达的概率。

通过对 $\lambda(t)$ 在 $(7,10]$ 上进行积分，可以得到该时间段内预期到达的顾客数，即 $60 + 70 + 60 = 190$。因此，该时间段内到达的顾客数是期望为 190 的泊松随机变量。在该时间段内，有 100 个或 100 个以上顾客到达的概率为 $1 - \sum_{n=0}^{99} \mathrm{e}^{-190} \dfrac{190^n}{n!}$。

第二个推广是**复合泊松过程**（compound Poisson process，CPP）。复合泊松过程类似于标准泊松过程，但在复合泊松过程中，事件按批次发生。例如，可将一辆公交车视为一个批次，车上的所有乘客在同一批次到达下一个站点。批次数（如到达站点的公交车数）服从泊松分布，则到达的顾客数（如公交车上的乘客数）服从复合泊松分布。复合泊松过程的定义如下：

定义 2.6　设 $M(t)$ 是泊松过程，$\{Y_n\}$ 是独立同分布的正整数随机变量序列，且 $\{Y_n\}$ 与 $M(t)$ 相互独立，则 $N(t) \equiv \sum_{n=1}^{M(t)} Y_n$ 是复合泊松过程。

在上面公交车的例子中，$M(t)$ 表示时刻 t 前到达的公交车数，Y_n 表示第 n 辆公交车上的乘客数，$N(t)$ 表示时刻 t 前到达的总乘客数。因为到达的公交车数是服从泊松分布的随机变量且与 Y_n 相互独立，所以对于给定的 t 值，$N(t)$ 是**复合泊松随机变量**（compound Poisson random variable）。

与标准泊松过程相比，复合泊松过程具有独立且平稳的增量，但不具有有序性，即复合泊松过程是将定义 2.3 中的性质（2）和性质（3）替换为以下性质的泊松过程：

$$\Pr\{t到t+\Delta t \text{ 间到达数为 } i\} = \lambda_i \Delta t + o(\Delta t), \qquad i = 1, 2, \cdots$$

其中，$\lambda_i \equiv c_i \lambda$ 是大小为 i 的批次的有效到达速率。

对于复合泊松过程，可以直接推导出 $N(t)$ 的期望和方差，具体过程可参阅参考文献（Ross，2014）：

$$\mathrm{E}[N(t)] = \lambda t \mathrm{E}[Y_n], \quad \mathrm{Var}[N(t)] = \lambda t \mathrm{E}[Y_n^2]$$

我们也可以得到 $N(t)$ 的分布。设 $c_m \equiv \Pr\{Y_n = m\}$ 表示大小为 m 的批次到达的概率。根据概率的性质可得

$$\Pr\{N(t) = m\} = \sum_{k=0}^{m} \left(\Pr\{M(t) = k\} \cdot \Pr\left\{ \sum_{n=1}^{k} Y_n = m \right\} \right)$$

$$= \sum_{k=0}^{m} \mathrm{e}^{-\lambda t} \frac{(\lambda t)^k}{k!} c_m^{(k)}$$

其中，$c_m^{(k)}$ 表示 k 个批次中共有 m 个事件的概率，$c_m^{(k)}$ 的值与 c_m 的 k 重卷积相关。根据定义，$c_0^{(0)} \equiv 1$。

■ **例 2.5**

顾客按批次到达一家餐厅，到达过程为泊松过程，平均每 5 min 有 1 个批次的顾客到达，每批次的顾客数为 1、2、3 或 4，对应的概率分别为 $\frac{1}{6}$、$\frac{1}{3}$、$\frac{1}{3}$ 和 $\frac{1}{6}$。1 h 内到达的顾客数的期望和方差是多少？在 15 min 内，有 3 个顾客到达的概率是多少？

对于第一个问题，先计算得出 $\mathrm{E}[Y_n] = 2.5$，$\mathrm{E}[Y_n^2] = \frac{1}{6} \times 1^2 + \frac{1}{3} \times 2^2 + \frac{1}{3} \times 3^2 + \frac{1}{6} \times 4^2 = \frac{43}{6}$，则 1 h 内到达的顾客数的期望为 $\lambda t \mathrm{E}[Y_n] = 12 \times 1 \times 2.5 = 30$，方差为 $\lambda t \mathrm{E}[Y_n^2] = 12 \times 1 \times \frac{43}{6} = 86$。对于第二个问题，有

$$\Pr\{N(t) = 3\} = \sum_{k=0}^{3} \mathrm{e}^{-\lambda t} \frac{(\lambda t)^k}{k!} c_3^{(k)}$$

其中，$c_3^{(k)}$ 表示 k 个批次中共有 3 个顾客的概率。可以根据 c_m 计算卷积概率：

$$c_3^{(0)} = 0, \quad c_3^{(1)} = c_3 = \frac{1}{3}, \quad c_3^{(2)} = 2 \times (c_1 c_2) = \frac{1}{9}, \quad c_3^{(3)} = c_1^3 = \frac{1}{216}$$

由于 $\lambda t = \frac{1}{5} \times 15 = 3$，所以最终结果为

$$\mathrm{e}^{-3} \left(\frac{3^1}{1!} \times \frac{1}{3} + \frac{3^2}{2!} \times \frac{1}{9} + \frac{3^3}{3!} \times \frac{1}{216} \right) \doteq 0.076$$

泊松过程是**更新过程**（renewal process）的一个特例，更新过程是非负独立同分布随机变量的集合，这些随机变量表示连续发生的事件之间的时间间隔。在泊松过程中，事件发生的时间间隔服从指数分布，但在更新过程中，事件发生的时间间隔服从任意分布 G。泊松过程的许多性质也同样适用于更新过程。对更新过程相关理论感兴趣的读者可参阅参考文献（Ross，2014；Resnick，1992；Qinlar，1975；Heyman et al.，1982）。

在本书的后续各章中，泊松过程及其相关性质将在许多排队模型中发挥关键作用，这不仅是因为泊松-指数过程有许多可利用的数学性质，还因为许多现

实生活中的场景满足泊松-指数过程的条件。虽然读者在一开始可能会认为到达时间间隔服从指数分布这一要求相当严格，但事实并非如此。

可以从系统可靠性的角度考虑为什么要求到达时间间隔服从指数分布。已知二项分布的极限是泊松分布，也就是说，如果某个机械装置由多个组件组成，每个组件出现故障的概率很小，不同组件出现故障的次数相互独立且服从相同的分布，那么可以认为该机械装置（作为一个整体）出现故障的过程是泊松过程。也可以从极值理论的角度考虑。通过观察从连续总体中抽取的随机样本可以发现，随机样本（归一化后的）第一顺序统计量的极限分布通常为指数分布（相关示例见习题 2.10）。还可以从信息论的角度考虑。指数分布是提供信息量最少的分布，指数分布 $f(x)$ 的信息量或负熵被定义为 $\int f(x)\log f(x)\,\mathrm{d}x$。可以很容易证明，指数分布提供的信息量最少且熵最大，因此，指数分布是最具随机性的分布，使用指数分布是一种相对保守的选择。第 7 章和第 9 章将更详细地讨论如何选择合适的概率模型。

2.3　离散时间马尔可夫链

本节将讨论一类模型，在这类模型中，系统在不同时间点上的离散状态之间转移。图 2.3 展示了一个具有 4 种状态的系统，箭头表示状态之间可能进行的转移。如果系统处于状态 1，则系统可以再次转移到状态 1 或转移到状态 2，以此类推。在排队问题中，系统状态通常被定义为系统中的顾客数，在这种情况下，系统的状态空间是非负整数集。

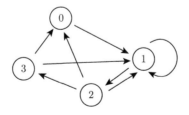

图 2.3　一个具有 4 种状态的系统

假设离散时间马尔可夫链的状态转移发生在离散时间点上，具体地说，设 X_n 表示系统在时刻 n 的状态，其中 $n = 0, 1, 2, \cdots$。马尔可夫链的基本假设是具有**马尔可夫性**（Markov property），即

$$\Pr\{X_{n+1} = j|X_0 = i_0, X_1 = i_1, \cdots, X_n = i_n\} = \Pr\{X_{n+1} = j|X_n = i_n\}$$

马尔可夫性表明，如果系统"当前的"状态（X_n）是已知的，那么"未来的"状态（X_{n+1}）与"过去的"状态（$X_0, \cdots, X_{n-1}$）无关。换句话说，为了描述系统未来的行为，必要条件是了解系统当前的状态（不需要了解过去的状态）。从这个意义上说，该过程具有无记忆性。

我们称条件概率 $\Pr\{X_{n+1} = j|X_n = i\}$ 为**单步转移概率**（single-step transition probability）或者**转移概率**（transition probability）。通常假设转移概率与 n 无关，在这种情况下，我们称马尔可夫链是**齐次的**（homogeneous），且转移概率可以写为

$$p_{ij} \equiv \Pr\{X_{n+1} = j|X_n = i\}$$

除非有特殊说明，本书中提到的马尔可夫链都是齐次的。我们称由元素 p_{ij} 组成的矩阵 $\boldsymbol{P}$ 为**转移矩阵**（transition matrix，也称**转移阵**）。

例如，图 2.3 对应的转移矩阵为

$$\boldsymbol{P} = \begin{pmatrix} 0 & p_{01} & 0 & 0 \\ 0 & p_{11} & p_{12} & 0 \\ p_{20} & p_{21} & 0 & p_{23} \\ p_{30} & p_{31} & 0 & 0 \end{pmatrix}$$

其中，p_{ij} 为非零元素。$\boldsymbol{P}$ 是**随机矩阵**（stochastic matrix，也称**随机阵**），因为从任意状态 i 转移到任意状态（包括状态 i）的概率之和为 1，所以 $\boldsymbol{P}$ 的每行元素之和均为 1（对于任意 i，$\sum\limits_{j} p_{ij} = 1$）。但是，每列元素之和可以不为 1。

我们可以在非等间隔的离散时间点观测系统。例如，在排队系统中，可以选择在每个顾客到达队列的时刻观测系统的状态。在这种情况下，可设 X_1 是第一个顾客到达时看到的系统状态，X_2 是第二个顾客到达时看到的系统状态，以此类推。对于某些队列，该过程可以形成离散时间马尔可夫链（见第 6.3 节）。

定义马尔可夫链的 m 步转移概率：从状态 i 出发，转移 m 步到达状态 j 的概率。齐次马尔可夫链的 m 步转移概率为

$$p_{ij}^{(m)} \equiv \Pr\{X_{n+m} = j|X_n = i\}$$

$p_{ij}^{(m)}$ 与 n 无关。设 $\boldsymbol{P}^{(m)}$ 是由元素 $p_{ij}^{(m)}$ 组成的矩阵，根据概率的基本性质可以

得出

$$\boldsymbol{P}^{(m)} = \boldsymbol{P} \cdot \boldsymbol{P} \cdots \boldsymbol{P} = \boldsymbol{P}^m \tag{2.12}$$

也就是说，m 步转移概率矩阵是单步转移概率矩阵 $\boldsymbol{P}$ 的 m 次幂。这是马尔可夫过程中著名的**查普曼-科尔莫戈罗夫方程**（Chapman-Kolmogorov equation，简称 C-K 方程）的等价矩阵形式。

类似地，定义系统转移 m 步到达任意状态 j 的概率为 $\pi_j^{(m)} \equiv \Pr\{X_m = j\}$。可以证明

$$\pi_j^{(m)} = \sum_i \pi_i^{(m-1)} p_{ij}$$

上式的矩阵形式为

$$\boldsymbol{\pi}^{(m)} = \boldsymbol{\pi}^{(m-1)} \boldsymbol{P} \tag{2.13}$$

递归展开上式，可得

$$\boldsymbol{\pi}^{(m)} = \boldsymbol{\pi}^{(m-1)} \boldsymbol{P} = \boldsymbol{\pi}^{(m-2)} \boldsymbol{P} \cdot \boldsymbol{P} = \cdots = \boldsymbol{\pi}^{(0)} \boldsymbol{P}^m$$

其中，$\boldsymbol{\pi}^{(0)}$ 表示初始状态分布。

■ **例 2.6**

假设一个离散时间马尔可夫链可能处于状态 0 或状态 1，其转移矩阵为

$$\boldsymbol{P} = \begin{pmatrix} \dfrac{3}{5} & \dfrac{2}{5} \\ \dfrac{1}{5} & \dfrac{4}{5} \end{pmatrix}$$

其 n 步转移概率可以通过 $\boldsymbol{P}$ 的连乘来得到，例如，

$$\boldsymbol{P}^2 = \boldsymbol{P} \cdot \boldsymbol{P} = \begin{pmatrix} \dfrac{3}{5} & \dfrac{2}{5} \\ \dfrac{1}{5} & \dfrac{4}{5} \end{pmatrix} \begin{pmatrix} \dfrac{3}{5} & \dfrac{2}{5} \\ \dfrac{1}{5} & \dfrac{4}{5} \end{pmatrix} = \begin{pmatrix} \dfrac{11}{25} & \dfrac{14}{25} \\ \dfrac{7}{25} & \dfrac{18}{25} \end{pmatrix}$$

$$\boldsymbol{P}^4 = \boldsymbol{P}^2 \cdot \boldsymbol{P}^2 = \begin{pmatrix} \dfrac{11}{25} & \dfrac{14}{25} \\ \dfrac{7}{25} & \dfrac{18}{25} \end{pmatrix} \begin{pmatrix} \dfrac{11}{25} & \dfrac{14}{25} \\ \dfrac{7}{25} & \dfrac{18}{25} \end{pmatrix} = \begin{pmatrix} \dfrac{219}{625} & \dfrac{406}{625} \\ \dfrac{203}{625} & \dfrac{422}{625} \end{pmatrix}$$

例如，$p_{01}^{(4)} = \dfrac{406}{625}$ 表示如果系统当前处于状态 0，则系统转移 4 步到达状态 1 的概率为 $\dfrac{406}{625} \doteq 65\%$。如果系统的初始状态为 0 的概率为 $\dfrac{1}{4}$，初始状态

为 1 的概率为 $\dfrac{3}{4}\left[$即 $\boldsymbol{\pi}^{(0)}=\left(\dfrac{1}{4},\dfrac{3}{4}\right)\right]$，则系统转移 4 步到达状态 1 的概率为

$\dfrac{1}{4}\times\dfrac{406}{625}+\dfrac{3}{4}\times\dfrac{422}{625}\doteq 66.9\%$。

2.3.1 马尔可夫链的性质

本节介绍几个与马尔可夫链相关的性质。如果存在 $n\geqslant 0$，使得 $p_{ij}^{(n)}>0$，则系统可以从状态 i 到达状态 j（$i\to j$），即存在从状态 i 到达状态 j 的非零概率路径[①]。如果 $i\to j$ 且 $j\to i$，则称状态 i 和状态 j 是连通的（$i\leftrightarrow j$），也就是说，系统可以在状态 i 和状态 j 之间往返。这个性质将马尔可夫链的状态划分为多个互不相交的子集，这些子集被称为**等价类**（communication classes）。一个等价类中的所有状态都是连通的，并且该等价类中的状态不与任何其他等价类中的状态相连通。如果一个马尔可夫链的所有状态都是连通的，系统可从任意状态到达任意其他状态，则该链是**不可约的**（irreducible），否则，该链是**可约的**（reducible）。

如果从状态 j 出发，返回状态 j 的概率为 1，则称状态 j 是**常返的**（recurrent），否则，称状态 j 是**瞬时的**（transient）。设马尔可夫链从状态 j 出发，转移 n 步后首次返回状态 j 的概率为 $f_{jj}^{(n)}$，则该链返回状态 j 的概率之和为

$$f_{jj}=\sum_{n=1}^{\infty}f_{jj}^{(n)}$$

如果 $f_{jj}=1$，则状态 j 是常返的；如果 $f_{jj}<1$，则状态 j 是瞬时的。

当 $f_{jj}=1$ 时，$m_{jj}=\sum_{n=1}^{\infty}nf_{jj}^{(n)}$ 是**平均回转时间**（mean recurrence time）。如果 $m_{jj}<\infty$，则状态 j 是**正常返的**（positive recurrent）；如果 $m_{jj}=\infty$，则状态 j 是**零常返的**（null recurrent）。可以证明正常返、零常返和瞬时是基于类的属性（Ross，2014）。换言之，如果状态 i 和状态 j 是连通的（$i\leftrightarrow j$），且状态 i 是正常返的，那么 j 也是正常返的，零常返性和瞬时性也有同样的性质。状态 j 的**周期**（period）是满足 $p_{jj}^{(m)}>0$ 的所有正整数 m 的最大公约数。周期为 1 的状态是**非周期性的**（aperiodic）。

■ **例 2.7**

考虑以下具有 6 种状态的马尔可夫链，状态编号为 0 到 5：

---

① 总是可以转移 "0 步" 从状态 j 返回状态 j，即 $p_{jj}^{(0)}=1$。

$$
\boldsymbol{P} = \begin{pmatrix} 0 & 0.3 & 0 & 0.7 & 0 & 0 \\ 0 & 0 & 1 & 0 & 0 & 0 \\ 0 & 1 & 0 & 0 & 0 & 0 \\ 0 & 0 & 0 & 0 & 0.2 & 0.8 \\ 0 & 0 & 0 & 0 & 0 & 1 \\ 0 & 0 & 0 & 0.4 & 0.6 & 0 \end{pmatrix}
$$

该马尔可夫链可以从状态 0 转移到状态 2（$0 \to 2$），但不能从状态 2 转移到状态 0，所以状态 0 和状态 2 不是连通的。状态 3、4 和 5 是连通的，状态 1 和 2 也是连通的。根据定义，状态 0 与自身是连通的，但不与其他状态相连通。因此，等价类是 {0}、{1,2} 和 {3,4,5}。由于存在多个等价类，因此该马尔可夫链是可约的。等价类 {1,2} 和 {3,4,5} 是正常返的，等价类 {0} 是瞬时的。状态 1 和 2 是周期性的，周期为 2。状态 3、4 和 5 是非周期性的（例如，从状态 3 出发，可以转移 2 步、3 步、4 步或更多步返回状态 3，因此最大公约数为 1）。

2.3.2　长期行为

我们通常对马尔可夫链的长期行为感兴趣。因为 $\boldsymbol{P}^n$ 给出了 n 步转移概率，见式（2.12），所以可以通过增大 $\boldsymbol{P}$ 的指数来表征马尔可夫链的长期行为。例如，当例 2.6 中 $\boldsymbol{P}$ 的指数越来越大时，可以发现 $\boldsymbol{P}^n$（至少在数值上）收敛：

$$
\lim_{n \to \infty} \boldsymbol{P}^n = \lim_{n \to \infty} \begin{pmatrix} \dfrac{3}{5} & \dfrac{2}{5} \\ \dfrac{1}{5} & \dfrac{4}{5} \end{pmatrix}^n = \begin{pmatrix} \dfrac{1}{3} & \dfrac{2}{3} \\ \dfrac{1}{3} & \dfrac{2}{3} \end{pmatrix}
$$

在本例中，极限矩阵的两行元素相同。这意味着，在未来的某个时刻，系统处于某个状态的概率与系统的初始状态无关。例如，如果系统的初始状态为状态 0，那么在未来的某个时刻（$n \to \infty$），系统到达状态 0 的概率是 $\dfrac{1}{3}$，到达状态 1 的概率是 $\dfrac{2}{3}$（因为 $p_{00}^{(n)} \to \dfrac{1}{3}, p_{01}^{(n)} \to \dfrac{2}{3}$）。如果系统的初始状态为状态 1，情况相同。

并不是所有的马尔可夫链都有这种特殊的行为。首先，$n \to \infty$ 时，$\boldsymbol{P}^n$ 并非总是收敛的。其次，如果 $\boldsymbol{P}^n$ 收敛，矩阵每行的元素可能并不相同。由此可以引出与马尔可夫链的长期行为相关的 3 个概念：极限分布、平稳分布和遍历性。

首先定义马尔可夫链的极限概率：

$$\pi_j \equiv \lim_{n \to \infty} p_{ij}^{(n)} \tag{2.14}$$

该定义假设极限存在，且对于 i 的所有取值，该极限是相同的。也就是说，$\lim_{n \to \infty} \boldsymbol{P}^n$ 存在，且该极限矩阵每行的元素都是相同的。π_j 是该极限矩阵第 j 列的元素。如果 $\sum_j \pi_j = 1$，则称 $\{\pi_j\}$ 是**极限分布**（limiting distribution）[1]。

为了得到式（2.14）中的 π_j，需要使 $\boldsymbol{P}$ 的指数足够大。或者，可以通过计算线性方程组的解来得到 π_j[2]。粗略的论证过程如下：由式（2.12），可得 $\boldsymbol{P}^{(m)} = \boldsymbol{P}^{(m-1)}\boldsymbol{P}$，则根据式（2.14）及 $\boldsymbol{P}^{(m)} = \boldsymbol{P}^{(m-1)}\boldsymbol{P}$ 的分量形式 $p_{ij}^{(m)} = \sum_k p_{ik}^{(m-1)} p_{kj}$，得到

$$\pi_j = \lim_{m \to \infty} p_{ij}^{(m)} = \lim_{m \to \infty} \left(\sum_k p_{ik}^{(m-1)} p_{kj} \right)$$
$$= \sum_k \left(\lim_{m \to \infty} p_{ik}^{(m-1)} \right) p_{kj} = \sum_k \pi_k p_{kj}$$

在上式的推导过程中，改变了求极限和求和的顺序。如果马尔可夫链有无穷多个状态（即 $\boldsymbol{P}$ 是无穷维矩阵），则该推导过程需要经过更严谨的验证（Harchol-Balter，2013）。上式的矩阵形式为

$$\boldsymbol{\pi} = \boldsymbol{\pi} \boldsymbol{P} \tag{2.15}$$

我们将式（2.15）与边界条件 $\sum_j \pi_j = 1$ 合称为马尔可夫链的**平稳方程组**（stationary equations），且称该方程组的任意解 $\{\pi_j\}$ 为**平稳分布**（stationary distribution）。该边界条件的向量表达为 $\boldsymbol{\pi e} = 1$，其中 $\boldsymbol{e}$ 是所有元素均为 1 的列向量。

我们已经证明了，如果马尔可夫链有极限分布，那么该极限分布是平稳方程组的解。也就是说，由式（2.14）和 $\boldsymbol{\pi e} = 1$ 定义的极限分布是平稳分布，且该平稳分布是式（2.15）和 $\boldsymbol{\pi e} = 1$ 的解。但是，存在平稳方程组的解，并不意味

---

[1] 对于任意 j，可能都会有 $\lim_{n \to \infty} p_{ij}^{(n)} = 0$，在这种情况下，极限概率存在，但 $\{\pi_j\}$ 不是极限分布（见例 2.10）。

[2] 读者可能会认为直接求解 $\boldsymbol{\pi} = \boldsymbol{\pi} \boldsymbol{P}$（计算出"精确的"解）要优于通过增大 $\boldsymbol{P}$ 的指数来近似计算 $\boldsymbol{\pi}$，但事实并不一定如此。直接求解的方法会引入舍入误差，当两个相近的数值相减时，舍入误差的影响会显现出来。关于直接和间接求解的算法及两者之间的权衡可参阅相关参考文献（Bolch et al.，2006）。本书第 9.1.1 节也讨论了这一问题。

着一定存在极限分布（见例 2.11）。还可以证明，如果存在极限分布，则该极限
分布是唯一的平稳分布，证明过程参阅参考文献（Harchol-Balter，2013）。

但是，极限分布存在的一般条件是什么？平稳分布何时存在？平稳分布何时
唯一？定理 2.13（我们没有给出证明过程）将这些概念联系在一起，给出了存在
唯一平稳分布的充分条件和存在极限分布的充分条件。

定理 2.13　对于一个不可约且正常返的离散时间马尔可夫链，以下平稳方
程组有唯一解：

$$\boldsymbol{\pi} = \boldsymbol{\pi}\boldsymbol{P}\text{且}\sum_{j}\pi_j = 1 \tag{2.16}$$

即 $\pi_j = 1/m_{jj}$。此外，如果该马尔可夫链是非周期性的，则极限分布存在并且
与平稳分布相同。

根据这个定理，π_j 的值主要有两种解释。第一种解释是，π_j 是经过充分长
的时间后系统处于状态 j 的时间占比，这一解释是基于 $\pi_j = 1/m_{jj}$ 得出的。上
文提到，对于一个具有常返性的马尔可夫链，m_{jj} 是状态 j 的平均回转时间，则
m_{jj} 的倒数是系统处于状态 j 的时间占比（由更新理论可得）。第二种解释是，
π_j 是经过充分长的时间后系统处于状态 j 的概率（更准确地说，π_j 是极限概
率）。只有当极限分布存在时，第二种解释才成立。例 2.11 说明了这两种解释之
间的区别。

对于第 6 章中讨论的一些更复杂的排队模型，式（2.16）会起到重要的作
用。为了进一步解释说明定理 2.13 和相关的假设，下面给出一些正例和反例。

■ **例 2.8**

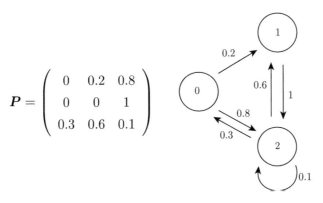

$$\boldsymbol{P} = \left(\begin{array}{ccc} 0 & 0.2 & 0.8 \\ 0 & 0 & 1 \\ 0.3 & 0.6 & 0.1 \end{array}\right)$$

因为所有的状态都是连通的，所以该马尔可夫链是不可约的，且该马尔可

夫链是正常返的。具有有限状态数的不可约马尔可夫链一定是正常返的（Ross，2014）。代入式（2.16）中的平稳方程组得

$$\begin{cases} \pi_0 = 0.3\pi_2 \\ \pi_1 = 0.2\pi_0 + 0.6\pi_2 \\ \pi_2 = 0.8\pi_0 + \pi_1 + 0.1\pi_2 \\ \pi_0 + \pi_1 + \pi_2 = 1 \end{cases}$$

这里有 4 个方程和 3 个未知数，可以忽略第三个方程，仅关注前两个及最后一个方程（忽略第一个方程或第二个方程，最终得到的结果是相同的）。将第一个方程代入第二个方程，得到 $\pi_1 = 0.66\pi_2$，将该式和第一个方程代入第四个方程，得到 $0.3\pi_2 + 0.66\pi_2 + \pi_2 = 1$，所以 $\pi_2 = 1/1.96$。因此，$\boldsymbol{\pi} = (0.3/1.96, 0.66/1.96, 1/1.96) \doteq (0.153, 0.337, 0.510)$。

该马尔可夫链是非周期性的。例如，从状态 0 开始，可以经过 3 步、4 步或更多步返回状态 0，所以最大公约数为 1。因此，存在极限概率。可以通过增大 $\boldsymbol{P}$ 的指数来进行验证。例如

$$\boldsymbol{P}^{10} \doteq \begin{pmatrix} 0.1713 & 0.3689 & 0.4598 \\ 0.1858 & 0.3943 & 0.4199 \\ 0.1260 & 0.2891 & 0.5849 \end{pmatrix}$$

$$\boldsymbol{P}^{40} \doteq \begin{pmatrix} 0.1531 & 0.3368 & 0.5100 \\ 0.1532 & 0.3369 & 0.5099 \\ 0.1530 & 0.3366 & 0.5105 \end{pmatrix}$$

10 步转移矩阵仍不太接近极限矩阵，但经过 40 步转移后，矩阵的收敛性变得明显。

■ 例 2.9

$$\boldsymbol{P} = \begin{pmatrix} 0 & 0.5 & 0.5 & 0 \\ 0 & 1 & 0 & 0 \\ 0 & 0 & 0 & 1 \\ 0 & 0 & 0.5 & 0.5 \end{pmatrix}$$

在本例中，因为有 3 个等价类，分别是 {0}、{1} 和 {2,3}，因此，该马尔可夫链是可约的。状态 0 是瞬时的，状态 1、2 和 3 是正常返的。尽管这个马尔

可夫链不满足定理 2.13 的假设，我们仍然可以尝试求解式（2.16）中的平稳方程组：

$$\begin{cases} \pi_0 = 0 \\ \pi_1 = 0.5\pi_0 + \pi_1 \\ \pi_2 = 0.5\pi_0 + 0.5\pi_3 \\ \pi_3 = \pi_2 + 0.5\pi_3 \\ \pi_0 + \pi_1 + \pi_2 + \pi_3 = 1 \end{cases}$$

前 4 个方程可以简化为 $\pi_0 = 0$ 和 $\pi_2 = 0.5\pi_3$，加上归一化条件，一共有 3 个方程和 4 个未知数。在这种情况下，存在解，但解不是唯一的。例如，$\boldsymbol{\pi} = (0, 0.7, 0.1, 0.2)$ 和 $\boldsymbol{\pi} = (0, 0.1, 0.3, 0.6)$ 都是方程组的解。存在两个正常返等价类意味着存在两个平稳分布。事实上，任何形式为

$$\boldsymbol{\pi} = \alpha\,(0, 1, 0, 0) + (1 - \alpha)\left(0, 0, \frac{1}{3}, \frac{2}{3}\right), \qquad 0 \leqslant \alpha \leqslant 1$$

的向量都满足式（2.16）。增大 $\boldsymbol{P}$ 的指数，可以发现该极限矩阵收敛，但每行的元素并不完全相同：

$$\lim_{n \to \infty} \boldsymbol{P}^n = \begin{pmatrix} 0 & \dfrac{1}{2} & \dfrac{1}{6} & \dfrac{1}{3} \\[2mm] 0 & 1 & 0 & 0 \\[2mm] 0 & 0 & \dfrac{1}{3} & \dfrac{2}{3} \\[2mm] 0 & 0 & \dfrac{1}{3} & \dfrac{2}{3} \end{pmatrix}$$

则 $\lim\limits_{n \to \infty} p_{ij}^{(n)}$ 存在，但该极限取决于初始状态。例如，如果系统的初始状态为状态 2 或状态 3，那么在未来的某个时刻，系统处于状态 2 的概率为 $\dfrac{1}{3}$，处于状态 3 的概率为 $\dfrac{2}{3}$。如果系统的初始状态为状态 1，系统将永远处于状态 1。如果系统的初始状态为状态 0，则极限概率是以上两种情况的加权平均值。

■ **例 2.10**

在本例中，考虑一个不可约但不是正常返的马尔可夫链。因为所有状态是连通的，所以该马尔可夫链是不可约的。假设 $p > q$（$q \equiv 1 - p$），如图 2.4 所示，则该链是瞬时的，在这种情况下，系统状态向右转移的概率更大，因此，系统状态最终会转移到无穷大。

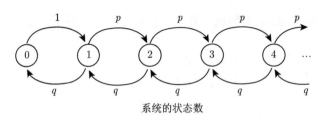

系统的状态数

图 2.4　例 2.10 的转移速率图

该链是适用于 $M/M/1$ 排队模型的嵌入离散时间马尔可夫链（见例 2.15），在 $M/M/1$ 排队模型中，仅当有顾客到达或离开系统时（即在离散时间点），系统的状态才会被观测到。如果 $p > q$，系统中顾客数增加的可能性比减少的可能性更大。这意味着，顾客的平均到达速率大于他们接受服务的速率（请注意，从状态 0 转移到状态 1 的概率是 1，不是 p，因为只有当顾客到达系统时，系统才可能从空状态转移到下一个状态）。

定理 2.13 的假设在这个例子中不成立，但仍然可以尝试求解式（2.16）中的平稳方程组：

$$\begin{cases} \pi_0 = q\pi_1 \\ \pi_1 = \pi_0 + q\pi_2 \\ \pi_2 = p\pi_1 + q\pi_3 \\ \vdots \end{cases}$$

求解第一个方程，得到 $\pi_1 = \pi_0/q$，将该式代入第二个方程，得到 $\pi_2 = (p/q^2)\pi_0$，再将这两个式子代入第三个方程，得到 $\pi_3 = (p^2/q^3)\pi_0$，进而可以求得 $\pi_n = (1/p)(p/q)^n \pi_0$。由式（2.16）中的归一化条件可得

$$1 = \sum_{n=0}^{\infty} \pi_n = \sum_{n=0}^{\infty} \frac{1}{p}(p/q)^n \pi_0 = \frac{\pi_0}{p} \sum_{n=0}^{\infty} (p/q)^n$$

如果 $p > q$，则上式中等比数列的和不收敛，因此不存在满足此方程的 π_0。虽然可以求解 $\boldsymbol{\pi} = \boldsymbol{\pi P}$（对于任意 n，设 $\pi_n = 0$），但归一化条件无法满足。

■ **例 2.11**

在本例中，马尔可夫链有平稳分布但没有极限分布。该马尔可夫链在状态 0 和状态 1 之间交替，转移概率矩阵为

$$\boldsymbol{P} = \begin{pmatrix} 0 & 1 \\ 1 & 0 \end{pmatrix}$$

　　由于该链是不可约且正常返的，所以该链的平稳方程有唯一的解。我们可以通过代入式（2.16）中的方程组来得到平稳分布

$$(\pi_0, \pi_1) = (\pi_0, \pi_1) \begin{pmatrix} 0 & 1 \\ 1 & 0 \end{pmatrix}$$

这个式子表明 $\pi_0 = \pi_1$。由于归一化条件为 $\pi_0 + \pi_1 = 1$，所以可得 $\pi_0 = \pi_1 = \dfrac{1}{2}$。因此，系统处于每个状态的时间占比相同。但该平稳分布是极限分布吗？答案是否定的。该链的周期为 2（例如，系统从状态 0 开始，只有经过偶数步转移，才能返回状态 0）。将 $\boldsymbol{P}$ 连续相乘，得到两个交替的矩阵，所以 $\boldsymbol{P}^{(m)}$ 不收敛，即

$$\boldsymbol{P}^{(m)} = \begin{cases} \begin{pmatrix} 1 & 0 \\ 0 & 1 \end{pmatrix}, & m \text{ 为偶数} \\ \begin{pmatrix} 0 & 1 \\ 1 & 0 \end{pmatrix}, & m \text{ 为奇数} \end{cases}$$

　　虽然 $\dfrac{1}{2}$ 是系统处于每个状态的时间占比（系统到达每个状态的次数占比），但不能说从当前状态开始，经过充分多步转移后，系统处于某个特定状态的概率为 $\dfrac{1}{2}$。因为转移的步数是奇数还是偶数是不确定的，所以这个概率是不确定的。

　　现在，假设根据平稳分布随机选择初始状态，即 $\boldsymbol{\pi}^{(0)} = \left(\dfrac{1}{2}, \dfrac{1}{2}\right)$。我们称初始概率分布是平稳分布的马尔可夫链为平稳型马尔可夫链。根据式（2.13）可得

$$\boldsymbol{\pi}^{(1)} = \left(\dfrac{1}{2}, \dfrac{1}{2}\right) \begin{pmatrix} 0 & 1 \\ 1 & 0 \end{pmatrix} = \left(\dfrac{1}{2}, \dfrac{1}{2}\right)$$

　　类似地，对于所有 m，$\boldsymbol{\pi}^{(m)} = \left(\dfrac{1}{2}, \dfrac{1}{2}\right)$，即无论转移步数 m 的值是多少，处于某个特定状态的概率都是 $\dfrac{1}{2}$。虽然 $\lim\limits_{m \to \infty} \boldsymbol{P}^{(m)}$ 不存在，但 $\lim\limits_{m \to \infty} \boldsymbol{\pi}^{(m)}$ 可能存在。但是，只有当根据平稳分布随机选择初始状态时 $\lim\limits_{m \to \infty} \boldsymbol{\pi}^{(m)}$ 才可能存在。

　　依据参考文献（Qinlar，1975）中的定理，读者可以确定某个马尔可夫链是否具有常返性，并可以在适当的时候计算平均回转时间。定理 2.14 给出了不可约且非周期性的马尔可夫链具有正常返性的充分条件。

定理 2.14 如果满足 $\sum_{j=0}^{\infty} p_{ij}x_j \leqslant x_i - 1\,(i \neq 0)$ 的不可约且非周期性的马尔

可夫链存在非负解，使得 $\sum_{j=0}^{\infty} p_{0j}x_j < \infty$，则该链是正常返的。

2.3.3 遍历性

遍历性与极限分布和平稳分布密切相关，并且与包含在某个过程中的无限长样本路径中的信息有关（Papoulis, 1991）。遍历性可以帮助我们基于过程的单个样本实现来确定随机过程 $X(t)$ 的统计指标（在分析仿真结果时经常这样做），因此，遍历性很重要。如果 $X(t)$ 的所有指标都可以基于过程的单个样本实现 $X_0(t)$ 来确定或较为准确地估算，那么 $X(t)$ 在一般意义上是**遍历的**（ergodic）。由于过程的统计指标通常为时间平均值，可以做如下表述：如果随机过程 $X(t)$ 的时间平均值等于集合平均值，那么 $X(t)$ 是遍历的（此处的时间参数 t 是连续的，但是离散时间随机过程也能得出类似的结论）。

图 2.5 展示了时间平均值和集合平均值之间的差异。可以基于过程的单个样本实现来求得时间平均值。在无限长的时间范围内，时间平均值为

$$\bar{x} \equiv \lim_{T \to \infty} \frac{1}{T} \int_0^T X_0(t)\mathrm{d}t \tag{2.17}$$

可以基于过程在固定时间点 t 的多个实现来求得集合平均值。当有无限多个实现时，集合平均值为

$$m(t) \equiv \mathrm{E}[X(t)] = \lim_{n \to \infty} \frac{1}{n} \sum_{i=1}^{n} X_i(t)$$

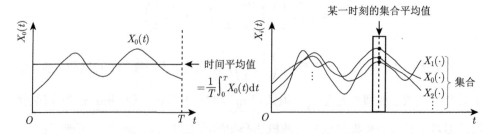

图 2.5 时间平均值与集合平均值

对于非平稳过程，当 t 不同时，集合平均值 $m(t)$ 可能会不同。例如，如果排队系统的初始状态为空，那么 $t = 0$ 与 $t > 0$ 的某个时刻（系统处于稳态）的

集合平均值不同。然而，可以设想，集合平均值在 $t \to \infty$ 时收敛。因此，对于非平稳过程的遍历性，我们关注时间平均值和集合平均值的收敛性。如果下式成立，则这个过程（关于其一阶矩）是遍历的：

$$\bar{x} = \lim_{t \to \infty} m(t) < \infty \tag{2.18}$$

即当 $t \to \infty$ 时，集合平均值收敛到一个极限，且该极限等于时间平均值。

对于平稳过程，无论 t 取何值，集合平均值都是相同的，即 $m(t) = m$，m 为常数。在这种情况下，如果 $\bar{x} = m(t) < \infty$，则这个过程（关于其一阶矩）是遍历的。上文提到，将初始分布设为平稳分布，可以将非平稳过程转换为平稳过程。因此，对于平稳过程的遍历性，我们关注时间平均值的收敛性，详细介绍请参阅文献（Karlin et al., 1975; Heyman et al., 1982）。

■ **例 2.12**

通过本例，可以了解时间平均值和集合平均值之间的不同。考虑例 2.7 中的离散时间马尔可夫链，假设该过程的初始状态为状态 0。图 2.6 的左图展示了该链的一个样本路径。在此路径中，系统首先转移到状态 1，然后转移到状态 2，系统将永远在状态 1 和 2 之间交替。从这个样本路径中，我们无法判断系统是否可以到达状态 3、4 和 5。在右图的样本路径（空心圆形所示路径）中，系统到达了状态 3、4 和 5，但没有到达状态 1 和 2。无论一个样本路径有多长，其中包含的信息都无法涵盖过程的全部行为，该结论适用于有多个等价类的马尔可夫链。在 $n = 10$ 时观测本例的系统，可以得到一组较具代表性的状态。由于该链的时间平均值和集合平均值不同，所以该链是非遍历的。

本例还说明，时间平均值 $\bar{x}$ 可能会收敛到不同的值（即 $\bar{x}$ 是随机变量）。如果样本路径的首次转移是到状态 1，那么时间平均值 $\bar{x} = 1.5$；如果首次转移是到状态 3，那么时间平均值 $\bar{x} \doteq 4.29$（即仅包含一个等价类 {3,4,5} 的马尔可夫链的时间平均值）。

式（2.18）定义了随机过程关于其一阶矩的遍历性。类似地，如果下式成立，可以定义该过程关于其 n 阶矩的遍历性：

$$\lim_{T \to \infty} \frac{1}{T} \int_0^T [X_0(t)]^n \, \mathrm{d}t = \lim_{t \to \infty} \mathrm{E}[X(t)]^n < \infty$$

即当 $t \to \infty$ 时，n 阶矩的集合平均值收敛，且该极限平均值等于时间平均值。如果这个性质对所有阶矩都成立，那么该过程是完全遍历的（分布函数具有遍历性）。一个过程可能仅对部分阶矩是遍历的。在排队论中，我们通常更关注完全遍历过程。

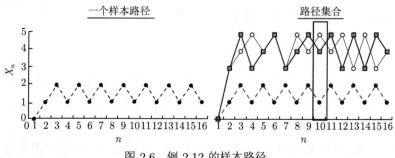

图 2.6　例 2.12 的样本路径

接下来讨论极限分布、平稳分布和遍历性之间的关系。假设有一个不可约且正常返的离散时间马尔可夫链，根据定理 2.13，该链具有唯一的平稳分布 $\{\pi_i\}$。π_i 是经过充分长的时间后系统处于状态 i 的时间占比。然而，该链未必是平稳的。如果将初始概率向量设为平稳向量（$\pi^{(0)} = \pi$），则该链是平稳的（对于任意 n，$\pi^{(n)} = \pi$），这种情况下，集合平均值 $\mathrm{E}[X_n] = \sum\limits_i i\pi_i^{(n)} = \sum\limits_i i\pi_i$ 不随 n 而改变且与时间平均值相等，因此，该过程是遍历的。

以上结论汇总在表 2.1 中。极限分布存在的条件最苛刻，遍历性次之，存在唯一平稳分布的条件最宽松。如果一个离散时间马尔可夫链是不可约且正常返的，则该链具有唯一的平稳分布。在此基础上，如果将初始概率向量设为平稳向量，则该链是平稳且遍历的。最后，如果该链还是非周期性的（不考虑初始概率向量），则极限分布存在。遍历性要求集合平均值与时间无关［即当 $t \to \infty$ 时，$m(t)$ 收敛］，但这并不一定意味着不依赖于初始状态（极限分布存在），我们通过例 2.13 来对此做进一步说明。

表 2.1　离散时间马尔可夫链的长期趋势

条件	性质	说明
不可约、正常返	存在唯一的平稳分布	π_j 是经过充分长的时间后系统处于状态 j 的时间占比
不可约、正常返、$\pi^{(0)} = \pi$	存在唯一的平稳分布，过程平稳且遍历	集合平均值 = 时间平均值
不可约、正常返、非周期性的	存在唯一的平稳分布，过程是遍历的，且存在极限分布（与平稳分布相同）	过程不依赖于初始状态

■　例 2.13

考虑例 2.11 中的离散时间马尔可夫链，该链以固定的模式在状态 0 和 1 之间交替。该过程的时间平均值（时间趋于无穷）$\bar{x} = \dfrac{1}{2}$。假设系统的初始状态为状态 0 $(X_0 = 0)$，则该链经过 n 步转移后的集合平均值为：

$$\mathrm{E}\left[X_n\right] = \begin{cases} 0, & n \text{ 为偶数} \\ 1, & n \text{ 为奇数} \end{cases}$$

当 $n \to \infty$ 时，$\mathrm{E}\left[X_n\right]$ 不收敛，因此，该过程不是遍历的。但是，如果我们将初始分布设为平稳分布 $\left(\dfrac{1}{2}, \dfrac{1}{2}\right)$，那么对于任意 n，都满足：

$$X_n = \begin{cases} 0, & \text{w.p. } \dfrac{1}{2} \\ 1, & \text{w.p. } \dfrac{1}{2} \end{cases}$$

集合平均值 $\mathrm{E}\left[X_n\right] = \dfrac{1}{2}$ 与 n 无关且等于时间平均值，此时，该过程是遍历的。

即使集合平均值与时间无关，该过程仍依赖于初始状态，即 X_n 依赖于 X_0。这种依赖关系不会随着 n 值的变大而消失。综上，无论是否根据式（2.18）的定义将初始分布设为平稳分布，该链都不具有极限分布。

请注意，对于马尔可夫链，一些文献的作者对遍历性的定义稍有不同。在参考文献（Feller，1968；Heyman et al.，1982；Harchol-Balter，2013；Ross，2014）中，马尔可夫链具有遍历性的前提条件是具有非周期性。本书对此没有严格限制，根据式（2.18）的定义，马尔可夫链可以同时具有周期性和遍历性，这在例 2.13 中有所体现。

2.4　连续时间马尔可夫链

连续时间（齐次）马尔可夫链（continuous-time Markov chain，CTMC）是系统的状态空间中只有有限个状态的随机过程 $\{X(t), t \geqslant 0\}$，其满足以下条件：

（1）系统到达状态 i 时，会在该状态停留一段时间，这段时间服从参数为 v_i 的指数分布（与过去无关）；

（2）系统从状态 i 转移到状态 $j\,(j \neq i)$ 的概率为 p_{ij}（与过去无关）。

换言之，连续时间马尔可夫链从一个状态转移到另一个状态的过程与离散时间马尔可夫链类似，但是连续时间马尔可夫链在每个状态停留的时间是连续型指数随机变量。由转移矩阵 $\{p_{ij}\}$ 定义的离散时间马尔可夫链被称为**嵌入离散时间马尔可夫链**（embedded discrete-time Markov chain）。第 2.4.1 节将讨论嵌入离散时间马尔可夫链。假设对于连续时间马尔可夫链，从某个状态出发，经过单步转移返回该状态的概率为 0。

在连续时间上，马尔可夫性可以表述为

$$\Pr\{X(t+s) = j \mid X(t) = i, X(u), 0 \leqslant u < t\} = \Pr\{X(t+s) = j \mid X(t) = i\}$$

也就是说，给定当前状态 $X(t)$，未来状态 $X(t+s)$ 与过去状态 $\{X(u), 0 \leqslant u < t\}$ 无关。因为系统在某个状态下停留的剩余时间不依赖于系统已经处于该状态的时间（指数分布具有无记忆性），并且在已知当前状态的条件下，下一次状态转移与过去状态无关，所以连续时间马尔可夫链具有马尔可夫性。

基于前面的定义，可以用 $\{v_i\}$ 和 $\{p_{ij}\}$ 来对连续时间马尔可夫链进行参数化表示。定义矩阵 $\{q_{ij}\}$ 为

$$q_{ij} \equiv v_i p_{ij}, \quad i \neq j \tag{2.19}$$

则矩阵 $\{q_{ij}\}$ 即为连续时间马尔可夫链的参数化表示。v_i 表示从状态 i 转移出去的转移速率，在长时间区间内，v_i 近似等于从状态 i 转移出去的总次数除以在状态 i 累计停留的时间。类似地，q_{ij} 表示从状态 i 转移到状态 j 的转移速率。式（2.19）指出，从状态 i 转移到状态 j 的转移速率等于从状态 i 转移出去的转移速率乘以从状态 i 转移到状态 j 的转移概率。v_i 和 q_{ij} 为速率（单位时间内发生的事件数）；p_{ij} 为概率，没有单位。

更具体地说，当系统处于状态 i 时，在短时间间隔 Δt 内从状态 i 转移到其他状态的概率约为 $v_i \Delta t$。因为系统处于状态 i 的时间 T_i 服从参数为 v_i 的指数分布，所以在时间间隔 Δt 内发生一次状态转移的概率为 $\Pr\{T_i \leqslant \Delta t\} = 1 - \mathrm{e}^{-v_i t} \approx v_i \Delta t$。因此，当系统处于状态 i 时，单位时间内预期的状态转移次数为 $v_i \Delta t / \Delta t = v_i$。

$\{q_{ij}\}$ 可以由式 (2.19) 中的 $\{v_i\}$ 和 $\{p_{ij}\}$ 确定。或者，如果已知 $\{q_{ij}\}$，可以通过下面的关系式来确定 $\{v_i\}$ 和 $\{p_{ij}\}$：

$$v_i = \sum_j q_{ij}, \quad p_{ij} = \frac{q_{ij}}{\sum\limits_j q_{ij}}$$

第一个关系式之所以成立，是因为 $\sum\limits_{j} q_{ij} = \sum\limits_{j} v_i p_{ij} = v_i \sum\limits_{j} p_{ij} = v_i$。可以由第一个关系式和式 (2.19) 来得到第二个关系式。引入如下矩阵：

$$\boldsymbol{Q} \equiv \begin{pmatrix} -v_0 & q_{01} & q_{02} & q_{03} & \cdots \\ q_{10} & -v_1 & q_{12} & q_{13} & \cdots \\ q_{20} & q_{21} & -v_2 & q_{23} & \cdots \\ \vdots & \vdots & \vdots & \ddots & \ddots \end{pmatrix} \tag{2.20}$$

该矩阵通常被称为转移速率矩阵、强度矩阵或无穷小生成元，该矩阵每行元素之和为 0。对角线元素被定义为 $q_{ii} \equiv -v_i = -\sum\limits_{j \neq i} q_{ij}$ [q_{ii} 没有在式（2.19）中被定义]。接下来将讨论为什么用这种方式定义矩阵 $\boldsymbol{Q}$ 的对角线元素（见定理 2.15）。

■ **例 2.14**

单服务员排队模型（$M/M/1$）的到达过程是到达速率 λ 的泊松过程，服务时间服从参数为 μ 的指数分布。设 $X(t)$ 表示在时刻 t 系统中的顾客数。该连续时间马尔可夫链的转移速率图如图 2.7 所示。

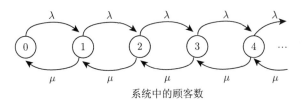

系统中的顾客数

图 2.7 　例 2.14 的转移速率图

图 2.7 中的弧线表示转移速率 q_{ij}。例如，由于到达过程为泊松到达，顾客到达的时间间隔服从参数为 λ 的指数分布，因此，对于任意 $i \geqslant 0$，从状态 i 到 $i+1$ 的转移速率为 λ。类似地，由于顾客的服务时间服从参数为 μ 的指数分布，因此，对于任意 $i \geqslant 1$，从状态 i 到 $i-1$ 的转移速率为 μ。转移速率矩阵为

$$\boldsymbol{Q} = \begin{pmatrix} -\lambda & \lambda & 0 & 0 & \cdots \\ \mu & -(\lambda+\mu) & \lambda & 0 & \cdots \\ 0 & \mu & -(\lambda+\mu) & \lambda & \\ \vdots & \vdots & & \ddots & \ddots & \ddots \end{pmatrix}$$

我们还可以从连续时间马尔可夫链的原始定义直接得到转移速率矩阵 $\boldsymbol{Q}$。假设系统处于状态 $i \geqslant 1$，只要有顾客到达或顾客完成服务（无论哪个事件先发生），系统都会离开状态 i。顾客到达的时间间隔 T_1 服从参数为 λ 的指数分布，顾客接受服务的时间 T_2 服从参数为 μ 的指数分布。T_1 和 T_2 中较小的值为系统在状态 i 停留的时间。根据定理 2.3，系统在状态 i 停留的时间是参数为 $\lambda + \mu$ 的指数分布随机变量。因此，当 $i \geqslant 1$ 时，$v_i = \lambda + \mu$。如果在顾客完成服务之前下一个顾客到达系统，则系统从状态 i 转移到状态 $i+1$，根据定理 2.4，这种情况发生的概率为 $\lambda/(\lambda+\mu)$，即 $p_{i,i+1} = \lambda/(\lambda+\mu)$ $(i \geqslant 1)$。类似地，顾客完成服务发生在下个顾客到达之前的概率为 $p_{i,i-1} = \mu/(\lambda+\mu)$ $(i \geqslant 1)$。基于式 (2.19)，得到

$$q_{i,i+1} = v_i p_{i,i+1} = (\lambda+\mu)\frac{\lambda}{\lambda+\mu} = \lambda, \quad i \geqslant 1$$

类似地，对于 $i \geqslant 1$，$q_{i,i-1} = \mu$。在边界状态 $i = 0$，系统中没有顾客，因此下一个事件一定是顾客到达，即 $p_{01} = 1$。在有顾客到达前，系统一直处于状态 0，因此，$v_0 = \lambda$ 且 $q_{01} = v_0 p_{01} = \lambda$。

2.4.1　嵌入离散时间马尔可夫链

在本书中，有许多场景要求使用连续时间排队模型，在这些场景下，通常需要在特定时间点观察系统的状态，由此，我们引入嵌入离散时间马尔可夫链来解决此类问题。例 2.15 描述了如何从连续时间马尔可夫链中得到嵌入离散时间马尔可夫链。

■　例 2.15

本例中使用的队列与例 2.14 相同，且仅考虑发生状态转移的时刻。设 X_n 表示系统经过 n 次状态转移后的状态。如前所述，如果系统处于状态 $i \geqslant 1$，则下一个事件是顾客到达的概率为 $\lambda/(\lambda+\mu)$，是服务完成的概率为 $\mu/(\lambda+\mu)$。当 $i = 0$（系统为空）时，下一个事件一定是顾客到达。因此，该嵌入链的转移矩阵为

$$\boldsymbol{P} = \begin{pmatrix} 0 & 1 & 0 & 0 & \cdots \\ \dfrac{\mu}{\lambda+\mu} & 0 & \dfrac{\lambda}{\lambda+\mu} & 0 & \cdots \\ 0 & \dfrac{\mu}{\lambda+\mu} & 0 & \dfrac{\lambda}{\lambda+\mu} & \\ \vdots & & \ddots & \ddots & \ddots \end{pmatrix}$$

每个连续时间马尔可夫链 $X(t)$ 都有对应的嵌入离散时间马尔可夫链。更一般的情况是，存在一些连续时间过程，这些过程不是连续时间马尔可夫链，但有对应的嵌入离散时间马尔可夫链。例如，与 $M/G/1$ 和 $G/M/1$ 排队模型相关的过程有对应的嵌入离散时间马尔可夫链（见第 6.1 节和第 6.3 节）。

2.4.2　C-K 方程

对于离散时间马尔可夫链，可以基于 C-K 方程来确定 n 步转移概率。由此，获得了系统经过 n 步转移后所处状态的概率表达式，即 $\boldsymbol{\pi}^{(n)} = \boldsymbol{\pi}^{(0)} \boldsymbol{P}^n$。对于连续时间过程，用一组微分方程来表示系统在时刻 t 所处状态的概率。

定理 2.15　设 $p_i(t)$ 为系统在时刻 t 处于状态 i 的概率，$\boldsymbol{p}(t)$ 表示向量 $(p_0(t), p_1(t), \cdots)$，且 $\boldsymbol{p}'(t)$ 为 $\boldsymbol{p}(t)$ 的导数，那么，

$$\boldsymbol{p}'(t) = \boldsymbol{p}(t)\boldsymbol{Q} \tag{2.21}$$

上式的分量形式为

$$p_j'(t) = -v_j p_j(t) + \sum_{r \neq j} p_r(t) q_{rj} \tag{2.22}$$

在证明该定理之前，我们注意到式（2.21）只给出了 $\boldsymbol{p}(t)$ 的间接表达式。通过求解式（2.21）中的微分方程组，可以得到 $\boldsymbol{p}(t)$ 的直接表达式：

$$\boldsymbol{p}(t) = \boldsymbol{p}(0)\mathrm{e}^{\boldsymbol{Q}t}$$

这类似于求解单变量微分方程 $x'(t) = ax(t)$，可以求得 $x(t) = x(0)\mathrm{e}^{at}$。为了求得 $\boldsymbol{p}(t)$，需要计算 $\mathrm{e}^{\boldsymbol{Q}t}$。$\mathrm{e}^{\boldsymbol{Q}t}$ 的泰勒展开式为

$$\mathrm{e}^{\boldsymbol{Q}t} = \sum_{n=0}^{\infty} \frac{(\boldsymbol{Q}t)^n}{n!}$$

在上式中，$\boldsymbol{Q}^0$ 是单位矩阵 $\boldsymbol{I}$。可以通过在上式中代入有限数量的项来对 $\boldsymbol{p}(t)$ 进行数值求解。另一种更有效的方法（Ross，2014）是在下式中代入有限值 n 来求得近似值：

$$\mathrm{e}^{\boldsymbol{Q}t} = \lim_{n \to \infty} \left(\boldsymbol{I} + \frac{\boldsymbol{Q}t}{n} \right)^n$$

定理 2.15 的证明如下：

已知系统在时刻 u 处于状态 $i (u \leqslant s)$，设 $p_{ij}(u, s)$ 为系统在时刻 s 处于状态 j 的条件概率，那么，对于给定中间时刻 $t (u \leqslant t \leqslant s)$，可得

$$p_{ij}(u, s) = \sum_r p_{ir}(u, t) p_{rj}(t, s) \qquad (2.23)$$

式（2.23）的等号右边对该链的所有状态进行求和。可以基于全概率公式得到这个结果，该链在时刻 u 从状态 i 出发，在时刻 t 途经状态 r，且在时刻 s 到达状态 j。式（2.23）即为连续时间过程的 C-K 方程，对应于离散时间过程的式（2.12）。令 $u = 0$ 且 $s = t + \Delta t$，得到

$$p_{ij}(0, t + \Delta t) = \sum_r p_{ir}(0, t) p_{rj}(t, t + \Delta t)$$

对于连续时间马尔可夫链，可以证明（Ross，2014）转移概率函数 $p_{ij}(t)$ 满足：

$$\begin{cases} 1 - p_{ii}(t, t + \Delta t) = v_i \Delta t + o(\Delta t) \\ p_{ij}(t, t + \Delta t) = q_{ij} \Delta t + o(\Delta t) \end{cases} \qquad (2.24)$$

第一个方程表示在长度为 Δt 的时间区间内发生一次状态转移的概率近似为 $v_i \Delta t$（初始状态为 i 且假设 Δt 很小）。类似地，第二个方程表示在长度为 Δt 的时间区间内从状态 i 转移到状态 j 的概率近似为 $q_{ij} \Delta t$。在适当的正则条件下（Ross，2014），由式（2.23）可以得出（习题 2.9）

$$\frac{\partial}{\partial t} p_{ij}(u, t) = -v_j p_{ij}(u, t) + \sum_{r \neq j} p_{ir}(u, t) q_{rj} \qquad (2.25a)$$

$$\frac{\partial}{\partial u} p_{ij}(u, t) = v_i p_{ij}(u, t) - \sum_{r \neq i} q_{ir} p_{rj}(u, t) \qquad (2.25b)$$

以上两个微分方程分别为科尔莫戈罗夫向前方程和向后方程。在式（2.25a）中，令 $u = 0$，得到

$$\frac{\mathrm{d} p_{ij}(0, t)}{\mathrm{d} t} = -v_j p_{ij}(0, t) + \sum_{r \neq j} p_{ir}(0, t) q_{rj}$$

方程两边同乘以 $p_i(0)$，然后对所有 i 进行求和，得到式（2.22）。由于 $-v_j$ 是式（2.20）中转移速率矩阵 $\boldsymbol{Q}$ 的对角线元素，所以式（2.22）为矩阵方程 $\boldsymbol{p}'(t) = \boldsymbol{p}(t)\boldsymbol{Q}$ 的分量形式。

接下来对式（2.20）中的转移速率矩阵 $\boldsymbol{Q}$ 做一些解释。首先，通过将 $\boldsymbol{Q}$ 的对角线元素定义为 $q_{jj} \equiv -v_j$，式（2.22）中等号右边可以简化为 $\sum_r p_r(t) q_{rj}$，该简化式的矩阵形式为 $\boldsymbol{p}(t)\boldsymbol{Q}$。基于式（2.24），可以将 $\boldsymbol{Q}$ 写为

$$Q = \lim_{\Delta t \to 0} \frac{P(t, t + \Delta t) - I}{\Delta t}$$

其中，$P(t, t + \Delta t)$ 是元素为 $\{p_{ij}(t, t + \Delta t)\}$ 的矩阵。因此，Q 对于连续时间马尔可夫链的作用与 $P - I$ 对于离散时间马尔可夫链的作用类似。例如，对于离散时间马尔可夫链，可以将式（2.16）中的平稳方程 $\pi = \pi P$ 写为 $0 = \pi(P - I)$，其中，0 是零向量。相应地，连续时间马尔可夫链的平稳方程为 $0 = pQ$。第 2.4.3 节将详细讨论这些方程。

■ **例 2.16**

生灭过程是连续时间马尔可夫链 $X(t)$，$X(t) \in \{0, 1, 2, \cdots\}$。在生灭过程中，系统的状态可能会加 1（生）或减 1（灭）。生灭过程的转移速率矩阵为

$$Q = \begin{pmatrix} -\lambda_0 & \lambda_0 & 0 & 0 & \cdots \\ \mu_1 & -(\lambda_1 + \mu_1) & \lambda_1 & 0 & \\ 0 & \mu_2 & -(\lambda_2 + \mu_2) & \lambda_2 & \\ \vdots & & \ddots & \ddots & \ddots \end{pmatrix}$$

当系统处于状态 j 时，生率为 λ_j，灭率为 μ_j。基于式（2.21），可以得到这个过程的微分差分方程组：

$$\begin{cases} p'_j(t) = -(\lambda_j + \mu_j) p_j(t) + \lambda_{j-1} p_{j-1}(t) + \mu_{j+1} p_{j+1}(t), & j \geqslant 1 \\ p'_0(t) = -\lambda_0 p_0(t) + \mu_1 p_1(t) \end{cases}$$

许多排队系统都可以用生灭过程来描述，系统状态 $X(t)$ 表示在时刻 t 系统中的顾客数。第 3 章将讨论这类排队模型。例如，$M/M/1$ 排队模型（例 2.14）是 $\lambda_j = \lambda$ 且 $\mu_j = \mu$ 的生灭过程。但是，顾客批量到达或服务批量完成的系统不能用生灭过程来描述，因为在这类系统中，状态变化（系统中顾客数增加或减少）的幅度可以大于 1，可以将这类系统建模为连续时间马尔可夫链，但不能建模为生灭过程，第 4 章将详细讨论这类系统。

■ **例 2.17**

泊松过程是 $\lambda_j = \lambda$ 且 $\mu_j = 0$ 的一种特殊的生灭过程，我们称之为纯生过程，即泊松过程在任意状态 $j \geqslant 0$ 下停留的时间服从参数为 λ 的指数分布，且随后转移到状态 $j + 1$，第 2.2 节推导出了泊松过程的科尔莫戈罗夫向前方程，见式（2.5）和式（2.8）。本书基于相同的概率理论，推导出了 C-K 方程的一般

形式，见式（2.23）。给定条件当 $j \geqslant 0$ 时，$v_j = \lambda$ 且 $q_{j,j+1} = \lambda$；当 $j < 0$ 时，$q_{ij} = 0$；那么可以基于定理 2.15 直接求得式（2.5）和式（2.8）。

2.4.3　长期行为

平稳性和稳态的概念同样适用于连续时间马尔可夫链，可以在极限过程中用 t 代替 n。例如，与式（2.14）类似，定义连续时间马尔可夫链的极限概率为

$$p_j \equiv \lim_{t \to \infty} p_j(t) \text{ 或 } \quad \boldsymbol{p} \equiv \lim_{t \to \infty} \boldsymbol{p}(t)$$

第二个等式为极限概率的向量形式。前面通过转移概率矩阵的连乘求得了离散时间马尔可夫链的极限概率，见式（2.12）。在连续时间场景下，直接求稳态解比较困难，因为需要求式（2.21）中微分方程组的解并且取极限 $\lim_{t \to \infty} \boldsymbol{p}(t)$。然而，与定理 2.13 类似，如果马尔可夫链是不可约且正常返的，那么线性方程组（平稳方程组）的解即为极限概率，定理 2.16 对此进行了说明。

定理 2.16　对于一个连续时间马尔可夫链，如果其对应的嵌入离散时间马尔可夫链是不可约且正常返的，那么以下平稳方程组存在唯一解：

$$\begin{cases} \boldsymbol{0} = \boldsymbol{p}\boldsymbol{Q} \\ \sum_j p_j = 1 \end{cases} \tag{2.26}$$

其中，$\boldsymbol{0}$ 是零向量。此外，如果系统在所有状态下的平均停留时间是有界的（对于所有 i，$v_i > 0$），则该链有极限分布，且该极限分布与平稳分布相同。

式（2.26）中平稳方程组的分量形式为

$$p_j v_j = \sum_{r \neq j} p_r q_{rj}$$

在上式中，$p_j v_j$ 表示从状态 j 转移出去的速率，$p_r q_{rj}$ 表示从状态 r 转移到状态 j 的速率。取 r 的所有可能值，对 $p_r q_{rj}$ 进行求和，可以得到从其他状态转移到状态 j 的总速率。因此，式（2.26）表明，系统从某个状态转移出去的速率等于从其他状态转移进入该状态的速率。

本节仅对该定理做简单的解释，不提供该定理的证明。如果极限概率存在，即对于所有 i，$\lim_{t \to \infty} p_i(t) = p_i$，那么可以合理地设想 $p_i(t)$ 的导数收敛到 0[①]，即 $\lim_{t \to \infty} p_i'(t) = 0$。根据定理 2.15，如果极限概率存在且导数收敛到 0，那么式（2.21）可以写为 $\boldsymbol{0} = \boldsymbol{p}\boldsymbol{Q}$。

---

① 函数 $f(t)$ 收敛并不能保证 $f'(t) \to 0$。例如，$f(t) = (1/t)\sin t^2$ 收敛到 0，但 $f'(t)$ 不收敛。

因为状态转移的时间间隔是连续变化的，所以，与离散时间马尔可夫链不同的是，对于连续时间马尔可夫链，非周期性不是极限分布存在的必备条件。即使嵌入马尔可夫链具有周期性，这种周期性也可能会因状态转移时间间隔的连续性变化而"消失"。

习题

2.1 根据定义 2.1 推导出指数分布随机变量的累积分布函数、互补累积分布函数、期望和方差。

2.2 使用第 2.2 节中的式（2.8）来推导式（2.9），然后用数学归纳法证明式（2.4）。

2.3 给定式（2.4）中泊松过程的概率函数，求其矩母函数 $M_{N(t)}(\theta)$，即 $e^{\theta N(t)}$ 的期望，然后用这个矩母函数证明泊松过程的期望和方差都等于 λt。

2.4 假设非重叠时间区间内的到达数是相互独立的，请应用二项式分布推导泊松过程。

2.5 证明泊松过程具有平稳增量（定理 2.7）。

2.6 假设事件发生的时间间隔服从埃尔朗分布且相互独立，请根据第 2.1 节和第 2.2 节的结论，找出相应的计数过程的分布。

2.7 假设顾客按批次到达，同一批次中，可能会有一个顾客或两个顾客，批次大小服从以下概率分布：

$$f(1) = p, f(2) = 1 - p, \qquad 0 < p < 1$$

连续两个批次到达的时间间隔服从以下指数分布：

$$a(t) = \lambda e^{-\lambda t}, \qquad t > 0$$

证明在时刻 t 的到达数服从以下复合泊松分布：

$$p_n(t) = e^{-\lambda t} \sum_{k=0}^{\lfloor n/2 \rfloor} \frac{p^{n-2k}(1-p)^k(\lambda t)^{n-k}}{(n-2k)!k!}$$

其中，$\lfloor n/2 \rfloor$ 表示小于或等于 $n/2$ 的最大整数。

2.8 （a）泊松过程 A 和 B 的到达速率分别为 λ_1 和 λ_2。计算从时刻 $t = 0$ 开始，泊松过程 A 中先发生事件的概率。

（b）一个排队系统中有 m 个服务员，所有服务员都很忙碌且服务员提供服务的时间都服从相同的指数分布。有 n 个顾客正在排队，当前队列中不会再加入新的顾客。平均来说，这个排队系统中所有顾客接受完服务需要多长时间？

2.9 将式（2.24）代入式（2.23）来验证科尔莫戈罗夫向前方程和向后方程［式（2.25a）和式（2.25b）］。［提示：可以通过设 $s - l + \Delta t$ 来推导式（2.25a），设 $u = t - \Delta t$ 来推导式（2.25b）。］

2.10 假设随机变量在区间 $(0, 1)$ 上均匀分布，从该区间内抽取大小为 n 的随机样本，该随机样本的第一顺序统计量为 $T_{(1)}$。请证明当 $n \to \infty$ 时，随机变量 $nT_{(1)}$ 按指数形式收敛。

2.11 某马尔可夫链的单步转移概率矩阵如下，计算该马尔可夫链的平稳分布。

$$\begin{pmatrix} 0.25 & 0.20 & 0.12 & 0.43 \\ 0.25 & 0.20 & 0.12 & 0.43 \\ 0 & 0.25 & 0.20 & 0.55 \\ 0 & 0 & 0.25 & 0.75 \end{pmatrix}$$

2.12 某软件公司有技术支持热线，假设请求技术支持的电话按照泊松过程打入，到达速率 $\lambda = 20$ 个/h。计算下列事件的概率：

（a）1 h 内没有电话打入；

（b）1 h 内正好打入 5 个电话；

（c）1 h 内打入 5 个或更多电话。

2.13 某连续时间马尔可夫链的转移速率如图 2.8 所示（图上的数字表示转移速率 q_{ij}），计算该链处于每个状态的时间占比。

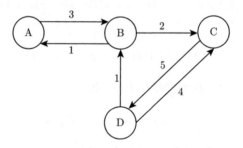

图 2.8　习题 2.13 的马尔可夫链的转移速率示意

2.14 车辆按照泊松过程到达一个单泵加油站，到达速率为 20 辆/h。服务 1 辆车所需的时间为指数分布随机变量，期望为 5 min。如果加油站中已有 3 辆车（1 辆在加油，2 辆在排队），新的车辆将无法进入队列。请将这一过程建模为连续时间马尔可夫链。

（a）计算每辆车在每个状态停留的时间占比。

（b）加油泵处于工作状态的时间占比是多少？

（c）损失的潜在顾客的占比是多少？

2.15 乘客按照泊松过程到达班车站点，到达速率为 3 个/h。班车按照泊松过程到达站点，到达速率为 1.5 辆/h。假设每辆班车最多可容纳 2 个乘客，且最多有 4 个乘客在等待班车（随后到达的乘客不能再加入队列）。

（a）将此过程建模为连续时间马尔可夫链，给出转移速率矩阵 $\boldsymbol{Q}$。

（b） 给出嵌入离散时间马尔可夫链的转移概率矩阵 P。

（c） 求解连续时间马尔可夫链的平稳概率 p_i 和嵌入离散时间马尔可夫链的平稳概率 π_i。

（d） 每辆班车上的平均乘客数是多少？

2.16 在选择适当的分布来表示到达时间间隔和服务时间时，通常要用到变异系数 C。变异系数定义为标准差与平均值之比，变异系数度量了一个分布的相对波动。例如，常规任务组成的服务在平均值上下有一个相对较小的波动（$C \leqslant 1$），而由多样任务（一些任务可以快速完成，一些任务很耗时）组成的服务在平均值上下有一个相对较大的波动（$C > 1$）。除了排队模型中广泛使用的指数分布 $C = 1$（标准差 = 平均值），排队模型中另外两种常用的分布是埃尔朗分布和混合指数分布（超指数分布是一种特殊情况）。埃尔朗分布有两个参数：用来描述类型或形状的参数 k（大于或等于 1 的整数）和比例参数 β。埃尔朗分布随机变量的期望为 $k\beta$，标准差为 $\beta\sqrt{k}$，所以变异系数为 $1/\sqrt{k} \leqslant 1$。$k = 1$ 时的埃尔朗分布是指数分布。混合指数分布函数是多个指数分布的凸线性组合，这些指数分布是根据某种概率分布进行混合的（例如，以概率 p 选择期望为 μ_1 的指数分布，以概率 $1-p$ 选择期望为 μ_2 的指数分布）。可以证明混合指数分布的变异系数始终大于 1。用软件求解下列问题。

（a） 一家咖啡店里有一个服务员为顾客制作咖啡，为顾客服务的平均时间为 2.25 min，标准差为 1.6 min。服务时间超过 5 min 的概率是多少？（提示：求出与 k 最接近的整数值，然后求解 β。）

（b） 一个农村小镇的邮局有两种类型的顾客：只买邮票的顾客和需要其他服务的顾客。每种类型的顾客接受服务的时间近似服从指数分布，为第一种类型的顾客服务平均需要 1.06 min，为第二种类型的顾客服务平均需要 3.8 min。为这两种类型顾客服务的时间超过 5 min 的概率分别是多少？如果 15% 的顾客为第一种类型的顾客，那么为下一个顾客服务的时间超过 5 min 的概率是多少？

第 3 章

简单马尔可夫排队模型

本章利用生灭过程来讨论一类广泛使用的简单排队模型。回忆一下，生灭过程是一种特殊的连续时间马尔可夫链，用这种模型结构可以直接求解其稳态概率 $\{p_n\}$。可以构建生灭过程的排队模型包括但不限于 $M/M/1$、$M/M/c$、$M/M/c/K$、$M/M/c/c$ 和 $M/M/\infty$；当这些排队模型的变形具有状态相依的到达速率和服务速率时，也可以构建为生灭过程。下面先介绍生灭过程的一般结论，然后利用这些结论来推导以上排队模型的效益指标。

3.1 生 灭 过 程

生灭过程的状态空间为 $\{0, 1, 2, \cdots\}$，通常表示系统状态的总体。每一次状态转移都发生在相邻状态之间。具体来说，当系统处于状态 $n \geqslant 0$ 时，顾客到达（"生"）的时间间隔是一个以 λ_n 为参数的指数分布随机变量。当有一个顾客到达时，系统从状态 n 转移到状态 $n+1$。当系统处于状态 $n \geqslant 1$ 时，顾客离开（"灭"）的时间间隔是一个以 μ_n 为参数的指数分布随机变量。当有一个顾客离开时，系统从状态 n 转移到状态 $n-1$。

生灭过程是连续时间马尔可夫链，其状态转移速率如图 3.1 所示。

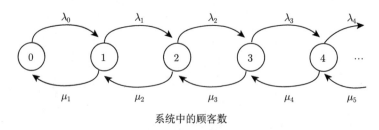

图 3.1　生灭过程的状态转移速率示意

在排队论中，状态通常表示系统中的顾客数，"生"表示有顾客到达系统，

"灭"表示有顾客离开系统。例如，$M/M/1$ 排队模型是 $\lambda_n = \lambda$ 且 $\mu_n = \mu$ 的生灭过程（第 3.2 节将讨论 $M/M/1$ 排队模型）。

下面我们应用连续时间马尔可夫链的理论来分析生灭过程。设 p_n 表示系统处于状态 n 的时间长度占比（或解释为稳态概率），如第 2.4.3 节中所讨论的，$\{p_n\}$ 存在一个解，基于 $\boldsymbol{0} = \boldsymbol{p}\boldsymbol{Q}$ [式（2.26）]，且当 λ_n 和 μ_n 有一定的条件限制时，可以求得该解。对于生灭过程，向量矩阵 $\boldsymbol{0} = \boldsymbol{p}\boldsymbol{Q}$ 的分量形式为

$$0 = -(\lambda_n + \mu_n)p_n + \lambda_{n-1}p_{n-1} + \mu_{n+1}p_{n+1}, \quad n \geqslant 1$$

$$0 = -\lambda_0 p_0 + \mu_1 p_1$$

也可以写为

$$(\lambda_n + \mu_n)p_n = \lambda_{n-1}p_{n-1} + \mu_{n+1}p_{n+1}, \quad n \geqslant 1 \tag{3.1}$$
$$\lambda_0 p_0 = \mu_1 p_1$$

可以用**流量平衡**（flow balance）的概念来得到以上方程。流量平衡的基本概念如下：当系统处于平稳状态时，从某个状态转移出去的速率等于从其他状态转移进入该状态的速率。式（3.1）中第一个方程的等号左边表示从状态 n 转移出去的速率，等号右边表示从其他状态转移进入状态 n 的速率。

下面更详细地解释这一过程。

当系统处于状态 n 时，平均到达速率（"生率"）λ_n 表示单位时间内到达的顾客数。由于系统处于状态 n 的时间长度占比为 p_n，所以 $\lambda_n p_n$ 表示稳态下从状态 n 转移到状态 $n+1$ 的速率。类似地，当系统处于状态 n 时，平均离开速率（"灭率"）μ_n 表示单位时间内离开的顾客数，因此，$\mu_n p_n$ 表示稳态下从状态 n 转移到状态 $n-1$ 的速率。由于只能从状态 n 转移到状态 $n+1$ 或 $n-1$，所以 $(\lambda_n + \mu_n)p_n$ 表示稳态下从状态 n 转移出去的速率。类似地，由于只能从状态 $n+1$ 或 $n-1$ 转移到状态 n，所以稳态下转移进入状态 n 的速率是 $\lambda_{n-1}p_{n-1} + \mu_{n+1}p_{n+1}$。因此，式（3.1）中第一个方程表示从状态 $n(n \geqslant 1)$ 转移出去的速率等于从其他状态转移到该状态的速率。

式（3.1）中第二个方程 $\lambda_0 p_0 = \mu_1 p_1$ 表示系统处于边界状态 0 时，流量平衡。状态 0 与其他状态略有不同：当系统中的顾客数为 0 时，不会有顾客离开（即系统不会从状态 0 转移到状态 -1）；系统无法通过顾客到达的方式进入状态 0（即系统不会从状态 -1 转移到状态 0）。

也可以用流量平衡的概念来得到 C-K 微分方程，见式（2.21）。当系统处于非平稳状态时，流入和流出一个状态的速率不相等，流量速率差为系统状态关于时间变化的速率，即 $p_n'(t)$。

为求解式（3.1），先把该方程组写为

$$\begin{cases} p_{n+1} = \dfrac{\lambda_n + \mu_n}{\mu_{n+1}}p_n - \dfrac{\lambda_{n-1}}{\mu_{n+1}}p_{n-1}, & n \geqslant 1 \\[2mm] p_1 = \dfrac{\lambda_0}{\mu_1}p_0 \end{cases} \tag{3.2}$$

当 $n = 1$ 时，可得

$$\begin{aligned} p_2 &= \frac{\lambda_1 + \mu_1}{\mu_2}p_1 - \frac{\lambda_0}{\mu_2}p_0 = \frac{\lambda_1 + \mu_1}{\mu_2} \cdot \frac{\lambda_0}{\mu_1}p_0 - \frac{\lambda_0}{\mu_2}p_0 \\ &= \frac{\lambda_1 \lambda_0}{\mu_2 \mu_1}p_0 \end{aligned}$$

当 $n = 2$ 时，可得

$$\begin{aligned} p_3 &= \frac{\lambda_2 + \mu_2}{\mu_3}p_2 - \frac{\lambda_1}{\mu_3}p_1 = \frac{\lambda_2 + \mu_2}{\mu_3} \cdot \frac{\lambda_1 \lambda_0}{\mu_2 \mu_1}p_0 - \frac{\lambda_1 \lambda_0}{\mu_3 \mu_1}p_0 \\ &= \frac{\lambda_2 \lambda_1 \lambda_0}{\mu_3 \mu_2 \mu_1}p_0 \end{aligned}$$

可以发现 p_n 的变化模式为

$$\begin{aligned} p_n &= \frac{\lambda_{n-1}\lambda_{n-2}\dots\lambda_0}{\mu_n\mu_{n-1}\dots\mu_1}p_0 \\ &= p_0 \prod_{i=1}^{n} \frac{\lambda_{i-1}}{\mu_i}, \qquad n \geqslant 1 \end{aligned} \tag{3.3}$$

我们使用数学归纳法来证明式（3.3）对于所有 $n \geqslant 0$ 都成立。首先，当 $n = 0$ 时，默认 $\prod\limits_{i=1}^{n}(\cdot)$ 等于 1，所以当 $n = 0$ 时，式（3.3）成立。我们已经证明，当 $n = 1, 2, 3$ 时，式（3.3）成立。现在要证明，如果对于 $n = k \geqslant 0$，式（3.3）成立，那么对于 $n = k + 1$，式（3.3）也成立。

由式（3.2）可得

$$p_{k+1} = \frac{\lambda_k + \mu_k}{\mu_{k+1}} p_k - \frac{\lambda_{k-1}}{\mu_{k+1}} p_{k-1}$$

$$= \frac{\lambda_k + \mu_k}{\mu_{k+1}} p_0 \prod_{i=1}^{k} \frac{\lambda_{i-1}}{\mu_i} - \frac{\lambda_{k-1}}{\mu_{k+1}} p_0 \prod_{i=1}^{k-1} \frac{\lambda_{i-1}}{\mu_i}$$

$$= \frac{p_0 \lambda_k}{\mu_{k+1}} \prod_{i=1}^{k} \frac{\lambda_{i-1}}{\mu_i} + \frac{p_0 \mu_k}{\mu_{k+1}} \prod_{i=1}^{k} \frac{\lambda_{i-1}}{\mu_i} - \frac{p_0 \mu_k}{\mu_{k+1}} \prod_{i=1}^{k} \frac{\lambda_{i-1}}{\mu_i}$$

$$= p_0 \prod_{i=1}^{k+1} \frac{\lambda_{i-1}}{\mu_i}$$

第二行可以由归纳假设得到，至此证毕。由于概率之和等于 1，所以可得

$$p_0 = \left(1 + \sum_{n=1}^{\infty} \prod_{i=1}^{n} \frac{\lambda_{i-1}}{\mu_i} \right)^{-1} \tag{3.4}$$

从式（3.4）可以看出，稳态解存在的充分必要条件是以下无穷级数收敛：

$$1 + \sum_{n=1}^{\infty} \prod_{i=1}^{n} \frac{\lambda_{i-1}}{\mu_i}$$

在后续各章中，式（3.3）和式（3.4）对于分析各种排队模型非常有用。

在介绍这些模型之前，给出另一种推导方式，其中使用了一组不同的平衡方程。前面由式（3.1）推导出了式（3.3）和式（3.4）。式（3.1）称为**整体平衡方程**（global balance equations），其表明进入一个状态的总平均流量等于离开该状态的总平均流量。

为了说明另外一组平衡方程，我们在状态 $n-1$ 和状态 n 之间画一条分界线，如图 3.2 所示。

正如稳态时流入和流出一个状态的平均流量必须相等，稳态时向左和向右通过分界线的平均流量也必须相等。具体过程如下：如果系统的初始状态为状态 0，那么通过分界线的第一次转移是向右的，因此，下一次通过分界线的转移必须是向左的，再下一次通过分界线的转移必须是向右的，以此类推。因此，除了最后一次转移，每次向右的转移对应一次向左的转移。从长期来看，从状态

$n-1$ 到状态 n 的转移速率 $\lambda_{n-1}p_{n-1}$ 必须等于从状态 n 到状态 $n-1$ 的转移速率 $\mu_n p_n$，即

$$\lambda_{n-1}p_{n-1} = \mu_n p_n, \qquad n \geqslant 1 \tag{3.5}$$

也可以写为

$$p_n = \frac{\lambda_{n-1}}{\mu_n} p_{n-1}, \qquad n \geqslant 1$$

通过迭代应用上式，可以推导出式（3.3）：

$$
\begin{aligned}
p_n &= \frac{\lambda_{n-1}}{\mu_n} p_{n-1} \\
&= \frac{\lambda_{n-1}\lambda_{n-2}}{\mu_n\mu_{n-1}} p_{n-2} \\
&\quad\vdots \\
&= \frac{\lambda_{n-1}\lambda_{n-2}\cdots\lambda_0}{\mu_n\mu_{n-1}\cdots\mu_1} p_0
\end{aligned}
$$

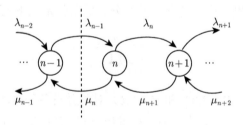

图 3.2 状态间的流量平衡

式（3.5）被称为**局部平衡方程**（detailed balance equation），该方程关联了两种状态之间的平均流量。使用局部平衡方程比使用整体平衡方程［式（3.1）］更容易推导出式（3.3）。

并非所有马尔可夫链的两个状态之间的平均流量都相等。相邻两个状态之间的流量平衡与**可逆性**（reversibility）有关。"可逆性"这一概念在讨论排队网络时非常有用（见第 5.1.1 节和第 6.2.2 节）。在生灭过程中，状态转移只发生在相邻状态之间，因此，相邻两个状态之间的流量是平衡的。对于更一般的马尔可夫过程，两个状态之间的流量并不一定是平衡的。但是，对于所有马尔可夫过

程，流出一个状态的总流量与流入该状态的总流量相等，所以一定可以得到整体平衡方程，从而可以求得 $\{p_n\}$。

3.2　单服务员排队模型（$M/M/1$）

本节讨论稳态时的单服务员排队模型（$M/M/1$）。假设顾客到达的时间间隔和服务时间均服从指数分布，概率密度函数分别为

$$a(t) = \lambda \mathrm{e}^{-\lambda t}$$

$$b(t) = \mu \mathrm{e}^{-\mu t}$$

设 n 表示系统中的顾客数，顾客到达可视为"生"，顾客离开可视为"灭"。到达速率 λ 是固定的，与系统中的顾客数无关。服务员的服务速率 μ 也是固定的，与系统中的顾客数无关（前提是系统中至少有一个顾客）。因此，$M/M/1$ 排队模型是 $\lambda_n = \lambda$ $(n \geqslant 0)$ 且 $\mu_n = \mu$ $(n \geqslant 1)$ 的生灭过程，见图 3.3。

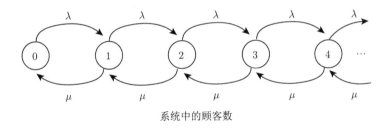

系统中的顾客数

图 3.3　$M/M/1$ 排队系统的转移速率示意

该系统的流量平衡方程为

$$\begin{cases} (\lambda + \mu)p_n = \mu p_{n+1} + \lambda p_{n-1}, & n \geqslant 1 \\ \lambda p_0 = \mu p_1 \end{cases} \tag{3.6}$$

也可以写为

$$\begin{cases} p_{n+1} = \dfrac{\lambda + \mu}{\mu} p_n - \dfrac{\lambda}{\mu} p_{n-1}, & n \geqslant 1 \\ p_1 = \dfrac{\lambda}{\mu} p_0 \end{cases} \tag{3.7}$$

接下来介绍 3 种方法来求解式（3.6）和式（3.7）。第一种方法（可能是最直接的方法）涉及迭代，第二种方法涉及母函数，第三种方法涉及线性算子（与微分方程的求解方法类似）。之所以介绍 3 种方法，是因为对于不同的排队模型，其中一种方法可能比另外两种方法更适用。对于 $M/M/1$ 排队模型，这 3 种方法均适用，因此，下面基于 $M/M/1$ 排队模型来介绍这 3 种方法。

3.2.1 用迭代法求解 $\{p_n\}$

本节通过迭代式（3.6）和式（3.7）来得到状态概率 $p_1, p_2, p_3, \cdots$，将所有状态概率都用 p_0 来表示。当有足够多的状态概率时，可以猜想状态概率 p_n 的一般形式，然后用数学归纳法来证明我们的猜想。

事实上，第 3.1 节中讨论一般生灭过程时也用了同样的方法。具体地说，我们证明了对于任何生率为 $\lambda_n (n = 0, 1, 2, \cdots)$、灭率为 $\mu_n (n = 1, 2, 3, \cdots)$ 的生灭过程，均可以用式（3.3）来求稳态概率 p_n。由于 $M/M/1$ 排队系统是具有恒定的生率和灭率的生灭过程，可以直接应用式（3.3），且对于所有 n，$\lambda_n = \lambda, \mu_n = \mu$，可得

$$p_n = p_0 \prod_{i=1}^{n} \left(\frac{\lambda}{\mu} \right) = p_0 \left(\frac{\lambda}{\mu} \right)^n, \qquad n \geqslant 1$$

利用概率 $\{p_n\}$ 之和必须为 1 这一条件来求 p_0：

$$1 = \sum_{n=0}^{\infty} p_n = \sum_{n=0}^{\infty} p_0 \left(\frac{\lambda}{\mu} \right)^n = p_0 \sum_{n=0}^{\infty} \rho^n$$

在此使用第 1.5 节中的定义，即对于单服务员排队系统，$\rho = \lambda/\mu$，其中 ρ 是服务强度或服务员占有率。因此，

$$p_0 = \frac{1}{\displaystyle\sum_{n=0}^{\infty} \rho^n}$$

当且仅当 $\rho < 1$ 时，等比数列和 $\displaystyle\sum_{n=0}^{\infty} \rho^n$ 收敛。利用等比数列的求和公式，可得

$$\sum_{n=0}^{\infty} \rho^n = \frac{1}{1 - \rho}, \qquad \rho < 1$$

因此,

$$p_0 = 1 - \rho, \qquad \rho = \lambda/\mu < 1 \tag{3.8}$$

式（3.8）与第 1.5 节中对所有 $G/G/1$ 排队系统推导出的 p_0 的通用化结果一致。综上,$M/M/1$ 排队系统的稳态解是几何分布随机变量的概率质量函数（$M/M/1$ 排队系统中的顾客数服从几何分布）：

$$\boxed{p_n = (1 - \rho)\rho^n, \qquad \rho = \lambda/\mu < 1} \tag{3.9}$$

需要注意的是,仅当 $\rho < 1$(即 $\lambda < \mu$) 时,稳态解才存在。对于 $\lambda > \mu$,显然,此时平均到达速率大于平均服务速率,队列会越来越长,也就是说,随着时间的推移,系统的大小会无限制地增加。但是,为什么当 $\lambda = \mu$ 时没有稳态解？可以这样理解,由于平均服务速率不大于平均到达速率,所以对服务员来说,队列越长,缩短队列的难度越大。

3.2.2　用母函数求解 $\{p_n\}$

本节用概率母函数 $P(z) = \sum_{n=0}^{\infty} p_n z^n$（$z$ 为复数且 $|z| \leqslant 1$）来求稳态概率 $\{p_n\}$。基本步骤如下：由式（3.7）得到 $P(z)$ 的解析式,再将 $P(z)$ 展开为幂级数,该幂级数的系数即为 $\{p_n\}$。

首先,把 ρ 代入式（3.7）,可得

$$\begin{cases} p_{n+1} = (\rho + 1)p_n - \rho p_{n-1}, & n \geqslant 1 \tag{3.10} \\ p_1 = \rho p_0 \tag{3.11} \end{cases}$$

式（3.10）两边同乘以 z^n,

$$p_{n+1}z^n = (\rho + 1)p_n z^n - \rho p_{n-1}z^n$$

也可以写为

$$z^{-1}p_{n+1}z^{n+1} = (\rho + 1)p_n z^n - \rho z p_{n-1}z^{n-1}$$

该式对所有 $n \geqslant 1$ 都成立,取 n 从 1 到 ∞,对等式两边进行求和,可得

$$z^{-1}\sum_{n=1}^{\infty} p_{n+1}z^{n+1} = (\rho + 1)\sum_{n=1}^{\infty} p_n z^n - \rho z \sum_{n=1}^{\infty} p_{n-1}z^{n-1}$$

由于母函数定义为 $P(z) = \sum\limits_{n=0}^{\infty} p_n z^n$，所以上式可以写为

$$z^{-1}\left[P(z) - p_1 z - p_0\right] = (\rho + 1)\left[P(z) - p_0\right] - \rho z P(z) \tag{3.12}$$

将式（3.11）代入上式，可得

$$z^{-1}\left[P(z) - (\rho z + 1)p_0\right] = (\rho + 1)\left[P(z) - p_0\right] - \rho z P(z)$$

求解 $P(z)$，可得

$$P(z) = \frac{p_0}{1 - z\rho} \tag{3.13}$$

使用边界条件（概率 $\{p_n\}$ 之和为 1）来求解 p_0。当 $z = 1$ 时，

$$P(1) = \sum_{n=0}^{\infty} p_n 1^n = \sum_{n=0}^{\infty} p_n = 1$$

由式（3.13）可得

$$P(1) = 1 = \frac{p_0}{1 - \rho} \tag{3.14}$$

所以可以得出 $p_0 = 1 - \rho$。

因为 $\{p_n\}$ 是概率，所以当 z 是实数且 $z > 0$ 时，$P(z) > 0$，因此式（3.14）中，$P(1) = p_0/(1 - \rho) > 0$。因为 p_0 是概率并且大于 0，所以 ρ 必须小于 1。综上可得

$$\boxed{P(z) = \frac{1 - \rho}{1 - \rho z}, \qquad \rho < 1, |z| \leqslant 1} \tag{3.15}$$

可以用长除法来得到式（3.15）的幂级数展开式。因为 $|\rho z| < 1$，也可以将式（3.15）视为等比数列的和，即

$$\frac{1}{1 - \rho z} = 1 + \rho z + (\rho z)^2 + (\rho z)^3 + \cdots$$

因此，概率母函数为

$$P(z) = \sum_{n=0}^{\infty} (1 - \rho)\rho^n z^n \tag{3.16}$$

p_n 是 z^n 的系数，所以

$$p_n = (1-\rho)\rho^n, \qquad \rho = \lambda/\mu < 1$$

该式与式（3.9）相同。

利用式（3.15）可以推导出许多结论。首先，该表达式是两个（简单）多项式的商（即该表达式是一个有理函数），分子是常数，分母 $1 - \rho z$ 是线性多项式。分母唯一的零点 $1/\rho$ 是流量强度的倒数，且其值大于 1。本书的后续各章将介绍其他排队模型及概率母函数，当需要将 $M/M/1$ 排队模型与其他模型对比时，这些推论很重要。

最后需要说明的是，对于某些模型，较容易得到 $P(z)$ 的解析式，但很难得到 $P(z)$ 的级数展开式，从而很难求得 $\{p_n\}$。但是，即使无法得到 $P(z)$ 的级数展开式，仍然可以通过 $P(z)$ 得到有用的信息。例如，当 $z = 1$ 时，由 $\mathrm{d}P(z)/\mathrm{d}z$ 可以计算出系统中顾客数的期望，即 $L = \sum\limits_{n=0}^{\infty} np_n$。

3.2.3　用线性算子求解$\{p_n\}$

本节使用线性差分方程的理论来求解 $\{p_n\}$。式（3.7）中第一个方程可以写为

$$p_{n+1} = (\rho+1)p_n - \rho p_{n-1}, \qquad n \geqslant 1$$

这是一个线性差分方程，该方程把 p_{n+1} 表示为 p_n 和 p_{n-1} 的函数。该方程与微分方程相似，但它涉及 p_n 连续值的差值，不涉及导数。离散参数 n 类似于微分方程中的连续参数 t（表示时间）。根据线性差分方程的理论，可以得到式（3.7）的通解，接下来将对这一理论进行总结，它在许多方面与求解线性微分方程的理论相似。

首先在序列 $\{a_0, a_1, a_2, \cdots\}$ 上定义一个线性算子 D：

$$\forall n, \quad Da_n \equiv a_{n+1}$$

算子组合可得

$$\forall n, m, \quad D^m a_n = a_{n+m}$$

因此，可以将一般形式的常系数线性差分方程

$$C_n a_n + C_{n+1} a_{n+1} + \cdots + C_{n+k} a_{n+k} = 0 \tag{3.17}$$

写为

$$C_n a_n + C_{n+1} D a_n + \cdots + C_{n+k} D^k a_n = 0$$

例如，可以将二阶差分方程

$$C_2 a_{n+2} + C_1 a_{n+1} + C_0 a_n = 0 \tag{3.18}$$

写为

$$\left(C_2 D^2 + C_1 D + C_0\right) a_n = 0 \tag{3.19}$$

由以上关于 D 的二次方程，可以得到差分方程的特征方程 $C_2 r^2 + C_1 r + C_0 = 0$。该方程的根决定了 $\{a_n\}$ 的解的形式，如果特征方程有两个不同的实根 r_1 和 r_2，那么 $a_n = d_1 r_1^n$ 和 $a_n = d_2 r_2^n$ 都是式（3.18）的解，其中 d_1 和 d_2 是任意常数。可以通过将 $d_1 r_1^n$ 和 $d_2 r_2^n$ 代入式（3.18）来进行验证。例如，把 $a_n = d_1 r_1^n$ 代入式（3.18）得

$$C_2 d_1 r_1^{n+2} + C_1 d_1 r_1^{n+1} + C_0 d_1 r_1^n = 0$$

也可以写为

$$d_1 r_1^n \left(C_2 r_1^2 + C_1 r_1 + C_0\right) = 0$$

因为假设 r_1 是特征方程的根，所以括号中的项为 0。同理，由于 $a_n = d_2 r_2^n$ 是式（3.18）的解，因此，$d_1 r_1^n + d_2 r_2^n$ 也是式（3.18）的解。可以证明，$d_1 r_1^n + d_2 r_2^n$ 是式（3.18）的通解。

这种方法可以直接应用于求解差分方程（3.7）。首先，把式（3.7）写为类似于式（3.18）的形式：

$$\mu p_{n+2} - (\lambda + \mu) p_{n+1} + \lambda p_n = 0, \qquad n \geqslant 0$$

那么 $\{p_n\}$ 是下式的解：

$$\left[\mu D^2 - (\lambda + \mu) D + \lambda\right] p_n = 0 \tag{3.20}$$

边界条件为

$$p_1 = \frac{\lambda}{\mu} p_0 = \rho p_0 \quad \text{且} \quad \sum_{n=0}^{\infty} p_n = 1$$

将 D 的二次方程因式分解，可得

$$(D - 1)(\mu D - \lambda) p_n = 0$$

因此，

$$p_n = d_1(1)^n + d_2(\lambda/\mu)^n = d_1 + d_2\rho^n \tag{3.21}$$

其中，d_1 和 d_2 可以使用边界条件求得。d_1 只能为 0，否则 $\sum\limits_{n=0}^{\infty} p_n \to \infty$。另外，已知 $p_1 = \rho p_0$（另一个边界条件），且由式（3.21）可得 $p_1 = d_2\rho$，所以 $d_2 = p_0$。因此，

$$p_n = p_0\rho^n$$

$\{p_n\}$ 对所有 n 求和，可得概率 p_0：

$$p_0 = 1 - \rho, \qquad \rho < 1$$

3.2.4　效益指标

可以根据系统的稳态概率分布来计算系统的效益指标。首先考虑当系统处于稳态时，系统中顾客数的期望和队列中顾客数的期望。为了推导出这两个指标，设随机变量 N 表示稳态时系统中的顾客数，L 表示其期望，则

$$L = \mathrm{E}[N] = \sum_{n=0}^{\infty} n p_n$$
$$= (1-\rho)\sum_{n=0}^{\infty} n\rho^n \tag{3.22}$$

考虑以下求和：

$$\sum_{n=0}^{\infty} n\rho^n = \rho + 2\rho^2 + 3\rho^3 + \cdots$$
$$= \rho\left(1 + 2\rho + 3\rho^2 + \cdots\right)$$
$$= \rho\sum_{n=1}^{\infty} n\rho^{n-1} \tag{3.23}$$

可以发现 $\sum\limits_{n=1}^{\infty} n\rho^{n-1}$ 是 $\sum\limits_{n=1}^{\infty} \rho^n$ 关于 ρ 的导数。如果 $\rho < 1$，可以用微分运算替

换求和运算[1]。当 $\rho < 1$ 时，由等比数列的求和公式可得

$$\sum_{n=1}^{\infty} \rho^n = \frac{\rho}{1-\rho}$$

因此，

$$\sum_{n=1}^{\infty} n\rho^{n-1} = \frac{\mathrm{d}}{\mathrm{d}\rho}\left(\frac{\rho}{1-\rho}\right) = \frac{1-\rho+\rho}{(1-\rho)^2} = \frac{1}{(1-\rho)^2} \tag{3.24}$$

联立式（3.22）、式（3.23）和式（3.24），可以求得

$$L = \frac{\rho(1-\rho)}{(1-\rho)^2}$$

可简化为

$$\boxed{L = \frac{\rho}{1-\rho} = \frac{\lambda}{\mu-\lambda}} \tag{3.25}$$

设随机变量 N_q 表示稳态时队列中的顾客数，L_q 表示其期望，则

$$L_q = \sum_{n=1}^{\infty}(n-1)p_n = \sum_{n=1}^{\infty}np_n - \sum_{n=1}^{\infty}p_n$$

$$= L - (1-p_0) = \frac{\rho}{1-\rho} - \rho = \frac{\rho^2}{1-\rho}$$

注意，由于在推导过程中没有对顾客到达时间间隔和服务时间的分布进行假设，所以 $L_q = L - (1-p_0)$ 适用于所有单服务员且服务员一次只服务一个顾客的排队模型（即 $G/G/1$ 排队模型）；这一结论也可以由式（1.7）得出。因此，平均队列长度为

$$\boxed{L_q = \frac{\rho^2}{1-\rho} = \frac{\lambda^2}{\mu(\mu-\lambda)}} \tag{3.26}$$

---

[1] 如果可以证明 $\sum_{n=1}^{\infty} nx^{n-1}$ 在区间 $(0, a)$ 上均匀收敛，其中 $0 < \rho < a < 1$，那么可以用微分运算替换求和运算。由魏尔斯特拉斯判别法可得，在区间 $(0, a)$ 上，$nx^{n-1} \leqslant na^{n-1}$，并且由于 $\sum_{n=1}^{\infty} na^{n-1}$ 收敛（由比值判别法可得），$\sum_{n=1}^{\infty} nx^{n-1}$ 在区间 $(0, a)$ 上均匀收敛。

接下来讨论队列不为空时的平均队列长度 L'_q，也就是说，希望忽略队列为空的情况。因此，

$$L'_q = \mathrm{E}\left[N_q \mid N_q \neq 0\right]$$

$$= \sum_{n=1}^{\infty}(n-1)p'_n = \sum_{n=2}^{\infty}(n-1)p'_n$$

其中 p'_n 是在队列不为空的条件下系统中顾客数为 n 的条件概率，即 $p'_n = \Pr\{$系统中的顾客数为 $n|n \geqslant 2\}$。根据条件概率的定理可得

$$p'_n = \frac{\Pr\{\text{系统中的顾客数为}n\text{且}n \geqslant 2\}}{\Pr\{n \geqslant 2\}}$$

$$= \frac{p_n}{\sum\limits_{n=2}^{\infty}p_n}, \quad n \geqslant 2$$

$$= \frac{p_n}{1 - (1-\rho) - (1-\rho)\rho}$$

$$= \frac{p_n}{\rho^2}$$

当忽略 p_0 和 p_1 时，概率分布 $\{p_n\}$ 即为 $\{p'_n\}$，因此，

$$L'_q = \sum_{n=2}^{\infty}(n-1)\frac{p_n}{\rho^2}$$

$$= \frac{L - p_1 - (1 - p_0 - p_1)}{\rho^2}$$

由此可得

$$\boxed{L'_q = \frac{1}{1-\rho} = \frac{\mu}{\mu - \lambda}} \tag{3.27}$$

另外，可以得到

$$\Pr\{\text{系统中的顾客数}n \geqslant 2\} = \rho^2$$

可以证明，对于所有 n，都有

$$\Pr\{N \geqslant n\} = \rho^n$$

证明如下：

$$\Pr\{N \geqslant n\} = \sum_{k=n}^{\infty}(1-\rho)\rho^k$$

$$= (1-\rho)\rho^n \sum_{k=n}^{\infty}\rho^{k-n}$$

$$= \frac{(1-\rho)\rho^n}{1-\rho} = \rho^n$$

回顾第 1 章，通过利特尔法则，即 $L = \lambda W$ 和 $L_q = \lambda W_q$，可以求出稳态时顾客在系统中的平均等待时间 W 和在队列中的平均等待时间 W_q。对于 $M/M/1$ 排队模型，根据式（3.25）和式（3.26）可以得到

$$\boxed{W = \frac{L}{\lambda} = \frac{\rho}{\lambda(1-\rho)} = \frac{1}{\mu-\lambda}} \tag{3.28}$$

$$\boxed{W_q = \frac{L_q}{\lambda} = \frac{1}{\mu}\cdot\frac{\rho}{1-\rho} = \frac{\rho}{\mu-\lambda}} \tag{3.29}$$

图 3.4 展示了 $M/M/1$ 排队系统中的平均顾客数 L 与服务强度 ρ 之间的关系，L 是关于 ρ 的递增函数。当 ρ 取值较小时，L 缓慢增大；随着 ρ 接近 1，L 迅速增大；当 $\rho \rightarrow 1$ 时，$L \rightarrow \infty$。

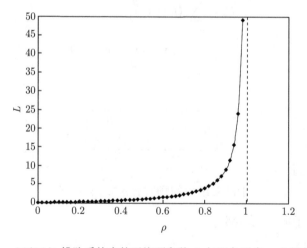

图 3.4　$M/M/1$ 排队系统中的平均顾客数 L 与服务强度 ρ 之间的关系

这意味着 $\rho \to 1$ 的排队系统是不可取的。服务员的服务强度最大化（即服务员几乎一直处于忙碌状态）的代价是顾客的等待时间无限长。此外，系统大小的**可变性**（variability）随着 ρ 的增大而迅速增大，因此当 $\rho \to 1$ 时，系统的可预测性降低。通常对 ρ 取相对较小的值，以平衡顾客的等待时间和服务员的空闲时间。

虽然 L、L_q、W 和 W_q 的表达式简单实用，但在实际应用中有许多局限性。这些表达式是在一定的假设条件下推导出来的：到达过程是泊松过程、服务时间服从指数分布、系统处于稳态且队列具有稳定性。要特别注意以下约束。

（1）仅当 $\rho < 1$ 时，式（3.25）成立；当 $\rho > 1$ 时，式（3.25）的结果为负数，而系统的大小不可能为负数。

（2）仅当系统处于稳态时，式（3.25）成立。在许多系统中，到达速率和（或）服务速率可能会发生变化，因此系统无法达到稳态。例如，如果机场上空有雷阵雨，那么在此期间，飞机的到达速率大于飞机的离开速率（$\rho > 1$），排队等待起飞的飞机数迅速增加；一旦天气变好，飞机的离开速率就会恢复正常，队列长度开始变小。$M/M/1$ 排队模型不能很好地体现这些瞬态效应。

效益指标 L_q、W 和 W_q 也需要满足以上约束。

■ 例 3.1

卡特女士独自经营一家发廊，她的发廊不接受预约，顾客按照先到先服务规则接受服务。她发现自己在星期六上午非常忙，所以考虑雇一个兼职助理，甚至考虑扩大发廊的面积。她在经营发廊之前获得了运筹学硕士学位，在做出决定之前，她对情况进行了分析。

她仔细记录了连续几个星期六上午的情况，发现顾客近似按照泊松过程到达，平均到达速率为 5 个/h。因为她的发廊口碑很好（或许是因为她有运筹学硕士学位），顾客总是愿意等待。数据表明，顾客接受服务的时间（男女合计）服从指数分布，平均服务时间为 10 min。

卡特决定首先计算店里的平均顾客数和队列中的平均顾客数。由数据可得，$\lambda = 5$ 个/h，$\mu = \dfrac{1}{10}$ 个/min=6 个/h，由此可得 $\rho = \dfrac{5}{6}$。根据式（3.25）和式（3.26），她计算出 $L = 5$ 个且 $L_q = 4\dfrac{1}{6}$ 个。当仅考虑队列不为空的情况时，根据式（3.27）可得队列中的平均顾客数 $L_q' = 6$。她还想知道店里没有顾客的时间百分比，在这部分时间里，顾客到达后不需要排队就可以立即接受服务，该

概率为 $p_0 = 1 - \rho = \dfrac{1}{6}$，因此，卡特大约有 16.7% 的时间是空闲的。如第 2.2 节所述，由于到达过程是泊松过程，且泊松过程具有完全随机性，所以到达发廊后可以立即接受服务的顾客百分比也为 16.7%。因此，83.3% 的顾客在接受服务之前必须排队等待。

发廊的等待区目前只有 4 个座位，卡特想知道顾客到达后由于没有座位只能站着的概率。这一概率很容易计算：

$$\Pr\{\text{顾客在等待区没有座位}\} = \Pr\{N \geqslant 5\} = \rho^5 \doteq 0.402$$

因此，在约 40% 的时间里，顾客找不到座位，或者说约 40% 的顾客到达后不得不站着等待。卡特还想知道顾客的等待时间，根据式（3.28）和式（3.29）很容易计算出顾客在系统中的平均等待时间和在队列中的平均等待时间，即 $W = 1/(\mu-\lambda) = 1$（h）且 $W_q = \rho/(\mu-\lambda) = \dfrac{5}{6}$（h），这表明顾客的平均等待时间较长。

为了进一步了解顾客等待时间的相关信息，卡特想计算顾客在队列中等待的时间超过 45 min 的概率，因此她需要知道等待时间的概率分布函数，下一节将讨论该函数的推导。

3.2.5　等待时间的分布

设随机变量 T_q 为顾客在队列中等待的时间（系统处于稳态），$W_q(t)$ 为其累积分布函数。在前面的推导过程中，没有对排队规则进行假设。然而，在考虑顾客的等待时间时，必须确定排队规则，假设排队规则是先到先服务。

T_q 的取值是部分离散、部分连续的。T_q 在大部分情况下是连续的，但由于排队时间可能为 0，即当系统为空时，顾客到达后可以立即接受服务，这种情况下 T_q 的取值是离散的。设 q_n 表示（系统处于稳态时）到达的顾客看见系统中已有 n 个顾客（即在该顾客之前到达且尚未离开系统的顾客）的概率。那么，

$$W_q(0) = \Pr\{T_q \leqslant 0\} = \Pr\{T_q = 0\}$$
$$= \Pr\{\text{顾客到达时系统为空}\} = q_0$$

在实践中，$\{q_n\}$ 并不总是与 $\{p_n\}$ 相等。回想一下，p_n 是系统中有 n 个顾客的时间占比，p_n 不一定与到达的顾客看见系统中已有 n 个顾客的概率 q_n 相等。对于泊松到达过程，$q_n = p_n$（但两者并非总是相等，例如第 6.3 节中的 $G/M/1$

排队模型），因此，

$$W_{\mathrm{q}}(0) = p_0 = 1 - \rho$$

还需要求出 $t > 0$ 时的 $W_{\mathrm{q}}(t)$。$W_{\mathrm{q}}(t)$ 是顾客的排队时间小于或等于 t 的概率。如果顾客到达时系统中有 n 个顾客，那么为了让该顾客在 0 到 t 之间接受服务（把该顾客到达系统的时刻记为 0），所有 n 个顾客必须在时刻 t 前完成服务。因为服务时间的分布具有无记忆性，所以服务完 n 个顾客所需的时间与当前顾客的到达时刻无关，并且其概率密度函数是 n 个指数分布随机变量的概率密度函数的卷积。服务完 n 个顾客所需的时间服从 n 阶埃尔朗分布（第 4.3.1 节会对埃尔朗分布做进一步讨论）。另外，由于到达过程为泊松过程，所以 $q_n = p_n$。因此，

$$W_{\mathrm{q}}(t) = \Pr\{T_{\mathrm{q}} \leqslant t\} = W_{\mathrm{q}}(0) + \sum_{n=1}^{\infty} \Pr\{\text{服务完 } n \text{ 个顾客所需的时间不超过 } t \mid$$

$$\text{顾客到达时看到系统中有 } n \text{ 个顾客}\} \cdot p_n$$

$$= 1 - \rho + (1 - \rho) \sum_{n=1}^{\infty} \rho^n \int_0^t \frac{\mu(\mu x)^{n-1}}{(n-1)!} \mathrm{e}^{-\mu x} \mathrm{d}x$$

$$= 1 - \rho + \rho \int_0^t \mu(1 - \rho) \mathrm{e}^{-\mu x} \sum_{n=1}^{\infty} \frac{(\mu x \rho)^{n-1}}{(n-1)!} \mathrm{d}x$$

$$= 1 - \rho + \rho \int_0^t \mu(1 - \rho) \mathrm{e}^{-\mu(1-\rho)x} \mathrm{d}x$$

从上式的最后一行可以看出，$W_{\mathrm{q}}(t)$ 为离散随机变量与连续随机变量的分布函数的混合。积分项 $\rho \int_0^t \mu(1 - \rho) \mathrm{e}^{-\mu(1-\rho)x} \mathrm{d}x$ 是指数分布随机变量的累积分布函数，参数为 $\mu(1 - \rho)$，加权系数为 ρ。$1 - \rho$ 则表示 $t = 0$ 处的离散点，其出现的概率为 $1 - \rho$。也就是说，T_{q} 是一个随机变量，其等于 0 的概率为 $1 - \rho$，其服从指数分布的概率为 ρ。图 3.5 展示了该分布函数的一个例子，当 $t = 0$ 时，$W_{\mathrm{q}}(t) = 1 - \rho$ 表示顾客到达后无须排队即可马上接受服务的概率，而连续的部分（$t > 0$）为该分布的指数部分。

$W_{\mathrm{q}}(t)$ 可以进一步简化为

$$\boxed{W_{\mathrm{q}}(t) = 1 - \rho \mathrm{e}^{-(\mu-\lambda)t}, \qquad t \geqslant 0} \tag{3.30}$$

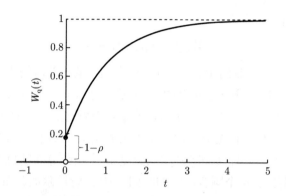

图 3.5 $M/M/1$ 排队系统中顾客排队时间的累积分布函数示例

由式（3.29）可知，T_{q} 的期望为 $W_{\mathrm{q}} = \rho/(\mu - \lambda)$，利用式（3.30）来验证这个结果：

$$W_{\mathrm{q}} = \int_0^\infty [1 - W_{\mathrm{q}}(t)]\, \mathrm{d}t = \int_0^\infty \rho \mathrm{e}^{-\mu(1-\rho)t} \mathrm{d}t = \frac{\rho}{\mu - \lambda}$$

用类似的方法可以推导出顾客在系统中等待的总时间的累积分布函数。设 T 表示到达的顾客在系统中花费的总时间（系统处于稳态），$W(t)$ 表示 T 的累积分布函数，$w(t)$ 表示 T 的概率密度函数。可以证明 T 是期望为 $1/(\mu - \lambda)$ 的指数分布随机变量（见习题 3.3），即

$$
\boxed{
\begin{aligned}
W(t) &= 1 - \mathrm{e}^{-(\mu-\lambda)t}, && t \geqslant 0 \\
w(t) &= (\mu - \lambda)\mathrm{e}^{-(\mu-\lambda)t}, && t > 0
\end{aligned}
}
\tag{3.31}
$$

推导式（3.31）与推导 $W_{\mathrm{q}}(t)$ 的不同之处在于，推导式（3.31）需要在时刻 t 前服务完 $n + 1$ 个顾客。

从推导过程可以看出，由于一个顾客的等待时间取决于服务完其到达时系统中已有顾客所需的时间，所以累积分布函数 $W(t)$ 和 $W_{\mathrm{q}}(t)$ 依赖于排队规则。$M/M/1$ 排队模型的效益指标（L、L_{q}、W、W_{q} 和 p_n）的推导不依赖于排队规则，因此，这些效益指标对所有 $M/M/1/\infty/\mathrm{GD}$ 排队模型都适用。

最后需要强调的是，本节所讨论的是系统处于稳态时的效益指标，当系统未达到稳态时，以上结论并不适用。此外，当到达速率或服务速率随时间变化时，例如，当一天中的某个时段出现顾客流量高峰时，这些结论也不适用。

■ **例 3.2**

图 3.5 展示的是卡特发廊的 $W_q(t)$ 曲线图（$\mu = 6$，$\lambda = 5$）。顾客到达时发现系统为空的概率不为 0，所以 $W_q(t)$ 在 $t = 0$ 处有跳跃值。用式（3.30）可以计算出顾客排队时间超过 45 min 的概率为 $\frac{5}{6}\mathrm{e}^{-\frac{3}{4}} \doteq 0.3936$。类似地，可以用式（3.31）来计算顾客在系统中花费的总时间（排队时间与服务时间之和）的分布，此分布在 $t = 0$ 时是连续的。

3.3　多服务员排队模型（$M/M/c$）

本节讨论多服务员排队模型 $M/M/c$，该排队模型具有以下特征：到达过程是泊松过程，到达速率为 λ，有 c 个服务员，每个服务员的服务时间为独立同分布的指数分布随机变量，平均服务时间为 $1/\mu$。$M/M/c$ 排队模型也可以建模为生灭过程（见图 3.6）。

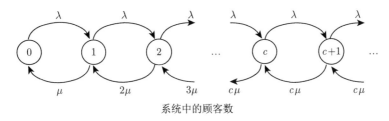

系统中的顾客数

图 3.6　$M/M/c$ 排队模型的转移速率示意

由于到达速率是恒定的，所以无论系统中有多少顾客（即对于所有 n），到达速率（"生率"）$\lambda_n = \lambda$。然而，服务速率（"灭率"）取决于系统中的顾客数。如果系统中的顾客数大于或等于 c，则所有 c 个服务员都处于忙碌状态，由于每个服务员服务顾客的速率都是 μ，所以系统总的服务速率为 $c\mu$。当系统中的顾客数小于 c 时（即 $n < c$），只有 n 个服务员处于忙碌状态，系统总的服务速率为 $n\mu$。因此，μ_n 可以写为

$$\mu_n = \begin{cases} n\mu, & 1 \leqslant n < c \\ c\mu, & n \geqslant c \end{cases} \tag{3.32}$$

把 λ_n 和 μ_n 代入式（3.3），可以求得稳态概率 p_n 为

排队论基础（第5版）

$$p_n = \begin{cases} \dfrac{\lambda^n}{n!\mu^n} p_0, & 0 \leqslant n < c \\[3mm] \dfrac{\lambda^n}{c^{n-c}c!\mu^n} p_0, & n \geqslant c \end{cases} \tag{3.33}$$

从式（3.33）可以看出，当 $0 \leqslant n < c$ 时，p_n 为泊松随机变量的概率质量函数；当 $n \geqslant c$ 时，p_n 为几何分布随机变量的概率质量函数。利用概率之和等于 1 这个条件，可得

$$p_0 = \left(\sum_{n=0}^{c-1} \frac{\lambda^n}{n!\mu^n} + \sum_{n=c}^{\infty} \frac{\lambda^n}{c^{n-c}c!\mu^n} \right)^{-1}$$

把 $r = \lambda/\mu$ 及 $\rho = r/c = \lambda/c\mu$ 代入上式，可得

$$p_0 = \left(\sum_{n=0}^{c-1} \frac{r^n}{n!} + \sum_{n=c}^{\infty} \frac{r^n}{c^{n-c}c!} \right)^{-1}$$

计算上式中的无穷级数

$$\sum_{n=c}^{\infty} \frac{r^n}{c^{n-c}c!} = \frac{r^c}{c!} \sum_{n=c}^{\infty} \left(\frac{r}{c} \right)^{n-c}$$

$$= \frac{r^c}{c!} \sum_{m=0}^{\infty} \left(\frac{r}{c} \right)^{m}$$

$$= \frac{r^c}{c!} \cdot \frac{1}{1 - r/c}$$

其中 $r/c = \rho < 1$，所以 p_0 为

$$p_0 = \left(\frac{r^c}{c!(1-\rho)} + \sum_{n=0}^{c-1} \frac{r^n}{n!} \right)^{-1}, \quad r/c = \rho < 1 \tag{3.34}$$

存在稳态解的条件是 $\lambda/cu < 1$，即平均到达速率必须小于系统的平均最大服务速率，这也符合现实情况。此外，当 $c = 1$ 时，式（3.34）退化为式（3.8），即 $M/M/c$ 排队模型退化为 $M/M/1$ 排队模型。

类似于第 3.2.4 节中推导 $M/M/1$ 排队模型的效益指标的过程，可以用式（3.33）和式（3.34）中的稳态概率来推导 $M/M/c$ 排队模型的效益指标。L_q 比 L 更容易推导，因为推导 L_q 时，只需要考虑 $n \geqslant c$ 时的 p_n，所以首先推导队列中的平均顾客数 L_q：

$$
\begin{aligned}
L_q &= \sum_{n=c+1}^{\infty} (n-c)p_n = \sum_{n=c+1}^{\infty} (n-c)\frac{r^n}{c^{n-c}c!}p_0 \\
&= \frac{r^c p_0}{c!} \sum_{n=c+1}^{\infty} (n-c)\rho^{n-c} = \frac{r^c p_0}{c!} \sum_{m=1}^{\infty} m\rho^m = \frac{r^c \rho p_0}{c!} \sum_{m=1}^{\infty} m\rho^{m-1} \\
&= \frac{r^c \rho p_0}{c!} \cdot \frac{\mathrm{d}}{\mathrm{d}\rho} \sum_{m=1}^{\infty} \rho^m = \frac{r^c \rho p_0}{c!} \cdot \frac{\mathrm{d}}{\mathrm{d}\rho}\left(\frac{1}{1-\rho}-1\right) \\
&= \frac{r^c \rho p_0}{c!(1-\rho)^2}
\end{aligned}
$$

因此，

$$
L_q = \frac{r^c \rho}{c!(1-\rho)^2}p_0 \tag{3.35}
$$

接下来推导系统中的平均顾客数 L。先使用利特尔法则得到 W_q，然后通过 $W = W_q + 1/\mu$ 来求 W，再使用利特尔法则来求 L，可得

$$
W_q = \frac{L_q}{\lambda} = \frac{r^c}{c!(c\mu)(1-\rho)^2}p_0 \tag{3.36}
$$

$$
W = \frac{1}{\mu} + \frac{r^c}{c!(c\mu)(1-\rho)^2}p_0 \tag{3.37}
$$

$$
L = r + \frac{r^c \rho}{c!(1-\rho)^2}p_0 \tag{3.38}
$$

第 1.5 节中证明了 $L = L_q + r$ 对于所有 $G/G/c$ 排队系统都成立，所以也可以通过 $L = L_q + r$ 来求 L。

$W_q(0)$ 表示顾客到达系统后可以立即接受服务的概率，$1 - W_q(0)$ 表示顾客在接受服务前需要等待的概率。系统拥塞指标 $1 - W_q(0)$ 通常用于呼叫中心等

系统，在这类系统中，当所有服务员都处于忙碌状态时，顾客在虚拟队列中等待，在排队时，顾客通常会听到音乐或提示语音。$1 - W_q(0)$ 不是顾客在队列中等待的时间，而是顾客无法立即接受服务的概率。

为了得到 $W_q(0)$ 的表达式，设随机变量 T_q 表示顾客在队列中等待的时间（系统处于稳态时），$W_q(t)$ 表示 T_q 的累积分布函数，则有

$$W_q(0) = \Pr\{T_q = 0\} = \Pr\{\text{系统中的顾客数小于或等于} c - 1\}$$

$$= \sum_{n=0}^{c-1} p_n = p_0 \sum_{n=0}^{c-1} \frac{r^n}{n!}$$

根据式（3.34）可得

$$\sum_{n=0}^{c-1} \frac{r^n}{n!} = \frac{1}{p_0} - \frac{r^c}{c!(1-\rho)}$$

所以，

$$W_q(0) = p_0\left(\frac{1}{p_0} - \frac{r^c}{c!(1-\rho)}\right) = 1 - \frac{r^c p_0}{c!(1-\rho)} \tag{3.39}$$

因此，顾客无法立即接受服务的概率为

$$C(c,r) \equiv 1 - W_q(0) = \frac{r^c}{c!(1-\rho)} \bigg/ \left(\frac{r^c}{c!(1-\rho)} + \sum_{n=0}^{c-1} \frac{r^n}{n!}\right) \tag{3.40}$$

式（3.40）被称为**埃尔朗 C 公式**（Erlang-C formula），是关于参数 c 和 r 的函数，表示到达的顾客无法立即接受服务（即顾客的排队时间大于 0）的概率。该公式是基于 $M/M/c$ 排队模型推导出来的，因此该公式在 $M/M/c$ 排队模型相应的假设下成立。具体来说，该模型忽略了诸如顾客放弃呼叫、重新呼叫和非平稳到达等复杂因素，这些因素在呼叫中心等系统中可能很重要。此外，该模型假设队列长度是无限的，对于呼叫中心，这意味着可以有无限多个呼入电话。

■ 例 3.3

假设顾客以泊松过程给某技术支持中心打电话，平均每小时有 30 个电话打入该中心。一个技术人员服务一个顾客的时间为指数分布随机变量，平均服务时间为 5 min，共有 3 个技术人员。顾客不需要排队就可以立即接受技术人员服务的概率是多少（假设顾客不放弃呼叫）？

在本例中，$\lambda = 30$，$\mu = 12$，$c = 3$，所以 $r = 2.5$，$\rho = 5/6$。根据式（3.40）可得

$$C(c, r) = \frac{2.5^3}{3!(1 - 5/6)} \bigg/ \left(\frac{2.5^3}{3!(1 - 5/6)} + 1 + \frac{2.5}{1!} + \frac{2.5^2}{2!} \right) \doteq 0.702$$

$C(c, r)$ 表示顾客无法立即接受服务的概率，所以顾客能够立即接受服务的概率约为 0.298。

假设该中心希望将顾客可以立即接受服务的概率增加到 90%，那么需要多少个技术人员？为了回答这个问题，我们逐步增大 c，直到 $1 - C(c, r) \geqslant 0.9$。可以发现 $c = 6$ 是满足此要求的最小值。

现在来推导等待时间的累积分布函数 $W(t)$ 和 $W_q(t)$，推导方法与第 3.2.5 节中的方法类似 [推导 W 和 W_q 不需要 $W(t)$ 和 $W_q(t)$]。当 $T_q > 0$ 且假设排队规则为先到先服务时，可得

$$W_q(t) = \Pr\{T_q \leqslant t\}$$

$$= W_q(0) + \sum_{n=c}^{\infty} \Pr\{服务完 \ n - c + 1 \ 个顾客所需时间不超过 \ t|$$

顾客到达时看到系统中有 n 个顾客$\} \cdot p_n$

当 $n \geqslant c$ 时，顾客接受服务后离开的过程为泊松过程，平均速率为 $c\mu$，所以服务完成的时间间隔为指数分布随机变量，期望为 $1/c\mu$，服务完 $n - c + 1$ 个顾客所需的时间服从 $n - c + 1$ 阶埃尔朗分布。由此可得

$$W_q(t) = W_q(0) + p_0 \sum_{n=c}^{\infty} \frac{r^n}{c^{n-c}c!} \int_0^t \frac{c\mu(c\mu x)^{n-c}}{(n-c)!} \mathrm{e}^{-c\mu x} \mathrm{d}x$$

$$= W_q(0) + \frac{r^c p_0}{(c-1)!} \int_0^t \mu \mathrm{e}^{-c\mu x} \sum_{n=c}^{\infty} \frac{(\mu r x)^{n-c}}{(n-c)!} \mathrm{d}x$$

$$= W_q(0) + \frac{r^c p_0}{(c-1)!} \int_0^t \mu \mathrm{e}^{-\mu x(c-r)} \mathrm{d}x$$

$$= W_q(0) + \frac{r^c p_0}{(c-1)!(c-r)} \int_0^t \mu(c-r) \mathrm{e}^{-\mu(c-r)x} \mathrm{d}x$$

$$= W_q(0) + \frac{r^c p_0}{c!(1-\rho)} \left[1 - \mathrm{e}^{-(c\mu-\lambda)t} \right]$$

把式（3.39）代入上式，可得

$$\boxed{W_q(t) = 1 - \frac{r^c p_0}{c!(1-\rho)} e^{-(c\mu-\lambda)t}} \tag{3.41}$$

由式（3.41）可得

$$\Pr\{T_q > t\} = 1 - W_q(t) = \frac{r^c p_0}{c!(1-\rho)} e^{-(c\mu-\lambda)t}$$

所以条件概率 $\Pr\{T_q > t \mid T_q > 0\} = e^{-(c\mu-\lambda)t}$。与 $M/M/1$ 排队模型一样，$W_q(t)$ 在 $t = 0$ 处有跳跃值，当 $t > 0$ 时，$W_q(t)$ 是指数分布随机变量的累积分布函数。

当 $c = 1$ 时，式（3.41）退化为式（3.30），即 $M/M/c$ 排队模型的 $W_q(t)$ 退化为 $M/M/1$ 排队模型的 $W_q(t)$，其他效益指标也类似。下式的证明留作练习（见习题 3.16）：

$$W_q = E[T_q] = \int_0^\infty [1 - W_q(t)]\, dt = \frac{r^c}{c!(c\mu)(1-\rho)^2} p_0$$

该式与式（3.36）相同。

为了得到顾客在系统中的时间的累积分布函数，需要考虑两种情况：顾客到达后可以立即接受服务［概率为 $W_q(0)$］；顾客到达后无法立即接受服务［概率为 $1 - W_q(0)$］。

在第一种情况下，因为顾客没有在队列中等待，所以顾客在系统中的时间与顾客接受服务的时间相同，即顾客在系统中的时间的累积分布函数与服务时间的累积分布函数相同，期望为 $1/\mu$。

在第二种情况下，顾客在系统中的时间等于顾客在队列中等待的时间与接受服务的时间之和。因此，顾客在系统中的时间的累积分布函数是以下两个指数分布的卷积：（1）期望为 $1/(c\mu - \lambda)$ 的指数分布（其互补累积分布函数为条件概率 $\Pr\{T_q > t \mid T_q > 0\} = e^{-(c\mu-\lambda)t}$，见本节前面所讨论的）；（2）期望为 $1/\mu$ 的指数分布。顾客在系统中的时间的累积分布函数可以写为以下形式（两个指数分布随机变量的累积分布函数的差），推导过程留作练习（见习题 3.17）。

$$\Pr\{T \leqslant t\} = \frac{c(1-\rho)}{c(1-\rho)-1}\left(1 - e^{-\mu t}\right) - \frac{1}{c(1-\rho)-1}\left[1 - e^{-(c\mu-\lambda)t}\right]$$

因此，综合以上两种情况，顾客在 $M/M/c$ 排队系统中的时间的累积分布函数为

$$W(t) = W_q(0)\left[1 - e^{-\mu t}\right] + \left[1 - W_q(0)\right]\left[\frac{c(1-\rho)}{c(1-\rho)-1}\left(1 - e^{-\mu t}\right) - \frac{1}{c(1-\rho)-1}\left(1 - e^{-(c\mu-\lambda)t}\right)\right]$$

$$= \frac{c(1-\rho) - W_q(0)}{c(1-\rho)-1}\left(1 - e^{-\mu t}\right) - \frac{1 - W_q(0)}{c(1-\rho)-1}\left(1 - e^{-(c\mu-\lambda)t}\right)$$

■ 例 3.4

某医院的眼科门诊每周三晚上提供免费检查视力的服务，共有 3 个眼科医生值班，检查 1 个顾客平均需要 20 min，检查时间近似服从指数分布。顾客按照泊松过程到达，平均每小时有 6 个顾客到达，顾客以先到先服务规则接受检查。眼科主任想了解免费检查视力服务的相关数据：（1）平均排队人数 L_q；（2）顾客在眼科门诊平均花费的时间 W；（3）每个医生的平均空闲时间占比。

由于 p_0 出现在所有效益指标的表达式中，先计算 p_0。得到 $c = 3$ 个，$\lambda = 6$ 个/h，$\mu = 1$ 个 /（20 min）$= 3$ 个/h，因此，$r = \lambda/\mu = 2, \rho = \dfrac{2}{3}$，由式（3.34）可得

$$p_0 = \left(1 + 2 + \frac{2^2}{2!} + \frac{2^3}{3! \times \left(1 - \dfrac{2}{3}\right)}\right)^{-1} = \frac{1}{9}$$

由式（3.35）可得

$$L_q = \frac{2^3 \times \dfrac{2}{3}}{3! \times \left(1 - \dfrac{2}{3}\right)^2} \times \frac{1}{9} = \frac{8}{9} \quad（个）$$

由式（3.35）和式（3.37）可得

$$W = \frac{1}{\mu} + \frac{L_q}{\lambda} = \frac{1}{3} + \frac{\dfrac{8}{9}}{6} = \frac{13}{27} \quad（h）$$

我们已经证明了（见表 1.3）$M/M/c$ 排队模型中服务员的长期平均空闲时间占比为 $1-\rho$。同理，在本例中，因为服务强度 $\rho = \dfrac{2}{3}$，所以每个医生的空闲时间

占比为 $\frac{1}{3}$。由于 $r = 2$，所以平均而言，在任何时候都有两个医生处于忙碌状态。此外，至少有一个医生处于空闲状态的时间占比为 $p_0 + p_1 + p_2 = \Pr\{T_q = 0\} = \frac{5}{9}$。

3.4 服 务 员 数

在管理排队系统时，增加服务员数可以有效避免服务员长期处于忙碌状态，从而提高服务质量，但这会产生更高的成本，所以管理者通常需要确定适当的服务员数，以平衡服务质量和成本。本节介绍一种简单的近似法，用来确定 $M/M/c$ 排队系统中的服务员数，该近似法适用于具有大量服务员的系统。

当系统处于稳态时，服务员数必须大于输入负荷 r，否则，系统是不稳定的。由此，设

$$c = r + \Delta$$

其中 $\Delta > 0$，是超过输入负荷的额外服务员数（为了使 $c = r + \Delta$ 为整数，Δ 可能为小数）。因此，确定服务员数 c 等同于确定额外服务员数 Δ。

为了说明如何确定适当的 c（或 Δ）的值，考虑一个 $M/M/c$ 排队系统，其输入负荷 $r = 9$，服务员数 $c = 12$，且服务强度 $\rho = 0.75$。假设管理者经过长时间观察，对该排队系统的运行情况非常满意，包括顾客等待服务的感受和管理者支付服务员的费用。

现在，假设输入负荷是基线情况的 4 倍，即 $r = 36$，那么经理应该雇用多少个新服务员？回答这个问题有以下几个思路。

（1）在服务强度 ρ（近似）保持不变的前提下确定 c 的值。在基线情况下，平均有 4 个服务员为 3 个顾客提供服务，即 $\rho = 0.75$。保持服务强度不变似乎是合理的，所以，如果输入负荷是基线情况的 4 倍，那么服务员数也应该是基线情况的 4 倍，即 $c = 48$。

（2）在拥塞程度（近似）保持不变的前提下确定 c 的值。拥塞程度可以用 $1 - W_q(0)$ 来衡量，即顾客无法立即接受服务的概率，可以用埃尔朗 C 公式 [式 (3.40)] 来求 $1 - W_q(0)$。在基线情况下，$1 - W_q(0) = 0.266$。如果输入负荷是基线情况的 4 倍，那么保持拥塞程度不变，所需的服务员数 c 的最小值为 42。更一般地，如果 α 是管理者可接受的无法立即接受服务的顾客的最大比例，则可以通过求满足

$$1 - W_q(0) \leqslant \alpha \tag{3.42}$$

的 c 的最小值来确定 c 的值。式（3.42）是求解式（3.40）的逆问题。可以通过逐渐增大 c 的值，来求得满足 $1 - W_q(0) \leqslant \alpha$ 的 c 的最小值，也可以通过二分搜索法来确定满足条件的 c 的最小值。

（3）在额外服务员数（近似）不变的前提下确定 c 的值。在基线情况下，$c = r + 3$，即超过输入负荷的额外服务员数为 3（$\Delta = 3$）。当输入负荷 $r = 36$ 时，如果保持额外服务员数不变，则 $c = r + 3 = 39$。

这 3 种方法也称为**质量域**（quality domain）、**质量效率域**（quality and efficiency domain, QED）和**效率域** [efficiency domain，见参考文献（Gans et al.，2003）]。这 3 种方法分别（近似）保持 ρ、$1 - W_q(0)$ 和 Δ 的值不变。表 3.1 列举了本例中 3 种方法涉及的系统参数。

表 3.1　用于确定上述问题中 c 值的系统参数

方法	系统参数			
	c	ρ	$1 - W_q(0)$	Δ
基线	12	0.75	0.266	3
质量域	48	0.75	0.037	12
质量效率域	42	0.86	0.246	6
效率域	39	0.92	0.523	3

在质量域中，服务质量的提高是以服务员人力成本的增加为代价的。服务员数与输入负荷近似成正比，随着输入负荷的增加，系统中的服务员数也会增加，则顾客需要排队的概率会降低。当 $r \to \infty$ 时，$1 - W_q(0) \to 0$（保持 ρ 不变）。也就是说，如果通过质量域的方法增大系统的规模，那么顾客的排队时间会减少。

在效率域中，降低成本会牺牲服务质量。额外服务员数近似保持不变，随着输入负荷的增加，系统的拥塞程度会增加。当保持 Δ 不变且 $r \to \infty$ 时，$\rho \to 1$ 且 $1 - W_q(0) \to 1$。也就是说，如果通过效率域的方法增大系统的规模，那么系统的拥塞程度会增加。

质量效率域在质量域和效率域之间取得折中。在该域中，我们的目标是保持服务质量不变，即 $1 - W_q(0)$ 近似为常数且不随系统规模的变化而变化。相比之下，在质量域中，$1 - W_q(0)$ 随系统规模的增大逐渐趋于 0，在效率域中，$1 - W_q(0)$ 随系统规模的增大逐渐趋于 1。

在质量效率域中，需要根据式（3.42）来确定 c 的值。而在质量域和效率域中，可以通过简单且直观的公式来求 c：在质量域中，$c = r/\rho$；在效率域中，

$c = r + \Delta$。

本节讨论的重点是质量效率域中 c 值的近似求解公式。具体来说，当输入负荷较大时，式（3.42）的解近似为

$$c \approx r + \beta\sqrt{r} \quad \text{或} \quad \Delta \approx \beta\sqrt{r} \tag{3.43}$$

其中 β 为常数。式（3.43）表明，为保持服务质量不变，额外服务员数应当与输入负荷的平方根近似成正比。在前面的例子中，r 增大至基线情况的 4 倍，因此，为保持服务质量不变，Δ 应当增大至基线情况的 2 倍，这与我们前面得出的结果相同（Δ 从 3 增大至 6）。

以下定理表明了平方根定理［见式（3.43）］的正确性（Halfin et al., 1981）。

定理 3.1 考虑一组编号分别为 1, 2,$\cdots$,n 的 $M/M/c$ 排队系统，假设在系统 n 中，服务员数 $c_n = n$ 且输入负荷为 r_n，则

$$\lim_{n\to\infty} C(c_n = n, r_n) = \alpha, \quad 0 < \alpha < 1 \tag{3.44}$$

当且仅当

$$\lim_{n\to\infty} \frac{n - r_n}{\sqrt{n}} = \beta, \quad \beta > 0 \tag{3.45}$$

时成立，其中，$C(c,r)$ 是埃尔朗 C 公式，α 和 β 均为常数，且 α 和 β 之间的关系为

$$\alpha = \frac{\phi(\beta)}{\phi(\beta) + \beta\Phi(\beta)} \tag{3.46}$$

其中，$\phi(\cdot)$ 和 $\Phi(\cdot)$ 分别为标准正态分布随机变量的概率密度函数和累积分布函数。

式（3.44）表明，衡量服务质量的指标 $C(c, r) = 1 - W_q(0)$ 在这组系统中近似为常数。式（3.45）与平方根定理的表达式（3.43）大致相同，由式（3.45）可知 $n - r_n \approx \beta\sqrt{n}$ 或 $n \approx r_n + \beta\sqrt{n}$，将 $\sqrt{n}$ 替换为 $\sqrt{r_n}$ 可得平方根定理的表达式。概括地说，只要额外服务员数随着输入负荷的平方根的增大而增大，系统的服务质量就可以基本保持不变。参数 α 和 β 可以用来衡量服务质量：$\alpha = 1 - W_q(0)$，表示顾客在系统中需要排队的概率，β 是与 α 相关的常数，式（3.46）给出了 α 和 β 之间的关系。

平方根定理的使用不需要求出 α 和 β 的精确值。例如，如果服务场所的经理对当前的服务质量感到满意（即使经理可能没有定量测算服务质量），那么，当输入负荷增大至原来的 2 倍时，额外服务员数应当大约增大至原来的 $\sqrt{2}$ 倍。

也可以通过求 α 和 β 的精确值来近似衡量服务质量。为了近似求得满足服务质量 α 的服务员数 c，有以下两种近似方法：第一种方法是先通过式（3.46）求出 β 的值，然后通过式（3.43）求出 c 的近似值；第二种方法是令 β 等于标准正态分布的 $(1-\alpha)$ 分位数，然后通过式（3.43）求出 c 的近似值（Kolesar et al., 1998）。

■ 例 3.5

考虑 $\lambda = 200$ 且 $\mu = 1$ 的 $M/M/c$ 排队系统，若要满足顾客到达系统后必须排队的概率小于 0.01，求服务员数 c 的最小值。

首先，由于顾客到达系统后必须排队的概率 $1 - W_q(0)$ 小于 0.01，由式（3.40）及试错的方式（例如使用 QtsPlus 软件），可以求得 $c = 235$。

也可以用近似法求 c。第一种方法：已知 $\alpha = 0.01$，则使用数值求根算法可知，满足式（3.46）的 β 的近似值为 2.375，然后由式（3.43）可得服务员数 $c \approx 200 + 2.375\sqrt{200} \doteq 233.6$，该值接近 c 的精确值。第二种方法：设 β 为标准正态分布的 $(1 - 0.01)$ 分位数，则 $\beta \doteq 2.326$，然后由式（3.43）可得 $c \approx 200 + 2.326\sqrt{200} \doteq 232.90$。

图 3.7 比较了服务员数的近似值与精确值，横轴（自变量）为 $M/M/c$ 排队系统的输入负荷 r，纵轴（因变量）为满足 $1 - W_q(0) \leqslant \alpha$ 的服务员数 c 的最小值，离散点为由式（3.42）求得的精确值，实线为由平方根定理求得的近似值。

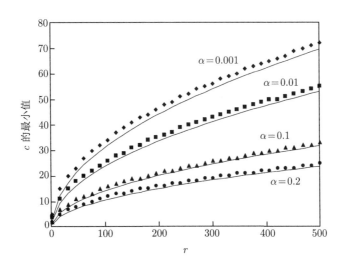

图 3.7　服务员数的近似值（实线）与精确值（离散点）

在图 3.7 的 4 个示例中，这种近似方法的效果非常好。第 7.6.1 节将进一步讨论如何设计排队系统以及如何确定 c 的最优值，而且将考虑服务成本以及顾客等待的成本。

3.5 截尾的排队模型（$M/M/c/K$）

这一节讨论截尾的排队模型 $M/M/c/K$，其系统容量为 K。该模型与 $M/M/c$ 排队模型类似，不同之处在于，在 $M/M/c/K$ 排队模型中，当 $n \geqslant K$ 时，到达速率 λ_n 为 0。由式（3.33）可得，稳态时系统大小的概率为

$$p_n = \begin{cases} \dfrac{\lambda^n}{n!\mu^n}p_0, & 0 \leqslant n < c \\ \dfrac{\lambda^n}{c^{n-c}c!\mu^n}p_0, & c \leqslant n \leqslant K \end{cases} \tag{3.47}$$

与 $M/M/c$ 排队模型类似，在 $M/M/c/K$ 排队模型中，当 $0 \leqslant n < c$ 时，p_n 为泊松随机变量的概率质量函数，当 $c \leqslant n \leqslant K$ 时，p_n 为几何分布随机变量的概率质量函数。利用概率之和等于 1 这一条件可得

$$p_0 = \left(\sum_{n=0}^{c-1} \frac{\lambda^n}{n!\mu^n} + \sum_{n=c}^{K} \frac{\lambda^n}{c^{n-c}c!\mu^n} \right)^{-1}$$

与 $M/M/c$ 排队模型不同的是，在 $M/M/c/K$ 排队模型中，p_0 表达式中的两个级数都是有限的，因此不要求流量强度 ρ 小于 1。为简化上式，把 $r = \lambda/\mu$ 及 $\rho = r/c$ 代入第二个求和项，可得

$$\sum_{n=c}^{K} \frac{r^n}{c^{n-c}c!} = \frac{r^c}{c!} \sum_{n=c}^{K} \rho^{n-c}$$

$$= \begin{cases} \dfrac{r^c}{c!} \cdot \dfrac{1-\rho^{K-c+1}}{1-\rho}, & \rho \neq 1 \\ \dfrac{r^c}{c!}(K-c+1), & \rho = 1 \end{cases}$$

因此,

$$
p_0 = \begin{cases} \left(\dfrac{r^c}{c!} \cdot \dfrac{1 - \rho^{K-c+1}}{1 - \rho} + \displaystyle\sum_{n=0}^{c-1} \dfrac{r^n}{n!} \right)^{-1}, & \rho \neq 1 \\[3mm] \left[\dfrac{r^c}{c!}(K - c + 1) + \displaystyle\sum_{n=0}^{c-1} \dfrac{r^n}{n!} \right]^{-1}, & \rho = 1 \end{cases} \tag{3.48}
$$

可以证明,当 $K \to \infty$ 且 $\lambda/c\mu < 1$ 时,式(3.47)和式(3.48)即为 $M/M/c/\infty$ 排队模型的式（3.33）和式（3.34）,该证明留作练习（见习题 3.39）。当 $c = 1$ 时,式(3.47)和式(3.48)适用于 $M/M/1/K$ 排队模型。

接下来求平均队列长度（$\rho \neq 1$）:

$$
\begin{aligned}
L_{\mathrm{q}} &= \sum_{n=c+1}^{K} (n - c) p_n = \sum_{n=c+1}^{K} (n - c) \frac{\lambda^n}{c^{n-c} c! \mu^n} p_0 \\
&= \frac{p_0 r^c}{c!} \sum_{n=c+1}^{K} (n - c) \frac{r^{n-c}}{c^{n-c}} \\
&= \frac{p_0 r^c \rho}{c!} \sum_{n=c+1}^{K} (n - c) \rho^{n-c-1} = \frac{p_0 r^c \rho}{c!} \sum_{i=1}^{K-c} i \rho^{i-1} \\
&= \frac{p_0 r^c \rho}{c!} \cdot \frac{\mathrm{d}}{\mathrm{d}\rho} \left(\sum_{i=0}^{K-c} \rho^i \right) = \frac{p_0 r^c \rho}{c!} \cdot \frac{\mathrm{d}}{\mathrm{d}\rho} \left(\frac{1 - \rho^{K-c+1}}{1 - \rho} \right)
\end{aligned}
$$

即

$$
L_{\mathrm{q}} = \frac{p_0 r^c \rho}{c!(1 - \rho)^2} \left[1 - \rho^{K-c+1} - (1 - \rho)(K - c + 1)\rho^{K-c} \right] \tag{3.49}
$$

当 $\rho = 1$ 时,需要使用两次**洛必达法则**（L'Hospital rule）。

接下来求系统中的平均顾客数。在系统容量无穷大的 $M/M/c$ 排队模型中,系统中的平均顾客数 $L = L_{\mathrm{q}} + r$。然而,当等待空间有限时,需要对 $L = L_{\mathrm{q}} + r$（以及利特尔法则）做一定的调整,这是因为有比例为 p_K 的顾客由于等待空间已满而未能进入系统（如例 1.5）。由 PASTA 性质（见第 2.2 节）可得,从服务员的角度看,有效到达速率 $\lambda_{\mathrm{eff}} = \lambda(1 - p_K)$。因此,在 $M/M/c/K$ 排队模型中,$L = L_{\mathrm{q}} + \lambda_{\mathrm{eff}}/\mu = L_{\mathrm{q}} + \lambda(1 - p_K)/\mu = L_{\mathrm{q}} + r(1 - p_K)$。已知正在接受服务的

平均顾客数必须小于服务员总数，即 $r(1 - p_K)$ 必须小于 c。定义 $\rho_{\text{eff}} = \lambda_{\text{eff}}/c\mu$，无论是否对等待空间大小设限，对于所有 $M/M/c$ 排队模型，ρ_{eff} 必须小于 1。

可以直接由利特尔法则求得顾客在系统中的总时间 W 和在队列中等待的时间 W_q 分别为

$$
\begin{aligned}
W &= \frac{L}{\lambda_{\text{eff}}} = \frac{L}{\lambda(1 - p_K)} \\
W_q &= W - \frac{1}{\mu} = \frac{L_q}{\lambda_{\text{eff}}}
\end{aligned}
\tag{3.50}
$$

与 $M/M/c/K$ 排队模型相比，$M/M/1/K$ 排队模型的效益指标的表达式较为简单，其中几个主要指标为

$$
p_0 = \begin{cases} \dfrac{1 - \rho}{1 - \rho^{K+1}}, & \rho \neq 1 \\[2mm] \dfrac{1}{K + 1}, & \rho = 1 \end{cases}
\tag{3.51}
$$

$$
p_n = \begin{cases} \dfrac{(1 - \rho)\rho^n}{1 - \rho^{K+1}}, & \rho \neq 1 \\[2mm] \dfrac{1}{K + 1}, & \rho = 1 \end{cases}
\tag{3.52}
$$

$$
L_q = \begin{cases} \dfrac{\rho}{1 - \rho} - \dfrac{\rho\left(K\rho^K + 1\right)}{1 - \rho^{K+1}}, & \rho \neq 1 \\[2mm] \dfrac{K(K - 1)}{2(K + 1)}, & \rho = 1 \end{cases}
\tag{3.53}
$$

对于 $M/M/1/K$ 排队模型，$L = L_q + (1 - p_0)$，即 $1 - p_0 = \lambda(1 - p_K)/\mu$，该式可以写为 $\mu(1 - p_0) = \lambda(1 - p_K)$ 的形式，这验证了稳态时系统的有效输出率等于其有效输入率。

由于级数是有限的，所以排队时间的累积分布函数的推导过程较为复杂（尽管可以使用泊松随机变量的累积分布函数的求和形式来简化运算），接下来将展示该推导过程。此外，由于到达过程不是泊松过程（系统容量有限），所以 $q_n \neq p_n$，因此有必要推导到达时刻的概率 $\{q_n\}$。

我们使用贝叶斯定理来确定 q_n：

$$q_n \equiv \Pr\{系统中有\ n\ 个顾客\mid 即将有顾客到达系统\}$$

$$= \frac{\Pr\{即将有顾客到达系统\mid 系统中有\ n\ 个顾客\}\cdot p_n}{\displaystyle\sum_{n=0}^{K}\Pr\{即将有顾客到达系统\mid 系统中有\ n\ 个顾客\}\cdot p_n}$$

$$= \lim_{\Delta t\to 0}\left\{\frac{[\lambda\Delta t + o(\Delta t)]p_n}{\displaystyle\sum_{n=0}^{K-1}[\lambda\Delta t + o(\Delta t)]p_n}\right\}$$

$$= \lim_{\Delta t\to 0}\left\{\frac{[\lambda + o(\Delta t)/\Delta t]p_n}{\displaystyle\sum_{n=0}^{K-1}[\lambda + o(\Delta t)/\Delta t]p_n}\right\}$$

$$= \frac{\lambda p_n}{\lambda\displaystyle\sum_{n=0}^{K-1}p_n}$$

$$= \frac{p_n}{1 - p_K}, \qquad n \leqslant K - 1$$

我们注意到，可以对 $M/M/c/\infty$ 排队模型进行同样的推导，则上式最后一行等于 p_n（由于系统容量 $K\to\infty$，所以 $p_K\to 0$）。因此，对于 $M/M/c/\infty$ 排队模型，$q_n = p_n$。

最后，用推导式（3.41）的方式，来推导 $M/M/c/K$ 排队模型中顾客排队时间的累积分布函数 $W_q(t)$：

$$W_q(t) = \Pr\{T_q \leqslant t\}$$

$$= W_q(0) + \sum_{n=c}^{K-1}\Pr\{服务完\ n - c + 1\ 个顾客所需的时间不超过\ t\mid$$

刚到达系统的顾客看见系统中有 n 个顾客$\}\cdot q_n$

当刚到达系统的顾客看见系统中有 K 个顾客时，该顾客不能进入系统，因此，

$$W_q(t) = W_q(0) + \sum_{n=c}^{K-1}q_n\int_0^t \frac{c\mu(c\mu x)^{n-c}}{(n-c)!}\mathrm{e}^{-c\mu x}\mathrm{d}x$$

$$= W_{\mathrm{q}}(0) + \sum_{n=c}^{K-1} q_n \left(1 - \int_t^\infty \frac{c\mu(c\mu x)^{n-c}}{(n-c)!} \mathrm{e}^{-c\mu x} \mathrm{d}x \right)$$

为简化第 2.2 节中的式（2.10），我们证明了

$$\int_t^\infty \frac{\lambda(\lambda x)^m}{m!} \mathrm{e}^{-\lambda x} \mathrm{d}x = \sum_{i=0}^m \frac{(\lambda t)^i \mathrm{e}^{-\lambda t}}{i!}$$

设 $m = n - c$ 且 $\lambda = c\mu$，可得

$$\int_t^\infty \frac{c\mu(c\mu x)^{n-c}}{(n-c)!} \mathrm{e}^{-c\mu x} \mathrm{d}x = \sum_{i=0}^{n-c} \frac{(c\mu t)^i \mathrm{e}^{-c\mu t}}{i!}$$

因此，

$$W_{\mathrm{q}}(t) = W_{\mathrm{q}}(0) + \sum_{n=c}^{K-1} q_n - \sum_{n=c}^{K-1} q_n \sum_{i=0}^{n-c} \frac{(c\mu t)^i \mathrm{e}^{-c\mu t}}{i!}$$

$$= 1 - \sum_{n=c}^{K-1} q_n \sum_{i=0}^{n-c} \frac{(c\mu t)^i \mathrm{e}^{-c\mu t}}{i!}$$

■ 例 3.6

假设某汽车尾气检查站有 3 个检查员，每个检查员一次只能检查一辆车，排队规则为先到先服务。检查站一次最多可容纳 7 辆车（3 辆车在接受检查，4 辆车在排队）。车辆按照泊松过程到达，高峰时段平均每分钟有一辆车到达，检查时间服从指数分布，平均检查一辆车的时间为 6 min。检查站站长想知道高峰时段检查站中的平均车辆数、车辆的平均等待时间（排队时间与检查时间之和）以及每小时因检查站空间已满而无法进入检查站的平均车辆数。

以分钟为基本时间单位进行计算，可得 $\lambda = 1$ 辆/min 且 $\mu = \frac{1}{6}$ 辆/min，因此，在该 $M/M/3/7$ 排队系统中，$r = 6$ 且 $\rho = 2$，由式（3.48）可以计算出 p_0：

$$p_0 = \left(\sum_{n=0}^2 \frac{6^n}{n!} + \frac{6^3}{3!} \times \frac{1-2^5}{1-2} \right)^{-1}$$

$$= \frac{1}{1141} \doteq 0.00088$$

由式（3.49）可得

$$L_{\mathrm{q}} = \frac{p_0 \cdot 6^3 \times 2}{3!} \left[1 - 2^5 + 5 \times 2^4 \right] \doteq 3.09 (\text{辆})$$

由 $L = L_{\mathrm{q}} + r(1 - p_K)$ 可得

$$L = \frac{3528}{1141} + 6 \times \left(1 - \frac{6^7}{3^4 \times 3! \times 1141} \right) \doteq 6.06 (\text{辆})$$

由式（3.50）可以计算出高峰时段车辆的平均等待时间为

$$W = \frac{L}{\lambda_{\mathrm{eff}}} = \frac{L}{\lambda (1 - p_7)} = \frac{L}{1 - p_0 \cdot 6^7 / (3^4 \times 3!)} \doteq 12.3 (\text{min})$$

每小时不能进入检查站的平均车辆数为

$$60 \lambda p_K = 60 p_7 = \frac{60 \cdot p_0 \cdot 6^7}{3^4 \times 3!} \doteq 30.4$$

从这个结果可以看出，约一半的车辆不能进入检查站，因此该检查站应该调整服务模式。

3.6　埃尔朗损失公式（$M/M/c/c$）

$M/M/c/c$ 排队模型是 $M/M/c/K$ 排队模型的一个特例，在 $M/M/c/c$ 排队模型中，不会有队列形成。$M/M/c/c$ 排队模型的平稳分布称为**埃尔朗第一公式**（Erlang's first formula）。在式（3.47）和式（3.48）中，令 $K = c$，可得该平稳分布：

$$p_n = \frac{\dfrac{(\lambda/\mu)^n}{n!}}{\displaystyle\sum_{i=0}^{c} \frac{(\lambda/\mu)^i}{i!}}, \quad 0 \leqslant n \leqslant c \tag{3.54}$$

当 $n = c$ 时，得到的 p_c 的公式称为**埃尔朗损失公式**（Erlang's loss formula）或**埃尔朗 B 公式**（Erlang-B formula）。p_c 表示稳态时系统处于满负荷状态的概率。由于 $M/M/c/c$ 排队模型中的顾客按照泊松过程到达，所以 p_c 也是到达的顾客中看见系统已满而离开系统的顾客占比。

$$B(c,r) \equiv p_c = \frac{\dfrac{r^c}{c!}}{\displaystyle\sum_{i=0}^{c} \dfrac{r^i}{i!}}, \quad r = \lambda/\mu \tag{3.55}$$

用 $B(c, r)$ 来表示埃尔朗损失公式是为了强调它是依赖于 c 和 r 的函数。

埃尔朗最初设计该模型是为了解决简单电话呼叫网络中的问题（Erlang, 1917）。在简单电话呼叫网络中，呼叫请求按照泊松过程到达，服务时间是相互独立的指数分布随机变量。当呼叫请求到达时，如果所有客服线路都已被占用，则该呼叫请求被拒绝（即顾客听到忙音）。该模型在电信系统设计中具有重要的应用价值。

埃尔朗损失公式的重要意义在于其与服务时间的分布无关，即式（3.54）对所有 $M/G/c/c$ 排队模型均成立。也就是说，稳态系统中概率是平均服务时间的函数，与服务时间的累积分布函数无关。埃尔朗还推导出了服务时间为常数时的公式变形。这一结论在后来的文献中被证明是正确的，但埃尔朗的证明过程并不严谨。参考文献（Vaulot, 1927；Pollaczek, 1932；Palm, 1938；Kosten, 1948）中完善了埃尔朗 1917 年的证明，提供了关于一般服务时间分布的证明。塔卡斯（Takacs, 1969）在上述文献的基础上补充了一些其他结论。第 6.2.2 节将证明埃尔朗损失公式与服务时间的分布无关。

如果使用计算机并直接应用式（3.55）来计算埃尔朗 B 公式，可能会引起数值溢出的问题。当服务员数 c 很大时，部分项（例如 $c!$）的值会非常大，可能会超过计算机的计算极限。例如，171! 超过了最大的双精度数（约为 1.79×10^{308}）。在呼叫中心这样的排队系统中，c 的值通常大于 171。本节给出了计算 $B(c, r)$ 的替代公式，该替代公式在计算机上更容易实现。此外，该替代公式也可以用于计算 $M/M/c$ 排队系统的拥塞度量值，如埃尔朗 C 公式、L_q、L、W_q 和 W，即计算式（3.40）以及式（3.35）至式（3.38）。

对于埃尔朗 B 公式，可以证明 $B(c, r)$ 满足以下迭代关系（见习题 3.53）

$$B(c,r) = \frac{rB(c-1,r)}{c + rB(c-1,r)}, \quad c \geqslant 1 \tag{3.56}$$

其初始条件 $B(c=0, r) = 1$。于是，如果在给定 c 值的条件下，可以由 $B(0, r)$

=1 开始，然后迭代应用式（3.56）计算 $B(c, r)$。该替代公式有效地避免了直接应用式（3.55）可能会造成的数值溢出。

埃尔朗 B 公式不仅可以用于 $M/M/c/c$（或 $M/G/c/c$）排队模型，也可以用于计算 $M/M/c$ 排队模型的拥塞度量值。例如，埃尔朗 C 公式 $C(c, r)$（$M/M/c$ 排队模型中顾客需要排队的概率）可以写为关于 $B(c, r)$ 的函数（见习题 3.54）：

$$C(c, r) = \frac{cB(c, r)}{c - r + rB(c, r)} \tag{3.57}$$

因此，可以迭代使用式（3.56）来计算 $B(c, r)$，然后通过式（3.57）来计算 $C(c, r)$。此外，$C(c, r)$ 可以用于计算 $M/M/c$ 排队模型的 L_q、L、W_q 和 W。例如，式（3.35）可以写为

$$L_q = C(c, r)\frac{\rho}{1 - \rho} = C(c, r)\frac{r}{c - r} \tag{3.58}$$

同样，W_q、W 和 L 也可以用 $C(c, r)$ 来表示。

■ 例 3.7

已知 $\lambda = 6$，$\mu = 3$，$c = 4$，计算无法进入 $M/M/c/c$ 排队系统的顾客（被阻塞的顾客）占比；计算 $M/M/c$ 排队系统的 $1 - W_q(0)$ 和 L_q。

根据已知条件可以求得：输入负荷 $r = 6/3 = 2$，流量强度 $\rho = 1/2$，无法进入 $M/M/c/c$ 排队系统的顾客占比为 $B(4, 2)$，迭代使用式（3.56）来计算 $B(4, 2)$：

$$B(0, 2) = 1$$

$$B(1, 2) = 2 \times B(0, 2)/[1 + 2 \times B(0, 2)] = \frac{2}{3}$$

$$B(2, 2) = 2 \times \frac{2}{3}/(2 + 2 \times \frac{2}{3}) = \frac{2}{5}$$

$$B(3, 2) = 2 \times \frac{2}{5}/(3 + 2 \times \frac{2}{5}) = \frac{4}{19}$$

$$B(4, 2) = 2 \times \frac{4}{19}/(4 + 2 \times \frac{4}{19}) = \frac{2}{21}$$

也可以使用式（3.55）来计算 $B(4, 2)$：

$$B(4, 2) = \frac{2^4/4!}{1 + 2 + 2^2/2! + 2^3/3! + 2^4/4!}$$

$$= \frac{16/24}{(24 + 48 + 48 + 32 + 16)/24} = \frac{2}{21}$$

$M/M/c$ 排队系统中顾客需要排队的概率 $1 - W_q(0)$ 为 $C(4, 2)$，可以使用式（3.57）来计算 $C(4, 2)$：

$$C(4, 2) = 4 \times \frac{2}{21} \Big/ \left(4 - 2 + 2 \times \frac{2}{21} \right) = \frac{4}{23}$$

可以使用式（3.58）来计算队列中的平均顾客数 L_q：

$$L_q = C(4, 2) \times 2/(4 - 2) = \frac{4}{23}$$

也可以使用式（3.34）、式（3.35）和式（3.40）来计算 $1 - W_q(0)$ 和 L_q：

$$\frac{1}{p_0} = 1 + 2 + \frac{2^2}{2!} + \frac{2^3}{3!} + \frac{2^4}{4! \times (1 - 0.5)} = \frac{92}{12} = \frac{23}{3}$$

$$1 - W_q(0) = \frac{2^4}{4! \times 0.5} \times \frac{3}{23} = \frac{4}{23}, \quad L_q = \frac{2^4 \times 0.5}{4! \times (0.5)^2} \times \frac{3}{23} = \frac{16}{12} \times \frac{3}{23} = \frac{4}{23}$$

3.7 无穷服务员排队模型（$M/M/\infty$）

本节讨论无穷服务员排队模型 $M/M/\infty$，该模型通常也被称为充足服务员问题。自助服务场景就是无穷服务员排队模型的一个应用案例。

该排队模型可以建模为生灭过程，对于所有 n，生率 $\lambda_n = \lambda$，灭率 $\mu_n = n\mu$。由式（3.3）和式（3.4）可得

$$p_n = \frac{r^n}{n!} p_0, \quad p_0 = \left(\sum_{n=0}^{\infty} \frac{r^n}{n!} \right)^{-1}$$

p_0 表达式中的无穷级数等于 e^r，因此，

$$\boxed{p_n = \frac{r^n e^{-r}}{n!}, \qquad n \geqslant 0} \tag{3.59}$$

p_n 是泊松随机变量的概率质量函数（系统中的顾客数服从泊松分布），期望为 $r = \lambda/\mu$。该系统的稳态解是否存在与 λ/μ 的值无关。式（3.59）对任何 $M/G/\infty$ 排队模型均成立，也就是说，p_n 仅依赖于平均服务时间，而不依赖于服务时间的分布。如我们前面所讨论的，对 $M/M/c/c$ 排队模型也有类似的结论，在式（3.54）中令 $c \to \infty$，可以得到式（3.59）。

式（3.59）中泊松随机变量的期望即为系统中的平均顾客数，因此，$L = r = \lambda/\mu$。由于有充足的服务员，所以 $L_q = 0 = W_q$。顾客在系统中的平均等待时间等于平均服务时间，所以 $W = 1/\mu$。顾客在系统中等待时间的分布与服务时间的分布相同，均为期望为 $1/\mu$ 的指数分布。

■ 例 3.8

某电视台希望了解周六晚间观看该电视台节目的平均观众数。根据调查，人们在周六晚间平均每小时有 100 000 人近似按照泊松过程打开电视机。该地区共有 5 个电视台，观众随机选择一个电视台的节目观看。观看时间近似服从指数分布，平均观看时间为 90 min。

由于周六晚间观看该电视台节目的观众的平均到达速率为 $100000/5 = 20000$（人/h），平均观看时间为 90 min（即 1.5 h），因此该电视台周六晚间节目的平均观众数 $L = \lambda/\mu = 20000/\dfrac{2}{3} = 30000$。

3.8　有限源排队模型

在前面讨论的排队模型中，假设顾客源（调用总体）是无限的，在任何时段内到达的顾客数为泊松随机变量，顾客数的样本空间是无穷大的。本节讨论的排队模型的调用总体是有限的，调用总体大小为 M，未来事件发生的概率是关于系统状态的函数。该模型可以应用于机器维修场景，其中调用总体是所有机器，顾客到达对应于机器发生故障，服务员对应于机器维修人员。假设有 c 个维修人员，维修时间为指数分布随机变量，期望为 $1/\mu$。到达过程描述如下：如果一台机器在时刻 t 正常运行，则其在时间区间 $(t, t + \Delta t)$ 内发生故障的概率为 $\lambda\Delta t + o(\Delta t)$，即机器正常运行的时间服从期望为 $1/\lambda$ 的指数分布。

基于这些假设，可以将这一模型建模为生灭过程。图 3.8 为该排队模型的转移速率示意图，其中状态 n 表示系统中的顾客数（在机器维修场景下，系统中的顾客数对应于发生故障的机器数）。生率和灭率分别为

$$\lambda_n = \begin{cases} (M-n)\lambda, & 0 \leqslant n < M \\ 0, & n \geqslant M \end{cases}$$

$$\mu_n = \begin{cases} n\mu, & 0 \leqslant n < c \\ c\mu, & n \geqslant c \end{cases}$$

由式（3.3）可得（把 $r=\lambda/\mu$ 代入）

$$p_n = \begin{cases} \dfrac{M!/(M-n)!}{n!}r^n p_0, & 1 \leqslant n < c \\[3mm] \dfrac{M!/(M-n)!}{c^{n-c}c!}r^n p_0, & c \leqslant n \leqslant M \end{cases}$$

也可以写为

$$p_n = \begin{cases} \dbinom{M}{n}r^n p_0, & 1 \leqslant n < c \\[3mm] \dbinom{M}{n}\dfrac{n!}{c^{n-c}c!}r^n p_0, & c \leqslant n \leqslant M \end{cases} \tag{3.60}$$

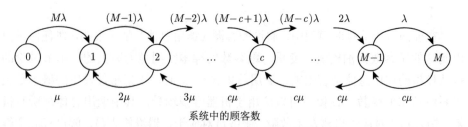

图 3.8　有限源排队模型的转移速率示意

由于很难根据 $\{p_n\}$ 的代数式得到 p_0，因此首先计算 p_0 的系数。设 a_n 为 p_0 的系数，即 $p_n = a_n p_0$，根据概率之和等于 1 这一条件可以求得

$$p_0 = \dfrac{1}{1 + a_1 + a_2 + a_3 + \cdots + a_M}$$

根据期望的定义，可得系统中的平均顾客数为

$$L = \sum_{n=1}^{M} n p_n = p_0 \sum_{n=1}^{M} n a_n$$

为了计算 L_q、W 和 W_q，首先计算系统的有效平均到达速率。如前所述，当系统处于状态 n 时，平均到达速率为 $(M-n)\lambda$。总平均到达速率为各状态下平均到达速率的加权平均数，加权系数为 p_n，即

$$\lambda_{\text{eff}} = \sum_{n=0}^{M} (M-n)\lambda p_n = \lambda(M-L) \tag{3.61}$$

可以很直观地来理解式（3.61），由于系统中（出故障）的平均机器数为 L，系统外（未出故障）的平均机器数为 $M-L$，且每个机器的平均到达速率（出故障的概率）为 λ。由利特尔法则可以求得

$$\boxed{L_q = L - \frac{\lambda_{\text{eff}}}{\mu} = L - r(M-L)} \tag{3.62}$$

也可以通过 $L_q = \sum_{n=c+1}^{M} (n-c)p_n$ 来求 L_q，所得的结果与式（3.62）相同。由利特尔法则还可以求得

$$\boxed{W = \frac{L}{\lambda(M-L)} \quad \text{且} \quad W_q = \frac{L_q}{\lambda(M-L)}} \tag{3.63}$$

当只有一个服务员（即只有一个维修人员）时，式（3.60）中的系统状态概率表达式退化为

$$p_n = \binom{M}{n} n! r^n p_0, \quad 0 \leqslant n \leqslant M$$

单服务员场景中其他效益指标的分析过程与前面所讨论的相同。

有限源排队模型有一个重要的性质，即对于任何维修时间服从指数分布的有限源系统，只要机器正常运行的时间相互独立且期望为 $1/\lambda$，式（3.60）都成立，与发生故障的时间间隔的分布无关。该结论的详细证明过程请参阅参考文

献（Bunday et al., 1980）。此外，如果维修人员数等于机器数，则只要发生故障的时间间隔服从指数分布，在 $M/G/c/c$ 排队模型中得出的结论在此也成立：稳态时系统状态概率与维修时间的分布无关（即维修时间的分布可以是一般分布 G）。

■ **例 3.9**

某半导体公司使用 5 个机器人制造电路板，机器人周期性地发生故障，公司有两个维修人员来维修发生故障的机器人。机器人发生故障的时间间隔是指数分布随机变量，期望为 30 h。公司有足够多的电路板制造订单，因此所有未发生故障（或已经维修好）的机器人将一直处于运行状态。维修时间服从指数分布，每个机器人的平均维修时间为 3 h。公司经理想知道在任意给定时间内运行的平均机器人数、每个机器人由故障造成的平均停机时间以及每个维修人员的平均空闲时间百分比。

先求 p_0。在本例中，$M = 5$, $c = 2$, $\lambda = \dfrac{1}{30}$, $\mu = \dfrac{1}{3}$，因此，$r = \lambda/\mu = 1/10$。由式（3.60）计算可得 $a_1 = \dfrac{5}{10} = \dfrac{1}{2}$, $a_2 = \dfrac{1}{10}$, $a_3 = \dfrac{15}{1000} = \dfrac{3}{200}$, $a_4 = \dfrac{15}{10000} = \dfrac{3}{2000}$, $a_5 = \dfrac{15}{200000} = \dfrac{3}{40000}$。由此可得

$$p_0 = \left(1 + \frac{1}{2} + \frac{1}{10} + \frac{3}{200} + \frac{3}{2000} + \frac{3}{40000}\right)^{-1} = \frac{40000}{64663} \doteq 0.619$$

运行的平均机器人数为 $M - L$，其中

$$L = p_0 \left(1 \times \frac{1}{2} + 2 \times \frac{1}{10} + 3 \times \frac{3}{200} + 4 \times \frac{3}{2000} + 5 \times \frac{3}{40000}\right) = \frac{30055}{64663} \doteq 0.465$$

因此，平均有 $5 - 0.465 = 4.535$ 个机器人处于运行状态。每个机器人由故障造成的平均停机时间可由式（3.63）计算而得：

$$W = \frac{\dfrac{30055}{64663}}{\dfrac{1}{30} \times \left(5 - \dfrac{30055}{64663}\right)} = \frac{901650}{29326} \doteq 3.075$$

每个维修人员的平均空闲时间百分比为

$$p_0 + \frac{1}{2}p_1 = p_0\left(1 + \frac{1}{2}a_1\right) = p_0\left(1 + \frac{1}{4}\right) = \frac{50000}{64663} \doteq 0.773$$

所以，每个维修人员大约有 77% 的时间是空闲的。

由于每个维修人员的空闲时间较长，所以公司经理想知道如果只有一个维修人员，以上问题的结果是什么。结果为

$$p_0 \doteq 0.564, \qquad L \doteq 0.640$$

$$M - L \doteq 4.360, \qquad W \doteq 4.400$$

由于在这两种情况下，都平均有 4 个以上的机器人始终处于运行状态，并且当维修人员减少为 1 个时，每个机器人由故障造成的平均停机时间只增加了约 1 h，因此，公司经理很可能会决定将其中一个维修人员调到别处工作。

有限源排队模型可以推广到有备用机器的场景中。假设有 M 台处于运行状态的机器，有 Y 台备用机器。当运行中的机器发生故障时，如果有备用机器可用，立即用备用机器替换发生故障的机器，如果发生故障时没有可用的备用机器，则系统进入短缺状态。发生故障的机器维修好后成为备用机器（如果系统处于短缺状态，则维修好的机器立即投入运行）。在任何时候，最多有 M 台机器处于运行状态，因此故障发生的最大速率为 $M\lambda$（不考虑未运行的备用机器）。此模型的生率为

$$\lambda_n = \begin{cases} M\lambda, & 0 \leqslant n < Y \\ (M - n + Y)\lambda, & Y \leqslant n < Y + M \\ 0, & n \geqslant Y + M \end{cases}$$

n 表示发生故障的机器数。如果有 c 个维修人员，则灭率为

$$\mu_n = \begin{cases} n\mu, & 0 \leqslant n < c \\ c\mu, & n \geqslant c \end{cases}$$

先假设 $c \leqslant Y$，由式（3.3）可得（把 $r = \lambda/\mu$ 代入）

$$p_n = \begin{cases} \dfrac{M^n}{n!} r^n p_0, & 0 \leqslant n < c \\[2mm] \dfrac{M^n}{c^{n-c} c!} r^n p_0, & c \leqslant n < Y \\[2mm] \dfrac{M^Y M!}{(M - n + Y)! c^{n-c} c!} r^n p_0, & Y \leqslant n \leqslant Y + M \end{cases} \tag{3.64}$$

如果 Y 非常大，则调用总体接近于无穷大，平均到达速率为 $M\lambda$。当 Y 为无穷大时，式（3.64）即为 $M/M/c/\infty$ 排队模型的结果［式（3.33）］，其中 $\lambda = M\lambda$。

当 $c > Y$ 时，可得

$$
p_n = \begin{cases}
\dfrac{M^n}{n!}r^n p_0, & 0 \leqslant n \leqslant Y \\[3mm]
\dfrac{M^Y M!}{(M-n+Y)!n!}r^n p_0, & Y+1 \leqslant n < c \\[3mm]
\dfrac{M^Y M!}{(M-n+Y)!c^{n-c}c!}r^n p_0, & c \leqslant n \leqslant Y+M
\end{cases} \tag{3.65}
$$

当 $Y = 0$（即没有备用机器）时，式（3.65）退化为式（3.60）。

当 M 和 Y 较大时，直接使用式（3.65）来求系数 $\{a_n\}$ 可能很困难。可以通过使用 p_{n+1} 与 p_n 的递归关系式来降低计算的复杂度，p_{n+1} 与 p_n 的递归关系式可以由生灭过程的局部平衡方程得到：

$$
p_{n+1} = \left(\frac{\lambda_n}{\mu_{n+1}}\right)p_n
$$

对于没有备用机器的系统，可得

$$
p_{n+1} = \begin{cases}
\dfrac{M-n}{n+1}rp_n, & 0 \leqslant n \leqslant c-1 \\[3mm]
\dfrac{M-n}{c}rp_n, & c \leqslant n \leqslant M-1
\end{cases}
$$

当 $Y > 0$ 时，可以得到类似的递归关系式。实际上，本书中介绍的软件也是使用这种递归关系来计算所有复杂的生灭模型的。

与无备用机器的场景相同，可以用概率之和为 1 这一条件来计算有备用机器时系统为空的概率 p_0，p_0 可以表示为有限项之和。L 和 L_q 的推导方法也与前面讨论的相同。为了推导 W 和 W_q，首先要计算有效平均到达率 λ_{eff}。可以由式（3.62）直接得到 λ_{eff}，也可以通过与得到式（3.61）一样的思路来得到 λ_{eff}：

$$\lambda_{\text{eff}} = \sum_{n=0}^{Y-1} M\lambda p_n + \sum_{n=Y}^{Y+M} (M-n+Y)\lambda p_n$$

$$= \lambda \left[M - \sum_{n=Y}^{Y+M} (n-Y)p_n \right] \tag{3.66}$$

有备用机器系统的计算方法与无备用机器系统的计算方法类似。

本节的最后，我们来推导顾客等待时间的完整分布。在前面各节中，在顾客到达时看见系统中有 n 个顾客这一条件下，推导出了顾客等待时间的分布，由于 $q_n = p_n$，推导出的等待时间的分布与 $\{q_n\}$ 无关（到达时刻概率 q_n 为到达的顾客看见系统中有 n 个顾客的概率）。在本节中，$q_n \neq p_n$，因此，在求顾客等待时间的累积分布函数之前，需要将一般时间概率 p_n 与到达时刻概率 q_n 联系起来。对于一般的有限源排队模型（无备用机器的机器维修问题），这两个概率的关系为

$$q_n = \frac{(M-n)p_n}{k}$$

通过 $\{q_n\}$ 求和等于 1 这一条件，可以求得归一化常数 k。我们使用贝叶斯定理来证明这一关系式（推导 $M/M/c/K$ 排队模型的 q_n 时也用到了贝叶斯定理）：

$q_n = \Pr\{$系统中有 n 个顾客 $|$ 有顾客即将到达$\}$

$= \dfrac{\Pr\{$系统中有 n 个顾客$\} \cdot \Pr\{$有顾客即将到达 $|$ 系统中有 n 个顾客$\}}{\Pr\{$有顾客即将到达$\}}$

$= \dfrac{\Pr\{$系统中有 n 个顾客$\} \cdot \Pr\{$有顾客即将到达 $|$ 系统中有 n 个顾客$\}}{\sum\limits_{n} (\Pr\{$系统中有 n 个顾客$\} \cdot \Pr\{$有顾客即将到达 $|$ 系统中有 n 个顾客$\})}$

$= \lim\limits_{\Delta t \to 0} \dfrac{p_n[(M-n)\lambda\Delta t + o(\Delta t)]}{\sum\limits_{n} p_n[(M-n)\lambda\Delta t + o(\Delta t)]}$

$= \dfrac{(M-n)p_n}{\sum\limits_{n}(M-n)p_n} = \dfrac{(M-n)p_n}{M-L}$

可以证明（见习题 3.62），$q_n(M)$ 等于 $p_n(M-1)$，$q_n(M)$ 表示当系统中有 M 台机器且无备用机器时的到达时刻概率，$p_n(M-1)$ 表示当系统中有 $M-1$ 台机器且无备用机器时的一般时间概率。如果有备用机器，则不一定如此。事实上，可以证明，当有 Y 台备用机器时，$q_n(M)$ 为（见习题 3.63）

$$q_n(M) = \begin{cases} \dfrac{Mp_n}{M - \displaystyle\sum_{i=Y}^{Y+M}(i-Y)p_i}, & 0 \leqslant n \leqslant Y-1 \\[4ex] \dfrac{(M-n+Y)p_n}{M - \displaystyle\sum_{i=Y}^{Y+M}(i-Y)p_i}, & Y \leqslant n \leqslant Y+M-1 \end{cases} \tag{3.67}$$

此时 $q_n(M)$ 等于 $p_n(Y-1)$，而不等于 $p_n(M-1)$。也就是说，如果通过减少一台备用机器来减小调用总体，而不是减少一台运行中的机器，那么调用总体减小后系统的一般时间概率等于调用总体减小前的到达时刻概率。

与 $M/M/c/K$ 排队模型一样，可以使用泊松随机变量的累积分布函数的求和形式来简化表达式，过程如下：

$$W_q(t) = \Pr\{T_q \leqslant t\}$$

$$= W_q(0) + \sum_{n=c}^{Y+M-1}\Big[\Pr\{\text{服务完 } n-c+1 \text{ 个顾客的时间不超过} t \mid$$

$$\text{到达时看到系统中有 } n \text{ 个顾客}\} \cdot q_n \Big]$$

$$= W_q(0) + \sum_{n=c}^{Y+M-1} q_n \int_0^t \frac{c\mu(c\mu x)^{n-c}}{(n-c)!} e^{-c\mu x}\mathrm{d}x$$

$$= W_q(0) + \sum_{n=c}^{Y+M-1} q_n \left[1 - \int_t^\infty \frac{c\mu(c\mu x)^{n-c}}{(n-c)!} e^{-c\mu x}\mathrm{d}x \right]$$

$$= 1 - \sum_{n=c}^{Y+M-1} q_n \sum_{i=0}^{n-c} \frac{(c\mu t)^i}{i!} e^{-c\mu t}$$

3.9　状态相依服务

本节讨论具有状态相依服务模式的马尔可夫排队模型，在这类排队模型中，平均服务速率取决于系统的状态（即系统中的顾客数）。在许多实际场景中，当服务员看到顾客排队的队列很长时，可能会加快服务速率；但是如果服务员经验不足，那么当系统变得越来越拥挤时，服务员可能会变得手忙脚乱，平均服务速率会降低。

首先讨论系统中只有一个服务员的情况，该服务员有两种平均服务速率：慢速率和快速率（例如，具有两种运行速率的机器）。开始时服务员以慢速率 μ_1 工作，当系统中的顾客数大于或等于 k 时，服务员转换至快速率 μ 工作，k 为速率转换点。假设服务时间具有马尔可夫性，而平均速率 μ_n 依赖于系统状态 n。此外，系统容量为无穷大。因此，μ_n 为

$$\mu_n = \begin{cases} \mu_1, & 1 \leqslant n < k \\ \mu, & n \geqslant k \end{cases} \tag{3.68}$$

假设顾客按照参数为 λ 的泊松过程到达，根据式（3.3）可得

$$p_n = \begin{cases} \rho_1^n p_0, & 0 \leqslant n < k \\ \rho_1^{k-1} \rho^{n-k+1} p_0, & n \geqslant k \end{cases} \tag{3.69}$$

其中 $\rho_1 = \lambda/\mu_1$ 且 $\rho = \lambda/\mu < 1$。根据概率之和等于 1 这一条件，可以求得

$$p_0 = \left(\sum_{n=0}^{k-1} \rho_1^n + \sum_{n=k}^{\infty} \rho_1^{k-1} \rho^{n-k+1} \right)^{-1}$$

因此可得

$$p_0 = \begin{cases} \left(\dfrac{1 - \rho_1^k}{1 - \rho_1} + \dfrac{\rho \rho_1^{k-1}}{1 - \rho} \right)^{-1}, & \rho_1 \neq 1, \rho < 1 \\[3mm] \left(k + \dfrac{\rho}{1 - \rho} \right)^{-1}, & \rho_1 = 1, \rho < 1 \end{cases} \tag{3.70}$$

如果 $\mu_1 = \mu$，则式（3.69）和式（3.70）退化为 $M/M/1$ 排队模型的 p_n 和 p_0 的表达式。用第 3.2.4 节中的方法求系统中的平均顾客数（假设 $\rho_1 \neq 1$）：

$$\begin{aligned} L &= \sum_{n=0}^{\infty} n p_n = p_0 \left(\sum_{n=0}^{k-1} n \rho_1^n + \sum_{n=k}^{\infty} n \rho_1^{k-1} \rho^{n-k+1} \right) \\ &= p_0 \left[\rho_1 \sum_{n=0}^{k-1} n \rho_1^{n-1} + \rho_1 \left(\frac{\rho_1}{\rho} \right)^{k-2} \sum_{n=k}^{\infty} n \rho^{n-1} \right] \\ &= p_0 \left[\rho_1 \frac{\mathrm{d}}{\mathrm{d}\rho_1} \sum_{n=0}^{k-1} \rho_1^n + \rho_1 \left(\frac{\rho_1}{\rho} \right)^{k-2} \frac{\mathrm{d}}{\mathrm{d}\rho} \sum_{n=k}^{\infty} \rho^n \right] \end{aligned}$$

$$= p_0 \left[\rho_1 \frac{\mathrm{d}}{\mathrm{d}\rho_1} \left(\frac{1 - \rho_1^k}{1 - \rho_1} \right) + \rho_1 \left(\frac{\rho_1}{\rho} \right)^{k-2} \frac{\mathrm{d}}{\mathrm{d}\rho} \left(\frac{1}{1 - \rho} - \frac{1 - \rho^k}{1 - \rho} \right) \right]$$

由此可得

$$L = p_0 \left(\frac{\rho_1 \left[1 + (k-1)\rho_1^k - k\rho_1^{k-1} \right]}{(1 - \rho_1)^2} + \frac{\rho \rho_1^{k-1}[k - (k-1)\rho]}{(1 - \rho)^2} \right) \tag{3.71}$$

根据表 1.3 中最后两个关系式可得

$$L_{\mathrm{q}} = L - (1 - p_0)$$

由利特尔法则可得

$$W = L/\lambda \quad \text{且} \quad W_{\mathrm{q}} = L_{\mathrm{q}}/\lambda$$

由于在该模型中，μ 不是常数且取值依赖于系统状态转换点 k，所以此处不能使用 $W = W_{\mathrm{q}} + 1/\mu$。联立以上几个方程可得

$$W = W_{\mathrm{q}} + \frac{1 - p_0}{\lambda}$$

该式表明平均服务时间为 $(1 - p_0)/\lambda$。

■ **例 3.10**

席恩和古德发明了一种汽车抛光机，并租了一间车库来提供汽车抛光服务。由于这是席恩和古德的兼职工作，所以这个抛光车库只在星期六开放。顾客按照先到先服务规则接受服务。他们的车库位于人口密度和车流密度都很低的郊区，所以对排队的顾客数没有设限。汽车抛光机有两种运行速率：低速运行时，平均每 40 min 抛光一辆车；高速运行时，平均每 20 min 抛光一辆车。无论以哪种速率运行，抛光时间均服从指数分布（该抛光机一次只能抛光一辆汽车）。

据观察，顾客按照泊松过程到达，平均到达时间间隔为 30 min。席恩学习过排队论，她决定评估以下两种策略的效果：（1）当有顾客在排队等待（即系统中的顾客数大于或等于 2）时，抛光机转换至高速率；（2）当有不止一个顾客在排队等待（即系统中的顾客数大于或等于 3）时，抛光机转换至高速率。抛光机可以随时转换速率，即使正在运行中。

席恩想对比两种策略下顾客的平均等待时间。因此，需要分别计算 $k = 2$ 和 $k = 3$ 时顾客在系统中的平均等待时间 W。首先根据式（3.70）计算 p_0，然后

根据式（3.71）计算 L，最后根据利特尔法则计算 W。ρ_1 和 ρ 分别为

$$\rho_1 = \frac{\lambda}{\mu_1} = \frac{\frac{1}{30}}{\frac{1}{40}} = \frac{4}{3}, \qquad \rho = \frac{\lambda}{\mu} = \frac{\frac{1}{30}}{\frac{1}{20}} = \frac{2}{3}$$

当 $k = 2$ 时，

$$p_0 = \frac{1}{5} = 0.2, \quad L = \frac{12}{5} = 2.4 \text{（辆）}$$

$$W = L/\lambda = 2.4 / \frac{1}{30} = 72 \text{（min）}$$

当 $k = 3$ 时，

$$p_0 = \frac{3}{23} \doteq 0.13, \quad L = 204/69 \doteq 2.96 \text{（辆）}$$

$$W = L / \frac{1}{30} \doteq 89 \text{（min）}$$

与 $k = 2$ 的情况相比，$k = 3$ 时顾客平均多等 17 min，席恩认为这并不会对顾客的体验产生不好的影响，而且抛光机高速运行的成本更高。据估算，抛光机低速运行的成本为 15 美元/h，高速运行的成本为 24 美元/h。因此，当速率转换点为 k 时，抛光机的平均运行成本为

$$C(k) = 15 \sum_{n=1}^{k-1} p_n + 24 \sum_{n=k}^{\infty} p_n$$

$$= 15 \sum_{n=1}^{k-1} \rho_1^n p_0 + 24 \left(1 - \sum_{n=0}^{k-1} \rho_1^n p_0 \right)$$

当 $k = 2$ 时，

$$C(2) = 15 \times \frac{4}{3} \times \frac{1}{5} + 24 \times \left(1 - \frac{1}{5} - \frac{4}{3} \times \frac{1}{5} \right) \doteq 16.80 \text{（美元/h）}$$

当 $k = 3$ 时，

$$C(3) = 15 \times \frac{3}{23} \times \left(\frac{4}{3} + \frac{16}{9} \right) + 24 \times \left(1 - \frac{3}{23} - \frac{4}{3} \times \frac{3}{23} - \frac{16}{9} \times \frac{3}{23} \right) \doteq 17.22 \text{（美元/h）}$$

当 $k = 2$ 时，尽管按此方式运行抛光机每小时的成本相对较高，但抛光机处于空闲状态的概率 p_0 较大，所以平均每小时的实际成本较低。此外，顾客在系统中的平均等待时间也较短，所以策略（1）优于策略（2）。然而，如果高速运行的成本高于 24 美元/h，则在 $k = 3$ 时切换速率可能更为经济（见习题 3.68）。应注意的是，16.80 美元/h 和 17.22 美元/h 不是抛光机处于运行状态时的平均成本，而是包括抛光机处于空闲状态的时间在内的平均成本。应注意的是，为了获得最优运行策略，还要考虑顾客等待的成本，第 7.5 节将详细讨论这一问题。

可以将上述模型推广到以下 3 种排队模型：（1）具有 c 个服务员且速率转换点 $k > c$ 的排队模型（见习题 3.70）；（2）具有两个或两个以上速率转换点（k_1, k_2, $\cdots$）的排队模型（见习题 3.71）；（3）具有多个服务员及多个速率转换点的排队模型。

下面讨论另一种具有状态相依服务模式的排队模型，在该模型中，当系统大小发生变化时，平均服务速率也会发生变化。假设在该模型中仅有一个服务员，服务时间具有马尔可夫性，服务速率依赖于系统状态。μ_n 可能为以下形式：

$$\mu_n = n^\alpha \mu$$

根据式（3.3），可得稳态系统状态概率：

$$p_n = \frac{\lambda^n}{n^\alpha (n-1)^\alpha (n-2)^\alpha \cdots (1)^\alpha \mu^n} p_0$$
$$= \frac{r^n}{(n!)^\alpha} p_0, \quad r = \lambda/\mu$$

根据概率之和等于 1 这一条件，可以求得

$$p_0 = \left(\sum_{n=0}^{\infty} \frac{r^n}{(n!)^\alpha} \right)^{-1}$$

当 $\alpha > 0$ 时，对于任意 r，上式中的无穷级数均收敛，但除非 $\alpha = 1$，否则无法由该解析式求得 p_0（当 $\alpha = 1$ 时，$\sum_{n=0}^{\infty} r^n/n! = e^r$，该模型退化为第 3.7 节中讨论的无穷服务员排队模型）。因此，为计算 p_0（以及其他效益指标），需要使用数值方法。关于 p_0 的数值计算方法，请参阅参考文献（Gross et al., 1985）。

3.10　有不耐烦顾客的排队模型

本节讨论不耐烦顾客对 $M/M/c$ 排队模型的影响，本节得出的结论可以推广到其他马尔可夫模型，后续各节将针对 $M/G/1$ 排队模型讨论一些关于不耐烦顾客的例子。

不耐烦顾客有以下两个特征：仅当预期的排队时间较短时，顾客才会选择加入队列；仅当已经等待的时间较短（顾客据此估算出剩余等待时间较短）时，顾客才不会在接受服务前离开队列。在排队过程中，不耐烦的情况与到达过程和离开过程同样重要。顾客变得不耐烦时，会在接受服务之前离开队列。对此，系统的管理者必须采取行动，将系统的拥塞程度降低至顾客可以容忍的程度。本节将通过介绍几个排队模型来具体地讨论这一问题。

顾客不耐烦的场景有 3 种：顾客止步，顾客到达时因为队列过长而不加入队列；顾客中途退出，队列中的顾客变得不耐烦并离开队列；顾客换队，如果有多个平行队列，顾客从其中一个队列换到另一个。

3.10.1　$M/M/1$ 止步

在实际场景中，当队列很长时，部分到达的顾客可能不想等待，所以这部分顾客会选择不加入队列而直接离开。$M/M/c/K$ 排队模型就是这样的例子，如果顾客到达时看见系统中有 K 个顾客，则到达的顾客不会加入队列。一般来说，除非 K 是物理空间的限制，比如没有停车或等待的空间，否则顾客不会自觉地把 K 作为统一的标准，因为不同的顾客能容忍的极限并不相同。

也可以使用另一种方法来分析顾客止步的场景：设 $\lambda_n = b_n\lambda$，b_n 为关于系统大小 n 的单调递减的函数，且

$$0 \leqslant b_{n+1} \leqslant b_n \leqslant 1, \qquad n > 0, b_0 \equiv 1$$

当 $c = 1$ 时，由式（3.3）可得

$$p_n = p_0 \prod_{i=1}^{n} \frac{\lambda_{i-1}}{\mu_i}$$

$$= p_0 \left(\frac{\lambda}{\mu}\right)^n \prod_{i=1}^{n} b_{i-1}$$

函数 b_n 可能为 $1/(n+1)$、$1/(n^2+1)$ 或 $e^{-\alpha n}$。但顾客并不总是因为队列过长而不加入队列，他们可能会预估等待时间：如果队列移动得很快，那么即使队列很长，顾客也可能加入队列；如果队列移动缓慢，那么即使队列很短，顾客也可能不加入队列。如果系统中已有 n 个顾客，则平均等待时间可能为 n/μ（假设顾客知道 μ 的值），因此通常令 $b_n = e^{-\alpha n/\mu}$。$M/M/1/K$ 排队模型是顾客止步的一个特例：当 $0 \leqslant i \leqslant K-1$ 时，$b_i = 1$；在其他情况下，$b_i = 0$。

3.10.2　$M/M/1$ 中途退出

顾客并不总是因为队列过长而不加入队列，他们可能会先排队等待一段时间，并基于自己已等待的时间来估算总的等待时间。如果顾客认为估算出的总时间过长，他们可能会随时退出队列。本节讨论一个单通道生灭模型，其中存在顾客止步及中途退出的情况，定义中途退出的函数 $r(n)$ 为

$$r(n) = \lim_{\Delta t \to 0} \frac{\Pr\{\text{系统中有 } n \text{ 个顾客时，} \Delta t \text{ 内顾客中途退出}\}}{\Delta t}$$

其中 $r(0) = r(1) \equiv 0$。这一过程仍然为生灭过程，此时，灭率为 $\mu_n = \mu + r(n)$。由式（3.3）可得

$$p_n = p_0 \prod_{i=1}^{n} \frac{\lambda_{i-1}}{\mu_i}$$

$$= p_0 \lambda^n \prod_{i=1}^{n} \frac{b_{i-1}}{\mu + r(i)}, \qquad n \geqslant 1$$

根据概率之和等于 1 这一条件，可以求得

$$p_0 = \left(1 + \sum_{n=1}^{\infty} \lambda^n \prod_{i=1}^{n} \frac{b_{i-1}}{\mu + r(i)} \right)^{-1}$$

可以取函数 $r(n) = e^{\alpha n/\mu} (n \geqslant 2)$。如果到达的顾客看见系统中有 $n-1$ 个顾客，那么他所预估的在系统中的等待时间为 n/μ（假设顾客知道 μ 的值）。也可以根据 $r(n) = e^{\alpha n/\mu} (n \geqslant 2)$ 来估算顾客中途退出的概率。

如本节导言所述，还有一种顾客不耐烦的场景为换队，即如果有多个队列，顾客可能会从其中一个队列换到另一个。这一现象非常有趣并且在现实生活中很常见，但由于这类排队模型的概率函数过于复杂，并且基本概念比较模糊，尤

其当有两个以上的服务通道时，很难通过解析法来研究这类模型。尽管可以得到部分关于双通道模型的结论，但几乎没有研究将这些结论推广至多通道模型。如果读者对这类模型感兴趣，可以参阅参考文献（Koenigsberg，1966）。

3.11　瞬态行为

本节讨论 $M/M/1/1$（不会形成队列）、$M/M/1/\infty$ 和 $M/M/\infty$（有无穷多个服务员）排队模型的瞬态行为。之所以只讨论这 3 个模型，是因为如果不严格基于泊松指数的假设，那么数学推导过程会变得极为复杂。分析这 3 个模型瞬态行为的难度也不同，$M/M/1/1$ 排队模型相对简单，但是如果放宽对等待区域大小的限制（$M/M/1/\infty$），或者系统中有多个服务员（$M/M/\infty$），问题都会变复杂。

3.11.1 $M/M/1/1$ 排队模型的瞬态行为

对于顾客按照泊松过程到达、服务时间服从指数分布且无等待区域的单通道排队系统，在任意时刻 t 系统中有 n 个顾客的瞬态概率为 $\{p_n(t)\}$，在 $M/M/1/1$ 排队模型中，对于所有 $n > 1$，$p_n(t) = 0$，因此很容易推导出 $\{p_n(t)\}$。该模型是生灭过程，其中 $\lambda_0 = \lambda$，$\lambda_n = 0$ $(n > 0)$，且 $\mu_1 = \mu$，根据例 2.16 给出的生灭过程的微分方程可得

$$\begin{cases} \dfrac{\mathrm{d}p_1(t)}{\mathrm{d}t} = -\mu p_1(t) + \lambda p_0(t) \\ \dfrac{\mathrm{d}p_0(t)}{\mathrm{d}t} = -\lambda p_0(t) + \mu p_1(t) \end{cases} \tag{3.72}$$

由于 $p_0(t) + p_1(t) = 1$ 总是成立，所以式（3.72）可以写为

$$\frac{\mathrm{d}p_1(t)}{\mathrm{d}t} \equiv p_1'(t) = -\mu p_1(t) + \lambda[1 - p_1(t)]$$

整理上式可得

$$p_1'(t) + (\lambda + \mu)p_1(t) = \lambda$$

这是一个一阶常系数线性微分方程，根据第 2.2 节中的讨论，可以求得其解为

$$p_1(t) = Ce^{-(\lambda+\mu)t} + \frac{\lambda}{\lambda+\mu}$$

使用 $p_1(t)$ 的边界值 $p_1(0)$，可得

$$C = p_1(0) - \frac{\lambda}{\lambda+\mu}$$

由于对于所有 t，$p_0(t) = 1 - p_1(t)$ 均成立，因此，

$$\begin{cases} p_1(t) = \dfrac{\lambda}{\lambda+\mu}\left(1 - e^{-(\lambda+\mu)t}\right) + p_1(0)e^{-(\lambda+\mu)t} \\ p_0(t) = \dfrac{\mu}{\lambda+\mu}\left(1 - e^{-(\lambda+\mu)t}\right) + p_0(0)e^{-(\lambda+\mu)t} \end{cases} \tag{3.73}$$

令式（3.72）中的导数等于 0，由于 $p_0 + p_1 = 1$，可以得到稳态解 p_0 和 p_1（即 $K = 1$ 时 $M/M/1/K$ 排队模型的稳态解）。此外，在瞬态解［式（3.73）］中令 $t \to \infty$，也可以得到稳态解。稳态解（极限解、平衡解）为

$$\begin{cases} p_1 = \dfrac{\rho}{\rho+1} \\ p_0 = \dfrac{1}{\rho+1} \end{cases}$$

无论 $\rho = \lambda/\mu$ 的值为多少，极限分布总是存在，且极限分布与稳态分布相同（在第 3.5 节的 $M/M/1/K$ 排队模型中，令 p_n 表达式中的 $K = 1$，可以得到相同的结果）。

为了直观地看出 t 较小时排队系统的行为，我们根据式（3.73）来绘制 $p_1(t)$ 的图像。式（3.73）可以写为如下形式

$$p_1(t) = p_1 + be^{-ct}$$

其中 $p_1 = \dfrac{\lambda}{\lambda+\mu} = \dfrac{\rho}{\rho+1}$，$b = p_1(0) - p_1$，且 $c = \lambda + \mu$。

图 3.9 展示了 $b > 0$［$\lambda = 0.2$，$\mu = 0.4$，且 $p_1(0) = 0.7$］时 $p_1(t)$ 的图像。我们看到，当 t 增大时，$p_1(t)$ 逐渐趋近于 p_1。如果初始概率 $p_1(0)$ 等于稳态概率 p_1，则对于所有 t，$b = 0$ 且 $p_1(t) = p_1$，p_1 为常数。也就是说，如果在稳态下启动排队过程，则在任何时刻排队过程都处于稳态。该性质对于任何具有遍历性的排队系统都成立，无论对其参数做何假设。

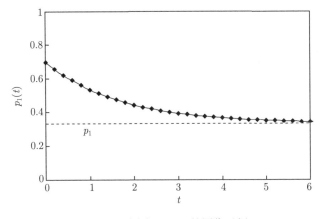

图 3.9　瞬态解 $p_1(t)$ 的图像示例

3.11.2　$M/M/1/\infty$ 排队模型的瞬态行为

研究 $M/M/1/\infty$ 排队模型的瞬态行为是一个相当复杂的过程，因此本节只介绍该模型瞬态行为的整体框架，读者如果想了解更完整的细节，可以参阅参考文献（Gross et al.，1985；Saaty，1961）。首先提出该问题的解决方法的是莱德曼等人（Ledermann et al.，1954），他们用频谱分析方法分析了一般生灭过程，这比埃尔朗的基础研究晚了近半个世纪。同年，贝利（Bailey）发表了另一篇关于解决该问题的论文（Bailey，1954）。随后，钱珀瑙恩（Champemowne）也发表了一篇相关论文（Champemowne，1956）。贝利通过偏微分方程和概率母函数来解决该模型的时间依赖问题，而钱珀瑙恩使用的是复杂的组合方法。多年来，贝利的方法最受欢迎，该方法也是本节将要介绍的方法。由于 $M/M/1/\infty$ 排队模型的时间依赖问题涉及无穷多个线性微分方程，所以该问题的求解非常困难。

首先，假设时刻 0 系统的初始大小为 i，即如果 $N(t)$ 表示时刻 i 系统中的顾客数，则 $N(0) = i$。例 2.16 中给出了关于系统大小的微分差分方程组，令其中 $\lambda_n = \lambda$，$\mu_n = \mu$：

$$\begin{cases} p_n'(t) = -(\lambda + \mu)p_n(t) + \lambda p_{n-1}(t) + \mu p_{n+1}(t), & n > 0 \\ p_0'(t) = -\lambda p_0(t) + \mu p_1(t) \end{cases} \tag{3.74}$$

可以使用概率母函数、偏微分方程和**拉普拉斯变换**（Laplace transform）来求解该时间依赖方程组。

定义

$$P(z,t) = \sum_{n=0}^{\infty} p_n(t)z^n, \qquad z \text{ 为复数}$$

$P(z,t)$ 在单位圆内和单位圆上（即 $|z| \leqslant 1$）收敛，定义其拉普拉斯变换为

$$\bar{P}(z,s) = \int_0^{\infty} e^{-st} P(z,t)\mathrm{d}t, \qquad \mathrm{Re}\,s > 0$$

由式（3.74）可得一个偏微分方程，母函数 $P(z,t)$ 为该偏微分方程的解，基于该偏微分方程可得 $P(z,t)$ 的拉普拉斯变换

$$\bar{P}(z,s) = \frac{z^{i+1} - \mu(1-z)\bar{p}_0(s)}{(\lambda + \mu + s)z - \mu - \lambda z^2} \tag{3.75}$$

其中 $\bar{p}_0(s)$ 是 $p_0(t)$ 的拉普拉斯变换。

由于拉普拉斯变换 $\bar{P}(z,s)$ 在区域 $|z| \leqslant 1, \mathrm{Re}\,s > 0$ 内收敛，且式（3.75）的分母在此区域内存在零点，因此，分子在此区域内也必存在零点。这一结论将在后面用来计算 $\bar{p}_0(s)$。因为分母是关于 z 的二次函数，所以分母有两个零点，且这两个零点均是关于 s 的函数，这两个零点分别为

$$\begin{aligned} z_1 &= \frac{\lambda + \mu + s - \sqrt{(\lambda + \mu + s)^2 - 4\lambda\mu}}{2\lambda} \\ z_2 &= \frac{\lambda + \mu + s + \sqrt{(\lambda + \mu + s)^2 - 4\lambda\mu}}{2\lambda} \end{aligned} \tag{3.76}$$

由于取了平方根，所以零点的实部为正数。显然，$|z_1| < |z_2|$，$z_1 + z_2 = (\lambda + \mu + s)/\lambda$，且 $z_1 z_2 = \mu/\lambda$。为了完成推导，先介绍一个复变函数中的定理——**儒歇定理**（Rouche's Theorem）。

定理 3.2（儒歇定理） 如果函数 $f(z)$ 与 $g(z)$ 在闭曲线 C 的内部及边界上解析，且在 C 的边界上满足 $|g(z)| < |f(z)|$，则在 C 的内部，$f(z)$ 与 $f(z) + g(z)$ 的零点数相同。

在任何一本关于复变函数的书中都可以找到该定理的证明，故在此不赘述。当 $|z| = 1$ 且 $\mathrm{Re}\,(s) > 0$ 时，可得

$$|f(z)| \equiv |(\lambda + \mu + s)z| = |\lambda + \mu + s| > \lambda + \mu \geqslant |\mu + \lambda z^2| \equiv |g(z)|$$

根据儒歇定理，$(\lambda + \mu + s) z - \mu - \lambda z^2$ 在单位圆内只有一个零点，由于 $|z_1| < |z_2|$，所以这个零点显然是 z_1。因此，令式（3.75）的分子等于 0，且令 $z = z_1$，可得

$$\bar{p}_0(s) = \frac{z_1^{i+1}}{\mu(1 - z_1)}$$

把上式［$p_0(t)$ 的拉普拉斯变换］代入式（3.75）中，且将结果写为无穷级数的形式，令 $i = N(0)$，可得

$$\bar{P}(z, s) = \frac{1}{\lambda z_2} \sum_{j=0}^{i} z_1^j z^{i-j} \sum_{k=0}^{\infty} \left(\frac{z}{z_2}\right)^k + \frac{z_1^{i+1}}{\lambda z_2(1 - z_1)} \sum_{k=0}^{\infty} \left(\frac{z}{z_2}\right)^k, \qquad |z/z_2| < 1$$

$\bar{p}_n(s)$［$p_n(t)$ 的拉普拉斯变换］是 $\bar{P}(z, s)$［$P(z, t)$ 的拉普拉斯变换］的表达式中 z^n 的系数。因此，下一步是求 $\bar{p}_n(s)$，然后利用贝塞尔函数（Bessel functions）的拉普拉斯变换的性质来求 $p_n(t)$。在此给出 $p_n(t)$ 的最终结果：

$$p_n(t) = e^{-(\lambda+\mu)t} \left[\rho^{(n-i)/2} I_{n-i}(2t\sqrt{\lambda\mu}) + \rho^{(n-i-1)/2} I_{n+i+1}(2t\sqrt{\lambda\mu}) + \right.$$

$$\left. (1 - \rho)\rho^n \sum_{j=n+i+2}^{\infty} \rho^{-j/2} I_j(2t\sqrt{\lambda\mu}) \right] \tag{3.77}$$

该式对于所有 $n \geqslant 0$ 都成立，其中 $I_n(y)$ 是**第一类修正贝塞尔函数**（modified Bessel function of the first kind）：

$$I_n(y) = \sum_{k=0}^{\infty} \frac{(y/2)^{n+2k}}{k!(n+k)!}, \qquad n > -1$$

使用式（3.77）来计算 $p_n(t)$ 十分困难，因为该表达式中涉及修正贝塞尔函数的无穷级数。关于分析 $M/M/1$ 排队模型瞬态行为的数值方法，请参阅参考文献（Abate et al., 1989）。

利用贝塞尔函数的性质，可以证明当 $\rho = \lambda/\mu < 1$ 且 $t \to \infty$ 时，式（3.77）趋于稳态解 $p_n = (1 - \rho)\rho^n$。当 $\lambda/\mu \geqslant 1$ 时，对于所有 n，$p_n(t) \to 0$。因此，只有当 $\lambda/\mu < 1$ 时，才能得到有效的稳态概率分布。因为该系统具有遍历性，所以本节得出的结果与式（3.9）中的稳态结果一致。

3.11.3 $M/M/\infty$ 排队模型的瞬态行为

求该模型的瞬态概率并不困难。首先，假设时刻 0 系统的初始大小为 0，即 $N(0) = 0$。例 2.16 中给出了关于系统大小的微分差分方程组，令 $\lambda_n = \lambda$，$\mu_n = n\mu$，可得

$$\begin{cases} p_n'(t) = -(\lambda + n\mu)p_n(t) + \lambda p_{n-1}(t) + (n+1)\mu p_{n+1}(t), & n > 0 \\ p_0'(t) = -\lambda p_0(t) + \mu p_1(t) \end{cases} \tag{3.78}$$

可以用概率母函数和偏微分方程来求解式（3.78），不需要使用拉普拉斯变换。$\{p_n(t)\}$ 的母函数为（Gross et al.，1985）

$$P(z,t) = \sum_{n=0}^{\infty} p_n(t)z^n = \exp\left((z-1)\left(1 - \mathrm{e}^{-\mu t}\right)\frac{\lambda}{\mu}\right) \tag{3.79}$$

为了求状态概率，需要将式（3.79）展开为幂级数，即 $a_0 + a_1 z + a_2 z_2 + \cdots$，其中系数 a_n 即为瞬态概率 $p_n(t)$。将 $P(z,t)$ 展开为**麦克劳林级数**（Maclaurin series），可得

$$p_n(t) = \frac{1}{n!}\left[\left(1 - \mathrm{e}^{-\mu t}\right)\frac{\lambda}{\mu}\right]^n \exp\left(-\left(1 - \mathrm{e}^{-\mu t}\right)\frac{\lambda}{\mu}\right), \qquad n \geqslant 0$$

令 $t \to \infty$，可以求得稳态解，该稳态解与泊松随机变量的概率质量函数 [式（3.59）] 相同，即

$$p_n = \frac{(\lambda/\mu)^n \mathrm{e}^{-\lambda/\mu}}{n!}$$

一般来说，很难通过解析方法求得排队模型的瞬态概率。后面各章将简要地介绍如何用解析方法来求一些特殊排队模型（如 $M/G/1$、$G/M/1$ 和 $M/G/\infty$）的瞬态概率。由于求瞬态概率需要解微分方程组，所以通常可以使用数值方法。第 9.1.2 节将详细讨论如何求瞬态概率。

3.12 忙 期 分 析

本节讨论 $M/M/1$ 和 $M/M/c$ 排队模型的**忙期**（busy period）。忙期从一个顾客到达一个空闲服务通道开始，到该通道再次变为空闲为止。对应地，闲期

是一个服务通道处于空闲状态的连续时间段。**忙循环**（busy cycle）是一个忙期与一个相邻闲期之和，即相邻两次忙期开始的时间间隔，或相邻两次闲期开始的时间间隔。因此，$M/M/1$ 排队模型忙循环的累积分布函数是闲期的累积分布函数与忙期的累积分布函数的卷积。由于假设顾客按照泊松过程到达，所以闲期服从期望为 $1/\lambda$ 的指数分布。为描述忙循环，还需要计算忙期的累积分布函数。

为计算忙期的累积分布函数，考虑 $M/M/1$ 排队模型的原始微分差分方程 [式（3.74）]：在状态 0 处设置一个吸收壁 [即在方程（3.74）中，令 $\lambda_0 = 0$]，并令系统的初始状态为 1 [即令 $p_1(0) = 1$]。因此，$p_0(t)$ 是忙期的累积分布函数，$p_0'(t)$ 是忙期的概率密度函数。可得以下方程：

$$
\begin{cases}
p_0'(t) = \mu p_1(t), \quad \text{因为有吸收壁} \\
p_1'(t) = -(\lambda + \mu)p_1(t) + \mu p_2(t), \quad \text{因为有吸收壁} \\
p_n'(t) = -(\lambda + \mu)p_n(t) + \lambda p_{n-1}(t) + \mu p_{n+1}(t), \quad \text{与式（3.74）相同}
\end{cases}
$$

与分析 $M/M/1$ 排队模型瞬态行为的方法一样，可以证明（Gross et al., 1985）母函数的拉普拉斯变换为

$$
\bar{P}(z, s) = \frac{z^2 - (\mu - \lambda z)(1 - z)(z_1/s)}{\lambda (z - z_1)(z_2 - z)} \tag{3.80}
$$

其中 z_1 和 z_2 的值与式（3.76）中的值相同。$p_0(t)$ 的拉普拉斯变换 $\bar{p}_0(s)$ 与 $\bar{P}(z, s)$ 的幂级数的第一个系数 $\bar{P}(0, s)$ 相等。因此，

$$
\bar{p}_0(s) = \frac{2\mu}{s\left[\lambda + \mu + s + \sqrt{(\lambda + \mu + s)^2 - 4\lambda\mu}\right]}
$$

根据拉普拉斯变换和贝塞尔函数的性质，忙期的概率密度函数为

$$
p_0'(t) = \frac{\sqrt{\mu/\lambda}\, \mathrm{e}^{-(\lambda + \mu)t} I_1(2\sqrt{\lambda\mu t})}{t}
$$

可以通过以下方法来求忙期长度的期望 $\mathrm{E}[T_{\mathrm{bp}}]$：推导出 $p_0'(t)$ 的拉普拉斯变换 $s\bar{p}_0(s)$，则 $s\bar{p}_0(s)$ 在 $s = 0$ 处的导数值的相反数即为 $\mathrm{E}[T_{\mathrm{bp}}]$。还有一种更简单的方法：当系统处于稳态时，忙期与闲期长度的期望之比等于系统处于忙期和闲期的概率之比，即

$$\frac{1-p_0}{p_0} = \frac{\mathrm{E}\,[T_{\mathrm{bp}}]}{\mathrm{E}\,[T_{\mathrm{idle}}]} = \frac{\mathrm{E}\,[T_{\mathrm{bp}}]}{1/\lambda}$$

其中 $p_0 = 1 - \lambda/\mu$，所以忙期长度和忙循环长度的期望分别为

$$\boxed{\mathrm{E}\,[T_{\mathrm{bp}}] = \frac{1}{\mu - \lambda}\,, \quad \mathrm{E}\,[T_{\mathrm{bc}}] = \frac{1}{\lambda} + \frac{1}{\mu - \lambda}} \tag{3.81}$$

由于推导过程中没有假设服务时间服从指数分布，所以式（3.81）对所有 $M/G/1$ 排队模型都成立。

把忙期的概念推广到多通道排队模型上并不难。对于单通道排队模型，忙期从一个顾客到达一个空闲服务通道开始，到该通道再次变为空闲为止。类似地，对于 $M/M/c$ 排队模型，$i\,(1 \leqslant i \leqslant c)$ 个通道的忙期从一个顾客到达已有 $i-1$ 个顾客的排队系统开始，到系统中的顾客数再次变为 $i-1$ 为止。定义系统的忙期从一个顾客到达空系统开始（$i=1$）。与 $M/M/1$ 排队模型类似，设随机变量 $T_{b,i}$ 表示 i 个通道的忙期长度。为了求 $T_{b,i}$ 的累积分布函数，考虑 $M/M/c$ 排队模型的原始微分差分方程：在状态 $i-1$ 处设置一个吸收壁，并令系统的初始状态为 i。因此，$p_{i-1}(t)$ 是 $T_{b,i}$ 的累积分布函数，$p'_{i-1}(t)$ 是 $T_{b,i}$ 的概率密度函数，可得以下方程组：

$$\begin{cases} p'_{i-1}(t) = i\mu p_i(t), \quad \text{因为有吸收壁} \\ p'_i(t) = -(\lambda + i\mu)p_i(t) + (i+1)\mu p_{i+1}(t), \quad \text{因为有吸收壁} \\ p'_n(t) = -(\lambda + n\mu)p_n(t) + \lambda p_{n-1}(t) + (n+1)\mu p_{n+1}(t), \quad i < n < c \\ p'_n(t) = -(\lambda + c\mu)p_n(t) + \lambda p_{n-1}(t) + c\mu p_{n+1}(t), \quad n \geqslant c \end{cases}$$

一些代数上的细节使求解以上方程组非常困难。所求得的累积分布函数是用修正贝塞尔函数表示的，但只要有足够的时间和耐心，就可以求得 $p'_{i-1}(t)$、$\bar{p}_{i-1}(s)$ 和 $\mathrm{E}[T_{b,i}]$。

习题

3.1 已知有一个可以建模为生灭过程的单服务员排队系统，该排队系统容量有限，最多可容纳 3 个顾客。顾客的到达速率（生率）为 $(\lambda_0, \lambda_1, \lambda_2) = (3, 2, 1)$，服务速率（灭率）为 $(\mu_1, \mu_2, \mu_3) = (1, 2, 2)$。求稳态概率 $\{p_i, i = 0, 1, 2, 3\}$、系统中的平均顾客数 L、有效到达速率（或平均到达速率）$\lambda_{\mathrm{eff}} = \sum \lambda_i p_i$ 和顾客在系统中的平均等待时间 W。

3.2 假设习题 3.1 中的排队系统现在最多可容纳 10 个顾客,顾客的到达速率分别为 4, 3, 2, 2, 3, 1, 2, 1, 2, 1,服务速率分别为 1, 1, 1, 2, 2, 2, 3, 3, 3, 4。求稳态概率 p_i $(i = 0, 1, 2, \cdots, 10)$、系统中的平均顾客数 L、有效到达速率 $\lambda_{\mathrm{eff}} = \sum \lambda_i p_i$ 和顾客在系统中的平均等待时间 W。

3.3 推导式 (3.31) 中的 $W(t)$ 和 $w(t)$(顾客在系统中花费的总时间的累积分布函数和概率密度函数)。

3.4 在 $M/M/1$ 排队模型中,λ 和 μ 同时增加一倍对 L、L_q、W 和 W_q 有什么影响?

3.5 对于 $M/M/1$ 排队模型,使用式 (3.15) 中的母函数 $P(z)$,求系统处于稳态时,系统中顾客数的方差。

3.6 一名研究生助教晚上在学校的餐厅做兼职,在他工作的时间段里,仅有他一个服务员。顾客按照泊松过程到达餐厅,平均每小时有 10 个顾客到达。该研究生助教每次只能为一个顾客提供服务,服务时间服从指数分布,平均服务时间为 4 min。回答以下问题:

（a）　队列不为空的概率是多少?

（b）　平均队列长度是多少?

（c）　顾客在系统中平均花费多少时间?

（d）　顾客排队等候超过 5 min 的概率是多少?

（e）　该研究生助教想利用他的空闲时间来批阅作业。在不受打扰的情况下,他平均每小时能批阅 22 份作业,那么他在餐厅做兼职时平均每小时能批阅多少份作业?

3.7 一家小型汽车维护中心每次只能对一辆车进行常规维护(换油、润滑、调校、清洗等)。汽车按泊松过程到达该维护中心,平均每天有 3 辆车到达。维护时间服从指数分布,平均维护时间为 $\frac{7}{24}$ 天。维护中心每天的经营成本为 375 美元。据估算,每辆车在维护中心每停留 1 天,维护中心获得的利润会减少 25 美元。维护中心可以通过改变维护流程或雇用效率更高的维护人员等改进措施,来使平均维护时间缩短 $\frac{1}{4}$ 天,但这同时也增加了维护中心的经营成本。为了使维护中心改进后总收入不会减少,经营成本最多能增加多少?

3.8 在给零件喷漆的过程中,零件按泊松过程到达喷漆机,到达速率为 λ 个/h。喷漆机每次只能为一个零件喷漆。喷漆时间服从指数分布,平均每个零件的喷漆时间为 $1/\mu$ h。零件在系统中停留的时间(包括等待喷漆的时间和接受喷漆的时间)越长,系统的成本就越高,对于每个零件,该成本约为 C_1 美元/h。喷漆机的管理与运行成本是关于其运行速率的函数,具体来说,以平均速率 μ 运行的喷漆机的成本为 μC_2 美元/h(无论是否一直处于运行状态)。确定 μ 的值,使喷漆过程的成本最小。

3.9 顾客按泊松过程到达一个单服务员热狗摊,平均每小时有 20 个顾客到达。服务员为顾客服务的时间服从指数分布,平均服务时间为 2 min。

（a）　顾客的平均排队时间是多少?

（b）　顾客排队时间超过 6 min 的概率是多少？

（c）　热狗摊老板承诺，排队时间超过 6 min 的顾客可享受减免 5 美元的优惠。顾客在热狗摊的平均消费为 10 美元，其中 4 美元是热狗摊可获得的利润。热狗摊每小时的平均利润是多少？

（d）　当顾客平均每小时到达的数量约为多少时（精确到最接近 5 的倍数），热狗摊每小时的利润最大？

3.10　两小时内顾客的到达速率如图 3.10 所示。用 $M/M/1$ 排队模型来对此建模，服务速率为每小时 30 个顾客。分别计算以下场景中顾客的平均排队时间。

（a）　假设到达速率在 2 h 内是恒定的（虚线）。

（b）　假设到达速率在特定时间区间内是恒定的（实线），且队列在每个时间区间内都处于稳态。分别计算每个时间区间内的平均排队时间，然后计算总的平均排队时间。

（c）　与使用非平稳模型相比，使用（a）中较简单的模型是高估还是低估了系统的拥塞程度？

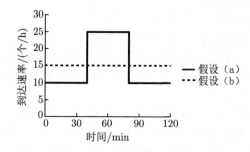

图 3.10　习题 3.10 排队系统中到达速率的函数曲线

3.11　一家汽车租赁公司在机场设有一个服务站点，该站点只有一名服务人员。顾客按泊松过程到达该服务站点，平均每小时有 8 个顾客到达。服务时间服从指数分布，平均服务时间为 5 min。

（a）　顾客在服务站点平均停留多长时间（排队时间与服务时间之和）？

（b）　如果某顾客在服务站点停留的时间超过 20 min，该顾客将不能准时出席朋友的婚礼。该顾客准时（或提前）到达婚礼现场的概率是多少？

（c）　该顾客参加婚礼迟到但迟到的时间不超过 5 min（即该顾客在服务站点停留的时间大于 20 min 且小于 25 min）的概率是多少？

3.12　数据库服务器接收并处理信息请求，请求按泊松过程到达，到达速率如图 3.11 所示（到达速率每小时变化一次）。服务器以先到先服务规则处理请求。处理请求的时间服从指数分布，平均处理时间为 2 min。

（a）　确定服务器各小时内（8:00~14:59）处理请求的平均时间（即从服务器收到请

求到处理完请求的时间）。为了得到答案，你需要做出什么关键假设？

（b）确定服务器一天内处理请求的平均时间。

（c）取各小时内到达速率的平均值作为全天的平均到达速率 λ（即一天内每小时的平均到达速率是固定的），服务器一天内处理请求的平均时间是多少？

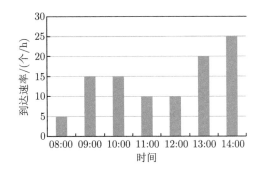

图 3.11　习题 3.12 排队系统的到达速率变化

3.13 对于 $M/M/1$ 和 $M/M/c$ 排队系统，求 $\mathrm{E}[T_q|T_q>0]$，即如果一个顾客需要排队，那么平均排队时间是多少？

3.14 求 $M/M/c$ 排队系统中顾客数大于或等于 k 的概率（$k \geqslant c$）。

3.15 对于 $M/M/c$ 排队模型，给出 p_n 关于 p_c 的表达式及 L_q 关于 ρ 和 p_c 的表达式。

3.16 对于 $M/M/c$ 排队模型，验证平均排队时间 W_q 的公式。

3.17 在 $M/M/c$ 排队系统中，对于 $T_q>0$ 的顾客，推导其在系统中的等待时间（排队时间与服务时间之和）的分布函数。

3.18 证明：

（a）从 L 的角度考虑，当 ρ 相同时，$M/M/1$ 排队系统总是比 $M/M/2$ 排队系统更好。

（b）当每个 $M/M/1$ 排队系统的服务速率与 $M/M/2$ 排队系统的服务速率相同，但到达每个 $M/M/1$ 排队系统的顾客数是到达 $M/M/2$ 排队系统的顾客数的一半时，一个 $M/M/2$ 排队系统总是比两个相互独立的 $M/M/1$ 排队系统更好。

3.19 从 L_q 的角度考虑，当 ρ 相同时，$M/M/2$ 排队系统总是比 $M/M/1$ 排队系统更好。假设有两个到达速率相同的 $M/M/c(c=1,2)$ 排队系统，一个系统有两个服务员，另一个系统仅有一个服务员，但该服务员的服务速率是另一个系统的两个服务员的服务速率之和，那么哪个系统中排队的平均顾客数 L_q 更小？

3.20 （a）顾客按泊松过程到达某快餐店，平均每小时有 60 个顾客到达。到达的顾客从 3 个队列中随机选择一个来排队，每个队列分别有一个服务员。假设在排队过程中，顾客不能从一个队列换到另一个队列。服务员为顾客提供服务的时间服从指数分布，平均服务时间为 150 s，为每个顾客服务的时间服从独立同分布。假设系统处于稳态，系统中的平均顾客数是多少？

    (b)   在学习了排队论后，该快餐店的老板将 3 个队列合并为一个，并由 3 个服务员为该队列的顾客提供服务。此时，该稳态系统中的平均顾客数是多少？

3.21   某烧烤店只提供外卖服务。在点餐高峰时段，有两个服务员值班。老板注意到，在点餐高峰时段，两个服务员几乎没有空闲时间（每个服务员的空闲时间百分比约为 1%）。理想情况下，每个服务员的空闲时间百分比应该是 10%，这样服务员才能得到充分的休息。

    (a)   如果老板决定在点餐高峰时段再雇一个服务员，那么每个服务员的空闲时间百分比是多少？

    (b)   假设老板雇了第三个服务员，每个服务员的压力都降低了，因此他们可以更细致地工作，导致他们的平均服务速率降低了 20%。这种情况下，每个服务员的空闲时间百分比是多少？

    (c)   假设老板雇了一个助手（工资比全勤的服务员低很多）来为两个服务员打下手，使得两个服务员的平均服务时间减少了 20%（相对于原始服务状态）。这种情况下，每个服务员的空闲时间百分比是多少？

3.22   在 2006 年春天，乔治·梅森大学的篮球队晋级美国 NCAA 篮球联赛的四强，成为该赛事历史上第二支排名两位数但打进四强的种子球队，为了庆祝，学校的书店订购了文化衫进行售卖。在售卖当天，购买文化衫的顾客按泊松过程到达书店，平均每小时有 66 个顾客到达。书店共有 4 个收银员，收银时间近似服从指数分布，平均收银时间为 3.5 min。整个过程一直处于稳态。

    (a)   顾客购买文化衫的队列平均长度是多少？

    (b)   顾客购买文化衫的平均排队时间是多少？

    (c)   有多少比例的顾客在店里花了超过 30 min（排队等待和付款的总时间）才买到文化衫？

3.23   一家书店的两个收银员为同一个队列的顾客提供服务。顾客按到达速率 $\lambda = 30$ 个/h 的泊松过程到达。收银时间服从指数分布，平均收银时间为 3 min。

    (a)   确定该系统的 W、W_q、L 和 L_q。

    (b)   假设雇两个服务员的成本为 10 美元/h，且平均每个顾客带来的净利润为 2 美元，那么书店平均每小时可获得的利润是多少？

    (c)   如果顾客加入队列时发现队列中已有 4 个或 4 个以上顾客，则书店会给该顾客减免 2 美元。这种情况下，书店平均每小时可获得的利润是多少？

3.24   对于 $\lambda = 60$ 个/h 且 $\mu = 0.75$ 个/min 的 $M/M/2$ 排队系统，计算 L、L_q、W、W_q、$k = 2$ 和 4 时的 $\Pr\{N \geqslant k\}$ 以及 $t = 0.01$ h 和 0.03 h 时的 $\Pr\{T_q > t\}$。

3.25   某事故调查办公室成立了 25 个空军事故调查小组。每当有事故发生时，该办公室会派遣一个小组到现场调查事故原因，调查时间服从指数分布，平均每起事故的调查时间为 3 周。事故发生的过程为泊松过程，平均每年发生 347 起事故。在任意时间，由于人员休假、生病等原因，始终有两个小组不能执行任务。从一个事故发生到完成事故调查平均需要花费多少时间？

3.26 某公司正在参与搭建一个通信中心，目标是使该中心可以支持更快速的信息处理能力。当前，该公司的经理需要确定中心所需的工作人员数。工作人员负责的工作有：更正信息、分配号码（当原始信息单中号码缺失时）、维护编码索引、保存 30 天内发送的信息、发送信息。工作人员处理信息的时间服从指数分布，处理每条信息的平均时间为 28 min。工作人员每天工作 7 h，每周工作 5 天。信息按泊松过程到达该中心，平均每天工作时间（7 h）内有 21 条信息到达，工作人员按信息到达的顺序对其进行处理。如果要求信息等待被处理的平均时间不超过 2 h，那么至少需要多少工作人员？如果要求信息等待被处理的时间超过 3 h 的概率低于 0.05，那么至少需要多少工作人员？

3.27 一家银行有两个柜员，分别负责存款和取款业务。顾客按泊松过程到达每个柜员的窗口，到达每个窗口的平均顾客数为 20 个/h（即到达该银行的平均顾客数为 40 个/h）。每个柜员的服务时间都服从指数分布，平均服务时间为 2 min。由于时常会出现一个柜员前的队列很长而另一个柜员处于空闲状态的情况，银行的经理考虑让两个柜员均同时处理取款和存款业务，然而，这样会使每个柜员的平均服务时间增加至 2.4 min。从银行中的平均顾客数、顾客在银行中花费的平均时间、顾客等待超过 5 min 的概率、柜员的平均空闲时间这 4 个角度来对比当前的模式和将采取的模式。

3.28 一家货车维修公司需要在两种经营模式中选择其一。货车按泊松过程到达维修公司，到达速率为平均每 40 min 一辆，该速率与经营模式无关。在第一种经营模式中，有两个并行的维修车间，维修时间服从指数分布，货车在每个车间内的平均维修时间为 30 min。在第二种经营模式中，仅有一个维修车间，维修时间服从指数分布，平均维修时间为 15 min。为了确定选择哪种经营模式，公司的管理人员向分析师提出了以下问题。

　（a）　在两种模式中，平均每个维修车间内有多少辆货车（排队等待维修与正在进行维修的货车总数）？

　（b）　在两种模式中，一辆货车在每个维修车间内平均停留多长时间？

　（c）　已知一辆货车在车间内每停留 1 min，维修公司的利润会减少 2 美元，且双车间经营模式的成本（包括人力及运营等成本）为 1 美元/min。那么当单车间经营模式的成本（美元/min）为多少时，两种模式的经营收益没有区别？

3.29 一家提供高端计算机工作站租赁服务的公司认为有必要每年对设备进行一次全面检修。在第一种检修方案中，有两个独立的检修站，所有检修工作都由人工来完成（一次检修一台设备），两个检修站每年的总检修成本为 75 万美元，设备的检修时间服从指数分布，平均检修时间为 6 h。在第二种检修方案中，仅有一个检修站，大部分检修工作都可以由自动化的机器来完成，每年的总检修成本为 100 万美元，设备的检修时间服从指数分布，平均检修时间为 3 h。在两种方案中，设备均按泊松过程到达检修站，平均每 8 h 到达一个设备（可以将设备总数视为无穷大）。每台设备的停机将造成 150 美元/h 的损失。该公司应选择哪种检修方案？假设检修站始终处于工作状态，即工作时间为每年 $24 \times 365 = 8760$（h）。

3.30 一所大学正计划实施远程授课。该大学有一名技术人员，可以为遇到技术问题的教师提供帮助。在任何给定的时刻，都有 100 名教师正在远程授课，并且每名教师约有 6% 的概率会在授课期间遇到技术问题（假设一节课仅由一名教师讲授，且所有课程的时长都为 1.5 h）。

(a) 教师遇到技术问题的平均速率约为多少？

(b) 假设技术问题是按泊松过程出现的，出现的速率可由（a）得出。解决问题的时间服从指数分布，平均解决时间为 12 min。如果一名教师在远程授课过程中遇到了技术问题，那么他平均损失的授课时间是多长？

(c) 该大学正考虑聘用第二名技术人员。每个技术人员的工资为 50 美元/h。授课时间损失导致的成本约为每节课 200 美元/h。根据这些假设，聘用第二名技术人员是否能降低总成本？

(d) （b）中假设出现问题的过程是泊松过程，这样的假设会引入什么问题？

3.31 一家公司有两个呼叫中心。其中一个呼叫中心有 120 个客服，输入负荷 $r = 100$。另一个呼叫中心有 110 个客服，输入负荷 $r = 100$。假设两个呼叫中心都可以建模为 $M/M/c$ 排队模型，且两个呼叫中心的平均服务时间相同。

(a) 对于第一个呼叫中心，使用平方根近似计算法求需要排队（排队时间大于 0）的顾客的近似占比。

(b) 使用平方根近似计算法来说明该公司是否应该将两个呼叫中心合并为一个呼叫中心。

3.32 在一个呼叫中心，平均每小时有 500 个电话呼入，服务时间服从指数分布，平均服务时间为 2 min。

(a) 当客服数近似为多少时，顾客需要排队的概率为 10%？

(b) 如果电话平均呼入速率提高了 60%，要维持相同的服务水平大概需要多少客服？

(c) 如果平均服务时间增加了 1 min（假设电话呼入速率仍为 500 个/h），要维持相同的服务水平大概需要多少客服？

(d) 对于（a）和（b），分别计算使顾客排队的概率不大于 10% 的最小客服数和顾客的平均排队时间。（a）和（b）的平均排队时间相同吗？

3.33 某大型呼叫中心可以建模为 $M/M/c$ 排队模型。全天有两个呼入时段。在第一个时段，每小时有 300 个电话呼入，客服数为 60。在第二个时段，每小时有 480 个电话呼入，客服数为 95。两个阶段的平均服务时间均为 10 min（$\mu = 6$ 个/h）。

(a) 使用平方根近似计算法，计算哪个时段的顾客需要排队的概率更小？

(b) 如果两个时段的平均服务时间均改为 5 min（$\mu = 12$ 个/h），哪个时段的顾客需要排队的概率更小？

3.34 考虑一个 $M/M/2$ 排队模型，$\lambda = 12$ 个 /h 且 $\mu = 8$ 个 /h。

（a）求顾客的平均排队时间 W_q。

（b）雇用一个服务员的成本为 20 美元 /h。假设每个顾客在队列中每等待 1 h，成本会增加 30 美元。平均每小时的总成本是多少？

3.35 顾客按泊松过程到达银行，平均每小时有 5 个顾客到达。服务时间服从指数分布，平均服务时间为 10 min。柜员数（服务员数）取决于银行经理设定的轮班方案。柜员每天工作 4 h，从早上 9:00 到下午 1:00（第一个班次）或从下午 1:00 到下午 5:00（第二个班次）。银行经理需要从两个轮班方案中选择其一：（A）每个班次有 2 个柜员；（B）第一个班次有 1 个柜员，第二个班次有 3 个柜员。

（a）使用哪一个方案，可使顾客在全天内的平均排队时间较少？（回答这个问题时不需要进行数值计算。）

（b）对于方案（A），计算全天内顾客的平均排队时间 W_q。

（c）对于方案（B），假设每个班次都可以建模为一个单独的 $M/M/c$ 排队模型，计算全天内顾客的平均排队时间 W_q。

3.36 一家公司为个人办理退税申报业务，申报请求按到达速率 $\lambda = 4$ 个 / 天的泊松过程到达该公司。该公司有 3 个会计来处理退税申报请求，处理时间服从指数分布，平均为 0.5 天。

（a）完成退税申报的平均时间是多少（从申报请求到达该公司到退税业务处理完成的总时间）？

（b）对于任意申报请求，会计能立即处理的概率是多少？

（c）由于临近退税申报截止日期，申报请求的到达速率提高至原来的 3 倍，即 $\lambda = 12$ 个 / 天，该公司应该额外雇用多少个会计来维持（近似）相同的服务水平？

3.37 电话按泊松过程打入呼叫中心，平均每小时打入 300 个电话。服务时间服从指数分布，平均为 2 min。

（a）当客服数大概为多少时，顾客需要排队的概率为 5%？

（b）如果到达速率增加一倍，大约需要多少客服来保持相同的服务水平？

（c）假设已知稳态概率 $p_0, p_1, \cdots$，给出计算队列中顾客数的期望及方差的公式或过程。

3.38 一家公司需要从两个计算机维修方案中选择其一。在第一个方案中，有 4 个技术人员，每个技术人员维修一台计算机需要 2 h，总维修成本为 400 美元 / 天。在第二个方案中，有 8 个技术人员，每个技术人员维修一台计算机需要 2 h，总维修成本为 800 美元 / 天。每台计算机的停机会带来 10 美元 /h 的损失。假设服务过程可以建模为 $M/M/c$ 排队模型，平均每天有 36 台计算机发生故障，技术人员可提供全天（24 h）维修服务。哪个方案的每小时总成本较低？

3.39 证明：对于 $M/M/c/K$ 排队模型，在式（3.47）、式（3.48）和式（3.49）中，取 $K \to \infty$

且 $\lambda/c\mu < 1$，得到的结果与 $M/M/c/\infty$ 排队模型中的式（3.33）、式（3.34）和式（3.35）相同。

3.40 证明：当 $c=1$ 时，$M/M/c/K$ 排队模型中的式（3.47）、式（3.48）和式（3.49）与 $M/M/1/K$ 排队模型中的结果相同。

3.41 对于 $M/M/3/K$ 排队模型，当 K 从 3 变为 ∞ 时，分别计算 ρ 取 1.5、1、0.8 和 0.5 时的 L_q 的值，并对计算结果进行解释。

3.42 对于 $M/M/c/K$ 排队模型，当 $\lambda=2$ 个/min、$\mu=45$ 个/h、$c=2$、$K=6$ 时，计算 L、L_q、W、W_q、p_K、$k=2$ 和 4 时的 $\Pr\{N\geqslant k\}$ 以及 $t=0.01$ h 和 0.02 h 时的 $\Pr\{T_q\geqslant t\}$。

3.43 对于 $M/M/1/3$ 排队模型，当 $\lambda=4$ 个/h 且 $1/\mu=15\,\mathrm{min}$ 时，求排队时间超过 20 min 的概率。

3.44 一家自助洗车店最多能容纳 10 辆车（包括正在清洗的车），且每次只能清洗一辆车。汽车按泊松过程到达该洗车店，平均每小时有 20 辆到达。清洗时间服从指数分布，平均清洗每辆车所需的时间为 12 min。该洗车店每天营业 10 h。因空间所限，每天会有多少辆车无法进入该洗车店？

3.45 在例 3.1 中，假设如果没有多余座位，顾客将不会等待。发廊老板卡特可以在每周六以 30 美元的价格租下隔壁计算机软件公司的会议室，这间会议室有 4 个座位。卡特的发廊每周六上午 8:00 至下午 2:00 营业，利润为每位顾客 6.75 美元。卡特应该租这间会议室吗？

3.46 某石油公司在其炼油基地经营了一个原油卸货港口。港口（主港口）有 6 个卸货泊位和 4 组卸货人员。油轮按泊松过程到达，平均每 2 h 到达一艘油轮。卸货时间服从指数分布，一组卸货人员平均需要花费 10 h 来卸载一艘油轮，卸货的顺序服从先到先服务规则。当所有泊位都占满时，到达的油轮会被转移到 20 英里外的备用港口。公司管理层希望了解以下信息：

（a） 主港口平均有多少艘油轮？

（b） 平均每艘油轮在主港口停留多长时间？

（c） 油轮到达备用港口的平均速率是多少？

（d） 公司管理层考虑在主港口增设一个泊位，假设该新增泊位平均每年的建造和维护费用之和为 X 美元。据估算，当主港口满负荷时，将一艘油轮转移到备用港口要花费 Y 美元。当 X 和 Y 之间有什么样的关系时，公司管理层会选择在主港口增设一个泊位？

3.47 某航空公司的电话客服中心有 3 条电话线路，相应地，有 3 个客服。每天有 3 h 属于呼入高峰时段，在此期间，许多顾客无法打通客服电话（没有呼叫保留的功能）。据该公司估算，由于激烈的同行竞争，60% 打不通电话的顾客会选择另一家航空公司的服务。在呼入高峰时段，电话呼入的过程可视为泊松过程，平均每小时呼入 20 个电话；客服接听电话的时间近似服从指数分布，平均接听每个电话的时间为 6 min。平均每个顾客的每次呼入会给航空公司带来 210 美元的航班订单。由于服务能力有限，该公司平均每天的损失是多少？假设在非呼入高峰时段，没有成功打通客服电话的顾客数可以忽略不计。如果雇一个客服的成本为 24 美元/h，且客服每天的工作时长为 8 h，最优的客服数是多少？假设 3 h 的高峰时段在 8 h 的白天班次内，在所有其他时段，一个客服可以处理所有的呼叫，该中心提供全天（24 h）服务；假设在该中心增设电话线路的成本可以忽略不计。

3.48 某呼叫中心有 24 条电话线路和 3 个客服。假设电话呼入的过程可视为泊松过程，到达速率 $\lambda = 15$ 个/h。接听电话的时间服从指数分布，平均接听每个电话的时间为 10 min。如果所有客服都处于忙碌状态，新呼入的电话将被保留，但会占用一条电话线路。如果所有电话线路都已被占用，新呼入的电话将无法打通（顾客将听到忙音）。

（a）　呼叫保留时间平均是多少？

（b）　客服处于忙碌状态时，平均有多少条线路被同时占用？

（c）　假设每个呼入电话产生的成本为 0.03 美元/min（包括呼叫保留时间），每次电话呼入失败带来的损失为 20 美元。如果保持客服数不变，最优的电话线路数是多少？

3.49 考虑一个 $\lambda = 20$、$\mu = 5$、$c = 4$ 且 $K = 7$ 的 $M/M/c/K$ 排队系统：

（a）　对于该系统，可知 $p_0 \approx 0.015$。求 $n = 1, 2, \cdots, 7$ 时的 p_n。

（b）　求顾客到达后可立即接受服务的概率。

（c）　求队列中的平均顾客数 L_q。

（d）　求进入该系统的顾客的平均排队时间。

3.50 顾客按泊松过程到达某三明治店，平均每小时有 10 个顾客到达。这家店有两个服务员，服务时间服从指数分布，平均每小时可为 4 个顾客提供服务。队列中最多可容纳 6 个顾客，因此，假设当队列中已有 6 个顾客时，之后到达的顾客会离开。

（a）　画出该系统的状态转移速率图。

（b）　求离开的顾客的占比。

（c）　如果顾客的到达速率很快，估算顾客的平均排队时间（仅考虑最终完成服务的顾客）。

3.51 某加油站只有一个加油泵，最多可容纳两辆车（一辆车在加油，另一辆车在排队）。车辆按泊松过程到达该加油站，平均每小时有 15 辆车到达。加油时间服从指数分布，平均每小时有 20 辆车完成加油。如果到达的车辆发现加油站已满负荷，车辆会离开。

（a）　求加油站满负荷（即一辆车在加油，另一辆车在排队）的时间占比。

（b）　假设已知 $L_q = 0.24$，求车辆的平均排队时间 W_q（仅考虑最终可加油的车辆）。

（c）　判断：到达时发现加油站已满负荷的车辆数占比与（a）的答案相同。

（d）　判断：如果平均每小时有 30 辆车到达，该系统会变得不稳定（即该系统不存在稳态）。

3.52 顾客按泊松过程到达汽车销售服务店，$\lambda = 4$ 个/h。该店有 4 个销售员，每个销售员一次只能为一个顾客提供服务，服务顾客的时间服从指数分布，$\mu = 1$ 个/h。假设当已有 2 个顾客在排队时（即 4 个顾客正在接受服务，2 个顾客在排队），新到达的顾客会离开。

(a) 画出该系统的状态转移速率图。

(b) 求稳态概率 $p_0, \cdots, p_6$。

(c) 使用（b）的答案，计算队列中顾客数的期望和方差。

3.53 证明式（3.56）（埃尔朗 B 公式的迭代关系）。

3.54 证明式（3.57）（埃尔朗 B 公式和埃尔朗 C 公式之间的关系）。

3.55 一个蜂窝塔可以在其覆盖范围内同时支持 c 通话。通话请求产生的过程为泊松过程，平均每小时产生 30 个通话请求。通话时间服从指数分布，平均通话时间为 4 min。当蜂窝塔的覆盖范围内已有 c 个正在进行的通话时，新的通话请求将被拒绝。

(a) 如果 $c = 4$，求被拒绝的通话请求的占比。

(b) 每完成一个通话，会产生 0.50 美元的收入；每拒绝一个通话请求，会产生 1 美元的损失。以下哪个蜂窝塔能最快达到盈亏平衡（收入与成本持平）：$c = 2$ 且建造成本为 10 000 美元的蜂窝塔；$c = 4$ 且建造成本为 20 000 美元的蜂窝塔；$c = 6$ 且建造成本为 30 000 美元的蜂窝塔。

3.56 对于 $\lambda = 6$ 且 $\mu = 2$ 的 $M/M/c/c$ 排队模型：

(a) 假设 $c = 3$，求阻塞（顾客无法进入系统）概率；

(b) 求使阻塞概率小于 0.15 的服务员数 c 的最小值；

(c) 考虑一个 $G/G/c/c$ 排队模型，$\lambda = 6$ 且 $\mu = 2$，但 c 未知，已知平均有 1.5 个服务员处于忙碌状态，使用利特尔法则来求阻塞概率（$G/G/c/c$ 排队模型与 $M/M/c/c$ 排队模型类似，但在 $G/G/c/c$ 排队模型中，到达过程未必是泊松过程，服务时间未必服从指数分布）。

3.57 证明：在 $M/M/c$ 排队模型的稳态概率的计算结果中取 $c \to \infty$，可得 $M/M/\infty$ 排队模型（有无数个服务员）的稳态概率。

3.58 某教育培训机构开设了写作课程。该机构随时可以接受学生的报名，已报名的学生随时可以开始上课。历史记录表明，学生的报名过程为泊松过程，平均每月（按 4 周计）有 8 个学生报名。学生完成课程的时间服从指数分布，平均每个学生完成课程用时 10 周，在任意时间，平均有多少正在上课的学生？

3.59 当制造商需要对昂贵且需求量较少的产品进行库存管理时，可以用 $M/M/\infty$ 排队模型来建模该管理过程。制造商将产品的安全库存量设为 S 件。顾客需求按泊松过程到达，到达速率为 λ。每到达一个顾客需求，制造商会向工厂下单生产一件该产品（称为"一对一订购策略"）。生产一件产品的时间服从指数分布，平均每件产品的生产时间为 $1/\mu$。每件产品上架后每单位时间内产生的成本为 h 美元（保险及损毁维修成本等），缺货导致的损失为每件产品 p 美元（当货架上没有顾客需要的产品时，即当安全库存耗尽时，会出现缺货）。假设缺货时，顾客会一直等到制造商补货（称为"延期交货"）。因此，缺货导致的损失 p 美元可视为给予顾客的折扣，用来弥补顾客的等待时间。求 S 的最优值，使单位时间内的平均成本最小，即求使 E[C] 最小的 S 值：

$$\mathrm{E}[C] = h \sum_{z=1}^{S} zp(z) + p\lambda \sum_{z=-\infty}^{0} p(z) \quad (\text{美元/单位时间})$$

上式中，z 是系统处于稳态时的库存水平（z 为正数时，表示货架上有 z 件产品；z 为负数时，表示有 z 件产品缺货）。$p(z)$ 是概率频率函数；$\sum_{z=1}^{S} zp(z)$ 是平均安全库存量；由于 $\sum_{z=-\infty}^{0} p(z)$ 是系统处于缺货状态的时间占比，且 λ 是顾客需求的平均到达速率，因此，$\lambda \sum_{z=-\infty}^{0} p(z)$ 是单位时间内的平均缺货量。如果能确定 $p(z)$ 的值，则可以通过调整 S 来使 E[C] 的值最小。

（a）给出 z 和 n 之间的关系，其中 n 表示未完成的订单数，即工厂当前正在处理的订单数。因此，该问题等同于求 $p(z)$ 与 p_n 之间的关系。

（b）证明：如果将订单处理过程看作排队系统，则 $\{p_n\}$ 是 $M/M/\infty$ 排队系统的稳态概率。请详细说明输入和服务机制分别是什么。

（c）已知 $\lambda = 8$ 件/月、$1/\mu = 3$ 天、每件产品上架后的成本 $h = 50$ 美元/月、每件产品的缺货损失 $p = 500$ 美元，求 S 的最优值。

3.60 一台地铁售票机平均每运行 45 h 会发生一次故障，一名技术人员平均需要花费 4 h 来维修一台售票机，每个车站有一名技术人员。假设发生故障的时间间隔和维修时间均服从指数分布。为了确保至少有 5 台售票机正常运行的概率大于 0.95，需要安装多少台售票机？

3.61 在有备用机器的机器维修模型中，$M = 10$、$Y = 2$、$\lambda = 1$、$\mu = 3.5$ 且 $c = 3$，计算所有常用的效益指标。当 $k = 2, 4$ 时，求 $\Pr\{N \geq k\}$。

3.62 在无备用机器的机器维修模型中，$q_n(M)$ 表示机器数为 M 时故障发生的概率，$p_n(M-1)$ 表示机器数为 $M-1$ 时的一般时间概率，证明 $q_n(M)$ 等于 $p_n(M-1)$。也可以称 $\{q_n\}$ 为内部观察者概率，$\{p_n\}$ 为外部观察者概率。

3.63 在有备用机器的机器维修问题中，推导式（3.67）中的 $q_n(M)$，并证明 $q_n(M)$ 不等于 $p_n(M-1)$，而等于 $p_n(Y-1)$（机器数 M 相同而备用机器数 Y 减少 1 个的情况下的稳态概率）。该代数运算非常烦琐，因此，仅通过一个例子来对此进行验证（$M=2, Y=1, c=1, \lambda/\mu=1$）。尽管这不能算证明，但可以验证此结果在一般情况下是成立的（Sevick et al.，1979；Lavenberg et al.，1979）。

3.64 投币式干洗店有 5 台机器，每台机器发生故障的过程均为泊松过程，每台机器平均每天发生一次故障。一个维修人员维修一台机器的时间服从指数分布，平均维修时间为 1/2 天。当前有 3 个维修人员。经理正在考虑是否雇用一个维修专家来代替这 3 个维修人员，雇用维修专家的费用为雇用 3 个维修人员之和，但维修专家维修一台机器平均只需要 1/6 天。经理是否应该雇用修理专家？

3.65 假设某车间有 5 台设备，每台设备发生故障的过程均为泊松过程，平均每 10 h 发生一次故障。车间共有两个维修人员，每个维修人员一次只能维修一台设备，两个维修人员的维修过程相互独立，维修时间服从指数分布，两个维修人员平均维修每台设备的时间均为 5 h。

(a) 在任何时刻都仅有一台设备发生故障的概率是多少？

(b) 如果用平均等待时间与平均服务时间的比值来衡量维修人员的绩效，那么在当前情况下，这一比值是多少？

(c) 如果有一台备用设备，那么（a）的答案是什么？

3.66 在机器维修问题中，有 M 台机器、Y 台备用机器和 c 个维修人员（$c \leqslant Y$）。当没有可用的备用机器且此时有一台机器发生故障（发生故障的机器数 $n = Y + 1$）时，剩余的 $M - 1$ 台机器将停止运行，直到这台有故障的机器被修复，即 M 台机器必须同时运行。求稳态概率。

3.67 在实际问题中，即使调用总体是有限的，我们也经常使用无限源模型来近似模拟现实场景。为进一步说明，考虑例 3.9，分别计算并比较以下两种场景中的 L：假设调用总体（即机器数）是无限的；假设机器数分别为 10 和 5，且这两种情况下的 $M\lambda$ 均等于 1/3。当使用无限源模型来进行估算时，ρ 对估算值有怎样的影响？（提示：当使用无限源模型作为有限源模型的近似时，必须将到达速率设置为 $M\lambda$。）

3.68 当满足以下条件时，求例 3.10 中平均每小时的运行成本。

(a) 低速运行的成本 C_1 为每小时 25 美元，高速运行的成本 C_2 为每小时 50 美元。

(b) 低速运行的成本 C_1 为每小时 25 美元，高速运行的成本 C_2 为每小时 60 美元。

(c) 令 $k = 4$，重新计算（b）场景下平均每小时的运行成本。此时，最优的策略是什么？

3.69 考虑第 3.9 节中有两个状态且状态相依的服务模型，其中 $\rho_1 = 4/3$ 且 $\rho = 2/3$。假设可以将某草坪服务公司的除草机视为顾客，使用涂油机随机地对除草机进行润滑。此外，假设涂油机在低速运行时的成本 C_1 为每小时 25 美元，在高速运行时成本 C_2 为每小时 110 美元。据该公司估算，一台除草机的停机成本为每小时 5 美元。求涂油机的最佳速率转换点 k。（提示：从 $k = 1$ 开始尝试多个 k 值，并计算总成本。）

3.70 考虑一个有 c 个服务员的排队模型，顾客按泊松过程到达，服务时间服从指数分布，平均服务速率与系统状态相关。当系统中的顾客数 $k \leqslant c$ 时，平均服务速率为 μ_1。当系统中的顾客数 $k > c$ 时，平均服务速率为 μ。求稳态时的系统大小概率 p_n。

3.71 考虑一个单服务员排队模型，顾客按泊松过程到达，服务时间服从指数分布，平均服务速率与系统状态相关，平均服务速率为 μ_1（$1 \leqslant n < k_1$）、μ_2（$k_1 \leqslant n < k_2$）、μ（$n \geqslant k_2$）。求稳态时的系统大小概率 p_n。

3.72 在第 3.9 节结尾处的问题中，$\mu_n = n^\alpha \mu$，$p_0 = \left(\sum\limits_{n=0}^{N} \dfrac{r^n}{(n!)\alpha} \right)^{-1}$，证明：

（a）当 $\alpha \geqslant 1$ 时，在 N 处对 p_0 的无穷级数进行截取，被丢弃的尾项有界于 e^r 的
级数的尾项，即 $\sum_{n=0}^{\infty} \frac{r^n}{(n!)^{\alpha}} - \sum_{n=0}^{N} \frac{r^n}{(n!)^{\alpha}} < \sum_{n=0}^{\infty} \frac{r^n}{n!} - \sum_{n=0}^{N} \frac{r^n}{n!}$。因此，给定任意
$\epsilon > 0$，可以找到使得该被丢弃的尾项，即 $\sum_{n=0}^{\infty} \frac{r^n}{(n!)^{\alpha}} - \sum_{n=0}^{N} \frac{r^n}{(n!)^{\alpha}} < \epsilon$ 的 N 值。

（b）如果使用 $p_0(N) = \sum_{n=0}^{N} \frac{r^n}{(n!)^{\alpha}}$ 来估算 p_0，且 N 满足 $\sum_{n=0}^{\infty} \frac{r^n}{(n!)^{\alpha}} - \sum_{n=0}^{N} \frac{r^n}{(n!)^{\alpha}} < \epsilon$，
则 p_0 的误差界限为

$$p_0 < p_0(N) < \frac{p_0}{1-\epsilon} \approx p_0(1+\epsilon)$$

3.73 考虑一个单服务员排队系统，排队规则为先到先服务。系统最多可容纳 4 个顾客（包括正在接受服务的顾客）。顾客按泊松过程到达，到达速率 $\lambda = 10$ 个/h。服务时间服从指数分布，平均服务时间为 5 min。
（a）求由于系统已满而无法进入系统的顾客占比。
（b）求已接受服务的顾客的平均排队时间。
（c）假设当系统中的顾客数大于等于 4 时，服务员的工作速率将提高 50%；小于 4 时，服务员的服务速率不变。求由于系统已满而无法进入系统的顾客占比。

3.74 考虑一个有两个服务员的排队系统。顾客按泊松过程到达，到达速率 $\lambda = 3$ 个/h。服务时间服从指数分布，服务速率 $\mu = 2$ 个/h，该系统的状态转移速率如图 3.12 所示。系统最多可容纳 5 个顾客（包括正在接受服务的顾客）。当系统中的顾客数大于等于 4 时，顾客的到达速率将下降一半（因为部分新到达的顾客拒绝排队）。求无法进入系统的顾客占比。

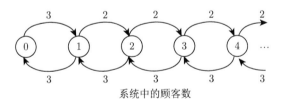

图 3.12　习题 3.74 排队系统的状态转移速率示意

3.75 一个单服务员排队模型的状态转移速率图如图 3.13 所示。
（a）请判断该连续时间马尔可夫链对应的排队模型（截尾的排队模型、有顾客止步的排队模型或有顾客中途退出的排队模型）。
（b）求稳态概率 p_n。
（c）求队列中的平均顾客数 L_q。

3.76 考虑一个有 3 个服务员的排队系统，服务时间服从指数分布，平均服务时间为 1 min。顾客按泊松过程到达，平均每分钟有 3 个顾客到达。假设当队列中有 3 个或 3 个以

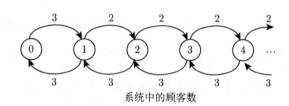

系统中的顾客数

图 3.13　习题 3.75 排队系统的状态转移速率示意

上顾客时，队列中的顾客离开队列（中途退出）的平均速率为 0.1 个/min。这个排队系统是稳定的吗？p_n 表示系统中有 n 个顾客的时间占比，请给出 p_n 的表达式。

3.77 对于有顾客止步的 $M/M/1$ 排队模型，平稳分布可由负二项分布得出：

$$p_n = \begin{pmatrix} N+n-1 \\ N-1 \end{pmatrix} x^n (1+x)^{-N-n}, \qquad n \geqslant 0, \quad x > 0, \quad N > 1$$

求 L、L_q、W、W_q 和 b_n。

3.78 对于有顾客止步的 $M/M/1$ 排队模型，已知 $b_n = \mathrm{e}^{-\alpha n/\mu}$，求 p_n（对于所有 n）。

3.79 考虑一个单服务员排队系统，顾客按泊松过程到达，到达速率 $\lambda = 10$ 个/h。服务时间服从指数分布，服务速率 $\mu = 5$ 个/h。当系统中已有 n 个顾客时，新到达的顾客加入队列的概率为 $1/(1+n)$ [拒绝排队的概率为 $n/(1+n)$]。求系统中有 n 个顾客的稳态概率。

3.80 假设第 3.10.2 节中有顾客中途退出的 $M/M/1$ 排队模型满足 $b_n = 1/n \, (0 \leqslant n \leqslant k)$，$b_n = 0 \, (n > k)$，$r(n) = n/\mu$。求稳态时系统中顾客数的分布。

3.81 用 $M/M/\infty$ 排队模型的瞬态解直接推导出其稳态解。

3.82 假设系统在 $t = 0$ 时为空，求 $M/M/\infty$ 排队系统在时刻 t 的平均顾客数。

3.83 对于 $\lambda = 1$ 的 $M/M/1$ 排队模型，令 ρ 分别取 0.5、0.9 和 1。画出 $p_0(t)$ 关于 t $(t \to \infty)$ 的曲线图，并对画出的曲线图进行解释。

3.84 对于 $\lambda = 1$ 的 $M/M/1$ 排队模型，令 $\rho = 0.5$。当 $t = 3$ 时，求 L。

3.85 （a）证明：如果 $\bar{f}(s)$ 是 $f(t)$ 的拉普拉斯变换，则 $\bar{f}(s+a)$ 是 $\mathrm{e}^{-at} f(t)$ 的拉普拉斯变换。

（b）证明：函数线性组合的拉普拉斯变换与函数拉普拉斯变换的线性组合相同，即

$$\mathcal{L}\left[\sum_i a_i f_i(t)\right] = \sum_i a_i \mathcal{L}[f_i(t)].$$

3.86 利用拉普拉斯变换的性质，求以下式子是哪些函数的拉普拉斯变换：

（a）$(s+1)/(s^2+2s+2)$

（b）$1/(s^2-3s+2)$

（c）$1/[s^2(s^2+1)]$

（d）$\mathrm{e}^{-s}/(s+1)$

3.87 给出以下母函数（不一定是概率母函数）对应的序列：

（a）　$G(z) = 1/(1-z)$

（b）　$G(z) = z/(1-z)$

（c）　$G(z) = e^z$

3.88 证明：独立随机变量之和的矩母函数等于各独立随机变量的矩母函数的乘积。

3.89 基于习题 3.88 的答案证明以下命题。

（a）　两个独立的泊松随机变量之和是泊松随机变量。

（b）　两个独立同分布的指数分布随机变量之和服从 Γ 分布或埃尔朗分布。

（c）　两个独立但不同分布的指数分布随机变量之和的概率密度函数是这两个指数分布随机变量各自的概率密度函数的线性组合。

第 4 章

高级马尔可夫排队模型

本章通过解析法来讨论非生灭过程的马尔可夫模型。在这些排队模型中，无穷小时间区间内的状态变化量可能大于 1，并且这些模型仍具有无记忆性和马尔可夫性。C-K 方程、科尔莫戈罗夫向前方程和向后方程以及平衡方程仍然成立，它们是求解这些非生灭过程的马尔可夫模型的核心。

4.1 批量到达排队模型（$M^{[X]}/M/1$）

我们继续放宽对 $M/M/1$ 排队模型的简单假设。在批量到达排队模型中，除了到达的批次服从泊松过程外，还假设每个到达批次中的实际顾客数是随机的（原来 $M/M/1$ 排队模型中每个批次到达的顾客数固定为 1），使用符号 $M^{[X]}/M/1$ 来表示批量到达排队模型。设随机变量 X 表示一个批次内到达的顾客数，$X = n$ 的概率为 c_n，n 为正整数且 $0 < n < \infty$。$M^{[X]}/M/1$ 排队模型具有马尔可夫性，其未来的行为仅与当前的行为有关，与过去的行为无关。

第 2.2 节也对该模型进行了讨论。如果大小为 n 的批次按到达速率为 λ_n 的泊松过程到达，那么显然有 $c_n = \lambda_n/\lambda$，其中 λ 是所有批次的复合到达速率，且 $\lambda = \sum_{n=1}^{\infty} \lambda_n$。如果一个 $M^{[X]}/M/1$ 排队模型中顾客的到达过程由一组到达速率为 $\{\lambda_n, n = 1, 2, \cdots\}$ 的泊松过程叠加而得，我们称之为**多重或复合泊松过程**（multiple or compound Poisson process）。

图 4.1 是一个 $M^{[X]}/M/1$ 排队模型的状态转移速率示意图，图中每个批次的顾客数 X 为 1 或 2。当不限制随机变量 X 的分布时，可以推导出以下速率平衡方程[①]（见习题 4.1）：

$$\begin{cases} 0 = -(\lambda + \mu)p_n + \mu p_{n+1} + \lambda \sum_{k=1}^{n} p_{n-k}c_k, & n \geqslant 1 \\ 0 = -\lambda p_0 + \mu p_1 \end{cases} \tag{4.1}$$

[①] 假设系统处于稳态。在适当的参数设置下，本章中讨论的过程满足定理 2.16 的条件。

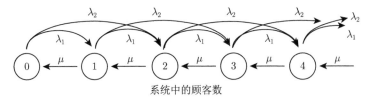

图 4.1 $M^{[X]}/M/1$ 排队模型的状态转移速率示意

在式（4.1）中，$\lambda \sum\limits_{k=1}^{n} p_{n-k}c_k$ 表示到达一个大小为 k 的批次可以使系统从状态 $n-k$ 转移到状态 n。接下来使用母函数来求解式（4.1）。当批次大小（即使是最大的批次）很小时，通常使用差分方程来求解式（4.1）。与将 $M/M/1$ 排队模型的结果推广到 $M/M/c$ 排队模型类似，本节的结果也可以推广到 $M^{[X]}/M/c$ 排队模型。

首先定义

$$C(z) = \sum_{n=1}^{\infty} c_n z^n, \quad |z| \leqslant 1$$

$$P(z) = \sum_{n=0}^{\infty} p_n z^n, \quad |z| \leqslant 1$$

$C(z)$ 和 $P(z)$ 分别为批次大小概率 $\{c_n\}$ 和稳态概率 $\{p_n\}$ 的母函数。批次大小概率通常是已知的，所以可以将 $C(z)$ 视为输入，并基于 $C(z)$ 来确定 $P(z)$，进而求得稳态概率 $\{p_n\}$。将式（4.1）中第一个方程的两边乘以 z^n，再对 n 从 1 到 ∞ 求和，然后与第二个方程相加，可得

$$0 = -\lambda \sum_{n=0}^{\infty} p_n z^n - \mu \sum_{n=1}^{\infty} p_n z^n + \frac{\mu}{z} \sum_{n=1}^{\infty} p_n z^n + \lambda \sum_{n=1}^{\infty} \sum_{k=1}^{n} p_{n-k}c_k z^n \qquad (4.2)$$

注意，$\sum\limits_{k=1}^{n} p_{n-k}c_k$ 是两个离散随机变量（稳态系统大小概率和批次大小概率）的卷积，所以 $\sum\limits_{k=1}^{n} p_{n-k}c_k$ 是稳态系统大小与批次大小之和的概率函数。很容易证明，$\sum\limits_{k=1}^{n} p_{n-k}c_k$ 的母函数是稳态系统大小概率的母函数与批次大小概率的母函数的乘积（母函数的基本性质），即

$$\sum_{n=1}^{\infty} \sum_{k=1}^{n} p_{n-k}c_k z^n = \sum_{k=1}^{\infty} c_k z^k \sum_{n=k}^{\infty} p_{n-k} z^{n-k} = C(z)P(z)$$

因此，式（4.2）可以写为

$$0 = -\lambda P(z) - \mu \left[P(z) - p_0 \right] + \frac{\mu}{z} \left[P(z) - p_0 \right] + \lambda C(z) P(z)$$

因此，

$$P(z) = \frac{\mu p_0 (1-z)}{\mu(1-z) - \lambda z[1-C(z)]}, \qquad |z| \leqslant 1 \tag{4.3}$$

可以通过 $P(1)$ 来求 p_0，通过 $P'(1)$ 来求 L。母函数（4.3）可以写为

$$P(z) = \frac{p_0}{1 - (\lambda/\mu)z\bar{C}(z)}, \quad \bar{C}(z) \equiv \frac{1-C(z)}{1-z}$$

则

$$1 = P(1) = \frac{p_0}{1 - (\lambda/\mu)\bar{C}(1)}$$

$$L = P'(1) = p_0(\lambda/\mu) \frac{\bar{C}(1) + \bar{C}'(1)}{[1 - (\lambda/\mu)\bar{C}(1)]^2}$$

可以对 $\overline{C}(z)$ 应用洛必达法则来求 $\overline{C}(1)$ 和 $\overline{C}'(1)$：$\overline{C}(1) = \mathrm{E}[X]$（应用一次洛必达法则），$\overline{C}'(1) = \mathrm{E}[X(X-1)]/2$（应用两次洛必达法则）。因此，

$$\boxed{p_0 = 1 - (\lambda/\mu)\mathrm{E}[X] = 1 - \rho}$$

$$\boxed{L = \frac{(\lambda/\mu)(\mathrm{E}[X] + \mathrm{E}[X^2])}{2(1-\rho)} = \frac{\rho + (\lambda/\mu)\mathrm{E}[X^2]}{2(1-\rho)}, \quad \rho = \lambda\mathrm{E}[X]/\mu} \tag{4.4}$$

$\rho < 1$ 是系统存在稳态的充分必要条件。和图 1.11 中的关系类似，可以基于利特尔法则以及式（4.4）来求其他效益指标（L_{q}、W 和 W_{q}）。请注意，顾客的到达速率是 $\lambda\mathrm{E}[X]$，而不是 λ，因此根据利特尔法则可得 $W = L/\lambda\mathrm{E}[X]$、$W_{\mathrm{q}} = W - 1/\mu$ 且 $L_{\mathrm{q}} = \lambda\mathrm{E}[X]W_{\mathrm{q}} = \lambda\mathrm{E}[X]W - \lambda\mathrm{E}[X]/\mu = L - \rho$。对母函数（4.3）进行逆运算，可以得到状态概率 $\{p_n\}$。

$\overline{C}(z)$ 是批次大小的互补累积分布函数的母函数，$\overline{C}(z) = \sum_{n=0}^{\infty} \overline{C}_n z^n$，其中 $\overline{C}_n \equiv \Pr\{X > n\}$。$\overline{C}(z)$ 可以写为

$$\bar{C}(z) = \sum_{n=0}^{\infty} \bar{C}_n z^n = \sum_{n=0}^{\infty} \left(1 - \sum_{i=1}^{n} c_i \right) z^n = \frac{1}{1-z} - \sum_{n=1}^{\infty} \sum_{i=1}^{n} c_i z^n$$

双重求和可以简化为

$$\sum_{n=1}^{\infty}\sum_{i=1}^{n} c_i z^n = \sum_{i=1}^{\infty} c_i z^i \sum_{n=i}^{\infty} z^{n-i} = \sum_{i=1}^{\infty} c_i z^i \left(\frac{1}{1-z}\right) = \frac{C(z)}{1-z}$$

■ **例 4.1**

当 X 为常数 K 时，平均系统大小为

$$L = \frac{\rho + (\lambda/\mu)K^2}{2(1-\rho)} = \frac{\rho + \rho K}{2(1-\rho)} = \frac{K+1}{2} \cdot \frac{\rho}{1-\rho}, \qquad \rho = \lambda K/\mu \qquad (4.5)$$

该系统的平均大小等于 $M/M/1$ 排队系统的平均大小乘以 $(K+1)/2$。由于这是一个单服务员系统，因此，

$$L_q = L - \rho = \frac{2\rho^2 + (K-1)\rho}{2(1-\rho)} \qquad (4.6)$$

当 K 很小时，可以通过对 $P(z)$ 进行逆运算来得到 $\{p_n\}$（见例 4.3）。

■ **例 4.2**

X 服从几何分布。假设

$$c_n = (1-\alpha)\alpha^{n-1}, \qquad 0 < \alpha < 1$$

则

$$C(z) = (1-\alpha)\sum_{n=1}^{\infty} \alpha^{n-1} z^n = \frac{z(1-\alpha)}{1-\alpha z}$$

基于式（4.3）及 $p_0 = 1 - \rho$，可得

$$P(z) = \frac{(1-\rho)(1-z)}{1 - z - (\lambda/\mu)z[1 - C(z)]}$$

$$= \frac{(1-\rho)(1-z)}{1 - z - (\lambda/\mu)z[1 - z(1-\alpha)/(1-\alpha z)]}$$

$$= \frac{(1-\rho)(1-\alpha z)}{1 - z[\alpha + \lambda/\mu]}$$

$$= (1-\rho)\left[\frac{1}{1 - z(\alpha + \lambda/\mu)} - \frac{\alpha z}{1 - z(\alpha + \lambda/\mu)}\right]$$

因此，利用等比数列的求和公式，可得

$$P(z) = (1-\rho)\left[\sum_{n=0}^{\infty}(\alpha + \lambda/\mu)^n z^n - \sum_{n=0}^{\infty}\alpha(\alpha + \lambda/\mu)^n z^{n+1}\right]$$

由上式可得

$$p_n = (1 - \rho) \left[(\alpha + \lambda/\mu)^n - \alpha(\alpha + \lambda/\mu)^{n-1} \right]$$
$$= (1 - \rho)(\lambda/\mu)(\alpha + \lambda/\mu)^{n-1}, \quad n > 0$$

■ 例 4.3

假设有一个批量生产机器的多阶段流水线。在第一个生产阶段结束后，工作人员发现许多机器有一个或多个缺陷，在机器进入第二个生产阶段之前，工作人员必须对有缺陷的机器进行修复，修复工作由一个工作人员（修复人员）来完成。每个机器的缺陷数都会被自动记录，极少有机器出现两个以上缺陷。有一个缺陷的机器的到达（即到达修复人员处）时间间隔服从参数为 $\lambda_1 = 1$ 个/h 的指数分布，有两个缺陷的机器的到达时间间隔服从参数为 $\lambda_2 = 2$ 个/h 的指数分布。由于有缺陷的机器非常多，因此修复人员的修复时间可被视为服从指数分布，修复一个缺陷的平均时间为 $1/\mu = 10$ min。

但管理人员注意到，机器的缺陷率在增加，但增加的过程不是连续的。因此，经理考虑增加一个修复人员，新增加的修复人员将集中精力修复有两个缺陷的机器，而原来的修复人员只负责修复有一个缺陷的机器。管理人员将根据成本分析的结果来决定是否增加一个修复人员。

该修复系统的平均成本与机器在系统中停留的平均时间相关，而该平均时间与系统中的平均机器数 L 成正比。为了求 L，假设批次大小只能为 1 或 2，则 $\lambda = \lambda_1 + \lambda_2 = 3$(个/h)、$c_1 = \lambda_1/\lambda = \dfrac{1}{3}$ 且 $c_2 = \lambda_2/\lambda = \dfrac{2}{3}$。因此，批次大小的平均数和二阶矩分别为 $\mathrm{E}[X] = \dfrac{1}{3} + 2 \times \dfrac{2}{3} = \dfrac{5}{3}$ 和 $\mathrm{E}[X^2] = \dfrac{1}{3} + 2^2 \times \dfrac{2}{3} = 3$。由于 $\mu = 6$个/h，因此系统的利用率为 $\rho = \lambda \mathrm{E}[X]/\mu = \dfrac{5}{6}$。由此可以计算出

$$L = \frac{\rho + (\lambda/\mu)\mathrm{E}[X^2]}{2(1 - \rho)} = \frac{\dfrac{5}{6} + \dfrac{3}{2}}{2 \times \left(1 - \dfrac{5}{6}\right)} = 7$$

接下来求系统的状态概率（在本例中，不一定要求状态概率）。由于 $C(z) = c_1 z + c_2 z^2 = \dfrac{1}{3}z + \dfrac{2}{3}z^2$，因此，由式（4.3）可得状态概率的母函数为

$$P(z) = \frac{\mu(1 - \rho)(1 - z)}{\mu(1 - z) - \lambda z(1 - z/3 - 2z^2/3)}$$
$$= \frac{1}{6 - 3z - 2z^2}$$

该母函数分母的根为 $(-3\pm\sqrt{57})/4$，即 1.137 和 -2.637（保留 3 位小数）。因为这两个根的绝对值都大于 1，所以对 $P(z)$ 进行部分分式展开可得

$$P(z) \doteq \frac{1}{7.550}\left(\frac{1}{1.137-z}+\frac{1}{2.637+z}\right)$$

$$= \frac{1}{7.550}\left(\frac{1/1.137}{1-z/1.137}+\frac{1/2.637}{1+z/2.637}\right)$$

$$= \frac{1}{7.550}\left[\frac{1}{1.137}\sum_{n=0}^{\infty}\left(\frac{z}{1.137}\right)^n+\frac{1}{2.637}\sum_{n=0}^{\infty}\left(-\frac{z}{2.637}\right)^n\right]$$

因此，

$$p_n \doteq 0.116\times(0.880)^n+0.050\times(-0.379)^n, \qquad n\geqslant 0$$

如果 C_1 是每个等待修复的机器在系统中停留的单位时间成本，C_2 是工作人员的单位时间成本，那么该系统在只有一个修复人员的情况下，单位时间的平均成本为 $C = C_1 L + C_2$。

假设增加了一个修复人员并为该修复人员单独设立了一个修复通道，该新增修复人员的单位时间成本也为 C_2。可以将修复有一个缺陷的机器的通道建模为 $M/M/1$ 排队模型，但不能将修复有两个缺陷的机器的通道也建模为 $M/M/1$ 排队模型。对于修复有两个缺陷的机器的通道，其到达过程是复合泊松过程的一个特例，其中 $\lambda_1 = 0$。因此，系统中的平均机器数是两个通道中的平均机器数之和。因为第一个通道可视为标准的 $M/M/1$ 排队模型，所以该通道中的平均顾客数为

$$L_1 = \frac{\lambda_1/\mu}{1-\lambda_1/\mu}$$

将 $K = 2$ 和 $\rho = 2\lambda_2/\mu$ 代入式（4.5）中，求第二个通道中的平均顾客数

$$L_2 = \frac{3\lambda_2/\mu}{1-2\lambda_2/\mu}$$

由此可得

$$L = L_1 + L_2 = \frac{\lambda_1/\mu}{1-\lambda_1/\mu}+\frac{3\lambda_2/\mu}{1-2\lambda_2/\mu}$$

因此，增加一个工作人员后的平均成本为

$$C'^* = C_1\left(\frac{\lambda_1/\mu}{1-\lambda_1/\mu}+\frac{3\lambda_2/\mu}{1-2\lambda_2/\mu}\right)+2C_2$$

C 和 C^* 的相对大小决定了是否应该增加一个修复人员。当 C^* 小于 C 时，应该增加一个修复人员，整理得

$$C_1\left(\frac{\lambda_1/\mu}{1-\lambda_1/\mu}+\frac{3\lambda_2/\mu}{1-2\lambda_2/\mu}\right)+C_2 < C_1 L = C_1\left(\frac{\rho+(\lambda/\mu)\mathrm{E}\left[X^2\right]}{2(1-\rho)}\right)$$
$$= C_1\left(\frac{\lambda_1/\mu+3\lambda_2/\mu}{1-\lambda_1/\mu-2\lambda_2/\mu}\right)$$

即

$$C_2 < C_1\left(\frac{\lambda_1/\mu+3\lambda_2/\mu}{1-\lambda_1/\mu-2\lambda_2/\mu}-\frac{\lambda_1/\mu}{1-\lambda_1/\mu}-\frac{3\lambda_2/\mu}{1-2\lambda_2/\mu}\right)$$

当上式中的不等号方向相反时，不应增加一个修复人员。代入参数值，可得 $C_2 < 19C_1/5$，管理人员可以根据该不等式来做决策。

4.2 批量服务排队模型（$M/M^{[Y]}/1$）

本节讨论批量提供服务的单服务员马尔可夫排队模型。假设该模型具有以下性质：顾客按照泊松过程到达系统，并按照先到先服务规则接受服务；等待空间没有限制；系统中只有一个服务员，服务员一次为 K 个顾客提供服务，服务时间服从指数分布。当系统中的顾客数小于 K 时，该批量服务排队模型有两种不同的处理方式。我们把这两种情形分别称为**完全批量**（full-batch）服务排队模型和**部分批量**（partial-batch）服务排队模型。

在完全批量服务排队模型中，服务员必须一次刚好为 K 个顾客提供服务。如果系统中的顾客数小于 K，则服务员保持空闲状态，直到系统中的顾客数达到 K 时，服务员才同时为这 K 个顾客提供服务。同一批次中所有（K 个）顾客的服务时间均相同，且均服从期望为 $1/\mu$ 的指数分布。该模型的一个例子是渡轮载客，渡轮一直等到船上坐满 K 个乘客才启程。

在部分批量服务排队模型中，服务员一次最多可以为 K 个顾客提供服务。如果系统中的顾客数小于 K，则服务员先为已到达的顾客提供服务。当正在接受服务的顾客数小于 K 时，新到达的顾客可以立即接受服务；当正在接受服务的顾客数达到 K 时，服务员不再为新到达的顾客提供服务；无论新到达的顾客何时开始接受服务，他们都与先接受服务的顾客同时完成服务。无论批次大小是否达到 K，同一批次中所有顾客的服务时间均服从期望为 $1/\mu$ 的指数分布。该

模型的一个例子是团体旅行，迟到的游客加入旅行团（最多可以容纳 K 个游客）后与准时加入旅行团的游客同时结束旅行。

我们用符号 $M/M^{[K]}/1$ 来表示批量服务排队模型。下面先讨论部分批量服务排队模型。

4.2.1　部分批量服务排队模型

该模型是一个非生灭过程的马尔可夫模型，其平衡方程为（见习题 4.1）

$$\begin{cases} 0 = -(\lambda + \mu)p_n + \mu p_{n+K} + \lambda p_{n-1}, & n \geqslant 1 \\ 0 = -\lambda p_0 + \mu p_1 + \mu p_2 + \cdots + \mu p_{K-1} + \mu p_K \end{cases} \tag{4.7}$$

式（4.7）中第一个方程可以用算子表示为

$$\left[\mu D^{K+1} - (\lambda + \mu)D + \lambda \right] p_n = 0, \qquad n \geqslant 0 \tag{4.8}$$

因此，如果 $(r_1, \cdots, r_{K+1})$ 是算子或特征方程的根，则

$$p_n = \sum_{i=1}^{K+1} C_i r_i^n, \qquad n \geqslant 0$$

由 $\sum_{n=0}^{\infty} p_n = 1$，所以 r_i 必须小于 1，也就是说，对于所有不小于 1 的 r_i，C_i 必须等于 0。可以使用儒歇定理（见第 3.11.2 节）来确定小于 1 的根的数量。可以证明，区间 $(0, 1)$ 内仅有一个根（见习题 4.5），设为 r_0。因此，

$$p_n = C r_0^n, \qquad n \geqslant 0 \text{ 且 } 0 < r_0 < 1$$

由 $\sum p_n$ 必须等于 1 这一边界条件，可得 $C = p_0 = 1 - r_0$，因此，

$$\boxed{p_n = (1 - r_0)\, r_0^n, \qquad n \geqslant 0 \text{ 且 } 0 < r_0 < 1} \tag{4.9}$$

此模型的效益指标可以通过一般的方式求得。部分批量服务排队模型的稳态解的形式与 $M/M/1$ 排队模型的稳态解 [见式（3.9）] 的形式类似，只是用 r_0 替换了 ρ。使用与第 3.2.4 节相同的方法，可得部分批量服务排队模型的效益指标为

$$\boxed{L = \frac{r_0}{1 - r_0}, \quad W = \frac{L}{\lambda} = \frac{r_0}{\lambda (1 - r_0)}}$$

每个顾客的平均服务时间为 $1/\mu$，所以可以由 W 推导出 W_q，使用利特尔法则可以由 W_q 推导出 L_q：

$$W_q = W - \frac{1}{\mu}, \quad L_q = L - \frac{\lambda}{\mu}$$

也可以直接根据稳态概率［见式（4.9）］得到 $L_q = r_0^K L$（见习题 4.6）。可以证明，$L_q = r_0^K L = L - \lambda/\mu$。

■ **例 4.4**

习题 3.44 中的自助洗车店决定改变经营模式。该店安装了一台新型洗车机，该洗车机最多可以同时清洗两辆车。当店里只有一辆车时，洗车机只清洗这辆车，在清洗这辆车的过程中，新到达的下一辆车可以立即接受清洗服务并与先到达的车同时完成清洗。等待空间没有限制，车辆按照泊松过程到达，平均每小时有 20 辆到达，清洗一辆车的时间服从指数分布，平均需要 5 min。请问平均队列长度是多少？

由已知条件可得 $\lambda = 20$辆/h、$\mu = 1$辆/(5min) $= 12$辆/h 且 $K = 2$。式（4.8）中的特征方程为

$$12r^3 - 32r + 20 = 4 \times \left(3r^3 - 8r + 5\right) = 0$$

$r = 1$ 是方程的一个根，方程除以因式 $(r - 1)$ 得到

$$3r^2 + 3r - 5 = 0$$

该方程的根为 $r = (-3 \pm \sqrt{69})/6$，选择绝对值小于 1 的正根，即 $r_0 = (-3 + \sqrt{69})/6 \doteq 0.884$。因此，

$$L = \frac{(-3 + \sqrt{69})/6}{1 - (-3 + \sqrt{69})/6} \doteq 7.65 \text{ (辆)} \quad \text{且} \quad L_q = L - \frac{20}{12} \doteq 5.99 \text{ (辆)}$$

4.2.2　完全批量服务排队模型

假设一个服务批次中的顾客数必须为 K，如果顾客数小于 K，服务员会一直等到顾客数达到 K 才开始提供服务。可以将式（4.7）中的平衡方程写为

$$\begin{cases} 0 = -(\lambda + \mu)p_n + \mu p_{n+K} + \lambda p_{n-1}, & n \geqslant K \\ 0 = -\lambda p_n + \mu p_{n+K} + \lambda p_{n-1}, & 1 \leqslant n < K \\ 0 = -\lambda p_0 + \mu p_K \end{cases} \qquad (4.10)$$

完全批量服务排队模型的第一个方程与部分批量服务排队模型的第一个方程相同，即式（4.10）中的第一个方程与式（4.7）中的第一个方程相同，因此，

$$p_n = Cr_0^n, \qquad n \geqslant K-1, \quad 0 < r_0 < 1$$

然而，由于仅当 $n \geqslant K-1$ 时上式成立，所以与部分批量服务排队模型相比，该模型的 C 和 p_0 的推导过程较为复杂。由式（4.10）的最后一个方程可得

$$p_K = \frac{\lambda}{\mu} p_0 = Cr_0^K$$

因此，

$$C = \frac{\lambda p_0}{\mu r_0^K} \quad \text{且} \quad p_n = \frac{p_0 \lambda r_0^{n-K}}{\mu}, \qquad n \geqslant K-1$$

为了求 p_0，将式（4.10）中第二个方程写为

$$\mu p_{n+K} = \lambda p_n - \lambda p_{n-1}, \quad 1 \leqslant n < K$$

使用 $p_n = \dfrac{p_0 \lambda r_0^{n-K}}{\mu}$ $(n \geqslant K-1)$ 来替换上式中的 p_{n+K}，可得

$$p_0 r_0^{n-K} = p_n - p_{n-1}, \qquad 1 \leqslant n < K \tag{4.11}$$

可以从 $n = 1$ 开始迭代求解上式；或者，由于上式是非齐次线性差分方程，所以其解为

$$p_n = C_1 + C_2 r_0^n$$

把上式代入式（4.11）可得 $C_2 = -p_0 r_0/(1 - r_0)$。在上式中令 $n = 0$，可得 $C_1 = p_0 - C_2$。因此，

$$p_n = \begin{cases} \dfrac{p_0 \left(1 - r_0^{n+1}\right)}{1 - r_0}, & 1 \leqslant n \leqslant K-1 \\[2ex] \dfrac{p_0 \lambda r_0^{n-K}}{\mu}, & n \geqslant K-1 \end{cases} \tag{4.12}$$

当 $n = K-1$ 时，式（4.12）中的两个方程均成立，可以使用式（4.8）来对此进行证明。

接下来使用边界条件 $\sum\limits_{n=0}^{\infty} p_n = 1$ 求 p_0，由式（4.12）可得

$$
\begin{aligned}
p_0 &= \left(1 + \sum_{n=1}^{K-1} \frac{1 - r_0^{n+1}}{1 - r_0} + \frac{\lambda}{\mu} \sum_{n=K}^{\infty} r_0^{n-K} \right)^{-1} \\
&= \left(1 + \frac{K-1}{1-r_0} - \frac{r_0^2 \left(1 - r_0^{K-1} \right)}{\left(1 - r_0 \right)^2} + \frac{\lambda}{\mu \left(1 - r_0 \right)} \right)^{-1} \\
&= \left(\frac{\mu r_0^{K+1} - (\lambda + \mu) r_0 + \lambda + \mu K \left(1 - r_0 \right)}{\mu \left(1 - r_0 \right)^2} \right)^{-1}
\end{aligned}
$$

由式（4.8）中的特征方程可得

$$
\mu r_0^{K+1} - (\lambda + \mu) r_0 + \lambda = 0
$$

因此，

$$
p_0 = \frac{\mu \left(1 - r_0 \right)^2}{\mu K \left(1 - r_0 \right)} = \frac{1 - r_0}{K} \tag{4.13}
$$

也可以使用概率母函数来推导 $\{p_n\}$，可以证明 $\{p_n\}$ 的母函数为（见习题 4.7）

$$
P(z) = \frac{\left(1 - z^K \right) \sum\limits_{n=0}^{K-1} p_n z^n}{r z^{K+1} - (r+1) z^K + 1}, \qquad r = \lambda / \mu \tag{4.14}
$$

需要消去分子中的 p_n $(n = 0, 1, \cdots, K-1)$，为此再次使用儒歇定理。由于 $P(z)$ 的分母是 $K+1$ 次多项式，所以分母有 $K+1$ 个根。对分母应用儒歇定理可知，分母有 K 个根位于单位圆上或单位圆内（见习题 4.8）。由于分母的一个根是 $z = 1$，所以有 $K-1$ 个根位于单位圆内。由于母函数 $P(z)$ 在单位圆内收敛，所以分母在单位圆内的 $K-1$ 个根也必定为 $\sum\limits_{n=0}^{K-1} p_n z^n$ 的根。当分子分母互相消去单位圆内及单位圆上的 K 个根后，分母仅剩下一个根且该根位于单位圆外，用 z_0 表示这个根。

一个重要的发现是，概率母函数分母的根是特征方程（4.8）的根的倒数，因此，$z_0 = 1/r_0$。通过比较式（3.13）和式（3.21），可以看出 $M/M/1$ 排队模型也有这种倒数关系。事实上可以证明，对于任意常系数线性差分方程，其特征方程的根是其概率母函数的极点的倒数，这是因为在概率母函数的部分分式展开式

中，极点的形式通常为 $1/(a-z)$，而 $1/(a-z)$ 可以写为 $\dfrac{1}{a}\displaystyle\sum_{n=0}^{\infty}(z/a)^n$，例 4.3 也体现了这一点。

将母函数的分母除以 $(z-1)(z-z_0)$ 可以得到一个 $K-1$ 次多项式，该多项式在单位圆内的 $K-1$ 个根必须与 $\displaystyle\sum_{n=0}^{K-1}p_nz^n$ 的根相同，因此，将该多项式乘以一个常数，可以得到 $\displaystyle\sum_{n=0}^{K-1}p_nz^n$：

$$\sum_{n=0}^{K-1}p_nz^n = A\frac{\rho z^{K+1}-(\rho+1)z^K+1}{(z-1)(z-z_0)}$$

将上式代入式（4.14）可得

$$P(z)=\frac{A\left(1-z^K\right)}{(z-1)(z-z_0)}=\frac{A}{z_0-z}\sum_{n=0}^{K-1}z_n$$

由于 $P(1)=1$，可得

$$A=\frac{z_0-1}{K}$$

因此，

$$P(z)=\frac{(z_0-1)\displaystyle\sum_{n=0}^{K-1}z^n}{K(z_0-z)} \tag{4.15}$$

最后对批量服务排队模型进行一些补充。我们研究一下通用批量服务排队模型 (Chaudhry et al., 1983)：给定参数 k 和 K，当服务员处于空闲状态时，如果队列中的顾客数 N 小于 k，则服务员不会立即提供服务，直到 $N=k$ 才开始同时为这 k 个顾客提供服务；如果 $N>K$，则服务员先为队列中前 K 个顾客提供服务。一旦服务员开始提供服务，新到达的顾客必须等到服务员再次变为空闲状态才能开始接受服务（这一点与部分批量服务排队模型不同）。当 $k=K$ 时，此通用模型退化为完全批量服务排队模型。需要使用更进阶的方法来分析该通用模型。

4.3　埃尔朗排队模型

到目前为止，讨论的所有排队模型都假设顾客按照泊松过程到达（顾客到达的时间间隔服从指数分布）且服务时间服从指数分布，或者在泊松-指数模型的基础上进行一些简单的变形。然而，许多实际情况可能并不满足指数分布的假设，特别是服务时间不一定服从指数分布。本节使用更一般的概率分布来描述到达过程和服务过程。

4.3.1 埃尔朗分布

首先考虑随机变量 T，T 服从 Γ 分布，其概率密度函数为

$$f(t) = \frac{1}{\Gamma(\alpha)\beta^\alpha} t^{\alpha-1} e^{-t/\beta}, \qquad \alpha, \beta > 0, \quad 0 < t < \infty$$

其中 $\Gamma(\alpha) = \int_0^\infty t^{\alpha-1} e^{-t}$ 是 Γ 函数，α 和 β 是 Γ 分布的参数。T 的期望和方差分别为

$$\mathrm{E}[T] = \alpha\beta, \quad \mathrm{Var}[T] = \alpha\beta^2$$

接下来讨论 α 为正整数时的 Γ 分布（即埃尔朗分布）。此时，可以通过以下式子将 α 和 β 联系在一起：

$$\alpha = k \quad \text{且} \quad \beta = \frac{1}{k\mu}$$

其中 k 为任意正整数，μ 为任意正常数。埃尔朗分布的概率密度函数和累积分布函数分别为

$$f(t) = \frac{(\mu k)^k}{(k-1)!} t^{k-1} e^{-k\mu t}, \quad 0 < t < \infty \tag{4.16}$$

$$F(t) = 1 - \sum_{n=0}^{k-1} e^{-k\mu t} \frac{(k\mu t)^n}{n!}, \quad 0 \leqslant t < \infty \tag{4.17}$$

埃尔朗分布的参数为 k 和 μ，埃尔朗分布的期望和方差分别为

$$\mathrm{E}[T] = \frac{1}{\mu} \tag{4.18}$$

$$\mathrm{Var}[T] = \frac{1}{k\mu^2} \tag{4.19}$$

阶数为 k 的埃尔朗分布称为 k 阶埃尔朗分布或 E_k 分布。图 4.2 展示了 k 取不同值时的埃尔朗分布的曲线，k 通常称为形状参数。当 $k = 1$ 时，埃尔朗分布退化为期望为 $1/\mu$ 的指数分布。随着 k 的增大，埃尔朗分布的曲线逐渐变得对称，并且取值越来越集中于其期望。当 $k \to \infty$ 时，埃尔朗分布退化为取值为

$1/\mu$ 的确定性分布。相比于指数分布只有一个参数，在实际情况下，埃尔朗分布
在拟合真实数据上更灵活。

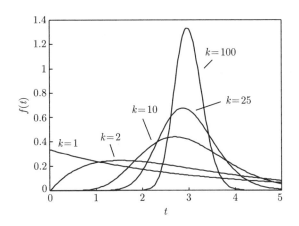

图 4.2　期望为 3 的各阶埃尔朗分布

由于埃尔朗分布与指数分布之间存在关联，所以埃尔朗分布也被广泛应用
于排队论中。具体地说，两种分布有以下关系：期望为 $1/k\mu$ 的 k 个独立同分布
的指数分布随机变量之和服从 k 阶埃尔朗分布。

该关系的证明留作练习（见习题 3.89）。虽然埃尔朗分布本身不具有马尔可
夫性，但由于其与指数分布具有上述关系，所以可以利用指数分布的马尔可夫性
（指数分布是唯一具有马尔可夫性的连续分布，见第 2.1 节）。

下面举例说明埃尔朗分布的应用。一个技术人员在实验室做实验，实验分为
4 个阶段，每个阶段所用的时间都服从期望为 $1/4\mu$ 的指数分布，如图 4.3 所示。
完成实验所用的总时间服从期望为 $1/\mu$ 的四阶埃尔朗分布。如果输入过程是泊
松过程，可以得到一个 $M/E_4/1$ 排队模型。该模型具有以下特点：服务（或实
验）的所有阶段相互独立且同分布；一次只允许一个顾客接受服务（即一次只
能做一个实验），也就是说，只有在一个顾客依次完成所有阶段的服务后，下一
个顾客才能从第一个阶段开始接受服务。流水线与该排队模型不同，在流水线
场景中，一个顾客完成一个服务阶段后，下一个顾客即可进入该服务阶段接受
服务。

当系统不包含任何阶段时，也可以使用埃尔朗分布来对其进行建模，例如，
对顾客接受服务的时间建模。埃尔朗分布在拟合观测数据上比指数分布更灵活

（见图 4.2）。即使系统不存在阶段，人为地设想阶段的存在也可能有助于我们对系统进行数学分析，因为每个阶段中花费的时间服从指数分布。人为地设想阶段的存在使我们可以利用指数分布的相关性质，即使总体分布不是指数分布。设想阶段存在的主要缺点是增加了状态空间的大小和建模的复杂性。

图 4.3　使用埃尔朗分布来建模阶段型服务

　　最后，通过埃尔朗分布与指数分布之间的关系来解释埃尔朗分布的累积分布函数［式（4.17）］。考虑一个到达速率为 $k\mu$ 的泊松过程，时刻 t 前到达的顾客数为 n 的概率是 $\mathrm{e}^{-k\mu t}(k\mu t)^{n}/n!$，因此，时刻 t 前到达的顾客数大于或等于 k 的概率是 $F(t)$，即可得到式（4.17），这一概率与 k 个到达时间间隔之和小于或等于 t 的概率相同。由于到达时间间隔服从参数为 $k\mu$ 的指数分布，所以 $F(t)$ 是 k 阶埃尔朗分布的累积分布函数。

4.3.2　阶段型分布

　　除了埃尔朗分布，阶段的概念也可以推广到其他分布：**超指数分布**（hyperexponential distribution）、**亚指数分布**（hypoexponential distribution，埃尔朗分布是亚指数分布的一个特例）、**考克斯分布**（Coxian distribution）。关于阶段型分布的更多讨论及其在排队论中的应用，请查阅参考文献（Neuts，1981）。

　　为了进一步说明如何推广阶段的概念，我们介绍另一种构造埃尔朗分布的方法。考虑下面具有 3 个状态的连续时间马尔可夫链：

$$①\xrightarrow{\mu}②\xrightarrow{\mu}③$$

该链的转移速率矩阵为

$$\boldsymbol{Q}=\begin{pmatrix}-\mu & \mu & 0\\ 0 & -\mu & \mu\\ 0 & 0 & 0\end{pmatrix}$$

在该链中,状态③是吸收状态(一旦系统进入状态③,将一直处于该状态)。假设系统的初始状态为状态①,设 T 为吸收时间。由于系统处于状态①和状态②的时间均为期望为 $1/\mu$ 的指数分布随机变量,所以吸收时间是这两个指数分布随机变量之和。因此,T 服从 E_2 分布(如前一节所讨论的,每个阶段的服务速率为 μ,而不是 2μ)。

这个例子说明了阶段型分布的基本思想。阶段型分布随机变量被定义为连续时间马尔可夫链的吸收时间。通过选择不同的马尔可夫链和不同的初始概率向量,可以构造不同的阶段型分布。这些分布通常不是指数分布,但可以使用连续时间马尔可夫链的理论来分析这些分布(在连续时间马尔可夫链中,系统在每个状态停留的时间服从指数分布)。

可以用类似的方法构建超指数分布,考虑下面的马尔可夫链:

$$① \overset{\mu_1}{\searrow}$$
$$② \underset{\mu_2}{\nearrow} ③$$

其转移速率矩阵为

$$Q = \begin{pmatrix} -\mu_1 & 0 & \mu_1 \\ 0 & -\mu_2 & \mu_2 \\ 0 & 0 & 0 \end{pmatrix}$$

假设系统的初始状态为状态①的概率为 q,初始状态为状态②的概率为 $1-q$,即初始状态的概率向量为 $\boldsymbol{p}(0) = (q, 1-q)$。设 T 为吸收时间,则 T 服从超指数分布(或 H_2 分布)。换句话说,吸收时间服从期望为 $1/\mu_1$ 的指数分布的概率为 q,服从期望为 $1/\mu_2$ 的指数分布的概率为 $1-q$。

在上面的例子中,由于马尔可夫链比较简单,所以确定 T 的分布相对容易。接下来介绍一种更正式的解析方法,该方法可以用于分析较复杂的马尔可夫链。首先使用超指数分布模型来说明。

超指数分布马尔可夫链的 C-K 方程为

$$\begin{cases} p_1(t+\Delta t) = (1 - \mu_1 \Delta t)\, p_1(t) + o(\Delta t) \\ p_2(t+\Delta t) = (1 - \mu_2 \Delta t)\, p_2(t) + o(\Delta t) \\ p_3(t+\Delta t) = \mu_1 \Delta t p_1(t) + \mu_2 \Delta t p_2(t) + p_3(t) + o(\Delta t) \end{cases}$$

对应的微分方程为

$$\begin{cases} p_1'(t) = -\mu_1 p_1(t) \\ p_2'(t) = -\mu_2 p_2(t) \\ p_3'(t) = \mu_1 p_1(t) + \mu_2 p_2(t) \end{cases}$$

也可以由 $\boldsymbol{p}'(t) = \boldsymbol{p}(t)\boldsymbol{Q}$，即式（2.21），来得到上面的微分方程。第一个微分方程的解为 $p_1(t) = q\mathrm{e}^{-\mu_1 t}$，常数 q 可由初始条件 $p_1(0) = q$ 确定。类似地，$p_2(t) = (1-q)\mathrm{e}^{-\mu_2 t}$。因此，

$$p_3'(t) = q\mu_1 \mathrm{e}^{-\mu_1 t} + (1-q)\mu_2 \mathrm{e}^{-\mu_2 t}$$

根据定义，$p_3(t) = \Pr\{T \leqslant t\}$。因此，$p_3'(t)$ 是 T 的概率密度函数。由上面的方程可以看出，$p_3'(t)$ 是二阶超指数分布随机变量的概率密度函数。

也可以通过矩阵向量运算来求 $p_1(t)$ 和 $p_2(t)$ 的解。设 $\tilde{\boldsymbol{p}}(t) = (p_1(t), p_2(t))$ 为不包含吸收状态的状态概率向量，设 $\tilde{\boldsymbol{Q}}$ 为包含 $\boldsymbol{Q}$ 的前两行和前两列的矩阵：

$$\tilde{\boldsymbol{Q}} = \begin{pmatrix} -\mu_1 & 0 \\ 0 & -\mu_2 \end{pmatrix} \quad \text{且} \quad \tilde{\boldsymbol{p}}'(t) = \tilde{\boldsymbol{p}}(t)\tilde{\boldsymbol{Q}}$$

该矩阵微分方程组的解为

$$\tilde{\boldsymbol{p}}(t) = \tilde{\boldsymbol{p}}(0)\mathrm{e}^{\tilde{\boldsymbol{Q}}t}, \quad \text{其中} \quad \tilde{\boldsymbol{p}}(0) = (q, 1-q)$$

以上求解过程类似于求解微分方程 $y'(t) = ay(t)$，该微分方程的解为 $y(t) = y(0)\mathrm{e}^{at}$。为了求 $\mathrm{e}^{\tilde{\boldsymbol{Q}}t}$，对其进行级数展开（类似于标量 e^x 的级数展开）：

$$\begin{aligned} \mathrm{e}^{\tilde{\boldsymbol{Q}}t} &= \boldsymbol{I} + \tilde{\boldsymbol{Q}}t + \frac{(\tilde{\boldsymbol{Q}}t)^2}{2!} + \cdots \\ &= \begin{pmatrix} 1 & 0 \\ 0 & 1 \end{pmatrix} + \begin{pmatrix} -\mu_1 t & 0 \\ 0 & -\mu_2 t \end{pmatrix} + \begin{pmatrix} \mu_1^2 t^2/2 & 0 \\ 0 & \mu_2^2 t^2/2 \end{pmatrix} + \cdots \\ &= \begin{pmatrix} \mathrm{e}^{-\mu_1 t} & 0 \\ 0 & \mathrm{e}^{-\mu_2 t} \end{pmatrix} \end{aligned}$$

因此，

$$\tilde{\boldsymbol{p}}(t) = \tilde{\boldsymbol{p}}(0)\mathrm{e}^{\tilde{\boldsymbol{Q}}t} = \left(q\mathrm{e}^{-\mu_1 t}, (1-q)\mathrm{e}^{-\mu_2 t}\right)$$

即 $p_1(t) = qe^{-\mu_1 t}$ 且 $p_2(t) = (1-q)e^{-\mu_2 t}$，这与前面求得的解一致。和前面一样，可以使用最后一个微分方程 $p_3'(t) = \mu_1 p_1(t) + \mu_2 p_2(t)$ 来求 T 的概率密度函数 $p_3'(t)$。

■ **例 4.5**

使用以上方法来分析当马尔可夫链的吸收时间服从 E_2 分布时的情况。该系统的微分方程组为

$$\begin{cases} p_1'(t) = -\mu p_1(t) \\ p_2'(t) = \mu p_1 - \mu p_2(t) \\ p_3'(t) = \mu p_2(t) \end{cases}$$

第一个微分方程的解为 $p_1(t) = e^{-\mu t}$ [$e^{-\mu t}$ 前面的系数由初始条件 $p_1(0)=1$ 确定]。将 $p_1(t) = e^{-\mu t}$ 代入第二个微分方程可得

$$p_2'(t) + \mu p_2(t) = \mu e^{-\mu t}$$

该一阶线性微分方程的通解为 $p_2(t) = Ae^{-\mu t} + Bte^{-\mu t}$。将该通解代入微分方程中可得 $B = \mu$。由边界条件 $p_2(0) = 0$ 可得 $A = 0$。因此，$p_2(t) = \mu t e^{-\mu t}$。最后，可得 E_2 分布的概率密度函数为

$$p_3'(t) = \mu p_2(t) = \mu^2 t e^{-\mu t}$$

这与式（4.16）中的概率密度函数相同，只是这里用 μ 替换了 $k\mu$。此外，通过矩阵向量运算也可以得到同样的结果（见习题 4.11）。

■ **例 4.6**

我们通过这个例子来介绍亚指数分布。考虑以下连续时间马尔可夫链，其中 $\mu_1 \neq \mu_2$，系统的初始状态为状态①：

$$① \xrightarrow{\mu_1} ② \xrightarrow{\mu_2} ③$$

转移速率矩阵 Q 和初始条件为

$$Q = \begin{pmatrix} -\mu_1 & \mu_1 & 0 \\ 0 & -\mu_2 & \mu_2 \\ 0 & 0 & 0 \end{pmatrix}, \quad p(0) = (1, 0, 0)$$

吸收时间是两个不同的指数分布随机变量的卷积（因为埃尔朗分布要求指数分布随机变量独立同分布，所以这不是埃尔朗分布）。$p(t)$ 的推导留作练习（见习题 4.10）。可以求得

$$
\begin{cases}
p_1(t) = \mathrm{e}^{-\mu_1 t} \\
p_2(t) = \dfrac{\mu_1}{\mu_2 - \mu_1}\mathrm{e}^{-\mu_1 t} - \dfrac{\mu_1}{\mu_2 - \mu_1}\mathrm{e}^{-\mu_2 t} \\
p_3'(t) = \mu_2 p_2(t) = \dfrac{\mu_1 \mu_2}{\mu_2 - \mu_1}\mathrm{e}^{-\mu_1 t} - \dfrac{\mu_1 \mu_2}{\mu_2 - \mu_1}\mathrm{e}^{-\mu_2 t}
\end{cases} \tag{4.20}
$$

其中 $p_3'(t)$ 是吸收时间的概率密度函数，吸收时间服从二阶亚指数分布。

从以上例子可以看出，阶段的概念可以用于分析更一般的分布，而不仅仅是埃尔朗分布，我们将在后面各节中进一步讨论该问题。

4.3.3 埃尔朗服务排队模型（$M/E_k/1$）

本节讨论服务时间服从 k 阶埃尔朗分布的排队模型。假设总服务速率为 μ，则每个阶段的服务速率为 $k\mu$。即使实际服务过程并不由 k 个阶段组成，将服务过程人为地分为 k 个阶段也有助于我们分析排队模型。设 $p_{n,i}(t)$ 为稳态时系统中有 n 个顾客且正在接受服务的顾客处于第 $i\,(i = 1, 2, \cdots, k)$ 个服务阶段的概率。我们对服务阶段进行倒序编号，令阶段 k 为第一个服务阶段，阶段 1 为最后一个服务阶段（顾客完成阶段 1 的服务后离开系统）。可得以下稳态平衡方程组（见习题 4.12）：

$$
\begin{cases}
0 = -(\lambda + k\mu)p_{n,i} + k\mu p_{n,i+1} + \lambda p_{n-1,i}, & n \geqslant 2, 1 \leqslant i \leqslant k-1 \\
0 = -(\lambda + k\mu)p_{n,k} + k\mu p_{n+1,1} + \lambda p_{n-1,k}, & n \geqslant 2 \\
0 = -(\lambda + k\mu)p_{1,i} + k\mu p_{1,i+1}, & 1 \leqslant i \leqslant k-1 \\
0 = -(\lambda + k\mu)p_{1,k} + k\mu p_{2,1} + \lambda p_0 \\
0 = -\lambda p_0 + k\mu p_{1,1}
\end{cases} \tag{4.21}
$$

求解以上二元方程组并不容易，但是可以先求出系统的效益指标（L、L_{q}、W、W_{q}），继而根据式（4.21）和系统中所有顾客需要完成的总服务阶段数（以下简称为系统中的总服务阶段数）来求状态概率。具体来说，如果系统处于状态 (n, i)，则系统中的总服务阶段数为 $(n-1)k + i$，即队列中有 $n-1$ 个顾客，队列中的每个顾客需要完成 k 个服务阶段，正在接受服务的顾客还需要完成 i 个服务阶段。

$M/E_k/1$ 排队模型与 $M^{[K]}/M/1$ 排队模型基本相同（见习题 4.13）。在 $M^{[K]}/M/1$ 排队模型中，批次大小 $K = k$ 是常数，可以认为每个顾客需要完成的服务阶段数为 1，每到达一个批次，系统中的总服务阶段数会增加 K，（阶段）服务速率为 μ（$M/E_k/1$ 排队模型的阶段服务速率为 $k\mu$）。但是这两个排队模型并不完全相同，在埃尔朗排队模型中，顾客完成中间服务阶段后不会离开系统，而在批量到达排队模型中，顾客完成服务后会立刻离开系统。

可以利用这两个模型之间的关系来确定 $M/E_k/1$ 排队模型中顾客在队列中的平均等待时间 W_q。首先，我们观察到，$M/E_k/1$ 排队系统中的平均阶段数与 $M^{[k]}/M/1$ 排队系统中的平均顾客数相同，由式（4.5）可得 $M^{[K]}/M/1$ 排队系统中的平均顾客数为

$$\frac{k+1}{2} \cdot \frac{\rho}{1-\rho}$$

对于 $M/E_k/1$ 排队模型，需要将式（4.5）中的 μ 替换为 $k\mu$，因此 $\rho = k\lambda/k\mu = \lambda/\mu$。由于完成每个服务阶段所需的平均时间为 $1/k\mu$，因此顾客在队列中的平均等待时间等于系统中的平均阶段数乘以 $1/k\mu$，由此可得

$$\boxed{W_\mathrm{q} = \frac{1+1/k}{2} \cdot \frac{\rho}{\mu(1-\rho)}, \qquad \rho = \lambda/\mu} \tag{4.22}$$

可以使用类似的方法推导其他排队模型的 W_q（见习题 4.14）。

由式（4.22）可得

$$\boxed{L_\mathrm{q} = \lambda W_\mathrm{q} = \frac{1+1/k}{2} \cdot \frac{\rho^2}{1-\rho}} \tag{4.23}$$

因此，$L = L_\mathrm{q} + \rho$ 且 $W = L/\lambda = W_\mathrm{q} + 1/\mu$。

接下来推导稳态概率。对于所有单通道且一次只服务一个顾客的排队模型，均有 $p_0 = 1 - \rho$（见表 1.3）。为了求 p_n，使用转换关系 $(n, i) \leftrightarrow (n-1)k+i$ 将式（4.21）转换为一元方程组，即把状态 (n, i) 替换为单变量状态 $(n-1)k+i$。可得以下方程组：

$$\begin{cases} 0 = -(\lambda + k\mu)p_{(n-1)k+i} + k\mu p_{(n-1)k+i+1} + \lambda p_{(n-2)k+i}, & n \geqslant 1, 1 \leqslant i \leqslant k \\ 0 = -\lambda p_0 + k\mu p_1 \end{cases}$$
$$\tag{4.24}$$

假设下标为负数的 p 的值为 0。从 $n=1, i=1$ 开始将式（4.24）中第一个方程按顺序写出来，可得以下简化的方程组：

$$\begin{cases} 0 = -(\lambda + k\mu)p_n + k\mu p_{n+1} + \lambda p_{n-k}, & n \geqslant 1 \\ 0 = -\lambda p_0 + k\mu p_1 \end{cases} \tag{4.25}$$

当批次大小为常数 k 且服务速率为 $k\mu$ 时，式（4.1）与式（4.25）相同。设 $p_n^{(p)}$ 表示由式（4.25）定义的批量到达系统中顾客数为 n 的概率，则埃尔朗服务排队系统中顾客数为 n 的概率 p_n 为

$$p_n = \sum_{j=(n-1)k+1}^{nk} p_j^{(p)}, \quad n \geqslant 1 \tag{4.26}$$

$M/E_k/1$ 排队模型中顾客等待时间的累积分布函数的推导方法与我们目前为止所介绍的方法有较大差异。也可以由 $G/G/1$ 排队模型的等待时间的分布来得到 $M/E_k/1$ 排队模型的等待时间的分布，第 7.2 节将讨论 $G/G/1$ 排队模型。

本节讨论了 $M^{[k]}/M/1$ 排队模型和 $M/E_k/1$ 排队模型之间的关系，$M/M^{[k]}/1$ 排队模型和 $E_k/M/1$ 排队模型之间也有类似的关系，因此第 4.2 节中得出的结论在下一节讨论埃尔朗到达排队模型时非常有用。在讨论埃尔朗到达排队模型之前，通过以下 3 个例子来进一步说明埃尔朗服务排队模型。

■ 例 4.7

某银行只有一个柜员，顾客按照泊松过程到达，平均每小时有 16 个顾客到达。据估算，柜员的平均服务时间为 2.5 min，标准差为 $\dfrac{5}{4}$ min。可以合理地假设柜员的服务时间服从埃尔朗分布。该银行对等待的顾客数几乎没有限制。该银行的经理想知道，顾客的平均排队时间是多少，以及平均有多少顾客在排队。

$M/E_k/1$ 排队模型可以很好地描述该系统。由已知条件可得 $1/\mu = 2.5$，$\sigma^2 = 1/k\mu^2 = \dfrac{25}{16}$，由此可得 $k=4$。因此该排队模型为 $M/E_4/1$，$\rho = \dfrac{2}{3}$。由式（4.23）可得

$$L_q = \frac{5}{8} \times \frac{\dfrac{4}{9}}{1 - \dfrac{2}{3}} = \frac{5}{6}, \quad W_q = \frac{60}{16} \times \frac{5}{6} = \frac{25}{8}$$

■ **例 4.8**

一家燃油经销公司只有一辆货车,货车把燃油运送给一个顾客后,必须返回并重新装满燃油才能运送给下一个顾客。平均每 50 min 有一个顾客打电话要求运送燃油,顾客打电话的时间间隔近似服从指数分布。货车平均需要 20 min 到达顾客处,且平均需要 20 min 返回,去程时间和返程时间都近似服从指数分布,装货和卸货的时间已包含在去程时间和返程时间内。公司总经理正在考虑是否再购买一辆货车,他想知道在当前情况下,从顾客打电话至货车到达顾客处平均需要多长时间。顾客按照先到先服务的规则接受服务。

在本例中,服务时间对应于货车的去程时间与返程时间之和,去程时间和返程时间服从相同的指数分布。需要注意的是,在二阶埃尔朗分布中,各阶段必须是相互独立的,但是在本例中,去程时间和返程时间可能是相关的(例如,对于距离较近的顾客,去程时间和返程时间都较短)。假设去程时间和返程时间是相互独立的,并使用 $M/E_2/1$ 排队模型来对此过程进行建模。由于 $\lambda = \dfrac{6}{5}$ 个/h 且 $\mu = \dfrac{3}{2}$ 个/h,所以 $\rho = \dfrac{4}{5}$。由式(4.22)可以求得顾客的平均排队时间,即从顾客打电话至服务开始(开始装货)的平均时间为

$$W_q = \frac{1 + \dfrac{1}{2}}{2} \times \frac{\dfrac{4}{5}}{\dfrac{3}{2} \times \left(1 - \dfrac{4}{5}\right)} = 2 \ (\text{h})$$

货车平均需要 20 min(平均服务时间的 1/2)到达顾客处。因此,从顾客打电话至货车到达顾客处的平均时间为 $2 \times 60 + 20 = 140$ (min)。

■ **例 4.9**

某公司的电子部件生产线设有一个质量检查点,没有通过质量检查的部件将被送到维修中心进行维修。维修中心有两名专家,两名专家的维修时间均服从指数分布,且平均维修时间均为 5 min。质量检查点平均每小时检查出 18 个不合格的部件,检查过程为泊松过程。公司可租用一台机器,机器维修部件的效果与专家相同,且机器维修一个部件的时间恒为 $2\dfrac{2}{3}$ min。机器的租用成本约等于两名维修专家的总工资(如果使用机器,两名维修专家会调到公司其他部门工作,所以不会存在劳工问题)。请问该公司是否应该租用机器?

我们可以通过平均等待时间 W 和平均系统大小 L 来比较两个方案的优劣。方案 1(保留两名维修专家)可以建模为 $M/M/2$ 排队模型,方案 2(租用机

器）可以建模为 $M/D/1$ 排队模型。两个方案的计算结果如下。

$M/M/2$：

$$\lambda = 18\text{个}/\text{h},\ \mu = 0.2\text{个}/\text{min} = 12\text{个}/\text{h},\quad W_q = \frac{3}{28}\,\text{h} \doteq 6.4\,\text{min}$$

$$W \doteq 6.4 + 5 = 11.4\ (\text{min})\quad \text{且}\quad L = \lambda W \doteq 3.42(\text{个})$$

$M/D/1$：使用 $M/E_k/1$ 排队模型，令 $k \to \infty$，得到 $M/D/1$ 排队模型的结果。

$$\lambda = 18\text{个}/\text{h},\quad \mu = \frac{3}{8}\text{个}/\text{min} = 22.5\text{个}/\text{h}$$

$$W_q = \lim_{k \to \infty}\left(\frac{1+1/k}{2}\cdot\frac{\rho}{\mu(1-\rho)}\right) = \frac{\rho}{2\mu(1-\rho)} = \frac{4}{45}\ (\text{h})$$

$$W = \frac{4}{45}\times 60 + \frac{8}{3} = 8\ (\text{min})\quad \text{且}\quad L = \lambda W = 2.4\ (\text{个})$$

因此，方案 2（租用机器）更优。

4.3.4　埃尔朗到达排队模型（$E_k/M/1$）

如前一节所讨论的，可以把第 4.2.2 节中完全批量服务排队模型的结论应用到埃尔朗到达排队模型。假设到达时间间隔服从 k 阶埃尔朗分布，期望为 $1/\lambda$。假设一个顾客在实际进入系统前需要经历 k 个阶段，顾客在每个阶段花费的平均时间为 $1/k\lambda$。我们将这 k 个阶段依次编号为 0 到 $k-1$（即 0 为进入系统前的第一个阶段，$k-1$ 为进入系统前的最后一个阶段）。与前一节一样，即使实际到达过程不一定由 k 个阶段组成，但将到达过程人为地分为 k 个阶段有助于我们进行分析。

设 $p_n^{(P)}$ 表示稳态时系统中所有顾客已经历的阶段数为 n 的概率，包括每个已经到达但尚未离开的顾客所经历的 k 个阶段，以及下一个即将到达的顾客已经历的阶段数。与式（4.26）类似，稳态时埃尔朗到达排队系统中顾客数为 n 的概率 p_n 为

$$p_n = \sum_{j=nk}^{nk+k-1} p_j^{(P)} \tag{4.27}$$

埃尔朗到达排队模型在结构上与第 4.2.2 节中介绍的完全批量服务排队模型相同。具体来说，埃尔朗到达排队模型中 $p_n^{(P)}$ 的速率平衡方程与完全批量服务排队模型中 p_n 的速率平衡方程相同，只是用 $k\lambda$ 替换了 λ、用 k 替换了 K。由式（4.12）和式（4.13）可得

$$p_j^{(P)} = \rho \left(1 - r_0\right) r_0^{j-k}, \qquad j \geqslant k-1 \quad \text{且} \quad \rho = \lambda/\mu \tag{4.28}$$

其中 r_0 是以下特征方程在区间 $(0, 1)$ 内的唯一根：

$$\mu r^{k+1} - (k\lambda + \mu)r + k\lambda = 0 \tag{4.29}$$

式（4.29）在形式上与式（4.8）类似。因此，对于 $n \geqslant 1$，

$$
\begin{aligned}
p_n &= \sum_{j=nk}^{nk+k-1} p_j^{(P)} \\
&= \rho\left(1 - r_0\right) \left(r_0^{nk-k} + r_0^{nk-k+1} + \cdots + r_0^{nk-1}\right) \\
&= \rho\left(1 - r_0\right) r_0^{nk-k} \left(1 + r_0 + \cdots + r_0^{k-1}\right) \\
&= \rho\left(1 - r_0^k\right) \left(r_0^k\right)^{n-1} \tag{4.30}
\end{aligned}
$$

可以看到，p_n 是几何分布随机变量的概率质量函数，几何分布的参数是 r_0^k（与 $M/M/1$ 排队模型类似，$M/M/1$ 排队模型中的顾客数服从参数为 ρ 的几何分布）。在第 6.3 节和第 7.4 节中，我们将证明所有 $G/M/1$ 排队模型的稳态系统大小概率都具有几何分布的形式。

由式（4.30）可得

$$L = \rho\left(1 - r_0^k\right) \sum_{n=1}^{\infty} n \left(r_0^k\right)^{n-1} = \rho\left(1 - r_0^k\right) \frac{1}{\left(1 - r_0^k\right)^2}$$

因此，

$$\boxed{L = \frac{\rho}{1 - r_0^k}}$$

由上式可得 $L_q = L - \rho$、$W = L/\lambda$ 且 $W_q = W - 1/\mu$。

该模型等待时间分布的推导过程如下（这是一个复合分布，因为顾客不需要等待即可接受服务的概率不为 0）：设 q_n 为顾客到达时看见系统中有 n 个顾客的概率，因为到达过程不是泊松过程，所以该系统不具有 PASTA 性质，因此 $q_n \neq p_n$。可得

$$
\begin{aligned}
q_n &= \frac{\text{到达时看见系统大小为 } n \text{ 的顾客的到达速率}}{\text{总到达速率}} \\
&= \frac{k\lambda \cdot \Pr\{\text{系统中有 } n \text{ 个顾客且即将到达的顾客处于 } k-1 \text{ 阶段}\}}{\lambda} \\
&= k p_{nk+k-1}^{(P)}
\end{aligned}
$$

由式（4.28）可得，对于 $n \geqslant 0$，

$$
\begin{aligned}
q_n &= k p_{nk+k-1}^{(P)} \\
&= \frac{k\rho\left(1-r_0\right)}{r_0} r_0^{kn} \\
&= \left(1-r_0^k\right) r_0^{kn}
\end{aligned}
\tag{4.31}
$$

由于 r_0 是式（4.29）的根，所以最后一个等号成立。接下来考虑，如果一个顾客到达时看见系统中有 n 个顾客，则该顾客的排队时间是这 n 个顾客的服务时间之和，即该顾客排队时间的概率密度函数是 n 个指数分布随机变量的概率密度函数的卷积，每个指数分布随机变量的期望均为 $1/\mu$。可以将这一过程建模为 n 阶埃尔朗分布，顾客排队时间的累积分布函数为

$$
\begin{aligned}
W_{\mathrm{q}}(t) &= q_0 + \sum_{n=1}^{\infty} q_n \int_0^t \frac{\mu(\mu x)^{n-1}}{(n-1)!} \mathrm{e}^{-\mu x} \mathrm{d}x \\
&= q_0 + \sum_{n=1}^{\infty} \left(1-r_0^k\right) r_0^{kn} \int_0^t \frac{\mu(\mu x)^{n-1}}{(n-1)!} \mathrm{e}^{-\mu x} \mathrm{d}x \\
&= q_0 + r_0^k \int_0^t \left(1-r_0^k\right) \mu \mathrm{e}^{-\mu x} \sum_{n=1}^{\infty} \frac{\left(\mu x r_0^k\right)^{n-1}}{(n-1)!} \mathrm{d}x \\
&= q_0 + r_0^k \int_0^t \left(1-r_0^k\right) \mu \mathrm{e}^{-\mu\left(1-r_0^k\right)x} \mathrm{d}x \\
&= q_0 + r_0^k \left[1 - \mathrm{e}^{-\mu\left(1-r_0^k\right)t}\right]
\end{aligned}
$$

顾客到达后不需要排队即可接受服务的概率 q_0 可由式（4.31）求得：

$$
q_0 = 1 - r_0^k
$$

因此，

$$
\boxed{W_{\mathrm{q}}(t) = 1 - r_0^k \mathrm{e}^{-\mu\left(1-r_0^k\right)t}, \qquad t \geqslant 0}
\tag{4.32}
$$

■ **例 4.10**

顾客到达某单服务员排队系统的时间间隔服从二阶埃尔朗分布，平均到达时间间隔为 30 min，平均服务时间为 25 min，服务时间服从指数分布。求稳态系统大小概率和效益指标。

由已知条件可得该系统的参数为 $\lambda = 1$个$/(30 \text{ min}) = 2$个$/\text{h}$、$\mu = 1$个$/(25 \text{ min}) = \dfrac{12}{5}$个$/\text{h}$ 且 $k = 2$，特征方程［由式（4.29）得］为

$$\frac{12}{5}r_0^3 - \frac{32}{5}r_0 + 4 = \frac{1}{5}\left(12r_0^3 - 32r_0 + 20\right) = 0$$

上式可简化为

$$3r_0^3 - 8r_0 + 5 = 0$$

上式与例 4.4 中的特征方程相同，该特征方程在区间 $(0, 1)$ 内的正实根约等于 0.884。因此，由式（4.30）可得

$$p_n = \rho\left(1 - r_0^k\right)\left(r_0^k\right)^{n-1}$$
$$\doteq 0.233 \times (0.781)^n, \qquad n \geqslant 1$$

且 $p_0 = 1 - \rho = 1 - \dfrac{10}{12} = \dfrac{1}{6}$。

平均系统大小为

$$L = \frac{\rho}{1 - r_0^k} \doteq \frac{\dfrac{5}{6}}{1 - 0.781} \doteq 3.81 \text{（个）}$$

所以 $W = L/\lambda \doteq 3.81/2 \doteq 1.91$ (h)、$W_q \doteq 3.81/2 - 5/12 \doteq 1.49$ (h) 且 $L_q \doteq 3.81 - 5/6 \doteq 2.98$(个)。

4.3.5　$E_j/E_k/1$ 排队模型

本节讨论到达速率为 λ 且服务速率为 μ 的 $E_j/E_k/1$ 排队模型（每个到达阶段的速率为 $j\lambda$，每个服务阶段的速率为 $k\mu$）。与 $M/E_k/1$ 排队模型和 $E_k/M/1$ 排队模型相比，对 $E_j/E_k/1$ 排队模型的分析较为复杂，第 7.1 节将讨论相关细节，本节仅讨论用于求解 $M/E_k/1$、$E_k/M/1$ 和 $E_j/E_k/1$ 排队模型的特征方程。$E_j/E_k/1$ 排队模型的解可以根据以下特征方程的根求得：

$$k\mu z^{j+k} - (j\lambda + k\mu)z^k + j\lambda = 0$$

当 $j = 1$ 时，$E_j/E_k/1$ 排队模型退化为 $M/E_k/1$ 排队模型，以上特征方程退化为

$$k\mu z^{k+1} - (\lambda + k\mu)z^k + \lambda = 0$$

也可以通过式（4.25）得到该特征方程。当 $k = 1$ 时，$E_j/E_k/1$ 排队模型退化为 $E_k/M/1$ 排队模型，特征方程退化为

$$\mu z^{j+1} - (j\lambda + \mu)z + j\lambda = 0$$

该特征方程与式（4.29）相同。

如前面所讨论的，可以使用儒歇定理来确定 $E_j/E_k/1$ 排队模型特征方程的根的位置。可以证明，当 $\lambda/\mu < 1$ 时，有 k 个根在单位圆内，有 1 个根在单位圆上，即 $z = 1$。此外，可以证明该特征方程的导数值在单位圆内不为 0，因此所有根都是不同的，且一定存在一个正实根，以及当 k 是偶数时存在一个负实根。例如，考虑例 4.8 中的 $M/E_2/1$ 排队模型，其中 $\lambda = \dfrac{6}{5}$、$\mu = \dfrac{3}{2}$、$j = 1$ 且 $k = 2$，因此，特征方程为

$$3z^3 - \frac{21}{5}z^2 + \frac{6}{5} = 0$$

其根为 1 和 $(1 \pm \sqrt{11})/5$。$(1 \pm \sqrt{11})/5$ 的绝对值小于 1。

再举一个例子，假设上一个例子中顾客到达的时间间隔服从三阶埃尔朗分布，则特征方程为

$$3z^5 - \frac{33}{5}z^2 + \frac{18}{5} = \frac{3}{5}\left(5z^5 - 11z^2 + 6\right) = 0$$

可以用数学软件求得其根为 1 及（近似值）0.914、−0.689、−0.612±1.237i，其中有两个绝对值小于 1 的实根以及两个模大于 1 的复根。

现在，假设该问题中服务时间的形状参数 $k = 3$，则特征方程为

$$\frac{9}{2}z^6 - \frac{81}{10}z^3 + \frac{18}{5} = \frac{9}{10}\left(5z^6 - 9z^3 + 4\right) = 0$$

其根为 1 及（近似值）0.928、−0.464±0.804i、−0.5±0.866i，其中有两个位于单位圆外的复根、一个绝对值小于 1 的实根以及两个位于单位圆内的共轭复根。

我们将在后面的章节中详细讨论如何使用这些根求状态概率和顾客排队时间的分布，这些根对于求 $E_j/E_k/1$ 排队模型的效益指标也非常重要。本书后面的章节将涉及复杂的矩阵解析方法，并会用到阶段型分布的分布函数。

4.4　具有优先级的排队模型

到目前为止，我们讨论的所有模型都基于先到先服务规则，但实际情况下，还有许多其他规则，例如，后到先服务、随机服务和优先级方案等。

在优先级方案中，优先级较高的顾客将在优先级较低的顾客之前接受服务。有两种优先级场景——抢占和非抢占。在抢占场景中，即使优先级较低的顾客正在接受服务，也允许优先级更高的顾客在到达时立即接受服务；当原优先级较低的顾客可以接受服务时，该顾客可以从中断处继续接受服务（**抢占恢复**，preemptive resume）或者重新开始接受服务（**抢占重复**，preemptive repeat）。在非抢占场景中，优先级最高的顾客排在队列的最前面，但需要等到当前正在接受服务的顾客完成服务后才能接受服务，即使正在接受服务的顾客的优先级较低。

具有优先级的排队模型通常比不具有优先级的排队模型难分析，但我们可以进行一些初步的分析。对于 $M/M/1$ 等排队模型，稳态概率 $\{p_n\}$ 的推导不依赖于排队规则（见第 3.2 节），也就是说，马尔可夫链的转移速率（如图 3.3 所示）与顾客的排队顺序无关。可以证明，如果顾客接受服务的顺序与服务时间无关，则 $\{p_n\}$ 与排队规则无关（例如，如果给予服务时间较短的顾客较高的优先级，则 $\{p_n\}$ 与排队规则相关）。在具有优先级的模型中，仍然可以使用利特尔法则；此外，由于平均系统大小没有改变，所以平均等待时间不变。

但等待时间的分布发生了改变。事实上，在先到先服务规则下，等待时间的随机性最小（在其他条件相同的情况下），也就是说，基于任何不依赖于服务时间的优先级方案求得的高阶矩都劣于基于先到先服务规则求得的高阶矩，特别是，先到先服务规则使等待时间的方差最小。在某种意义上，等待时间的方差可以衡量排队系统公平性，方差越小，公平性越高，从这个意义上说，先到先服务是最公平的排队规则。第 4.4.4 节将更详细地讨论公平性问题。

到目前为止，本书中介绍的内容还不足以帮助我们证明以上结论的一般性，我们可以通过图 4.4 来初步了解这一结论。图 4.4 展示了单服务员排队系统中顾客到达和离开的时间点，如果排队规则为先到先服务 (如图所示)，顾客在系统中的等待时间分别为 11、14、9 和 10，平均等待时间为 44/4 =11，无偏样本方差为 14/3。如果排队规则为后到先服务（顾客的到达时间点仍如图 4.4 所示，但离开时间点将发生变化），则除了顾客 4 将在顾客 3 之前接受服务外（即顾客

4 在时刻 23 离开，顾客 3 在时刻 27 离开），其他都与先到先服务规则下的情况相同[①]；在后到先服务规则下，顾客在系统中的等待时间分别为 11、14、13 和 6，平均等待时间为 44/4=11（与先到先服务规则下的平均等待时间相同），但是由于顾客 4 和顾客 3 接受服务的顺序发生了改变，无偏样本方差变为 38/3，与先到先服务规则相比增大了很多。

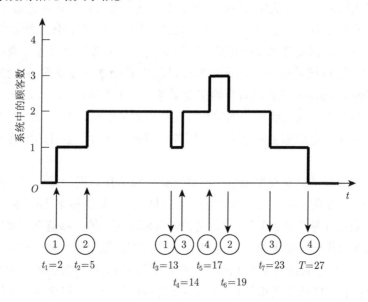

图 4.4　单服务员排队系统中的顾客数变化示例

我们注意到，只要系统具有工作量保守性（服务员的工作量不会凭空增加或减少），则在任意忙期内，单服务员系统中服务员的剩余工作量与排队规则无关。工作量保守性意味着，例如，在单通道场景中，顾客在接受服务的过程中不会中途退出、当服务时间不服从指数分布时不存在抢占重复、服务员不会被迫处于空闲状态（即只要系统中有顾客，服务员就一定处于忙碌状态）等。在多通道场景中，如果每个通道的服务时间服从相同的分布，则系统具有工作量保守性。如果系统不具有工作量保守性，则抢占可能会使服务员的剩余工作量发生改变，从而使队列中其他顾客的等待时间发生改变。

---

① 在本例中，顾客 3 和顾客 4 的服务时间均为 4，因此交换他们接受服务的顺序不会使系统中的平均顾客数发生改变。

4.4.1　具有两个优先级的非抢占排队模型

假设顾客按泊松过程到达一个单服务员系统，服务时间服从指数分布［关于本节中排队模型的更多信息，请见参考文献（Morse，1958）］。我们通常会对优先级进行编号，较小的编号对应较高的优先级。在该系统中，顾客的优先级为 1 或 2。假设优先级为 1（较高优先级）的顾客的平均到达速率为 λ_1，优先级为 2（较低优先级）的顾客的平均到达速率为 λ_2，则总到达速率 $\lambda \equiv \lambda_1 + \lambda_2$。此外，假设优先级为 1 的顾客在优先级为 2 的顾客之前接受服务，且不存在抢占。

根据以上假设，可以建立稳态时的平衡方程（m 和 n 不同时为 0）

$$p_{mnr} \equiv \Pr\{\text{系统中有}m\text{个优先级为 1 的顾客}、n\text{个优先级为 2 的顾客}，$$
$$\text{且正在接受服务的顾客的优先级}r = 1\text{或}2\}$$

设 p_0 是系统为空的稳态概率，$L^{(i)}$、$L_q^{(i)}$、$W_q^{(i)}$ 及 $W^{(i)}$ 是系统中优先级为 i 的顾客的效益指标。

4.4.1.1　服务速率相等

假设两类顾客的服务速率都等于 μ。定义

$$\rho_1 \equiv \frac{\lambda_1}{\mu}, \quad \rho_2 \equiv \frac{\lambda_2}{\mu}, \quad \rho \equiv \rho_1 + \rho_2 = \frac{\lambda}{\mu}$$

假设 $\rho < 1$，可以得到以下速率平衡方程（见习题 4.29）

$$
\begin{cases}
(\lambda+\mu)p_{mn2} = \lambda_1 p_{m-1,n,2} + \lambda_2 p_{m,n-1,2}, & m \geqslant 1, n \geqslant 2 \\
(\lambda+\mu)p_{mn1} = \lambda_1 p_{m-1,n,1} + \lambda_2 p_{m,n-1,1} + \mu\,(p_{m+1,n,1} + p_{m,n+1,2}), & m \geqslant 2, n \geqslant 1 \\
(\lambda+\mu)p_{m12} = \lambda_1 p_{m-1,1,2}, & m \geqslant 1 \\
(\lambda+\mu)p_{1n1} = \lambda_2 p_{1,n-1,1} + \mu\,(p_{2n1} + p_{1,n+1,2}), & n \geqslant 1 \\
(\lambda+\mu)p_{0n2} = \lambda_2 p_{0,n-1,2} + \mu\,(p_{1n1} + p_{0,n+1,2}), & n \geqslant 2 \\
(\lambda+\mu)p_{m01} = \lambda_1 p_{m-1,0,1} + \mu\,(p_{m+1,0,1} + p_{m12}), & m \geqslant 2 \\
(\lambda+\mu)p_{012} = \lambda_2 p_0 + \mu\,(p_{111} + p_{022}) \\
(\lambda+\mu)p_{101} = \lambda_1 p_0 + \mu\,(p_{201} + p_{112}) \\
\lambda p_0 = \mu\,(p_{101} + p_{012})
\end{cases}
\tag{4.33}
$$

由第 1 章可知，在单服务员系统中，ρ 是服务员处于忙碌状态的时间占比，即 $p_0 = 1 - \rho$，服务员处于空闲状态的时间占比与排队规则无关。设服务员为优

先级为 r 的顾客提供服务的时间占比为 ρ_r，则

$$\sum_{m=1}^{\infty}\sum_{n=0}^{\infty} p_{mn1} = \rho_1 \quad \text{且} \quad \sum_{m=0}^{\infty}\sum_{n=1}^{\infty} p_{mn2} = \rho_2$$

由于两类顾客的服务时间均服从指数分布，且服务速率均为 μ，因此该系统中顾客总数的稳态分布与 $M/M/1$ 排队系统的稳态分布相同：

$$p_n = \sum_{m=0}^{n-1}(p_{n-m,m,1} + p_{m,n-m,2}) = (1-\rho)\rho^n, \quad n > 0$$

由于存在三重下标，所以求解该系统的平稳方程组非常困难，在本节中我们仅通过二维母函数来推导该系统的效益指标。定义

$$P_{m1}(z) = \sum_{n=0}^{\infty} z^n p_{mn1}, \quad m \geqslant 1$$

$$P_{m2}(z) = \sum_{n=1}^{\infty} z^n p_{mn2}, \quad m \geqslant 0$$

$$H_1(y,z) = \sum_{m=1}^{\infty} y^m P_{m1}(z), \quad \diamondsuit H_1(1,1) = \rho_1$$

$$H_2(y,z) = \sum_{m=0}^{\infty} y^m P_{m2}(z), \quad \diamondsuit H_2(1,1) = \rho_2$$

并定义

$$\begin{aligned}
H(y,z) &= H_1(y,z) + H_2(y,z) + p_0 \\
&= \sum_{m=1}^{\infty}\sum_{n=0}^{\infty} y^m z^n p_{mn1} + \sum_{m=0}^{\infty}\sum_{n=1}^{\infty} y^m z^n p_{mn2} + p_0 \\
&= \sum_{m=1}^{\infty}\sum_{n=1}^{\infty} y^m z^n (p_{mn1} + p_{mn2}) + \sum_{m=1}^{\infty} y^m p_{m01} + \sum_{n=1}^{\infty} z^n p_{0n2} + p_0
\end{aligned}$$

$H(y,z)$ 是两类顾客的联合母函数，无论正在接受服务的是哪一类顾客，$H(y,z)$ 都相同。当 z 等于 y 时（即不区分优先级时），$H(y,z)$ 退化为 $M/M/1$ 排队系统的母函数，即 $H(y,y) = p_0/(1-\rho y)$ [$H(1,1) = 1$]，即式（3.13），可得

$$\frac{\partial H(y,z)}{\partial y}\bigg|_{y=z=1} = L^{(1)} = L_{\mathrm{q}}^{(1)} + \rho_1 = \lambda_1 W^{(1)}$$

$$\frac{\partial H(y,z)}{\partial z}\bigg|_{y=z=1} = L^{(2)} = L_{\mathrm{q}}^{(2)} + \rho_2 = \lambda_2 W^{(2)}$$

如果将式（4.33）中的方程乘以 y 和 z 的适当次幂并相应地求和，可得

$$(1+\rho-\rho_1 y-\rho_2 z-1/y)\,H_1(y,z) = \frac{H_2(y,z)}{z} + \rho_1 y p_0 - P_{11}(z) - \frac{P_{02}(z)}{z} \tag{4.34}$$

$$(1+\rho-\rho_1 y-\rho_2 z)\,H_2(y,z) = P_{11}(z) + \frac{P_{02}(z)}{z} - (\rho-\rho_2 z)\,p_0 \tag{4.35}$$

为了完全确定母函数 H_1 和 H_2，需要求 $P_{11}(z)$、$P_{02}(z)$ 和 p_0。将式（4.33）中包含 p_{0n2} 的方程（即第 5 个方程）乘以 $z^n\,(n=2,3,\cdots)$，再将得到的方程对 n 从 2 到 ∞ 求和，并使用式（4.33）中后 3 个方程，可得 $P_{11}(z)$、$P_{02}(z)$ 和 p_0 的关系式

$$P_{11}(z) = (1+\rho-\rho_2 z-1/z)\,P_{02}(z) + (\rho-\rho_2 z)\,p_0$$

将上式代入式（4.34）和式（4.35），可得 H_1 和 H_2 关于 p_0 和 $P_{02}(z)$ 的函数，因此 $H(y,z)$ 可写为

$$\begin{aligned}
H(y,z) &= H_1(y,z) + H_2(y,z) + p_0 \\
&= \frac{(1-y)p_0}{1-y-\rho y+\rho_1 y^2+\rho_2 yz} + \\
&\quad \frac{(1+\rho-\rho z+\rho_1 z)\,(z-y)\,P_{02}(z)}{z\,(1+\rho-\rho_1 y-\rho_2 z)\,(1-y-\rho y+\rho_1 y^2+\rho_2 yz)}
\end{aligned}$$

由 $H(1,1)=1$ 可得 $P_{02}(1)=\rho_2/(1+\rho_1)$。

接下来取 H 关于 y 的偏导数，在 $(1,1)$ 处求值可得 $L^{(1)}$［不能直接求 $\partial H(y,z)/\partial y$ 在 $(1,1)$ 处的值，需要取极限］。在这一过程中，我们不需要求 $P_{02}(z)$ 的函数关系式，只需要求 $P_{02}(1)$。

为了求 $L^{(2)}$，可以取 H 关于 z 的偏导数，并在 $(1,1)$ 处求值。但是，此时需要求 $P_{02}(z)$ 的函数关系式［更具体地说，需要求 $P_{02}'(1)$］。一种较简单的方法是使用关系式 $L^{(1)}+L^{(2)}=\rho/(1-\rho)$，也就是说，由于两类顾客的服务时间服从相同的分布，所以该系统中的平均顾客数与 $M/M/1$ 排队系统中的平均顾客数

相同，见式（3.25）。通过关系式 $L_q^{(i)} = L^{(i)} - \rho_i$、$L_q^{(i)} = \lambda_i W_q^{(i)}$ 和 $L^{(i)} = \lambda_i W^{(i)}$ 可以得到其他效益指标。

由于推导过程非常烦琐，这里直接给出 $L_q^{(i)}$ 的结果

$$
\begin{aligned}
L_q^{(1)} &= \frac{\lambda_1 \rho}{\mu - \lambda_1} \\
L_q^{(2)} &= \frac{\lambda_2 \rho}{(\mu - \lambda_1)(1 - \rho)} \\
L_q &= \frac{\rho^2}{1 - \rho}
\end{aligned}
\tag{4.36}
$$

其中，$\rho = \lambda_1/\mu + \lambda_2/\mu$。通过使用多维生灭过程的理论，可以证明系统中有 n_1 个优先级为 1 的顾客的概率为（Miller，1981）

$$
p_{n_1} = (1 - \rho)\left(\frac{\lambda_1}{\mu}\right)^{n_1} + \frac{\lambda_2}{\lambda_1}\left(\frac{\lambda_1}{\mu}\right)^{n_1}\left[1 - \left(\frac{\mu}{\lambda_1 + \mu}\right)^{n_1+1}\right], \quad n_1 \geqslant 0
$$

可以得出以下 4 条关于效益指标的重要结论。

- 优先级为 2 的顾客总是比优先级为 1 的顾客的（平均）排队时间长：

$$
W_q^{(2)} = \frac{\rho}{(\mu - \lambda_1)(1 - \rho)} = \frac{\rho/(\mu - \lambda_1)}{1 - \rho} = \frac{W_q^{(1)}}{1 - \rho} > W_q^{(1)}, \qquad \rho < 1
$$

  然而，$L_q^{(2)} > L_q^{(1)}$ 并非总是成立（见习题 4.31）。

- 当 $\rho \to 1$ 时，$L_q^{(2)} \to \infty$（$W_q^{(2)}$、$W^{(2)}$ 和 $L^{(2)}$ 也趋于无穷）。然而，如果 $\lambda_1/\mu < 1$ 始终成立，则优先级为 1 的顾客的效益指标趋于有限值。仅当 $\lambda_1/\mu \to 1$ 时，优先级为 1 的顾客的效益指标趋于无穷。因此，即使系统不存在稳态，系统中优先级为 1 的顾客数也可能不会一直增加。

- 尽管优先级为 1 的顾客可以在优先级为 2 的顾客之前接受服务，但只要存在优先级为 2 的顾客，队列中优先级为 1 的平均顾客数就会增加，即 $\lambda_2 = 0$ 时的 $L_q^{(1)}$ 小于 $\lambda_2 > 0$ 时的 $L_q^{(1)}$。这是因为当优先级为 2 的顾客正在接受服务时，优先级为 1 的顾客不能以抢占的方式获得服务。然而，如果优先级为 1 的顾客具有抢占权，则优先级为 2 的顾客不会影响优先级为 1 的顾客。

- 该模型中排队的平均顾客数与 $M/M/1$ 排队系统中排队的平均顾客数相同，平均排队时间 $W_q = (\lambda_1/\lambda)W_q^{(1)} + (\lambda_2/\lambda)W_q^{(2)}$ 也与 $M/M/1$ 排队系统中的平均排队时间相同。

4.4.1.2　服务速率不相等

假设两类顾客的服务速率不相等。具体来说，优先级为 1 的顾客的服务速率为 μ_1，优先级为 2 的顾客的服务速率为 μ_2。对于该系统，定义

$$\rho_1 \equiv \frac{\lambda_1}{\mu_1}, \quad \rho_2 \equiv \frac{\lambda_2}{\mu_2}, \quad \rho \equiv \rho_1 + \rho_2$$

可以得到与式（4.33）类似的平衡方程。该模型的平均队列长度为 [具体推导过程请见参考文献（Morse，1958）]

$$\boxed{\begin{aligned} L_{\mathrm{q}}^{(1)} &= \frac{\lambda_1\left(\rho_1/\mu_1 + \rho_2/\mu_2\right)}{1-\rho_1} \\ L_{\mathrm{q}}^{(2)} &= \frac{\lambda_2\left(\rho_1/\mu_1 + \rho_2/\mu_2\right)}{\left(1-\rho_1\right)\left(1-\rho\right)} \\ L_{\mathrm{q}} &= L_{\mathrm{q}}^{(1)} + L_{\mathrm{q}}^{(2)} \end{aligned}} \tag{4.37}$$

下面给出系统中有 n_1 个优先级为 1 的顾客的概率（Miller，1981）：

$$p_{n_1} = (1-\rho)\left(\frac{\lambda_1}{\mu_1}\right)^{n_1} + \frac{\lambda_2}{\lambda_1 + \mu_2 - \mu_1}\left[\left(\frac{\lambda_1}{\mu_1}\right)^{n_1} - \frac{\mu_1\lambda_1^{n_1}}{\left(\lambda_1 + \mu_2\right)^{n_1+1}}\right], \quad n_1 \geqslant 0$$

4.4.1.3　先到先服务

本节讨论具有两类顾客且排队规则为先到先服务的模型。两类顾客的到达速率分别为 λ_1 和 λ_2，服务速率分别为 μ_1 和 μ_2，服务时间服从指数分布。该模型不具有优先级，但将该模型与优先级模型进行比较是有意义的。可以将该模型视为 $M/H_2/1$ 排队模型，即两类顾客的到达流合并为一个到达流，且服务时间的分布视为两个指数分布的混合（超指数分布）。

该模型的平均队列长度为（见习题 4.30）

$$\boxed{\begin{aligned} L_{\mathrm{q}}^{(1)} &= \frac{\lambda_1\left(\rho_1/\mu_1 + \rho_2/\mu_2\right)}{1-\rho} \\ L_{\mathrm{q}}^{(2)} &= \frac{\lambda_2\left(\rho_1/\mu_1 + \rho_2/\mu_2\right)}{1-\rho} \\ L_{\mathrm{q}} &= \frac{\lambda\left(\rho_1/\mu_1 + \rho_2/\mu_2\right)}{1-\rho} \end{aligned}} \tag{4.38}$$

当标准 $M/M/1$ 排队系统中的平均服务时间等于该系统中两类顾客平均服务时间的加权平均值时，即当 $1/\mu = (\lambda_1/\lambda)/\mu_1 + (\lambda_2/\lambda)/\mu_2$ 时，该系统的 L_{q}

总是大于标准 $M/M/1$ 排队系统的 L_q（见习题 4.32），这是因为超指数分布与指数分布相比具有更大的相对变异性。

4.4.1.4 模型比较

首先比较第 4.4.1.2 节中的优先级模型和第 4.4.1.3 节中的非优先级模型。可以证明，优先级的存在减少了队列中优先级为 1 的平均顾客数，增加了队列中优先级为 2 的平均顾客数，该结论的证明留作练习（见习题 4.34）。

可以直观地解释该结论：优先级方案有利于优先级较高的顾客，而不利于优先级较低的顾客。接下来讨论优先级方案对系统的总体性能有何影响。具体来说，比较两个系统的平均队列长度 L_q。

第 4.4.1.2 节中优先级排队系统的 $L_q = \left(\dfrac{\rho_1/\mu_1 + \rho_2/\mu_2}{1 - \rho} \right) \dfrac{\lambda - \lambda_1\rho}{1 - \rho_1}$

第 4.4.1.3 节中先到先服务排队系统的 $L_q = \left(\dfrac{\rho_1/\mu_1 + \rho_2/\mu_2}{1 - \rho} \right) \lambda$

两个系统的 L_q（以及 W_q）的比例因子为 $(\lambda - \lambda_1\rho)/(\lambda - \lambda\rho_1)$。当下式成立时，优先级排队系统的平均队列长度小于先到先服务排队系统的平均队列长度：

$$\frac{\lambda - \lambda_1\rho}{\lambda - \lambda\rho_1} < 1 \Leftrightarrow \lambda_1\rho > \lambda\rho_1 \Leftrightarrow \lambda_1 \left(\frac{\lambda_1}{\mu_1} + \frac{\lambda_2}{\mu_2} \right) > (\lambda_1 + \lambda_2) \frac{\lambda_1}{\mu_1} \Leftrightarrow \mu_2 < \mu_1$$

概括地说，当优先级为 1 的顾客的服务速率较快（或服务时间较短）时，优先级排队系统的平均队列长度小于先到先服务排队系统的平均队列长度。该结论对于排队系统的设计非常重要，并可以引出用于对系统进行优化设计的**最短处理时间**（the shortest processing time，SPT）规则（Schrage et al.，1966）。也就是说，如果排队系统的设计准则是减少排队的平均顾客数（即减少平均等待时间），那么应当给予服务速率较快的顾客较高的优先级。

接下来比较第 4.4.1.2 节中服务速率不相等的优先级模型和第 4.4.1.1 节中服务速率相等的优先级模型。为了进行比较，必须确定后者的服务速率 μ，令两个模型的平均服务时间相等，即

$$\frac{1}{\mu} = \frac{\lambda_1}{\lambda} \cdot \frac{1}{\mu_1} + \frac{\lambda_2}{\lambda} \cdot \frac{1}{\mu_2}$$

或者，可以令 μ 介于 μ_1 和 μ_2 之间。当 $\mu = \max\{\mu_1, \mu_2\}$ 时，可以证明，式（4.36）中的 $L_q^{(1)}$、$L_q^{(2)}$ 和 L_q 均小于式（4.37）中的 $L_q^{(1)}$、$L_q^{(2)}$ 和 L_q；当 $\mu = \min\{\mu_1, \mu_2\}$

时，式（4.37）中的 $L_q^{(1)}$、$L_q^{(2)}$ 和 L_q 均小于式（4.36）中的 $L_q^{(1)}$、$L_q^{(2)}$ 和 L_q（见习题 4.33）。当 μ 严格介于 μ_1 和 μ_2 之间时，模型的对比结果取决于参数 μ_1、μ_2、μ、λ_1 和 λ_2 的值。表 4.1 汇总了本节中讨论的模型的对比结果。

表 4.1　非抢占排队模型的对比结果

对比对象	模型 (a)	模型 (b)	模型 (c)
模型 (b)	L_q: (b) = (a)	—	—
模型 (c)	L_q: (c)<(a) 当且仅当 $\mu_1 > \mu_2$	取决于参数	—
模型 (d)	L_q: (d) $\geqslant$ (a)	N/A	$L_q^{(1)}$: (c) < (d) $L_q^{(2)}$: (d) < (c) L_q : (c) < (d) 当且仅当 $\mu_1 > \mu_2$

模型	参数	结果
(a) $M/M/1$	λ, μ	式 (3.27)[①]
(b) 具有两个优先级且服务速率相等	$\lambda_1, \lambda_2, \mu$	式 (4.36)[②]
(c) 具有两个优先级且服务速率不相等	$\lambda_1, \lambda_2, \mu_1, \mu_2$	式 (4.37)
(d) 不具有优先级且服务速率不相等	$\lambda_1, \lambda_2, \mu_1, \mu_2$	式 (4.38)

① 令 $\lambda = \lambda_1 + \lambda_2$ 及 $1/\mu = (\lambda_1/\lambda)/\mu_1 + (\lambda_2/\lambda)/\mu_2$。

② 令 μ 介于 μ_1 和 μ_2 之间。

■ 例 4.11

我们的朋友卡特女士想知道优先为只需要简单修剪头发的顾客提供服务是否可行。据卡特女士估算，三分之一的顾客只需要简单修剪头发，为顾客提供简单修剪服务的时间服从指数分布，平均服务时间为 5 min。将只需要简单修剪头发的顾客从顾客总体中移除后，服务时间服从指数分布，平均服务时间为 12.5 min。顾客按照泊松过程到达，到达速率 $\lambda = 5$ 个/h。如果卡特女士使用平均排队时间来衡量排队系统的性能，那么优先为只需要简单修剪头发的顾客提供服务是否可以减少该系统的平均排队时间？

由已知条件可得 $\lambda_1 = \lambda/3 = \dfrac{5}{3}$ 个/h、$\lambda_2 = 2\lambda/3 = \dfrac{10}{3}$ 个/h、$\mu_1 = 12$ 个/h 以及 $\mu_2 = \dfrac{24}{5}$ 个/h，则 $\rho_1 = \dfrac{5}{36}$、$\rho_2 = \dfrac{25}{36}$ 且 $\rho = \dfrac{30}{36} = \dfrac{5}{6}$，把这些值代入式（4.37），可得

$$L_q^{(1)} = \frac{75}{248} \doteq 0.30, \quad L_q^{(2)} = \frac{225}{62} \doteq 3.63, \quad L_q \doteq 3.93$$

所有顾客的平均排队时间为 $W_q = L_q/\lambda \doteq 47\ (\text{min})$。

我们应该使用式（4.38）中不具有优先级且具有两种服务速率的模型（见第 4.4.1.3 节）来进行对比，而不是例 3.1 中的 $M/M/1$ 排队模型。由式（4.38）可得

$$L_q^{(1)} = \frac{25}{16} \doteq 1.56, \quad L_q^{(2)} = \frac{25}{8} \doteq 3.13, \quad L_q \doteq 4.69$$

所有顾客的平均排队时间为 $W_q = L_q/\lambda \doteq 56\ (\text{min})$。

因此，使用优先级方案减少了队列中优先级为 1 的顾客数（即减少了优先级为 1 的顾客的排队时间），但增加了队列中优先级为 2 的顾客数（即增加了优先级为 2 的顾客的排队时间）。但从总体来看，优先级方案减少了所有顾客的平均排队时间。这个例子印证了最短处理时间规则。

最后，使用例 3.1 中的 $M/M/1$ 排队模型来进行对比。在例 3.1 中，$\lambda = 5$个/h、$\mu = 6$个/h（与本例中所有顾客的平均到达速率和平均服务速率相等）且 $L_q = \frac{25}{6} \doteq 4.17$。因此，本例中（即第 4.4.1.2 节中的模型）的 L_q 值比 $M/M/1$ 排队模型的 L_q 值大。这个结果与我们前面所讨论的一致，即增大服务时间的易变性会增加系统的拥塞程度。

4.4.2 具有多个优先级的非抢占排队模型

如前一节提到的，确定非抢占马尔可夫系统的平稳概率极为困难（处理多重下标的母函数也非常困难），尤其是当有两个以上优先级时，确定平稳概率几乎是不可能的。因此，我们介绍另一种求 L 和 W 的方法，即期望求解法（通过期望的定义求解）。

假设优先级为 k（数值越小，优先级越高）的顾客按到达速率为 $\lambda_k(k = 1, 2, \cdots, r)$ 的泊松过程到达一个单通道系统，相同优先级的顾客按先到先服务规则接受服务。假设优先级为 k 的顾客的服务时间服从指数分布，平均服务时间为 $1/\mu_k$。只有当正在接受服务的顾客完成服务后，才允许下一个顾客开始接受服务，无论他们的优先级是高还是低。

首先，定义

$$\rho_k \equiv \frac{\lambda_k}{\mu_k}, \quad 1 \leqslant k \leqslant r; \quad \sigma_k \equiv \sum_{i=1}^{k} \rho_i, \quad \sigma_0 \equiv 0, \sigma_r \equiv \rho \tag{4.39}$$

当 $\sigma_r = \rho < 1$ 时，系统是平稳的。

假设当优先级为 i 的顾客 A 到达系统时，队列中已有 n_1 个优先级为 1 的顾客，n_2 个优先级为 2 的顾客，n_3 个优先级为 3 的顾客，以此类推。设 S_0 为正在接受服务的顾客的剩余服务时间（如果顾客 A 到达时系统为空，则该值为 0）。设 S_k 为排在顾客 A 前且优先级为 k（$1 \leqslant k \leqslant i$）的 n_k 个顾客所需的服务时间之和。在顾客 A 排队期间（排队时间为 T_q），可能会有优先级为 k（$k < i$）的顾客到达并在顾客 A 之前接受服务。假设有 n'_k 个优先级为 k（$k < i$）的顾客在顾客 A 之后到达并在顾客 A 之前接受服务，设 S'_k 为这 n'_k 个顾客所需的服务时间之和。因此，

$$T_q = \sum_{k=1}^{i-1} S'_k + \sum_{k=1}^{i} S_k + S_0$$

对等式两边同取期望，可得

$$W_q^{(i)} \equiv \mathrm{E}\,[T_q] = \sum_{k=1}^{i-1} \mathrm{E}\,[S'_k] + \sum_{k=1}^{i} \mathrm{E}\,[S_k] + \mathrm{E}\,[S_0]$$

由泊松过程均匀分布的性质，可知 $\mathrm{E}[n_k]$ 等于队列中优先级为 k 的顾客数的平均值，即 $L_q^{(k)}$。根据利特尔法则，可得

$$\mathrm{E}\,[n_k] = L_q^{(k)} = \lambda_k W_q^{(k)}$$

由于服务员的服务时间与 n_k 无关，可得

$$\mathrm{E}\,[S_k] = \frac{\mathrm{E}\,[n_k]}{\mu_k} = \frac{\lambda_k W_q^{(k)}}{\mu_k} = \rho_k W_q^{(k)}$$

由于顾客按泊松过程到达，所以在顾客 A 排队期间，平均有 $\mathrm{E}\,[n'_k] = \lambda_k W_q^{(i)}$ 个优先级为 k 的顾客到达，因此，

$$\mathrm{E}\,[S'_k] = \frac{\mathrm{E}\,[n'_k]}{\mu_k} = \frac{\lambda_k W_q^{(i)}}{\mu_k} = \rho_k W_q^{(i)}$$

联立以上方程，可得

$$W_q^{(i)} = W_q^{(i)} \sum_{k=1}^{i-1} \rho_k + \sum_{k=1}^{i} \rho_k W_q^{(k)} + \mathrm{E}\,[S_0]$$

即

$$W_q^{(i)} = \frac{\sum_{k=1}^{i} \rho_k W_q^{(k)} + \mathrm{E}\,[S_0]}{1 - \sigma_{i-1}} \tag{4.40}$$

式（4.40）中的方程是线性的。科伯姆（Cobham，1954）通过对 i 应用数学归纳法求出了式（4.40）的解（见习题 4.35）：

$$W_{\mathrm{q}}^{(i)} = \frac{\mathrm{E}\,[S_0]}{(1-\sigma_{i-1})\,(1-\sigma_i)} \tag{4.41}$$

如果当顾客 A 到达时系统为空，则 $S_0 = 0$（S_0 为正在接受服务的顾客的剩余服务时间），因此，

$$\mathrm{E}\,[S_0] = \mathrm{Pr}\{\text{系统忙碌}\} \cdot \mathrm{E}[S_0|\,\text{系统忙碌}]$$

服务员处于忙碌状态的概率为

$$\lambda \cdot \text{平均服务时间} = \lambda \sum_{k=1}^{r} \frac{\lambda_k}{\lambda} \cdot \frac{1}{\mu_k} = \rho$$

且

$$\mathrm{E}\,[S_0|\text{系统忙碌}] = \sum_{k=1}^{r} \big(\mathrm{E}\,[S_0|\text{优先级为 } k \text{ 的顾客正在接受服务}] \times$$

$$\mathrm{Pr}\{\text{优先级为 } k \text{ 的顾客正在接受服务}|\text{系统忙碌}\}\big)$$

$$= \sum_{k=1}^{r} \frac{1}{\mu_k} \cdot \frac{\rho_k}{\rho}$$

因此，

$$\mathrm{E}\,[S_0] = \rho \sum_{k=1}^{r} \frac{1}{\mu_k} \cdot \frac{\rho_k}{\rho} = \sum_{k=1}^{r} \frac{\rho_k}{\mu_k} \tag{4.42}$$

将式（4.42）代入式（4.41）可得

$$W_{\mathrm{q}}^{(i)} = \frac{\displaystyle\sum_{k=1}^{r} \rho_k/\mu_k}{(1-\sigma_{i-1})\,(1-\sigma_i)} \tag{4.43}$$

只要 $\sigma_r = \sum\limits_{k=1}^{r} \rho_k < 1$，式（4.43）就成立。使用利特尔法则，可得平均队列长度为

$$L_{\mathrm{q}} = \sum_{i=1}^{r} L_{\mathrm{q}}^{(i)} = \sum_{i=1}^{r} \frac{\lambda_i \displaystyle\sum_{k=1}^{r} \rho_k/\mu_k}{(1-\sigma_{i-1})\,(1-\sigma_i)}$$

当 $r = 2$ 时，上式退化为式（4.37）。关于高阶矩结果，可查阅其他参考文献（Kesten et al., 1957）。

接下来比较优先级排队系统和 $M/M/1$ 排队系统。在优先级排队系统中，所有顾客的平均排队时间为

$$W_{\mathrm{q}} \equiv \sum_{i=1}^{r} \frac{\lambda_i W_{\mathrm{q}}^{(i)}}{\lambda}$$

设 $M/M/1$ 排队系统的平均服务时间等于优先级排队系统中所有顾客的平均服务时间，即

$$\frac{1}{\mu} \equiv \sum_{i=1}^{r} \left(\frac{\lambda_i}{\lambda} \cdot \frac{1}{\mu_i} \right) \tag{4.44}$$

因此，当且仅当所有优先级的顾客的服务速率 μ_i 相同时，两个系统中顾客的平均排队时间才相同，也就是说，对于优先级排队系统，当且仅当 $\mu_i \equiv \mu$ 对于所有 i 都成立时，下式才成立（见习题 4.36）：

$$W_{\mathrm{q}} = \frac{\lambda}{\mu(\mu - \lambda)}$$

事实上，如果优先级较高的顾客的服务速率较快，那么优先级排队系统中所有顾客的平均排队时间短于对应的非优先级排队系统中的平均排队时间［非优先级排队系统的服务速率由式（4.44）定义］，这也印证了前面提到的最短处理时间规则。相反，如果优先级较低的顾客的服务速率较快，那么与对应的优先级排队系统相比，非优先级排队系统中的平均排队时间更短且平均系统大小更小（见习题 4.37）。这些差异会随着系统中顾客数的增多而增大。如果优先级与服务速率之间没有特定的关系，则平均排队时间取决于不同优先级的顾客的服务速率以及平均服务时间。因此，如果排队系统设计的首要要求是减少某类顾客的排队时间，那么应当给予这类顾客更高的优先级；如果排队系统设计的要求是减少所有顾客的平均排队时间，那么应当给予服务速率更快的顾客更高的优先级。关于优先级对排队时间的影响的更多讨论，请参阅参考文献（Morse, 1958; Jaiswal, 1968）。

最后讨论一下在什么情况下一般的 $M/M/1$ 排队系统与具有优先级的 $M/M/1$ 排队系统（以及使用一般排队规则的 $M/M/1$ 排队系统）的状态概率和效益指标之间没有差异。当满足以下条件时，一般的 $M/M/1$ 排队系统与使用任意排队规则的 $M/M/1$ 排队系统的状态概率和效益指标相同：只有当完成服务后，顾

客才会离开系统；所有顾客的平均服务时间相同；只有当一个顾客完成服务后，服务员才能为下一个顾客提供服务；为当前顾客完成服务后服务员立即为下一个顾客提供服务。

4.4.2.1　一般服务时间分布

在推导式（4.43）的过程中，我们只使用了一次服务时间服从指数分布的假设（然而，我们多次使用了泊松到达的假设）。具体来说，下面的式子使用了服务时间服从指数分布的假设。

$$\mathrm{E}[S_0|\text{优先级为 } k \text{ 的顾客正在接受服务}] = \frac{1}{\mu_k}$$

不难将前面的结果推广到一般服务时间分布。设 X_k 为优先级为 k 的顾客的随机服务时间，假设 X_k 服从一般分布，其一阶矩为 $\mathrm{E}[X_k] = 1/\mu_k$，二阶矩为 $\mathrm{E}[X_k^2]$，则

$$\mathrm{E}[S_0|\text{优先级为 } k \text{ 的顾客正在接受服务}] = \frac{\mathrm{E}[X_k^2]\mu_k}{2}$$

这一结果的推导留作练习（见习题 6.5）。如果随机变量 X_k 表示更新过程中更新事件发生的时间间隔，则以上结果是该更新过程的平均剩余时间（Ross，2014）。此时，式（4.42）可写为

$$\mathrm{E}[S_0] = \rho \sum_{k=1}^{r} \left(\frac{\mathrm{E}[X_k^2]\mu_k}{2} \cdot \frac{\lambda_k/\mu_k}{\rho} \right) = \sum_{k=1}^{r} \frac{\mathrm{E}[X_k^2]\lambda_k}{2}$$
$$= \frac{\lambda}{2} \sum_{k=1}^{r} \left(\frac{\lambda_k}{\lambda}\mathrm{E}[X_k^2] \right) = \frac{\lambda\mathrm{E}[S^2]}{2}$$

因此，

$$\boxed{W_{\mathrm{q}}^{(i)} = \frac{\lambda\mathrm{E}[S^2]/2}{(1-\sigma_{i-1})(1-\sigma_i)}} \tag{4.45}$$

4.4.2.2　连续优先级

菲普斯（Phipps，1956）扩展了科伯姆的模型，在该扩展模型中，优先级的值是连续的而不是离散的。他根据顾客的实际服务时间来确定顾客相应的优先级，即服务时间为 x 的顾客的优先级为 x，x 是连续参数（替换离散参数 i）。因此，服务时间较短的顾客将优先接受服务，这类似于最短处理时间规则。在前面提到的模型中，我们根据顾客的平均服务时间（即属于同一优先级的顾客的平

均服务时间）来确定顾客优先级的高低，而在本节中，我们根据实际服务时间来确定顾客优先级的高低。假设在顾客接受服务前，其实际服务时间是已知的。称此规则为**最短作业优先**（shortest job first，SJF）规则。同样，假设不存在抢占。

将科伯姆的结果推广到连续优先级场景需要使用连续参数 x 替换离散参数 i，并且需要将求和运算改为积分运算。与前面的模型一样，假设到达过程是到达速率为 λ 的泊松过程。设 S 为任意顾客的随机服务时间，S 的累积分布函数为 $B(t)$，则服务时间介于 x 和 $x + \mathrm{d}x$ 之间的顾客的到达速率（对应于 λ_i）为

$$\lambda_x \mathrm{d}x = \lambda \frac{\mathrm{d}B(x)}{\mathrm{d}x} \mathrm{d}x = \lambda \mathrm{d}B(x)$$

由于假设优先级为 x 的顾客的服务时间是 x，所以优先级为 x 的顾客的服务速率为 $\mu_x = 1/x$，则式（4.39）中 σ_k 的连续形式为

$$\sigma_x = \int_0^x \frac{\lambda_y}{\mu_y} \mathrm{d}y = \int_0^x y\lambda \mathrm{d}B(y) = \lambda \int_0^x y\mathrm{d}B(y)$$

式（4.45）的连续形式为

$$\boxed{W_{\mathrm{q}}^{(x)} = \frac{\lambda \mathrm{E}\left[S^2\right]/2}{(1 - \sigma_x)^2}} \tag{4.46}$$

队列中的平均顾客数为

$$L_{\mathrm{q}} = \int_0^\infty L_{\mathrm{q}}^{(x)} \mathrm{d}x = \int_0^\infty \lambda_x W_{\mathrm{q}}^{(x)} \mathrm{d}x$$

■　**例 4.12**

如果服务时间服从指数分布，服务速率为 μ，那么式（4.46）可以简化为

$$W_{\mathrm{q}}^{(x)} = \frac{\lambda/\mu^2}{\left(1 - \lambda \int_0^x y\mu\mathrm{e}^{-\mu y}\mathrm{d}y\right)^2} = \frac{\lambda/\mu^2}{\left(1 - \dfrac{\lambda}{\mu}\left[1 - \mathrm{e}^{-\mu x}(1 + \mu x)\right]\right)^2}$$

且

$$L_{\mathrm{q}} = \frac{\lambda^2}{\mu} \int_0^\infty \mathrm{e}^{-\mu x}\left(1 - \frac{\lambda}{\mu}\left[1 - \mathrm{e}^{-\mu x}(1 + \mu x)\right]\right)^{-2} \mathrm{d}x$$

可以使用第 6 章中的一些结论来比较最短作业优先规则和先到先服务规则。我们考虑 $M/G/1$ 排队模型，该模型的排队规则为先到先服务且服务时间服从一般分布，则表 6.1 中先到先服务排队系统的 $W_{\mathrm{q}}^{(x)}$ 为

$$W_{\mathrm{q}}^{(x)} = \frac{\lambda \mathrm{E}\left[S^2\right]/2}{1-\rho} \tag{4.47}$$

在先到先服务排队系统中，$W_{\mathrm{q}}^{(x)}$ 与服务时间 x 无关。

可以发现式（4.46）和式（4.47）的区别在于，前者的分母为 $(1-\sigma_x)^2$，而后者的分母为 $(1-\rho)$。为了进行比较，考虑 $\rho \to 1$ 的情况。由于 σ_x 表示服务员为所有服务时间小于或等于 x 的顾客提供服务的时间占比，所以当 x 很小时，σ_x 远小于 ρ，因此，$1/(1-\sigma_x)^2$ 略大于 1 但远小于 $1/(1-\rho)$，这意味着，最短作业优先规则可以减少服务时间较短的顾客的排队时间。反之，当 x 很大时，$\sigma_x \to \rho$，由于平方项的存在，$1/(1-\sigma_x)^2$ 远大于 $1/(1-\rho)$。因此，在服务员利用率很高的场景中，最短作业优先规则可以大幅减少服务时间较短的顾客的排队时间，但也会大幅增加服务时间较长的顾客的排队时间。

接下来讨论服务时间服从**重尾分布**（heavy-tailed distribution）时的情况，例如，**帕累托分布**（Pareto distribution）是一种重尾分布。重尾分布在计算机应用中很常见。简单地说，如果服务时间服从重尾分布，则大部分顾客的服务时间较短，但存在一个或多个服务时间极长的顾客。在这种情况下，使用最短作业优先规则可以减少几乎所有顾客的排队时间（与先到先服务规则相比），只有服务时间较长的顾客的排队时间会增加（Harchol-Balter，2013）。然而，这并不意味着最短作业优先规则是最理想的选择。当服务时间服从重尾分布时，$\mathrm{E}[S^2]$ 的值非常大，而 $\mathrm{E}[S^2]$ 在式（4.46）和式（4.47）的分子中均存在，所以这对于最短作业优先规则和先到先服务规则都是潜在的问题。即使给予服务时间较短的顾客更高的优先级，但是当正在接受服务的顾客的服务时间极长时，服务时间较短的顾客的排队时间仍会很长。抢占有助于解决这个问题，第 4.4.3 节将讨论抢占策略。

4.4.2.3　多服务员

在多服务员场景中，需要假设在每个服务通道内（共有 c 个服务通道）所有优先级的顾客的服务时间服从相同的指数分布。此外，还需要假设所有优先级的顾客的服务时间相同，否则数学推导会非常复杂。

定义

$$\rho_k = \frac{\lambda_k}{c\mu}, \quad 1 \leqslant k \leqslant r; \quad \sigma_k = \sum_{i=1}^{k} \rho_i, \quad \sigma_r \equiv \rho = \lambda/c\mu$$

当 $\rho < 1$ 时，系统是平稳的。优先级为 i 的顾客的平均排队时间为

$$W_q^{(i)} = \sum_{k=1}^{i-1} \mathrm{E}\left[S_k'\right] + \sum_{k=1}^{i} \mathrm{E}\left[S_k\right] + \mathrm{E}\left[S_0\right]$$

与前面一样，S_k 是优先级为 i 的顾客到达时队列中已有的 n_k 个优先级为 k 的顾客所需的服务时间，S_k' 是在 $W_q^{(i)}$ 期间到达的 n_k' 个优先级为 k 的顾客所需的服务时间，S_0 是有服务员可提供服务之前的等待时间。多通道场景中 $W_q^{(i)}$ 方程的前两项与单通道场景中 $W_q^{(i)}$ 方程的前两项相同，只是在推导过程中需要将 μ_k 替换为系统服务速率 $c\mu$。

为了推导 $\mathrm{E}[S_0]$，考虑

$$\mathrm{E}[S_0] = \Pr\{\text{所有通道均处于忙碌状态}\} \cdot \mathrm{E}[S_0| \text{所有通道均处于忙碌状态}]$$

由式（3.33）可得所有通道均处于忙碌状态的概率为

$$\sum_{n=c}^{\infty} p_n = p_0 \sum_{n=c}^{\infty} \frac{(cp)^n}{c^{n-c}c!} = p_0 \frac{(cp)^c}{c!(1-\rho)}$$

由指数分布的无记忆性可知

$$\mathrm{E}[S_0| \text{所有通道均处于忙碌状态}] = 1/c\mu$$

因此，由式（3.34）可得

$$\mathrm{E}[S_0] = \frac{(c\rho)^c}{c!(1-\rho)(c\mu)} \left(\sum_{n=0}^{c-1} \frac{(c\rho)^n}{n!} + \frac{(c\rho)^c}{c!(1-\rho)} \right)^{-1}$$

由式（4.43）可得

$$W_q^{(i)} = \frac{\mathrm{E}[S_0]}{(1-\sigma_{i-1})(1-\sigma_i)} = \frac{\left[c!(1-\rho)(c\mu) \sum_{n=0}^{c-1} (c\rho)^{n-c}/n! + c\mu \right]^{-1}}{(1-\sigma_{i-1})(1-\sigma_i)}$$

所有优先级的顾客的平均排队时间为

$$W_q = \sum_{i=1}^{r} \frac{\lambda_i}{\lambda} W_q^{(i)}$$

4.4.3 具有优先级的抢占排队模型

本节对第 4.4.1 节中的马尔可夫模型进行了一定的改动，使优先级较高的顾客可以抢占优先级较低的顾客的服务，只有当所有优先级较高的顾客接受完服务后，被抢占的优先级较低的顾客才能继续接受服务。一般来说，对于抢占排队模型，需要说明被抢占的顾客以哪种模式继续接受服务，两种常见的模式是：被抢占的顾客重新开始接受服务，被抢占前已接受的部分服务不再有效；被抢占的顾客从服务中断处继续接受服务。由于我们假设服务时间服从指数分布，指数分布具有无记忆性，所以无论采用哪种模式，系统稳态概率及效益指标的推导结果都是相同的。

在马尔可夫抢占系统中，系统状态由系统中不同优先级的顾客数决定。在非抢占系统中，需要说明正在接受服务的顾客的优先级。而在抢占系统中，正在接受服务的始终是系统中优先级最高的顾客，所以不需要用额外的参数来说明正在接受服务的顾客的优先级。

首先考虑具有两个优先级的系统，设 p_{mn} 表示稳态时系统中有 m 个优先级为 1 的顾客且有 n 个优先级为 2 的顾客的概率。优先级为 1 的顾客的到达速率为 λ_1，服务速率为 μ_1；优先级为 2 的顾客的到达速率为 λ_2，服务速率为 μ_2。在这些假设下，可以推导出以下速率平衡方程（其中 $\lambda = \lambda_1 + \lambda_2$ 且 $\rho = \lambda_1/\mu_1 + \lambda_2/\mu_2 < 1$）：

$$\lambda p_{00} = \mu_1 p_{10} + \mu_2 p_{01}$$

$$(\lambda + \mu_1) p_{m0} = \lambda_1 p_{m-1,0} + \mu_1 p_{m+1,0}$$

$$(\lambda + \mu_2) p_{0n} = \mu_1 p_{1,n} + \lambda_2 p_{0,n-1} + \mu_2 p_{0,n+1} \tag{4.48}$$

$$(\lambda + \mu_1) p_{mn} = \lambda_1 p_{m-1,n} + \lambda_2 p_{m,n-1} + \mu_1 p_{m+1,n}$$

式（4.48）中的方程可以分为 $2^2 = 4$ 类，分别对应系统状态 (00)、$(m0)$、$(0n)$ 和 (mn)。一般来说，如果抢占系统中优先级的总数为 k，则可以将该系统的速率平衡方程分为 2^k 类（例如，有 3 个优先级的系统的速率平衡方程见习题 4.44）。

求该系统效益指标的方法之一是基于平衡方程推导出 p_{mn} 的部分母函数（例如，在第 4.4.1.1 节中 H_1 和 H_2 是 p_{mn} 的部分母函数），由部分母函数可以求得系统中不同优先级的顾客数的各阶矩（White et al., 1958），可得

$$L^{(1)} = \frac{\rho_1}{1 - \rho_1}$$

$$L^{(2)} = \frac{\rho_2 - \rho_1\rho_2 + \rho_1\rho_2\left(\mu_2/\mu_1\right)}{\left(1 - \rho_1\right)\left(1 - \rho_1 - \rho_2\right)}$$

其中，$L^{(i)}$ 是稳态时系统中优先级为 i 的顾客的平均数。无论在什么情况下，系统中优先级为 1 的顾客都不会受优先级为 2 的顾客的影响。也就是说，优先级为 1 的顾客的行为与 $M/M/1$ 排队系统中顾客的行为相同，例如，$L^{(1)}$ 与式（3.25）中的 L 相同。可以基于式（4.48）中的平衡方程对此进行证明（见习题 4.45）。

当有 r 个优先级、服务时间服从一般分布且被抢占的顾客从中断处继续接受服务时，可以得到以下一般结果（Jaiswal，1968；Avi-Itzhak et al.，1963）：

$$L^{(i)} = \frac{\rho_i}{1 - \sigma_{i-1}} + \frac{\lambda_i \sum\limits_{j=1}^{i} \lambda_j \mathrm{E}\left[S_j^2\right]}{2\left(1 - \sigma_{i-1}\right)\left(1 - \sigma_i\right)}$$

其中，S_j 是优先级为 j 的顾客的随机服务时间，$\rho_i = \lambda_i\mathrm{E}[S_i]$ 且 $\sigma_i = \sum\limits_{j=1}^{i} \rho_j$。

4.4.4　排队的公平性

首先讨论一个大多数人都认为公平的原则，即先到先服务规则。

原则 1：先到的顾客应该在后到的顾客之前接受服务。

如前面所讨论的，在某种意义上，先到先服务规则可以使排队时间的方差最小化。更准确地说，在所有与服务时间无关、工作量守恒且非抢占的排队规则中，先到先服务规则可以使单服务员系统的排队时间的方差最小化（Kingman，1962a；Shanthikumar et al.，1987）。减小排队时间的方差可以提高公平性。如果方差为 0，则所有顾客的排队时间相等。原则 1 不仅从直观感受上来看是公平的，从排队时间的方差来看也是公平的。

但是我们希望所有顾客的排队时间都相等吗？是否从某些角度看先到先服务是不公平的？例如，在急诊中心优先为需要紧急治疗的病人提供服务是否公平，优先为支付较多费用的顾客提供服务是否公平，优先为服务时间较短的顾客提供服务是否公平，在餐厅优先为人数较少的顾客团体提供服务是否公平，类似的例子还有很多。这些问题的答案可能因人而异，所以某个排队规则到底公平还是不公平，很难让所有人达成共识。

接下来讨论一个与顾客服务时间相关的原则。迈斯特尔（Maister，1984）发现，顾客所需要的服务的价值越高（或服务时间越长），顾客愿意等待的时间越长（见第 1.3 节）。例如，服务时间为 2 h 的顾客比服务时间为 1 min 的顾客更能容忍 5 min 的等待时间。如果假设服务价值与服务时间成正比，则可以引出另一个公平性原则。

原则 2：服务时间较短的顾客应该比服务时间较长的顾客的平均排队时间短。

许多人认为，即使在先到先服务排队系统中，原则 2 也是合理的。例如，在超市购买大量商品的顾客可能会允许购买少量商品的顾客在其前面结账；也可以为购买商品件数小于或等于 n 的顾客设立单独的队列，来减少服务时间较短的顾客的排队时间。这一原则也适用于计算机系统，把待处理的作业视为顾客，所需内存大的作业应该比所需内存小的作业的排队时间长（内存相当于服务时间）。然而，原则 1 和原则 2 之间可能存在冲突：当服务时间较短的顾客在服务时间较长的顾客之后到达时，无法同时遵循这两个原则，因此需要进行权衡。

我们还注意到，这两个原则并没有涵盖所有与公平性相关的问题。例如，在急诊中心，与原则 2 相反的情况可能会被认为是公平的：有生命危险的病人通常需要更长的服务时间，但他们的排队时间应该比其他病人短。但是为了便于讨论，我们仅考虑这两个原则及其之间的权衡。**减速值**（slowdown）可以用来量化原则 2，减速值的定义如下。

定义 4.1 顾客（或作业）的减速值等于顾客在系统中花费的总时间除以顾客的服务时间。$\mathrm{E}[\text{slowdown}(x)]$ 是服务时间为 x 的顾客的平均减速值。

例如，如果一个顾客的服务时间为 5 min，排队时间为 10 min，则该顾客的减速值为 $(5+10)/5 = 3$，这意味着该顾客在系统中花费的总时间是无阻碍的服务时间的 3 倍。减速值始终大于或等于 1。如果两个顾客的减速值相等，那么这两个顾客的排队时间与服务时间呈相同的正比关系。例如，如果顾客 A 和顾客 B 的减速值相等，且顾客 A 的服务时间是顾客 B 的两倍，那么顾客 A 的排队时间也是顾客 B 的两倍。如果系统中所有顾客的减速值均相等（即排队时间与服务时间成正比），则该系统满足原则 2。例 4.13 中 $M/M/1$ 排队系统的排队规则为先到先服务，系统中顾客的减速值不相等，服务时间较短的顾客的减速值较大。

■ **例 4.13**

在 $M/M/1$ 排队系统中，由式（3.29）可得，顾客的平均排队时间为 $W_\mathrm{q} =$

$\rho/\mu(1-\rho)$。所有顾客的平均排队时间均相同，与顾客的服务时间无关。因此，如果一个顾客的服务时间为 $S = x$，那么该顾客在系统中花费的平均时间为 $W_{\mathrm{q}} + x$，则

$$\mathrm{E}[\mathrm{slowdown}(x)] = \frac{x + W_{\mathrm{q}}}{x} = 1 + \frac{1}{x} \cdot \frac{\rho}{\mu(1 - \rho)}$$

减速值随服务时间 x 的增大而减小。服务时间越长的顾客，其服务时间占其在系统中花费的总时间的比例越大，从这一角度来说，服务时间越长的顾客获得的服务越好。因此，先到先服务的系统满足原则 1，但不满足原则 2。

如果先到先服务规则无法使所有顾客的减速值相等，那么是否有其他规则可以实现这一点？**处理器共享**（processor sharing，PS）规则可以实现相等的平均减速值。在使用处理器共享规则的系统中，每个顾客到达后都可以立即开始接受服务，服务员同时为所有顾客提供服务。服务员为每个顾客提供服务的速率与系统中的顾客数成反比（例如，如果系统有 3 个顾客，则为每个顾客提供服务的速率为服务员提供服务总速率的 1/3）。此时，没有“队列”这一概念，因为每个顾客到达后都可以立即开始接受服务。我们定义**延迟**（delay）为顾客在系统中花费的总时间减去无阻碍的服务时间，延迟类似于本书中讨论的大多数其他系统中的排队时间。

处理器共享规则通常用于计算机系统（处理器共享规则不太适用于由人工提供服务的系统，因为在这类系统中，一个服务员很难做到同时为多个顾客提供服务）。在计算机系统中，我们将作业视为顾客，通常假设作业内存大小服从一定的分布，服务器以固定的速率工作。因此，（无阻碍的）作业处理时间（作业内存大小除以服务器的工作速率）是随机且与作业内存大小成正比的。

处理器共享规则的一个优点是其不受作业内存大小可变性的负面影响。而对于最短作业优先规则，由于 $\mathrm{E}[S^2]$ 项的存在，当作业内存大小具有高可变性时，由式（4.46）计算得出的平均排队时间会很长。在使用处理器共享规则的系统中，当一个小内存作业到达时，即使服务器正在处理一个大内存作业，服务器仍然可以立即同时处理该小内存作业，并在短时间内处理完成该小内存作业。可以得出一个关键的结论：在使用处理器共享规则的系统中，无论作业内存大小是多少，所有作业的减速值均相等，证明过程请参阅参考文献（Harchol-Balter，2013）。

定理 4.1　对于 $M/G/1/\mathrm{PS}$ 排队系统，所有作业的平均减速值均相等，即

$$E[\text{slowdown}\,(x)] = \frac{1}{1-\rho}$$

等价地，大小为 x 的作业在系统中花费的平均时间为 $x/(1-\rho)$，平均延迟为 $W_q^{(x)} = \dfrac{x}{1-\rho} - x = x\dfrac{\rho}{1-\rho}$。

该定理表明，处理器共享规则满足原则 2。也就是说，与处理时间较长的作业相比，处理时间较短的作业经历的（平均）延迟较短。更具体地说，平均延迟与作业内存大小成正比。例如，如果作业 A 的内存大小是作业 B 的两倍，那么作业 A 经历的延迟是作业 B 的两倍。

接下来讨论最短作业优先规则是否满足原则 2。首先，回顾式（4.46）：

$$\text{最短作业优先系统的}\,W_q^{(x)} = \frac{\lambda E\left[S^2\right]}{2} \cdot \frac{1}{\left(1-\sigma_x\right)^2}$$

我们注意到，σ_x（服务员为所有服务时间小于或等于 x 的顾客提供服务的时间占比）随 x 的增大而增大，因此 $W_q^{(x)}$ 也随 x 的增大而增大。这意味着，服务时间较长的顾客的平均排队时间较长，也就是说，最短作业优先规则满足原则 2。然而，最短作业优先规则并不满足使所有顾客的平均减速值都相等这一更严格的条件（所有顾客的减速值都相等意味着满足原则 2，但满足原则 2 并不意味着所有顾客的减速值都相等）。

可以使用减速值来定义公平性：如果 $W_q^{(x)} \leqslant x\dfrac{\rho}{1-\rho}$，则某个规则对于服务时间为 x 的顾客是公平的（Wierman，2011）。由定理 4.1，在 $M/G/1/\text{PS}$ 排队系统中，无论作业大小是多少，所有作业的平均减速值都相等，且 $W_q^{(x)} = x\dfrac{\rho}{1-\rho}$，从某种意义上说，这是理想的情况。因此，该公平性定义指出，如果服务时间为 x 的顾客的排队时间小于或等于他们在处理器共享规则下（预期）的排队时间，那么可以认为这些顾客得到了公平的对待。如果某个规则对所有服务时间为 x 的顾客是公平的，那么可以认为该规则是公平的。

对于 $M/G/1$ 排队系统，可以证明最短作业优先规则有时是公平的，也就是说，对于某些分布 G 和服务员利用率 ρ，最短作业优先规则是公平的，然而对于某些分布 G 和服务员利用率 ρ，最短作业优先规则是不公平的。正如我们所讨论的，处理器共享规则总是公平的，先到先服务规则总是不公平的，最短作业优先规则的公平性介于这两者之间。因此，尽管最短作业优先规则可以使系统的平均排队时间最短（理想的性质），但其不一定满足前面对公平性的定义。

需要注意的是，我们在定义公平性时，仅考虑了顾客的服务时间，而没有考虑谁先到达这一时间因素。根据定义，先到先服务规则满足原则 1，而其他规则可能不满足原则 1。关于单服务员系统公平性和排队规则的研究，请参阅参考文献（Wierman，2011）。

4.5　重试排队模型

本节讨论**重试排队模型**（retrial queues），在这类模型中，顾客会反复尝试进入服务区。例如，假设顾客给当地的商店打电话，如果电话占线，则该顾客可能会先挂断电话，15 min 后再重新拨打；重新拨打时，电话可能会接通，也可能仍然占线，因为其他顾客可能会在该顾客两次拨打的间隔打入；如果电话仍然占线，则该顾客可能会再次挂断电话并尝试重新拨打。

由这个例子可以引出基本的重试排队模型，如图 4.5 所示。该模型的主要特点如下。

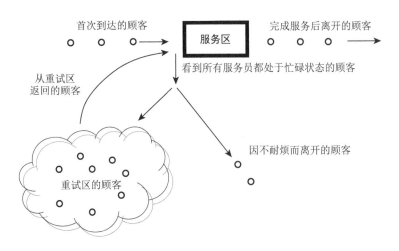

图 4.5　基本的重试排队模型

- 顾客到达时如果有处于空闲状态的服务员，则该顾客开始接受服务。
- 顾客到达时如果所有服务员都处于忙碌状态，则该顾客离开服务区，此时有两种情况：顾客因不耐烦而彻底离开系统；顾客进入重试区并稍后返回服务区。

- 重试区的顾客只有返回服务区才能看到服务员的状态，顾客返回服务区查看服务员状态这一过程被称为重试。
- 顾客反复往返于重试区和服务区之间，直到他们可以接受服务或者他们因不耐烦而彻底离开系统。

从某些方面来说，重试区类似于队列，顾客在其中等待接受服务。但是与队列不同的是，重试区的顾客无法看见服务员的状态，从服务员开始处于空闲状态到重试区的顾客看见服务员处于空闲状态（并开始接受服务）之间存在延迟。此外，重试区没有排队顺序的概念，顾客接受服务的顺序取决于顾客返回服务区查看服务员状态的顺序（该顺序是随机的）以及顾客返回时看见服务员处于空闲状态的概率（该概率也是随机的）。一般来说，顾客不是按照先到先服务规则接受服务的。

有一种极端的情况，即每个顾客在重试区是瞬时停留，也就是说，顾客到达时，如果看见所有服务员都处于忙碌状态，则该顾客进入重试区，然后立即返回服务区重新查看服务员的状态。在这种情况下，可以将重试区视为排队队列，排队规则为随机服务规则（即重试区的每个顾客成为下一个接受服务的顾客的概率是相等的）。

除了少数简单模型，使用解析方法来分析重试排队模型通常很困难。本节主要讨论单服务员马尔可夫重试排队模型。本节的内容主要基于参考文献（Falin et al., 1997）得出，关于更复杂的重试排队模型（包括涉及一般分布的重试排队模型），请参阅该文献；读者还可以从参考文献（Artalejo, 1999）中获取与重试排队模型相关的文献列表。

4.5.1 $M/M/1$ 重试排队模型

这一节首先讨论 $M/M/1$ 重试排队模型。在该模型中，顾客按照泊松过程到达单服务员排队系统，到达速率为 λ，服务时间服从指数分布，平均服务时间为 $1/\mu$。顾客到达时如果看见服务员处于忙碌状态，则进入重试区，顾客在重试区停留的时间服从指数分布，平均停留时间为 $1/\gamma$。顾客首次到达的时间间隔、服务时间和在重试区停留的时间都是相互独立的。顾客反复重试直到可以接受服务。在该模型中，我们假设顾客不会因不耐烦而离开系统。

设 $N_s(t)$ 为时刻 t 正在接受服务的顾客数（由于只有一个服务员，所以 $N_s(t) \in \{0, 1\}$），$N_o(t)$ 为时刻 t 重试区的顾客数，则 $\{(N_s(t), N_o(t))\}$ 为连续时间马尔可夫链，其状态空间为 $\{(i, n)\}$，其中 $i \in \{0, 1\}$ 且 $n \in \{0, 1, 2, \cdots\}$，

系统中的总顾客数为 $N(t) = N_{\mathrm{s}}(t) + N_{\mathrm{o}}(t)$。图 4.6 为该系统的状态转移速率示意图。设 $p_{i,n}$ 为系统处于状态 (i, n) 的时间占比，则速率平衡方程为

$$(\lambda + n\gamma)p_{0,n} = \mu p_{1,n}, \qquad\qquad n \geqslant 0 \qquad (4.49)$$

$$(\lambda + \mu)p_{1,n} = \lambda p_{0,n} + (n+1)\gamma p_{0,n+1} + \lambda p_{1,n-1}, \quad n \geqslant 1 \qquad (4.50)$$

$$(\lambda + \mu)p_{1,0} = \lambda p_{0,0} + \gamma p_{0,1} \qquad\qquad (4.51)$$

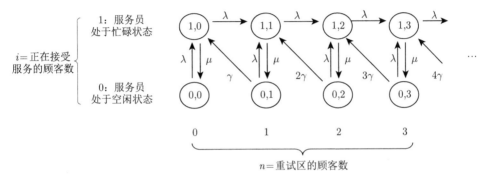

图 4.6　$M/M/1$ 重试排队模型的状态转移速率示意

接下来使用母函数来推导该系统的稳态概率，该推导过程请参阅参考文献（Falin et al.，1997），部分推导细节将留作练习。

定义以下部分母函数：

$$P_0(z) \equiv \sum_{n=0}^{\infty} z^n p_{0,n}, \quad P_1(z) \equiv \sum_{n=0}^{\infty} z^n p_{1,n}$$

将式（4.49）的两边同乘以 z^n，然后将该方程对 n 从 0 到 ∞ 求和，可得

$$\lambda \sum_{n=0}^{\infty} z^n p_{0,n} + \gamma \sum_{n=0}^{\infty} n z^n p_{0,n} = \mu \sum_{n=0}^{\infty} z^n p_{1,n}$$

上式可以写为

$$\lambda P_0(z) + z\gamma P_0'(z) = \mu P_1(z) \qquad (4.52)$$

类似地，将式（4.50）的两边同乘以 z^n，然后将该方程对 n 从 1 到 ∞ 求和，并与式（4.51）联立，可得

$$(\lambda + \mu)P_1(z) = \lambda P_0(z) + \gamma P_0'(z) + \lambda z P_1(z) \qquad (4.53)$$

联立式（4.52）和式（4.53）可得（见习题 4.46）

$$P_0'(z) = \frac{\lambda\rho}{\gamma(1-\rho z)}P_0(z) \tag{4.54}$$

其中 $\rho = \lambda/\mu$。式（4.54）为可分离变量微分方程，可以将其写为

$$\frac{P_0'(z)}{P_0(z)} = \frac{\lambda\rho}{\gamma(1-\rho z)}$$

关于 z 求积分，可得

$$\ln P_0(z) = -\frac{\lambda}{\gamma}\ln(1-\rho z) + C'$$

因此，

$$P_0(z) = C(1-\rho z)^{-\lambda/\gamma} \tag{4.55}$$

其中 $C = e^{C'}$。将 $P_0(z)$ 代入式（4.52）可以求得 $P_1(z)$：

$$\begin{aligned}
P_1(z) &= \rho P_0(z) + \frac{\gamma}{\mu}z P_0'(z)\\
&= C\rho(1-\rho z)^{-\lambda/\gamma} + C\rho^2 z(1-\rho z)^{-\lambda/\gamma-1}\\
&= C\rho(1-\rho z)^{-\lambda/\gamma-1} \tag{4.56}
\end{aligned}$$

根据归一化条件 $P_0(1) + P_1(1) = 1$ 可以求得常数 C：

$$C = (1-\rho)^{\lambda/\gamma+1}$$

把上式代入式（4.55）和式（4.56）可得

$$\boxed{\begin{aligned}
P_0(z) &= (1-\rho z)\left(\frac{1-\rho}{1-\rho z}\right)^{\lambda/\gamma+1}\\
P_1(z) &= \rho\left(\frac{1-\rho}{1-\rho z}\right)^{\lambda/\gamma+1}
\end{aligned}} \tag{4.57}$$

为了求稳态概率，使用以下二项式公式将 $P_0(z)$ 和 $P_1(z)$ 按幂级数展开

$$(1+z)^m = \sum_{n=0}^{\infty}\binom{m}{n}z^n = \sum_{n=0}^{\infty}\frac{z^n}{n!}\prod_{i=0}^{n-1}(m-i) \tag{4.58}$$

假设当 $n = 0$ 时，$\prod\limits_{i=0}^{n-1} (m - i)$ 等于 1。将式（4.55）中的 $P_0(z)$ 展开为

$$P_0(z) = C(1 - \rho z)^{-\lambda/\gamma} = C \sum_{n=0}^{\infty} \frac{(-\rho z)^n}{n!} \prod_{i=0}^{n-1} (-\lambda/\gamma - i)$$

$$= \sum_{n=0}^{\infty} \left[C \frac{\rho^n}{n!\gamma^n} \prod_{i=0}^{n-1} (\lambda + i\gamma) \right] z^n$$

z^n 的系数即为 $p_{0,n}$。类似地，通过将 $P_1(z)$ 按幂级数展开，可得 $p_{1,n}$（见习题 4.47）。$p_{0,n}$ 和 $p_{1,n}$ 分别为

$$\begin{aligned}
p_{0,n} &= (1 - \rho)^{\lambda/\gamma+1} \frac{\rho^n}{n!\gamma^n} \prod_{i=0}^{n-1} (\lambda + i\gamma) \\
p_{1,n} &= (1 - \rho)^{\lambda/\gamma+1} \frac{\rho^{n+1}}{n!\gamma^n} \prod_{i=1}^{n} (\lambda + i\gamma)
\end{aligned} \tag{4.59}$$

服务员处于忙碌状态的时间占比为 $\sum\limits_{n=0}^{\infty} p_{1,n} = P_1(1) = \rho$。也可以使用利特尔法则来求 $\sum\limits_{n=0}^{\infty} p_{1,n}$：当系统处于稳态时，顾客完成服务的速率为 λ，因此顾客开始接受服务的速率也为 λ，由于平均服务时间为 $1/\mu$，所以由利特尔法则可得正在接受服务的平均顾客数为 $\lambda/\mu = \rho$。

可由式（4.57）中的部分母函数推导出重试区的平均顾客数。首先，定义重试区顾客数的母函数为

$$P(z) = \sum_{n=0}^{\infty} z^n (p_{0,n} + p_{1,n}) = P_0(z) + P_1(z)$$

设 L_o 为重试区的平均顾客数。由于 $L_o = P'(1)$，所以可以证明（见习题 4.48）

$$L_o = \frac{\rho^2}{1 - \rho} \cdot \frac{\mu + \gamma}{\gamma} \tag{4.60}$$

L_o 是 $M/M/1$ 重试排队模型中排队的平均顾客数 $\rho^2/(1 - \rho)$ 和 $(\mu + \gamma)/\gamma$ 的乘积。$(\mu + \gamma)/\gamma$ 的值与重试速率 γ 相关：如果 γ 较大，则顾客返回系统之前在重试区停留的时间较短；当 $\gamma \to \infty$ 时，顾客返回系统之前在重试区停留的时

间趋近于 0，所以顾客能够持续查看服务员的状态，在这种情况下，该系统的行为与使用随机服务排队规则的 $M/M/1$ 排队系统相同。

可以根据利特尔法则及式（4.60）推导出顾客在重试区花费的平均时间 W_o（即顾客看见服务员处于空闲状态并开始接受服务之前在重试区平均花费的时间）：

$$W_o = \frac{L_o}{\lambda} = \frac{\rho^2}{\lambda(1-\rho)} \cdot \frac{\mu+\gamma}{\gamma} = \frac{\rho}{\mu-\lambda} \cdot \frac{\mu+\gamma}{\gamma} \tag{4.61}$$

可以求得顾客在系统中平均花费的时间 W 和系统中的平均顾客数 L：

$$W = W_o + \frac{1}{\mu} = \frac{\rho}{\mu-\lambda} \cdot \frac{\mu+\gamma}{\gamma} + \frac{1}{\mu} = \frac{\rho\mu(\mu+\gamma)+\gamma(\mu-\lambda)}{\mu\gamma(\mu-\lambda)} = \frac{\lambda\mu+\gamma\mu}{\mu\gamma(\mu-\lambda)}$$

上式可以简化为

$$W = \frac{1}{\mu-\lambda} \cdot \frac{\lambda+\gamma}{\gamma}$$
$$L = \lambda W = \frac{\rho}{1-\rho} \cdot \frac{\lambda+\gamma}{\gamma}$$

也可以根据 $L = L_o + \rho$ 来求 L，如前面所讨论的，ρ 是正在接受服务的平均顾客数。

该重试排队系统的所有效益指标都等于 $M/M/1$ 排队系统对应的指标乘以 $\frac{\lambda+\gamma}{\gamma}$：当 $\gamma \to \infty$，$\frac{\lambda+\gamma}{\gamma} \to 1$；当 $\gamma \to 0$ 时，该重试排队系统的效益指标都趋于无穷，这是因为顾客返回系统之前在重试区停留的时间趋于无穷。

4.5.2 有不耐烦顾客的 $M/M/1$ 重试排队模型

在上一节中，假设顾客在接受服务之前不会离开系统。在本节中，考虑有不耐烦顾客的情况，不耐烦顾客可能会在接受服务之前离开系统。具体来说，假设顾客到达时看见所有服务员都处于忙碌状态，其进入重试区的概率为 q，彻底离开系统的概率为 $1-q$。顾客的选择是相互独立的。

与上一节一样，定义系统的状态空间为 $\{(i,n)\}$，其中 i 表示正在接受服务的顾客数且 $i \in \{0,1\}$，n 表示重试区中的顾客数且 $n \in \{0,1,2,\cdots\}$。图 4.7 为该系统的状态转移速率示意图，该系统的速率平衡方程为

$$(\lambda+n\gamma)p_{0,n} = \mu p_{1,n} \tag{4.62}$$

$$[q\lambda + \mu + (1-q)n\gamma]p_{1,n} = \lambda p_{0,n} + q\lambda p_{1,n-1} + (n+1)\gamma p_{0,n+1} +$$
$$(1-q)(n+1)\gamma p_{1,n+1} \tag{4.63}$$

$$(q\lambda + \mu)p_{1,0} = \lambda p_{0,0} + \gamma p_{0,1} + (1-q)\gamma p_{1,1} \tag{4.64}$$

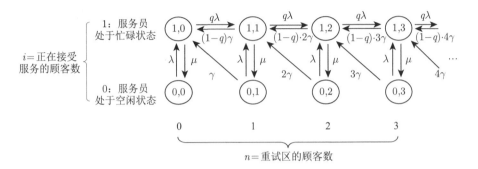

图 4.7　有不耐烦顾客的重试排队模型的状态转移速率示意

其中式（4.62）对所有 $n \geqslant 0$ 成立，式（4.63）对所有 $n \geqslant 1$ 成立。使用参考文献（Falin et al.，1997）给出的方法来解以上方程。联立式（4.62）和式（4.63），（经过一些代数运算后）可得

$$(n+1)\gamma\{\mu + (1-q)[\lambda + (n+1)\gamma]\}p_{0,n+1} - q\lambda(\lambda + n\gamma)p_{0,n}$$
$$= n\gamma[\mu + (1-q)(\lambda + n\gamma)]p_{0,n} - q\lambda[\lambda + (n-1)\gamma]p_{0,n-1}, \quad n \geqslant 1$$

上式可以写为

$$x_{n+1}p_{0,n+1} - y_n p_{0,n} = x_n p_{0,n} - y_{n-1}p_{0,n-1}, \quad n \geqslant 1$$

其中 $x_n \equiv n\gamma[\mu + (1-q)(\lambda + n\gamma)]$ 且 $y_n \equiv q\lambda(\lambda + n\gamma)$。由该式可知

$$x_{n+1}p_{0,n+1} - y_n p_{0,n} = C \tag{4.65}$$

其中 C 为常数（对于所有 $n \geqslant 0$）。可以通过如下过程确定常数 C：由式（4.62）得到 $p_{1,0}$ 和 $p_{1,1}$ 的表达式，代入式（4.64），可得

$$\gamma[\mu + (1-q)(\lambda + \gamma)]p_{0,1} - q\lambda^2 p_{0,0} = 0$$

上式可以写为

$$x_1 p_{0,1} - y_0 p_{0,0} = 0$$

该式即为 $n = 0$ 时的式（4.65），由此可得 $C = 0$。因此，由式（4.65）可知，对于所有 $n \geqslant 0$，$p_{0,n+1} = (y_n/x_{n+1}) p_{0,n}$。所以当 $n \geqslant 1$ 时，可得

$$
\begin{aligned}
p_{0,n} &= p_{0,0} \prod_{i=0}^{n-1} \frac{y_i}{x_{i+1}} \\
&= p_{0,0} \prod_{i=0}^{n-1} \frac{q\lambda(\lambda + i\gamma)}{(i+1)\gamma\{\mu + (1-q)[\lambda + (i+1)\gamma]\}} \\
&= p_{0,0} \frac{q^n \lambda^n}{n!\gamma^n} \prod_{i=0}^{n-1} \frac{\lambda + i\gamma}{\mu + (1-q)(\lambda + \gamma + i\gamma)} \\
&= p_{0,0} \frac{q^n \lambda^n}{n!\gamma^n} \prod_{i=0}^{n-1} \frac{\gamma(\lambda/\gamma + i)}{(1-q)\gamma \left[\dfrac{\mu + (1-q)(\lambda + \gamma)}{(1-q)\gamma} + i \right]} \\
&= p_{0,0} \frac{q^n \lambda^n}{n!(1-q)^n \gamma^n} \prod_{i=0}^{n-1} \frac{(\lambda/\gamma + i)}{\left[\dfrac{\mu + (1-q)(\lambda + \gamma)}{(1-q)\gamma} + i \right]} \\
&= \frac{c^n}{n!} \cdot \frac{(a)_n}{(b)_n} p_{0,0}
\end{aligned}
$$

其中

$$
a \equiv \frac{\lambda}{\gamma}, \; b \equiv \frac{\mu + (1-q)(\lambda + \gamma)}{(1-q)\gamma}, \; c \equiv \frac{q\lambda}{(1-q)\gamma} \tag{4.66}
$$

$$
(a)_n \equiv a(a+1)(a+2)\cdots(a+n-1) \tag{4.67}
$$

则式（4.67）为上升阶乘函数。根据式（4.62）可得

$$
\begin{aligned}
p_{1,n} &= \frac{\lambda + n\gamma}{\mu} p_{0,n} = \frac{\gamma(a+n)}{\mu} p_{0,n} \\
&= \frac{\gamma(a+n)}{\mu} \cdot \frac{c^n}{n!} \cdot \frac{a(a+1)\cdots(a+n-1)}{(b)_n} p_{0,0} \\
&= \frac{\gamma a}{\mu} \cdot \frac{c^n}{n!} \cdot \frac{(a+1)\cdots(a+n)}{(b)_n} p_{0,0} \\
&= \rho \frac{c^n}{n!} \cdot \frac{(a+1)_n}{(b)_n} p_{0,0}
\end{aligned}
$$

因此，部分母函数为

$$P_0(z) = \sum_{n=0}^{\infty} p_{0,n} z^n = p_{0,0} \sum_{n=0}^{\infty} \left[\frac{(cz)^n}{n!} \cdot \frac{(a)_n}{(b)_n} \right]$$

$$P_1(z) = \sum_{n=0}^{\infty} p_{1,n} z^n = p_{0,0} \sum_{n=0}^{\infty} \rho \left[\frac{(cz)^n}{n!} \cdot \frac{(a+1)_n}{(b)_n} \right]$$

可以写为

$$\boxed{\begin{aligned} P_0(z) &= \Phi(a,b;cz) p_{0,0} \\ P_1(z) &= \rho \Phi(a+1,b;cz) p_{0,0} \end{aligned}} \tag{4.68}$$

其中 Φ 是库默尔函数：

$$\Phi(a,b;z) \equiv \sum_{n=0}^{\infty} \left[\frac{(a)_n}{(b)_n} \cdot \frac{z^n}{n!} \right] \tag{4.69}$$

根据归一化条件 $P_0(1) + P_1(1) = 1$ 可以求得 $p_{0,0}$：

$$p_{0,0} = \frac{1}{\Phi(a,b;c) + \rho \Phi(a+1,b;c)} \tag{4.70}$$

稳态概率 $p_{i,n}$ 为部分母函数 $P_0(z)$ 和 $P_1(z)$ 中 z^n 的系数，可以求得 $p_{0,n}$ 和 $p_{1,n}$ 分别为

$$\boxed{\begin{aligned} p_{0,n} &= p_{0,0} \frac{c^n}{n!} \cdot \frac{(a)_n}{(b)_n} \\ p_{1,n} &= p_{0,0} \rho \frac{c^n}{n!} \cdot \frac{(a+1)_n}{(b)_n} \end{aligned}} \tag{4.71}$$

式（4.66）、式（4.67）、式（4.69）和式（4.70）给出了 a、b、c、$\Phi(\cdot)$、$(\cdot)_n$ 和 $p_{0,0}$。可以证明，当 $q=1$ 时，式（4.71）退化为无不耐烦顾客的 $M/M/1$ 重试排队模型的式（4.59）（见习题 4.51）。不能直接把 $q=1$ 代入，因为式（4.66）中 b 和 c 的分母中都有因式 $(1-q)$。

可以通过部分母函数来求效益指标。服务员处于忙碌状态的时间占比为

$$p_1 \equiv \sum_{n=0}^{\infty} p_{1,n} = P_1(1) = \frac{\rho \Phi(a+1,b;c)}{\Phi(a,b;c) + \rho \Phi(a+1,b;c)} = \frac{\rho^*}{1+\rho^*} \tag{4.72}$$

其中

$$\boxed{\rho^* = \rho \frac{\Phi(a+1,b;c)}{\Phi(a,b;c)}} \tag{4.73}$$

式（4.72）在形式上类似于 $M/M/1/1$ 排队系统的服务员利用率 $p_1 = \rho/(1+\rho)$，见第 3.6 节的式（3.54），令 $c=1$。一般来说，ρ^* 大于 ρ，因为在重试排队系统中，被阻塞的顾客可能会重试，而在 $M/M/1/1$ 排队系统中，顾客不会重试。

接下来使用部分母函数来推导重试区中的平均顾客数 L_o：

$$L_o = P_0'(1) + P_1'(1)$$

部分推导留作练习。我们将利用库默尔函数的以下性质 [参考文献（Gradshteyn et al., 2000)]：

$$\frac{\mathrm{d}}{\mathrm{d}z}\Phi(a,b;z) = \frac{a}{b}\Phi(a+1,b+1;z) \tag{4.74}$$

$$z\Phi(a+1,b+1;z) = b\Phi(a+1,b;z) - b\Phi(a,b;z) \tag{4.75}$$

$$a\Phi(a+1,b+1;z) = (a-b)\Phi(a,b+1;z) + b\Phi(a,b;z) \tag{4.76}$$

$$(a+1)\Phi(a+2,b+1;z) = (z+2a-b+1)\Phi(a+1,b+1;z) +$$
$$(b-a)\Phi(a,b+1;z) \tag{4.77}$$

为了求 $P_0'(1)$，对 $P_0(z) = \Phi(a,b;cz)p_{0,0}$ 应用式（4.74），可得

$$P_0'(z) = \frac{ca}{b}\Phi(a+1,b+1;cz)p_{0,0}$$

令 $z=1$，应用式（4.75），可得

$$P_0'(1) = \frac{ca}{b}\Phi(a+1,b+1;c)p_{0,0} = a[\Phi(a+1,b;c) - \Phi(a,b;c)]p_{0,0}$$

类似地，为了求 $P_1'(1)$，对 $P_1(z) = \rho\Phi(a+1,b;cz)p_{0,0}$ 应用式（4.74）和式（4.77），可得

$$P_1'(1) = \rho\frac{c(a+1)}{b}\Phi(a+2,b+1;c)p_{0,0}$$
$$= \rho\frac{c}{b}[(c+2a-b+1)\Phi(a+1,b+1;c) + (b-a)\Phi(a,b+1;c)]p_{0,0} \tag{4.78}$$

应用式（4.75）和式（4.76）可得（见习题 4.52）

$$P_1'(1) = \rho[(c+a-b+1)\Phi(a+1,b;c) - (a-b+1)\Phi(a,b;c)]p_{0,0} \tag{4.79}$$

$P_0'(1)$ 和 $P_1'(1)$ 相加可得

$$L_o = [\rho(c+a-b+1)+a]\Phi(a+1,b;c)p_{0,0} - [\rho(a-b+1)+a]\Phi(a,b;c)p_{0,0} \tag{4.80}$$

把式（4.66）中的 a、b、c 和式（4.70）中的 $p_{0,0}$ 代入上式可得（见习题 4.52）

$$L_{\mathrm{o}} = \frac{q}{1-q} \cdot \frac{\lambda + (\lambda - \mu)\rho^*}{\gamma(1+\rho^*)} \tag{4.81}$$

其中 ρ^* 由式（4.73）给出。可以进一步求出其他的效益指标，例如，系统中的平均顾客数为

$$L = L_{\mathrm{o}} + p_1 = \frac{q}{1-q} \cdot \frac{\lambda + (\lambda - \mu)\rho^*}{\gamma(1+\rho^*)} + \frac{\rho^*}{1+\rho^*}$$

最终接受服务的顾客占比为（见习题 4.50）

$$接受服务的顾客占比 = \frac{\mu p_1}{\lambda} = \frac{\rho^*}{\rho(1+\rho^*)}$$

使用利特尔法则以及 L_{o} 和 L 的表达式可以求得其他效益指标，如 W_{o} 和 W（见习题 4.53）。

　　图 4.8 展示了当 q 取不同值时 L_{o} 随 γ 变化的图像，$\lambda = (-1+\sqrt{5})/2 \doteq 0.618$ 且 $\mu = 1$。可以看出，重试概率 q 越大，重试区的顾客越多。当 $q = 1$ 时，L_{o} 退化为无不耐烦顾客的 $M/M/1$ 重试排队模型的 L_{o}，即式（4.60）。γ 的值越小，顾客重试之前在重试区等待的时间越长，重试区的顾客越多。当 $\gamma \to 0$ 时，$L_{\mathrm{o}} \to \infty$。对于给定的 $q < 1$，当 $\gamma \to \infty$ 时，$L_{\mathrm{o}} \to 0$，这是因为顾客被阻塞

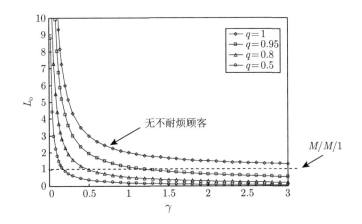

图 4.8　有不耐烦顾客的 $M/M/1$ 重试排队模型

后将很快进行重试，并且很有可能会在服务员仍处于忙碌状态时进行多次重试；由于顾客每次被阻塞后彻底离开系统的概率不为 0，所以首次到达就被阻塞的顾客有可能永远不会接受服务。如前一节所讨论的，当 $q = 1$ 且 $\gamma \to \infty$ 时，$L_o \to L_q = \rho^2/(1 - \rho)$，即 L_o 趋近于 $M/M/1$ 排队系统中排队的平均顾客数。

4.5.3　$M/M/c$ 重试排队模型的近似求解方法

本节讨论多服务员重试排队模型。如果顾客（包括首次到达和重试的顾客）到达时看见 c 个服务员都处于忙碌状态，则该顾客将无法进入服务区（被阻塞）。被阻塞的顾客进入重试区的概率为 q，完全离开系统的概率为 $1 - q$，顾客们的选择是相互独立的。顾客首次到达的时间间隔、服务时间和在重试区停留的时间相互独立且均服从指数分布，参数分别为 λ、μ 和 γ。

一般来说，很难求得该模型的通解。上一节给出了 $c = 1$ 时的结果，也有文献（Keilson et al.，1968；Falin et al.，1997）给出了 $c = 2$ 时的结果，而研究 $c = \infty$（$M/M/\infty$ 重试排队模型）的价值并不大。当 c 为其他值时，可以用近似方法求解。关于近似方法求解的讨论和比较，见参考文献（Wolff，1989）。在本节使用的近似方法中，假设重试速率 γ 较小，所以服务区在下一个重试的顾客到达前可以近似达到稳态，该近似方法不适用于重试速率 γ 较大时的情况。

与前面讨论的模型类似，定义系统的状态空间为 $\{(i, n)\}$，其中 i 表示正在接受服务的顾客数且 $i \in \{0, 1, 2, \cdots c\}$，$n$ 表示重试区的顾客数且 $n \in \{0, 1, 2, \cdots\}$。设 $p_{i,n}$ 表示系统处于状态 (i, n) 的时间占比，p_i 表示有 i 个服务员处于忙碌状态的时间占比（$p_i = \sum\limits_{n} p_{i,n}$）。定义

$$\lambda_{r,i} \equiv \frac{1}{p_i} \sum_{n=0}^{\infty} (n\gamma) p_{i,n}$$

$$\lambda_r \equiv \sum_{i=0}^{c} \sum_{n=0}^{\infty} (n\gamma) p_{i,n} = \sum_{i=0}^{c} p_i \lambda_{r,i}$$

$$r_i \equiv \frac{\sum\limits_{n=0}^{\infty} (n\gamma) p_{i,n}}{\sum\limits_{i=0}^{c} \sum\limits_{n=0}^{\infty} (n\gamma) p_{i,n}} = \frac{p_i \lambda_{r,i}}{\lambda_r}$$

$\lambda_{r,i}$ 是当有 i 个服务员处于忙碌状态时的重试速率，λ_r 是总的重试速率，r_i 是重试的顾客中看见有 i 个服务员处于忙碌状态的顾客占比。

如果重试速率 γ 较小，则服务区在下一个重试的顾客到达前可以近似达到稳态，因此假设**重试看见时间平均**（retrials see time averages）也就是说，重试的顾客中看见有 i 个服务员处于忙碌状态的顾客占比与有 i 个服务员处于忙碌状态的时间占比相同，即 $r_i = p_i$。如果 γ 较大，则该假设不成立。在这种情况下，顾客被阻塞后将很快进行重试，因此返回服务区时很可能再次看见 c 个服务员都处于忙碌状态，外部的观测者在随机时间点看见所有服务员都处于忙碌状态的概率比在这种情况下得出的概率小。根据前面对 r_i 的定义，$r_i = p_i$ 等同于 $\lambda_{r,i} = \lambda_r$，即重试速率与正在接受服务的顾客数无关。

接下来把这个假设应用于速率平衡方程。建立服务区状态 i（有 i 个服务员处于忙碌状态）和状态 $i+1$（有 $i+1$ 个服务员处于忙碌状态）之间的平衡方程

$$(\lambda + \lambda_{r,i})\, p_i = (i+1)\mu p_{i+1}, \qquad i = 0, \cdots, c-1$$

假设 $\lambda_{r,i} = \lambda_r$，因此，

$$p_i = \frac{(\lambda + \lambda_r)^i}{\mu^i i!} p_0, \qquad i = 0, \cdots, c$$

当 $i = c$ 时，

$$p_c = \frac{(\lambda + \lambda_r)^c}{\mu^c c!} p_0 = \frac{(\lambda + \lambda_r)^c}{\mu^c c!} \bigg/ \sum_{i=0}^{c} \frac{(\lambda + \lambda_r)^i}{\mu^i i!} \tag{4.82}$$

最后一个等号使用了归一化条件。

将埃尔朗 B 公式（3.55）中的 λ 替换为 $\lambda + \lambda_r$，可以得到式（4.82）（埃尔朗 B 公式用于计算 $M/M/c/c$ 排队系统的阻塞概率，见第 3.6 节）。因此，可以基于另一种假设来推导式（4.82）：假设重试顾客按到达速率为 λ_r 的泊松过程到达服务区，该过程与顾客首次到达服务区的过程相互独立，则可以将顾客首次到达服务区的过程与重试顾客到达服务区的过程合成为一个泊松过程，到达速率为 $\lambda + \lambda_r$，此时系统的行为与 $M/M/c/c$ 排队系统的行为相同。

综上，可以基于以下任意一种假设来推导式（4.82）：重试看见时间平均；重试速率与正在接受服务的顾客数无关；重试过程为泊松过程且与首次到达过程相互独立。

还需要确定 p_c 的表达式［式（4.82）］中的 λ_r。令顾客进入和离开重试区的速率相等：

$$q(\lambda + \lambda_{r,c}) p_c = \lambda_r \tag{4.83}$$

假设 $\lambda_{r,i} = \lambda_r$，使用式（4.82）可得

$$\frac{q\left(\lambda + \lambda_r\right)^{c+1}}{\mu^c \cdot c!} = \lambda_r \sum_{i=0}^{c} \frac{\left(\lambda + \lambda_r\right)^i}{\mu^i \cdot i!} \tag{4.84}$$

式（4.84）是关于 λ_r 的方程，其中包含一个 $c+1$ 次多项式，可以使用数值方法来求解该方程。

■ **例 4.14**

使用重试看见时间平均这一假设来估算 $c=1$ 时的 p_1。

定义 $\lambda_T \equiv \lambda + \lambda_r$，式（4.82）可以写为

$$p_1 = \frac{\lambda_T}{\mu} \bigg/ \left(1 + \frac{\lambda_T}{\mu}\right) = \frac{\lambda_T}{\mu + \lambda_T}$$

则式（4.83）可以写为 $q\lambda_T p_1 = \lambda_T - \lambda$ 或 $\lambda_T = \lambda/(1 - qp_1)$，将这一结果代入前一个方程可得

$$p_1 = \frac{\lambda}{(1 - qp_1)\,\mu + \lambda}$$

整理上式可得 $q\mu p_1^2 - (\lambda + \mu)\,p_1 + \lambda = 0$，该二次方程的解为

$$p_1 = \frac{\lambda + \mu - \sqrt{(\lambda + \mu)^2 - 4q\lambda\mu}}{2q\mu} \tag{4.85}$$

可以将该近似结果与第 4.5.2 节中得出的精确结果进行比较。图 4.9 展示了 $\lambda = 2$、$\mu = 1$ 且 $q = 0.8$ 时的一个例子。可以使用 3 种方法来计算单服务员利用率 p_1：使用式（4.85）求近似值；使用式（4.72）求精确值；使用 $M/M/1/1$ 排队模型作近似模拟，其中到达速率为 λ、服务速率为 μ 且顾客不进行重试（即 $q = 0$）。当 γ 较小时，由式（4.72）求得的精确值接近于由式（4.85）求得的近似值。随着 γ 的增大，近似值的精度降低。当 $\gamma \to \infty$ 时，精确值接近于由 $M/M/1/1$ 排队模型得出的结果，这是因为顾客被阻塞后将很快进行重试，并且很有可能会在服务员仍处于忙碌状态时进行多次重试；由于顾客每次被阻塞后彻底离开系统的概率不为 0（假设 $q < 1$），所以首次到达就被阻塞的顾客很有可能永远不会接受服务。因此，可以认为所有被阻塞的顾客都会彻底离开系统。

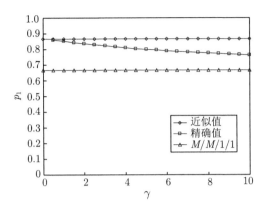

图 4.9　重试排队模型的服务员利用率示例

习题

4.1 使用随机平衡方程来推导式（4.1）、式（4.7）和式（4.10）。

4.2 习题 3.6 中做兼职的研究生助教发现，其服务过程更适合建模为 $M^{[X]}/M/1$ 排队模型，批次大小分别为 1、2 或 3，且各批次的到达速率均为 5 批/h（这意味着顾客的点到达速率为 10 个/h），平均服务时间为 4 min。计算队列中的平均顾客数和系统中的平均顾客数，并将结果与习题 3.6 的结果进行对比。

4.3 考虑服务速率 $\mu = 3$ 个/h 的 $M^{[2]}/M/1$ 排队模型，其中所有顾客分批到达，每批 2 个顾客，2 h 到达一批。

（a）求稳态时系统大小的概率分布、L、L_q、W 和 W_q。

（b）利用式（4.1）中的差分方程，推导出 p_n 的解析表达式。

4.4 摆渡车将旅客从机场航站楼送到租车公司，假设摆渡车按照泊松过程到达租车公司，平均每小时有 6 辆到达，一辆摆渡车上的旅客数为泊松随机变量，平均值为 5。

（a）假设租车公司只有一个服务员，服务员服务顾客的时间服从指数分布，平均服务时间为 1.5 min。求每个顾客在租车公司花费的平均时间（包括服务时间）。

（b）假设租车公司就在航站楼旁边，旅客可以步行到达租车公司。在这种情况下，可以合理地假设旅客按照泊松过程到达租车公司，平均每小时有 30 人到达。求这种情况下每个顾客在租车公司花费的平均时间。

4.5 用儒歇定理证明式（4.8）中的算子方程 $\mu r^{K+1} - (\lambda + \mu) r + \lambda = 0$ 在区间（0，1）内仅有一个根。[提示：参见第 3.11.2 节，并且设 $g = r^{K+1}$ 且 $f = -(\lambda/\mu + 1) r + \lambda/\mu$。]

4.6 对于部分批量服务排队模型 $M/M^{[Y]}/1$，先证明 $L_q = r_0^K L$ [直接根据稳态概率计算，见式（4.9）]，然后证明 $L_q = r_0^K L$ 等同于 $L_q = L - \lambda/\mu$。[提示：使用式（4.8）中推导出的特征方程。]

4.7 推导式（4.14）中给出的批量服务排队模型的概率母函数。

4.8 对式（4.14）的分母应用儒歇定理，证明其在单位圆上或单位圆内有 K 个根。[提示：通过定义 $f(z)$ 和 $g(z)$，使 $f(z) + g(z)$ 等于式（4.14）的分母，来证明 K 个根位于 $|z| = 1 + \delta$ 之上或之内。]

4.9 一艘渡轮运送车辆过河，必须载满 10 辆车才启程，装载过程是瞬时完成的，且渡轮的往返时间是指数分布随机变量，平均值为 15 min。车辆按照泊松过程到达港口，平均每小时有 30 辆到达。在任意时刻，平均有多少辆汽车在港口等待渡轮？

4.10 完成例 4.6 中二阶亚指数分布 [见式（4.20）] 的推导。（提示：直接使用 C-K 微分方程。）

4.11 在例 4.5 中，用矩阵向量运算来解二阶埃尔朗分布的微分方程。（提示：在这个问题中，很容易将 $e^{\tilde{Q}t}$ 展开为无穷矩阵级数。）

4.12 对于 $M/E_k/1$ 排队模型，根据随机平衡方程推导式（4.21）。

4.13 画出并比较下列两个排队模型对应的马尔可夫链的转移速率图。

    （a） $M/E_k/1$ 排队模型，其中到达速率为 λ，服务速率为 μ（即每个阶段的服务速率为 $k\mu$）。

    （b） $M^{[k]}/M/1$ 排队模型，其中批次到达速率为 λ，每个批次的顾客数为常数 k，每个顾客的服务速率为 μ。

4.14 以下是用于推导式（4.22）的方法的一种变形：队列中的平均顾客数是 L，每个顾客的平均服务时间是 $1/\mu$，到达的顾客看见系统中的平均顾客数是 L，因此，顾客在队列中的平均等待时间为 $W_q = L/\mu$。以上论述对下列哪个排队模型成立：$M/M/1$、$M/M/c$、$M/G/1$ 或 $G/M/1$？说明对于每个模型成立或不成立的原因。如果成立，请验证 $W_q = L/\mu$。

4.15 详细解释将系统中的顾客数视为系统中所有顾客需要完成的阶段数时，为什么可以用 $M^{[k]}/M/1$ 批量到达排队模型来表示 $M/E_k/1$ 排队模型。

4.16 当 $\lambda = 1$，$\rho (= 1/\mu) = 0.5, 0.7, 0.9$ 时，计算 W_q 与 $k = 1, 2, 3, 4, 5, 10$ 的关系并绘制关系图，以此来说明服务时间变化对 $M/E_k/1$ 排队模型效益指标的影响。

4.17 某洗车店只有一台洗车机，车辆按照泊松过程到达洗车店，到达速率 $\lambda = 10$ 辆/h。

    （a） 如果洗一辆车的时间固定为 4 min，那么平均排队时间是多少？

    （b） 假设该洗车店的老板正在考虑买一台新型的洗车机，这种洗车机能检测到车上的污垢量，并且根据污垢量来决定洗车时间。新型洗车机的平均洗车时间更短，但每辆车的洗车时间各不相同，平均洗车时间为 3.5 min，标准差为 2 min。服务时间分布近似为埃尔朗分布。车辆的平均排队时间是多少？比当前的平均排队时间长还是短？

4.18 考虑一个单服务员排队模型，顾客按照泊松过程到达，平均每小时有 30 个顾客到达。当前，每个顾客的服务时间固定为 1.5 min。假设服务时间不再为固定值，而是服从指数分布，为确保顾客在系统中花费的平均时间不变，或系统中平均顾客数不变，平均服务时间分别应该是多少？

4.19 考虑一个 $M/E_3/1$ 排队模型，其中 $\lambda = 6$，$\mu = 8$，求系统中有两个以上顾客的概率。

4.20 某大型电视机生产商有一项政策，即在将电视机从工厂运到仓库之前对所有电视机进行检查。每种类型的电视机（大屏幕电视机、便携式电视机等）都配有一名专业的检查员。在对便携式彩色电视机进行检查的过程中，时常发生拥塞，公司对这一情况进行了详细的分析：便携式彩色电视机按照泊松过程到达检查站，平均每小时有 5 台到达，每台都需要经过 10 个独立的测试，每个测试所需的时间都近似服从指数分布，平均为 1 min。求便携式彩色电视机的平均等待时间、系统中便携式彩色电视机的平均数以及检查员的平均空闲时间。

4.21 某运输公司准备雇一个工人来操作其单通道卡车清洗设备，有 A 和 B 两个工人可选。A 的清洗时间近似服从指数分布，平均每天清洗 6 辆车，B 的清洗时间服从二阶埃尔朗分布，平均每天清洗 5 辆车。当每天有 4 辆车到达时，应该雇哪个工人？

4.22 某航空公司提供从 A 地到 B 地的航班服务，每 2 h 一班。乘客只能在登机口购买机票，不能预定。乘客按照泊松过程到达，平均每小时有 18 名乘客到达。登机口的值机柜台有一名工作人员，以下是其服务时间的 50 个样本：

4.00, 1.44, 4.44, 1.74, 1.16, 4.20, 3.59, 2.14, 3.54, 2.56, 5.53, 2.02, 3.06, 1.66, 3.23, 4.84, 7.99, 3.07, 1.24, 3.40, 5.01, 2.78, 1.62, 5.19, 5.09, 3.78, 1.52, 3.94, 1.96, 6.20, 3.67, 3.37, 1.84, 1.60, 1.31, 5.64, 0.99, 3.06, 1.24, 3.11, 4.57, 0.90, 2.78, 1.64, 2.43, 5.26, 2.11, 4.27, 3.36, 4.76

请问平均有多少名乘客在排队买票？平均排队时间是多少？（提示：求出服务时间的样本均值和方差，选择合适的分布进行计算。）

4.23 可以对习题 3.59 中的库存控制过程进行推广：设安全库存量仍然为 S，现在的政策改为当现有库存量与订购量的总数为 s 时，制造商向工厂下单新生产 Q（$Q = S - s$）件该商品。习题 3.59 的一对一订购政策是 $Q = 1$（$s = S - 1$）时的一种特殊情况。此策略被称为触发点批量订购策略，有时也被称为连续盘点策略（s, S）。一般来说，每个订单的生产准备成本为 K 美元，因此 E[C] 中包括附加成本项 $K\lambda/Q$（美元每单位时间）。对于这种情况，假设顾客对该产品的需求量仍然为泊松随机变量，生产一件产品的时间仍然服从指数分布。

（a）描述适用于该订单处理过程的排队模型；

（b）求出该排队模型的稳态概率与现有库存量的概率分布 $p(z)$ 的关系式；

（c）在该习题中，E[C] 是两个变量（s 和 Q，S 和 Q，或 S 和 s）的函数，讨论 E[C] 的优化过程，以及这一优化过程的实用性。

4.24 当 $\lambda = 1$，$\rho(= 1/\mu) - 0.5$, 0.7, 0.9 时，计算排队 W_q 与 $k = 1, 2, 3, 4, 5, 10$ 的关系并绘制关系图，以此来说明到达时间间隔的变化对 $E_k/M/1$ 排队模型效益指

标的影响。

4.25 推导 $M/E_k/1/1$ 排队模型中顾客处于阶段 n 的稳态概率，$M/E_k/1/1$ 排队模型即为不允许有顾客排队的埃尔朗服务模型。

4.26 考虑 $M/E_k/c/c$ 排队模型。

    （a）推导该模型的稳态差分方程。（提示：设 $p_{n;s_1,s_2,\cdots,s_k}$ 表示在某个时刻系统中有 n 个顾客的概率，且在该时刻，s_1 个服务通道处于阶段 1，s_2 个服务通道处于阶段 2，以此类推。）

    （b）证明 $p_n = p_0\rho^n/n!$，$\rho = \lambda/\mu$ 是该问题的解。首先，证明它是（a）中方程的解；然后，通过多项式展开 $(x_1 + x_2 + \cdots + x_k)^n$ 并设 $x_1 = x_2 = \cdots = x_k = 1$，来证明

$$p_n = \sum_{s_1+s_2+\cdots+s_k=n} p_{n;s_1,s_2,\cdots,s_k} = \frac{A\rho^n}{n!}$$

    （c）将该结果与第 3.6 节中的 $M/M/c/c$ 排队模型的结果 [式（3.54）] 进行比较，并给出解释。

4.27 某银行只有一个柜员，顾客按照泊松过程到达银行，到达速率为 λ。顾客按照先到先服务规则接受服务。服务每个顾客的时间服从指数分布，服务速率为 μ。空闲时（即银行中没有顾客时），柜员开始进行点钞任务。完成点钞任务的时间服从指数分布，速率为 γ。在柜员点钞期间到达的顾客必须等柜员完成点钞任务后才能接受服务。如果柜员完成点钞任务后没有顾客到达，则柜员处于空闲状态，直到下一个顾客到达。当柜员服务完所有顾客、再次变为空闲时（即银行中没有顾客时），柜员开始进行新一轮的点钞任务。

    （a）确定此系统的连续时间马尔可夫链，即定义一组状态，画出状态之间的转移速率图，并给出该系统的速率平衡方程。

    （b）假设已经求出了该马尔可夫链的稳态概率。给出系统中平均顾客数 L 和队列中平均顾客数 L_q 关于稳态概率的函数表达式。

4.28 以下是满足**加权公平排队**（weighted fair queueing, WFQ）规则的排队模型。系统中有两种类型的数据包，每类都有其对应的先到先服务队列。两类数据包都按照泊松过程到达，第一类数据包的到达速率为 λ_1，第二类数据包的到达速率为 λ_2。所有数据包的大小都是指数分布随机变量，期望为 $1/\mu$Byte。当系统中有两种类型的数据包时，服务器同时处理一个第一类数据包和一个第二类数据包，对于每个数据包，处理速率均为 1 Byte/ms。当系统中只有一个类型的数据包时，服务器一次处理一个数据包，每毫秒处理 2 Byte。

    （a）设 p_{ij} 为系统中存在 i 个第一类数据包和 j 个第二类数据包的时间占比，假设 p_{ij} 的值是已知的，给出系统中第一类数据包的平均数量的表达式。

    （b）该系统可以建模为连续时间马尔可夫链，画出转移速率图。

4.29 对于服务时间服从指数分布且具有两个优先级类别的单服务员通道，推导式（4.33）

中的平稳方程。

4.30 推导式（4.38），即对于具有两类顾客且不具有优先权的单服务员排队模型，推导其效益指标。第一类顾客的到达速率为 λ_1，服务时间服从指数分布，服务速率为 μ_1；第二类顾客的到达速率为 λ_2，服务时间服从指数分布，服务速率为 μ_2。（提示：将该队列视为 $M/G/1$ 排队模型的队列，其中 G 为混合指数分布，然后应用第 6 章的结果。）

4.31 对于服务速率相等且具有两类优先级的非抢占排队系统，给出一组参数（λ_1, λ_2, μ），使得优先级高的顾客的平均队列长度大于优先级低的顾客的平均队列长度，即使式（4.36）中的 $L_q^{(1)} > L_q^{(2)}$。

4.32 证明式（4.38）中的 L_q 始终大于或等于 $M/M/1$ 排队系统的 L_q。在 $M/M/1$ 排队系统中，$\rho = \lambda_1/\mu_1 + \lambda_2/\mu_2$。

4.33 比较具有两类优先级且服务速率不等的模型和具有两类优先级且服务速率相等的模型的 $L_q^{(1)}$、$L_q^{(2)}$ 和 L_q，后者的服务速率 $\mu = \min\{\mu_1, \mu_2\}$。

4.34 对于具有两类优先级的排队系统，证明优先级的存在降低了队列中优先级较高的顾客的平均数，增加了队列中优先级较低的顾客的平均数。即验证表 4.1 中单元格 [(c),(d)] 中 $L_q^{(1)}$ 和 $L_q^{(2)}$ 的结果。

4.35 给出从式（4.40）到式（4.41）的推导过程。

4.36 对于具有优先级的非抢占排队系统，假设对于所有 i，$\mu_i \equiv \mu$。在这种情况下，证明所有顾客的平均排队时间与 $M/M/1$ 排队系统中顾客的平均排队时间相等。

4.37 对于具有两个优先级的非抢占排队系统，假设 $\lambda_1 = \lambda_2 = 1$、$\mu_1 = 3$ 且 $\mu_2 = 2$（即服务速率较快的顾客具有优先权）。证明该系统中顾客的平均排队时间比普通的 $M/M/1$ 排队系统中的平均排队时间短，其中 $M/M/1$ 排队系统满足 $1/\mu = 1/(2\mu_1) + 1/(2\mu_2)$。当服务速率较慢的顾客具有优先权时会有怎样的结果？

4.38 某客服中心只有一个服务员，顾客按照泊松过程到达该客服中心，到达速率 $\lambda = 9$ 个/h。80% 的顾客进行标准业务，标准业务时间固定为 5 min。20% 的顾客进行特殊业务，特殊业务需要的时间服从指数分布，期望为 10 min。求以下 3 种情况下，进行标准业务的顾客的平均排队时间。

（a）进行标准业务的顾客享有（非抢占）优先权；

（b）进行特殊业务的顾客享有（非抢占）优先权；

（c）所有顾客按照先到先服务规则接受服务。

4.39 考虑一个具有优先级的非抢占排队系统，该系统只有一个服务员，服务时间服从指数分布，顾客按照泊松过程到达。有 4 种类型的顾客，到达速率分别为 $\lambda_1 = 4$，$\lambda_2 = 3$，$\lambda_3 = 5$，$\lambda_4 = 2$，服务速率分别为 $\mu_1 = 10$，$\mu_2 = 20$，$\mu_3 = 20$，$\mu_4 = 20$。求每种类型的顾客的平均排队时间。

4.40 有一座单车道桥，一次只允许一辆车通过。向东行驶的车按泊松过程到达，每小时有 20 辆到达，向西行驶的车也按泊松过程到达，每小时有 30 辆到达。向东行驶的车优先于向西行驶的车。所有车通过桥所需的时间服从六阶埃尔朗分布，平均需要 1 min。

(a) 求向东行驶的车的平均排队时间。

(b) 求向西行驶的车的平均排队时间。

(c) 当向西行驶的车的队列为无限长时，向东行驶的车的到达速率最小为多少？

4.41 一个路由器处理两种包：语音包和数据包。处理语音包的优先级高于数据包（没有抢占）。语音包按照泊松过程到达，到达速率为 0.3 个/ms。处理语音包的时间服从指数分布，平均为 1 ms。数据包按照泊松过程到达，到达速率为 0.1 个/ms。处理数据包的时间服从指数分布，平均为 4 ms。

(a) 分别求语音包和数据包的平均排队时间。

(b) 假设服务时间是确定的，其值与题干中给出的平均值相同。在相同的优先级方案下，分别求语音包和数据包的平均排队时间。

(c) 如果排队规则为先到先服务，且服务时间是确定的，分别求语音包和数据包的平均排队时间。

4.42 患者按照泊松过程到达医院急诊室。患者分为 3 种类型：高优先级（即病情非常严重的患者）、中优先级（即病情比较严重的患者）和低优先级（即病情不严重的患者）。平均每小时有 10 名患者到达急诊室，1/5 的患者为高优先级，3/10 的患者为中优先级，1/2 的患者为低优先级。只有一个挂号窗口，服务时间服从指数分布，平均为 5.5 min（与患者类型无关）。假设不存在抢占，每种优先级的患者的平均挂号时间（排队时间加服务时间）是多少？任意患者的平均挂号时间是多少？证明任意患者的平均挂号时间也可以用 $M/M/1$ 排队模型来求得。

4.43 假设习题 4.42 中存在抢占，结果会怎样？将得出的结果与习题 4.42 中求得的结果进行比较。

4.44 给出具有 3 个优先级且存在抢占的马尔可夫排队模型的速率平衡方程。也就是说，将式（4.48）推广到有 3 个优先级的情况。

4.45 对于具有两个优先级的抢占排队系统（第 4.4.3 节），根据速率平衡方程 [式（4.48）] 证明，对于优先级为 1 的顾客，系统的行为类似于 $M/M/1$ 排队系统。

4.46 对于 $M/M/1$ 重试排队模型，根据式（4.52）和式（4.53）推导式（4.54）。

4.47 根据部分母函数 $P_1(z)$ [式（4.57）] 和二项式公式 [式（4.58）] 推导 $M/M/1$ 重试排队模型的稳态概率 $p_{1,n}$ [式（4.59）]。

4.48 用式（4.57）中的部分母函数，推导式（4.60）中给出的 $M/M/1$ 重试排队模型的重试区中的平均顾客数。

4.49 一家小商店只有一个电话，可以将电话打入商店的过程建模为 $M/M/1$ 重试排队模型，到达速率 $\lambda = 10$ 个/h，服务速率 $\mu = 15$ 个/h，重试速率 $\gamma = 6$ 个/h。

(a) 顾客平均需要等待多长时间才能打通电话？

(b) 呼叫的平均到达速率是多少？（呼叫包括接通的呼叫和未接通的呼叫。）

（c）　未接通的电话占比是多少？

（d）　假设没有考虑到有的顾客没有打通电话后会重新呼叫，即假设所有呼叫都是不同的顾客打入的，将这一排队系统建模为 $M/M/1/1$ 排队模型，呼叫的到达速率为（b）中求得的速率。根据以上假设，求未接通的呼叫占比。比较求出的结果与（c）中求得的结果。

4.50　对于有不耐烦顾客的 $M/M/1$ 重试排队模型，求最终接受服务的顾客占比。

4.51　对于有不耐烦顾客的 $M/M/1$ 重试排队模型，证明当 $q=1$ 时，式（4.71）中的稳态概率降为无不耐烦顾客的 $M/M/1$ 重试排队模型的稳态概率，即式（4.59）。

4.52　对于有不耐烦顾客的 $M/M/1$ 重试排队模型，完成以下 L_o 的推导过程：

（a）　给出从式（4.78）到式（4.79）的推导过程。[提示：把 $c+2a-b+1$ 写为 $(c+a-b+1)+a$，对有 $c+a-b+1$ 的项应用式（4.75），对有 a 的项应用式（4.76）。]

（b）　给出从式（4.80）到式（4.81）的推导过程。

4.53　对于有不耐烦顾客的 $M/M/1$ 重试排队模型，求顾客在重试区中花费的平均时间，顾客包括：

（a）　所有进入系统的顾客；

（b）　仅进入重试区的顾客（即最初进入服务区时被阻塞，随后选择进入重试区的顾客）。

4.54　例 4.14 给出了 $M/M/1$ 重试排队模型的近似阻塞概率 p_1。

（a）　在式（4.85）中，p_1 是二次方程的两个解之一，证明该例中选择了正确的解。

（b）　当 $q \to 0$ 时，证明 p_1 趋于 $M/M/1/1$ 排队模型的阻塞概率公式。

第 5 章

排队网络：串联网络和
循环网络

本章将介绍排队网络。排队网络非常有研究价值和应用价值，但其中有许多问题极难解决，这些问题远远超出了本书的范围。我们仅在本章中介绍一些基本概念和对排队网络的设计非常有用的结论。排队网络在制造设施和计算机/通信网络的建模中尤为重要，有兴趣深入研究这一领域的读者请参阅参考文献（Bolch et al.，2006；Gelenbe et al.，1998；Disney，1981；Kelly，1979；Lemoine，1977；van Dijk，1993；Walrand，1988 等）。

可以把排队网络描述为一组节点（比如有 k 个节点），其中每个节点表示一个服务站，第 i（$i = 1, 2, \cdots, k$）个节点处有 c_i 个服务员。在一般情况下，顾客可以从某个节点进入系统，在系统内的节点之间移动，然后从某个节点离开系统。并不是所有顾客都从相同的节点进入系统或从相同的节点离开系统，顾客进入系统后也不一定按照相同的路径移动。顾客可以返回已经访问过的节点，也可以跳过某些节点，甚至可以永远留在系统中。我们主要讨论具有以下性质的排队网络。

（1）顾客从系统外部到达节点 i 的过程为泊松过程，平均到达速率为 γ_i。

（2）节点 i 处每个通道的服务时间都是相互独立的，且均服从参数为 μ_i 的指数分布（节点 i 处的服务速率可能与其队列长度相关）。

（3）在节点 i 处完成服务的顾客下一步移动到节点 j 的概率为 r_{ij}（路由概率，与系统状态无关），其中 $i = 1, 2, \cdots, k$ 且 $j = 0, 1, 2, \cdots, k$，r_{i0} 表示顾客从节点 i 离开系统的概率。

具有以上性质的网络称为**杰克逊网络**（Jackson networks），由参考文献（Jackson，1957；1963）提出。我们随后将看到，杰克逊网络的稳态概率分布具有乘积解。在第 8.4 节中，我们将放宽服务时间服从指数分布和到达过程为泊松过程的假设，对于具有一般服务时间分布和一般到达时间间隔分布的网络，使用近似法来分析。

如果对于所有 i，$\gamma_i = 0$（没有顾客从外部进入系统）且 $r_{i0} = 0$（没有顾客离开系统），则该排队网络为**杰克逊闭网络**（Jackson closed networks），前面描述的一般情况下的排队网络为**杰克逊开网络**（Jackson open networks）。第 3.8 节已经讨论了一个特殊的封闭系统，即机器维修问题（有限源排队模型）。在该系统中，$i = 1, 2$，$j = 0, 1, 2$，$r_{12} = r_{21} = 1$ 且其他 $r_{ij} = 0$，节点 1 表示正常运行的机器（与备用机器），节点 2 表示维修站。顾客总是从节点 1 移动到节点 2，然后再回到节点 1，如此循环，这类封闭网络系统也称为**循环网络**（cyclic queues）。

具有如下参数的杰克逊开网络也称为**串联网络**（series queues 或 tandem queues）：

$$\gamma_i = \begin{cases} \lambda, & i = 1 \\ 0, & 其他 \end{cases}$$

且

$$r_{ij} = \begin{cases} 1, & j = i+1, 1 \leqslant i \leqslant k-1 \\ 1, & i = k, j = 0 \\ 0, & 其他 \end{cases}$$

可以认为串联网络中的节点形成了一个串联系统，顾客总是单向地在节点之间移动，且顾客只能从节点 1 进入系统，并从节点 k 离开系统。

本章将首先讨论串联网络，然后将串联网络推广至一般的开放网络，最后讨论封闭网络。循环网络是特殊的封闭网络，即循环网络是封闭的串联网络。我们主要讨论具有如下性质的马尔可夫系统（杰克逊网络）：所有服务时间均服从指数分布、所有外部输入过程均为泊松过程、路由概率 r_{ij} 已知且与系统状态无关。我们还将简要介绍一些杰克逊网络的扩展，例如，r_{ij} 与系统状态相关的网络。

5.1 串 联 网 络

在串联网络中，每个顾客必须依次通过各服务站后才能离开系统。生活中串联网络的例子随处可见：流水线生产过程中，生产对象需要经过各道工序；入学报到过程中，学生需要完成一系列手续，如缴费、到辅导员处报到、到宿舍报到等；体检过程中，体检人员需要经过一系列检查，如内科、外科、心电图等。

本节将讨论不同类型的串联排队网络。在**前馈排队网络**（feedforward queueing networks）中，顾客不能返回已经访问过的节点，前馈排队网络与第 5.1.1 节中讨论的基本串联网络非常相似。

5.1.1 节点输出

首先讨论如图 5.1 所示的串联网络，其中各服务站之间的等待空间大小没有限制。进一步假设，顾客按照泊松过程到达，平均到达速率为 λ，服务站 i ($i = 1, 2, \cdots, n$) 的每个服务员的服务时间均服从指数分布且平均服务时间为 $1/\mu_i$。由于服务站之间的等待空间大小没有限制，所以每个服务站均可以单独建模为一个单阶段（非串联）的排队模型。

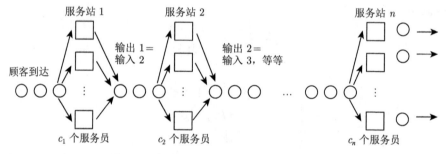

图 5.1 等待空间大小没有限制的串联网络

服务站 1 可以建模为 $M/M/c_1/\infty$ 排队模型。为了求下一个服务站的输入分布（顾客到达时间间隔的分布），需要求当前服务站的输出分布（顾客离开时间间隔的分布）。可以证明，在 $M/M/c/\infty$ 排队模型中，顾客离开时间间隔的分布与顾客到达时间间隔的分布相同，均为期望为 $1/\lambda$ 的指数分布，因此，所有服务站都可以建模为独立的 $M/M/c_i/\infty$ 排队模型，且第 3.3 节中的结论可以分别应用于各服务站，通过这种方式，可以完整地分析此类串联网络。

在正式证明上述结论之前，注意到，由生灭马尔可夫过程的可逆性（第 3.1 节中首次提到）可以直接得出离开时间间隔服从指数分布这一结论，因为离开过程为到达过程的逆向过程。为了更直观地说明，考虑在时间间隔 T 内的生灭过程的一个样本路径（如第 1.6 节中的图 1.13）。如果从时刻 T 开始向后看，将离开的顾客视为到达的顾客，并将到达的顾客视为离开的顾客，可以发现该反向样本路径的概率特性与正向样本路径的概率特性相同。因此，到达过程和离开过程应该是相同的（对于 $M^{[2]}/M/1$ 排队模型，该结论不成立）。正式地，从平衡方程来看，如果马尔可夫链的稳态概率和转移速率满足 $\pi_i q_{ij} = \pi_j q_{ji}$，则该马尔可夫链是可逆的。

接下来使用微分差分方程（与生灭过程的微分差分方程类似）证明到达时间间隔与离开时间间隔均服从参数为 λ 的指数分布。考虑处于稳态的 $M/M/c/\infty$ 排队系统，设 $N(t)$ 表示（自上一个顾客离开后）在时刻 t 系统中的顾客数。由于系统处于稳态，可得

$$\Pr\{N(t) = n\} = p_n \tag{5.1}$$

设随机变量 T 表示顾客离开的时间间隔，令

$$F_n(t) = \Pr\{N(t) = n \text{ 且 } T > t\} \tag{5.2}$$

$F_n(t)$ 表示（自上一个顾客离开后）在时刻 t 系统中有 n 个顾客且 t 小于离开时间间隔的联合概率，t 小于离开时间间隔 T 意味着下一个顾客尚未离开。由于 $\sum_{n=0}^{\infty} F_n(t) = \Pr\{T > t\}$ 是随机变量 T 的边缘互补累积分布函数，所以 T 的累积分布函数 $C(t)$ 为

$$C(t) \equiv \Pr\{T \leqslant t\} = 1 - \sum_{n=0}^{\infty} F_n(t) \tag{5.3}$$

为了求 $C(t)$，需要先求 $F_n(t)$。可以写出以下关于 $F_n(t)$ 的差分方程：

$$F_n(t + \Delta t) = (1 - \lambda \Delta t)(1 - c\mu \Delta t)F_n(t) + \lambda \Delta t(1 - c\mu \Delta t)F_{n-1}(t) + o(\Delta t),$$
$$c \leqslant n$$

$$F_n(t + \Delta t) = (1 - \lambda \Delta t)(1 - n\mu \Delta t)F_n(t) + \lambda \Delta t(1 - n\mu \Delta t)F_{n-1}(t) + o(\Delta t),$$
$$1 \leqslant n < c$$

$$F_0(t + \Delta t) = (1 - \lambda \Delta t)F_0(t) + o(\Delta t)$$

将以上方程的两边同时减去 $F_n(t)$（对于第三个方程，$n = 0$），再同时除以 Δt 并同时取极限 $\Delta t \to 0$，可得以下微分差分方程：

$$\frac{\mathrm{d}F_n(t)}{\mathrm{d}t} = -(\lambda + c\mu)F_n(t) + \lambda F_{n-1}(t), \qquad c \leqslant n$$

$$\frac{\mathrm{d}F_n(t)}{\mathrm{d}t} = -(\lambda + n\mu)F_n(t) + \lambda F_{n-1}(t), \qquad 1 \leqslant n < c \tag{5.4}$$

$$\frac{\mathrm{d}F_0(t)}{\mathrm{d}t} = -\lambda F_0(t)$$

由式（5.1）得，边界条件为

$$F_n(0) \equiv \Pr\{N(0) = n \text{ 且 } T > 0\} = \Pr\{N(0) = n\} = p_n$$

使用以上边界条件可得式（5.4）的解为（与证明定理 2.6 时使用的方法类似，见习题 5.1）

$$F_n(t) = p_n \mathrm{e}^{-\lambda t} \tag{5.5}$$

可以把式（5.5）代入式（5.4）进行验证，回顾式（3.33），对于 $M/M/c/\infty$ 排队模型，有

$$p_{n+1} = \begin{cases} \dfrac{\lambda}{(n+1)\mu} p_n, & 1 \leqslant n < c \\[2mm] \dfrac{\lambda}{c\mu} p_n, & c \leqslant n \end{cases}$$

把式（5.5）代入式（5.3），可得离开时间间隔的累积分布函数为

$$C(t) = 1 - \sum_{n=0}^{\infty} p_n \mathrm{e}^{-\lambda t} = 1 - \mathrm{e}^{-\lambda t} \sum_{n=0}^{\infty} p_n = 1 - \mathrm{e}^{-\lambda t} \tag{5.6}$$

至此，证明了离开时间间隔服从参数为 λ 的指数分布。

也可以证明，随机变量 $N(T)$ 与 T 相互独立，且离开时间间隔相互独立（见习题 5.2）。伯克（Burke，1956）最先证明了以上结论。综上，输出分布与输入分布相同，且不受服务时间服从指数分布这一条件的影响。由于系统处于稳态，所以直观上可知输入过程和输出过程的均值相同（平均输入速率等于平均输出速率）；实际上，输入过程和输出过程的方差和分布也相同，尽管这一点并不直观。以上结论在分析具有以下特征的串联网络时非常有用：初始输入过程为泊松过程，所有服务站的服务时间均服从指数分布，且服务站之间的等待空间大小没有限制。

下面通过例子来说明这类串联网络的具体情况。

■ 例 5.1

某超市尝试应用一种新的结账模式。与常见的设计不同，该超市在结账区增加了一个休息室。顾客选购完商品后进入结账区的休息室，如果所有结账柜台均处于忙碌状态，则顾客会按到达顺序依次取一个号码并在休息室等待。当有结账柜台空闲时，休息室内持最小号码的顾客到该柜台处结账。该超市对购物区和结账区的顾客数均没有设限。

据超市经理观察，在高峰时段，顾客按照泊松过程到达超市，平均每小时有 40 个顾客到达。顾客在购物区选购商品的时间近似服从指数分布，平均每个顾客选购商品的时间为 $\frac{3}{4}$ h。所有柜台的结账时间均服从指数分布，平均结账时间为 4 min（在高峰时段，每个结账柜台有一个收银员和一个打包员）。经理希望了解以下信息：在高峰时段，最少需要多少个结账柜台？如果经理决定在最小柜台数的基础上再增加一个柜台，则顾客平均需要在结账区的休息室等待多长时间？休息室中平均有多少顾客？超市中平均有多少顾客？

上述过程可以建模为具有两个服务站的串联网络。服务站 1 为购物区，顾客按照泊松过程到达且服务模式为自助服务，可以将购物区建模为 $\lambda = 40$ 且 $\mu = \frac{4}{3}$ 的 $M/M/\infty$ 排队模型。服务站 2 为结账区，由于 $M/M/\infty$ 排队模型的输出过程与输入过程相同，所以可以将结账区建模为 $M/M/c$ 排队模型，其输入过程也为 $\lambda = 40$ 的泊松过程，其服务（结账）时间服从指数分布，$\mu = 15$。为保证系统存在稳态，需满足 $c\mu > \lambda$，所以最小柜台数 c_m 必须大于 $\lambda/\mu = 40/15 \doteq 2.67$，可得 $c_m = 3$。

如果经理决定开设 4 个结账柜台，则可以将结账区建模为 $\lambda = 40$ 且 $\mu = 15$ 的 $M/M/4$ 排队模型。接下来求该 $M/M/4$ 排队模型的 W_q 和 L_q 以及超市中的平均顾客数，超市中的平均顾客数等于购物区和结账区的平均顾客数之和。根据第 3.3 节中的式（3.34）和式（3.36）可得

$$p_0 = \left[\sum_{n=0}^{3} \frac{1}{n!} \left(\frac{8}{3} \right)^n + \frac{1}{4!} \times \left(\frac{8}{3} \right)^4 \times \left(\frac{4}{4 - \frac{8}{3}} \right) \right]^{-1} \doteq 0.06$$

$$W_q \doteq \frac{\left(\frac{8}{3} \right)^4 \times 15}{3! \times (60 - 40)^2} \times 0.06 \doteq 0.019 \quad \text{（h）}$$

由利特尔法则可得

$$L_q = \lambda W_q \doteq 40 \times 0.019 = 0.76$$

可知休息室中的平均顾客数小于 1。

超市中的平均顾客数等于 $M/M/4$ 排队模型的 L 与 $M/M/\infty$ 排队模型的 L 之和。对于结账区，有

$$L = \lambda W = \lambda \left(W_q + \frac{1}{\mu} \right) \doteq 40 \times \left(0.019 + \frac{4}{60} \right) \doteq 3.44$$

对于购物区，$L = \lambda/\mu = 40\frac{4}{3} = 30$。因此，如果该超市有 4 个结账柜台，则高峰时段超市中的平均顾客数约为 33.44。经理还想知道如果只开设 3 个结账柜台，超市的拥塞程度会增加多少（见习题 5.3）。

对于串联网络，如果服务站之间的等待空间大小没有限制且顾客的到达过程为泊松过程，则很容易求得相关结果。此外，可以证明（见习题 5.4），服务站 1 中有 n_1 个顾客、服务站 2 中有 n_2 个顾客、……、服务站 j 中有 n_j 个顾客的联合概率为 $p_{n_1} p_{n_2} \cdots p_{n_j}$。我们将在后文中看到，这类具有乘积形式的结果在杰克逊网络中非常典型。

当串联网络中某个服务站的等待空间大小有限时，分析过程会复杂很多（以下情况除外：在纯串联场景中，只有最后一个服务站的等待空间大小有限，当该服务站的等待空间已满时，新到达的顾客将无法进入系统，见习题 5.5）。这是因为存在阻塞效应，当下游的服务站的等待空间满员时，顾客会被阻塞在上游的服务站。下一节将讨论这类网络。

5.1.2 有阻塞的串联网络

首先讨论一类简单的串联网络，其中有两个服务站（服务站 1 和服务站 2），每个服务站有一个服务员，两个服务站均不允许形成队列（即不允许顾客排队）。如果有顾客正在服务站 2 接受服务且服务站 1 中的顾客已经完成服务，则服务站 1 中的顾客必须原地等待，直到服务站 2 中的顾客完成服务后，才能进入服务站 2。在这种情况下，我们称系统处于**阻塞**（blocked）状态。当系统处于阻塞状态时，新到达的顾客将无法进入服务站 1。此外，如果有顾客正在服务站 1 接受服务，那么即使服务站 2 是空闲的，新到达的顾客也无法进入服务站 1，这是因为该系统是串联的，所有顾客必须依次完成服务站 1 和服务站 2 的服务。

我们需要求服务站 1 中有 n_1 个顾客且服务站 2 中有 n_2 个顾客的稳态概率 p_{n_1, n_2}，表 5.1 中列出了该系统所有可能的状态。

假设顾客按照参数为 λ 的泊松过程到达系统（服务站 1），两个服务站的服务时间分别服从参数为 μ_1 和 μ_2 的指数分布。该多维马尔可夫链的稳态方程组为

$$\begin{cases} 0 = -\lambda p_{0,0} + \mu_2 p_{0,1} \\ 0 = -\mu_1 p_{1,0} + \mu_2 p_{1,1} + \lambda p_{0,0} \\ 0 = -(\lambda + \mu_2) p_{0,1} + \mu_1 p_{1,0} + \mu_2 p_{b,1} \\ 0 = -(\mu_1 + \mu_2) p_{1,1} + \lambda p_{0,1} \\ 0 = -\mu_2 p_{b,1} + \mu_1 p_{1,1} \end{cases} \quad (5.7)$$

表 5.1　上述串联网络中所有可能的系统状态

n_1, n_2	说明
$0,0$	系统为空
$1,0$	仅服务站 1 中有顾客正在接受服务
$0,1$	仅服务站 2 中有顾客正在接受服务
$1,1$	服务站 1 和服务站 2 中均有顾客正在接受服务
$b,1$	服务站 2 中有顾客正在接受服务，服务站 1 中的顾客已完成服务且在等待服务站 2 变为空闲（即系统处于阻塞状态）

加上边界条件 $\sum_{n_2} \sum_{n_1} p_{n_1,n_2} = 1$，共有 6 个方程和 5 个未知数 [方程组 (5.7) 中有一个方程是冗余的]，由此可以求解 5 个稳态概率。利用式 (5.7) 可以用 $p_{0,0}$ 表示所有概率，根据边界条件可以求出 $p_{0,0}$。如果设 $\mu_1 = \mu_2$，可得（见习题 5.6）

$$p_{1,0} = \frac{\lambda(\lambda + 2\mu)}{2\mu^2} p_{0,0}, \quad p_{0,1} = \frac{\lambda}{\mu} p_{0,0}, \quad p_{1,1} = \frac{\lambda^2}{2\mu^2} p_{0,0},$$
$$p_{b,1} = \frac{\lambda^2}{2\mu^2} p_{0,0}, \quad p_{0,0} = \frac{2\mu^2}{3\lambda^2 + 4\mu\lambda + 2\mu^2} \quad (5.8)$$

可以将以上问题进行扩展，允许有限数量的顾客排队，或考虑系统中服务站的数量大于 2 的情况。例如，如果允许 1 个顾客在两个服务站之间等待，则系统共有 7 个状态概率，从而需要求解 7 个平衡方程和边界条件组成的方程组（见习题 5.7）。该问题的复杂性在于需要写出每个系统状态的平衡方程。理论上，仍然可以使用前面介绍的方法来解决这类串联网络问题。对于方程数量很多的方程组，只要方程数是有限的，就可以采用数值方法来联立求解。

洪特（Hunt，1956）使用有限差分算子分析了一类修正的串联网络模型，其中有两个服务站，顾客依次接受每个服务站的服务，服务站之间不允许顾客排队，但服务站 1 前排队的顾客数不设限。洪特求得了该模型的稳态概率、平均系统大小 L 以及保证稳态存在的 ρ 的最大值（用 $\rho_{\max}$ 表示）。此外，洪特（Hunt，1956）还讨论了该模型的以下几个推广，并求得了这些推广模型的 $\rho_{\max}$：网络中有 3 个或 4 个服务站，服务站之间不允许顾客排队；网络中有 2 个服务站，服务站之间最多允许 K 个顾客排队；网络中有 3 个服务站，服务站之间最多允许 $K = 2$ 个顾客排队。对此感兴趣的读者可以查阅参考文献（Hunt，1956）。关于有阻塞的排队网络的更多讨论，可以查阅参考文献（Perros，1994）。

5.2　杰克逊开网络

本节讨论本章引言中所描述的一般网络系统。由于杰克逊（Jackson，1957；1963）所做的研究具有里程碑意义，所以这类网络被称为杰克逊网络。我们再来回顾一下杰克逊网络的性质：考虑一个有 k 个服务站（通常称为节点）的网络，顾客按照泊松过程从外部到达系统内的任意节点，用 γ_i 表示顾客从外部到达节点 i 的平均速率（稍后会说明为什么不使用 λ_i 来表示）。节点 i 处所有服务员的服务时间均服从期望为 μ_i 的指数分布，即同一节点处所有服务员的服务时间均服从相同的分布。在节点 i 处完成服务的顾客下一步移动到节点 j 的概率为 r_{ij}（与系统状态无关），其中 $i = 1, 2, \cdots, k$。r_{i0} 表示顾客在节点 i 处完成服务后离开系统的概率。所有节点的等待空间大小均没有限制，即系统或节点不会发生阻塞。

杰克逊网络是马尔可夫系统，我们可以写出其稳态方程。而在此之前，我们首先需要确定如何描述系统状态。网络中各节点处可以有不同数量的顾客，我们希望得到各节点处顾客数的联合概率分布，也就是说，如果用随机变量 N_i 表示系统处于稳态时节点 i 处的顾客数，则我们希望得到 $\Pr\{N_1 = n_1, N_2 = n_2, \cdots, N_k = n_k\} \equiv p_{n_1, n_2, \cdots, n_k}$。基于该联合概率分布，可以通过对其他节点进行适当求和，得到特定节点处顾客数的边缘概率分布。

接下来使用随机平衡的方法来得到该网络的稳态方程。使用表 5.2 中简化的记号来描述杰克逊网络的系统状态，而不使用较复杂的有 k 个分量的向量 $(n_1, n_2, \cdots, n_k)$。

表 5.2　简化的杰克逊网络状态记号

状态	简化记号
$n_1, n_2, \cdots, n_i, n_j, \cdots, n_k$	$\bar{n}$
$n_1, n_2, \cdots, n_i + 1, n_j, \cdots, n_k$	$\bar{n}; i^+$
$n_1, n_2, \cdots, n_i - 1, n_j, \cdots, n_k$	$\bar{n}; i^-$
$n_1, n_2, \cdots, n_i + 1, n_j - 1, \cdots, n_k$	$\bar{n}; i^+ j^-$

假设所有节点都只有一个服务员，即对于所有 i，都有 $c_i = 1$，且每个节点都有 $n_i \geqslant 1$ [实际上，式（5.9）对于 $n_i = 0$ 也成立，如果 $n_i = 0$，则令下标为负的项以及包含 μ_i 的项等于 0]，令流入状态 $\bar{n}$ 的流量等于流出状态 $\bar{n}$ 的流量，可得

$$\sum_{i=1}^{k} \gamma_i p_{\bar{n};i-} + \sum_{j=1}^{k}\sum_{\substack{i=1 \\ (i \neq j)}}^{k} \mu_i r_{ij} p_{\bar{n};i+j-} + \sum_{i=1}^{k} \mu_i r_{i,0} p_{\bar{n};i+} = \sum_{i=1}^{k} \mu_i (1 - r_{ii}) p_{\bar{n}} + \sum_{i=1}^{k} \gamma_i p_{\bar{n}}$$

$$(5.9)$$

杰克逊（Jackson，1957；1963）最先证明了该稳态平衡方程的解具有乘积形式，为乘积解，系统状态的联合概率分布为

$$p_{\bar{n}} = C \rho_1^{n_1} \rho_2^{n_2} \cdots \rho_k^{n_k}$$

一些学者对于乘积解的定义较为严格，即定义联合分布是各节点边缘分布的乘积。本书更倾向于使用较宽松的定义，即不需要将常数 C 写为乘积形式，所以乘积解可以不是边缘分布的乘积。

接下来给出杰克逊求得的解，然后证明该解满足式（5.9）。设 λ_i 为（从外部和其他节点）流入节点 i 的总平均流量，由于每个节点处均流量平衡，可以得到以下**流量方程**（traffic equation）：

$$\lambda_i = \gamma_i + \sum_{j=1}^{k} \lambda_j r_{ji} \tag{5.10a}$$

其向量-矩阵形式为

$$\boldsymbol{\lambda} = \boldsymbol{\gamma} + \boldsymbol{\lambda R} \tag{5.10b}$$

定义 $\rho_i = \lambda_i / \mu_i \, (i = 1, 2, \cdots, k)$。杰克逊证明了式（5.9）的稳态解为

$$p_{\bar{n}} \equiv p_{n_1, n_2, \cdots, n_k} = (1 - \rho_1) \rho_1^{n_1} (1 - \rho_2) \rho_2^{n_2} \cdots (1 - \rho_k) \rho_k^{n_k} \tag{5.11}$$

式（5.11）是各节点边缘分布的乘积。式（5.11）表明，这类网络表现得好像其所有节点都是独立的且参数为 λ_i 和 μ_i 的 $M/M/1$ 排队系统，所以联合概率分布可以写为各 $M/M/1$ 排队系统的边缘稳态概率分布的乘积。然而，不能误认为这类网络实际上就是由若干个独立的 $M/M/1$ 排队系统组成，且每个 $M/M/1$ 排队系统的输入过程都是参数为 λ_i 的泊松过程。可以证明，在一般情况下，这

类网络的内部流动过程不是泊松过程（Disney，1981），事实上，只要存在任何形式的反馈（即顾客可以返回已经访问过的节点），内部流动过程就不是泊松过程。但令人意外的是，无论内部流动过程是否为泊松过程，式（5.11）均成立且网络表现得好像其所有节点都是独立的 $M/M/1$ 排队系统。

与一般生灭过程类似，可以由全局平衡方程［式（5.9）］得到局部平衡方程 $\lambda_i p_{\bar{n};i^-} = \mu_i p_{\bar{n}}$。换言之，系统从状态 $\bar{n};i^-$ 转移到状态 $\bar{n}$ 的平均速率必须等于系统从状态 $\bar{n}$ 回到状态 $\bar{n};i^-$ 的平均速率。使用线性差分方法可得 $p_{\bar{n}} = \rho_i^{n_i} p_{n_1,n_2,\cdots,0,\cdots,n_k}$，因此，可以得出结论，所有节点的边缘分布都是几何分布，且式（5.11）是系统状态的联合分布的可能形式。

为了证明式（5.11）是式（5.9）的解，首先证明 $p_{\bar{n}} = C\rho_1^{n_1}\rho_2^{n_2}\cdots\rho_k^{n_k}$ 是式（5.9）的解，再根据概率之和等于 1 这一边界条件证明 $C = \prod_{i=1}^{k}(1-\rho_i)$。设 $\Re^{\bar{n}} = \rho_1^{n_1}\rho_2^{n_2}\cdots\rho_k^{n_k}$，把 $p_{\bar{n}} = C\Re^{\bar{n}}$ 代入式（5.9）可得

$$C\Re^{\bar{n}}\sum_{i=1}^{k}\frac{\gamma_i}{\rho_i} + C\Re^{\bar{n}}\sum_{\substack{j=1 \\ (i\neq j)}}^{k}\sum_{i=1}^{k}\mu_i r_{ij}\frac{\rho_i}{\rho_j} + C\Re^{\bar{n}}\sum_{i=1}^{k}\mu_i r_{i0}\rho_i$$

$$\overset{?}{=} C\Re^{\bar{n}}\sum_{i=1}^{k}\mu_i(1-r_{ii}) + C\Re^{\bar{n}}\sum_{i=1}^{k}\gamma_i$$

消去 $C\Re^{\bar{n}}$，可得

$$\sum_{i=1}^{k}\frac{\gamma_i\mu_i}{\lambda_i} + \sum_{\substack{j=1 \\ (i\neq j)}}^{k}\sum_{i=1}^{k}\mu_i r_{ij}\frac{\lambda_i\mu_j}{\lambda_j\mu_i} + \sum_{i=1}^{k}\mu_i r_{i0}\frac{\lambda_i}{\mu_i} \overset{?}{=} \sum_{i=1}^{k}(\mu_i - \mu_i r_{ii} + \gamma_i)$$

根据式（5.10a）可得

$$\lambda_j = \gamma_j + \sum_{\substack{i=1 \\ (i\neq j)}}^{k}r_{ij}\lambda_i + r_{jj}\lambda_j \quad\Rightarrow\quad \sum_{\substack{i=1 \\ (i\neq j)}}^{k}r_{ij}\lambda_i = \lambda_j - \gamma_j - r_{jj}\lambda_j$$

因此，

$$\sum_{i=1}^{k}\frac{\gamma_i\mu_i}{\lambda_i} + \sum_{j=1}^{k}\frac{\mu_j}{\lambda_j}(\lambda_j - \gamma_j - r_{jj}\lambda_j) + \sum_{i=1}^{k}\mu_i r_{i0}\frac{\lambda_i}{\mu_i} \overset{?}{=} \sum_{i=1}^{k}(\mu_i - \mu_i r_{ii} + \gamma_i)$$

将上式左边第二项的下标由 j 换为 i，可得

$$\sum_{i=1}^{k} \left[\frac{\gamma_i \mu_i}{\lambda_i} + \frac{\mu_i}{\lambda_i} (\lambda_i - \gamma_i - r_{ii}\lambda_i) + \lambda_i r_{i0} \right] \overset{?}{=} \sum_{i=1}^{k} (\mu_i - \mu_i r_{ii} + \gamma_i)$$

整理上式可得

$$\sum_{i=1}^{k} \lambda_i r_{i0} \overset{?}{=} \sum_{i=1}^{k} \gamma_i$$

上式左边表示从网络中流出的总流量，右边表示流入网络的总流量，由于系统处于稳态，所以上式左右两边相等。

为了求 ρ_i，需要根据流量方程（5.10b）求 λ_i。流量方程（5.10b）的解为 $\boldsymbol{\lambda} = \boldsymbol{\gamma}(\boldsymbol{I} - \boldsymbol{R})^{-1}$。只要顾客至少可以从一个节点离开网络且网络中没有节点是吸收状态节点，矩阵 $\boldsymbol{I} - \boldsymbol{R}$ 就是可逆的。

通过下式来计算 C：

$$\sum_{n_k=0}^{\infty} \cdots \sum_{n_2=0}^{\infty} \sum_{n_1=0}^{\infty} C \rho_1^{n_1} \rho_2^{n_2} \cdots \rho_k^{n_k} = 1$$

所以

$$C = \left(\sum_{n_k=0}^{\infty} \cdots \sum_{n_2=0}^{\infty} \sum_{n_1=0}^{\infty} \rho_1^{n_1} \rho_2^{n_2} \cdots \rho_k^{n_k} \right)^{-1} = \left(\sum_{n_k=0}^{\infty} \rho_k^{n_k} \cdots \sum_{n_2=0}^{\infty} \rho_2^{n_2} \sum_{n_1=0}^{\infty} \rho_1^{n_1} \right)^{-1}$$

$$= \left(\frac{1}{1-\rho_k} \cdots \frac{1}{1-\rho_2} \frac{1}{1-\rho_1} \right)^{-1}, \qquad \rho_i < 1, i = 1, 2, \cdots, k$$

因此，

$$C = \left(\frac{1}{(1-\rho_k) \cdots (1-\rho_2)(1-\rho_1)} \right)^{-1}$$

$$= \prod_{i=1}^{k} (1-\rho_i), \qquad \rho_i < 1, i = 1, 2, \cdots, k$$

可以由 $L_i = \rho_i / (1 - \rho_i)$ 及 $W_i = L_i / \lambda_i$ 求得各节点的效益指标。之所以可以这样计算，是因为联合概率分布的解具有乘积形式。再强调一下，这并不意味着各节点实际上就是独立的 $M/M/1$ 排队系统（由于联合概率分布是边缘概率分布的乘积，所以网络表现得好像其所有节点都是独立的 $M/M/1$ 排队系统，

但实际上未必如此）。对整个网络应用利特尔法则可得顾客在网络中花费的平均时间为 $W = \sum_i L_i / \sum_i \gamma_i$。

可以将以上杰克逊网络的结果推广至每个节点处有多个服务通道的情况（见习题 5.9）。设 c_i 表示节点 i 处的服务员数，每个服务员的服务时间均服从参数为 μ_i 的指数分布。定义 $r_i = \lambda_i / \mu_i$，与第 3.3 节中 $M/M/c$ 排队模型的 $r = \lambda / \mu$ 相对应。请读者注意区分 r_i 与 r_{ij}，r_{ij} 是路由概率。此时可以将式（5.11）写为

$$p_{\bar{n}} \equiv p_{n_1, n_2, \cdots, n_k} = \prod_{i=1}^{k} \frac{r_i^{n_i}}{a_i(n_i)} p_{0i}, \qquad r_i \equiv \lambda_i / \mu_i \tag{5.12}$$

其中

$$a_i(n_i) = \begin{cases} n_i!, & n_i < c_i \\ c_i^{n_i - c_i} c_i!, & n_i \geqslant c_i \end{cases} \tag{5.13}$$

p_{0i} 满足 $\sum_{n_i=0}^{\infty} p_{0i} r_i^{n_i} / a_i(n_i) = 1$，且可以根据式（3.34）求得 p_{0i}。因此，该网络表现得好像其所有节点都是独立的 $M/M/c$ 排队系统。

关于等待时间的分布，可讨论的内容很少。关于特定节点处的无条件等待时间，似乎可以得出这样的结论：由于网络表现得好像其所有节点都是 $M/M/c$ 排队系统，所以节点的等待时间分布与 $M/M/c$ 排队系统的等待时间分布相同。这一结论不一定正确。在推导 $M/M/c$ 排队系统的等待时间分布时，由于输入过程为泊松过程，所以到达点概率 $\{q_n\}$ 与一般时间概率 $\{p_n\}$ 相同。然而正如前面所讨论的，在一般杰克逊网络中，内部节点的输入过程不一定是泊松过程，所以 $\{q_n\}$ 不一定与 $\{p_n\}$ 相同，事实上，在多数情况下，$\{q_n\}$ 与 $\{p_n\}$ 不相同。可以得出的结论是，由于 $\{p_n\}$ 与 $M/M/c$ 排队系统中的 $\{p_n\}$ 相同，所以一般杰克逊网络中节点的虚拟等待时间与 $M/M/c$ 排队系统的虚拟等待时间相同，式（3.41）给出了 $M/M/c$ 排队系统的虚拟等待时间。除非该网络有前馈流（树状，没有直接或间接的反馈），且该前馈流是泊松流，否则无法得出各节点的实际等待时间分布，尽管节点均值满足利特尔法则。

读者可能会对顾客访问部分或整个网络所需的时间（通常称为**逗留时间**，sojourn time）感兴趣。然而，由于各节点的等待时间之间存在复杂的相关性，所以对于逗留时间，可讨论的内容更少。例如，考虑一个简单的反馈网络（Disney，1996），其中只有一个 $M/M/1$ 排队节点，顾客完成服务后，再次排队等待接

受服务的概率为 p，离开节点的概率为 $1-p$。顾客在离开节点前可能会多次排队接受服务（即多次通过节点），顾客在节点中逗留的时间等于其多次通过节点所花费的时间之和。显然，如果顾客仅通过一次节点，则其花费的时间与其在 $M/M/1$ 排队系统中花费的时间相同。当顾客开始第二次排队时（假设该顾客为反馈顾客，以下称该顾客为顾客 A），排在顾客 A 前面的顾客有两类：顾客 A 第一次到达节点时就排在其前面的顾客；在顾客 A 第一次通过节点的期间到达的顾客。后一种顾客的数量取决于顾客 A 第一次通过节点所花费的时间；顾客 A 第二次通过节点的时间取决于其重新开始排队时排在其前面的顾客数，而排在其前面的顾客数取决于顾客 A 第一次通过节点所花费的时间。因此，顾客两次通过节点所花费的时间是相关的。

即使对于前馈排队网络，逗留时间的分析也可能很复杂。在具有多个单服务员节点的排队网络中，第 n 个顾客单次通过节点 i 的时间 $T_i^{(n)}$（排队时间与服务时间之和）是独立同指数分布随机变量之和，则在极限情况下，该顾客在网络中的总逗留时间为 $T^{(n)} = T_1^{(n)} + \cdots + T_k^{(n)}$，$T^{(n)}$ 是独立同分布随机变量之和（Reich，1957）。然而，这一结论在多服务员场景中不成立。例如，伯克（Burke，1969）证明了，在具有 3 个服务站的串联网络中，第一个和第三个服务站仅有一个服务员，第二个服务站有不少于两个服务员，在极限情况下，$T_1^{(n)}$ 和 $T_2^{(n)}$ 是相互独立的，$T_2^{(n)}$ 和 $T_3^{(n)}$ 也是相互独立的，但 $T_1^{(n)}$ 和 $T_3^{(n)}$ 不是相互独立的。西蒙等人（Simon et al.，1979）讨论了具有 3 个服务站的排队网络，其中每个服务站均仅有一个服务员，顾客只能从服务站 1 进入网络，从服务站 3 离开网络，即

$$\lambda_i = \begin{cases} \lambda, & i=1 \\ 0, & \text{其他} \end{cases}$$

然而，该网络不是串联网络，因为存在旁路：

$$r_{i,j} = \begin{cases} p, & i=1, j=2 \\ 1-p, & i=1, j=3 \\ 1, & i=2, j=3; i=3, j=0 \\ 0, & \text{其他} \end{cases}$$

西蒙等人也证明了，在极限情况下，$T_1^{(n)}$ 和 $T_2^{(n)}$ 是相互独立的，$T_2^{(n)}$ 和 $T_3^{(n)}$ 也是相互独立的，但 $T_1^{(n)}$ 和 $T_3^{(n)}$ 不是相互独立的。根据以上研究结果，或许可以

得出这样的结论，即使在相对较严格的前馈串联网络中，如果除了第一个和最后一个服务站之外，中间服务站有多个服务员（存在旁路），顾客接受服务的顺序可能与顾客到达的顺序不同，则连续到达的顾客的逗留时间是相关的。莱克（Reich，1957）的结论仅适用于单服务员串联网络。综上，反馈和旁路是使逗留时间的分析变得复杂的主要原因。

我们通常对排队网络中单个节点的输出过程感兴趣，因为节点的输出过程会影响其他节点的输入过程。从第5.1.1节中可以看到，对于串联网络，每个节点的输出过程均为泊松过程，且与第一个节点的到达过程相同，因此最后一个节点的输出过程（即离开网络的过程）与第一个节点的到达过程（即到达网络的过程）相同。然而，对于更一般的杰克逊网络，能讨论的内容很少。

迪斯尼（Disney，1981；1996）总结了一些重要的结论。考虑一个单服务员杰克逊网络，如果其路由概率矩阵 $R = \{r_{ij}\}$ 不可约且 $\rho_i < 1, i = 1, 2, \cdots, k$，且每个进入网络的顾客最终都会离开网络，顾客可以从某些节点离开网络，则顾客离开这些节点的过程是泊松过程，且这些泊松离开过程是相互独立的，梅拉米德（Melamed，1979）证明了这一结论。显然，从网络离开的所有过程之和也一定为泊松过程。

此外，没有反馈的节点（顾客不会返回该节点）的输出过程也是泊松过程。对于有反馈的节点，我们可以将其离开流分为两类：反馈流（顾客会直接或最终返回该节点）和非反馈流（顾客不会返回该节点）。非反馈流是泊松过程，但反馈流不是泊松过程，事实上，反馈流甚至不是独立同分布随机变量序列。对于前面提到的仅有一个节点、到达过程是泊松过程且存在直接反馈的网络，迪斯尼等人（Disney et al.，1980）证明了节点的总输出过程（反馈流与非反馈流之和）不是泊松过程，也不是独立同分布随机变量序列；但是梅拉米德证明了非反馈流是泊松过程。迪斯尼等人推测，反馈流和非反馈流是相关的，但没有给出证明。综上，就像反馈和旁路使逗留时间的分析变得复杂一样，反馈使杰克逊网络的离开流的分析变得复杂。

总之，只要不存在反馈，如串联网络和前馈网络，则节点之间的流动过程以及离开网络的过程都是泊松过程。反馈破坏了泊松流，但式（5.11）和式（5.12）的解仍然成立。

关于离开过程、等待时间和逗留时间的分析非常复杂，除了前面提到的结论之外，其他相关结论我们知之甚少。前面给出的关于系统大小的公式非常简洁，且杰克逊网络对于通信、计算机和可修复物件库存控制等网络的建模非常有用；当然，必须满足以下条件：输入过程为泊松过程、服务时间服从指数分布、路由概率与系统状态无关且等待空间大小没有限制。

■ **例 5.2**

某保险公司有一个具有 3 个节点的电话系统。电话呼入过程为泊松过程，平均每小时呼入 35 个电话。来电者有两个选择：按数字键 1 进入索赔服务，按数字键 2 进入保单服务。据估计，来电者聆听提示音、做选择及按键所花费的时间服从指数分布，平均时间为 30 s。约 55% 的来电者会进入索赔服务节点，其余来电者进入保单服务节点。各服务节点一次均只能为一个来电者提供服务，因此当一个服务节点正为一个来电者提供服务时，所有随后到达该节点的来电者会进入一个队列等待，假设所有来电者都不会挂断电话。索赔服务节点有 3 个并行的服务员，每个服务员的服务时间均服从指数分布且平均服务时间均为 6 min。保单服务节点有 7 个并行的服务员，每个服务员的服务时间均服从指数分布且平均服务时间均为 20 min。假设所有节点的等待空间大小都没有限制。约 2% 的来电者在离开索赔服务节点后进入保单服务节点，约 1% 的顾客在离开保单服务节点后进入索赔服务节点。求每个节点的平均队列长度及顾客在系统中花费的总平均时间。

设索赔服务节点为节点 2，保单服务节点为节点 3，该问题的路由概率矩阵为

$$\boldsymbol{R} = \begin{pmatrix} 0 & 0.55 & 0.45 \\ 0 & 0 & 0.02 \\ 0 & 0.01 & 0 \end{pmatrix}$$

可知 $\gamma_1 = 35$，$\gamma_2 = \gamma_3 = 0$，$c_1 = 1$，$\mu_1 = 120$，$c_2 = 3$，$\mu_2 = 10$，$c_3 = 7$，$\mu_3 = 3$。

首先解流量方程（5.10b）

$$(\boldsymbol{I} - \boldsymbol{R})^{-1} \doteq \begin{pmatrix} 1 & 0.5546 & 0.4611 \\ 0 & 1.0002 & 0.02 \\ 0 & 0.01 & 1.0002 \end{pmatrix}$$

所以 $\boldsymbol{\lambda} = \boldsymbol{\gamma}(\boldsymbol{I} - \boldsymbol{R})^{-1} \doteq (35, 19.411, 16.138)$，由此可得 $r_1 = 35/120 \doteq 0.292$，$r_2 \doteq 19.411/10 = 1.941$，$r_3 \doteq 16.138/3 \doteq 5.379$。接下来利用第 3.3 节中 $M/M/c$

排队模型的结果来求各节点的 L_q 和 L，可以求得 $L_{q1} \doteq 0.120$，$L_{q2} \doteq 0.765$，$L_{q3} \doteq 1.402$ 且 $L_1 \doteq 0.412$，$L_2 \doteq 2.706$，$L_3 \doteq 6.781$。系统中的总顾客数 $L = L_1 + L_2 + L_3 \doteq 0.412 + 2.706 + 6.781 = 9.899$，因此 $W \doteq 9.899/35 \doteq 0.283$（h），约为 17 min。

接下来讨论具有多类顾客的杰克逊开网络，不同类型的顾客有不同的路由概率矩阵。与一般杰克逊网络不同的是，我们首先需要求解每类顾客的流量方程，然后再将求得的 λ 相加。使用上标来表示顾客类型，如 $\boldsymbol{R}^{(t)}$ 是类型 t（$t = 1, 2, \cdots, n$）的顾客的路由概率矩阵，由式（5.10b）可得 $\boldsymbol{\lambda}^{(t)}$，然后可得 $\boldsymbol{\lambda} = \sum\limits_t \boldsymbol{\lambda}^{(t)}$。与前面一样，使用 $M/M/c$ 排队模型的结果来求每个节点的 L_i（$i = 1, 2, \cdots, k$），使用利特尔法则来求顾客在每个节点处的平均等待时间（由于各类顾客的服务时间服从相同的分布，且所有顾客均按照先到先服务规则接受服务，所以各类顾客的平均等待时间相同），同样也可以求得顾客在系统中的平均逗留时间。还可以将类型 t 的顾客的相对到达速率乘以某一节点处的总平均顾客数，来求该节点处类型 t 的顾客的平均数，即

$$L_i^{(t)} = \frac{\lambda_i^{(t)}}{\lambda_i^{(1)} + \lambda_i^{(2)} + \cdots + \lambda_i^{(n)}} L_i$$

■ 例 5.3

再来看例 5.2。该例隐含的假设为：来电者可以先进入索赔服务节点，接着以 0.02 的概率进入保单服务节点，然后再以 0.01 的概率进入索赔服务节点；来电者也可以先进入保单服务节点，接着以 0.01 的概率进入索赔服务节点，然后再以 0.02 的概率进入保单服务节点。然而在实际场景中，以上这两种情况不太可能发生，所以在本例中忽略这两种情况，即假设顾客不会返回已经访问过的节点。设先进入索赔服务节点的来电者的类型为 1，先进入保单服务节点的来电者的类型为 2，这两类来电者的路由矩阵分别为

$$\boldsymbol{R}^{(1)} = \begin{pmatrix} 0 & 1 & 0 \\ 0 & 0 & 0.02 \\ 0 & 0 & 0 \end{pmatrix}, \quad \boldsymbol{R}^{(2)} = \begin{pmatrix} 0 & 0 & 1 \\ 0 & 0 & 0 \\ 0 & 0.01 & 0 \end{pmatrix}$$

已知 55% 的来电者的类型为 1，45% 的来电者的类型为 2，所以 $\gamma_1^{(1)} = 19.25$，$\gamma_1^{(2)} = 15.75$。解流量方程可得 $\lambda_1^{(1)} = 19.25$，$\lambda_2^{(1)} = 19.25$，$\lambda_3^{(1)} = 0.385$ 且 $\lambda_1^{(2)} = 15.75$，$\lambda_2^{(2)} = 0.1575$，$\lambda_3^{(2)} = 15.75$。相加可得总流量为 $\boldsymbol{\lambda} = (35, 19.408, 16.135)$。

与例 5.2 中的结果相比，本例中流入节点 2 和节点 3 的流量略小，这是因为假设顾客不会返回已经访问过的节点。与前面一样，使用 $M/M/c$ 排队模型的结果可以求得 $L_1 \doteq 0.412$，$L_2 \doteq 2.705$，$L_3 \doteq 6.777$，这些结果与例 5.2 中的结果也略有不同。系统中的总平均顾客数为 $L \doteq 9.894$，顾客在系统中的平均逗留时间为 $9.894/35 \doteq 0.283$（h），约为 17 min。也可以求得各节点处各类顾客的平均数：

$$L_1^{(1)} = \frac{19.25}{19.25 + 15.75}L_1 \doteq 0.227, \quad L_2^{(1)} = \frac{19.25}{19.25 + 0.1575}L_2 \doteq 2.683,$$

$$L_3^{(1)} = \frac{0.385}{0.385 + 15.75}L_3 \doteq 0.162,$$

$$L_1^{(2)} = \frac{15.75}{19.25 + 15.75}L_1 \doteq 0.185, \quad L_2^{(2)} = \frac{0.1575}{19.25 + 0.1575}L_2 \doteq 0.022,$$

$$L_3^{(2)} = \frac{15.75}{0.385 + 15.75}L_3 \doteq 6.616$$

5.3　杰克逊闭网络

如果对于所有 i，均有 $\gamma_i = 0$ 且 $\gamma_{i0} = 0$，则该网络为杰克逊闭网络，等价于有限源排队模型，其中有 N 个顾客且这 N 个顾客连续地访问网络中的节点。如果对于所有 i，均有 $c_i = 1$ 且 $\gamma_i = \gamma_{i0} = 0$，则可以基于式（5.9）得到该网络的稳态平衡方程

$$\sum_{\substack{j=1 \\ (i \neq j)}}^{k}\sum_{i=1}^{k} \mu_i r_{ij} p_{\bar{n};i+j^-} = \sum_{i=1}^{k} \mu_i(1 - r_{ii})p_{\bar{n}} \tag{5.14}$$

由于该网络是特殊的杰克逊网络，所以该网络也有乘积形式的解

$$p_{\bar{n}} = C\rho_1^{n_1}\rho_2^{n_2}\cdots\rho_k^{n_k} \equiv C\Re^{\bar{n}} \tag{5.15}$$

其中 $\rho_i = \lambda_i/\mu_i$，ρ_i 的值必须使各节点的平衡方程成立，使流入节点 i 的流量等于流出节点 i 的流量。可得杰克逊闭网络的流量方程为

$$\lambda_i = \mu_i\rho_i = \sum_{j=1}^{k}\lambda_j r_{ji} = \sum_{j=1}^{k}\mu_j r_{ji}\rho_j \tag{5.16}$$

对于开网络，假设路由矩阵是不可约且非吸收的。对于闭网络，由于 λ_i 之和是一个定值，所以流量方程（5.16）中有一个方程是冗余的。因此，当求解

$\mu_i \rho_i = \sum\limits_{j=1}^{k} \mu_j r_{ji} \rho_j$ 时，可以令任意一个 ρ_i 等于 1。可以通过代入来验证式 (5.15) 是式 (5.14) 的解，见习题 5.20。

此处，C 不能"分解"，必须通过下式来求 C：

$$\sum_{n_1+n_2+\cdots+n_k=N} C\rho_1^{n_1}\rho_2^{n_2}\cdots\rho_k^{n_k} = 1$$

$$\Rightarrow C = \left(\sum_{n_1+n_2+\cdots+n_k=N} \rho_1^{n_1}\rho_2^{n_2}\cdots\rho_k^{n_k} \right)^{-1}$$

该式中的求和项涵盖了 N 个顾客分布于 k 个节点的所有情况。为了强调 C 是网络中顾客总数 N 的函数，通常将 C 表示为 $C(N)$，且将其解用 $C^{-1}(N) \equiv G(N)$ 来表示，所以

$$p_{n_1,n_2,\cdots,n_k} = \frac{1}{G(N)} \rho_1^{n_1}\rho_2^{n_2}\cdots\rho_k^{n_k}$$

其中

$$G(N) = \sum_{n_1+n_2+\cdots+n_k=N} \rho_1^{n_1}\rho_2^{n_2}\cdots\rho_k^{n_k}$$

可以将该封闭网络推广至节点 i 处有 c_i 个服务员的情况（见习题 5.21），此时稳态平衡方程的解为

$$p_{n_1,n_2,\cdots,n_k} = \frac{1}{G(N)} \prod_{i=1}^{k} \frac{\rho_i^{n_i}}{a_i(n_i)} \tag{5.17}$$

其中 $a_i(n_i)$ 由式 (5.13) 给出，且

$$G(N) = \sum_{n_1+n_2+\cdots+n_k=N} \prod_{i=1}^{k} \frac{\rho_i^{n_i}}{a_i(n_i)} \tag{5.18}$$

■ 例 5.4

某工厂有两台机器，当机器正常运行时，机器处于节点 1。机器发生故障的时间服从指数分布，发生故障的平均速率为 λ。当机器发生故障且由一个普通维修人员维修时，机器处于节点 2，机器从节点 1 转移到节点 2 的概率为 r_{12}，普通维修人员的维修时间服从参数为 μ_2 的指数分布；当机器发生故障且由一个专家维修时，机器处于节点 3，机器从节点 1 转移到节点 3 的概率为 $1-r_{12}$，专家的维修时间服从参数为 μ_3 的指数分布。机器经过普通维修人员的维修后，还

需要专家维修的概率为 r_{23}，机器从节点 2 返回节点 1（即投放运行）的概率为 $1 - r_{23}$。机器经过维修专家的维修后，返回节点 1 的概率为 $r_{31} = 1$。

对于该杰克逊闭网络，首先注意到，节点 1 处的服务员即为机器，所以 $c_1 = 2$。此外，由于节点 1 处的平均服务时间即为机器的平均运行时间（平均故障时间间隔），所以 μ_1 即为 λ。因此，可以由式（5.17）得出稳态联合概率分布的解：

$$p_{n_1,n_2,n_3} = \frac{1}{G(2)} \cdot \frac{\rho_1^{n_1}}{a_1(n_1)} \rho_2^{n_2} \rho_3^{n_3}, \qquad n_i = 0, 1, 2 \text{ 且 } i = 1, 2, 3$$

对于 $n_1 = 0, 1$，$a_1(n_1) = 1$ 且 $a_1(2) = 2$。接下来基于流量方程（5.16）来求 ρ_i。对于节点 1、2、3，路由概率矩阵 $\boldsymbol{R} = \{r_{ij}\}$ 为

$$\boldsymbol{R} = \begin{pmatrix} 0 & r_{12} & 1 - r_{12} \\ 1 - r_{23} & 0 & r_{23} \\ 1 & 0 & 0 \end{pmatrix}$$

将 $\{r_{ij}\}$ 代入流量方程（5.16）可得

$$\lambda \rho_1 = \mu_2 (1 - r_{23}) \rho_2 + \mu_3 \rho_3$$

$$\mu_2 \rho_2 = \lambda r_{12} \rho_1$$

$$\mu_3 \rho_3 = \lambda (1 - r_{12}) \rho_1 + \mu_2 r_{23} \rho_2$$

由于流量方程（5.16）中总有一个方程是冗余的，所以可以令任意一个 ρ_i 等于 1 ［$G(N)$ 是归一化常数］。令 $\rho_2 = 1$，$\{\rho_i\}$ 的解为

$$\rho_2 = 1, \quad \rho_1 = \frac{\mu_2}{r_{12}\lambda}$$

$$\rho_3 = \frac{\lambda(1 - r_{12})}{\mu_3} \cdot \frac{\mu_2}{\lambda r_{12}} + \frac{\mu_2}{\mu_3} r_{23} = \frac{\mu_2 (1 - r_{12} + r_{12} r_{23})}{r_{12} \mu_3}$$

因此，

$$p_{n_1,n_2,n_3} = \frac{1}{G(N)} \left(\frac{\mu_2}{r_{12}\lambda} \right)^{n_1} \frac{1}{a_1(n_1)} \left[\frac{\mu_2 (1 - r_{12} + r_{12} r_{23})}{r_{12} \mu_3} \right]^{n_3}$$

通过在所有 $n_1 + n_2 + n_3 = 2$ 的情况下对 p_{n_1,n_2,n_3} 求和，可以求得归一化常数 $G(N)$。满足 $n_1 + n_2 + n_3 = 2$ 的 (n_1, n_2, n_3) 共有 6 种情况：$(2,0,0)$，$(0,2,0)$，

$(0, 0, 2)$, $(1, 1, 0)$, $(1, 0, 1)$ 和 $(0, 1, 1)$。为了具体说明，假设 $\lambda = 2$，$\mu_2 = 1$，$\mu_3 = 3$，$r_{12} = \dfrac{3}{4}$，$r_{23} = \dfrac{1}{3}$，则

$$p_{n_1, n_2, n_3} = \frac{1}{G(N)} \left(\frac{2}{3}\right)^{n_1} \frac{1}{a_1(n_1)} \left(\frac{2}{9}\right)^{n_3}$$

可得

$$G(2) = \left(\frac{2}{3}\right)^2 \times \frac{1}{2} + 1 + \left(\frac{2}{9}\right)^2 + \frac{2}{3} + \frac{2}{3} \times \frac{2}{9} + \frac{2}{9} = \frac{187}{81} \doteq 2.3086$$

因此，稳态概率为

$$p_{2,0,0} \doteq \frac{\left(\dfrac{2}{3}\right)^2 \times \dfrac{1}{2}}{2.3086} \doteq 0.0962, \qquad p_{0,2,0} \doteq \frac{1}{2.3086} \doteq 0.4332$$

$$p_{0,0,2} \doteq \frac{\left(\dfrac{2}{9}\right)^2}{2.3086} \doteq 0.0214, \qquad p_{1,1,0} \doteq \frac{\dfrac{2}{3}}{2.3086} \doteq 0.2888$$

$$p_{1,0,1} \doteq \frac{\dfrac{2}{3} \times \dfrac{2}{9}}{2.3086} \doteq 0.0642, \qquad p_{0,1,1} \doteq \frac{\dfrac{2}{9}}{2.3086} \doteq 0.0962$$

因此，两台机器均处于运行状态的时间仅占 9.62%，至少有一台机器处于运行状态的时间占 $0.0962 + 0.2888 + 0.0642 = 44.92\%$。有 3 种方法可以提高至少有一台机器处于运行状态的时间百分比：使用更可靠的机器（λ 更低）；雇更多维修人员；安装更多机器。

在上面的例子中，由于 N 和 k 的值均较小（N 为 2，k 为 3），所以 $G(N)$ 的计算较为容易。当 N 和 k 的值较大时，将 N 个顾客分配到 k 个节点中有许多可能的情况，具体来说，有 $\begin{pmatrix} N + k - 1 \\ N \end{pmatrix}$ 种情况，见参考文献（Feller，1968）。此时，$G(N)$ 的计算变得非常复杂，需要使用更高效的算法来计算 $G(N)$，接下来介绍丰前（Buzen，1973）提出的算法。

设 $f_i(n_i) = \rho_i^{n_i} / a_i(n_i)$，则

$$G(N) = \sum_{n_1 + n_2 + \cdots + n_k = N} \prod_{i=1}^{k} f_i(n_i) \tag{5.19}$$

丰前使用了一个辅助函数

$$g_m(n) = \sum_{n_1+n_2+\cdots+n_m=n} \prod_{i=1}^{m} f_i(n_i) \tag{5.20}$$

如果 $k=m$ 且 $N=n$，则 $g_m(n)$ 等于 $G(N)$，即 $G(N)=g_k(N)$，也就是说，$g_m(n)$ 为具有 n 个顾客和 m 个节点的杰克逊闭网络的归一化常数。接下来以递归的方式计算 $G(N)$。

假设在 $g_m(n)$ 的求和式中 $n_m=i$，可得

$$\begin{aligned}
g_m(n) &= \sum_{i=0}^{n} \left[\sum_{n_1+n_2+\cdots+n_{m-1}+i=n} \prod_{j=1}^{m} f_j(n_j) \right] \\
&= \sum_{i=0}^{n} f_m(i) \left[\sum_{n_1+n_2+\cdots+n_{m-1}=n-i} \prod_{j=1}^{m-1} f_j(n_j) \right] \\
&= \sum_{i=0}^{n} f_m(i) g_{m-1}(n-i), \quad n=0,1,\cdots,N
\end{aligned} \tag{5.21}$$

由式（5.21）可知，$g_1(n)=f_1(n)$ 且 $g_m(0)=1$，所以可以根据式（5.21），以递归的方式计算 $G(N)=g_k(N)$。

这些函数也可以用于求边缘分布。假设需要求节点 i 的边缘分布 $p_i(n)=\Pr\{N_i=n\}$，设

$$S_i = n_1 + n_2 + \cdots + n_{i-1} + n_{i+1} + \cdots + n_k$$

那么，

$$\begin{aligned}
p_i(n) &= \sum_{S_i=N-n} p_{n_1,\cdots,n_k} = \sum_{S_i=N-n} \frac{1}{G(N)} \prod_{i=1}^{k} f_i(N_i) \\
&= \frac{f_i(n)}{G(N)} \sum_{S_i=N-n} \prod_{\substack{j=1 \\ (j\neq i)}}^{k} f_i(n), \qquad n=0,1,\cdots,N
\end{aligned}$$

该式计算起来非常复杂，但是对于节点 k，该式可以简化为

$$p_k(n) = \frac{f_k(n)}{G(N)} \sum_{S_k=N-n} \prod_{i=1}^{k-1} f_i(n) = \frac{f_k(n)g_{k-1}(N-n)}{G(N)}, \qquad n-0,1,\cdots,N \tag{5.22}$$

当需要求边缘分布 $p_i(n), i \neq k$ 时，丰前建议重新排列网络中的节点，使节点 i 等于 k。当使用丰前的算法时，需要求解部分 $g_m(n)$ 函数。布鲁尔等人（Bruell et al.，1980）提出了一种求 $p_i(n), i \neq k$ 的改进算法。稍后将介绍**均值分析**（mean-value analysis，MVA）算法，该算法可以用于求杰克逊闭网络的效益指标，也可以用于求边缘概率分布。

为进一步说明丰前的算法，再来看例 5.4，$f_i(n_i)$ 为

$$f_1(0) = 1, \quad f_1(1) = \frac{2}{3}, \quad f_1(2) = \frac{2}{9}$$

$$f_2(0) = f_2(1) = f_2(2) = 1,$$

$$f_3(0) = 1, \quad f_3(1) = \frac{2}{9}, \quad f_3(2) = \frac{4}{81}$$

$g_i(n)$ 分别为

$$G(2) = g_3(2) = \sum_{i=0}^{2} f_3(i) g_2(2-i) = f_3(0) g_2(2) + f_3(1) g_2(1) + f_3(2) g_2(0)$$

以及

$$g_2(2) = f_2(0) g_1(2) + f_2(1) g_1(1) + f_2(2) g_1(0)$$

$$g_2(1) = f_2(0) g_1(1) + f_2(1) g_1(0)$$

$$g_2(0) = f_2(0)$$

且

$$g_1(0) = 1, \quad g_1(1) = f_1(1) = \frac{2}{3}, \quad g_1(2) = f_1(2) = \frac{2}{9}$$

从下往上计算可得

$$g_0(0) = 1$$

$$g_2(1) = 1 \times \frac{2}{3} + 1 \times 1 = \frac{5}{3}$$

$$g_2(2) = 1 \times \frac{2}{9} + 1 \times \frac{2}{3} + 1 \times 1 = \frac{17}{9}$$

$$g_3(2) = G(2) = 1 \times \frac{17}{9} + \frac{2}{9} \times \frac{5}{3} + \frac{4}{81} \times 1 = \frac{187}{81} \doteq 2.3086$$

对于这个简单的例子，丰前的算法使用起来并不高效；但实际上，对顾客数量很多的排队网络来说，丰前的算法非常高效。

如果求节点 3 处的顾客数的边缘分布，根据式（5.22）可得

$$p_3(n) = \frac{f_3(n)g_2(2-n)}{G(2)} \doteq \frac{\left(\dfrac{2}{9}\right)^n g_2(2-n)}{2.3086}$$

所以

$$p_3(0) \doteq \frac{1 \cdot g_2(2)}{2.3086} \doteq 0.8182, \quad p_3(1) \doteq \frac{\dfrac{2}{9}g_2(1)}{2.3086} \doteq 0.1604$$

$$p_3(2) \doteq \frac{\left(\dfrac{2}{9}\right)^2 g_2(0)}{2.3086} \doteq 0.0214$$

以上结果与通过对联合概率求和得到的结果相同，即

$$p_3(0) = p_{2,0,0} + p_{0,2,0} + p_{1,1,0} \doteq 0.0962 + 0.4332 + 0.2888 = 0.8182$$

$$p_3(1) = p_{0,1,1} + p_{1,0,1} \doteq 0.0962 + 0.0642 = 0.1604$$

$$p_3(2) = p_{0,0,2} \doteq 0.0214$$

需要再次说明的是，对顾客数量很多的排队网络来说，使用已经计算出的 $g_m(n)$ 函数比对联合概率求和更高效。关于封闭网络的计算算法，读者可以参阅参考文献（Bruell et al.，1980）。

前面介绍的杰克逊闭网络的分析过程通常称为"卷积过程"，在这一过程中，需要计算归一化常数 $G(N)$。均值分析是另一种用于分析杰克逊闭网络的方法，该方法不需要计算 $G(N)$。均值分析基于以下两个基本原则［见参考文献（Bruell et al.，1980）］。

- 到达的顾客看到的队列长度与少一个顾客的封闭网络中的一般时间队列长度相同，即 $q_n(N) = p_n(N-1)$。
- 利特尔法则可应用于整个网络。

基于第一个原则，可以通过平均服务时间以及到达的顾客看到的一个节点处的平均顾客数来计算顾客该节点处的平均等待时间。回顾一下，对于 $M/M/1$ 排队模型，由式（3.25）和式（3.28）可以推导出 $W = (1+L)/\mu$，该式表明，到达的顾客的平均等待时间等于服务员服务完该顾客到达时看到的系统中的顾客以及该顾客本身所需的时间。对于 $M/M/c$ 排队模型，虽然 L 是基于 p_n 而不

是 q_n 计算的，但由于 $q_n = p_n$，所以不需要做调整。对于封闭网络（暂且假设所有节点都只有一个服务员），顾客在节点 i 处的平均等待时间为

$$W_i(N) = \frac{1 + L_i(N-1)}{\mu_i} \tag{5.23}$$

其中

$$W_i(N) = \text{在有 } N \text{ 个顾客的网络中节点 } i \text{ 处的平均等待时间}$$
$$\mu_i = \text{节点 } i \text{ 处单个服务员的平均服务速率}$$
$$L_i(N-1) = \text{在有 } N-1 \text{ 个顾客的网络中节点 } i \text{ 处的平均顾客数}$$

由第二个原则可得

$$L_i(N) = \lambda_i(N)W_i(N) \tag{5.24}$$

其中 $\lambda_i(N)$ 是在有 N 个顾客的网络中节点 i 处的吞吐量（到达速率）。如果能求得 $\lambda_i(N)$，则可以基于式（5.23）和式（5.24）来递归计算 L_i 和 W_i：从空网络开始［即没有顾客的网络，其中 $L_i(0) = 0$ 且 $W_i(1) = 1/\mu_i$］，然后递归计算，直到网络中的顾客数达到 N。

接下来求 $\lambda_i(N)$。我们注意到，如果设 $D_i(N)$ 表示在有 N 个顾客的网络中顾客访问节点 i 的平均时间间隔，那么根据守恒定律，得到 $\lambda_i(N) = N/D_i(N)$。该式表明，单位时间内到达节点 i 的顾客数必须等于网络中的顾客总数除以顾客访问节点 i 的平均时间间隔；该式是利特尔法则应用于整个网络的一种形式，此时网络中的平均顾客数为固定值 N。

接下来求 $D_i(N)$。在流量方程（5.16）中，令 $v_i = \mu_i\rho_i$（很快会看到为什么这里不使用 λ_i），可得

$$v_i = \sum_{j=1}^{k} v_j r_{ji} \tag{5.25}$$

由于其中有一个方程是冗余的，所以可以设任意一个 v_i（例如 v_l）等于 1，然后求 i 为其他值时的 v_i。假设 v_l 等于 1，v_i 是通过节点 i 的相对吞吐量（相对到达速率），即 $v_i = \lambda_i/\lambda_l$。此时可得 $D_l(N) = \sum_{i=1}^{k} v_i W_i(N)$，也就是说，$D_l(N)$ 是顾客在各节点处的平均等待时间的加权平均值，加权系数为各节点与节点 l 相比的相对吞吐量，加权系数也可以理解为顾客返回归一化节点 l 之前访问各节

点的平均次数（v_i 可以解释为顾客离开节点 l 后、返回节点 l 前访问节点 i 的平均次数）。例如，对于有两个节点的网络，其中 $v_1 = 1$ 且 $v_2 = 2$，由于到达节点 2 的速率是到达节点 1 的速率的两倍，所以顾客离开节点 1 后、返回节点 1 前访问节点 2 的平均次数为 2。

对于共有 k 个节点且每个节点仅有一个服务员的网络，可以使用均值分析算法来求 $L_i(N)$ 和 $W_i(N)$，其中用到了路由概率矩阵 $\boldsymbol{R} = \{r_{ij}\}$。均值分析算法的步骤如下。

1. 解流量方程（5.25），$v_i = \sum_{j=1}^{k} v_j r_{ji} (i = 1, 2, \cdots, k)$，令其中一个 v_j（例如 v_l）等于 1。

2. 令初始值为 $L_i(0) = 0$，$i = 1, 2, \cdots, k$。

3. 从 $n = 1$ 到 N，计算：

$$\text{(a)} \quad W_i(n) = \frac{1 + L_i(n-1)}{\mu_i}, \qquad i = 1, 2, \cdots, k$$

$$\text{(b)} \quad \lambda_l(n) = \frac{n}{\sum_{i=1}^{k} v_i W_i(n)}, \qquad \text{令 } v_l = 1$$

$$\text{(c)} \quad \lambda_i(n) = \lambda_l(n) v_i, \qquad i = 1, 2, \cdots, k, \quad i \neq l$$

$$\text{(d)} \quad L_i(n) = \lambda_i(n) W_i(n), \qquad i = 1, 2, \cdots, k$$

■ **例 5.5**

假设例 5.4 中只有一台机器，则此时每个节点仅有一个服务员。解流量方程（5.25）可得

$$(v_1, v_2, v_3) = (v_1, v_2, v_3) \begin{pmatrix} 0 & \dfrac{3}{4} & \dfrac{1}{4} \\ \dfrac{2}{3} & 0 & \dfrac{1}{3} \\ 1 & 0 & 0 \end{pmatrix}$$

即 $v_1 = \dfrac{2}{3} v_2 + v_3$，$v_2 = \dfrac{3}{4} v_1$，$v_3 = \dfrac{1}{4} v_1 + \dfrac{1}{3} v_2$。令 $v_2 = 1$（即 $l = 2$），可得 $v_1 = \dfrac{4}{3}$，$v_3 = \dfrac{2}{3}$。

在本例中，$i = 1, 2, 3$，$n = N = 1$，$\mu_1 = \lambda$，由均值分析算法的步骤 3(a)

可得

$$W_1(1) = \frac{1 + L_1(0)}{\lambda} = \frac{1}{\lambda} = \frac{1}{2}$$

$$W_2(1) = \frac{1 + L_2(0)}{\mu_2} = \frac{1}{\mu_2} = 1$$

$$W_3(1) = \frac{1 + L_3(0)}{\mu_3} = \frac{1}{\mu_3} = \frac{1}{3}$$

由步骤 3(b) 可得

$$\lambda_2(1) = \frac{1}{\displaystyle\sum_{i=1}^{3} v_i W_i(1)} = \frac{1}{\frac{4}{3} \times \frac{1}{2} + 1 \times 1 + \frac{2}{3} \times \frac{1}{3}} = \frac{9}{17}$$

由步骤 3(c) 可得

$$\lambda_1(1) = v_i \lambda_2(1) = \frac{4}{3} \times \frac{9}{17} = \frac{12}{17}$$

$$\lambda_3(1) = v_3 \lambda_2(1) = \frac{2}{3} \times \frac{9}{17} = \frac{6}{17}$$

由步骤 3(d) 可得

$$L_1(1) = \lambda_1(1) W_1(1) = \frac{12}{17} \times \frac{1}{2} = \frac{6}{17}$$

$$L_2(1) = \lambda_2(1) W_2(1) = \frac{9}{17} \times 1 = \frac{9}{17}$$

$$L_3(1) = \lambda_3(1) W_3(1) = \frac{6}{17} \times \frac{1}{3} = \frac{2}{17}$$

由于只有一台机器（$N = 1$），所以已求得所有结果。如果有一台备用机器，则还需要考虑 $n = 2$ 时的情况，由均值分析算法的步骤 3 可得 $W_1(2) = [1 + L_1(1)]/\lambda = \left(1 + \frac{6}{17}\right)/2 = \frac{23}{34}$，等等。可以使用该算法计算有任意台备用机器时的情况，但仅能有一台运行机器，这是因为当有多个服务员时，需要修改均值分析算法的步骤 3(a)，这一内容稍后讨论。现在先使用前面给出的归一化常数方法来验证此处得出的结果。

首先需要求解流量方程（5.16），由于路由矩阵 $\boldsymbol{R}$ 相同，所以本例中流量方程的解与例 5.4 中得出的解相同，即 $\rho_1 = \frac{2}{3}$，$\rho_2 = 1$，$\rho_3 = \frac{2}{9}$。根据式（5.15）

可得 $p_{n_1,n_2,n_3} = [1/G(1)]\left(\dfrac{2}{3}\right)^{n_1}\left(\dfrac{2}{9}\right)^{n_3}$ 且 $p_{100} = \dfrac{2}{3}/G(1)$, $p_{010} = 1/G(1)$,

$p_{001} = \dfrac{2}{9}/G(1)$。由于 $G(1) = \dfrac{2}{3} + 1 + \dfrac{2}{9} = \dfrac{17}{9}$，所以可得 $p_{100} = \dfrac{6}{17}$, $p_{010} = \dfrac{9}{17}$,

$p_{001} = \dfrac{2}{17}$ 且 $L_1 = 0 \times \dfrac{11}{17} + 1 \times \dfrac{6}{17} = \dfrac{6}{17}$, $L_2 = \dfrac{9}{17}$, $L_3 = \dfrac{2}{17}$。在归一化常数

方法中，先求出稳态概率，然后根据 $\sum\limits_{n=0}^{N} np_n$ 来计算 L_i。使用均值分析算法可

以直接求出 L_i 和 W_i，但不能求出稳态概率。

可以在均值分析算法的基础上增加一个递归关系式,求每个节点的边缘稳态
概率，该递归关系式与 $M/M/1$ 排队模型的关系式 $p_n = \rho p_{n-1}$ 相似, $p_n = \rho p_{n-1}$
是由局部随机平衡方程（而不是整体随机平衡方程）得到的（见第 3.1 节）。该
新增的递归关系式为

$$p_i(n, N) = \frac{\lambda_i(N)}{\mu_i} p_i(n-1, N-1), \qquad n, N \geqslant 1 \tag{5.26}$$

其中 $p_i(n, N)$ 是在有 N 个顾客的网络中节点 i 处有 n 个顾客的边缘概率，且
$p_i(0,0) = 1$。在本例中，

$$p_1(1,1) = \frac{\lambda_1(1)}{\lambda} p_1(0,0) = \frac{\lambda_1(1)}{\lambda} \times 1 = \frac{\dfrac{12}{17}}{2} = \frac{6}{17}$$

$$p_2(1,1) = \frac{\lambda_2(1)}{\mu_2} p_2(0,0) = \frac{\dfrac{9}{17}}{1} \times 1 = \frac{9}{17}$$

$$p_3(1,1) = \frac{\lambda_3(1)}{\mu_3} p_3(0,0) = \frac{\dfrac{6}{17}}{3} \times 1 = \frac{2}{17}$$

可得

$$p_1(0,1) = \frac{11}{17}, \quad p_1(1,1) = \frac{6}{17}$$
$$p_2(0,1) = \frac{8}{17}, \quad p_2(1,1) = \frac{9}{17}$$
$$p_3(0,1) = \frac{15}{17}, \quad p_3(1,1) = \frac{2}{17}$$

使用归一化常数方法求得的结果如下：

$$p_1(0,1) = p_{010} + p_{001} = \frac{9}{17} + \frac{2}{17} = \frac{11}{17}, \qquad p_1(1,1) = \frac{6}{17}$$

$$p_2(0,1) = p_{100} + p_{001} = \frac{6}{17} + \frac{2}{17} = \frac{8}{17}, \qquad p_2(1,1) = \frac{9}{17}$$

$$p_3(0,1) = p_{100} + p_{010} = \frac{6}{17} + \frac{9}{17} = \frac{15}{17}, \qquad p_3(1,1) = \frac{2}{17}$$

两种方法求得的结果相同，但使用均值分析算法来计算每个节点的边缘稳态概率相对更容易。

前面提到过，对于有多个服务员的情况，需要修改均值分析算法的步骤 3(a)。由于此时有多个服务员同时为顾客提供服务，所以到达的顾客（内部观察者）看到的工作量不再是 $(1/\mu)(1+L)$。在这种情况下，如果到达节点 i 的顾客看到节点 i 处的顾客数 $j > c_i$，则该顾客必须等到服务员服务完 $j - c_i + 1$ 个顾客后才能接受服务，总服务速率为 $c_i\mu_i$，所以有

$$W_i(n) = \frac{1}{\mu_i} + \frac{1}{c_i\mu_i} \sum_{j=c_i}^{n-1} (j - c_i + 1)\, p_i(j, n-1)$$

上式可以简化为

$$
\begin{aligned}
W_i(n) &= \frac{1}{c_i\mu_i} \left[c_i + \sum_{j=c_i}^{n-1} j p_i(j, n-1) - (c_i - 1) \sum_{j=c_i}^{n-1} p_i(j, n-1) \right] \\
&= \frac{1}{c_i\mu_i} \left[c_i + L_i(n-1) - \sum_{j=0}^{c_i-1} j p_i(j, n-1) - (c_i - 1) \cdot \right. \\
&\qquad\qquad \left. \left(1 - \sum_{j=0}^{c_i-1} p_i(j, n-1) \right) \right] \\
&= \frac{1}{c_i\mu_i} \left[1 + L_i(n-1) + \sum_{j=0}^{c_i-2} (c_i - 1 - j)\, p_i(j, n-1) \right]
\end{aligned}
$$

因此，当有多个服务员时，即使只想求 W_i 和 L_i，也需要求边缘概率 $p_i(j, n-1), j = 0, 1, \cdots, c_i - 2$。与 $M/M/c$ 排队模型类似，多服务员的情况有递归关系式

$$p_i(j, n) = \frac{\lambda_i(n)}{\alpha_i(j)\mu_i} p_i(j-1, n-1), \qquad i \leqslant j \leqslant n-1$$

其中

$$\alpha_i(j) = \begin{cases} j, & j \leqslant c_i \\ c_i, & j > c_i \end{cases} \tag{5.27}$$

当有多个服务员时，均值分析算法的步骤如下。

1. 解流量方程（5.25）（无论节点中有多少个服务员，流量方程都是相同的）。

2. 令初始值为 $L_i(0) = 0$，$p_i(0,0) = 1$，$p_i(j,0) = 0$，其中 $i = 1, 2, \cdots, k$ 且 $j \neq 0$。

3. 从 $n = 1$ 到 N，计算

(a) $W_i(n) = \dfrac{1}{c_i \mu_i} \left[1 + L_i(n-1) + \displaystyle\sum_{j=0}^{c_i-2} (c_i - 1 - j)\, p_i(j, n-1) \right]$，

   $i = 1, 2, \cdots, k$

(b) $\lambda_l(n) = n / \displaystyle\sum_{i=1}^{k} v_i W_i(n)$，   令 $v_l = 1$，

(c) $\lambda_i(n) = \lambda_l(n) v_i$， $i = 1, 2, \cdots, k$ 且 $i \neq l$，

(d) $L_i(n) = \lambda_i(n) W_i(n)$， $i = 1, 2, \cdots, k$，

(e) $p_i(j,n) = \dfrac{\lambda_i(n)}{\alpha_i(j) \mu_i} p_i(j-1, n-1)$， $j = 1, 2, \cdots, n$ 且 $i = 1, 2, \cdots, k$

使用例 5.4 来说明该算法。初始值为 $L_1(0) = L_2(0) = L_3(0) = 0$，$p_1(0,0) = p_2(0,0) = p_3(0,0) = 1$。$v_i$ 的值与前面求得的相同：

$$v_1 = \frac{4}{3}, \qquad v_2 = 1\,(l = 2), \qquad v_3 = \frac{2}{3}$$

在第一次迭代中，由步骤 3(a) 至 3(d) 得到的结果与单服务员场景中的结果相同，这是因为网络中只有一台机器，所以服务员是过剩的。由步骤 3(a) 可得

$$W_1(1) = \frac{1}{2}, \qquad W_2(1) = 1, \qquad W_3(1) = \frac{1}{3}$$

由步骤 3(b) 可得

$$\lambda_2(1) = \frac{9}{17}$$

由步骤 3(c) 可得

$$\lambda_1(1) = \frac{12}{17}, \qquad \lambda_3(1) = \frac{6}{17}$$

由步骤 3(d) 可得

$$L_1(1) = \frac{6}{17}, \quad L_2(1) = \frac{9}{17}, \quad L_3(1) = \frac{2}{17}$$

由步骤 3(e) 得到的边缘稳态概率也与单服务员场景中的结果相同：

$$p_1(1,1) = \frac{6}{17}, \qquad p_1(0,1) = \frac{11}{17}$$

$$p_2(1,1) = \frac{9}{17}, \qquad p_2(0,1) = \frac{8}{17}$$

$$p_3(1,1) = \frac{2}{17}, \qquad p_3(0,1) = \frac{15}{17}$$

在第二次迭代中，由步骤 3(a) 可得

$$W_1(2) = \frac{1}{2\lambda}\left[1 + L_1(1) + (2-1)p_1(0,1)\right] = \frac{1}{4} \times \left(1 + \frac{6}{17} + \frac{11}{17}\right) = 0.5$$

$$W_2(2) = \frac{1}{\mu_2}\left[1 + L_2(1) + 0\right] = 1 \times \left(1 + \frac{9}{17}\right) = \frac{26}{17} \doteq 1.530$$

$$W_3(2) = \frac{1}{\mu_3}\left[1 + L_3(1) + 0\right] = \frac{1}{3} \times \left(1 + \frac{2}{17}\right) \doteq 0.373$$

由步骤 3(b) 可得

$$\lambda_2(2) = \frac{2}{\sum\limits_{i=1}^{3} v_i W_i(2)} \doteq \frac{2}{\frac{4}{3} \times 0.5 + 1.53 + \frac{2}{3} \times 0.373} \doteq 0.818$$

由步骤 3(c) 可得

$$\lambda_1(2) = \lambda_2(2)v_1 \doteq 0.818 \times \frac{4}{3} \doteq 1.091$$

$$\lambda_3(2) = \lambda_2(2)v_3 \doteq 0.818 \times \frac{2}{3} \doteq 0.545$$

由步骤 3(d) 可得

$$L_1(2) = \lambda_1(2)W_1(2) \doteq 0.546$$

$$L_2(2) = \lambda_2(2)W_2(2) \doteq 1.252$$

$$L_3(2) = \lambda_3(2)W_3(2) \doteq 0.203$$

由步骤 3(e) 可得

$$p_1(j,2) = \frac{\lambda_1(2)}{\alpha_1(j)\lambda}p_1(j-1,1), \qquad j = 1,2$$

因此，

$$p_1(1,2) \doteq \frac{1.091}{2}p_1(0,1) \doteq 0.353$$

$$p_1(2,2) \doteq \frac{1.091}{4}p_1(1,1) \doteq 0.096$$

$$p_1(0,2) \doteq 1 - 0.353 - 0.096 = 0.551$$

$$p_2(j,2) = \frac{\lambda_2(2)}{\alpha_2(j)\mu_2}p_2(j-1,1), \qquad j = 1,2$$

继而可以求出

$$p_2(1,2) \doteq 0.385, \quad p_2(2,2) \doteq 0.433, \quad p_2(0,2) \doteq 0.182$$

且

$$p_3(j,2) = \frac{\lambda_3(2)}{\alpha_3(j)\mu_3}p_3(j-1,1), \qquad j = 1,2$$

因此，

$$p_3(1,2) \doteq 0.161, \quad p_3(2,2) \doteq 0.021, \quad p_3(0,2) \doteq 0.818$$

使用例 5.4 中的结果来进行验证：

$$p_1(0) = p_{020} + p_{002} + p_{011} \doteq 0.5508, \quad p_1(1) = p_{110} + p_{101} \doteq 0.3530$$

$$p_1(2) = p_{200} \doteq 0.0962$$

$$p_2(0) = p_{200} + p_{002} + p_{101} \doteq 0.1818, \quad p_2(1) = p_{110} + p_{011} \doteq 0.3850$$

$$p_2(2) = p_{020} \doteq 0.4332$$

$$p_3(0) = p_{200} + p_{020} + p_{110} \doteq 0.8182, \quad p_3(1) = p_{101} + p_{011} \doteq 0.1604$$

$$p_3(2) = p_{002} \doteq 0.0214$$

我们并没有严格证明式（5.26）和式（5.27）中给出的边缘概率的递归关系，只是基于 $M/M/1$ 和 $M/M/c$ 排队模型的递归关系进行了直观的论证。

接下来证明式（5.26）。证明式（5.27）的方法类似，只是增加了多服务员因子 $a_i(n_i)$。设随机变量 N_i 表示系统处于稳态时节点 i 处的顾客数，则边缘概率分布 $p_i(n_i; N)$ 为

$$p_i(n_i; N) \equiv \Pr\{N_i = n_i \,|\, \text{网络中有 } N \text{ 个顾客}\}$$

$$= \sum_{n_1+n_2+\cdots+n_{i-1}+n_{i+1}+\cdots+n_k=N-n_i} \frac{1}{G(N)}\rho_1^{n_1}\rho_2^{n_2}\cdots\rho_i^{n_i}\cdots\rho_k^{n_k}$$

互补边缘累积概率分布为

$$\bar{P}_i(n_i; N)$$

$$\equiv \Pr\{N_i \geqslant n_i \,|\, \text{网络中有 } N \text{ 个顾客}\}$$

$$= \sum_{j=n_i}^{\infty} \sum_{n_1+n_2+\cdots+n_{i-1}+n_{i+1}+\cdots+n_k=N-j} \frac{1}{G(N)} \rho_1^{n_1} \rho_2^{n_2} \cdots \rho_i^{j} \cdots \rho_k^{n_k}$$

$$= \sum_{j=n_i}^{\infty} \rho_i^{j} \sum_{n_1+n_2+\cdots+n_{i-1}+n_{i+1}+\cdots+n_k=N-j} \frac{1}{G(N)} \rho_1^{n_1} \rho_2^{n_2} \cdots \rho_{i-1}^{n_{i-1}} \rho_{i+1}^{n_{i+1}} \cdots \rho_k^{n_k}$$

$$= \sum_{j=n_i}^{\infty} \rho_i^{j} \frac{1}{G(N)} g_{k-1}(N-j) \quad [\text{由式（5.20）}]$$

$$= \frac{\rho_i^{n_i}}{G(N)} \sum_{j=1}^{\infty} \rho_i^{j-n_i} g_{k-1}(N-j) = \frac{\rho_i^{n_i}}{G(N)} \sum_{l=0}^{\infty} \rho_i^{l} g_{k-1}(N-n_i-l)$$

$$= \frac{\rho_i^{n_i}}{G(N)} g_k(N-n_i) \quad [\text{由式（5.21）}]$$

$$= \frac{\rho_i^{n_i}}{G(N)} G(N-n_i)$$

此时有

$$p_i(n_i; N) = \bar{P}_i(n_i; N) - \bar{P}_i(n_i+1; N)$$

$$= \frac{\rho_i^{n_i}}{G(N)} G(N-n_i) - \frac{\rho_i^{n_i+1}}{G(N)} G(N-n_i-1)$$

$$= \frac{\rho_i^{n_i}}{G(N)} [G(N-n_i) - \rho_i G(N-n_i-1)]$$

由此可得

$$\frac{p_i(n_i; N)}{p_i(n_i-1; N-1)}$$

$$= \frac{\rho_i^{n_i}}{G(N)} \cdot \frac{G(N-1)}{\rho_i^{n_i-1}} \cdot \frac{G(N-n_i) - \rho_i G(N-n_i-1)}{G(N-1-n_i+1) - \rho_i G(N-1-n_i+1-1)}$$

$$= \frac{\rho_i G(N-1)}{G(N)} \cdot \frac{G(N-n_i) - \rho_i G(N-n_i-1)}{G(N-n_i) - \rho_i G(N-n_i-1)} = \frac{\rho_i G(N-1)}{G(N)}$$

因此，

$$p_i(n_i; N) = \frac{\rho_i G(N-1)}{G(N)} p_i(n_i-1; N-1)$$

节点 i 处的吞吐量为

$$\lambda_i(N) = \Pr\{\text{节点 } i \text{ 处的服务员处于忙碌状态}\} \cdot \mu_i = \bar{P}(1;N)\mu_i$$
$$= \frac{\rho_i}{G(N)}G(N-1)\mu_i$$

可得

$$\frac{\rho_i G(N-1)}{G(N)} = \frac{\lambda_i(N)}{\mu_i}$$

最后可得

$$p_i(n_i;N) = \frac{\lambda_i(N)}{\mu_i}p_i(n_i-1;N-1)$$

当网络规模较小时，可以使用包括"穷举"在内的方法［如"穷举"计算 $G(N)$］来较轻松地解决相关问题。当网络规模较大（k 和 N 的值较大）时，丰前的算法和均值分析算法在计算效率（存储空间及速度）和稳定性方面，远优于"穷举"。然而，当网络的状态空间非常大时，即使使用丰前的算法或均值分析算法，仍会遇到复杂的数值计算问题。如果网络的所有节点均仅有一个服务员且只需要求平均等待时间和每个节点处的平均顾客数，则均值分析算法更合适；如果节点有多个服务员或者需要求节点的边缘概率分布，那么必须在均值分析算法的基础上，增加一个递归关系式来求节点的边缘概率，在这种情况下，均值分析算法未必比丰前的算法更合适。

5.4　循环网络

如果一个具有 k 个节点的杰克逊闭网络有如下路由概率，则该网络为**循环网络**（cyclic queue）：

$$r_{ij} = \begin{cases} 1, & j = i+1, \quad 1 \leqslant i \leqslant k-1 \\ 1, & i = k, \quad j = 1 \\ 0, & \text{其他} \end{cases} \qquad (5.28)$$

循环网络是首尾相连的串联网络，其中最后一个节点的输出会转为第一个节点的输入。由于循环网络是特殊的杰克逊闭网络，所以前一节中的结果均适用于循环网络。当循环网络中的每个节点均仅有一个服务员时，可应用式（5.15）和式（5.16）得

$$p_{n_1,n_2,\cdots,n_k} = C\rho_1^{n_1}\rho_2^{n_2}\cdots\rho_k^{n_k} \qquad (5.29)$$

且 $\mu_i \rho_i = \sum_{j=1}^{k} \mu_j r_{ji} \rho_j$。把式（5.28）代入流量方程，可得

$$\mu_i \rho_i = \begin{cases} \mu_{i-1} \rho_{i-1}, & i = 2, 3, \cdots, k \\ \mu_k \rho_k, & i = 1 \end{cases}$$

因此，

$$\rho_i = \begin{cases} (\mu_{i-1}/\mu_i) \rho_{i-1}, & i = 2, 3, \cdots, k \\ (\mu_k/\mu_1) \rho_k, & i = 1 \end{cases} \tag{5.30}$$

由式（5.30）可得

$$\rho_2 = \frac{\mu_1}{\mu_2} \rho_1, \quad \rho_3 = \frac{\mu_2}{\mu_3} \rho_2 = \frac{\mu_1}{\mu_3} \rho_1, \quad \cdots, \quad \rho_{k-1} = \frac{\mu_1}{\mu_{k-1}} \rho_1, \quad \rho_k = \frac{\mu_1}{\mu_k} \rho_1$$

由于流量方程中有一个方程是冗余的，所以可以令任意一个 ρ_i 等于 1。令 $\rho_1 = 1$，将其代入式（5.29）可得

$$p_{n_1, \cdots, n_k} = \frac{1}{G(N)} \cdot \frac{\mu_1^{N-n_1}}{\mu_2^{n_2} \mu_3^{n_3} \cdots \mu_k^{n_k}} \tag{5.31}$$

与前面一样，可以在所有 $n_1 + n_2 + \cdots + n_k = N$ 的情况下对 $p_{n_1, \cdots, n_k}$ 求和得到 $G(N)$，也可以使用丰前的算法得到 $G(N)$。

可以将式（5.31）推广至多服务员的情况，推导过程留作练习（习题 5.26）。在推导过程中，可以直接使用式（5.15）和式（5.17）而不需要改变它们的形式，并使用式（5.28）中给出的 $\{r_{ij}\}$。

实际上前文已经讨论过一种循环网络，第 3.8 节中的机器维修问题就是有两个节点的循环网络。当机器正常运行时，机器处于节点 1。节点 1 处的服务员数为需要正常运行的机器数，用 M 表示。节点 1 处有队列形成表示有可用的备用机器，服务员处于空闲状态表示正常运行的机器数小于 M。节点 1 处顾客的平均服务时间为 $1/\lambda$，λ 为机器发生故障的平均速率。当 $M = c = 1$ 时，式（5.31）退化为式（3.60），证明过程留作练习（见习题 5.25）。

5.5　杰克逊网络的扩展

杰克逊网络已经在几个方面得到了扩展。杰克逊在其 1963 年的论文中提出了第一种扩展，即允许开放网络的外部到达过程和内部服务模式依赖于系统状

态。外部泊松到达过程的参数可以依赖于网络中的总顾客数（一般的出生过程），且节点的服务时间参数可以依赖于该节点的顾客数。该扩展网络的解也具有乘积形式 [比式（5.17）更复杂，正如一般生灭过程的方程（3.3）比 $M/M/c$ 排队模型的方程（3.33）更复杂]。归一化常数不能分解，这与第 5.2 节中非状态依赖的情况不同，因此该网络并没有表现得好像其所有节点都是相互独立的。归一化常数的计算与封闭网络的类似，但更为复杂，因为在等于 1 的求和式中，需要对无穷多个概率求和。许多学者已付诸了大量努力来寻找高效或近似求解归一化常数的方法，但迄今为止，尚没有学者提出与丰前的算法类似的算法。

在杰克逊网络的另一种扩展中，考虑了顾客在节点之间移动的时间。可以将移动过程建模为节点，且认为这些节点通常具有充足的服务员（在移动节点处不会形成队列）。

波斯纳等人（Posner et al.，1968）讨论了杰克逊闭网络的一种扩展，其中可以存在具有充足服务员的移动节点，移动时间（服务时间）分布为一般分布。他们认为，如果需要求一组节点的稳态系统大小的边缘概率分布且这组节点中不包含移动节点，那么仅需要关注移动时间的均值，而不需要关注移动时间分布的确切形式。实际上，对于具有充足服务员节点（节点中的服务员数等于顾客总数）的杰克逊网络，如果需要求其中任意数量的节点的边缘分布，那么只要这些节点中不包含充足服务员节点，我们就仅需要关注这些充足服务员节点的服务时间的均值，而不需要关注服务时间分布的确切形式。

接下来讨论杰克逊网络的另一种扩展（或许是最重要的扩展）。该扩展网络为具有多类顾客的杰克逊网络，其中不同类型的顾客不仅有不同的路由概率，而且有不同的平均到达速率。此外，节点的平均服务时间也可能与顾客的类型相关。

巴斯克特等人（Baskett et al.，1975）讨论了这种有多类顾客的杰克逊网络，并且分别基于以下 3 个排队规则求得了乘积形式的解：处理器共享（一个服务员同时为所有顾客提供服务）；具有充足的服务员；后到先服务且抢占模式为抢占恢复。对于某些类型的顾客，网络是开放的；对于其他类型的顾客，网络是封闭的。顾客在一个节点完成服务后，可以改变其类型，类型改变的过程服从特定的概率分布，例如，$r_{is;jt}$ 表示类型为 s 的顾客在节点 i 处完成服务后将其类型改为 t 并转移到节点 j 的概率。外部泊松输入过程可以依赖于系统状态（一般的出生过程），且服务时间的分布可以是阶段型的。巴斯克特等人还讨论了有

c 个服务员且排队规则为先到先服务的节点，但是对于这些节点，所有类型的顾客的服务时间必须是独立同指数分布的随机变量，也就是说，对于这些节点，各类型的顾客的行为很相像，且服务时间服从指数分布。

凯利（Kelly，1975；1976；1979）也讨论了网络中有多类顾客的情况，并提出了一种表示结构，在该结构中，对于有多个服务员且排队规则为先到先服务的节点，允许不同类型的顾客有不同的服务时间。事实上，凯利的研究可适用的场景非常多，且考虑了"大多数"排队规则（包括巴斯克特等人讨论的所有规则，但是凯利没有考虑优先级依赖于顾客类型的情况）。由于凯利的研究非常具有一般性，所以状态空间的描述非常复杂。在前面所讨论的模型中，状态空间可以用一个向量来描述，该向量由每个节点处每类顾客的数量组成。而在凯利的研究中，为了描述状态空间，需要按类型来对每个节点处的顾客做完整的排序。凯利也考虑了服务时间服从指数分布以及埃尔朗分布的情况，从而需要在状态空间的描述方式中进一步增加对服务阶段的描述。尽管如此，凯利证明了这类网络的解仍然具有乘积形式。

凯利进一步推测，许多结论可以扩展至服务时间服从一般分布时的情况，这一推测是基于这样一个事实：非负概率分布可以很好地用有限混合 Γ 分布来近似。巴伯（Barbour，1976）证明了凯利的猜想。第 8.4 节将讨论一般服务时间分布，但没有使用混合 Γ 分布，而是使用一般的网络分解法来近似计算网络的效益指标。

虽然巴斯克特等人、凯利以及巴伯对杰克逊网络的扩展在理论上具有重要的意义，但是如何求这些更一般的杰克逊网络的数值结果则是另外的课题。格罗斯等人（Gross et al.，1981）将凯利的多类顾客网络的结论应用于封闭网络，并在可修复物件库存控制（机器维修问题）的应用中求得了数值解。

有多类顾客的杰克逊闭网络可以应用于计算机系统的建模，许多学者付出了大量的努力来求解这类网络的数值结果。在计算机系统的基本模型中，通常有 N 个终端，每个用户登录一个终端。由于用户会登录和登出系统，所以这不是严格的封闭系统，但在忙期，可以假设所有终端都在使用中，所以系统中始终有 N 个顾客（作业）。系统中的顾客可以处于不同阶段，例如在终端"思考"、排队等待进入 CPU、接受 CPU 的服务、在输入/输出站等待或接受服务等。此类模型的一个重要特征是具有多种顾客类型，布吕尔等人（Bruell et al.，1980）提供了用于处理此类模型的算法纲要。

学者对杰克逊网络的研究仍在继续，尤其是具有多类顾客的杰克逊闭网络，因为此类网络对于计算机、通信和物流等领域中各种系统的建模具有极其重要的意义。

5.6　非杰克逊网络

这里仅讨论一种非杰克逊网络，即路由概率 $\{r_{ij}\}$ 依赖于系统状态的网络。在许多场景中，当顾客离开一个节点时，可以依情况决定下一步访问哪个节点。例如，在开放网络中，如果顾客在离开网络前还有两个节点需要访问，那么顾客下一步决定访问哪个节点很大程度上取决于这两个节点的相对拥塞程度。$\{r_{ij}\}$ 依赖于系统状态不满足杰克逊网络的条件，所以第 5.2 节和第 5.3 节中的结论均不能应用于该非杰克逊网络。

然而，如果所有节点的服务员的服务时间均服从指数分布，且外部输入过程（如果有的话）是泊松过程，那么仍然可以使用马尔可夫理论对该网络进行建模。但是，需要完整分析该模型的马尔可夫状态空间（每个状态均有一个平衡方程）。

例如，考虑一个有 3 个节点和 2 个顾客的封闭网络。假设顾客下一步会访问顾客数最少的节点，如果有两个节点的顾客数相等，则顾客访问这两个节点的概率相同。另外，假设顾客不会立即返回刚离开的节点。

可以写出该网络的转移速率矩阵 $\boldsymbol{Q}$，并使用概率之和等于 1 这一边界条件来求解稳态方程 $\boldsymbol{0} = \boldsymbol{pQ}$。因为在这个例子中，顾客数是有限的，所以可以得到一个有限的状态空间且 $\boldsymbol{Q}$ 是有限的。数值求解方法（见第 9.1 节）始终可用于解决有限状态空间问题。

我们需要使用有 k 个（此处 $k=3$）分量的向量 (n_1, n_2, n_3) 来描述状态空间。在这个问题中，有 6 种可能的状态，它们分别是 $(2,0,0)$，$(0,2,0)$，$(0,0,2)$，$(0,1,1)$，$(1,1,0)$，$(1,0,1)$，转移速率矩阵 $\boldsymbol{Q}$ 为

$$\boldsymbol{Q} = \begin{bmatrix} * & 0 & 0 & 0 & \mu_1/2 & \mu_1/2 \\ 0 & * & 0 & \mu_2/2 & \mu_2/2 & 0 \\ 0 & 0 & * & \mu_3/2 & 0 & \mu_3/2 \\ 0 & 0 & 0 & * & \mu_3 & \mu_2 \\ 0 & 0 & 0 & \mu_1 & * & \mu_2 \\ 0 & 0 & 0 & \mu_1 & \mu_3 & * \end{bmatrix}$$

其中 * 等于行中其他元素之和的负数。稳态方程为

$$0 = -\mu_1 p_{2,0,0}, \qquad 0 = -\mu_2 p_{0,2,0}, \qquad 0 = -\mu_3 p_{0,0,2}$$

$$0 = \frac{\mu_2}{2} p_{0,2,0} + \frac{\mu_3}{2} p_{0,0,2} - (\mu_3 + \mu_2) p_{0,1,1} + \mu_1 p_{1,1,0} + \mu_1 p_{1,0,1}$$

$$0 = \frac{\mu_1}{2} p_{2,0,0} + \frac{\mu_2}{2} p_{0,2,0} + \mu_3 p_{0,1,1} - (\mu_1 + \mu_2) p_{1,1,0} + \mu_3 p_{1,0,1}$$

$$0 = \frac{\mu_1}{2} p_{2,0,0} + \frac{\mu_3}{2} p_{0,0,2} + \mu_2 p_{0,1,1} + \mu_2 p_{1,1,0} - (\mu_1 + \mu_3) p_{1,0,1}$$

由以上方程可得 $p_{2,0,0} = p_{0,2,0} = p_{0,0,2} = 0$，该式之所以成立，是因为系统中只有两个顾客，且路由策略是状态相依的，该策略可以避免发生拥塞。因此，对于该模型，可以得到一个 3×3 的稳态方程组

$$\begin{cases} 0 = -(\mu_3 + \mu_2) p_{0,1,1} + \mu_1 p_{1,1,0} + \mu_1 p_{1,0,1} \\ 0 = \mu_2 p_{0,1,1} - (\mu_1 + \mu_2) p_{1,1,0} + \mu_3 p_{1,0,1} \\ 0 = \mu_2 p_{0,1,1} + \mu_2 p_{1,1,0} - (\mu_1 + \mu_3) p_{1,0,1} \end{cases}$$

由于 $1 = p_{0,1,1} + p_{1,1,0} + p_{1,0,1}$，所以以上方程处有一个是冗余的。如果所有 μ_i 都相等，则一个节点处没有顾客且其他两个节点处各有一个顾客的概率 $p_{0,1,1}$、$p_{1,1,0}$ 和 $p_{1,0,1}$ 都等于 $\frac{1}{3}$。即使对于封闭网络，可能也需要解成千上万个甚至上百万个方程。例如，对于一个有 50 个顾客和 10 个节点的网络（这并不是很庞大的网络），如果所有状态都存在，则需要解的方程数为

$$\binom{N+k-1}{N} = \binom{59}{50} \doteq 1.26 \times 10^{10}$$

即使使用现代大型计算机也很难计算规模如此大的方程组。从这一点可以看出，杰克逊等人（Jackson et al.，1967）得出的关于乘积解的结论非常有价值。

习题

5.1 用第 2.2 节中的方法式（5.4）的解 [式（5.5）]。

5.2 证明最后一个离开的顾客刚离开后系统中的顾客数 $N(t)$ 与离开时间间隔 T 相互独立 [提示：根据式（5.5）求出 $t = T$ 的 $N(t)$ 的条件分布，然后证明其不依赖于 T]，然后证明离开时间间隔是相互独立的。

5.3 例 5.1 中，假设只开设 3 个收银台，计算效益指标。如果你是超市经理的顾问，你建议超市开设几个收银台？

5.4 对于有两个服务站的串联网络（每个服务站有一个服务员），顾客按照泊松过程到达，参数为 λ，服务时间均服从指数分布，参数分别为 μ_1 和 μ_2。证明服务站 1 中有 n_1 个顾客，且服务站 2 中有 n_2 个顾客的联合概率为

$$p_{n_1,n_2} = p_{n_1} p_{n_2} = \rho_1^{n_1} \rho_2^{n_2} (1 - \rho_1)(1 - \rho_2)$$

（提示：先写出稳态差分方程，然后把 $\rho_1^{n_1} \rho_2^{n_2} p_{0,0}$ 代入其中，证明 $\rho_1^{n_1} \rho_2^{n_2} p_{0,0}$ 为其解，再利用边界条件 $\sum\limits_{n_1=0}^{\infty} \sum\limits_{n_2=0}^{\infty} p_{n_1,n_2} = 1$ 求 $p_{0,0}$。）

5.5 考虑具有 3 个服务站的排队系统，每个服务站只有一个服务员，输入过程为泊松过程，参数为 λ，服务时间服从指数分布，参数分别为 μ_1、μ_2、μ_3。前两个服务站容量没有限制，最后一个容量最大为 K（包括排队的顾客和正在接受服务的顾客）。如果服务站 3 中有 K 个顾客，则随后到达的顾客不能进入服务站 3。求系统中的平均顾客数（3 个服务站的总顾客数），以及完成所有 3 个服务站服务的顾客在系统中的平均等待时间。

5.6 根据式（5.7）和边界条件推导出式（5.8）。

5.7 推导以下系统的稳态差分方程：系统中有两个服务站，每个服务站只有一个服务员，顾客按照泊松过程到达系统，参数为 λ，两个服务站的服务时间均服从指数分布，参数分别为 μ_1 和 μ_2，服务站 1 前不允许有顾客排队，两个服务站之间最多可以有一个顾客排队，当服务站 2 中有一个顾客等待，且此时服务站 1 中的顾客完成服务，则系统被阻塞。对于 $\mu_1 = \mu_2$ 的情况，求系统的稳态概率。

5.8 写出有 3 个服务站的有阻塞串联排队模型的 8 种可能的系统状态，其中服务站 1 前允许无限多个顾客排队，但服务站 2 和服务站 3 前不允许有顾客排队。

5.9 对于杰克逊开网络，将稳态平衡方程组（5.9）推广到允许每个节点上有 c_i 个服务员的排队网络，并证明式（5.12）给出的解满足方程组（5.9）。［提示：在修正方程组（5.9）时使用因子 $a_i(n_i)$。］

5.10 考虑一个有 7 个节点的单服务员杰克逊开网络，其中只有节点 2 和节点 4 有外部输入（速率为 5 人/min）。节点 1 和 2 的服务速率为 85 人/min，节点 3 和节点 4 的服务速率为 120 人/min，节点 5 的服务速率为 70 人/min，节点 6 和节点 7 的服务速率为 20 人/min。路由矩阵为

$$\begin{bmatrix} \frac{1}{3} & \frac{1}{4} & 0 & \frac{1}{4} & 0 & \frac{1}{6} & 0 \\ \frac{1}{3} & \frac{1}{4} & 0 & \frac{1}{3} & 0 & 0 & 0 \\ 0 & 0 & \frac{1}{3} & \frac{1}{3} & \frac{1}{3} & 0 & 0 \\ \frac{1}{3} & 0 & \frac{1}{3} & 0 & \frac{1}{3} & 0 & 0 \\ 0 & 0 & 0 & \frac{4}{5} & 0 & 0 & \frac{1}{6} \\ \frac{1}{6} & 0 & \frac{1}{6} & \frac{1}{6} & \frac{1}{6} & \frac{1}{6} & 0 \\ 0 & \frac{1}{6} & \frac{1}{6} & \frac{1}{6} & \frac{1}{6} & 0 & \frac{1}{6} \end{bmatrix}$$

求系统的平均大小和顾客在每个节点的等待时间（排队时间加服务时间）。

5.11 要修理的电视机按照泊松过程到达电视修理厂，到达速率为 9 台/h。所有要修理的电视机首先进入分类站，由分类专家进行检查，分类专家将电视机分为 3 种：进入一般修理站进行一般维修；进入专家修理站进行特别维修；不能在该修理站维修，直接装运，退回给制造商。约有 17% 的产品直接装运，退回给制造商。在剩下的 83% 中，有 57% 进行一般维修，43% 进行特别维修。所有修理完成的电视机最后都被送去装运，发货送出；但是，在一般修理站进行一般维修的电视机中，有 5% 被送回给分类专家，进行重新检查。分类时间、维修时间（一般维修工和专家）和装运时间均服从指数分布。只有一名分类专家，分类一台电视机平均需要 6 min。有 3 名一般维修工，维修一台电视机平均需要 35 min（包括无法修复并送回给分类专家的电视机）。有 4 名维修专家，维修一台电视机平均需要 65 min。有两名装运工，每名装运工打包一台电视机平均需要 12.5 min。求每个服务节点上的平均电视机数、电视机在每个节点上花费的平均时间，以及电视机从进入分类站到打包完成准备装运花费的平均时间。

5.12 一家餐厅供应两种外带食物：炒面和排骨。有两个独立的窗口，一个供应炒面，另一个供应排骨。顾客按照泊松过程到达餐厅，平均到达速率为 20 人/h。60% 的顾客到达餐厅后去了炒面窗口，40% 的顾客去了排骨窗口。去炒面窗口的顾客中，有 20% 点完炒面后又去了排骨窗口，另外 80% 的顾客直接离开餐厅。去排骨窗口的顾客中，有 10% 点完排骨后又去了炒面窗口，另外 90% 的顾客直接离开餐厅。平均来说，完成一个炒面订单需要 4 min，完成一个排骨订单需要 5 min，服务时间均服从指数分布。餐厅里平均有多少人？顾客在每个窗口的平均等待时间是多少？如果一个人既点炒面又点排骨，则该顾客平均在餐厅里待多久？

5.13 图 5.2 展示了一个呼叫中心模型，该呼叫中心为某棒球队出售球票。顾客拨号时，首先转接到交互式语音应答系统（节点 A，顾客会听到如 "如果您想购买单场票，请按 1……" 等语音提示）。顾客有两种可能的选择：购买单场票或购买多场套餐票。未选择任何选项的顾客返回交互式语音应答系统。根据选择，顾客被转接到单场票销售工作人员（节点 B）或多场套餐票销售工作人员（节点 C）。顾客在节点 B 或 C 订完票后，被转接到收费工作人员（节点 D）支付订单。顾客订完一种票后，可以再定另外一种，即顾客可以在节点 B 和 C 之间移动。节点 B、C、D 都只有 1 名工作人员。交互式语音应答系统可以同时处理任意数量的呼叫。各节点的服务速率分别为：$\mu_A = 120$ 人/h，$\mu_B = 30$ 人/h，$\mu_C = 10$ 人/h，$\mu_D = 30$ 人/h。呼叫中心的到达速率为 $\gamma = 30$ 人/h。假设该系统满足杰克逊网络中的所有假设，转移概率如图 5.2 所示（顾客可能中途挂断电话，所以从一个节点输出的概率之和不等于 1）。

（a）计算系统中的平均顾客数。

（b）计算一个顾客在系统中花费的平均时间。

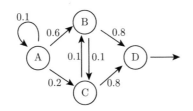

图 5.2 习题 5.13 的呼叫中心模型示意

5.14 对于如图 5.3 所示的杰克逊开网络，求：

（a）顾客在每个节点的平均排队等待时间；

（b）顾客在整个系统中的平均时间（从到达系统到离开系统）；

（c）顾客离开系统的速率；

（d）顾客从到达系统到离开系统在服务站 A 花费的平均时间。

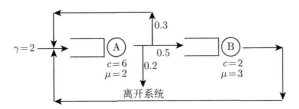

图 5.3 习题 5.14 的杰克逊开网络示意

5.15 对于如图 5.4 所示的杰克逊开网络，求：

（a）每个服务站（A、B、C、D、E）的平均顾客数；

（b）顾客在系统中花费的平均时间。

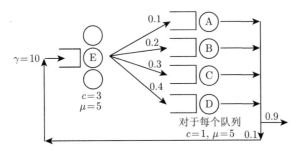

图 5.4 习题 5.15 的杰克逊开网络示意

5.16 考虑如图 5.5 所示的杰克逊开网络，每个服务站只有一个服务员，求：

（a）每个服务站的平均顾客数；

（b）任意一个顾客在系统中花费的平均时间；

（c）一个从节点 A 进入系统的顾客在系统中花费的平均时间。

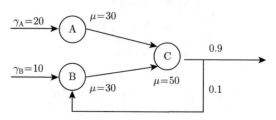

图 5.5　习题 5.16 的杰克逊开网络示意

5.17 飞机到达降落队列排队等待着陆，到达速率为 40 架/h，降落队列中平均有 5 架飞机。当管制员允许队列中的飞机着陆时，飞机离开队列，开始着陆。获准着陆后，飞机被要求中止着陆并进行复飞的概率为 2%，这类飞机在机场上空盘旋，然后重新进入降落队列，复飞并重新进入降落队列平均需要 10 min。其余 98% 不需要复飞的飞机，在获准着陆后，平均需要 5 min 降落在跑道上。

（a）飞机在降落队列中平均花费多长时间（每次尝试着陆）？

（b）飞机从第一次到达降落队列到最后着陆，平均需要多长时间？

5.18 顾客进入一个排队网络，在排队网络中需要经过 4 个阶段。每个阶段都只有一个服务员提供服务，服务时间均服从指数服务，服务速率为 20 个/h；在完成前 3 个阶段的服务后，顾客返回第一个阶段的概率为 10%，如图 5.6 所示。所有关于杰克逊开网络的假设都成立。

（a）求顾客在系统中花费的平均时间（即从进入系统到离开系统）。

（b）要使系统保持稳态，外部到达速率 γ 最大为多少。

（c）设 p_0 为服务员 A 处于空闲状态的时间占比。判断对错：从外部进入系统的顾客发现服务员 A 处于空闲状态的时间占比为 p_0。

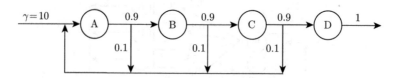

图 5.6　习题 5.18 的排队网络示意

5.19 某三明治店有两个服务站：在第一个服务站中，顾客点单；在第二个服务站中，顾客结账。假设两个服务站的服务时间均服从指数分布。第一个服务站有 3 个服务员，平均服务时间为 2 min。第二个服务站有两个服务员，平均服务时间为 1 min。到达过程为泊松过程，到达速率为每小时 80 个顾客。

（a）求每个服务站的平均顾客数。

（b）每个顾客在系统中花费的平均时间是多少？

（c）判断对错：顾客到达第二个服务站的过程为泊松过程。

5.20 通过把式（5.15）代入式（5.14）来验证式（5.15）是单服务员杰克逊闭网络的解。

5.21 对于杰克逊闭网络，将稳态平衡方程（5.14）推广到节点 i 处有 c_i 个服务员的情况，并证明式（5.17）为其解。（提示：参考习题 5.9 的提示。）

5.22 例 5.4 中，假设管理层决定在节点 2 增加一个维修工，该维修工与之前的维修工的工作能力一样。求两台机器都在运行的概率和至少有一台机器正在运行的概率。

5.23 一个有 7 个节点的杰克逊闭网络中有 35 个顾客，转移矩阵如下，且假设服务速率与习题 5.10 相同，求每个节点的平均顾客数和顾客在每个节点的平均等待时间：

$$\begin{bmatrix} \frac{1}{3} & \frac{1}{4} & 0 & \frac{1}{4} & 0 & \frac{1}{6} & 0 \\ \frac{1}{3} & \frac{1}{4} & 0 & \frac{1}{4} & \frac{1}{6} & 0 & 0 \\ 0 & 0 & \frac{1}{3} & \frac{1}{3} & \frac{1}{3} & 0 & 0 \\ \frac{1}{3} & 0 & \frac{1}{3} & 0 & \frac{1}{3} & 0 & 0 \\ 0 & 0 & \frac{5}{6} & 0 & 0 & \frac{1}{6} \\ \frac{1}{6} & \frac{1}{6} & \frac{1}{6} & \frac{1}{6} & \frac{1}{6} & \frac{1}{6} & 0 \\ 0 & \frac{1}{6} & \frac{1}{6} & \frac{1}{6} & \frac{1}{6} & \frac{1}{6} \end{bmatrix}$$

5.24 某卡车运输服务公司共有 50 辆卡车。卡车的日常维护是在下班时间进行的，因此没有卡车因为日常维护而无法使用。然而，卡车会出现故障，需要修理。卡车出现故障的过程近似为泊松过程，平均每 38 天有一辆卡车出现故障，其中 68% 的故障可以在该公司自己的维修厂处理；其余的故障必须由制造商维修厂处理。此外，在该公司自己的维修厂处理的卡车中，约 7% 必须在维修后再送往制造商的维修厂处理。该公司自己的维修厂的维修时间服从指数分布，平均为 2.75 天，有 4 个维修站，但因为只有 3 个维修工，所以在任意时间都只有 3 个维修站可用。送至制造商的维修厂的周转时间为独立同指数分布随机变量，平均为 10 天（因为该服务公司是优质顾客，所以制造商维修厂收到该公司的卡车后，会立即安排机械师开始维修）。由于卡车保养得很好，所以修理过的卡车和新卡车性能一样。该公司与一家拖车公司签有合同，当卡车出现故障时，拖车公司会派拖车来拖走卡车。将卡车拖至该公司自己的维修厂的平均时间为 0.15 天，拖至制造商的维修厂的平均时间为 0.75 天。该公司的老板是否应该再雇用一个维修工？老板主要关注的指标为所有卡车中可用卡车的平均比例，以及至少有 45 辆卡车可用的时间百分比。

5.25 证明当只有一台机器和一个维修人员时，式（5.31）与第 3.8 节中的式（3.60）相同。

5.26 将式（5.31）推广到多服务员的情况。

5.27 把习题 3.65 中的模型看作循环网络，即一种特殊的杰克逊闭网络，再求解习题 3.65。

5.28 用 QtsPlus 软件验证例 5.5 的解。

5.29 用 QtsPlus 软件验证例 5.4 中用丰前的算法计算出的 $p_3(n)$ 并计算 $p_2(n)$ 和 $p_1(n)$。

第6章

一般到达时间间隔分布
和一般服务时间分布

本章讨论一般分布的排队模型。由于不再基于指数分布的假设，所以本章中的排队场景不能使用连续时间马尔可夫链来进行建模，也不能像前几章一样使用 C-K 方程来分析。不过，本章讨论的许多情况是连续时间非马尔可夫过程，可能含有嵌入离散时间马尔可夫链（见第 2.4.1 节），对这种情况可以使用第 2.3 节中离散时间马尔可夫链的理论来进行分析。

本章主要讨论两种排队模型：输入过程服从泊松分布，系统中仅有一个服务员且该服务员的服务时间服从一般分布（$M/G/1$）；输入过程服从一般分布，系统中仅有一个服务员且该服务员的服务时间服从指数分布（$G/M/1$）。

6.1　一般服务时间分布、单服务员（$M/G/1$）

本节讨论输入过程服从泊松分布且服务时间服从一般分布的单服务员排队模型。假设顾客按照先到先服务规则接受服务，且所有服务时间和到达时间间隔均相互独立。设 λ 为到达速率，S 为随机服务时间，S 服从一般分布，$\mu = 1/E[S]$ 为服务速率。这里假设 $\rho \equiv \lambda/\mu < 1$，也就是说，本节讨论系统处于稳态时的情况。

首先推导效益指标 W_q、W、L_q 和 L，这些效益指标的公式通常称为 **PK 公式**（Pollaczek-Khintchine formula）。与其他排队模型一样，首先推导出其中一个效益指标，然后使用利特尔法则和 $W = W_q + E[S]$ 来推导其他效益指标。

6.1.1　效益指标：PK 公式

本节介绍两种方法来推导 $M/G/1$ 排队模型的效益指标。第一种方法是从顾客到达系统的时刻推导，第二种方法是从顾客离开系统的时刻推导。

6.1.1.1 从顾客到达系统的时刻推导

对于到达系统的顾客，其需要等待的时间取决于其到达时看到的系统中存在的其他顾客数。具体地说，当顾客到达时，可能有其他顾客正在排队，即有一个顾客正在接受服务。

当顾客到达系统时，如果队列中的平均顾客数为 L_q，且这些顾客的平均服务时间为 $E[S]$，则等待队列中的顾客完成服务的时间为 $L_q E[S]$。此处的推导需要用到泊松到达的条件。由第 2.2 节中介绍的 PASTA 性质可知，按泊松过程到达的顾客看到的队列中的平均顾客数与外部观察者在任意时刻看到的队列中的平均顾客数 L_q 相同。

当顾客到达系统时，如果有一个顾客正在接受服务且部分服务已完成，则等待该顾客完成服务的时间是其剩余服务时间，而不是其总服务时间。一般来说，剩余服务时间和总服务时间的期望不相等。

综上，到达系统的顾客的平均排队时间为

$$W_q = L_q E[S] + \Pr\{服务员忙碌\} \cdot E[剩余服务时间 \mid 服务员忙碌]$$

将 $L_q = \lambda W_q$ 代入上式，整理可得

$$W_q = \frac{\Pr\{服务员忙碌\} \cdot E[剩余服务时间 \mid 服务员忙碌]}{1-\rho}$$

其中，$\Pr\{服务员忙碌\}$ 为顾客到达时看到服务员处于忙碌状态的概率。由 PASTA 性质可知，$\Pr\{服务员忙碌\}$ 等于服务员处于忙碌状态的时间占比，即 $\Pr\{服务员忙碌\} = \rho$。

我们还需要推导 $E[剩余服务时间 \mid 服务员忙碌]$。可以证明（见习题 6.5）

$$E[剩余服务时间 \mid 服务员忙碌] = \frac{E[S^2]}{2E[S]} = \frac{1+C_B^2}{2} E[S] \tag{6.1}$$

其中 C_B^2 是服务时间分布的**平方变异系数**（squared coefficient of variation，SCV），$C_B^2 = \mathrm{Var}[S]/E^2[S]$。这一结果与**更新理论**（renewal theory）相关，式（6.1）也被称为更新过程的**平均剩余时间**（average residual time）。直观地说，该公式表示在任意时刻到达的观察者所看到的一个更新周期结束之前的平均时间。

式（6.1）的结果通常大于 $E[S]/2$，即如果顾客到达时服务员处于忙碌状态，则顾客看到的平均剩余服务时间大于服务员的平均服务时间的一半。仅当

$C_B^2 = 0$ 或服务时间服从确定性分布时，两者才相等。这是**检查悖论**（inspection paradox）的一个例子（Ross，2014）。之所以平均剩余服务时间大于直观上预期的时间，是因为与较短的服务时间间隔相比，顾客更有可能在较长的服务时间间隔内到达系统，这使得平均剩余服务时间大于 $E[S]/2$。

联立以上几个式子，可得

$$W_q = \frac{1 + C_B^2}{2} \cdot \frac{\rho}{1 - \rho} \cdot E[S] \tag{6.2}$$

式（6.2）是三项的乘积：变异项、利用率项和时间尺度项。

第一项 $(1 + C_B^2)/2$ 中包含服务时间分布的平方变异系数 C_B^2。当服务时间服从指数分布时，$C_B^2 = 1$，可得 $(1 + C_B^2)/2 = 1$，此时式（6.2）退化为 $M/M/1$ 排队模型中顾客的平均排队时间。也就是说，式（6.2）可以写为

$$W_q = \frac{1 + C_B^2}{2} \cdot \{M/M/1 \text{ 排队模型的 } W_q\}$$

当服务时间分布的可变性增大（变异系数增大）时，顾客的平均排队时间 W_q 也会增大。当 C_B^2 较大时，W_q 与 C_B^2 大致呈线性关系。

第二项 $\rho/(1 - \rho)$ 中包含服务员利用率 ρ，当 $\rho \to 1$ 时，该项趋于无穷大。

最后一项 $E[S]$ 的单位为时间，该项可以看作时间尺度因子。

综上，在求 W_q 公式的 3 个乘积项中，前两项与所选择的时间尺度无关，第三项 $E[S]$ 与时间相关。

求 W_q 的公式（6.2）非常有用，只需要知道以下 3 个参数就可以求得 W_q：到达速率 λ、服务时间分布的期望 $E[S] = 1/\mu$ 和服务时间分布的平方变异系数 C_B^2。由于 $C_B^2 = \text{Var}[S]/E^2[S]$ 且 $\text{Var}[S] = E[S^2] - E^2[S]$，所以可以使用服务时间分布的二阶矩 $E[S^2]$ 或方差 $\text{Var}[S]$ 来替代平方变异系数 C_B^2。对于一个实际的系统，通常很容易获得其服务模式的信息，所以很容易估算这些参数。

可以根据 W_q 来求其他效益指标。具体来说，L_q 可以由利特尔法则 $L_q = \lambda W_q$ 求得，W 可以由 $W = W_q + 1/\mu$ 求得，L 可以由 $L = \lambda W$ 或 $L = L_q + \rho$ 求得。表 6.1 列出了各效益指标公式的 3 种形式。第一个等号处使用服务时间分布的平方变异系数 C_B^2 来表示，第二个等号处使用服务时间分布的二阶矩 $E[S^2]$ 来表示，第三个等号处使用服务时间分布的方差 σ_B^2 来表示。基于利特尔法则和单服务员模型的基本性质，可知各行的公式是等价的。表 6.1 中的每个公式都是 PK 公式。

表 6.1 $M/G/1$ 排队模型的效益指标

效益指标	结果
L_q	$L_q = \dfrac{1+C_B^2}{2} \cdot \dfrac{\rho^2}{1-\rho} = \dfrac{\lambda^2 \mathrm{E}\left[S^2\right]}{2(1-\rho)} = \dfrac{\rho^2 + \lambda^2 \sigma_B^2}{2(1-\rho)}$
W_q	$W_q = \dfrac{1+C_B^2}{2} \cdot \dfrac{\rho}{\mu-\lambda} = \dfrac{\lambda \mathrm{E}\left[S^2\right]}{2(1-\rho)} = \dfrac{\rho^2/\lambda + \lambda\sigma_B^2}{2(1-\rho)}$
W	$W = \dfrac{1+C_B^2}{2} \cdot \dfrac{\rho}{\mu-\lambda} + \dfrac{1}{\mu} = \dfrac{\lambda \mathrm{E}\left[S^2\right]}{2(1-\rho)} + \dfrac{1}{\mu} = \dfrac{\rho^2/\lambda + \lambda\sigma_B^2}{2(1-\rho)} + \dfrac{1}{\mu}$
L	$L = \dfrac{1+C_B^2}{2} \cdot \dfrac{\rho^2}{1-\rho} + \rho = \dfrac{\lambda^2 \mathrm{E}\left[S^2\right]}{2(1-\rho)} + \rho = \dfrac{\rho^2 + \lambda^2 \sigma_B^2}{2(1-\rho)} + \rho$

■ 例 6.1

在本例中，验证 $M/G/1$ 排队模型的 PK 公式也可应用于第 4.3.3 节中的 $M/E_k/1$ 排队模型：E_k 分布的平方变异系数为 $\mathrm{Var}\left[S\right]/\mathrm{E}^2\left[S\right] = 1/k$，$E_k$ 分布的期望和方差见式（4.18）和式（4.19）。

当服务时间服从 E_k 分布时，式（6.2）退化为

$$W_q = \frac{1+1/k}{2} \cdot \frac{\rho}{1-\rho} \cdot \mathrm{E}[S] = \frac{k+1}{2k} \cdot \frac{\rho}{1-\rho} \cdot \mathrm{E}[S]$$

该式与式（4.22）相同。类似地，在上式中令 $k = \infty$ 或者在式（6.2）中令 $C_B^2 = 0$，可以求得 $M/D/1$ 排队模型的相关结果。

■ 例 6.2

考虑一个单服务员系统，顾客的到达过程为泊松过程，平均每小时到达 10 个顾客，服务时间服从指数分布，平均服务时间为 5 min。现有一个培训课程，服务员接受培训后，平均服务时间将增加至 5.5 min，标准差将从 5 min（在服务时间依旧服从指数分布的情况下）减少至 4 min。经理想知道是否应该让服务员接受培训。

服务员接受培训前的情况可以建模为 $M/M/1$ 排队模型，接受培训后的情况可以建模为 $M/G/1$ 排队模型，需要比较这两个模型的 L 和 W。对于 $M/M/1$ 排队模型，可以使用第 3.2 节的结果，也可以使用 PK 公式（表 6.1），此时 $\sigma_B = 1/\mu$；对于 $M/G/1$ 排队模型，使用 PK 公式。表 6.2 列出了两个模型的结果。

从表 6.2 可以看出，对服务员进行培训是无益的。在本例中，服务时间的标准差减少了 20%，减少的百分比是平均服务时间增加的百分比（10%）的两倍。

由此可以看出，平均服务时间对系统性能的影响程度大于服务时间的标准差。经理还想知道，在平均服务时间增加 0.5 min 的情况下，为了使 L 保持不变，方差需要减少多少。对此，可以根据下式（PK 公式）来求 σ_B^2：

$$L = 5 = \rho + \frac{\rho^2 + \lambda^2 \sigma_B^2}{2(1-\rho)}$$

其中 $\rho = \lambda/\mu = 10 \times \dfrac{11}{2} \times \dfrac{1}{60} = \dfrac{11}{12}$。通过计算，得到 $\sigma_B^2 < 0$，这是不可能的。这意味着，即使服务时间的方差为 0（服务时间服从确定性分布），L 仍大于 5。假设服务时间服从确定性分布，可得 L 的最小值为

$$L = \rho + \frac{\rho^2}{2(1-\rho)} \doteq 6.0$$

习题 6.19 考虑如果服务员在接受培训后平均服务时间增加至 5.2 min，请读者求出在保持 L 相同的情况下 σ_B^2 的值。

表 6.2　模型结果比较

效益指标	培训前 ($M/M/1$)	培训后 ($M/G/1$)
L/个	5	8.625
W/min	30	51.75

6.1.1.2　从顾客离开系统的时刻推导

前一节中已经推导出了各效益指标的公式（见表 6.1），本节介绍另一种推导方法，该方法从顾客离开系统的时刻来考虑。正如我们将在下一节中看到的，通过从顾客离开系统的时刻来考虑，可以得到一个离散时间马尔可夫链，该马尔可夫链可用于推导其他系统特性，如稳态系统大小概率等。

下面从这一角度来推导平均系统大小 L 的公式。考虑一个顾客刚离开后的系统，设 X_n 为第 n 个顾客离开后系统中剩余的顾客数（不包括刚离开的顾客），A_n 为在第 n 个顾客接受服务期间到达的顾客数。

对于所有 $n \geqslant 1$，

$$X_{n+1} = \begin{cases} X_n - 1 + A_{n+1}, & X_n \geqslant 1 \\ A_{n+1}, & X_n = 0 \end{cases} \tag{6.3}$$

上式可以写为

$$X_{n+1} = X_n - U(X_n) + A_{n+1} \tag{6.4}$$

其中 U 为单位阶跃函数

$$U(X_n) = \begin{cases} 1, & X_n > 0 \\ 0, & X_n = 0 \end{cases}$$

假设存在稳态解，且 n 足够大，使得系统处于稳态，则有 $\mathrm{E}[X_{n+1}] = \mathrm{E}[X_n] = L^{(D)}$。$L^{(D)}$ 表示稳态时任意顾客离开时刻的平均稳态系统大小（L 表示任意时刻的平均稳态系统大小）。式（6.4）两边同取期望，可得

$$L^{(D)} = L^{(D)} - \mathrm{E}[U(X_n)] + \mathrm{E}[A_{n+1}]$$

所以

$$\mathrm{E}[U(X_n)] = \mathrm{E}[A_{n+1}]$$

接下来，在第 $n+1$ 个顾客的随机服务时间为 S 的条件下，计算 $\mathrm{E}[A_{n+1}]$：

$$\mathrm{E}[A_{n+1}] = \int_0^\infty \mathrm{E}[A_{n+1} \mid S = t]\,\mathrm{d}B(t) = \int_0^\infty \lambda t\,\mathrm{d}B(t) = \lambda\mathrm{E}[S] = \frac{\lambda}{\mu} = \rho$$

由于 $\{A_{n+1} \mid S = t\}$ 是期望为 λt 的泊松随机变量，所以第二个等号成立。因此，$\mathrm{E}[U(X_n)] = \mathrm{E}[A_{n+1}] = \rho$。式（6.4）两边同取平方，可得

$$X_{n+1}^2 = X_n^2 + U^2(X_n) + A_{n+1}^2 - 2X_nU(X_n) - 2A_{n+1}U(X_n) + 2A_{n+1}X_n$$

对上式两边同取期望，由于 $\mathrm{E}[X_{n+1}^2] = \mathrm{E}[X_n^2]$，可得

$$0 = \mathrm{E}[U^2(X_n)] + \mathrm{E}[A_{n+1}^2] - 2\mathrm{E}[X_nU(X_n)] - 2\mathrm{E}[A_{n+1}U(X_n)] + 2\mathrm{E}[A_{n+1}X_n]$$

已知 $U^2(X_n) = U(X_n)$ 且 $X_nU(X_n) = X_n$。此外，A_{n+1} 与 X_n 和 $U(X_n)$ 无关，这是因为在第 $n+1$ 个顾客接受服务期间到达的顾客数 A_{n+1} 与之前发生的事件无关，即与第 n 个顾客离开后系统中剩余的顾客数 X_n 无关，可得

$$0 = \mathrm{E}[U(X_n)] + \mathrm{E}[A_{n+1}^2] - 2\mathrm{E}[X_n] - 2\mathrm{E}[A_{n+1}]\mathrm{E}[U(X_n)] + 2\mathrm{E}[A_{n+1}]\mathrm{E}[X_n]$$

我们已经证明了 $\mathrm{E}[U(X_n)] = \mathrm{E}[A_{n+1}] = \rho$，代入上式可得

$$0 = \rho + \mathrm{E}[A_{n+1}^2] - 2L^{(D)} - 2\rho^2 + 2\rho L^{(D)}$$

整理上式可得

$$L^{(D)} = \frac{\rho - 2\rho^2 + \mathrm{E}[A_{n+1}^2]}{2(1 - \rho)} \tag{6.5}$$

其中

$$\mathrm{E}\left[A_{n+1}^2\right] = \mathrm{Var}\left[A_{n+1}\right] + \mathrm{E}^2\left[A_{n+1}\right] = \mathrm{Var}\left[A_{n+1}\right] + \rho^2$$

我们可以在第 $n+1$ 个顾客的服务时间为 S 的条件下，使用以下条件方差公式（Ross，2014），计算 $\mathrm{Var}[A_{n+1}]$：

$$\mathrm{Var}\left[A_{n+1}\right] = \mathrm{E}\left[\mathrm{Var}\left[A_{n+1}|S\right]\right] + \mathrm{Var}\left[\mathrm{E}\left[A_{n+1}|S\right]\right]$$

其中 $\{A_{n+1}|S\}$ 是期望为 λS 的泊松随机变量，其方差也为 λS。因此，上式可以写为

$$\mathrm{Var}\left[A_{n+1}\right] = \mathrm{E}[\lambda S] + \mathrm{Var}[\lambda S] = \rho + \lambda^2 \sigma_B^2 \tag{6.6}$$

其中 σ_B^2 是服务时间分布的方差。将式（6.6）代入式（6.5）可得

$$L^{(D)} = \rho + \frac{\rho^2 + \lambda^2 \sigma_B^2}{2(1-\rho)} \tag{6.7}$$

可以证明（见第 6.1.3 节），离开时刻的平均稳态系统大小 $L^{(D)}$ 等于任意时刻的平均稳态系统大小 L，可以将式（6.7）写为

$$L = \rho + \frac{\rho^2 + \lambda^2 \sigma_B^2}{2(1-\rho)}$$

该式与表 6.1 中给出的结果一致。

6.1.2 离开时刻系统大小概率

本节讨论离开时刻的稳态系统大小概率。设 π_n 表示系统达到稳态后，在任意顾客离开时刻（即对顾客的服务刚完成的时刻）系统中有 n 个顾客的概率。概率 $\{\pi_n\}$ 通常不等于稳态系统大小概率 $\{p_n\}$，$\{p_n\}$ 在系统达到稳态后的任意时刻均成立。我们将在下一节证明，对于 $M/G/1$ 排队模型，$\{\pi_n\}$ 等于 $\{p_n\}$。

现在来证明，如果在离开时刻观察 $M/G/1$ 排队系统，则可以得到一个嵌入离散时间马尔可夫链（如果在到达时刻观察系统，则不能得到马尔可夫链，见习题 6.2）。设 $t_1, t_2, t_3, \cdots$ 为顾客离开系统的时刻序列，$X_n \equiv X(t_n)$ 为第 n 个顾客在时刻 t_n 离开后系统中剩余的顾客数。前面推导出了式（6.3），在此再次写出该结果

$$X_{n+1} = \begin{cases} X_n - 1 + A_{n+1}, & X_n \geqslant 1 \\ A_{n+1}, & X_n = 0 \end{cases} \tag{6.8}$$

其中 A_{n+1} 为在第 $n+1$ 个顾客接受服务的期间到达的顾客数。

为了证明 $X_1, X_2, \cdots$ 是马尔可夫链，必须证明其未来状态仅与当前状态相关——更具体地说，必须证明，给定当前状态 X_n，未来状态 X_{n+1} 与过去状态 $X_{n-1}, X_{n-2}, \cdots$ 无关。由式（6.8）可知 X_{n+1} 与 X_n 和 A_{n+1} 相关，所以只要 A_{n+1} 与过去状态 $X_{n-1}, X_{n-2}, \cdots$ 无关，那么 $\{X_n\}$ 就是马尔可夫链。由于 A_{n+1} 与第 $n+1$ 个顾客的服务时间的长短相关，与之前发生的事件无关，即与前面的顾客离开后系统中剩余的顾客数 $X_{n-1}, X_{n-2}, \cdots$ 无关，所以 A_{n+1} 与过去状态 $X_{n-1}, X_{n-2}, \cdots$ 无关。因此，嵌入离散时间过程 $X_1, X_2, \cdots$ 是离散时间马尔可夫链。

接下来推导该马尔可夫链的转移概率

$$p_{ij} \equiv \Pr\{X_{n+1} = j \mid X_n = i\}$$

转移概率取决于在一个顾客接受服务期间到达的顾客数的分布。由于该分布与接受服务的顾客的编号无关，所以不设下标。设 S 表示随机服务时间，A 表示在随机服务时间 S 内到达的随机顾客数。定义

$$k_i \equiv \Pr\{在一个顾客接受服务期间到达 \ i \ 个顾客\} = \Pr\{A = i\}$$

可以在随机服务时间为 S 的条件下计算 $\Pr\{A = i\}$：

$$k_i = \Pr\{A = i\} = \int_0^\infty \Pr\{A = i \mid S = t\} \mathrm{d}B(t)$$

为了说明一般性的情况，在这里使用**斯蒂尔切斯积分**（Stieltjes integral）。在概率密度函数存在的情况下，可以用 $b(t) \, \mathrm{d}t$ 替换 $\mathrm{d}B(t)$，从而得到我们更为熟悉的黎曼积分。由于 $\{A|S = t\}$ 是期望为 λt 的泊松随机变量，可得

$$\Pr\{A = i \mid S = t\} = \frac{\mathrm{e}^{-\lambda t}(\lambda t)^i}{i!}$$

因此，

$$k_i = \int_0^\infty \frac{\mathrm{e}^{-\lambda t}(\lambda t)^i}{i!} \mathrm{d}B(t) \tag{6.9}$$

根据式（6.8）可得

$$\Pr\{X_{n+1} = j \mid X_n = i\} = \begin{cases} \Pr\{A = j - i + 1\}, & i \geqslant 1 \\ \Pr\{A = j\}, & i = 0 \end{cases}$$

综上，可得以下转移概率矩阵：

$$\boldsymbol{P} = \{p_{ij}\} = \begin{pmatrix} k_0 & k_1 & k_2 & k_3 & \cdots \\ k_0 & k_1 & k_2 & k_3 & \cdots \\ 0 & k_0 & k_1 & k_2 & \cdots \\ 0 & 0 & k_0 & k_1 & \cdots \\ 0 & 0 & 0 & k_0 & \cdots \\ \vdots & \vdots & \vdots & \vdots & \end{pmatrix} \tag{6.10}$$

假设系统可以达到稳态，则利用马尔可夫链的理论可以得到稳态概率向量 $\boldsymbol{\pi} = \{\pi_n\}$。$\{\pi_n\}$ 是以下平稳方程的解（见第 2.3.2 节）：

$$\boldsymbol{\pi P} = \boldsymbol{\pi} \tag{6.11}$$

由此可得（见习题 6.6）

$$\pi_i = \pi_0 k_i + \sum_{j=1}^{i+1} \pi_j k_{i-j+1}, \qquad i = 0, 1, 2, \cdots \tag{6.12}$$

定义以下母函数：

$$\Pi(z) = \sum_{i=0}^{\infty} \pi_i z^i \quad \text{和} \quad K(z) = \sum_{i=0}^{\infty} k_i z^i, \qquad |z| \leqslant 1 \tag{6.13}$$

将式（6.12）两边同乘以 z^i，再对 i 从 0 到 ∞ 求和，可以得到（见习题 6.7）

$$\Pi(z) = \frac{\pi_0(1-z)K(z)}{K(z) - z} \tag{6.14}$$

应用洛必达法则，并且基于 $\prod(1) = 1$、$K(1) = 1$ 和 $K'(1) = \lambda(1/\mu)$ 这些条件，可以求得

$$\pi_0 = 1 - \rho, \qquad \rho \equiv \lambda \mathrm{E}[\text{服务时间}] \tag{6.15}$$

因此，

$$\Pi(z) = \frac{(1-\rho)(1-z)K(z)}{K(z) - z} \tag{6.16}$$

根据定义，$\prod'(1)$ 是平均系统大小，可以直接由式（6.16）推导出 PK 公式（见习题 6.8）。

在推导 $\{\pi_n\}$ 的过程中（我们将在下一节证明 $\{\pi_n\}$ 等于 $\{p_n\}$），如果没有对服务时间的分布做出具体假设，则最多只能得到式（6.16）。习题 6.9 要求读者验证，当服务时间服从指数分布时，式（6.16）退化为 $M/M/1$ 排队模型的母函数，即式（3.15）。

下面给出一个 $M/G/1$ 排队系统的例子，其中服务时间的分布由经验确定。

■ **例 6.3**

我们通过本例说明如何应用以上结果。在本例中，服务时间的分布由经验确定。考虑一家生产轴承的公司，所有轴承均需要经过机器的加工处理。由于销量很大，始终有大量机器处于运行状态（假设机器总量为无穷大）。

机器出现故障的过程为泊松过程，平均每小时有 5 台机器出现故障，机器可能会出现两种故障中的一种。该公司有一个维修人员，该维修人员分别需要花费 9 min 和 12 min 来处理这两种故障。由于维修人员很有经验且所有机器均相同，所以同种故障的处理时间之间的差异很小，可以忽略不计。这两种故障是随机出现的，据观察，三分之一的故障需要 12 min 的处理时间。该公司的经理希望知道在任意时刻有 3 台以上机器出现故障的概率。

可以将服务时间视为服从两点分布的离散随机变量，服务时间为 9 min 的概率为 2/3，服务时间为 12 min 的概率为 1/3，平均服务时间为 $\mathrm{E}[S] = 10\,(\mathrm{min})$，方差为 $\mathrm{Var}[S] = 2$。

如果该公司的经理只想知道出现故障的平均机器数，那么很容易根据 PK 公式求得结果（见习题 6.25）。但是，要回答题目中的问题，需要求 p_0、p_1、p_2 和 p_3：

$$\Pr\{\text{超过 3 台机器出现故障}\} = \sum_{i=4}^{\infty} p_i = 1 - \sum_{i=0}^{3} p_i$$

没有机器出现故障的概率为：

$$p_0 = \pi_0 = 1 - \rho = 1 - \frac{5}{6} = \frac{1}{6}$$

可以应用式（6.12）迭代计算 p_1、p_2 和 p_3。但是为了说明如何应用式（6.16），我们使用另一种方法：计算式（6.16）中的母函数 $\prod(z)$ 并将其展开为级数，得到 $p_i = \pi_i\,(i = 1,\,2,\,3)$。为了求 $\prod(z)$，需要根据式（6.13）来求 $K(z)$；为了求 $K(z)$，需要根据式（6.9）来求 k_i。由于服务时间服从两点分布，所以斯蒂尔吉

斯积分退化为求和，根据式（6.9）可得

$$k_i = \frac{2}{3}\left(\frac{e^{-5\times\frac{3}{20}}\left(5\times\frac{3}{20}\right)^i}{i!}\right) + \frac{1}{3}\left(\frac{e^{-5\times\frac{1}{5}}\left(5\times\frac{1}{5}\right)^i}{i!}\right)$$

$$= \frac{2}{3i!}e^{-3/4}\left(\frac{3}{4}\right)^i + \frac{1}{3i!}e^{-1}$$

因此，

$$K(z) = \frac{2}{3}e^{-3/4}\sum_{i=0}^{\infty}\frac{(3z/4)^i}{i!} + \frac{1}{3}e^{-1}\sum_{i=0}^{\infty}\frac{z^i}{i!}$$

虽然可以得到 $K(z)$ 的解析解（因为两个求和项分别是 $e^{3z/4}$ 和 e^z 的无穷级数表达式），但由于希望通过对 $\prod(z)$ 进行幂级数展开来求概率 $\{p_i\}$，所以保留 $K(z)$ 的幂级数形式。为了使 $K(z)$ 更易于使用，定义

$$c_i = \frac{2}{3}e^{-3/4}\left(\frac{3}{4}\right)^i + \frac{1}{3}e^{-1} \tag{6.17}$$

所以 $K(z)$ 可以写为

$$K(z) = \sum_{i=0}^{\infty}\frac{c_i z^i}{i!}$$

根据式（6.16）可得

$$\Pi(z) = \frac{(1-\rho)(1-z)\displaystyle\sum_{i=0}^{\infty}\frac{c_i z^i}{i!}}{\left(\displaystyle\sum_{i=0}^{\infty}\frac{c_i z^i}{i!}\right) - z}$$

进一步可得

$$\Pi(z) = \frac{(1-\rho)\left(\displaystyle\sum_{i=0}^{\infty}\frac{c_i z^i}{i!} - \sum_{i=0}^{\infty}\frac{c_i z^{i+1}}{i!}\right)}{c_0 + (c_1-1)z + \displaystyle\sum_{i=2}^{\infty}\frac{c_i z^i}{i!}}$$

$$= \frac{(1-\rho)\left[1 + \sum_{i=1}^{\infty}\left(\dfrac{c_i}{c_0 i!} - \dfrac{c_{i-1}}{c_0(i-1)!}\right)z^i\right]}{1 + \dfrac{c_1 - 1}{c_0}z + \sum_{i=2}^{\infty}\dfrac{c_i z^i}{c_0 i!}} \qquad (6.18)$$

我们需要将式（6.18）改写为关于 z 的幂级数，而不是两个幂级数之比。在本例中，需要求出 z^1、z^2 和 z^3 的系数，可以采用长除法。然而，由长除法可知，两个幂级数的比值本身也为幂级数，即

$$\frac{1 + \sum_{i=1}^{\infty}a_i z^i}{1 + \sum_{i=1}^{\infty}b_i z^i} = \sum_{i=0}^{\infty}d_i z^i$$

可以通过下式迭代求得 d_i：

$$d_i = \begin{cases} a_i - \sum_{j=1}^{i}b_j d_{i-j}, & i = 1, 2, \cdots \\ 1, & i = 0 \end{cases}$$

所以只需求出 d_1、d_2 和 d_3，然后分别乘以 $1-\rho$，就可以求出 p_1、p_2 和 p_3：

$$p_1 = (1-\rho)\left(\frac{1}{c_0} - 1\right)$$
$$p_2 = (1-\rho)\left(\frac{1-c_1}{c_0} - 1\right)\frac{1}{c_0} \qquad (6.19)$$
$$p_3 = (1-\rho)\frac{1}{c_0}\left[\frac{1-c_1}{c_0}\left(\frac{1-c_1}{c_0} - 1\right) - \frac{c_2}{2c_0}\right]$$

根据式（6.17）求出 c_0、c_1 和 c_2，代入式（6.19）可得

$$p_1 \doteq 0.2143, \qquad p_2 \doteq 0.1773, \qquad p_3 \doteq 0.1293$$

$$\Rightarrow \quad \Pr\{超过\ 3\ 台机器出现故障\} = 1 - \sum_{n=0}^{3}p_n \doteq 0.3124$$

使用这种方法可以求出任意 p_i。

使用类似的方法，可以将服务时间服从两点分布的结果推广至服务时间服从 k 点分布的情况（Greenberg，1973）。设 b_i，$i = 1, \cdots, k$ 是服务时间为 t_i 的概率，可以证明（见习题 6.10）

$$\Pi(z) = \frac{(1-\rho)\left[1 + \displaystyle\sum_{i=1}^{\infty}\left(\frac{c_i}{c_0 i!} - \frac{c_{i-1}}{c_0(i-1)!}\right)z^i\right]}{1 + \dfrac{c_1 - 1}{c_0}z + \displaystyle\sum_{i=2}^{\infty}\frac{c_i z^i}{c_0 i!}} \tag{6.20}$$

上式与式（6.18）相同，仅 $\{c_i\}$ 不同（见习题 6.10）。利用前面给出的两个幂级数之比的关系，可以求得 $\{d_i\}$，进而能得到 $\{p_i\}$，其与式（6.19）中的结果相同，仅 $\{c_i\}$ 不同。

■ **例 6.4**

例 6.3 中的轴承公司提高了其维修人员的工作效率（通过提高维修的自动化程度），现在维修所有故障都只需要 6 min（λ 仍然等于 $\dfrac{1}{12}$ 台/min）。因此，现在维修过程可以建模为 $M/D/1$ 排队模型，可以直接使用式（6.16）来求解该问题。

假设所有服务时间均为 $1/\mu$，根据式（6.9）、式（6.13）和式（6.16）可得

$$k_i = \frac{\mathrm{e}^{-\rho}\rho^i}{i!}, \quad \rho = \lambda/\mu$$

$$K(z) = \sum_{i=0}^{\infty}\frac{\mathrm{e}^{-\rho}\rho^i}{i!}z^i = \mathrm{e}^{-\rho(1-z)}$$

$$\Pi(z) = \frac{(1-\rho)(1-z)\mathrm{e}^{-\rho(1-z)}}{\mathrm{e}^{-\rho(1-z)} - z} = \frac{(1-\rho)(1-z)}{1 - z\mathrm{e}^{\rho(1-z)}} \tag{6.21}$$

为了求各概率，将式（6.21）展开为几何级数：

$$\Pi(z) = (1-\rho)(1-z)\sum_{k=0}^{\infty}\left[z\mathrm{e}^{\rho(1-z)}\right]^k$$

$$= (1-\rho)(1-z)\sum_{k=0}^{\infty}\mathrm{e}^{k\rho(1-z)}z^k$$

$$= (1-\rho)(1-z)\sum_{k=0}^{\infty}\mathrm{e}^{k\rho}\sum_{m=0}^{\infty}\frac{(-k\rho z)^m}{m!}z^k$$

$$= (1-\rho)(1-z)\sum_{k=0}^{\infty}\sum_{m=0}^{\infty}\mathrm{e}^{k\rho}(-1)^m\frac{(k\rho)^m}{m!}z^{m+k}$$

$$= (1-\rho)(1-z)\sum_{k=0}^{\infty}\sum_{n=k}^{\infty}\mathrm{e}^{k\rho}(-1)^{n-k}\frac{(k\rho)^{n-k}}{(n-k)!}z^n$$

改变求和的顺序［这一步可以通过在 (k,n) 平面上绘制求和区域来验证］：

$$\Pi(z) = (1-\rho)(1-z)\sum_{n=0}^{\infty}\sum_{k=0}^{n}\mathrm{e}^{k\rho}(-1)^{n-k}\frac{(k\rho)^{n-k}}{(n-k)!}z^n$$

最后，将求和项乘以 $1-z$，可得

$$\Pi(z) = (1-\rho)\left[\sum_{n=0}^{\infty}\sum_{k=0}^{n}\mathrm{e}^{k\rho}(-1)^{n-k}\frac{(k\rho)^{n-k}}{(n-k)!}z^n\right.$$
$$\left. -\sum_{n=1}^{\infty}\sum_{k=0}^{n-1}\mathrm{e}^{k\rho}(-1)^{n-k-1}\frac{(k\rho)^{n-k-1}}{(n-k-1)!}z^n\right] \tag{6.22}$$

我们得到了关于 z 的幂级数，p_n 是 z^n 的系数。当 $n=0$ 时，$p_0 = 1-\rho$。当 $n=1$ 时，

$$p_1 = (1-\rho)\left(\mathrm{e}^{\rho}-1\right)$$

对于 $n \geqslant 2$，当取 $k=0$ 时，式（6.22）中的两个求和项均等于 0（$k\rho = 0$），所以这两个关于 k 的求和项均可以从 $k=1$ 开始。可以将最终结果写为

$$p_n = (1-\rho)\times\left[\sum_{k=1}^{n}\mathrm{e}^{k\rho}(-1)^{n-k}\frac{(k\rho)^{n-k}}{(n-k)!} - \sum_{k=1}^{n-1}\mathrm{e}^{k\rho}(-1)^{n-k-1}\frac{(k\rho)^{n-k-1}}{(n-k-1)!}\right]$$

使用 PK 公式，并令 $\sigma_B^2 = 0$ 且 $\rho = \dfrac{1}{2}$，可得平均系统大小为

$$L = \rho + \frac{\rho^2}{2(1-\rho)} = \frac{1}{2} + \frac{1}{4} = \frac{3}{4}$$

6.1.3 证明 $\pi_n = p_n$

本节将证明 $\pi_n = p_n$，π_n 表示在离开时刻系统中有 n 个顾客的稳态概率，p_n 表示在任意时刻系统中有 n 个顾客的稳态概率。首先考虑在长时间区间 $(0,T)$ 内排队过程的具体实现。设 $X(t)$ 为时刻 t 的系统大小，$A_n(t)$ 为时间区

间 $(0,t)$ 内的向上跳跃数（即到达的顾客数），在这些顾客到达之前，系统处于状态 n；$D_n(t)$ 为时间区间 $(0,t)$ 内的向下跳跃数（即离开的顾客数），在这些顾客离开之后，系统处于状态 n。由于顾客是逐一到达系统并逐一接受服务的，所以，

$$|A_n(T) - D_n(T)| \leqslant 1 \qquad (6.23)$$

离开的顾客总数 $D(T)$ 与到达的顾客总数 $A(T)$ 之间有如下关系：

$$D(T) = A(T) + X(0) - X(T) \qquad (6.24)$$

离开时刻的系统大小概率为

$$\pi_n = \lim_{T \to \infty} \frac{D_n(T)}{D(T)} \qquad (6.25)$$

将式（6.25）的分子加上再减去 $A_n(t)$，然后将式（6.24）代入分母，可得

$$\frac{D_n(T)}{D(T)} = \frac{A_n(T) + D_n(T) - A_n(T)}{A(T) + X(0) - X(T)} \qquad (6.26)$$

由于系统处于稳态，所以 $X(0)$ 和 $X(T)$ 是有限的。可知 $A(T) \to \infty$，根据式（6.23）及式（6.26），可得

$$\lim_{T \to \infty} \frac{D_n(T)}{D(T)} = \lim_{T \to \infty} \frac{A_n(T)}{A(T)} \qquad (6.27)$$

式（6.27）始终成立。由于顾客按泊松过程到达，且到达过程与系统状态无关，所以通过使用 PASTA 性质，可知一般时间概率 p_n 与到达时刻概率 $q_n = \lim_{T \to \infty} [A_n(T)/A(T)]$ 相等；由式（6.27）可知，到达时刻概率 q_n 等于离开时刻概率 π_n。因此，对于 $M/G/1$ 排队模型，这 3 个概率相等。至此，我们证明了离开时刻概率 π_n 等于一般时间概率 p_n。

6.1.4　遍历理论

对于 $M/G/1$ 排队模型的嵌入马尔可夫链，需要找到其存在稳态的条件。首先基于马尔可夫链的理论以及 $\pi_n = p_n$ 这一结论，可以得到存在稳态的充分条件，然后使用式（6.14）中的母函数 $\prod(z)$ 可以证明该充分条件也是必要条件。

在求充分条件的过程中，需要使用第 2.3 节中的定理 2.13 和定理 2.14。定理 2.13 表明，如果离散时间马尔可夫链是不可约的、非周期性的且正常返的，则其具有相同的极限分布和平稳分布；定理 2.14 给出了不可约且非周期性的马尔可夫链具有正常返性的充分条件。

对于任何单通道排队系统，都至少可以使用关于其输入参数及服务时间分布 $B(t)$ 的函数来描述其行为。正如 $M/M/1$ 排队模型是否具有遍历性取决于利用率 ρ 的值，我们希望 $M/G/1$ 排队模型也有同样的性质。式（6.10）给出了 $M/G/1$ 排队模型的嵌入马尔可夫链的转移矩阵 $\boldsymbol{P}$，其中，

$$k_n = \Pr\{\text{服务时间 } S = t \text{ 内到达 } n \text{ 个顾客}\}$$
$$= \int_0^\infty \frac{\mathrm{e}^{-\lambda t}(\lambda t)^n}{n!}\mathrm{d}B(t)$$

且 $\int t\,\mathrm{d}B(t) = \mathrm{E}[S]$。我们需要求 $M/G/1$ 排队模型存在稳态的充分条件，依据之前的经验，可以尝试 $\rho = \lambda\mathrm{E}[S] < 1$ 这一条件。

接下来证明，当 $\rho < 1$ 时，$M/G/1$ 排队模型的嵌入马尔可夫链是不可约的、非周期性的且正常返的。由定理 2.13 可知，不可约的、非周期性的且正常返的马尔可夫链具有极限分布。因为可以从任意状态到达任意其他状态，所以 $M/G/1$ 排队模型的马尔可夫链显然是不可约的。由转移矩阵可知，对于所有 k，$\Pr\{\text{从状态 } k \text{ 出发且经过单步转移返回状态 } k\} = p_{kk}^{(1)} > 0$，所以对于所有 k，k 的周期为 1（k 的周期为满足 $p_{kk}^{(n)} > 0$ 的所有 n 的最大公约数），因此该马尔可夫链是非周期性的。不可约性和非周期性均不依赖于 ρ，它们是该马尔可夫链的固有性质。确切地说，仅正常返性依赖于 ρ 的值。接下来需要证明，当 $\rho < 1$ 时，该马尔可夫链是正常返的；当完成该证明后，可以应用定理 2.13 来推导，当 $\rho < 1$ 时，存在稳态分布。

为了得到所需的结论，我们应用第 2.3.2 节中的定理 2.14，并使用福斯特的方法（Foster，1953）来证明，当 $\rho < 1$ 时，定理 2.14 中的不等式 $\sum\limits_{j=0}^{\infty} p_{ij}x_j \leqslant x_i - 1\,(i \neq 0)$ 有满足条件的解，可以合理地猜想该解为

$$x_j = \frac{j}{1-\rho}, \qquad j \geqslant 0$$

接下来证明该解满足定理 2.14 的条件。由矩阵 $\boldsymbol{P}$ 可得

$$\sum_{j=0}^{\infty} p_{ij} x_j = \sum_{j=i-1}^{\infty} k_{j-i+1} \left(\frac{j}{1-\rho} \right)$$

$$= \frac{k_0(i-1)}{1-\rho} + \frac{k_1 i}{1-\rho} + \frac{k_2(i+1)}{1-\rho} + \cdots$$

$$= \frac{k_0(i-1)}{1-\rho} + \frac{k_1(i-1)}{1-\rho} + \frac{k_2(i-1)}{1-\rho} + \cdots + \frac{k_1}{1-\rho} + \frac{2k_2}{1-\rho} + \cdots$$

$$= (i-1) \sum_{j=0}^{\infty} \frac{k_j}{1-\rho} + \sum_{j=1}^{\infty} \frac{jk_j}{1-\rho}$$

$$= \frac{i-1}{1-\rho} + \sum_{j=1}^{\infty} \frac{jk_j}{1-\rho}$$

由于 $k_j = \displaystyle\int_0^{\infty} \frac{\mathrm{e}^{-\lambda t}(\lambda t)^j}{j!} \mathrm{d}B(t)$，所以，

$$\sum_{j=1}^{\infty} jk_j = \sum_{j=1}^{\infty} j \frac{1}{j!} \int_0^{\infty} (\lambda t)^j \mathrm{e}^{-\lambda t} \mathrm{d}B(t)$$

$$= \int_0^{\infty} \mathrm{e}^{-\lambda t} \left[\sum_{j=1}^{\infty} \frac{1}{(j-1)!} (\lambda t)^j \right] \mathrm{d}B(t)$$

$$= \int_0^{\infty} \mathrm{e}^{-\lambda t} \lambda t \mathrm{e}^{\lambda t} \mathrm{d}B(t)$$

$$= \int_0^{\infty} \lambda t \mathrm{d}B(t) = \lambda \mathrm{E}[S] = \rho \tag{6.28}$$

可得

$$\sum_{j=0}^{\infty} p_{ij} x_j = \frac{i-1+\rho}{1-\rho} = x_i - 1$$

由于 $1-\rho > 0$，所以 $x_i \geqslant 0$。上式表明，该马尔可夫链从状态 $i > 0$ 出发的平均单步位移为 $\rho - 1 < 0$。这是因为 $\sum jp_{ij}$ 是从状态 i 出发的平均目的状态，且 $\sum jp_{ij} = (1-\rho) \sum p_{ij} x_j = i - (1-\rho)$。还可以得到

$$\sum_{j=0}^{x} p_{0j} x_j = \sum_{j=0}^{\infty} k_j x_j = \sum_{j=0}^{\infty} \frac{jk_j}{1-\rho} = \frac{\rho}{1-\rho} < \infty$$

因此，当 $\rho < 1$ 时，该马尔可夫链有相同的极限分布和平稳分布。

接下来证明 $\rho < 1$ 是该马尔可夫链具有遍历性的必要条件。在区间 $|z| < 1$ 内，存在母函数 $\prod(z)$：

$$\Pi(z) = \frac{\pi_0(1-z)K(z)}{K(z) - z}$$

已知 $\prod(1)$ 等于 1，因此，

$$
\begin{aligned}
1 &= \lim_{z \to 1} \Pi(z) \\
&= \pi_0 \frac{-K(1)}{K'(1) - 1} \quad \text{（使用洛必达法测）} \\
&= \pi_0 \frac{-1}{\rho - 1}, \quad \rho = \lambda \mathrm{E}[S]
\end{aligned}
$$

由于 $\pi_0 > 0$，所以 $\rho - 1 < 0$。至此，我们证明了 $\rho < 1$ 是系统存在稳态的充分必要条件。

6.1.5 等待时间

本节讨论与等待时间相关的重要结论。由利特尔法则 $W = L/\lambda$ 可知，顾客在系统中的平均等待时间与系统中的平均顾客数相关。我们可以很自然地想到，或许可以得出两者高阶矩之间的关系，或者两者分布函数之间的关系 [等价于两者**拉普拉斯-斯蒂尔切斯变换**（Laplace-Stieltjes transform，LST）之间的关系]。要得出这些关系，需要做一些推导。

首先，注意到 $M/G/1$ 排队模型的平稳概率总是可以用等待时间的累积分布函数来表示：

$$p_n = \pi_n = \frac{1}{n!} \int_0^\infty (\lambda t)^n \mathrm{e}^{-\lambda t} \mathrm{d}W(t), \qquad n \geqslant 0$$

这是因为在先到先服务的规则下，如果在某个顾客等待期间有 n 个顾客（按泊松过程）到达系统，则在该顾客离开系统的时刻，系统大小等于 n。将上式的两边同乘以 z^n，并对 n 从 0 到 ∞ 求和，可得以下母函数：

$$
\begin{aligned}
P(z) &= \sum_{n=0}^\infty p_n z^n = \int_0^\infty \mathrm{e}^{-\lambda t} \sum_{n=0}^\infty \frac{(\lambda t z)^n}{n!} \mathrm{d}W(t) \\
&= \int_0^\infty \mathrm{e}^{-\lambda t(1-z)} \mathrm{d}W(t) = W^*(\lambda(1-z))
\end{aligned}
\tag{6.29}
$$

其中 $W^*(s)$ 是 $W(t)$ 的 LST。通过对等式 $P(z) = W^*(\lambda(1-z))$ 两边同时进行多次微分，可以得到系统大小和等待时间的各阶矩之间的关系，由链式法则可得

$$\frac{\mathrm{d}^k P(z)}{\mathrm{d}z^k} = (-1)^k \lambda^k \frac{\mathrm{d}^k W^*(u)}{\mathrm{d}u^k} \bigg|_{u=\lambda(1-z)}$$
$$= (-1)^k \lambda^k (-1)^k \mathrm{E}\left[T^k \mathrm{e}^{-Tu}\right]\big|_{u=\lambda(1-z)}$$

如果用 $L_{(k)}$ 表示系统大小的 k 阶阶乘矩，用 W_k 表示顾客在系统中等待时间的 k 阶普通矩，则

$$L_{(k)} = \frac{\mathrm{d}^k P(z)}{\mathrm{d}z^k} \bigg|_{z=1} = \lambda^k W_k \tag{6.30}$$

式（6.30）是利特尔法则的一个很好的扩展，可以由阶乘矩得到高阶的普通矩。更多讨论见第 1.4.3 节。

对于 $M/M/1$ 排队模型，很容易推导出用服务时间分布表示的等待时间分布的简单公式（见第 3.2.5 节和习题 3.3），即

$$W(t) = (1 - \rho) \sum_{n=0}^{\infty} \rho^n B^{(n+1)}(t) \tag{6.31}$$

其中 $B(t)$ 是指数分布服务时间的累积分布函数，$B^{(n+1)}(t)$ 是其 $n+1$ 重卷积。在推导式（6.31）时用到了指数分布服务时间的无记忆性，顾客到达时看到服务员处于忙碌状态的概率为 ρ。然而，$M/G/1$ 排队模型的服务时间不具有无记忆性，所以需要使用另一种方法来推导 $M/G/1$ 排队模型的结果。

首先推导服务时间的 LST $[B^*(s)]$ 与等待时间的 LST $[W^*(s)]$ 之间的关系。式（6.29）可得 $P(z) = W^*(\lambda(1-z))$，由式（6.16）可得

$$P(z) = \Pi(z) = \frac{(1-\rho)(1-z)K(z)}{K(z) - z}$$

由式（6.13）和式（6.9）可得

$$K(z) = \int_0^{\infty} \mathrm{e}^{-\lambda t} \sum_{n=0}^{\infty} \frac{(\lambda t z)^n}{n!} \mathrm{d}B(t)$$
$$= \int_0^{\infty} \mathrm{e}^{-\lambda t(1-z)} \mathrm{d}B(t) = B^*(\lambda(1-z)) \tag{6.32}$$

联立以上 3 个式子，可得

$$W^*(\lambda(1-z)) = \frac{(1-\rho)(1-z)B^*(\lambda(1-z))}{B^*(\lambda(1-z))-z}$$

也可以写为

$$W^*(s) = \frac{(1-\rho)sB^*(s)}{s-\lambda[1-B^*(s)]} \tag{6.33}$$

由于 $T = T_q + S$，所以由 LST 的卷积性质可得 $W^*(s) = W_q^*(s)B^*(s)$，因此，

$$W_q^*(s) = \frac{(1-\rho)s}{s-\lambda[1-B^*(s)]} \tag{6.34}$$

将上式等号右边展开为几何级数，由 $\dfrac{\lambda}{s}[1-B^*(s)] < 1$ 可得

$$W_q^*(s) = (1-\rho)\sum_{n=0}^{\infty}\left(\frac{\lambda}{s}[1-B^*(s)]\right)^n$$

$$= (1-\rho)\sum_{n=0}^{\infty}\left(\rho\frac{\mu}{s}[1-B^*(s)]\right)^n$$

可以看出，$\mu[1-B^*(s)]/s$ 是剩余服务时间的分布 $R(t) \equiv \mu\displaystyle\int_0^t[1-B(x)]\,\mathrm{d}x$ 的 LST。

直观地说，如果顾客到达时服务员处于忙碌状态，则 $R(t)$ 是正在接受服务的顾客的剩余服务时间的累积分布函数。可以使用更新理论来推导 $R(t)$ 的公式（Ross，2014），可得

$$W_q^*(s) = (1-\rho)\sum_{n=0}^{\infty}[\rho R^*(s)]^n$$

利用卷积的性质进行逐项翻转，可以得到与式（6.31）类似的结果，即

$$W_q(t) = (1-\rho)\sum_{n=0}^{\infty}\rho^n R^{(n)}(t) \tag{6.35}$$

该式表明，如果以剩余服务时间为基本单位对时间进行重新排序，那么在系统处于稳态时到达的任意顾客在接受服务前需要等待 n 个单位时间的概率为 $(1-\rho)\rho^n$，这一结果与 $M/M/1$ 排队模型的结果非常相似。

可以使用以上结果来对 PK 公式进行扩展，得到等待时间的高阶矩（用 $W_{\mathrm{q},k}$ 表示）之间的迭代关系式。首先，将基本变换方程（6.34）写为

$$W_{\mathrm{q}}^*(s)\left\{s - \lambda\left[1 - B^*(s)\right]\right\} = (1 - \rho)s$$

对以上方程进行 k 次求导（$k > 1$），并应用莱布尼兹法则，可得

$$\sum_{i=0}^{k}\binom{k}{i}\left(\frac{\mathrm{d}^{k-i}W_q^*(s)}{\mathrm{d}s^{k-i}}\right)\left(\frac{\mathrm{d}^i\left\{s - \lambda\left[1 - B^*(s)\right]\right\}}{\mathrm{d}s^i}\right) = \frac{\mathrm{d}^k[(1-\rho)s]}{\mathrm{d}s^k}$$

由于我们希望推导出高阶矩之间的迭代关系式，所以可以假设 $k > 1$，则以上方程的等号右边等于 0，可得

$$0 = \frac{\mathrm{d}^k W_{\mathrm{q}}^*(s)}{\mathrm{d}s^k}\left\{s - \lambda\left[1 - B^*(s)\right]\right\} + k\frac{\mathrm{d}^{k-1}W_{\mathrm{q}}^*(s)}{\mathrm{d}s^{k-1}}\left[1 + \lambda B^{*\prime}(s)\right]$$
$$+ \sum_{i=2}^{k}\binom{k}{i}\frac{\mathrm{d}^{k-i}W_{\mathrm{q}}^*(s)}{\mathrm{d}s^{k-i}}\lambda\frac{\mathrm{d}^i B^*(s)}{\mathrm{d}s^i}$$

令 $s = 0$，可得

$$0 = k(-1)^{k-1}W_{\mathrm{q},k-1}(1 - \rho) + \sum_{i=2}^{k}\binom{k}{i}(-1)^{k-i}W_{\mathrm{q},k-i}\mathrm{E}\left[S^i\right](-1)^i$$

整理可得

$$W_{\mathrm{q},k-1} = \frac{\lambda}{k(1-\rho)}\sum_{i=2}^{k}\binom{k}{i}W_{\mathrm{q},k-i}\mathrm{E}\left[S^i\right]$$

可以将上式写为我们更熟悉的形式，令 $K = k - 1$ 且 $j = i - 1$，可得

$$W_{\mathrm{q},K} = \frac{\lambda}{1-\rho}\sum_{j=1}^{K}\binom{K}{j}W_{\mathrm{q},K-j}\frac{\mathrm{E}\left[S^{j+1}\right]}{j+1}$$

■ 例 6.5

我们通过本例来对本节中得到的部分结果进行说明。再次考虑例 6.3，该公司发现，因一台机器故障造成的损失为每小时 5000 美元，由于可能有大量机器出现故障，所以还会造成额外损失，该额外损失为 10000 美元 × 故障停机时间的标准差。使用例 6.3 中给出的参数来计算此时的总成本（不考虑维修人员的雇用成本）。

可以求得 $L \doteq 2.96$（见习题 6.25）。还需要求出顾客在系统中的等待时间 T（即机器由故障造成的停机时间）的方差，由式（6.30）可得

$$\mathrm{E}[N(N-1)] \equiv L_{(2)} = \lambda^2 W_2$$

因此，

$$\mathrm{Var}[T] = W_2 - W^2 = \frac{L_{(2)}}{\lambda^2} - \frac{L^2}{\lambda^2}$$

为了求 $L_{(2)}$，需要先根据式（6.18）对 $P(z)$ 进行二次求导，然后在 $z=1$ 时计算 $P''(1) = 14.50$（见习题 6.14）。因此，$\mathrm{Var}[T] = (14.50 - 8.75)/25 = 0.23$，总成本 $C = 5000L + 10000\sqrt{0.23} \doteq 19596$（美元/h）。

6.1.6 忙期分析

与 $M/M/1$ 排队模型相比，较难确定 $M/G/1$ 排队模型的**忙期**（busy period）分布，尤其是考虑到 $M/G/1$ 排队模型的服务时间的累积分布函数是未知的。但是求忙期的累积分布函数的 LST 并不困难，根据 LST，可以很容易求得忙期的任意阶矩。

设随机变量 X 表示 $M/G/1$ 排队模型的忙期，$G(x)$ 表示忙期 X 的累积分布函数，$B(t)$ 表示服务时间的累积分布函数。在给定忙期内到达的第一个顾客的服务时间的条件下，推导 X 的累积分布函数。在第一个顾客接受服务期间，会有若干个顾客到达，在这些顾客各自接受服务期间，也会有其他顾客到达，可以认为，在第一个顾客接受服务期间到达的每个顾客均有其各自的忙期，因此，

$$G(x) = \int_0^x \Pr\{\text{在}\, t \leqslant x - t \text{期间到达的所有顾客的忙期}\ \mid$$

$$\text{第一个顾客的服务时间} = t\}\mathrm{d}B(t)$$

$$= \int_0^x \sum_{n=0}^\infty \frac{\mathrm{e}^{-\lambda t}(\lambda t)^n}{n!} G^{(n)}(x-t)\mathrm{d}B(t) \tag{6.36}$$

其中 $G^{(n)}(x)$ 是 $G(x)$ 的 n 重卷积。设 $G^*(s)$ 为 $G(x)$ 的 LST：

$$G^*(s) = \int_0^\infty \mathrm{e}^{-sx}\mathrm{d}G(x)$$

且设 $B^*(s)$ 为 $B(t)$ 的 LST。对式（6.36）两边同时进行 LST，可得

$$G^*(s) = \int_0^\infty \int_0^x \sum_{n=0}^\infty \mathrm{e}^{-sx} \frac{\mathrm{e}^{-\lambda t}(\lambda t)^n}{n!} G^{(n)}(x-t)\mathrm{d}B(t)\mathrm{d}x$$

改变积分的顺序可得

$$G^*(s) = \int_0^\infty \int_t^\infty \sum_{n=0}^\infty e^{-sx} \frac{e^{-\lambda t}(\lambda t)^n}{n!} G^{(n)}(x-t)\mathrm{d}x\mathrm{d}B(t)$$

$$= \int_0^\infty \sum_{n=0}^\infty \frac{e^{-\lambda t}(\lambda t)^n}{n!} \int_t^\infty e^{-sx} G^{(n)}(x-t)\mathrm{d}x\mathrm{d}B(t)$$

在内积分中做变量替换，令 $y = x - t$，可得

$$G^*(s) = \int_0^\infty \sum_{n=0}^\infty \frac{e^{-\lambda t}(\lambda t)^n}{n!} \left[e^{-st} \int_0^\infty e^{-sy} G^{(n)}(y)\mathrm{d}y \right] \mathrm{d}B(t)$$

根据卷积性质可得

$$G^*(s) = \int_0^\infty \sum_{n=0}^\infty \frac{e^{-\lambda t}(\lambda t)^n}{n!} e^{-st} \left[G^*(s) \right]^n \mathrm{d}B(t)$$

$$= \int_0^\infty e^{-\lambda t} e^{\lambda t G^*(s)} e^{-st} \mathrm{d}B(t)$$

$$= B^* \left(s + \lambda - \lambda G^*(s) \right) \tag{6.37}$$

因此，忙期的期望为

$$\mathrm{E}[X] = -\frac{\mathrm{d}G^*(s)}{\mathrm{d}s}\bigg|_{s=0} \equiv -G^{*\prime}(0)$$

其中

$$G^{*\prime}(s) = B^{*\prime}\left(s + \lambda - \lambda G^*(s)\right) \left[1 - \lambda G^{*\prime}(s)\right]$$

由此可得

$$\mathrm{E}[X] = -B^{*\prime}\left(\lambda - \lambda G^*(0)\right) \left[1 - \lambda G^{*\prime}(0)\right] = -B^{*\prime}(0)\{1 + \lambda \mathrm{E}[X]\}$$

可以写为

$$\mathrm{E}[X] = -\frac{B^{*\prime}(0)}{1 + \lambda B^{*\prime}(0)}$$

由于 $B^{*\prime}(0) = -1/\mu$，可得

$$\mathrm{E}[X] = \frac{1/\mu}{1 - \lambda/\mu} = \frac{1}{\mu - \lambda}$$

出人意料的是，这一结果与 $M/M/1$ 排队模型的结果完全相同。在第 3.12 节推导忙期期望的过程中，并没有用到服务时间服从指数分布的假设，所以也可以将第 3.12 节的推导过程应用于 $M/G/1$ 排队模型。

6.1.7 系统容量有限的排队模型（$M/G/1/K$）

对系统容量有限的 $M/G/1/K$ 排队模型的分析与对系统容量无限的 $M/G/1/\infty$ 排队模型的分析非常相似，本节将对两者的结果进行比较。

对于 $M/G/1/K$ 排队模型，在一个服务周期内到达的平均顾客数与系统大小相关，所以不能将 PK 公式应用于该模型。由于只有有限数量的稳态概率，所以最好的方法是根据稳态概率来推导 $M/G/1/K$ 排队模型的相关结果。

$M/G/1/K$ 排队模型的单步转移矩阵在 $K-1$ 处截断：

$$
\boldsymbol{P} = \{p_{ij}\} = \begin{pmatrix}
k_0 & k_1 & k_2 & \cdots & 1-\sum\limits_{n=0}^{K-2} k_n \\[2ex]
k_0 & k_1 & k_2 & \cdots & 1-\sum\limits_{n=0}^{K-2} k_n \\[2ex]
0 & k_0 & k_1 & \cdots & 1-\sum\limits_{n=0}^{K-3} k_n \\[2ex]
0 & 0 & k_0 & \cdots & 1-\sum\limits_{n=0}^{K-4} k_n \\[1ex]
\vdots & \vdots & \vdots & & \vdots \\[1ex]
0 & 0 & 0 & \cdots & 1-k_0
\end{pmatrix}
$$

可得平稳方程为

$$
\pi_i = \begin{cases}
\pi_0 k_i + \sum\limits_{j=1}^{i+1} \pi_j k_{i-j+1}, & i = 0,1,2,\cdots,K-2 \\[3ex]
1 - \sum\limits_{j=0}^{K-2} \pi_j, & i = K-1
\end{cases}
$$

通过求解以上含有 K 个未知数和 K 个方程的（相容）方程组，可以得到所有概率。由 $L = \sum\limits_{i=0}^{K-1} i\pi_i$ 可以求出离开时刻的平均系统大小。由于是在一个顾客离开后观察系统，所以该马尔可夫链的最大状态不是 K。此外，本节假设 $K>1$，这是因为当 $K=1$ 时，所得到的 $M/G/1/1$ 排队模型是特殊的 $M/G/c/c$ 排队模型，第 6.2.2 节将讨论这一模型。

以上平稳方程的第一部分与 $M/G/1/\infty$ 排队模型的平稳方程相同，所以 $M/G/1/K$ 排队模型的稳态概率 $\{\pi_i\}$ 与 $M/G/1/\infty$ 排队模型的稳态概率 $\{\pi_i^*\}$ 至少在 $i \leqslant K-1$ 的情况下成正比，即 $\pi_i = C\pi_i^*$，$i = 0, 1, \cdots, K-1$。由概率之和等于 1 这一条件可以求得 $C = 1 / \sum\limits_{i=0}^{K-1} \pi_i^*$。

此外，可以注意到，顾客到达时看到的系统大小的概率分布与 $\{\pi_i\}$ 不同，这是因为当考虑到达时刻概率时，需要将状态空间扩大至包括 K。设 q_n' 表示顾客到达时看到系统中有 n 个顾客的概率（此处，到达的顾客包括加入队列和未加入队列的顾客；而在讨论 q_n 时，仅考虑加入队列的顾客。q_n' 的分布本身通常作为一个独立的研究课题）。第 6.1.3 节证明了 $M/G/1$ 排队模型中 $\pi_n = p_n$，由式（6.27）可知，只要顾客是逐一到达系统并且逐一接受服务的，那么到达时刻的概率分布 $\{q_n\}$ 与离开时刻的概率分布 $\{\pi_n\}$ 相同。对于 q_n' 也可以得到类似的结论，不同之处在于状态空间不同，这种差异很容易通过下面的方法得到处理。首先注意到式（6.27）实际上可以表示为

$$\pi_n = \Pr\{\text{顾客到达时看到系统中有 } n \text{ 个顾客} \mid \text{顾客到达后加入队列}\}$$

$$= q_n = \frac{q_n'}{1 - q_K'}, \qquad 0 \leqslant n \leqslant K-1$$

因此，

$$q_n' = (1 - q_K')\pi_n, \qquad 0 \leqslant n \leqslant K-1$$

使用类似于第 3.5 节中简单马尔可夫模型的方法来求 q_K'，令有效到达速率等于有效离开速率：

$$\lambda(1 - q_K') = \mu(1 - p_0)$$

因此，

$$q_n' = \frac{(1 - p_0)\pi_n}{\rho}, \qquad 0 \leqslant n \leqslant K-1$$

$$q_K' = \frac{\rho - 1 + p_0}{\rho}$$

由于初始到达过程为泊松过程，所以对于所有 n，都有 $q_n' = p_n$，因此，

$$q_0' = p_0 = \frac{(1 - p_0)\pi_0}{\rho} \quad \Rightarrow \quad p_0 = \frac{\pi_0}{\pi_0 + \rho}$$

最终可得

$$q'_n = \frac{\pi_n}{\pi_0 + \rho}$$

6.1.8 一些补充结果

本节将补充介绍一些 $M/G/1$ 排队模型的结果，涉及优先级、不耐烦的顾客、模型输出、瞬态、有限源、批量到达和批量服务。

我们已经求得了具有一般服务时间分布、非抢占模式以及多个优先级的 $M/G/1$ 排队模型的结果，见第 4.4.2 节。具体来说，我们求得了不同优先级的顾客的平均排队时间，见式（4.45）。

接下来讨论有不耐烦的顾客的情况。考虑有顾客止步的 $M/G/1$ 排队模型，设顾客到达后决定进入系统的概率为 b，则实际的输入过程为（滤过的）泊松过程，期望为 $b\lambda t$，需要将式（6.9）改写为

$$k_n = \int_0^\infty \frac{\mathrm{e}^{-b\lambda t}(b\lambda t)^n}{n!}\mathrm{d}B(t)$$

服务员处于空闲状态的概率 p_0 等于 $1 - b\lambda/\mu$。余下的分析与一般 $M/G/1$ 排队模型的分析类似。关于有不耐烦的顾客的 $M/G/1$ 排队模型的更多讨论，读者可以查阅参考文献（Rao，1968），其中讨论了止步和中途退出的情况。

关于模型输出，在第 5 章中证明了稳态的 $M/M/1$ 排队模型具有泊松输出，那么是否其他 $M/G/1/\infty$ 排队模型也具有该性质？答案是否定的（除了一种极端情况，即所有顾客的服务时间均为 0），通过简单的观察可以看出这些模型不可逆，因为它们的输出过程在概率上不能匹配其输入过程。

那么稳态时任意 $M/G/1$ 排队模型的离开时间间隔的分布是什么？为了推导该分布，设 $C(t)$ 为离开时间间隔的累积分布函数，$B(t)$ 为服务时间的累积分布函数，可得

$$
\begin{aligned}
C(t) &\equiv \mathrm{Pr}\left\{离开时间间隔 \leqslant t\right\} \\
&= \mathrm{Pr}\left\{在离开时间间隔内系统没有空闲时间\right\} \cdot \mathrm{Pr}\{离开时间间隔 \leqslant t| \\
&\quad 系统没有空闲时间\} + \mathrm{Pr}\left\{在离开时间间隔内系统有空闲时间\right\} \cdot \\
&\quad \mathrm{Pr}\{离开时间间隔 \leqslant t|系统有空闲时间\} \\
&= \rho B(t) + (1-\rho)\int_0^t B(t-u)\lambda\mathrm{e}^{-\lambda u}\mathrm{d}u
\end{aligned}
$$

　　之所以可以推导出该公式，是因为如果在离开时间间隔内系统有空闲时间，那么离开时间间隔等于空闲时间与服务时间之和。习题 6.17（b）要求读者根据该公式证明：如果 $C(t)$ 是指数分布的累积分布函数，那么 $B(t)$ 也是指数分布的累积分布函数。

　　$M/M/1$ 排队模型是唯一输出分布为指数分布的 $M/G/1$ 排队模型，这一结论对于串联模型的求解非常不利。我们已经证明了，只有在 $M/M/1$ 排队模型中，第一阶段的输出分布为指数分布。可以使用离开时间间隔的累积分布函数 $C(t)$ 的计算公式，来对小规模的 $M/G/1$ 串联排队模型进行数值计算。

　　$M/G/1/1$ 排队模型（$K=1$）的离开时间间隔是独立同分布的随机变量，这是因为相邻两个顾客的离开时间间隔与忙循环相等，忙循环等于空闲时间与紧邻的服务时间之和。

　　为了推导 $M/G/1$ 排队模型的瞬态结果，我们利用马尔可夫链的理论和 C-K 方程

$$p_j^{(m)} = \sum_k p_k^{(0)} p_{kj}^{(m)}$$

其中 $p_j^{(m)}$ 是第 m 个顾客离开后系统处于状态 j 的概率。由于 $M/G/1$ 排队模型的等待空间大小没有限制，所以其转移矩阵为 $\infty \times \infty$ 的矩阵，需要谨慎地进行必要的矩阵乘法运算。然而，可以适当截断该转移矩阵，选取到达顾客数非常少的点作为截断点（Neuts，1973）。

　　本节最后简要介绍另外两类模型，即有限源模型和批量模型。有限源 $M/G/1$ 排队模型本质上是维修时间服从任意分布的机器维修问题，这类问题已经在相关文献中通过使用嵌入马尔可夫链的方法得到了解决，感兴趣的读者可以参阅参考文献（Takács，1962），该文献详细讨论了此类问题。对于批量到达 $M/G/1$ 排队模型（用 $M^{[X]}/G/1$ 表示）和批量服务 $M/G/1$ 排队模型（用 $M/G^{[Y]}/1$ 表示），也可以使用马尔可夫链来分析。我们将在下一节讨论批量到达模型；批量服务模型较为复杂，本书不对其进行讨论，感兴趣的读者可以参阅参考文献（Prabhu，1965a）。

6.1.9　批量到达排队模型（$M^{[X]}/G/1$）

　　批量到达排队模型 $M^{[X]}/G/1$ 具有以下 3 个特征。

　　第一，顾客按照参数为 λ 的泊松过程批量到达系统，随机变量 C 表示批次

大小，C 服从以下分布：

$$\Pr\{C = n\} = c_n, \qquad n > 1$$

C 的母函数（假设存在母函数）为

$$C(z) = \mathrm{E}\left[z^C\right] = \sum_{n=1}^{\infty} c_n z^n, \qquad |z| \leqslant 1$$

在长度为 t 的时间区间内，共有 n 个顾客到达的概率为

$$p_n(t) = \sum_{k=0}^{n} \mathrm{e}^{-\lambda t} \frac{(\lambda t)^k}{k!} c_n^{(k)}, \qquad n \geqslant 0$$

其中 $c_n^{(k)}$ 为 c_n 的 k 重卷积（即到达的顾客数 n 为复合泊松随机变量）：

$$c_n^{(0)} \equiv \begin{cases} 1, & n = 0 \\ 0, & n > 0 \end{cases}$$

第二，系统中仅有一个服务员，顾客按照先到先服务规则逐一接受服务。

第三，顾客的服务时间为独立同分布的随机变量，其累积分布函数为 $B(t)$，LST 为 $B^*(s)$。

在这里对 $M/G/1$ 排队模型稍做修改，这样有助于后面的分析：嵌入马尔可夫链在顾客离开或闲期结束的时刻产生（因此称为再生点），将这一嵌入马尔可夫链表示为 $\{X_n | X_n = $ 第 n 个再生点后系统中的顾客数，$n = 1, 2, \cdots\}$，转移矩阵为

$$\begin{pmatrix} 0 & c_1 & c_2 & \cdots \\ k_0 & k_1 & k_2 & \cdots \\ 0 & k_0 & k_1 & \cdots \\ 0 & 0 & k_0 & \cdots \\ \vdots & \vdots & \vdots & \end{pmatrix}$$

其中

$$k_n = \Pr\{一个完整服务周期内有 n 个顾客到达\}$$
$$= \int_0^{\infty} p_n(t)\mathrm{d}B(t) = \int_0^{\infty} \sum_{k=0}^{n} \mathrm{e}^{-\lambda t} \frac{(\lambda t)^k}{k!} c_n^{(k)} \mathrm{d}B(t) = p_{i,n+i-1}, \qquad i > 0$$

应用第 2.3.2 节中的定理 2.14,可以证明该链是遍历的,证明过程与第 6.1.4 节中 $M/G/1$ 排队模型的证明过程类似,当满足以下条件时,该链具有相同的极限分布和平稳分布:

$$\rho \equiv \sum_{n=1}^{\infty} n k_n = \mathrm{E}[\text{一个顾客接受服务期间到达的顾客数}] = \frac{\lambda \mathrm{E}[C]}{\mu} < 1$$

如果该链存在稳态分布 $\{\pi_i\}$,则 $\{\pi_i\}$ 是以下方程组的解(对于所有 $j \geqslant 0$):

$$\sum_{i=0}^{\infty} p_{ij} \pi_i = \pi_j \quad \text{且} \quad \sum_{i=0}^{\infty} \pi_i = 1$$

需要注意的是,本节中的 $\{\pi_i\}$ 与 $M/G/1$ 排队模型中的 $\{\pi_i\}$ 略有不同:本节中仅在离开时刻观察 $M/G/1$ 排队系统,而 $M/G/1$ 排队模型的 $\{\pi_i\}$ 为离开时刻的稳态分布。由转移矩阵可得(推导过程与第 6.1.2 节类似)

$$\pi_j = c_j \pi_0 + \sum_{i=1}^{j+1} k_{j-i+1} \pi_i, \qquad c_0 \equiv 0$$

将该平稳方程两边同乘以 z^j,然后对 j 从 0 到 ∞ 求和,可得

$$\sum_{j=0}^{\infty} \pi_j z^j = \sum_{j=0}^{\infty} c_j \pi_0 z^j + \sum_{j=0}^{\infty} \sum_{i=1}^{j+1} k_{j-i+1} \pi_i z^j$$

如果定义以下母函数:

$$\Pi(z) = \sum_{j=0}^{\infty} \pi_j z^j \quad \text{和} \quad K(z) = \sum_{j=0}^{\infty} k_j z^j$$

则通过改变求和顺序,可得

$$\Pi(z) = \pi_0 C(z) + \frac{K(z)}{z} \sum_{i=1}^{\infty} \pi_i z^i = \pi_0 C(z) + \frac{K(z)}{z} [\Pi(z) - \pi_0]$$

可以写为

$$\Pi(z) = \frac{\pi_0 [K(z) - z C(z)]}{K(z) - z}$$

此外,对于 $|z| \leqslant 1$,可以证明

$$K(z) = \sum_{j=0}^{\infty} \int_0^{\infty} \sum_{k=0}^{j} e^{-\lambda t} \frac{(\lambda t)^k}{k!} c_j^{(k)} dB(t) z^j$$

$$= \int_0^{\infty} e^{-\lambda t} \sum_{k=0}^{j} \frac{(\lambda t)^k}{k!} [C(z)]^k dB(t)$$

$$= \int_0^{\infty} e^{-\lambda t + \lambda t C(z)} dB(t) = B^*(\lambda - \lambda C(z))$$

使用类似于 $M/G/1$ 排队模型相关结果的推导方法，可以很容易地推导出以上结果。然而，存在一个以前未曾遇到过的新问题，即以上嵌入马尔可夫链的结果不能直接应用于一般时间随机过程 $\{X(t) = $ 时刻 t 系统中的顾客数 $\mid t \geqslant 0\}$。为了推导出一般时间稳态概率 $\{p_n\}$ 与 $\{\pi_n\}$ 之间的关系，需要使用半马尔可夫过程的一些结论，这些结论在第 7.4 节中给出，想更深入了解这一内容的读者请查阅参考文献（Heyman et al.，1982）。

6.1.10　离开时刻状态相依、分解及服务员休假

第 3.9 节讨论了具有状态相依服务模式的排队模型，其中平均服务速率是关于系统中顾客数的函数，每当系统中的顾客数发生变化（有顾客到达或离开）时，平均服务速率会相应地发生变化。但在许多实际场景中，每当有顾客到达服务员就改变服务速率的情况不太可能发生；服务员通常仅在服务开始（或服务结束）时，才会改变服务速率。例如，在许多情况下，机器能以不同的速率运行，操作员通常会在服务开始之前设定好机器的速率，在提供服务期间，机器的服务速率不会发生变化；如果操作员需要在提供服务期间改变机器的速率，则需要停止服务，并在改变机器的速率后重新开始或重置服务，而在服务完成之前停止机器的运行可能会损坏机器。对于这类情况，我们称之为离开时刻状态相依服务模式，平均服务速率只能在服务开始之前或在顾客离开的时刻进行调整。

假设离开时刻状态相依服务模式如下：当一个接受完服务的顾客离开后，系统中剩余 i 个顾客，在其之后接受服务的顾客的服务时间累积分布函数为 $B_i(t)$，且

$k_{ni} = \Pr\{$在一个顾客接受服务期间有 n 个顾客到达 $\mid$ 上一个顾客离开后

系统中剩余 i 个顾客$\}$

$$= \int_0^{\infty} e^{-\lambda t} \frac{(\lambda t)^n}{n!} dB_i(t) \tag{6.38}$$

转移矩阵为

$$\boldsymbol{P} = \{p_{ij}\} = \begin{pmatrix} k_{00} & k_{10} & k_{20} & k_{30} & \cdots \\ k_{01} & k_{11} & k_{21} & k_{31} & \cdots \\ 0 & k_{02} & k_{12} & k_{22} & \cdots \\ 0 & 0 & k_{03} & k_{13} & \cdots \\ \vdots & \vdots & \vdots & \vdots & \end{pmatrix} \tag{6.39}$$

存在稳态解的充分条件为（Crabill，1968）

$$\limsup \{\rho_j \equiv \lambda \mathrm{E}\,[S_j]\} < 1 \tag{6.40}$$

即除有限个值外，所有 ρ_j 的值均小于 1。因此，如果满足该条件，则可以通过求解平稳方程 $\boldsymbol{\pi P} = \boldsymbol{\pi}$ 来得到离开时刻的稳态概率分布。我们在第 6.1.3 节证明了，对于具有非状态相依服务模式的排队模型，离开时刻的概率等于一般时间概率。第 6.1.3 节的证明过程并不会因服务模式是状态相依的而改变，所以对于具有状态相依服务模式的排队模型，离开时刻概率也等于一般时间概率。

由平稳方程（6.11）可得

$$p_j = \pi_j = \pi_0 k_{j,0} + \pi_1 k_{j,1} + \pi_2 k_{j-1,2} + \pi_3 k_{j-2,3} + \cdots + \pi_{j+1} k_{0,j+1}, \quad j \geqslant 0 \tag{6.41}$$

再次定义以下母函数：

$$\Pi(z) = \sum_{j=0}^{\infty} \pi_j z^j \quad \text{和} \quad K_i(z) = \sum_{j=0}^{\infty} k_{ji} z^j$$

将式（6.41）两边同乘以 z^j，然后对 j 从 0 到 ∞ 求和，可得

$$\Pi(z) = \pi_0 K_0(z) + \pi_1 K_1(z) + \pi_2 z K_2(z) + \cdots + \pi_{j+1} z^j K_{j+1}(z) + \cdots \tag{6.42}$$

我们只能推导到这一步，无法得到用 $K_i(z)$ 表示的 $\prod(z)$ 的解析表达式。接下来给出 $B_i(t)$ 的一个具体例子，来说明求解过程；习题 6.16 中给出了另一个例子。

考虑这样一种情况：在忙期刚开始时对第一个到达的顾客的服务速率为 μ_0，对其他顾客的服务速率为 μ，μ_0 与 μ 不相等，此时有

$$B_n(t) = \begin{cases} 1 & \mathrm{e}^{-\mu_0 t}, & n = 0 \\ 1 - \mathrm{e}^{-\mu t}, & n > 0 \end{cases}$$

由式（6.38）可得

$$k_{n0} = \int_0^\infty \frac{\mathrm{e}^{-\lambda t}(\lambda t)^n}{n!} \mu_0 \mathrm{e}^{-\mu_0 t} \mathrm{d}t = \frac{\mu_0 \lambda^n}{(\lambda + \mu_0)^{n+1}}$$

$$k_n = \int_0^\infty \frac{\mathrm{e}^{-\lambda t}(\lambda t)^n}{n!} \mu \mathrm{e}^{-\mu t} \mathrm{d}t = \frac{\mu \lambda^n}{(\lambda + \mu)^{n+1}}$$

(6.43)

当 $i > 0$ 时，$K(z) \equiv K_i(z)$，由式（6.42）可得

$$\Pi(z) = \pi_0 K_0(z) + \frac{K(z)}{z}[\Pi(z) - \pi_0]$$

因此，

$$\Pi(z) = \frac{\pi_0[zK_0(z) - K(z)]}{z - K(z)}$$

(6.44)

为了求 π_0，取 $z \to 1$ 时 $\prod(z)$ 的极限并应用洛必达法则，由于 $K(1) = K_0(1) = 1$，$K_0'(1) = \rho_0 = \lambda/\mu_0$ 且 $K'(1) = \rho = \lambda/\mu$，所以可得

$$1 = \frac{\pi_0(1 + \rho_0 - \rho)}{1 - \rho} \quad \Rightarrow \quad \pi_0 = \frac{1 - \rho}{1 + \rho_0 - \rho}$$

对平稳方程（6.41）进行迭代，可以求得剩余的概率。经过重复计算和归纳验证，可得

$$\pi_n = \left(\frac{\rho_0^n}{(\rho_0 + 1)^n} + \sum_{k=0}^{n-1} \frac{\rho_0^{n-k}\rho^{k+1}}{(\rho_0 + 1)^{n-k}} \right) \pi_0$$

对于该模型，如果概率母函数 $K_0(z)$ 可以表示为乘积 $K(z)D(z)$，且 $D(z)$ 是取值为非负整数的随机变量的概率母函数（Harris et al.，1988），则可以得到一个有趣的结论。由式（6.44）可得

$$\Pi(z) = \frac{\pi_0 K(z)[1 - zD(z)]}{K(z) - z}$$

此时，可以对 $\prod(z)$ 进行分解，将 $\prod(z)$ 写为两个母函数的乘积：

$$\Pi(z) = \frac{\pi_0(1 - z)K(z)}{K(z) - z} \cdot \frac{1 - zD(z)}{1 - z}$$

(6.45)

可以看到，等号右边的第一个因式是 $M/G/1$ 排队模型的稳态系统大小的概率母函数，见式（6.14），尽管 $M/G/1$ 排队模型中 π_0 的值与状态相依模型中 π_0 的值不同。事实上，使用代数方法可以证明，等号右边的第二个因式

也是概率母函数。因此，由式（6.45）中 $\prod(z)$ 的乘积形式的分解可知，系统中的顾客数等于两个取值为非负整数的随机变量之和，第一个随机变量为一般 $M/G/1$ 排队系统中的顾客数，第二个随机变量的母函数与 $[1-zD(z)]/(1-z)$ 成正比。

可以将该结论与存在休假的排队模型相联系。在该模型中，每个忙期结束后，服务员会休假；如果服务员结束假期返回时发现系统仍然为空，则会再次休假，以此类推。k_{i0} 表示在服务时间以及最后一个假期内 $i+1$ 个顾客到达的概率，其概率母函数为

$$K_0(z) = K(z)\frac{K_V(z)}{z} \tag{6.46}$$

其中，$K_V(z)$ 是任意假期时间内到达的顾客数的母函数。此时，式（6.45）中的 $D(z)$ 即为式（6.46）中的 $K_V(z)/z$，且式（6.45）中等号右边的第二个因式即为 $[1 - K_V(z)]/(1-z)$。剩余假期时间的 LST 与第 6.1.5 节中剩余服务时间的 LST 相似，随后利用这一点来证明 $[1 - K_V(z)]/(1-z)$ 与剩余假期时间内到达的顾客数的母函数成正比。综上，带休假的排队系统中的顾客数等于一般 $M/G/1$ 排队系统中的顾客数加上随机剩余假期时间内到达的顾客数。

接下来证明，$[1 - K_V(z)]/(1-z)$ 与剩余假期时间内到达的顾客数的母函数成正比。$K_V(z)$ 是式（6.13）中定义的母函数，但使用假期时间的累积分布函数 $V(t)$ 来推导 k_n，而不使用服务时间的累积分布函数 $B(t)$。与第 6.1.5 节中剩余服务时间的累积分布函数相似，剩余假期时间的累积分布函数为

$$R_V(t) = \frac{1}{\bar{v}}\int_0^t [1 - V(x)]\mathrm{d}x$$

其中 $\bar{v}$ 是平均假期时间。由第 6.1.5 节中一般 $M/G/1$ 排队模型的结果［包括式（6.32）以及式（6.35）的推导过程］可得

$$K_V(z) = V^*[\lambda(1-z)] \quad 和 \quad R_V^*(s) = \frac{1 - V^*(s)}{\bar{v}s}$$

因此，剩余假期时间内到达的顾客数的概率母函数可以写为

$$K_{R-V}(z) = \frac{1 - V^*(\lambda(1-z))}{\bar{v}\lambda(1-z)} = \frac{1 - K_V(z)}{\bar{v}\lambda(1-z)}$$

■ **例 6.6**

某公司的生产流程包括在铸件上钻孔。该公司仅有一台钻床，铸件到达钻床的时间间隔近似服从指数分布，平均到达时间间隔为 4 min，钻孔时间服从指数分布，平均钻孔时间为 3 min。每当系统中没有铸件等待时，钻床会冷却 2 min。公司经理想知道，钻床冷却会使平均系统大小增加多少。

我们证明了对于带休假的系统，系统大小的母函数是两个不同的母函数的乘积，见式（6.45），即系统大小是两个相互独立的随机变量之和，第一个随机变量为一般 $M/G/1$ 排队系统（在本例中 $G=M$）中的顾客数，第二个随机变量为剩余假期时间内到达的顾客数。因此，平均系统大小等于 $M/M/1$ 排队系统中的平均顾客数 $\rho/(1-\rho)=3$ 加上剩余假期时间内到达的平均顾客数。由于假期时间为固定值 2 min，所以在随机时间点观察到的平均剩余假期时间为 $2/2=1$（min）。因此，答案为 $\lambda \times 1 = 0.25$ 个顾客。考虑到无休假的系统平均大小为 3，经理可能会认为因钻床冷却而造成的增加量 0.25 在可接受范围内。

6.1.11 水平穿越法

本节简要介绍**水平穿越法**（level-crossing methods），我们使用该方法来推导稳态时 $M/G/1$ 排队模型的排队时间的概率密度函数。水平穿越法是分析状态相依模型的有效方法（Brill，2008）。

为了介绍该方法，考虑处于稳态的 $M/G/1$ 排队系统，顾客按泊松过程到达，平均到达速率为 λ，服务时间 S 服从一般分布，流量强度 $\rho = \lambda E[S] < 1$。

设 $W_q(t)$ 表示时刻 $t \geqslant 0$ 时的虚拟排队时间，虚拟排队时间是指在时刻 t 到达的虚拟顾客将经历的排队时间。图 6.1 展示了 $W_q(t)$ 的一个样本路径。在实际顾客到达的时刻，虚拟排队时间 $W_q(t)$ 有正的跳跃，该跳跃值等于实际到达的顾客的服务时间；这是因为如果虚拟顾客在一个实际顾客之后到达，则该虚拟顾客的排队时间等于该实际顾客的排队时间与服务时间之和。在没有实际顾客到达的时段内，虚拟排队时间随时间的增加而不断减少，这是因为正在接受服务的顾客的剩余服务时间在不断减少。

设 $W_{q,n}$ 表示第 n 个实际到达的顾客的排队时间。对于 $M/G/1$ 排队模型，由于顾客的到达过程为泊松过程，所以虚拟排队时间和实际排队时间的稳态分布相同（Takács，1962），即

$$\lim_{t\to\infty} \Pr\{W_q(t) \leqslant x\} = \lim_{n\to\infty} \Pr\{W_{q,n} \leqslant x\}$$

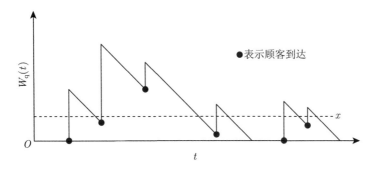

图 6.1　虚拟排队时间的一个样本路径

设 x 表示虚拟排队时间的水平基准。当样本路径在某个时刻向下穿过或向上穿过水平基准 x 时，称样本路径进行了一次**穿越**（crossing）。对于 $M/G/1$ 排队模型，当虚拟排队时间减少至水平基准 x 以下时，我们称发生了向下的穿越；当有实际顾客到达时，由于虚拟排队时间有正的跳跃，所以会发生向上的穿越。当 $x = 0$ 时，情况略有不同；由于样本路径不可能下落至 0 以下，所以当系统进入状态 0 并在状态 0 处停留时，我们称发生了向下的穿越；当有顾客到达时，系统离开状态 0，我们称发生了向上的穿越。

水平穿越法的基本思路为：向上和向下穿越的长期速率一定相等。这是因为每发生一次向上的穿越，都会接着发生一次向下的穿越（假设系统处于稳态）。因此，当使用水平穿越法时，需要确定向上和向下穿越任意水平基准 $x \geqslant 0$ 的速率，并令这两个速率相等，在这一过程中，画出典型的样本路径通常有助于我们进行分析。

对于 $M/G/1$ 排队模型，当 $W_{\mathrm{q}}(t)$ 略大于水平基准 x 时，会发生向下的穿越。$W_{\mathrm{q}}(t) \in [x, x + \Delta x]$ 的时间占比近似为 $w_{\mathrm{q}}(x)\Delta x$，其中 $w_{\mathrm{q}}(x)$ 是排队时间的稳态概率密度函数（当概率密度函数存在时）。也就是说，对于 $x > 0$，有

$$w_{\mathrm{q}}(x) \equiv \frac{\mathrm{d}}{\mathrm{d}x}\left(\lim_{t \to \infty} \Pr\{W_{\mathrm{q}}(t) \leqslant x\}\right) = \frac{\mathrm{d}}{\mathrm{d}x}\left(\lim_{n \to \infty} \Pr\{W_{\mathrm{q},n} \leqslant x\}\right)$$

因此，向下穿越的速率为 $w_{\mathrm{q}}(x)$。向上穿越水平基准 x 的速率由跳跃值的概率分布决定。向上穿越水平基准 x 的速率为

$$\lambda(1 - \rho)B^c(x) + \lambda \int_0^x B^{\mathrm{c}}(x - y)w_{\mathrm{q}}(y)\mathrm{d}y$$

上式的第一项表示从 0 开始向上穿越水平基准 x 的速率。样本路径处于状态 0 的时间占比为 $1-\rho$。顾客的到达速率为 λ，当有顾客到达时，样本路径中会发生正的跳跃。当样本路径处于状态 0 且到达的顾客的服务时间大于 x 时，样本路径会向上穿越水平基准 x，$B^c(x)$ 表示从 0 开始向上穿越水平基准 x 的概率。将这些项相乘，可得从 0 开始向上穿越水平基准 x 的速率为 $\lambda(1-\rho)B^c(x)$。

第二项表示从 $y \in (0, x)$ 开始向上穿越水平基准 x 的速率。当初始值为 y 且到达的顾客（到达速率为 λ）的服务时间大于 $x-y$ 时，样本路径会向上穿越水平基准 x，$B^c(x-y)$ 表示从 y 开始向上穿越水平基准 x 的概率。由于此时虚拟排队时间的概率密度函数为 $w_{\mathrm{q}}(y)$，所以最终结果是这两项的乘积在 $y \in (0, x)$ 上的积分。

令向上穿越速率等于向下穿越速率，可得

$$w_{\mathrm{q}}(x) = \lambda(1-\rho)B^c(x) + \lambda \int_0^x B^c(x-y)w_{\mathrm{q}}(y)\mathrm{d}y, \qquad x > 0 \tag{6.47}$$

对于几乎所有的 $B(t)$，都可以使用数值方法来求解该积分方程。具体来说，式（6.47）的等号右边取决于 $w_{\mathrm{q}}(y), y \in (0, x)$。求解该积分方程的基本方法是连续取 $w_{\mathrm{q}}(y), y \in (0, x)$ 的样本值，然后在下一次迭代中用这些值来近似计算 $w_{\mathrm{q}}(x + \Delta x)$ 的积分。严格来说，当 $x = 0$ 时，$w_{\mathrm{q}}(x)$ 不存在，但可以令 $w_{\mathrm{q}}(0) = \lambda(1-\rho)$ 作为初始值，即式（6.47）中的 $\lim\limits_{x \to 0} w_{\mathrm{q}}(x)$ ［假设 $B^c(0) = 1$］。

我们已经（从理论上）推导出了 $M/G/1$ 排队模型的稳态排队时间分布，但该分布是用 LST 来表示的，见式（6.34）。换言之，我们推导出了排队时间分布的 LST，但没有推导出实际的分布。可以使用第 9.2 节中介绍的数值方法来进行拉普拉斯逆变换，从而得到排队时间的实际分布。

综上，式（6.47）和式（6.34）均给出了排队时间分布的隐式解。为了求排队时间的实际分布，可以使用数值方法来求解式（6.47），或使用数值方法来对式（6.34）进行拉普拉斯逆变换。可以使用式（6.47）来推导式（6.34）（见习题6.29）。以下的例子使用水平穿越法来分析两个尚未讨论过的模型。

■ **例 6.7**

本例讨论服务时间的分布依赖于排队时间的 $M/G/1$ 排队模型。假设服务时间的分布随排队时间的变化而变化。前面讨论过服务时间的分布依赖于系统中的顾客数的排队模型（第 3.9 节和第 6.1.10 节），本例讨论的模型与这类模型稍有不同。在本例中，当顾客的排队时间增加时，服务员会提高服务速率。设

T_q 为系统处于稳态时顾客的随机排队时间，S 为该顾客的随机服务时间，S 的累积分布函数为

$$B_y(x) \equiv \Pr\{S \leqslant x \mid T_q = y\}$$

该模型的水平穿越方程与式（6.47）相似，但需要用依赖于排队时间的服务时间分布替换一般服务时间分布：

$$w_q(x) = \lambda p_0 B_0^c(x) + \lambda \int_0^x B_y^c(x-y) w_q(y) \mathrm{d}y, \qquad x > 0$$

其中 p_0 是系统为空的时间占比。

该模型可以应用于以下场景：在忙期内到达的第一个顾客的服务模式与其他顾客的服务模式不同。例如，在闲期结束之后，服务员开始服务前可能需要启动时间。设 S_0 为到达空系统的顾客的服务时间，$B_0(t)$ 为 S_0 的累积分布函数，S_1 为到达非空系统的顾客的服务时间，$B_1(t)$ 为 S_1 的累积分布函数。此时，该场景的水平穿越方程可以写为

$$w_q(x) = \lambda p_0 B_0^c(x) + \lambda \int_0^x B_1^c(x-y) w_q(y) \mathrm{d}y, \qquad x > 0$$

可以通过对 x 进行积分来推导 p_0：

$$\int_0^\infty w_q(x) \mathrm{d}x = \int_0^\infty \lambda p_0 B_0^c(x) \mathrm{d}x + \int_0^\infty \int_0^x \lambda B_1^c(x-y) w_q(y) \mathrm{d}y \mathrm{d}x$$

因为 $\int_0^\infty w_q(x)\mathrm{d}x = 1 - p_0$，所以，

$$
\begin{aligned}
1 - p_0 &= \lambda p_0 \mathrm{E}[S_0] + \int_0^\infty \int_y^\infty \lambda B_1^c(x-y) w_q(y) \mathrm{d}x \mathrm{d}y \\
&= \lambda p_0 \mathrm{E}[S_0] + \int_0^\infty \lambda w_q(y) \mathrm{E}[S_1] \mathrm{d}y \\
&= \lambda p_0 \mathrm{E}[S_0] + \lambda(1-p_0)\mathrm{E}[S_1]
\end{aligned}
$$

因此，

$$p_0 = \frac{1-\rho_1}{1-\rho_1+\rho_0}$$

其中 $\rho_0 = \lambda\mathrm{E}[S_0]$ 且 $\rho_1 = \lambda\mathrm{E}[S_1]$。给定 p_0 的值，可以通过数值积分法推导出完整的概率密度函数 $w_q(x)$。类似地，将水平穿越方程乘以 x，并在 $x \in (0, \infty)$

上进行积分，可以得到修正的 PK 公式：

$$W_q = \frac{\lambda p_0 E\left[S_0^2\right] + \lambda \left(1 - p_0\right) E\left[S_1^2\right]}{2\left(1 - \rho_1\right)}$$

■ **例 6.8**

本例讨论有顾客止步的 $M/G/1$ 排队模型。当顾客到达系统时，可能会排队等待并接受服务，也可能会离开系统（止步）。顾客的选择取决于到达时刻的虚拟排队时间，这与第 6.1.8 节的讨论略有不同，在第 6.1.8 节中，顾客的选择取决于系统中的顾客数。以下函数给出了顾客止步的概率：

$$R(y) \equiv \Pr\left\{\text{到达的顾客离开} \mid \text{排队时间为 } y\right\}$$

如果 $R(y) = 0$，则该模型退化为标准的 $M/G/1$ 排队模型。假设顾客到达时系统为空，则顾客不会离开系统，即 $R(0) = 0$。此外，假设 $R(y)$ 是非递减函数。在该模型中，隐含的假设是：顾客到达系统时可以确切地知道他们需要等待多长时间。然而，在许多实际场景中，到达的顾客知道排队的顾客数，但无法预知确切的排队时间。水平穿越方程为

$$w_q(x) = \lambda p_0 B^c(x) + \lambda \int_0^x B^c(x - y) R^c(y) w_q(y)\mathrm{d}y, \qquad x > 0$$

其中 $R^c(y) \equiv 1 - R(y)$。与前面一样，等号左边为向下穿越水平基准 x 的速率，等号右边为向上穿越水平基准 x 的速率；等号右边的第一项表示从 $y = 0$ 开始向上穿越水平基准 x 的速率，第二项表示从 $y \in (0, x)$ 开始向上穿越水平基准 x 的速率。当系统为空时，只要有顾客到达，就会发生从 0 开始的跳跃，此时服务时间的累积分布函数为 $B(\cdot)$。当虚拟排队时间 $y > 0$ 时，发生跳跃的概率为 $R^c(y)$，此时服务时间的累积分布函数为 $B(\cdot)$。如果顾客止步，则不会发生跳跃，顾客止步的概率为 $R(y)$。

6.2　一般服务时间分布、多服务员（$M/G/c$·及 $M/G/\infty$）

在介绍本节的内容之前，需要指出，在离开时刻观察排队系统 $M/G/c/\infty$ 和损失延迟排队系统 $M/G/c/K$ 不能得到嵌入马尔可夫链，较难推导出相关结果。之所以不能得到嵌入马尔可夫链，是因为系统中有多个服务员，在离开时间间隔内到达的顾客数不仅仅与上一个顾客刚离开后的系统大小相关。但是可以推导

出一些特殊的 $M/G/c$ 排队模型的完整结果，包括 $M/M/c$ 排队模型和 $M/D/c$ 排队模型，第 7.3 节将详细讨论 $M/D/c$ 排队模型。本节尝试推导 $M/G/c/\infty$ 和 $M/G/c/c$ 排队模型的一些一般结果，这些结果很容易应用在给定 G 的场景中。

6.2.1 $M/G/c/\infty$ 排队模型

对于 $M/G/c/\infty$ 排队模型，可以得出结论：系统大小的 k 阶阶乘矩与顾客在系统中的等待时间的 k 阶普通矩呈线性关系，这一关系与式（6.30）相同，即

$$L_{(k)} = \lambda^k W_k$$

接下来证明该结果。

由 $M/G/1$ 排队模型的等待时间（第 6.1.5 节）可得

$$\pi_n = \Pr\{一个顾客离开后系统中剩余 n 个顾客\} = \frac{1}{n!}\int_0^\infty (\lambda t)^n e^{-\lambda t}\mathrm{d}W(t)$$

对于 $M/G/c$ 排队模型，可以从队列的角度而不是系统的角度来考虑，可得

$$\pi_n^{\mathrm{q}} \equiv \Pr\{一个顾客离开后队列中剩余 n 个顾客\} = \frac{1}{n!}\int_0^\infty (\lambda t)^n e^{-\lambda t}\mathrm{d}W_{\mathrm{q}}(t)$$

离开时刻的平均队列长度 $L_{\mathrm{q}}^{(D)}$ 为

$$L_{\mathrm{q}}^{(D)} = \sum_{n=1}^\infty n\pi_n^{\mathrm{q}} = \int_0^\infty \lambda t\, \mathrm{d}W_{\mathrm{q}}(t) = \lambda W_{\mathrm{q}}$$

上式即为利特尔法则。设 $L_{\mathrm{q}(k)}^{(D)}$ 表示离开时刻队列长度的 k 阶阶乘矩：

$$
\begin{aligned}
L_{\mathrm{q}(k)}^{(D)} &= \sum_{n=1}^\infty n(n-1)\cdots(n-k+1)\pi_n^{\mathrm{q}} \\
&= \int_0^\infty \mathrm{d}W_{\mathrm{q}}(t) \sum_{n=1}^\infty \frac{n(n-1)\cdots(n-k+1)(\lambda t)^n e^{-\lambda t}}{n!}
\end{aligned}
$$

需要注意的是，上式中的求和是泊松随机变量的 k 阶阶乘矩，可以证明该求和等于 $(\lambda t)^k$，因此，

$$L_{\mathrm{q}(k)}^{(D)} = \lambda^k W_{\mathrm{q},k} \tag{6.48}$$

其中 $W_{\mathrm{q},k}$ 是顾客排队时间的 k 阶普通矩。式（6.48）是式（6.30）的推广。

6.2.2 $M/G/\infty$ 和 $M/G/c/c$ 排队模型

首先推导 $M/G/\infty$ 排队模型的两个关键结果：（1）在时刻 t，系统中顾客数的瞬态分布（正如我们推导了 $M/M/\infty$ 排队模型的瞬态分布）；（2）时刻 t 前完成服务的顾客数的瞬态分布，即离开过程。设 $N(t)$ 表示在时刻 t 系统中的顾客数，$Y(t)$ 表示时刻 t 前离开的顾客数（离开过程），$X(t)$ 表示时刻 t 前到达的顾客数（到达过程），则 $X(t) = Y(t) + N(t)$。由于到达过程为泊松过程，所以根据条件概率的定理可得

$$\Pr\{N(t) = n\} = \sum_{i=n}^{\infty} \Pr\{N(t) = n \mid X(t) = i\} \cdot \frac{\mathrm{e}^{-\lambda t}(\lambda t)^i}{i!}$$

顾客在时刻 x 到达且在时刻 t 仍然留在系统中的概率为 $1 - B(t - x)$，其中 $B(u)$ 是服务时间的累积分布函数。因此，时刻 t 前到达的任意顾客在时刻 t 还未完成服务的概率为

$$q_t = \int_0^t \Pr\left\{服务时间大于\ t - x | 时刻\ x\ 到达\right\} \cdot \Pr\left\{时刻\ x\ 到达\right\} \mathrm{d}x$$

根据定理 2.9 可知，如果到达过程是泊松过程，且已知有一个顾客在时刻 t 前到达，则该顾客的到达时间在 $[0, t]$ 上均匀分布。因此，可以将 $\Pr\{时刻\ x\ 到达\}$ 替换为均匀分布的概率密度函数 $1/t$，可得

$$q_t = \frac{1}{t} \int_0^t [1 - B(t - x)] \mathrm{d}x = \frac{1}{t} \int_0^t [1 - B(x)] \mathrm{d}x$$

q_t 与任何其他到达的顾客无关。根据二项分布可得

$$\Pr\{N(t) = n \mid X(t) = i\} = \binom{i}{n} q_t^n (1 - q_t)^{i-n}, \qquad n \geqslant 0$$

瞬态分布为

$$
\begin{aligned}
\Pr\{N(t) = n\} &= \sum_{i=n}^{\infty} \binom{i}{n} \frac{q_t^n (1 - q_t)^{i-n} \mathrm{e}^{-\lambda t}(\lambda t)^i}{i!} \\
&= \frac{(\lambda q_t t)^n \mathrm{e}^{-\lambda t}}{n!} \sum_{i=n}^{\infty} \frac{[\lambda t (1 - q_t)]^{i-n}}{(i-n)!} \\
&= \frac{(\lambda q_t t)^n \mathrm{e}^{-\lambda t} \mathrm{e}^{\lambda t - \lambda q_t t}}{n!} = \frac{(\lambda q_t t)^n \mathrm{e}^{-\lambda q_t t}}{n!}
\end{aligned}
$$

即 $N(t)$ 是期望为 $\lambda q_t t$ 的非齐次泊松过程。

为了推导平衡解，取极限 $t \to \infty$，可得

$$\lim_{t \to \infty} (\lambda q_t t) = \lambda \int_0^\infty [1 - B(x)] \mathrm{d}x = \frac{\lambda}{\mu}$$

因此，平衡解是期望为 $\lambda \mathrm{E}[S] = \lambda/\mu$ 的泊松过程。通过观察可以发现，$M/G/\infty$ 排队模型的稳态概率与第 3 章中推导出的 $M/M/\infty$ 排队模型的稳态概率相似，在稍后讨论 $M/G/c/c$ 排队模型时，这一结果十分重要。

可以使用类似的方法推导离开过程 $Y(t)$ 的分布，不同之处在于需要将 q_t 替换为 $1 - q_t = \int_0^t B(x)\, \mathrm{d}x / t$，可得

$$\Pr\{Y(t) = n\} = \frac{[\lambda(1 - q_t)t]^n \, \mathrm{e}^{-\lambda(1 - q_t)t}}{n!}$$

当取极限 $t \to \infty$ 时，$q_t \to 0$，所以当系统处于稳态时，离开过程为泊松过程，且与到达过程相同。

可以将本节推导出的结果与第 5 章中的结果进行比较，在第 5 章中证明了，对于任意 c 值，$M/M/c$ 排队模型的输出过程都是泊松过程。此外，在第 6.1.8 节中指出 $M/M/1$ 排队模型是唯一具有泊松输出的 $M/G/1$ 排队模型（习题 6.17b）。更一般地，可以说 $M/M/c$ 排队模型是唯一具有泊松输出的 $M/G/c$ 排队模型，但是根据本节得出的结果，需要在这一结论的基础上加上 c 必须是有限的这一前提条件。

接下来讨论 $M/G/c/c$ 损失排队系统。回顾第 3.6 节提到的结论：式（3.54）中给出的稳态系统大小分布（截尾泊松分布）对于任意 $M/G/c/c$ 排队模型均成立，与 G 的形式无关。在此再次写出式（3.54）：

$$p_n = \frac{(\lambda/\mu)^n / n!}{\sum_{i=0}^c (\lambda/\mu)^i / i!}, \qquad 0 \leqslant n \leqslant c$$

第 3.6 节也提到了，当 $n = c$ 时，得到的 p_c 的公式称为埃尔朗损失公式或埃尔朗 B 公式。此外，根据上文推论，式（3.54）可以应用于 $M/G/\infty$ 排队模型，$p_n = \mathrm{e}^{-\lambda/\mu} (\lambda/\mu)^n / n!$ 适用于任意形式的 G。接下来证明式（3.54）中给出的稳态系统大小分布对于任意 $M/G/c/c$ 排队模型均成立。

当 $c = 1$ 时（即 $M/G/1/1$ 排队模型），证明过程很简单。对于所有 $G/G/1/1$ 排队模型，$p_0 = 1 - \rho_{\text{eff}} = 1 - p_1$。由 $\rho_{\text{eff}} = \lambda(1 - p_1)/\mu$ 可得

$$p_1 = \frac{\lambda/\mu}{1 + \lambda/\mu}, \quad p_0 = \frac{1}{1 + \lambda/\mu}$$

这正是我们想得到的结果。

当 $c > 1$ 时，推导会涉及可逆性、乘积解以及多维马尔可夫过程这些理论，与在第 5 章推导杰克逊网络的稳态概率分布的过程类似。注意到，根据定义，$M/G/c/c$ 排队模型不是马尔可夫模型，所以为了应用这些理论，需要定义 $M/G/c/c$ 排队模型对应的马尔可夫过程。为此，将模型的状态空间从 n 扩展至多维向量 $(n, u_1, u_2, \cdots, u_c)$，其中 $(0 \leqslant)u_1 \leqslant u_2 \leqslant \cdots \leqslant u_c$ 是按大小排列的 c 个顾客已完成的服务时间（即每个服务员处的顾客当前已完成的服务时间从小到大排列，当系统中有 n 个顾客时，$u_1, \cdots, u_{c-n}$ 均为 0）。该向量具有马尔可夫性，因为其未来状态仅仅是其当前状态的函数，且该向量在无穷小时间区间内的变化取决于这样一个事实：当顾客已完成的服务时间为 u 时，对该顾客结束服务的瞬时概率仅仅取决于 u 的值。因此，该马尔可夫过程是可逆的——前面推导出了 $M/G/\infty$ 排队模型的输出过程为泊松过程，该结论也暗示了该马尔可夫过程具有可逆性。关于可逆性的更多讨论请参阅参考文献（Ross，1996；Wolff，1989）。

由可逆性可以得到一个关键结论，即 $(n, u_1, u_2, \cdots, u_c)$ 的极限联合分布具有以下乘积形式：

$$p_n(u_1, u_2, \cdots, u_c) = Ca_n\bar{B}(u_1)\bar{B}(u_2)\cdots\bar{B}(u_c)/n! \tag{6.49}$$

其中 $u_1, \cdots, u_{c-n}$ 为 0，C 与零状态概率成正比，a_n 与 n 个服务员处于忙碌状态的概率成正比，$\bar{B}(u_i)$ 是服务时间的分布函数［所以 $\bar{B}(u)$ 是服务时间至少等于 u 的概率］，$n!$ 为 $\{u_1, \cdots, u_c\}$ 中 n 个顺序统计量（对应于 n 个忙碌的服务员）所有可能的排列方式的数量。由边界条件和泊松输入的假设，可得

$$C \equiv p_n(0, 0, \cdots, 0) = \lambda p_{n-1}(0, 0, \cdots, 0) = \lambda[\lambda p_{n-2}(0, 0, \cdots, 0)]$$

$$= \cdots = \lambda^n p_0(0, 0, \cdots, 0) = \lambda^n p_0$$

$\mu\bar{B}(u)$ 是合法的概率密度函数（剩余服务时间的概率密度函数），且每一个这样的项的积分均为 1，因此式（6.49）可以写为各边缘分布的乘积。可得系统

大小的边缘概率函数为

$$p_n = p_0 \frac{(\lambda/\mu)^n}{n!}$$

然后可得

$$p_0 = \left(\sum_{n=0}^{c} \frac{(\lambda/\mu)^n}{n!} \right)^{-1}$$

且

$$p_n = \frac{(\lambda/\mu)^n / n!}{\displaystyle\sum_{i=0}^{c} (\lambda/\mu)^i / i!}, \qquad 0 \leqslant n \leqslant c$$

这与我们第 3 章中得到的 $M/M/c/c$ 排队模型的结果完全相同。

$M/G/c/c$ 排队模型的稳态概率对服务时间的分布 G 的选择不敏感，这意味着其稳态概率总是满足 $M/M/c/c$ 排队模型的生灭过程的递归关系式：

$$\lambda p_n = (n+1)\mu p_{n+1}, \qquad n = 0, \cdots, c-1$$

事实上，即使到达过程不是泊松过程，而是状态相依的出生过程（到达速率 λ_n 依赖于系统状态），仍可以得出同样的结论，即稳态概率对服务时间的分布 G 的选择不敏感（Wolff，1989）。在这种情况下，只需要将生灭过程的递归关系式的等号左边改为 $\lambda_n p_n$。

表 6.3 汇总了在什么情况下 $M/G/c/K$ 排队模型对服务时间的分布 G 不敏感。

表 6.3　$M/G/c/K$ 排队模型的不敏感性结果

比较模型	结果
$M/G/c/c$ vs $M/M/c/c$	稳态过程和输出过程与 G 的形式无关
$M/G/\infty$ vs $M/M/\infty$	稳态过程和输出过程与 G 的形式无关
$M/G/c/\infty$ vs $M/M/c/\infty$	当且仅当 $G \equiv M$ 时，输出过程相同

6.3　一般到达时间间隔分布（$G/M/1$ 及 $G/M/c$）

在本节讨论的排队模型中，服务时间服从指数分布，到达时间间隔是独立同分布的随机变量，没有对到达时间间隔的分布做出具体的假设。首先分析有单个服务员的情况，然后使用类似的方法分析有多个服务员的情况，对于后者，计算的复杂性会略有增加。

6.3.1 $G/M/1$ 排队模型

首先讨论单服务员排队模型。假设服务时间服从指数分布，期望为 $1/\mu$；到达时间间隔是独立同分布的随机变量，服从一般分布。假设排队系统处于稳态。

与 $M/G/1$ 排队模型一样，使用嵌入马尔可夫链来进行推导。使用与第 6.1 节类似的分析方法，但本节从顾客到达的时刻来分析系统（对于 $M/G/1$ 排队模型，从顾客离开的时刻来分析系统）。设 X_n 表示第 n 个顾客到达时看到的系统中的顾客数，则有

$$X_{n+1} = X_n + 1 - B_n, \quad B_n \leqslant X_n + 1 \text{ 且 } X_n \geqslant 0$$

其中 B_n 是在第 n 个和第 $n+1$ 个顾客的到达时间间隔 $T^{(n)}$ 内完成服务的顾客数。由于假设到达时间间隔是独立同分布的，所以随机变量 $T^{(n)}$ 可以用 T 表示，用 $A(t)$ 表示 T 的累积分布函数。此外，在给定第 n 个顾客到达时看到的系统中的顾客数为 X_n 的条件下，随机变量 B_n 与系统过去的状态无关。因此，$\{X_0, X_1, X_2, \cdots\}$ 是马尔可夫链。

定义概率

$$b_k \equiv \int_0^\infty \frac{\mathrm{e}^{-\mu t}(\mu t)^k}{k!} \mathrm{d}A(t) \tag{6.50}$$

其中，b_k 是在第 n 个和第 $n+1$ 个顾客的到达时间间隔内有 k 个顾客完成服务的概率（假定第 n 个顾客到达时看到系统中至少有 k 个顾客），即 $b_k = \Pr\{B_n = k | X_n \geqslant k\}$。

嵌入马尔可夫链 $\{X_0, X_1, X_2, \cdots\}$ 的单步转移概率矩阵为

$$\boldsymbol{P} = \{p_{ij}\} = \begin{pmatrix} 1-b_0 & b_0 & 0 & 0 & 0 & \cdots \\ 1-\sum\limits_{k=0}^{1} b_k & b_1 & b_0 & 0 & 0 & \cdots \\ 1-\sum\limits_{k=0}^{2} b_k & b_2 & b_1 & b_0 & 0 & \cdots \\ \vdots & \vdots & \vdots & \vdots & \vdots & \end{pmatrix} \tag{6.51}$$

假设存在稳态解（稍后讨论这一点），并用 $\boldsymbol{q} = \{q_n\}$，$n = 0, 1, 2, \cdots$，表示到达的顾客看到系统中有 n 个顾客的概率向量，则平稳方程为

$$\boldsymbol{q}\boldsymbol{P} = \boldsymbol{q} \quad \text{且} \quad \boldsymbol{q}\boldsymbol{e} = 1 \tag{6.52}$$

可得

$$q_i = \sum_{k=0}^{\infty} q_{i+k-1} b_k, \qquad i \geqslant 1$$

$$q_0 = \sum_{j=0}^{\infty} q_j \left(1 - \sum_{k=0}^{j} b_k \right)$$

(6.53)

式（6.53）与 $M/G/1$ 排队模型的式（6.12）的一个主要区别是式（6.53）中包含无穷求和项，而式（6.12）中包含的是有限求和项。无穷求和项有利于我们进行推导，接下来使用算子的方法来求解式（6.53）。习题 6.34 要求读者通过使用母函数求出相同的结果。

设 $Dq_i = q_{i+1}$，当 $i \geqslant 1$ 时，式（6.53）可以写为

$$q_i - (q_{i-1} b_0 + q_i b_1 + q_{i+1} b_2 + \cdots) = 0$$

可得

$$q_{i-1} \left(D - b_0 - Db_1 - D^2 b_2 - D^3 b_3 - \cdots \right) = 0$$

该差分方程的特征方程为

$$z - b_0 - zb_1 - z^2 b_2 - z^3 b_3 - \cdots = 0$$

可以写为

$$\sum_{n=0}^{\infty} b_n z^n = z$$

(6.54)

由于 b_n 是概率，所以上式等号左边为 $\{b_n\}$ 的概率母函数，用 $\beta(z)$ 来表示，则式（6.54）可以写为

$$\boxed{\beta(z) \equiv \sum_{n=0}^{\infty} b_n z^n = z}$$

(6.55)

与式（6.32）类似，可以证明 $\beta(z) = A^*(\mu(1-z))$，其中 $A^*(z)$ 是到达时间间隔的累积分布函数的 LST（见习题 6.34），所以式（6.55）可以写为

$$\boxed{z = A^*(\mu(1-z))}$$

(6.56)

我们的目标是求得特征方程的解，然后使用特征方程的解来求 $\{q_i\}$。可以证明式（6.55）在 $(0, 1)$ 内仅有一个实数根（假设 $\lambda/\mu < 1$），且没有其他绝对

值小于 1 的根。用 r_0 表示该实数根，因此，

$$q_i = Cr_0^i, \qquad i \geqslant 0 \tag{6.57}$$

与前面一样，由概率之和为 1 这一条件可以求得常数 $C = 1 - r_0$。

为了证明式（6.55）在 $(0,1)$ 内有且仅有一个正根，分别考虑方程的两边：

$$y = \beta(z), \qquad y = z \tag{6.58}$$

首先，可以观察到

$$0 < \beta(0) = b_0 < 1, \qquad \beta(1) = \sum_{n=0}^{\infty} b_n = 1$$

由于

$$\beta'(z) = \sum_{n=1}^{\infty} nb_n z^{n-1} \geqslant 0$$

$$\beta''(z) = \sum_{n=2}^{\infty} n(n-1)b_n z^{n-2} \geqslant 0,$$

所以 $\beta(z)$ 是单调非递减的凸函数。

由于服务时间服从指数分布，所以所有 b_n 均严格为正，即对于 $n \geqslant 0, b_n > 0$，这表明 $\beta(z)$ 是严格的凸函数。如图 6.2 所示，$y = \beta(z)$ 和 $y = z$ 的图形有两种可能的情况：在 $(0,1)$ 内没有交点；在 $(0,1)$ 内仅有一个交点。当下式成立时，$y = \beta(z)$ 和 $y = z$ 在 $(0,1)$ 内仅有一个交点：

$$\beta'(1) = \mathrm{E}\left[\text{到达时间间隔内完成服务的顾客数}\right] = \frac{\mu}{\lambda} > 1$$

也就是说，当 $\lambda/\mu < 1$ 时，式（6.55）在 $(0,1)$ 内仅有一个根 r_0。

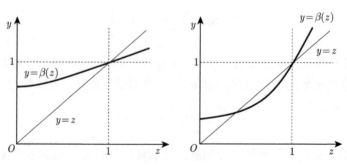

图 6.2　式（6.58）的函数图像

接下来使用儒歇定理（见第 3.11.2 节）来证明 r_0 是唯一模小于 1 的复数根。假设 $\beta'(1) = 1/\rho > 1$，设 $f(z) \equiv -z$ 且 $g(z) \equiv \beta(z)$。因为 $g(1) = 1$ 且 $g'(1) > 1$，所以对于足够小的 $\epsilon > 0$，有 $g(1-\epsilon) < 1-\epsilon$。考虑 $|z| = 1-\epsilon$ 的情况，由三角不等式可得

$$|g(z)| \leqslant \sum_{n=0}^{\infty} b_n |z|^n = g(1-\epsilon) < 1-\epsilon = |f(z)|$$

根据儒歇定理，$f(z) = -z$ 与 $f(z) + g(z) = -z + \beta(z)$ 在 $|z| = 1-\epsilon$ 内有相同数量的根。由于 ϵ 可以任意小，所以 $z = \beta(z)$ 仅有一个模小于 1 的复数根，且该复数根必定为我们前面找到的实数根 r_0。

通常需要使用数值方法来求 r_0，这一过程并不复杂。例如，可以使用迭代法：

$$z^{(k+1)} = \beta\left(z^{(k)}\right), \qquad k = 0, 1, 2, \cdots \text{ 且 } 0 < z^{(0)} < 1 \tag{6.59}$$

由于 $\beta(z)$ 是凸函数，所以上式一定收敛。后面将就该问题进行更多数值计算方面的讨论。

综上，到达时刻的稳态概率分布为

$$\boxed{q_n = (1 - r_0) r_0^n, \qquad n \geqslant 0, \rho < 1} \tag{6.60}$$

比较式（6.60）与 $M/M/1$ 排队模型的稳态概率 $p_n = (1-\rho)\rho^n$ 可以发现，将 $p_n = (1-\rho)\rho^n$ 中的 ρ 替换为 r_0 即为式（6.60）。因此，可以用 r_0 替换 $M/M/1$ 排队模型的效益指标中的 ρ 来得到 $G/M/1$ 排队模型的效益指标。然而，需要注意的是，q_n 是顾客到达时看到系统中还有 n 个顾客的稳态概率，而不是一般时间稳态概率 p_n，所以得到的效益指标仅适用于到达时刻。与 $M/G/1$ 排队模型不同，对于 $G/M/1$ 排队模型，$q_n = p_n$ 不成立。事实上，当且仅当到达过程为泊松过程（即 $G = M$）时，$q_n = p_n$ 对于 $G/M/1$ 排队模型成立。然而，可以得到 q_n 与 p_n 之间的关系。

鉴于以上情况，使用上标 (A) 来表示效益指标仅对到达时刻成立，由式（6.60）可得

$$L^{(A)} = \frac{r_0}{1 - r_0}, \qquad L_q^{(A)} = \frac{r_0^2}{1 - r_0} \tag{6.61}$$

用 r_0 替换 $M/M/1$ 排队模型的 ρ，可以得到顾客在队列中的等待时间和顾客在

系统中的等待时间 $W_q(t)$ 和 $W(t)$：

$$
\begin{array}{ll}
W_q(t) = 1 - r_0 e^{-\mu(1-r_0)t}, & t \geqslant 0 \\
W(t) = 1 - e^{-\mu(1-r_0)t}, & t \geqslant 0
\end{array}
\tag{6.62}
$$

$W_q(t)$ 和 $W(t)$ 的期望分别为

$$
W_q = \frac{r_0}{\mu(1-r_0)}, \qquad W = \frac{1}{\mu(1-r_0)}
\tag{6.63}
$$

以上结果是顾客到达系统时所观察到的等待时间的分布，它们与虚拟等待时间的分布不同，虚拟等待时间的分布为在随机时刻（而不是顾客实际到达的时刻）到达的虚拟顾客所观察到的等待时间的分布。让我们回顾一下 $M/M/1$ 排队模型的 $W_q(t)$ 和 $W(t)$ 的推导过程（第 3.2.5 节），基于 $q_n = p_n$ 这一条件来推导式（3.30）（到达过程为泊松过程，应用 PASTA 性质可知 $q_n = p_n$）。对于 $G/M/1$ 排队模型，$q_n \neq p_n$，所以虚拟等待时间的分布与实际等待时间的分布不相同。

■ 例 6.9

假设在单服务员排队模型中，服务时间服从指数分布，平均服务时间为 μ，到达时间间隔的分布不是泊松分布，也不是埃尔朗分布。基于历史数据，可知到达时间间隔服从 k 点概率分布，所以，

$$
\Pr\{到达时间间隔 = t_i\} = a(t_i) = a_i, \qquad 1 \leqslant i \leqslant k
$$

首先需要求得式（6.56）的根 r_0，式（6.56）可以写为

$$
z = A^*(\mu(1-z)) = \sum_{i=1}^{k} a_i e^{-\mu t_i(1-z)}
$$

表 6.4 给出了到达时间间隔分布，其中 $1/\mu = 2$ min。我们需要求出以下方程的根：

$$
A^*(z) = \beta(z) = 0.2e^{-(1-z)} + 0.7e^{-1.5(1-z)} + 0.1e^{-2(1-z)} = z
\tag{6.64}
$$

该方程的求解并不难。使用迭代法，且从 $z^{(0)} = 0.5$ 开始，可得表 6.5 中的结果。经过 8 次迭代，所得结果可以收敛到小数点后三位。r_0 的近似值为 0.467，可得

效益指标为

$$q_n \doteq 0.533 \times (0.467)^n, \qquad n \geqslant 0$$

$$L^{(A)} = \frac{r_0}{1 - r_0} \doteq 0.876, \qquad L_q^{(A)} = \frac{r_0^2}{1 - r_0} \doteq 0.409$$

$$W_q = \frac{r_0}{\mu(1 - r_0)} \doteq 1.752 \, (\text{min}), \qquad W = W_q + 1/\mu \doteq 3.752 \, (\text{min})$$

表 6.4　例 6.9 的到达时间间隔分布

t/min	$a(t)$	$A(t)$
2	0.2	0.2
3	0.7	0.9
4	0.1	1.0

表 6.5　例 6.9 的迭代结果

k	$z^{(k)}$	$\beta(z^{(k)})$
1	0.500	0.489
2	0.489	0.481
3	0.481	0.476
4	0.476	0.472
5	0.472	0.470
6	0.470	0.468
7	0.468	0.467
8	0.467	0.467

需要注意的是，本例中不能使用利特尔法则将平均等待时间以及到达时刻的平均队列长度联系起来。

通过本例可以看到，获得经验分布的结果并不困难。对于 $M/G/1$ 排队模型也是如此，例 6.3 表明了这一点。这是一个非常有用的结论，因为通过使用近似直方图，任何概率分布均可以使用 k 点有限离散分布来近似。

6.3.2　$G/M/c$ 排队模型

在本节中，我们将 $G/M/1$ 排队模型推广至有 c 个服务员的情况。本节的推导与上一节类似，不同之处在于 b_n 的值，以及 b_n 的值对于嵌入马尔可夫链的转移概率矩阵和求根过程的影响。根据系统状态的不同，平均服务速率为 $n\mu$ 或 $c\mu$，b_n 与 i 和 j 均相关，这使得马尔可夫链的转移矩阵看起来与上一节中的非常不同，接下来推导该转移矩阵。

首先，注意到，当 $j > i+1$ 时，$p_{ij} = 0$。当 $c \leqslant j \leqslant i+1$ 时，由于所有服务员均处于忙碌状态，所以系统的平均服务速率为 $c\mu$，所以，与 $G/M/1$ 排队模型相同，有

$$p_{ij} = b_{i+1-j}, \quad c \leqslant j \leqslant i+1$$

而此时，

$$b_n = \int_0^\infty \frac{\mathrm{e}^{-c\mu t}(c\mu t)^n}{n!} \mathrm{d}A(t) \tag{6.65}$$

因此，$G/M/c$ 排队模型的转移概率矩阵从第 c 列（从第 0 列开始计数）向右与 $G/M/1$ 排队模型的转移概率矩阵从第 1 列向右具有相同的布局，$G/M/1$ 排队模型的转移概率矩阵见式（6.51）。此外，求根过程与上一节中的类似，不同之处在于，此时服务员数为 c，所以

$$\beta(z) = A^*(c\mu(1-z)) = z$$

在以下两种情况下，转移概率矩阵较为复杂：（1）$i \geqslant c$ 且 $j < c$，系统的平均服务速率由 $c\mu$ 降低至 $j\mu$；（2）$i < c$ 且 $j < c$，系统的平均服务速率由 $i\mu$ 降低至 $j\mu$。在这两种情况下，需要用 c 列来替换式（6.51）中的第一列，这 c 列的编号为 0 至 $c-1$。

现在考虑 $j \leqslant i+1 \leqslant c$ 的情况。此时，所有顾客均在接受服务，任意顾客在时刻 t 前完成服务的概率是单个服务员的服务时间的累积分布函数，即 $1 - \mathrm{e}^{-\mu t}$。若要从状态 i 转移至状态 j，则需要在时刻 t 前服务完 $i+1-j$ 个顾客，因此，由二项分布可得

$$p_{ij} = \int_0^\infty \binom{i+1}{i+1-j} \left(1 - \mathrm{e}^{-\mu t}\right)^{i+1-j} \mathrm{e}^{-\mu t j} \mathrm{d}A(t), \qquad j \leqslant i+1 \leqslant c \tag{6.66}$$

最后，还需要考虑 $i+1 > c > j$ 的情况。此时，由于 $i \geqslant c$，所以开始时所有服务员均处于忙碌状态，在时间间隔 T 内的某个时刻，有服务员变为空闲，直到最后仅有 j 个服务员处于忙碌状态。假设在顾客到达后的某个时刻 V（$0 < V < T$）顾客开始接受服务（排在其前面的所有顾客均已离开），$H(v)$ 是 V 的累积分布函数。因此，如果系统在时间间隔 T 内从状态 i 转移至状态 j，则从时刻 V 至时刻 T（即在长度为 $T-V$ 的时间间隔内），有 $c-j$ 个顾客完成服务。

再次使用二项分布，由于服务时间具有无记忆性，可得

$$p_{ij} = \int_0^\infty \int_0^t \binom{c}{c-j} \left(1 - e^{-\mu(t-v)}\right)^{c-j} e^{-\mu(t-v)j} dH(v) dA(t) \tag{6.67}$$

随机变量 V 表示 c 个服务员服务完 $i-c+1$ 个顾客所需的时间，V 是参数为 $c\mu$ 的指数分布随机变量的 $i-c+1$ 重卷积。因此，$h(v) = dH(v)/dv$ 是 $i-c+1$ 阶埃尔朗分布的概率密度函数，即

$$h(v) = \frac{c\mu(c\mu v)^{i-c} e^{-c\mu v}}{(i-c)!}$$

对于 $j < c < i+1$，替换式（6.67）中的 $dH(v)$，可得

$$p_{ij} = \binom{c}{c-j} \frac{(c\mu)^{i-c+1}}{(i-c)!} \int_0^\infty \int_0^t \left(1 - e^{-\mu(t-v)}\right)^{c-j} e^{-\mu(t-v)j} v^{i-c} e^{-c\mu v} dv dA(t) \tag{6.68}$$

综上，平稳方程为

$$q_j = \sum_{i=0}^\infty p_{ij} q_i, \qquad j \geqslant 0$$

其中 $\{p_{ij}\}$ 已在前面的讨论中给出。然而，当 $j \geqslant c$ 时，有

$$
\begin{aligned}
q_j &= \sum_{i=0}^{j-2} 0 \cdot q_i + \sum_{i=j-1}^\infty b_{i+1-j} q_i \\
&= \sum_{k=0}^\infty b_k q_{j+k-1}, \qquad j \geqslant c
\end{aligned} \tag{6.69}
$$

式（6.69）与式（6.53）中的第一个方程相同，因此，使用与 $c=1$ 时类似的分析方法，可得

$$q_j = C r_0^j, \qquad j \geqslant c \tag{6.70}$$

其中 r_0 是 $\beta(z) = A^*(c\mu(1-z)) = z$ 的根。

需要根据边界条件 $\sum_{i=0}^\infty q_j = 1$、前 $c-1$ 个平稳方程以及前面给出的各类情况下的 $\{p_{ij}\}$ 的公式，来求常数 C 和 q_j $(j = 0, 1, \cdots, c-1)$。由于该 $c+1$ 元方程组中的每个方程均涉及无穷求和项，所以求解该方程组并不容易。然而，可以得到一个用 $q_1, q_2, \cdots, q_c$ 和 r_0 表示的 C 的表达式，然后建立 q_j 之间的递归关系，以下为这一过程。

由边界条件可得

$$1 = \sum_{j=0}^{\infty} q_j = \sum_{j=0}^{c-1} q_j + \sum_{j=c}^{\infty} C r_0^j$$

因此，

$$C = \frac{1 - \sum_{j=0}^{c-1} q_j}{\sum_{j=c}^{\infty} r_0^j} = \frac{1 - \sum_{j=0}^{c-1} q_j}{r_0^c (1 - r_0)^{-1}} \qquad (6.71)$$

当 $j < c$ 时，q_j 的递归关系式为

$$q_j = \sum_{i=0}^{\infty} p_{ij} q_i = \sum_{i=0}^{c-1} p_{ij} q_i + \sum_{i=c}^{\infty} p_{ij} C r_0^i$$

$$= \sum_{i=j-1}^{c-1} p_{ij} q_i + C \sum_{i=c}^{\infty} p_{ij} r_0^i, \qquad 1 \leqslant j \leqslant c - 1$$

当 $j > i + 1$ 时，$p_{ij} = 0$，上式可以写为

$$q_{j-1} = \frac{q_j - \sum_{i=j}^{c-1} p_{ij} q_i - C \sum_{i=c}^{\infty} p_{ij} r_0^i}{p_{j-1,j}}, \qquad 1 \leqslant j \leqslant c - 1$$

等号两边同时除以 C，且设 $q_j' = q_j / C$，可得

$$q_{j-1}' = \frac{q_j' - \sum_{i=j}^{c-1} p_{ij} q_i' - \sum_{i=c}^{\infty} p_{ij} r_0^i}{p_{j-1,j}}, \qquad 1 \leqslant j \leqslant c - 1 \qquad (6.72)$$

由平稳方程，可以写出

$$q_c = \sum_{i=0}^{\infty} p_{ic} q_i = \sum_{i=c-1}^{c} p_{ic} q_i + \sum_{i=c+1}^{\infty} b_{i+1-c} C r_0^i$$

因此，

$$q_{c-1} = \frac{(1 - p_{cc}) q_c - C \sum_{i=c+1}^{\infty} b_{i+1-c} r_0^i}{p_{c-1,c}}$$

且

$$q'_{c-1} = \frac{(1-p_{cc})\,q'_c - \displaystyle\sum_{i=c+1}^{\infty} b_{i+1-c}r_0^i}{p_{c-1,c}}$$

$$= \frac{(1-b_1)\,q'_c - \displaystyle\sum_{i=c+1}^{\infty} b_{i+1-c}r_0^i}{b_0}$$

由式（6.70）可得 $q'_c = r_0^c$，接着可以使用前面得到的 b_n 和 p_{ij} 的公式来求 q'_{c-1}，继而可以通过重复应用式（6.72）来求 $q'_{c-1}, q'_{c-2}, \cdots, q'_0$。将式（6.71）写为关于 q'_i 的表达式，可得

$$C = \frac{1 - C\displaystyle\sum_{j=0}^{c-1} q'_j}{r_0^c\,(1-r_0)^{-1}} = \left(\sum_{j=0}^{c-1} q'_j + \frac{r_0^c}{1-r_0}\right)^{-1} \tag{6.73}$$

我们讨论了如何求 $G/M/c$ 排队模型的前 c 个到达时刻概率，即 $\{q_j | j = 0, 1, 2, \cdots, c-1\}$。接下来介绍另一种递归计算方法（Takács, 1962），可以在 QtsPlus 中使用该方法。该方法的推导过程非常冗长，这里仅介绍该推导过程的步骤。

设 r_0 为 $z = A^*(c\mu(1-z))$ 在 $(0, 1)$ 内的唯一实数根，其中 A^* 是到达时间间隔分布的 LST。使用塔卡奇（Takács）的算法按顺序进行定义和计算：

$$A_j^* \equiv A^*(j\mu), \qquad j = 0, 1, 2, \cdots, c$$
$$C_j \equiv \frac{A_1^*}{1-A_1^*} \cdot \frac{A_2^*}{1-A_2^*} \cdots \frac{A_j^*}{1-A_j^*}, \qquad j = 1, 2, \cdots, c \text{ 且 } C_0 = 1$$

且

$$D_j \equiv \sum_{k=j+1}^{c} \binom{c}{k} \frac{c\,(1-A_k^*) - k}{C_k\,(1-A_k^*)\,[c\,(1-r_0)-k]}, \qquad j = 0, 1, 2, \cdots, c-1$$
$$M \equiv \left(\frac{1}{1-r_0} + D_0\right)^{-1}$$

可以证明

$$q_j = \begin{cases} \displaystyle\sum_{i=j}^{c-1}(-1)^{i-j}\begin{pmatrix} i \\ j \end{pmatrix}MC_iD_i, & j = 0,1,\cdots,c-1 \\ Mr_0^{j-c}, & j \geqslant c \end{cases}$$

将上式与式（6.70）进行比较，可得常数 $M = q_c$。

回顾一下第 3.3 节中推导 $M/M/c$ 排队模型的 $W_q(t)$ 的过程，我们推导出了式（3.41），可以使用类似的方法来推导 $G/M/c$ 排队模型的 $W_q(t)$。$G/M/c$ 和 $M/M/c$ 排队模型的服务时间均服从指数分布，在推导两者的排队时间分布的过程中，唯一的不同之处在于，到达时刻概率不同。对于 $G/M/c$ 排队模型，需要使用概率 $\{q_j | j \geqslant c\}$。将式（3.41）写为

$$W_q(t) = 1 - \frac{p_c}{1-\rho}e^{-c\mu(1-\rho)t}$$

因此，对于 $t \geqslant 0$，$G/M/c$ 排队模型的排队时间的分布为

$$W_q(t) = 1 - \frac{q_c}{1-r_0}e^{-c\mu(1-r_0)t} = 1 - \frac{Cr_0^c}{1-r_0}e^{-c\mu(1-r_0)t} \tag{6.74}$$

顾客的平均排队时间为

$$W_q = \frac{q_c}{c\mu(1-r_0)^2} = \frac{Cr_0^c}{c\mu(1-r_0)^2}$$

与 $M/G/1$ 排队模型一样，还需要考虑其他与 $G/M/1$ 排队模型相关的问题，例如忙期、有限系统容量（$G/M/1/K$）、不耐烦的顾客、优先级、输出以及瞬态。由于篇幅有限，这里无法详细讨论这些问题，下面仅做简要介绍，并提供一些参考文献。参考文献（Cohen，1982）涵盖了几乎所有这些问题，或许是最全面的参考文献。当然，对于特定的问题，相关的公开文献是更好的选择。

对于 $G/M/1$ 排队模型，不难求得其平均忙期长度（Ross，2014），下一章介绍 $G/G/1$ 排队模型时将讨论相关细节。截尾模型的分析方法与第 6.1.7 节的类似。

接下来考虑有不耐烦的顾客的情况：允许顾客在接受服务前离开系统。此时，需要将指数分布服务时间的参数改为 $\mu + r$，其中 r 为顾客中途退出的概率。

此外，如果希望得到关于存在中途退出情况的队列长度的函数，则该问题变为离开时刻状态相依问题，此时有

$$b_{mn} = \mathrm{Pr}\{\text{到达时间间隔内 } m \text{ 个顾客完成服务}|$$

$$\text{上一个顾客离开后系统中有 } n \text{ 个顾客}\}$$

$$= \int_0^\infty \frac{\mathrm{e}^{-[\mu+r(n)]t}\{[\mu+r(n)]t\}^m}{m!} \mathrm{d}A(t)$$

如果上一个顾客离开后系统中有 n 个顾客，则到达时间间隔内顾客中途退出的速率为 $r(n)$。余下的分析过程与第 6.1.10 节的类似。

对于具有优先级的模型，当放宽到达过程为泊松过程这一假设时，很难求得相关结果。杰伊斯瓦尔（Jaiswal，1968）提出使用辅助变量来解决这一问题。然而，每个优先级均需要一个辅助变量，在这类问题中，至少需要两个辅助变量。即使假设到达时间间隔服从埃尔朗分布（与马尔可夫模型相近），推导过程仍非常复杂。对于优先级数量较少的情况，已有部分研究成果。

关于模型的输出，已经间接地得到了一些结果。在讨论串联模型时，我们提到，当且仅当 G 是指数分布时，$M/G/1$ 排队模型的极限输出过程是泊松过程。同样，可以证明当且仅当 G 是指数分布时，$G/M/1$ 排队模型的极限输出过程是泊松过程（见习题 6.38）。

批量服务排队模型 $G/M^{[Y]}/1$ 的分析方法与第 6.1.9 节中 $M^{[X]}/G/1$ 排队模型的分析方法类似，所得到的 $G/M^{[Y]}/1$ 排队模型的结果也可以推广至系统中有 c 个服务通道时的情况。

最后，对瞬态做简要讨论。对于 $M/G/1$ 排队模型，需要使用 C-K 方程：

$$p_j^{(m)} = \sum_k p_k^{(0)} p_{kj}^{(m)}$$

其中 $p_j^{(m)}$ 是在第 m 个顾客到达之前系统处于状态 j 的概率。当等待空间无穷大时，运算过程中会涉及 $\infty \times \infty$ 的矩阵，此时需要谨慎地进行必要的矩阵乘法运算。为简化运算，可以在适当的地方对转移矩阵进行截断（Neuts，1973）。

习题

6.1 计算服务时间均匀分布在 (a,b) 上的 $M/G/1$ 排队模型的嵌入转移概率。

6.2 设 X_n 为 $M/G/1$ 排队模型中第 n 个顾客到达系统之前系统中的顾客数。解释为什么 $X_1, X_2, \cdots$ 不是离散时间马尔可夫链。

6.3 （a）求服务时间服从 β 分布的 $M/G/1$ 排队模型的 L、L_q、W_q 和 W。

（b）求 $M/G/1$ 排队模型的 L、L_q、W_q 和 W，其中服务时间服从二阶埃尔朗分布，到达速率为 $\lambda = 1/3$。

6.4 使用 $M/G/1$ 排队模型的式（6.33）和式（6.34）推导 $M/M/1$ 排队模型的等待时间分布 $W(t)$ 和顾客在队列中的等待时间分布 $W_q(t)$。

6.5 （a）假设顾客到达处于稳态的 $M/G/1$ 排队系统，在到达的顾客发现服务员忙碌的情况下，证明在到达时

$$\text{E[剩余服务时间 | 服务员忙碌]} = \frac{\text{E}[S^2]}{2\text{E}[S]}$$

其中 S 是随机服务时间。（提示：将此问题与更新过程的平均剩余时间相联系。）

（b）类似地，对于任意一个到达的顾客（不需要假设服务员的状态），证明在到达时

$$\text{E[剩余服务时间]} = \frac{\lambda\text{E}[S^2]}{2}$$

6.6 当 $i = 0, 1, 2, 3$ 时，验证式（6.12）。

6.7 对于 $M/G/1$ 排队模型，推导式（6.14）中的母函数 $\prod(z)$。

6.8 根据式（6.16），利用 $L = \prod'(1)$ 推导表 6.1 中 L 的 PK 公式。（提示：使用两次洛必达法则。）

6.9 假设 $M/G/1$ 排队模型中的 G 为指数分布，证明式（6.16）退化为 $M/M/1$ 排队模型的母函数（3.15）。

6.10 推导式（6.20）中的 $M/G/1$ 排队模型的 k 点服务时间模型的母函数 $\prod(z)$。另外，求式（6.20）中常数 c_i 的形式。

6.11 考虑服务时间为 b 个单位时间的 $M/D/1$ 排队模型。假设当时间是 b 的倍数时观测系统大小，并设 X_n 表示时间 $t = nb$ 时的系统大小。证明随机过程 $\{X_n|n = 0, 1, 2, \cdots\}$ 是一个马尔可夫链，并求其转移矩阵。

6.12 埃尔朗分布的 $\lambda = 4$ 且 $\mu = 4.5$，确定参数 k 的最小值，使得将 $M/D/1$ 排队模型近似为 $M/E_k/1$ 排队模型时顾客在系统中的平均等待时间的误差不超过 $0.5‰$。

6.13 用式（6.34）求 $M/E_2/1$ 排队模型等待时间分布的 LST，并用部分分式反推结果。

6.14 验证例 6.5 中的计算结果 $P''(1) = 14.50$。

6.15 根据忙期累积分布函数的 LST 求 $M/G/1$ 排队模型忙期的方差。

6.16 求状态相依 $M/G/1$ 排队模型的稳态概率，其中

$$B_i(t) = \begin{cases} 1 - \text{e}^{-\mu_1 t}, & i = 1 \\ 1 - \text{e}^{-\mu t}, & i > 1 \end{cases}$$

即如果顾客开始接受服务时没有队列，则服务时间服从期望为 μ_1 的指数分布；如果顾客开始接受服务时有队列，则服务时间服从期望为 μ 的指数分布。

6.17 (a) 证明在任何 $G/G/c$ 排队模型中，顾客刚到达时的系统大小分布与顾客刚离开时的系统大小分布相等。

(b) 用第 6.1.8 节关于 $M/G/1$ 排队模型的离开时间间隔的累积分布函数 $C(t)$ 来证明 $M/M/1$ 排队模型是唯一具有泊松输出的 $M/G/1$ 排队模型。

6.18 对服务时间分布不做任何假设，即只利用服务时间数据的期望和方差，求解习题 4.22。

6.19 例 6.2 中，如果服务员接受培训后平均服务时间增加到 5.2 min，求保持 $L = 5$ 的情况下 σ_B^2 的值。

6.20 假设某流水线作业可以建模为 $M/G/1$ 排队模型，输入速率为 5 个/h，服务时间平均为 9 min，方差为 90，求 L、L_q、W 和 W_q。如果服务时间服从指数分布，且平均服务时间不变，则该作业是改进了还是退步了？

6.21 顾客按照泊松过程到达自动取款机，到达速率 $\lambda = 60$ 个/h，观察到以下交易时间（s）：28、71、70、70、51、62、36、25、35、87、69、27、56、25、36。

(a) 将此系统建模为 $M/M/1$ 排队模型是否合适？说明原因。

(b) 估计自动取款机前的平均排队人数。

(c) 银行希望保持平均排队人数小于或等于 1，要实现此目标，平均交易时间最长为多少（假设交易时间的方差保持不变）？

6.22 顾客按照泊松过程到达一个单服务员排队系统，平均每小时有 10 个顾客到达。假设 70% 的顾客需要基本服务，30% 的顾客需要高级服务。完成基本服务的时间服从指数分布，平均为 3 min；完成高级服务的时间也服从指数分布，平均为 10 min。

(a) 将该系统建模为 $M/G/1$ 排队模型，求该系统的 L_q 和 W。

(b) 如果高级服务时间从指数型随机变量变为确定性分布随机变量，期望仍为 10 min，则 L_q 是多少？

6.23 某乡村俱乐部每周可安排一次婚礼。申请在该俱乐部举办婚礼的请求按照泊松过程到达俱乐部，速率 $\lambda = 40$ 次/年。每对夫妇都会争取最早的婚礼日期，该日期最早是请求日期之后的第 26 周，则在请求发出后第 26 周安排的婚礼没有延迟，而在请求发出后第 27 周安排的婚礼延迟了 1 周，以此类推。安排婚礼的平均延迟时间是多少？

6.24 考虑一个 $M/G/1$ 排队模型，$\lambda = 2$ 个/min，服务时间分布的期望为 0.25 min，服务时间分布的标准差为 $1/M$ min，服务按时间收费，每分钟 M 美元。每个排队的顾客会产生 3 美元/min 的成本。服务时间的标准差为多少可以使成本最小？

6.25 求例 6.3 中的 L。

6.26 对于例 6.3 中的轴承公司，求顾客在系统中等待时间的第三和第四阶正则矩（W_3 和 W_4），假设系统中顾客数的第三和第四阶正则矩分别为 $L_3 = 149.2$ 和 $L_4 = 1670.6$。

6.27 给定例 6.3 中的两点服务分布，求该 $M/G/1$ 排队模型的输出累积分布函数。

6.28 考虑一个单服务员排队模型，顾客到达过程为泊松过程，到达速率 $\lambda = 0.04$ 个/min，所有顾客的服务时间固定为 10 min。当有 3 个顾客排队时，系统饱和，之后到达的顾客将被阻止加入队列。该过程的嵌入马尔可夫链状态为 1、2 和 3。求出该链的一步转移矩阵和由此得到的平稳分布，然后将这个答案与没有截断得到的结果进行比较。

6.29 使用稳态时 $M/G/1$ 排队模型中顾客在队列中等待时间的概率密度函数 $w_q(t)$ 的水平穿越方程［式（6.47）］，推导相应的 LST 表达式［式（6.34）］。

6.30 仅使用利特尔法则和基本稳态恒等式推导出 $M/G/2/2$ 排队模型的平稳系统大小概率。

6.31 某保险公司正在市中心建立一个新的总部。电话公司希望确定接入该保险公司总部大楼的电话线路数，接入的电话线路可以保证由于线路忙而损失的通话占比不超过 5%。电话按照泊松过程打入，平均速率为 100 个/h，平均通话时间为 2 min，求应接入大楼的电话线路数。

6.32 在 A 市，当一名医生首次诊断出艾滋病病例时，必须向市疾病预防控制中心提交该病例的报告（即顾客接受服务）。医生完成报告并将其发送到疾病预防控制中心需要的时间（分布未知）是一个随机变量（期望约为 3 个月）。一个数据分析团队分析了报告的到达过程，发现全国各地的新病人去看医生的过程为泊松过程。如果每年完成 50 000 份新报告，那么在任意时刻（假设系统处于稳态）医生正在处理的平均报告数是多少？

6.33 当输入源为有限大小 M，且到达速率与剩余顾客数成比例时，推导与埃尔朗损失公式［式（3.54）］等价的公式。假设服务时间服从一般分布，并且有 c 个服务员。［得到的答案是**恩格谢特公式**（Engest formula）的一个例子。］

6.34 通过对式（6.53）（$i \geqslant 1$）使用母函数的方法推导出式（6.55），然后证明 $\beta(z) = A^*(\mu(1-z))$。

6.35 （a）当到达时间间隔服从超指数分布，且概率密度函数为 $a(t) = q\lambda_1 e^{-\lambda_1 t} + (1-q)\lambda_2 e^{-\lambda_2 t}$ 时，求 $G/M/1$ 排队模型的母函数方程 $\beta(z) = z$ 的解析解 r_0。

（b）一个 $G/M/1$ 排队模型的到达速率 $\mu = 8$，且到达时间间隔的概率密度函数为 $a(t) = 0.3 \times 3e^{-3t} + 0.7 \times 10e^{-10t}$，求其稳态等待时间分布。

6.36 证明：如果 $G = M$，则式（6.55）的根 r_0 为 ρ，且由式（6.60）得出的结果与 $M/M/1$ 排队模型的结果相同。

6.37 （a）证明 r_0 始终大于 $e^{-1/\rho}$。

（b）假设你正在观察两个不同的 $G/M/1$ 排队系统，并且知道一个系统的到达时间间隔的累积分布函数 A_1 比第二个 A_2 大。证明：$\beta_1(z) \leqslant \beta_2(z)$ 且 $r_0^{(1)} \leqslant r_0^{(2)}$，因此 $\sum_{i=0}^{n} q_i^{(1)} \geqslant \sum_{i=0}^{n} q_i^{(2)}$。

6.38 （a）证明：对于 $M/G/1$ 排队模型，当且仅当 $G = M$ 时，顾客在稳态系统中的等待时间服从指数分布。

（b）证明：当且仅当 $G = M$ 时，稳态时 $G/M/1$ 排队模型的输出过程为泊松过程。[提示：任意离开时间间隔内的空闲时间（称为虚拟空闲时间）的累积分布函数为 $F(u) = A(u) + \int_{u}^{\infty} \mathrm{e}^{-\mu(1-r_0)(t-u)} \mathrm{d}A(t)$。每个离开时间间隔等于虚拟空闲时间与服务时间之和。]

6.39 假设已知在 $G/M/1$ 排队模型中一些顾客中途退出，具体来说，返回模式满足

$$\Pr\{\text{一个顾客在 } (t,\, t + \Delta t) \text{ 内中途退出}\} = r\Delta t + o(\Delta t)$$

无论系统中有多少个顾客（假设至少有一个），中途退出模式都是相同的。此外，还假设中途退出的顾客可以是正在接受服务的顾客。求相应的嵌入马尔可夫链。

6.40 考虑一个 $G/M/1$ 排队模型，其中平均输入速率 $\lambda = 3$，平均服务时间为 $\dfrac{1}{5}$。如果 G 是：（a）确定性分布；（b）二阶埃尔朗分布。求这两种情况下系统处于稳态时的到达时刻分布。

6.41 考虑一个 $G/M/1$ 排队模型，其解依赖于以下非线性方程的实数根：

$$z = \frac{12}{31 - z} + \frac{3}{5}\mathrm{e}^{-10(1-z)/3}$$

使用连续替换法求精确到小数点后 3 位的根。然后在假设服务速率为 1 的条件下，求顾客在队列中等待时间的累积分布函数。

6.42 考虑一个 $G/M/1$ 排队模型，该模型的到达时间间隔均匀分布在 $[0,6]$（单位为 min）上，平均服务时间为 2 min。

（a）求到达的顾客看到的平均队列长度。

（b）求每个顾客的平均排队时间。

（c）求顾客排队时间大于 3 min 的概率。

6.43 考虑一个 $G/M/1$ 排队模型，该模型的到达时间间隔为 1、2 或 3 min，且 3 种概率相等，平均服务时间为 1.5 min。

（a）求到达的顾客看到的平均队列长度。

（b）现在假设到达时间间隔在 $[1,3]$（单位为 min）内是连续均匀分布的。在这种情况下，队列长度是变大了还是变小了？

6.44 单服务员排队模型的服务时间服从指数分布，服务速率 $\mu = 2$ 个/min。观察到以下到达时间间隔（min）：1、2、2、1、1、2、3、1、2、1。假设观察到的到达时间间隔可以代表未来的独立同分布到达时间间隔，估计到达的顾客看到的队列中顾客的平均数和顾客在队列中的平均等待时间。

6.45 假设到达时间间隔随机变量 S 分别为以下两种情况，求 $G/M/1$ 排队系统的顾客在队列中的平均等待时间，其中 $\mu = 1.5$。

（a）$S = 0.5$ 的概率为 $1/2$，$S = 2$ 的概率为 $1/2$。

（b）S 在 $[0,1]$ 上均匀分布的概率为 $1/2$，在 $[1,3]$ 上均匀分布的概率为 $1/2$。

6.46 考虑一个 $D/M/1$ 排队模型，服务速率为每小时 5 个顾客，到达速率为每小时 4 个顾客。每个顾客的平均排队时间是多少？

6.47 考虑一个 $G/M/1$ 排队模型，其中到达时间间隔在 $[0, 0.1]$（min）上均匀分布，服务速率为 22 个/min。

（a）求到达的顾客看到系统中的平均顾客数。

（b）求顾客在系统中花费的平均时间。

（c）给出该 $G/M/1$ 排队模型嵌入马尔可夫链的前两行转移概率矩阵。

6.48 假设例 6.9 中有两个服务员，服务时间均服从指数分布，每个服务员的平均服务速率为 0.25 个/min。求到达时刻稳态系统大小的概率、到达时刻的平均系统大小和队列长度，以及顾客在队列和系统中花费的平均时间。

6.49 假设埃尔朗分布的 $\lambda = 4$，$\mu = 1.5$ 且 $c = 3$，确定参数 k 的最小值，使得将 $D/M/c$ 排队模型近似为 $E_k/M/c$ 排队模型时顾客在队列中的平均等待时间的误差不超过 2%。

6.50 到达 $G/M/4$ 排队系统的顾客有两种来源（来源 A，来源 B）。在任何到达时间间隔内，顾客来自来源 A 的可能性是来源 B 的两倍，并且来自来源 A 和来源 B 的顾客到达时间间隔均服从指数分布，到达速率分别为 $\lambda_1 = 0.5$ 个/单位时间和 $\lambda_2 = 0.25$ 个/单位时间。平均服务时间为 9 个单位时间。求平均系统大小和顾客在系统中的平均等待时间。

6.51 现在发现习题 6.50 中顾客来自两个来源的可能性相等。此外，假设这 4 个服务员合并为 1 个，其服务时间服从指数分布，平均服务时间为 2.25 个时间单位。计算只有 5% 的顾客在队列中的等待时间将超过的时间（即 95% 的顾客在队列中的等待时间不超过该时间）。

第7章

一般排队模型与理论研究

本章将补充介绍一些排队模型及其相关结论。这些排队模型既不是马尔可夫模型，也不是第 6 章中所讨论的 $M/G/1$ 或 $G/M/c$ 排队模型。本章与前几章有逻辑上的联系，前几章未解释清楚的地方将在本章继续讨论，以帮助读者了解现实生活中可能出现的各种排队模型。

7.1　$G/E_k/1$、$G^{[k]}/M/1$ 及 $G/PH_k/1$ 排队模型

回顾第 6 章，在推导 $G/M/1$ 排队模型等待时间的分布函数时，可以证明，当 $\rho = \lambda/\mu < 1$ 时，以下特征方程在 $(0, 1)$ 内仅有一个实数根：

$$z = A^*(\mu(1 - z)) = \beta(z)$$

其中，A^* 是到达时间间隔的分布函数的 LST，$\beta(z)$ 是在到达时间间隔内完成服务的顾客数的概率母函数。很容易证明，$\beta(z)$（至少在复单位圆上定义且解析）是关于实数 z 的单调非递减凸函数，因此很容易求得该特征方程的根。例如，可以使用迭代法来求根；由 $\beta(z)$ 的形状可知，如果令初始值非负且小于 1，则可以保证迭代法收敛。

接下来讨论 $G/E_k/1$ 排队模型。设 λ 和 μ 分别为平均到达速率和平均服务速率（即每个阶段的服务速率为 $k\mu$），需要求以下特征方程在单位圆内的根：

$$z^k = A^*(k\mu(1 - z)) = \beta(z) \tag{7.1}$$

其中，A^* 是到达时间间隔的分布函数的 LST，$\beta(z)$ 是到达时间间隔内完成的阶段数（而不是完成服务的顾客数，此处与 $G/M/1$ 排队模型不同）的概率母函数。例如，以下是 $M/E_k/1$ 排队模型的特征方程：

$$k\mu z^{k+1} - (\lambda + k\mu)z^k + \lambda = 0$$

该特征方程可以由速率平衡方程［式（4.25）］得到，也可以由式（7.1）得到，对于 $M/E_k/1$ 排队模型，$A^*(s) = \lambda/(s + \lambda)$。

显然，式（7.1）的一个根是 $z = 1$。使用儒歇定理可以证明，当流量强度 $\lambda/\mu < 1$ 时，有 k 个根严格位于单位圆 $|z| = 1$ 内。乔杜里等人（Chaudhry et al.，1990）证明了如下结论，可以找到这些根的确切位置，即在 $G/E_k/1$ 排队模型（或 $G^{[k]}/M/1$ 排队模型）的特征方程的 k 个根（对于所有 k）中，有一个根为实数根且位于 $(0, 1)$ 内，且当 k 是偶数时，有另一个实数根位于 $(-1, 0)$ 内。此外，如果到达时间间隔的分布函数的 LST ［$A^*(s)$］ 可以写为 $[A_1^*(s)]^k$，其中 $A_1^*(s)$ 是合法的 LST，则其余根（当 k 为奇数时，剩余 $k-1$ 个根；当 k 为偶数时，剩余 $k-2$ 个根）互不相同。

该结论提供了一个重要的充分条件，如果满足该条件，则特征方程的所有根互不相同，该结论还提供了一些关键信息来确定这些根的位置。这一结论的证明并不难。为了简单起见，将式（7.1）写为 $z^k = \beta(z)$。通过几何图形（本质上与图 6.2 相同）可知，当下式成立时，对于所有 k，$z^k = \beta(z)$ 在 $(0, 1)$ 内存在唯一的实数根：

$$\beta'(1) > \left. \frac{\mathrm{d}z^k}{\mathrm{d}z} \right|_{z=1} = k$$

$\beta'(1)$ 是到达时间间隔内完成的平均阶段数，所以 $\beta'(1) = k\mu/\lambda$。因此，上式等价于 $\lambda/\mu < 1$。当 k 为偶数时，有另一个实数根位于 $(-1, 0)$ 内，且该负数根的绝对值小于正数根的绝对值；这是因为 z^k 是对称函数，当 $z \in (0, 1)$ 时，$0 < \beta(-z) < \beta(z)$。

为了证明特征方程的所有根互不相同，将 z 写为 $re^{i\theta}$，则式（7.1）可以写为：

$$r^k e^{i\theta k} = A^*(k\mu(1 - re^{i\theta}))e^{2\pi ni} = \beta(re^{i\theta})e^{2\pi ni} \tag{7.2}$$

其中 n 是整数。指数因子 $e^{2\pi ni}$ 等于 1，其作用是便于对复数取 k 次方根。对上式两边同取 k 次方根，可得

$$re^{i\theta} = \beta_1(re^{i\theta}) e^{2\pi ni/k} \tag{7.3}$$

其中 $\beta_1(z) = [\beta(z)]^{1/k}$ 是唯一且解析的概率母函数。假设 $A^*(s)$ 可以写为 $[A_1^*(s)]^k$（即概率分布具有**无限可分性**，infinite divisibility），所以 $\beta_1(z)$ 存在。

因此，对于不同的 n 值（$n = 1, \cdots, k$），方程（7.3）不同。与证明 $G/M/1$ 排队模型在单位圆内有一个特征根的过程几乎相同，可以证明，当 $\lambda/\mu < 1$ 时，

对于每个 $n(n = 1, \cdots, k)$ 值，方程（7.3）在单位圆内有唯一根。这 k 个根互不相同；如果有两个根相同，则这两个根各自的单位根将相同，这与前文所讨论的结论矛盾。

因此，可以将该定理的充分条件稍微放宽，即要求 $\beta(z)$ 不存在零点但不要求 $\beta(z)$ 一定是无限可分的。在该条件下，$\beta(z)$ 的 k 次方根函数是解析的，可以使用儒歇定理对此进行证明（Chaudhry et al.，1990），在证明过程中，不要求函数 $\beta(z)$ 是合法的概率母函数。

尽管有一些 $G/E_k/1$ 排队模型的 $\beta(z)$ 函数在单位圆内有零点，但在实践中，相当多的模型具有无限可分的到达时间间隔分布，这是因为指数分布和埃尔朗分布具有无限可分性，且通过这两个分布的卷积构造的分布（例如，广义埃尔朗分布）也具有无限可分性。对于其他分布，首先应当判断 $\beta(z)$ 是否存在零点。如果 $\beta(z)$ 不存在零点，则可以使用前面介绍的取 k 次方根的方法。如果 $\beta(z)$ 在单位圆内有一个零点，且该零点是孤立的（在大多数情况下都是如此），则可以使用数值计算程序来解决相关问题。此外，在一些情况下，$\beta(z)$ 存在零点，但特征方程的根互不相同。由于单位圆内的根互不相同，可知第 6.3.1 节中排队等待时间的分布函数变为负指数分布函数的线性（但可能非凸）组合，这些负指数分布函数的参数可能为复数。对于这类问题，推荐使用迭代法来求根，且需要在复数域中进行分析，并求解 k 个不同的方程（n 依次取 1 到 k）。按照前面的推导，已知每个方程均有一个复数解，且这些解互不相同。

■ 例 7.1

本例将说明如何使用迭代法来求根。考虑 $E_3/E_3/1$ 排队模型，其中 $\lambda = 1$ 且 $\mu = 4/3$（$\rho = \lambda/\mu = 3/4$），可得 $A^*(s) = [3\lambda/(3\lambda + s)]^3$。需要求以下方程的根：

$$z^3 = A^*(3\mu(1-z)) = \left[\frac{3\lambda}{3\lambda + 3\mu(1-z)}\right]^3 = \frac{27}{(7 - 4z)^3}$$

该问题等价于求六次方程的根，其中有一个根为 1，有一个实数根在 $(0, 1)$ 内，有两个模小于 1 的共轭复根，以及可能有两个模大于 1 的复数根。在本例中不使用多项式根查找器，而是使用迭代法，由式（7.3）可得

$$z = \frac{3}{7 - 4z}\mathrm{e}^{2\pi ni/3}, \qquad n = 1, 2, 3 \tag{7.4}$$

当 $n = 3$ 时，式（7.4）可以写为 $(4z - 3)(1 - z) = 0$，由该二次方程可以得到位于 $(0, 1)$ 内的实数根为 0.75。

当 $n = 2$ 时，式（7.4）可以写为

$$z = \frac{3}{7 - 4z} \mathrm{e}^{4\pi\mathrm{i}/3}$$

其中，$\mathrm{e}^{4\pi\mathrm{i}/3} = \cos(4\pi/3) + \mathrm{i}\sin(4\pi/3) = -0.5 - (\sqrt{3}/2)\mathrm{i}$，将该值作为以下迭代公式的初始值：

$$z^{(m+1)} = \frac{3}{7 - 4z^{(m)}} \mathrm{e}^{4\pi\mathrm{i}/3} \tag{7.5}$$

由表 7.1 中的迭代计算结果可以发现收敛速度非常快，由此可得根 $-0.233 \pm 0.293\mathrm{i}$，这两个根的模均小于 1。因此，与 $G/M/1$ 排队模型类似，可以写出稳态到达时刻概率：

$$q_n = C_1(0.75)^n + C_2(-0.233 - 0.293\mathrm{i})^n + C_3(-0.233 + 0.293\mathrm{i})^n,$$

其中 C_2 和 C_3 一定互为共轭复数，以使上式的计算结果为实数。此外，排队时间的分布函数具有以下形式：

$$W_{\mathrm{q}}(t) = 1 - [K_1\mathrm{e}^{-0.25\mu t} - K_2\mathrm{e}^{-(1.233+0.293\mathrm{i})\mu t} - \overline{K}_2\mathrm{e}^{-(1.233-0.293\mathrm{i})\mu t}]$$

可以由边界条件求得上式中的复常数（具有正实部）。

表 7.1　使用式（7.5）进行迭代计算

m	$z^{(m)}$	等号右边
1	$(-0.500, -0.866)$	$(-0.242, -0.196)$
2	$(-0.242, -0.196)$	$(-0.218, -0.305)$
3	$(-0.218, -0.305)$	$(-0.236, -0.294)$
4	$(-0.236, -0.294)$	$(-0.233, -0.293)$
5	$(-0.233, -0.293)$	$(-0.233, -0.293)$

本节暂不深入讨论如何求以上公式中的常数。第 7.1.1 节和第 7.1.2 节将介绍另外两种方法来求稳态到达时刻概率及排队时间的分布函数。

7.1.1　矩阵几何解

基于纽茨（Neuts，1981）的研究，可以将推导 $G/M/1$ 排队模型的到达时刻概率的方法扩展至 $G/PH_k/1$ 排队模型。该方法需要建立一个转移矩阵，其形式与式（6.51）类似，但其元素为矩阵。为了更好地说明，本节以 $G/E_2/1$ 排队

系统为例进一步讨论。与前面讨论服务时间服从埃尔朗分布的情况一样，使用 (n,i) 来表示系统状态，其中 n 表示系统中有 n 个顾客，i 表示正在接受服务的顾客处于服务阶段 i，可得到达时刻的嵌入离散参数马尔可夫链的转移矩阵为

$$
\boldsymbol{P} = \begin{array}{c} \\ 0 \\ 1,2 \\ 1,1 \\ 2,2 \\ 2,1 \\ 3,2 \\ 3,1 \\ 4,2 \\ 4,1 \\ \vdots \end{array}
\begin{array}{cccccccccc}
0 & 1,2 & 1,1 & 2,2 & 2,1 & 3,2 & 3,1 & 4,2 & 4,1 & 5,2 & \cdots \\
\end{array}
\left(\begin{array}{ccccccccccc}
1-\Sigma b_j & b_0 & b_1 & 0 & \cdots & & & & & & \\
1-\Sigma b_j & b_2 & b_3 & b_0 & b_1 & 0 & \cdots & & & & \\
1-\Sigma b_j & b_1 & b_2 & 0 & b_0 & 0 & \cdots & & & & \\
1-\Sigma b_j & b_4 & b_5 & b_2 & b_3 & b_0 & b_1 & 0 & \cdots & & \\
1-\Sigma b_j & b_3 & b_4 & b_1 & b_2 & 0 & b_0 & 0 & \cdots & & \\
1-\Sigma b_j & b_6 & b_7 & b_4 & b_5 & b_2 & b_3 & b_0 & b_1 & 0 & \cdots \\
1-\Sigma b_j & b_5 & b_6 & b_3 & b_4 & b_1 & b_2 & 0 & b_0 & 0 & \cdots \\
1-\Sigma b_j & b_8 & b_9 & b_6 & b_7 & b_4 & b_5 & b_2 & b_3 & b_0 & \cdots \\
1-\Sigma b_j & b_7 & b_8 & b_5 & b_6 & b_3 & b_4 & b_1 & b_2 & 0 & \cdots \\
\vdots & \vdots & \vdots & \vdots & \vdots & \vdots & \vdots & \vdots & \vdots & \vdots & \\
\end{array}\right)
$$

其中 $b_n = \Pr\{\text{到达时间间隔内完成 } n \text{ 个服务阶段}\}$。

用 $\boldsymbol{B}_i$ 表示矩阵 $\begin{bmatrix} b_{2i} & b_{2i+1} \\ b_{2i-1} & b_{2i} \end{bmatrix}$，$\boldsymbol{B}_{01}$ 表示向量 (b_0, b_1)，B_{00} 表示标量

$1 - b_0 - b_1$，$\boldsymbol{B}_{i0}$ 表示列向量 $\begin{pmatrix} 1-\Sigma b_j \\ 1-\Sigma b_j \end{pmatrix}$，则矩阵 $\boldsymbol{P}$ 可以写为

$$
\boldsymbol{P} = \begin{array}{c} \\ 0 \\ 1 \\ 2 \\ 3 \\ \vdots \end{array}
\begin{array}{cccccc}
0 & 1 & 2 & 3 & 4 & 5 \quad \cdots \\
\end{array}
\left(\begin{array}{cccccc}
\boldsymbol{B}_{00} & \boldsymbol{B}_{01} & \boldsymbol{0} & \cdots & & \\
\boldsymbol{B}_{10} & \boldsymbol{B}_1 & \boldsymbol{B}_0 & \boldsymbol{0} & \cdots & \\
\boldsymbol{B}_{20} & \boldsymbol{B}_2 & \boldsymbol{B}_1 & \boldsymbol{B}_0 & \boldsymbol{0} & \cdots \\
\boldsymbol{B}_{30} & \boldsymbol{B}_3 & \boldsymbol{B}_2 & \boldsymbol{B}_1 & \boldsymbol{B}_0 & \boldsymbol{0} \quad \cdots \\
\vdots & \vdots & \vdots & \vdots & & \\
\end{array}\right) \tag{7.6}
$$

式（7.6）中的矩阵 $\boldsymbol{P}$ 与式（6.51）中 $G/M/1$ 排队模型的矩阵 $\boldsymbol{P}$ 看起来很相似；在式（6.51）中，矩阵的元素均为标量，而在式（7.6）中，第一行的元素（不包括 $\boldsymbol{B}_{00}$）为 1×2 的矩阵，第一列的元素为 2×1 的矩阵，其他行和列的元素为 2×2 的矩阵。所有 $G/E_k/1$ 排队模型的矩阵 $\boldsymbol{P}$ 均具有此结构，即 $\boldsymbol{B}_i$

是 $k \times k$ 的矩阵（不包括第一行和第一列）。$G/PH_k/1$ 排队模型的矩阵 $\boldsymbol{P}$ 也具有类似的结构，不同之处仅在于第一行和前几列。

除了证明了矩阵 $\boldsymbol{P}$ 之间具有相似性外，纽茨还证明了该解与 $G/M/1$ 排队模型的解非常相似，纽茨称其为**矩阵几何解**（matrix-geometric solution）。我们希望找到满足 $\boldsymbol{qP=q}$ 及 $\boldsymbol{qe}=1$ 的不变非负概率向量 $\boldsymbol{q}$。如果将向量 $\boldsymbol{q}$ 分解为连续的向量序列 $\boldsymbol{q}_0, \boldsymbol{q}_1, \cdots$，其中 $\boldsymbol{q}_j (j \geqslant 1)$ 为 k 维向量，$\boldsymbol{q}_0$ 为 1 维向量，则与式（6.53）类似，平稳方程为

$$\boldsymbol{q}_j = \sum_{i=0}^{\infty} \boldsymbol{q}_{j+i-1} \boldsymbol{B}_i, \quad j > 1$$

$$(\boldsymbol{q}_0, \boldsymbol{q}_1) = \sum_{i=0}^{\infty} \boldsymbol{q}_i \boldsymbol{A}_i, \quad \boldsymbol{A}_0 = (B_{00}, B_{01}), \quad \boldsymbol{A}_i = (B_{i0}, B_i), i \geqslant 1$$

且 $\sum \boldsymbol{q}_i \boldsymbol{e} = 1$。

可以证明，解的形式为 $\boldsymbol{q}_n = \boldsymbol{CR}^n$，其中 $\boldsymbol{R}$ 是非负且不可约的 $k \times k$ 矩阵。事实上，$\boldsymbol{R}$ 是以下矩阵方程的最小非负解（即在矩阵 $\boldsymbol{Z}$ 的所有非负解中，$\boldsymbol{R}$ 的所有元素都是最小的）：

$$\boldsymbol{Z} = \sum_{i=0}^{\infty} \boldsymbol{Z}^i \boldsymbol{B}_i = \boldsymbol{B}(\boldsymbol{Z}) \tag{7.7}$$

上式是式（6.55）中 $G/M/1$ 排队模型的基本母函数的矩阵等价形式。对于 $\rho < 1$，上式的解是唯一的，且需要使用数值方法来求 $\boldsymbol{R}$。正如使用了迭代法来求式（6.55）的根，求矩阵 $\boldsymbol{R}$ 的方法之一是数值迭代方法，计算公式如下：

$$\boldsymbol{Z}^{(k+1)} = \boldsymbol{B}\left(\boldsymbol{Z}^{(k)}\right), \quad k = 0, 1, 2, \cdots$$

读者可参阅参考文献（Neuts，1981；Kao，1991），以进一步了解如何将 $G/M/1$ 排队模型的结果扩展至 $G/PH_k/1$ 排队模型。也可以将本节的讨论扩展至 $G/PH_k/c$ 排队模型，然而随着状态空间的快速增大，计算变得非常困难，除非 c 和 k 很小。由于 k 阶埃尔朗分布是特殊的阶段型分布，所以对于 $G/E_k/1$ 和 $G/E_k/c$ 排队模型，可以使用矩阵几何解的方法来替代本章前面介绍的复平面求根的方法。

可以使用前面描述的矩阵几何解 $\{\boldsymbol{q}_n\}$ 来求排队等待时间的分布函数，与第 4.3.2 节中所讨论的情况类似，通过建立具有吸收态的连续参数马尔可夫链求解吸收态时间。为了求到达顾客的排队等待时间的分布，可以首先求条件等待时间

概率，即到达的顾客看见系统中有 n 个顾客的条件下的等待时间概率，然后对所有条件下的概率求和。对于每个条件问题，均需要联立求解关于条件等待时间分布的线性微分方程组，并将各条件分布乘以对应的 q_n。因此，如果以这种方式求等待时间的分布，需要谨慎选择数值方法来求解大量方程（Neuts，1981）。

7.1.2　拟生灭过程

当输入过程为泊松过程时，$G/PH_k/1$ 排队模型的无穷小生成元具有矩阵结构，即无穷小生成元的元素为三对角矩阵，该无穷小生成元与标准生灭过程的无穷小生成元相似。之所以会出现这样的结构，是因为系统可以从状态 (n,i)（即系统中有 n 个顾客且正在接受服务的顾客处于服务阶段 i）转移到状态 $\{(n, i - 1), (n+1, i), (i-1, k)\}$，其中 k 是第一个服务阶段，相继的服务阶段用递减的数字标记。

具有平均服务速率 μ_1 和 μ_2 的 $M/PH_2/1$ 排队模型的无穷小生成元 $\boldsymbol{Q}$（与第 7.1.1 节中 $M/E_2/1$ 排队模型的矩阵 $\boldsymbol{P}$ 相似）如下：

$$
\boldsymbol{Q} = \begin{array}{c} \\ 0 \\ 1,2 \\ 1,1 \\ 2,2 \\ 2,1 \\ 3,2 \\ 3,1 \\ \vdots \end{array}
\begin{array}{c}
\begin{array}{ccccccc} 0 & 1,2 & 1,1 & 2,2 & 2,1 & 3,2 & 3,1 & \cdots \end{array} \\
\left(\begin{array}{cccccccc}
-\Sigma b_0 & \lambda & 0 & 0 & \cdots & & & \\
0 & -\Sigma b_1 & \mu_2 & \lambda & 0 & 0 & \cdots & \\
\mu_1 & 0 & -\Sigma b_2 & 0 & \lambda & 0 & 0 & \cdots \\
0 & 0 & 0 & -\Sigma b_3 & \mu_2 & \lambda & 0 & \cdots \\
0 & \mu_1 & 0 & 0 & -\Sigma b_4 & 0 & \lambda & \cdots \\
0 & 0 & 0 & 0 & 0 & -\Sigma b_5 & \mu_2 & \cdots \\
0 & 0 & 0 & \mu_1 & 0 & 0 & -\Sigma b_6 & \cdots \\
\vdots & \vdots & \vdots & \vdots & \vdots & \vdots & \vdots &
\end{array}\right)
\end{array}
$$

其中，Σb_i 表示第 i 行所有元素之和。可以将矩阵 $\boldsymbol{Q}$ 写为分块形式：

$$
\boldsymbol{Q} = \begin{array}{c} \\ 0 \\ 1 \\ 2 \\ 3 \\ \vdots \end{array}
\begin{array}{c}
\begin{array}{cccccc} 0 & 1 & 2 & 3 & 4 & 5 & \cdots \end{array} \\
\left(\begin{array}{ccccccc}
\boldsymbol{B}_{00} & \boldsymbol{B}_{01} & \boldsymbol{0} & \cdots & & & \\
\boldsymbol{B}_{10} & \boldsymbol{B}_1 & \boldsymbol{B}_0 & \boldsymbol{0} & \cdots & & \\
\boldsymbol{0} & \boldsymbol{B}_2 & \boldsymbol{B}_1 & \boldsymbol{B}_0 & \boldsymbol{0} & \cdots & \\
\boldsymbol{0} & \boldsymbol{0} & \boldsymbol{B}_2 & \boldsymbol{B}_1 & \boldsymbol{B}_0 & \boldsymbol{0} & \cdots \\
\vdots & \vdots & \vdots & \vdots & \vdots & \vdots &
\end{array}\right)
\end{array}
$$

其中

$$B_{00} = [-\sum b_0] = [-\lambda], \quad B_{01} = \begin{bmatrix} \lambda & 0 \end{bmatrix}, \qquad\qquad B_{10} = \begin{bmatrix} 0 & \mu_1 \end{bmatrix}$$

$$B_0 = \begin{bmatrix} \lambda & 0 \\ 0 & \lambda \end{bmatrix}, \qquad\qquad B_1 = \begin{bmatrix} -\sum b_i & \mu_2 \\ 0 & -\sum b_i \end{bmatrix}, \quad B_2 = \begin{bmatrix} 0 & 0 \\ \mu_1 & 0 \end{bmatrix}$$

该分块形式的矩阵 Q 具有三对角结构，与第 2.4 节中一般生灭过程的无穷小生成元的结构相似，因此称该分块形式的矩阵 Q 对应的随机过程为**拟生灭过程**（quasi-birth-death process, QBD process）。

对于特定的问题，如果确定了 Q 的值，则可以使用第 7.1.1 节中介绍的解析方法或迭代法来求解方程 $\mathbf{0} = \boldsymbol{\pi} Q$。拟生灭过程在分析具有优先级的排队模型时很有用，这在参考文献（Miller，1981）的研究中有所体现，拟生灭过程也可以应用于有一个服务员和两个队列的模型，其中较长的队列具有较高的优先级，这类模型不是 $M/PH_k/1$ 排队模型，但由于不同优先级的顾客均按泊松过程到达，且服务时间服从指数分布，所以可以使用拟生灭过程的方法来进行分析。

7.2 $G/G/1$ 排队模型

尽管没有对到达时间间隔以及服务时间做特定的假设，但仍可以得出一些与 $G/G/1$ 排队模型（输入及服务时间服从一般分布的单服务员模型）相关的结论。相关结论主要是基于**维纳-霍普夫积分方程**（Wiener-Hopf integral equation）来推导任意顾客排队等待时间的平稳分布。该积分方程被命名为**林德利方程**（Lindley's equation），因为该方程很大程度上是基于林德利的研究（Lindley，1952）得出的。关于 $G/G/1$ 排队模型的更多讨论，读者可以参阅相关文献（Cohen，1982），其中大部分内容超出了本书讨论的范围。

首先，通过观察可知，式（1.8）中的递归关系（即第 n 个和第 $n+1$ 个顾客的排队时间 $W_{\mathrm{q}}^{(n)}$ 和 $W_{\mathrm{q}}^{(n+1)}$ 之间的关系）对于任意 $G/G/1$ 排队模型均成立。该递归关系为

$$W_{\mathrm{q}}^{n+1} = \begin{cases} W_{\mathrm{q}}^{(n)} + S^{(n)} - T^{(n)}, & W_{\mathrm{q}}^{(n)} + S^{(n)} - T^{(n)} > 0 \\ 0, & W_{\mathrm{q}}^{(n)} + S^{(n)} - T^{(n)} \leqslant 0 \end{cases}$$

也可以写为

$$W_{\mathrm{q}}^{(n+1)} = \max\left\{0, W_{\mathrm{q}}^{(n)} + S^{(n)} - T^{(n)}\right\}$$

其中，$S^{(n)}$ 是第 n 个顾客的服务时间，$T^{(n)}$ 是第 n 个和第 $n+1$ 个顾客的到达时间间隔。由于 $W_{\mathrm{q}}^{(n+1)}$ 仅是随机确定的 $W_{\mathrm{q}}^{(n)}$ 的值的函数，且与之前到达的顾客的排队时间无关，所以随机过程 $\{W_{\mathrm{q}}^{(n)}|n=0,1,2,\cdots\}$ 是离散时间马尔可夫过程。

由基础的概率论知识可得

$$\begin{aligned}
W_q^{n+1}(t) &\equiv \Pr\{\text{第 } n+1 \text{ 个顾客的排队时间} W_q^{n+1} \leqslant t\} \\
&= \Pr\{W_{\mathrm{q}}^{(n+1)} = 0\} + \Pr\{0 < W_{\mathrm{q}}^{(n+1)} \leqslant t\} \\
&= \Pr\{W_{\mathrm{q}}^{(n)} + S^{(n)} - T^n \leqslant 0\} + \Pr\{0 < W_{\mathrm{q}}^{(n)} + S^{(n)} - T^{(n)} \leqslant t\} \\
&= \Pr\{W_{\mathrm{q}}^{(n)} + S^{(n)} - T^n \leqslant t\}
\end{aligned}$$

如果定义随机变量 $U^{(n)} \equiv S^{(n)} - T^{(n)}$，$U^{(n)}(x)$ 为 $U^{(n)}$ 的累积分布函数，则利用卷积公式可得

$$W_{\mathrm{q}}^{(n+1)}(t) = \int_{-\infty}^{t} W_{\mathrm{q}}^{(n)}(t-x)\mathrm{d}U^{(n)}(x), \quad 0 \leqslant t < \infty$$

当系统处于稳态时（$\rho < 1$），第 n 个和第 $n+1$ 个顾客的排队时间的累积分布函数必定相同，因此，设 $W_{\mathrm{q}}(t)$ 为排队时间的平稳分布，可得林德利方程

$$\boxed{\begin{aligned}
W_{\mathrm{q}}(t) &= \begin{cases} \displaystyle\int_{-\infty}^{t} W_{\mathrm{q}}(t-x)\mathrm{d}U(x), & 0 \leqslant t < \infty \\ 0, & t < 0 \end{cases} \\
&= -\int_{0}^{\infty} W_{\mathrm{q}}(y)\mathrm{d}U(t-y), \quad 0 \leqslant t < \infty
\end{aligned}} \tag{7.8}$$

其中 $U(x)$ 是平衡状态下的 $U^{(n)}(x)$，且可由 S 和 $-T$ 的卷积得到

$$U(x) = \int_{\max\{0,x\}}^{\infty} B(y)\mathrm{d}A(y-x) \tag{7.9}$$

通常可以定义一个新的函数来求解维纳-霍普夫积分方程。这里通过定义以下函数来求解式（7.8）[可参阅参考文献（Feller，1971）]：

$$W_q^-(t) \equiv \begin{cases} \int_{-\infty}^t W_q(t-x)\mathrm{d}U(x), & t < 0 \\ 0, & t \geqslant 0 \end{cases} \quad (7.10)$$

由式（7.8）和式（7.10）可得

$$W_q^-(t) + W_q(t) = \int_{-\infty}^t W_q(t-x)\mathrm{d}U(x), \quad -\infty < t < \infty \quad (7.11)$$

$W_q^-(t)$ 是当 $W_q^{(n)} + S - T$ 的值为负（服务员在第 n 个和第 $n+1$ 个顾客之间有空闲时间）时的排队时间的累积分布函数。

$W_q(t)$ 在 0 处不是连续的，其在 0 处的跳跃值与到达时刻概率 q_0 相等，即 $W_q(0) = q_0$。推导 $W_q(t), t > 0$（即正值部分）并不难，首先定义 $W_q(t)$ 和 $W_q^-(t)$ 的**双边拉普拉斯变换**（two-sided Laplace transforms）：

$$\overline{W}_q(s) = \int_{-\infty}^{\infty} \mathrm{e}^{-st} W_q(t)\mathrm{d}t = \int_0^{\infty} \mathrm{e}^{-st} W_q(t)\mathrm{d}t$$

$$\overline{W}_q^-(s) = \int_{-\infty}^{\infty} \mathrm{e}^{-st} W_q^-(t)\mathrm{d}t = \int_{-\infty}^0 \mathrm{e}^{-st} W_q^-(t)\mathrm{d}t$$

此外，用 $U^*(s)$ 来表示 $U(t)$ 的（双边）LST。

对式（7.11）的两边同时进行双边拉普拉斯变换，则式（7.11）等号右边的变换为

$$\mathcal{L}_2\left\{\int_{-\infty}^t W_q(t-x)\mathrm{d}U(x)\right\} = \int_{-\infty}^{\infty}\int_{-\infty}^t \mathrm{e}^{-(t-x)s} W_q(t-x)\mathrm{e}^{-sx}\mathrm{d}U(x)\mathrm{d}t$$

当 $x \geqslant t$ 时，$W_q(t-x) = 0$，所以可以将上式写为

$$\begin{aligned} \mathcal{L}_2 &= \int_{-\infty}^{\infty}\int_{-\infty}^{\infty} \mathrm{e}^{-(t-x)s} W_q(t-x)\mathrm{e}^{-sx}\mathrm{d}U(x)\mathrm{d}t \\ &= \left[\int_{-\infty}^{\infty} \mathrm{e}^{-su} W_q(u)\mathrm{d}u\right]\left[\int_{-\infty}^{\infty} \mathrm{e}^{-sx}\mathrm{d}U(x)\right] \\ &= \overline{W}_q(s)U^*(s) \end{aligned}$$

由于 U 是到达时间间隔和服务时间的差值的累积分布函数，且当 $t < 0$ 时，$A(t)$ 和 $B(t)$ 均等于 0，因此根据卷积的性质，可知（双边）LST 等于到达

时间间隔的 LST $[A^*(s)]$ 在 $-s$ 处的取值与服务时间的 LST $[B^*(s)]$ 的乘积，即 $U^*(s) = A^*(-s)B^*(s)$。由式（7.11）可得

$$\overline{W}_{\mathrm{q}}^-(s) + \overline{W}_{\mathrm{q}}(s) = \overline{W}_{\mathrm{q}}(s)A^*(-s)B^*(s)$$

$$\Rightarrow \overline{W}_{\mathrm{q}}(s) = \frac{\overline{W}_{\mathrm{q}}^-(s)}{A^*(-s)B^*(s) - 1} \tag{7.12}$$

因此，对于 $G/G/1$ 排队模型，给定任意 $\{A(t), B(t)\}$，理论上均可以推导出排队时间的拉普拉斯变换。推导 $\overline{W}_{\mathrm{q}}^-(t)$ 是主要的难点，通常需要使用复变函数中的概念。

接下来，以 $M/M/1$ 排队模型为例来说明如何推导 $W_{\mathrm{q}}(t)$，并将推导出的结果与第 3 章中的结果进行对比。对于 $M/M/1$ 排队模型，有

$$B(t) = 1 - \mathrm{e}^{-\mu t}$$
$$B^*(s) = \frac{\mu}{\mu + s}$$
$$A(t) = 1 - \mathrm{e}^{-\lambda t}$$

可得

$$A^*(-s) = \frac{\lambda}{\lambda - s}$$

由式（7.9）可得

$$U(x) = \begin{cases} \displaystyle\int_0^\infty (1 - \mathrm{e}^{-\mu y})\lambda \mathrm{e}^{-\lambda(y-x)}\mathrm{d}y, & x < 0 \\ \displaystyle\int_x^\infty (1 - \mathrm{e}^{-\mu y})\lambda \mathrm{e}^{-\lambda(y-x)}\mathrm{d}y, & x \geqslant 0 \end{cases}$$

$$= \begin{cases} \dfrac{\mu \mathrm{e}^{\lambda x}}{\lambda + \mu}, & x < 0 \\ 1 - \dfrac{\lambda \mathrm{e}^{-\mu x}}{\lambda + \mu}, & x \geqslant 0 \end{cases} \tag{7.13}$$

因此，

$$W_{\mathrm{q}}^-(t) = \int_{-\infty}^t W_{\mathrm{q}}(t-x)\mathrm{d}U(x) = \frac{\lambda\mu}{\lambda + \mu}\int_{-\infty}^t W_{\mathrm{q}}(t-x)\mathrm{e}^{\lambda x}\mathrm{d}x, \qquad t < 0$$

设 $u = t - x$，可得

$$W_q^-(t) = \frac{\lambda\mu}{\lambda+\mu} \int_0^\infty W_q(u) e^{-\lambda(u-t)} du$$

$$= \frac{\lambda\mu e^{\lambda t}}{\lambda+\mu} \int_0^\infty W_q(u) e^{-\lambda u} du$$

$$= \frac{\lambda\mu e^{\lambda t} \overline{W}_q(\lambda)}{\lambda+\mu} \tag{7.14}$$

可以由前面的讨论来推导出 $\overline{W}_q(\lambda)$。第 6.2.1 节证明了对于任意 $M/G/c$ 排队模型，有

$$\pi_n^q = \Pr\{\text{一个顾客离开后队列中剩余 } n \text{ 个顾客}\}$$

$$= \frac{1}{n!} \int_0^\infty (\lambda t)^n e^{-\lambda t} dW_q(t)$$

因此，如果 $G = M$ 且 $c = 1$，则

$$\pi_0^q = \int_0^\infty e^{-\lambda t} dW_q(t)$$

进行分部积分可得

$$\pi_0^q = e^{-\lambda t} W_q(t) \Big|_0^\infty + \lambda \int_0^\infty e^{-\lambda t} W_q(t) dt$$

在上式中，$\lim\limits_{t \to \infty} e^{-\lambda t} = 0$。由于仅需要推导 $t > 0$ 时的 $W_q(t)$，所以暂且设 $W_q(0) = 0$，以简化分析过程，在推导的最后，令 $W_q(0) = p_0$，该式之所以成立，是因为对于所有 $M/G/1$ 排队模型（始终满足利特尔法则），均有 $W_q(0) = p_0 = 1 - \lambda/\mu$。由上式可得

$$\pi_0^q = \lambda \overline{W}_q(\lambda)$$

对于 $M/M/1$ 排队模型，π_0^q 一定等于 $p_0 + p_1 = (1-\rho)(1+\rho)$，因此，

$$\overline{W}_q(\lambda) = \frac{(1-\rho)(1+\rho)}{\lambda}$$

由式（7.14）可得

$$W_q^-(t) = \frac{e^{\lambda t}(1-\rho)(1+\rho)}{1+\rho} = e^{\lambda t}(1-\rho)$$

$W_{\mathrm{q}}^-(t)$ 的拉普拉斯变换为

$$\overline{W_{\mathrm{q}}^-}(s) = \frac{1-\rho}{\lambda - s}$$

最后，由式（7.12）可得

$$\overline{W_{\mathrm{q}}}(s) = \frac{(1-\rho)/(\lambda - s)}{\lambda\mu/[(\lambda - s)(\mu + s)] - 1}$$

$$= \frac{(1-\rho)(\mu + s)}{s(\mu - \lambda + s)}$$

$$= \frac{1-\rho}{s} + \frac{\lambda(1-\rho)}{s(\mu - \lambda + s)}$$

由拉普拉斯逆变换可得

$$W_{\mathrm{q}}(t) = 1 - \rho + \frac{\lambda(1-\rho)(1 - \mathrm{e}^{-(\mu-\lambda)t})}{\mu - \lambda}$$

$$= 1 - \rho\mathrm{e}^{-(\mu-\rho)t}, \qquad t > 0$$

此时，令 $W_{\mathrm{q}}(0)$ 等于 $p_0 = 1 - \rho$，就得到了与式（3.30）相同的结果。

下面通过例 7.2 来说明如何使用林德利方程。

■　**例 7.2**

美发店的经营者卡特女士想知道顾客排队时间的分布。根据她最新拟定的优先级规则（见第 4.4.1 节的例 4.11），服务时间服从如下分布：为顾客提供简单修剪服务的时间服从指数分布，平均服务时间为 5 min；为顾客提供其他服务的时间服从指数分布，平均服务时间为 12.5 min。为顾客提供简单修剪服务的时间占总服务时间的三分之一。顾客按参数为 $\lambda = 5$ 个/h 的泊松过程到达。如果假设没有优先级，那么卡特女士的系统是 $M/G/1$ 排队系统，服务时间服从混合指数分布（即两个指数分布的加权平均）。可得

$$b(t) = \frac{1}{3} \times \frac{1}{5}\mathrm{e}^{-t/5} + \frac{2}{3} \times \frac{2}{25}\mathrm{e}^{-2t/25}$$

$$B(t) = 1 - \left(\frac{1}{3}\mathrm{e}^{-t/5} + \frac{2}{3}\mathrm{e}^{-2t/25}\right)$$

$$B^*(s) = \frac{1}{15s + 3} + \frac{4}{75s + 6}$$

由式（7.10）可得

$$W_q^-(t) = \int_{-\infty}^t W_q(t-x)\mathrm{d}U(x), \qquad t < 0$$

由于 $a(t) = \dfrac{1}{12}\mathrm{e}^{-t/12}$，所以由式（7.9）可得

$$U(x) = \begin{cases} \displaystyle\int_0^\infty \left(1 - \frac{\mathrm{e}^{-y/5} + 2\mathrm{e}^{-2y/25}}{3}\right)\frac{\mathrm{e}^{-(y-x)/12}}{12}\mathrm{d}y, & x < 0 \\[3mm] \displaystyle\int_x^\infty \left(1 - \frac{\mathrm{e}^{-y/5} + 2\mathrm{e}^{-2y/25}}{3}\right)\frac{\mathrm{e}^{-(y-x)/12}}{12}\mathrm{d}y, & x \geqslant 0 \end{cases}$$

$$= \begin{cases} \mathrm{e}^{x/12}\left(1 - \dfrac{\frac{1}{36}}{\frac{1}{12}+\frac{1}{5}} - \dfrac{\frac{1}{18}}{\frac{1}{12}+\frac{2}{25}}\right), & x < 0 \\[5mm] 1 - \dfrac{\frac{1}{30}\mathrm{e}^{x/5}}{\frac{1}{12}+\frac{1}{5}} - \dfrac{\frac{1}{18}\mathrm{e}^{-2x/25}}{\frac{1}{12}+\frac{2}{25}}, & x \geqslant 0 \end{cases}$$

因此，

$$W_q^-(t) = \frac{1}{12} \times \frac{468}{833}\int_{-\infty}^t W_q(t-x)\mathrm{e}^{x/12}\mathrm{d}x, \qquad t < 0$$

$$= \frac{39}{833}\mathrm{e}^{t/12}\overline{W}_q\left(\frac{1}{12}\right)$$

接下来需要求 $\overline{W}_q(\lambda)$，已知 $\lambda = \dfrac{1}{12}$，第 6.2.1 节中提到，π_n^q 的公式对于任意 $M/G/1$ 排队模型均成立，因此，

$$\overline{W}_q(\lambda) = \frac{\pi_0^q}{\lambda}$$

但此处 π_0^q 的值与 $M/M/1$ 排队模型的 π_0^q 的值不同。可知 $\pi_0^q = \pi_0 + \pi_1$，其中 π_0 和 π_1 分别表示在离开时刻系统中有 0 和 1 个顾客的概率。第 6 章推导出了 $\pi_0 = 1 - \rho$，且由式（6.12）可知 $\pi_1 = \pi_0(1-k_0)/k_0$。对于本例，可得

$$k_0 = \int_0^\infty \mathrm{e}^{-\lambda t}\mathrm{d}B(t)$$

$$= \int_0^\infty \mathrm{e}^{-t/12}\left(\frac{\mathrm{e}^{-t/5}}{15} + \frac{4\mathrm{e}^{-2t/25}}{75}\right)\mathrm{d}t = \frac{468}{833}$$

已知

$$\rho = \frac{1}{12} \times \left(\frac{1}{3} \times 5 + \frac{2}{3} \times \frac{25}{2} \right) = \frac{5}{6}$$

可得 $\pi_0 = \frac{1}{6}$，且 $\pi_1 = \frac{1}{6} \times \frac{365}{468} = \frac{365}{2808}$。所以，

$$\pi_0^q \doteq 0.297, \text{ 且 } \overline{W}_q(\lambda) \doteq \frac{0.297}{\frac{1}{12}} = 3.564$$

因此，

$$\overline{W}_q^-(t) \doteq \frac{39}{833} \times 3.564 \mathrm{e}^{t/12} \text{ 且 } \overline{W}_q^-(s) \doteq \frac{2.00}{1 - 12s}$$

由于 $A^*(-s) = 1/(1 - 12s)$，由式（7.12）可得

$$\overline{W}_q(s) \doteq \frac{\frac{2.00}{1-12s}}{\frac{1}{1-12s}\left(\frac{1}{3+15s} + \frac{4}{6+75s}\right) - 1}$$

$$= \frac{2.00 \times (18 + 315s + 1125s^2)}{36s + 2655s^2 + 13500s^3}$$

$$\doteq \frac{1}{s} - \frac{0.010}{s + 0.18} - \frac{0.82}{s + 0.015}$$

最后，由拉普拉斯逆变换可得

$$W_q(t) \doteq 1 - 0.01\mathrm{e}^{-0.18t} - 0.82\mathrm{e}^{-0.015t}$$

7.2.1　$GE_j/GE_k/1$ 排队模型

如果到达时间间隔分布和服务时间分布可以分别用独立且不一定同分布的指数分布随机变量的卷积来表示，则可以很大程度上简化 $G/G/1$ 排队模型。这类概率分布称为**广义埃尔朗**（generalized Erlang）分布，埃尔朗分布是广义埃尔朗分布的特殊情况。与在函数空间中证明多项式的完备性的过程类似，可以证明，通过独立但不一定同分布的指数分布随机变量的卷积，可以对任意累积分布函数做任意精度的近似，因此以上假设条件并不是强约束条件。

可以写出

$$A^*(s) = \prod_{i=1}^{j} \frac{\lambda_i}{\lambda_i + s}, \quad B^*(s) = \prod_{i=1}^{k} \frac{\mu_i}{\mu_i + s}$$

因此，由式（7.12）可得

$$\overline{W}_q(s) = \frac{\overline{W}_q^-(s)}{\prod\limits_{i=1}^{j}\frac{\lambda_i}{\lambda_i-s}\prod\limits_{i=1}^{k}\frac{\mu_i}{\mu_i+s}-1}$$

$$= \frac{\overline{W}_q^-(s)\prod\limits_{i=1}^{j}(\lambda_i-s)\prod\limits_{i=1}^{k}(\mu_i+s)}{\prod\limits_{i=1}^{j}\lambda_i\prod\limits_{i=1}^{k}\mu_i-\prod\limits_{i=1}^{j}(\lambda_i-s)\prod\limits_{i=1}^{k}(\mu_i+s)} \qquad (7.15)$$

$\overline{W}_q(s)$ 的分母是 $j+k=n$ 次多项式，用 s_1, $\cdots$, s_n 来表示该多项式的根，很容易看出 s_1 为 0。此外，由该多项式的形式和儒歇定理可以证明，$j-1$ 个根 $(s_2$, $\cdots$, $s_j)$ 的实部为正数，k 个根 $(s_{j+1}$, $\cdots$, $s_n)$ 的实部为负数。因此，可以将分母写为

$$\prod\limits_{i=1}^{j}\lambda_i\prod\limits_{i=1}^{k}\mu_i-\prod\limits_{i=1}^{j}(\lambda_i-s)\prod\limits_{i=1}^{k}(\mu_i+s)$$
$$= s(s-s_2)\cdots(s-s_j)(s-s_{j+1})\cdots(s-s_n)$$

设 $z_i = s_{j+i}$，可得

$$\overline{W}_q(s) = \frac{\overline{W}_q^-(s)\prod\limits_{i=1}^{j}(\lambda_i-s)\prod\limits_{i=1}^{k}(\mu_i+s)}{s\prod\limits_{i=2}^{j}(s-s_i)\prod\limits_{i=1}^{k}(s-z_i)}$$

为保证 $\overline{W}_q(s)$ 在 $\mathrm{Re}(s)>0$ 内解析，分子也必须有根 s_2, $\cdots$, s_j，因此分子可以写为 $Cf(s)\prod\limits_{i=2}^{j}(s-s_i)$，我们将在后面对常数 C 进行推导。分子分母消去相同项后可得

$$\overline{W}_q(s) = \frac{Cf(s)}{s\prod\limits_{i=1}^{k}(s-z_i)}$$

最后一个关键步骤是证明 $f(s)$ 也是多项式，可以再次使用复变函数的相关概念来进行证明。$\overline{W}_q(s)$ 的最终形式由 $Cf(s)$ 确定。结果表明，$f(s)$ 不能有实

部为正数的根，确切地说，$f(s)$ 的根为 $-\mu_1, \cdots, -\mu_k$。因此，$\overline{W}_q(s)$ 可以写为

$$\overline{W}_q(s) = \frac{C \prod_{i=1}^{k} (s + \mu_i)}{s \prod_{i=1}^{k} (s - z_i)}$$

接下来推导 C，可知

$$\mathcal{L}\left\{W_q'(t)\right\} = s\overline{W}_q(s) - W_q(0)$$
$$= C \prod_{i=1}^{k} \frac{s + \mu_i}{s - z_i} - q_0$$

由于累积分布函数 $W_q(t)$ 在原点处有跳跃值 q_0，所以当 $s \to 0$ 时，$W_q'(t)$ 的拉普拉斯变换的值等于 $1 - q_0$，可得

$$1 - q_0 = C \prod_{i=1}^{k} \frac{\mu_i}{-z_i} - q_0 \quad \Rightarrow \quad C = \prod_{i=1}^{k} \frac{-z_i}{\mu_i}$$

所以，

$$\overline{W}_q(s) = \frac{\prod_{i=1}^{k} (-z_i/\mu_i)(s + \mu_i)}{s \prod_{i=1}^{k} (s - z_i)} \tag{7.16}$$

该简化式非常有用，很容易对上式进行拉普拉斯逆变换。进行部分分式展开（假设 z_i 互不相同），可得

$$\overline{W}_q(s) = \frac{1}{s} - \sum_{i=1}^{k} \frac{C_i}{s - z_i}$$

对上式进行拉普拉斯逆变换，可得混合广义指数分布

$$W_q(t) = 1 - \sum_{i=1}^{k} C_i e^{z_i t}$$

其中，$\{z_i\}$ 的实部为负数，且 C_i 的值可以通过部分分式展开来确定。

理论上，上述过程对 $G/G/1$ 排队模型进行了简化，但在实践中，为了做精确的近似，j 和 k 的值通常非常大，所以有时很难估算参数 $\lambda_i\,(i = 1, 2, \cdots, j)$ 和 $\mu_i\,(i = 1, 2, \cdots, k)$。当集合 $\{\mu_i\}$ 中的所有值均相等时，可以得到一个 $G/E_k/1$

排队模型，对于该排队模型，无论到达时间间隔服从什么分布，等待时间均服从混合指数分布。值得注意的是，广义埃尔朗分布（GE_k）也是阶段型分布，进一步可知，具有不同参数的任意 GE_k 分布均可以表示为指数分布的线性组合，混合参数可能为负数。

可以使用 $M/M/1$ 排队模型来验证以上结果。首先，求式（7.15）中分母多项式的负实部根：

$$0 = \lambda\mu - (\lambda - s)(\mu + s) = s^2 - (\lambda - \mu)s$$

显然有一个符合条件的根，该根为 $z_1 = \lambda - \mu$。因此，由式（7.16）可得

$$\overline{W}_{\mathrm{q}}(s) = \frac{(1-\rho)(s+\mu)}{s(s-\lambda+\mu)}$$

这与前面得到的结果一致。

■ **例 7.3**

考虑例 4.8，该燃油经销公司的经理现在想知道排队等待 4 h 以上的顾客百分比。对于该 $M/E_2/1$ 排队模型，已知平均排队时间为 2 h、$\lambda = \dfrac{6}{5}$ 个 / h 且 $\mu = \dfrac{3}{2}$ 个 / h。可以根据本节的结果来求排队时间的累积分布函数 $W_{\mathrm{q}}(t)$。

在服务过程中，有两个服务阶段，且这两个服务阶段的服务时间服从相同的指数分布，已知 $\mu_1 = \mu_2 = 2\mu = 3$ 个 / h。因此，由式（7.15）可得排队时间的 LST 为

$$\overline{W}_{\mathrm{q}}(s) = \frac{(s+3)^2 \prod\limits_{i=1}^{2} z_i}{3^2 s \prod\limits_{i=1}^{2}(s - z_i)}$$

z_1 和 z_2 为式（7.15）中分母多项式的负实部根，可由下式求得：

$$0 = \lambda\mu_1\mu_2 - (\lambda - s)(\mu_1 + s)(\mu_2 + s)$$
$$= s(5s^2 + 24s + 9)$$

上式中二次因式的两个根均为实数，分别约等于 -4.39 和 -0.41，可得

$$\overline{W}_{\mathrm{q}}(s) \doteq \frac{(s+3)^2}{5s(s+4.39)(s+0.41)}$$

$$\doteq \frac{1}{s} + \frac{0.0221}{s+4.39} - \frac{0.8221}{s+0.41}$$

因此，

$$W_{\mathrm{q}}(t) \doteq 1 + 0.0221\mathrm{e}^{-4.39t} - 0.8221\mathrm{e}^{-0.410t}$$

$$\Rightarrow \Pr\{T_{\mathrm{q}} > 4\} \doteq 0.1595$$

7.2.2　$G/G/1$ 离散时间排队模型

由前文可以看出，当到达时间间隔和服务时间是连续型随机变量时，通常很难由林德利方程求得排队时间的实际分布，这主要是因为很难求得 $W_{\mathrm{q}}^{-}(t)$。如果到达时间间隔和服务时间是离散型随机变量（前文提到过，任何连续分布均可以使用 k 点分布来做近似），则可以通过迭代使用式（7.8）[等号右边变为求和，且已知 $\sum w_{\mathrm{q}}(t_i) = 1$] 求得在离散随机变量 t 所有可能取值处的 $W_{\mathrm{q}}(t)$。

由于状态空间是离散的，所以马尔可夫排队时间过程 $\{W_{\mathrm{q}}^{(n)}\}$ 是马尔可夫链。我们简要地对此进行说明：假设到达时间间隔和服务时间分别只能取两个值，即 $(a_1,\ a_2)$ 和 $(b_1,\ b_2)$，则 $U = S - T$ 最多有 4 个值，令这 4 个值分别为 $U_1 = -2$、$U_2 = -1$、$U_3 = 0$ 和 $U_4 = 1$。如果为这 4 个值分配相等的概率 $\frac{1}{4}$，则 $\mathrm{E}[U] < 0$，而当 $\mathrm{E}[U] < 0$ 时，该系统是遍历的。用 w_j 表示等待时间为 j 的稳态概率，可以通过求解平稳方程 $w_j = \sum\limits_i w_i p_{ij}$ 来求得 w_j。

给定以上值，可得转移概率为

$$p_{00} = \Pr\{U = -2, -1, 0\} = \frac{3}{4}, \qquad p_{01} = \Pr\{U = 1\} = \frac{1}{4}$$

$$p_{10} = \Pr\{U = -2, -1\} = \frac{1}{2}, \qquad p_{11} = \Pr\{U = 0\} = \frac{1}{4}$$

$$p_{12} = \Pr\{U = 1\} = \frac{1}{4}$$

对于 $i > 1$，有

$$p_{i,i-2} = p_{i,i-1} = p_{i,i} = p_{i,i+1} = \frac{1}{4}$$

因此，$\{w_j\}$ 是以下方程的解：

$$w_0 = \frac{3}{4}w_0 + \frac{1}{2}w_1 + \frac{1}{4}w_2$$

$$w_j = \sum_{i=j-1}^{j+2} \frac{w_i}{4}, \qquad j \geqslant 1$$

$$1 = \sum_{j=0}^{\infty} w_j$$

第 8 章将对这些概念进行更全面的扩展，用于求 $G/G/1$ 排队模型的近似解。

7.3 $M/D/c$ 排队模型

当 $M/G/c$ 排队模型具有确定性服务时间分布时，可以推导出队列大小的平稳分布概率母函数，而一般情况下，可能无法推导出 $M/G/c$ 排队模型队列大小的平稳分布概率母函数。本节中使用的方法非常具有代表性，萨迪（Saaty，1961）提出了另一种类似的方法，该方法主要是基于克罗姆林（Crommelin，1932）的研究提出的。

将固定服务时间（例如，$b = 1/\mu$）作为基本时间单位，则 λ 变为 λ/b，μ 变为 1。为了便于标记，用 P_n 来表示稳态时系统大小的累积分布函数。通过观察可以发现（基于习题 6.1），该排队过程是马尔可夫过程，因此，

$p_0 = \mathrm{Pr}\,\{$在稳态下，任意时刻系统中的顾客数小于或等于$c\}\cdot$
$\qquad \mathrm{Pr}\,\{$在下一个单位时间内，有 0 个顾客到达$\}$

$p_1 = \mathrm{Pr}\,\{$系统中的顾客数小于或等于$c\}\cdot\mathrm{Pr}\,\{$有 1 个顾客到达$\}+$
$\qquad \mathrm{Pr}\,\{$系统中的顾客数等于$c+1\}\cdot\mathrm{Pr}\,\{$有 0 个顾客到达$\}$

$p_2 = \mathrm{Pr}\,\{$系统中的顾客数小于或等于$c\}\cdot\mathrm{Pr}\,\{$有 2 个顾客到达$\}+$
$\qquad \mathrm{Pr}\,\{$系统中的顾客数等于$c+1\}\cdot\mathrm{Pr}\,\{$有 1 个顾客到达$\}+$
$\qquad \mathrm{Pr}\,\{$系统中的顾客数等于$c+2\}\cdot\mathrm{Pr}\,\{$有 0 个顾客到达$\}$

$$\vdots$$

$p_n = \mathrm{Pr}\,\{$系统中的顾客数小于或等于$c\}\cdot\mathrm{Pr}\,\{$有n个顾客到达$\}+$
$\qquad \mathrm{Pr}\,\{$系统中的顾客数等于$c+1\}\cdot\mathrm{Pr}\,\{$有$n-1$个顾客到达$\}+\cdots+$
$\qquad \mathrm{Pr}\,\{$系统中的顾客数等于$c+n\}\cdot\mathrm{Pr}\,\{$有0个顾客到达$\}$

可以写为

$$p_0 = P_c \mathrm{e}^{-\lambda}$$

$$p_1 = P_c \lambda \mathrm{e}^{-\lambda} + p_{c+1} \mathrm{e}^{-\lambda}$$

$$p_2 = \frac{P_c \lambda^2 \mathrm{e}^{-\lambda}}{2} + p_{c+1} \lambda \mathrm{e}^{-\lambda} + p_{c+2} \mathrm{e}^{-\lambda} \tag{7.17}$$

$$\vdots$$

$$p_n = \frac{P_c \lambda^n \mathrm{e}^{-\lambda}}{n!} + \frac{p_{c+1} \lambda^{n-1} \mathrm{e}^{-\lambda}}{(n-1)!} + \cdots + p_{c+n} \mathrm{e}^{-\lambda}$$

定义母函数 $P(z) \equiv \sum\limits_{n=0}^{\infty} p_n z^n$，将式（7.17）中的第 i 行乘以 z^i，然后对所有行求和，可得（见习题 7.9）

$$P(z) = \frac{\sum\limits_{n=0}^{c} p_n z^n - P_c z^c}{1 - z^c \mathrm{e}^{\lambda(1-z)}} = \frac{\sum\limits_{n=0}^{c-1} p_n \left(z^n - z^c\right)}{1 - z^c \mathrm{e}^{\lambda(1-z)}} \tag{7.18}$$

首先需要证明式（7.18）的极点互不相同，也就是说，需要证明式（7.18）中的分母多项式与其导数没有公共根（见习题 7.10a）。接着，使用儒歇定理及 $P(1) = 1$ 这一等式来消去分子中的 c 个未知概率。由于 $P(z)$ 在单位圆内解析且有界，所以分母在单位圆内及单位圆上的根也一定是分子的根。通过儒歇定理可知，分子在 $|z| = 1$ 内有 $c-1$ 个根，且第 c 个根是 $z = 1$。由于分子是 c 次多项式，所以可以将分子写为

$$N(z) = K(z-1)\left(z - z_1\right) \cdots \left(z - z_{c-1}\right)$$

其中，1，z_1，z_2，$\cdots$，z_{c-1} 是分子和分母的公共根。使用 $P(1) = 1$ 来推导 K，由洛必达法则可得

$$1 = \lim_{z \to 1} P(z) = \frac{K\left(1 - z_1\right) \cdots \left(1 - z_{c-1}\right)}{\lambda - c} \quad \Rightarrow \quad K = \frac{\lambda - c}{\left(1 - z_1\right) \cdots \left(z - z_{c-1}\right)}$$

因此，

$$P(z) = \frac{\lambda - c}{\left(1 - z_1\right) \cdots \left(1 - z_{c-1}\right)} \cdot \frac{\left(z - 1\right)\left(z - z_1\right) \cdots \left(z - z_{c-1}\right)}{1 - z^c \mathrm{e}^{\lambda(1-z)}} \tag{7.19}$$

可以由 $z^c = \mathrm{e}^{-\lambda(1-z)}$ 求得根 $\{z_i\}$，$i = 1$，$\cdots$，$c-1$，这一过程与 $G/E_k/1$ 排队模型的求根过程类似。

为了求 $\{p_n\}$，首先求式（7.19）中的母函数在 $z = 0$ 处的值，可得 p_0 为

$$p_0 = \frac{(c - \lambda)(-1)^{c-1} \prod\limits_{i=1}^{c-1} z_i}{\prod\limits_{i=1}^{c-1}(1 - z_i)}, \qquad c \geqslant 2 \tag{7.20}$$

接着，将 $c - 1$ 个根 $\{z_i\}$ 分别代入式（7.18）中的分子，令分子等于 0，从而得到一个 $(c-1) \times (c-1)$ 的复系数线性方程组，可以由该方程组求得 $\{p_1, \cdots, p_{c-1}\}$。在该方程组的系数矩阵中，元素 (i, j) 满足

$$a_{ij} = z_i^j - z_i^c, \qquad i, j = 1, \cdots, c - 1$$

等号右边的元素满足

$$b_i = p_0\left(z_i^c - 1\right), \qquad i = 1, \cdots, c - 1$$

使用式（7.17）来递归计算剩余的概率，首先，由 $p_0 = P_c \mathrm{e}^{-\lambda}$ 可以求得

$$p_c = \left(\mathrm{e}^\lambda - 1\right) p_0 - \sum_{i=1}^{c-1} p_i$$

通过以上方法可以求得该模型的其他效益指标。更多相关的讨论，读者可以参阅参考文献（Saaty，1961；Crommelin，1932），其中介绍了如何计算顾客不需要排队的概率和等待时间的分布，以及如何近似计算效益指标，当对精度要求不高时，这些效益指标的近似计算方法非常有用。

7.4 半马尔可夫过程与马尔可夫更新过程

本节讨论离散随机过程。我们使用马尔可夫链来描述状态的转移，但转移时间可能与转移前后的状态均相关。在特殊情况下，即当转移时间是相互独立的指数分布随机变量且其参数仅与转移前的状态相关时，半马尔可夫过程退化为连续参数马尔可夫链。可以用 $\{X(t)|t \geqslant 0$ 时过程的状态$\}$ 来表示一般**半马尔可夫过程**（semi-Markov process，SMP），其状态空间为非负整数集。了解更多半马尔可夫过程的相关知识，可参阅参考文献（Ross，1996，2014；Heyman et al.，1982）。

设 $Q_{ij}(t)$ 是在小于或等于 t 的时间内从状态 i 转移到状态 j 的联合条件概

率函数；$G_i(t) = \sum\limits_{j=0}^{\infty} Q_{ij}(t)$，$G_i(t)$ 是从状态 i 转移到任意其他状态前在状态 i 停留的时间的累积分布函数；$\{X_n | n = 0, 1, 2, \cdots\}$ 是嵌入马尔可夫链，其转移概率 $p_{ij} = Q_{ij}(\infty)$。半马尔可夫过程中，在下一个状态是 j 的条件下，从状态 i 转移到状态 j 所需时间的条件分布为

$$F_{ij}(t) = \frac{Q_{ij}(t)}{p_{ij}}, \quad p_{ij} > 0 \tag{7.21}$$

设 $R_i(t), t > 0$ 是在 $(0, t)$ 期间从其他状态转移到状态 i 的次数，$\boldsymbol{R}(t)$ 是第 i 个分量为 $R_i(t)$ 的向量。随机过程 $\boldsymbol{R}(t)$ 称为**马尔可夫更新过程**（Markov renewal process，MRP）。马尔可夫更新过程和半马尔可夫过程的定义略有不同。马尔可夫更新过程 $\boldsymbol{R}(t)$ 是计数过程，该过程记录每个状态的总访问次数，而半马尔可夫过程 $X(t)$ 记录每个时刻的系统状态。实际上，马尔可夫更新过程和半马尔可夫过程总是相互关联的。

■ **例 7.4**

对于 $M/M/1$ 排队模型，设 $N(t)$ 为时刻 t 系统中的顾客数，则 $\{N(t)\}$ 是半马尔可夫过程，且有：

$$p_{01} = 1, \qquad F_{01}(t) = 1 - \mathrm{e}^{-\lambda t}, \qquad Q_{01}(t) = p_{01} F_{01}(t)$$
$$p_{i,i-1} = \frac{\mu}{\lambda + \mu}, \quad F_{i,i-1}(t) = 1 - \mathrm{e}^{-(\lambda+\mu)t}, \quad Q_{i,i-1}(t) = p_{i,i-1} F_{i,i-1}(t)$$
$$p_{i,i+1} = \frac{\lambda}{\lambda + \mu}, \quad F_{i,i+1}(t) = 1 - \mathrm{e}^{-(\lambda+\mu)t}, \quad Q_{i,i+1}(t) = p_{i,i+1} F_{i,i+1}(t)$$

其中 $i \geqslant 1$。实际上，任何马尔可夫链（无论是连续时间马尔可夫链还是离散时间马尔可夫链）都是半马尔可夫过程。离散时间马尔可夫链是转移时间为同一常数的半马尔可夫过程，连续时间马尔可夫链是转移时间均服从指数分布的半马尔可夫过程。

■ **例 7.5**

对于 $M/G/1$ 排队模型，系统大小 $N(t)$ 既不是马尔可夫过程，也不是半马尔可夫过程。设 $X(t)$ 是上一个顾客离开后系统中剩余的顾客数，则 $\{X(t)\}$ 是半马尔可夫过程。因为 $\{X(t)\}$ 处于整个过程中，所以通常被称为**嵌入半马尔可夫过程**（embedded SMP）。需要注意的是，$X(t)$ 与 X_n 略有不同，X_n 表示第 n 个顾客离开后系统中剩余的顾客数（第 6.1.1 节对此进行了定义）。$\{X_n\}$ 是发

生在离散时间点上的嵌入马尔可夫链，而 $\{X(t)\}$ 是发生在连续时间点上的嵌入半马尔可夫过程。

在排队论中，半马尔可夫过程的主要作用是定量分析一些半马尔可夫系统或具有嵌入半马尔可夫过程的非马尔可夫系统。通过使用半马尔可夫结构可以较轻松地得到排队论中的一些基本关系式。为了推导半马尔可夫过程的一些关键结论，需要定义以下符号：

$H_{ij}(t)$：从状态i首次转移到状态j所需的时间的累积分布函数；

$m_{ij} = \int_0^\infty t\,\mathrm{d}H_{ij}(t)$：从状态$i$到状态$j$的平均首达时间；

$m_i = \int_0^\infty t\,\mathrm{d}G_i(t)$：从状态$i$转移到任意其他状态之前在状态$i$停留的平均时间；

$\eta_{ij} = \int_0^\infty t\,\mathrm{d}F_{ij}(t)$：从状态$i$转移到状态$j$之前在状态$i$停留的时间。

根据前面给出的 $G_i(t)$ 的定义和式（7.21），可以推导出

$$m_i = \sum_{j=0}^\infty p_{ij}\eta_{ij}$$

当半马尔可夫过程是嵌入的且与一般时间过程具有不同分布时，可以得到一些关键结论，使用这些结论可以推导出半马尔可夫过程的极限概率，并将这些概率与一般时间过程联系起来。这些结论非常直观，但需要进行证明。罗斯（Ross，1996）给出了半马尔可夫过程的直接结果，法本斯（Fabens，1961）讨论了嵌入半马尔可夫过程与一般时间过程之间的关系。需要关注以下结论，其中大部分是基于第 2.3 节和第 2.4 节的内容得出的。

（1）在半马尔可夫过程的嵌入马尔可夫链中，如果状态 i 与状态 j 是连通的，$F_{ij}(t)$ 是非晶格函数［即 $F_{ij}(t)$ 不是离散的，其所有结果都是某个取值的倍数］，且 $m_{ij} < \infty$，则在从状态 i 出发的条件下，半马尔可夫过程处于状态 j 的稳态概率为

$$v_j = \lim_{t\to\infty} \Pr\{X(t)=j|X(0)=i\} = \frac{m_j}{m_{jj}}$$

（2）如果半马尔可夫过程的马尔可夫链是不可约且正常返的，对于所有 j，$m_j < \infty$，且 π_j 是嵌入马尔可夫链处于状态 j 的平稳概率，则

$$v_j = \frac{\pi_j m_j}{\sum\limits_{i=0}^{\infty} \pi_i m_i}$$

（3）设 $\delta(t)$ 是自最近一次转移以来经过的时间（从时刻 t 向后看）。如果 $\{X(t)\}$ 是非周期的半马尔可夫过程，有 $m_i < \infty$，则

$$\lim_{t \to \infty} \Pr\{\delta(t) \leqslant u | X(t) = i\} = \int_0^u \frac{1 - G_i(x)}{m_i}\mathrm{d}x \equiv R_i(u)$$

换言之，$R_i(u)$ 是在稳态时系统处于状态 i 的条件下，自上一次转移以来经过的时间的累积分布函数。

（4）整个过程的一般时间状态概率 p_n 与嵌入半马尔可夫过程之间有如下关系：

$$p_n = \sum_i v_i \int_0^\infty \Pr\{\text{系统在时间 } t \text{ 内从状态 } i \text{ 转移到状态} n\} \mathrm{d}R_i(t)$$

接下来说明如何将以上结论应用于 $G/M/1$ 排队模型，我们在第 6 章未能对其做完整的分析。使用本节得出的结论，可以由到达时刻概率 $q_n = (1 - r_0)r_0^n$（服从几何分布）推导出一般时间状态概率 p_n。

对于 $G/M/1$ 排队模型，嵌入马尔可夫链 $\{X_n\}$ 描述了顾客到达时看到的系统大小。设 $X(t)$ 是最近到达的顾客看到的系统大小，$\{X(t)\}$ 是嵌入半马尔可夫过程。在该半马尔可夫过程中，仅在到达时刻发生状态转移，所以该过程在状态 i 停留的时间与到达时间间隔的累积分布函数相同，即 $A(t)$，均值为 $1/\lambda$。由结论（2）可知，该嵌入半马尔可夫过程的稳态概率为

$$v_n = \frac{q_n/\lambda}{\sum\limits_{j=0}^{\infty} q_j/\lambda} = q_n = (1 - r_0)\, r_0^n, \quad n \geqslant 0$$

也就是说，半马尔可夫过程在状态 n 停留的时间占比 v_n 与嵌入马尔可夫链处于状态 n 的平稳概率 q_n 相同。这两个值之所以相同，是因为对于所有 n，半马尔可夫过程在状态 n 停留的平均时间是常数 $1/\lambda$。

此外，由于半马尔可夫过程的状态转移时间间隔是独立同分布的随机变量，所以自上一次转移以来经过的时间的累积分布函数与当前状态无关。换句话说，$R_i(t)$ ［由结论（3）］与 i 无关，即

$$R_i(t) = \lambda \int_0^t [1 - A(x)]\mathrm{d}x \equiv R(t)$$

由结论（4）可知

$$p_n = \sum_{i=n-1}^{\infty} v_i \int_0^{\infty} \Pr\{\text{时间 } t \text{ 内有 } i-n+1 \text{ 个顾客离开}\} \lambda[1-A(t)]\mathrm{d}t, \quad n > 0$$

$$p_0 = \sum_{i=0}^{\infty} v_i \int_0^{\infty} \Pr\{\text{时间 } t \text{ 内至少有 } i+1 \text{ 个顾客离开}\} \lambda[1-A(t)]\mathrm{d}t$$

前文已经证明了，对于所有 $G/G/1$ 排队模型，p_0 一定等于 $1-\lambda/\mu = 1-\rho$。因此，接下来将讨论 $n > 0$ 的情况，由前文的讨论可知

$$p_n = \lambda \sum_{i=n-1}^{\infty} (1-r_0) r_0^i \int_0^{\infty} \frac{\mathrm{e}^{-\mu t}(\mu t)^{i-n+1}}{(i-n+1)!}[1-A(t)]\mathrm{d}t, \qquad n > 0$$

设 $j = i-n+1$，可得

$$p_n = \lambda(1-r_0) r_0^{n-1} \int_0^{\infty} \mathrm{e}^{-\mu t}[1-A(t)] \sum_{j=0}^{\infty} \frac{(r_0 \mu t)^j}{j!}\mathrm{d}t$$

$$= \lambda(1-r_0) r_0^{n-1} \int_0^{\infty} \mathrm{e}^{-\mu t(1-r_0)}[1-A(t)]\mathrm{d}t$$

进行分部积分可得

$$p_n = \frac{\lambda}{\mu} r_0^{n-1} \left[1 - \int_0^{\infty} \mathrm{e}^{-\mu t(1-r_0)}\mathrm{d}A(t)\right]$$

由式（6.55）及习题 6.34 可得

$$\int_0^{\infty} \mathrm{e}^{-\mu t(1-r_0)}\mathrm{d}A(t) = \beta(r_0) = r_0$$

因此，对于 $n > 0$，有

$$p_n = \frac{\lambda}{\mu} r_0^{n-1}(1-r_0) = \frac{\lambda q_{n-1}}{\mu}, \qquad n > 0 \tag{7.22}$$

至此可以证明，对于所有 $G/M/1$ 排队模型，一般时间概率 p_n 具有几何分布的形式。正如前文所证明的，$M/M/1$ 和 $E_k/M/1$ 排队模型的一般时间概率 p_n 具有几何分布的形式。

出于完整性的考虑，在这里给出 $G/M/c$ 排队模型的相关结果（省略证明过程）：

$$p_0 = 1 - \frac{\lambda}{c\mu} - \frac{\lambda}{\mu} \sum_{j=1}^{c-1} q_{j-1} \left(\frac{1}{j} - \frac{1}{c} \right)$$

$$p_n = \frac{\lambda q_{n-1}}{n\mu}, \qquad 1 \leqslant n < c$$

$$p_n = \frac{\lambda q_{n-1}}{c\mu}, \qquad n \geqslant c$$

7.5　其他排队规则

正如第 1.2.4 节所讨论的内容，除先到先服务外，还有许多其他排队规则，在不同的排队规则下，队列中的顾客接受服务的顺序可能不同。第 4 章讨论了一些具有优先级的模型，除此之外，第 1 章还提到了随机服务和后到先服务规则，甚至可以考虑一般排队规则的情况，即不指定排队规则。本节将基于随机服务和后到先服务规则来推导一些模型的结果，前文在先到先服务的规则下推导出了这些模型的结果。本书将不对其他排队规则做更多讨论，这些讨论非常耗时。

需要注意的是，当由先到先服务规则改为其他排队规则时，系统状态概率不会改变。如前所述，利特尔法则的证明不变，因而平均等待时间不变。但是等待时间的概率分布会改变，这意味着利特尔法则的高阶矩形式不再适用。接下来，我们基于随机服务规则来推导 $M/M/c$ 排队模型的等待时间分布，以及基于后到先服务规则来推导 $M/G/1$ 排队模型的等待时间分布，这两个模型的结果非常典型。

首先，基于随机服务规则来推导 $M/M/c$ 排队模型的等待时间分布。与前文一样，设 $W_{\mathrm{q}}(t)$ 为排队时间的累积分布函数：

$$W_{\mathrm{q}}(t) = 1 - \sum_{j=0}^{\infty} p_{c+j} \tilde{W}_{\mathrm{q}}(t|j), \qquad t \geqslant 0$$

其中，$\tilde{W}_{\mathrm{q}}(t|j)$ 表示如果任意顾客到达时看见系统中有 $c+j$ 个顾客，则该顾客的排队时间大于 t 的概率。由第 3.3 节的结果，即式（3.33），可知 $p_{c+j} = p_c \rho^j$，可以将上式写为

$$W_{\mathrm{q}}(t) = 1 - p_c \sum_{j=0}^{\infty} \rho^j \tilde{W}_{\mathrm{q}}(t|j)$$

接下来推导 $\tilde{W}_{\mathrm{q}}(t|j)$。可以发现，等待时间不仅取决于任意顾客到达时看见的队列中的顾客数，而且取决于随后到达的顾客数。通过分析时间区间 $(0,\Delta t)$ 和 $(\Delta t, t+\Delta t)$ 内的马尔可夫过程以及求解 C-K 方程，来推导 $\tilde{W}_{\mathrm{q}}(t|j)$ 的微分差分方程。如果顾客 (X) 到达时看见系统中有 $c+j$ 个顾客，则在以下 3 个场景中顾客的排队时间大于 $t+\Delta t$：（1）在 $(\Delta t, t+\Delta t)$ 内，系统状态没有发生任何变化；（2）在 $(0,\Delta t)$ 内有另一个顾客到达（因此，在不包括第一个到达的顾客 (X) 的情况下，系统大小变为 $c+j+1$），此时，在系统中有 $c+j+1$ 个顾客的条件下，剩余排队时间大于 t；（3）在 $(0,\Delta t)$ 内有顾客完成服务（因此，系统中剩余 $c+j-1$ 个顾客）且所观察的顾客 (X) 不是下一个接受服务的顾客，此时，在系统中有 $c+j-1$ 个顾客的条件下，剩余排队时间大于 t。因此，

$$\tilde{W}_{\mathrm{q}}(t+\Delta t|j) = [1-(\lambda+c\mu)\Delta t]\tilde{W}_{\mathrm{q}}(t|j) + \lambda\Delta t\tilde{W}_{\mathrm{q}}(t|j+1)+$$

$$\frac{j}{j+1}c\mu\Delta t\tilde{W}_{\mathrm{q}}(t|j-1) + o(\Delta t), \qquad j\geqslant 0, \tilde{W}_{\mathrm{q}}(t|-1)\equiv 0$$

$$(7.23)$$

通过代数运算，式（7.23）可以写为

$$\frac{\mathrm{d}\tilde{W}_{\mathrm{q}}(t|j)}{\mathrm{d}t} = -(\lambda+c\mu)\tilde{W}_{\mathrm{q}}(t|j) + \lambda\tilde{W}_{\mathrm{q}}(t|j+1) + \frac{j}{j+1}c\mu\tilde{W}_{\mathrm{q}}(t|j-1), j\geqslant 0$$

$$(7.24)$$

其中，对于所有 j，$\tilde{W}_{\mathrm{q}}(t|-1)=0$ 且 $\tilde{W}_{\mathrm{q}}(0|j)=1$。式（7.24）较为复杂，可以使用以下方法来进一步推导：假设可以用麦克劳林级数表示 $\tilde{W}_{\mathrm{q}}(t|j)$，则

$$\tilde{W}_{\mathrm{q}}(t|j) = \sum_{n=0}^{\infty}\frac{\tilde{W}_{\mathrm{q}}^{(n)}(0\mid j)t^n}{n!}, \qquad j=0,1,\cdots$$

其中 $\tilde{W}_{\mathrm{q}}^{(0)}(0|j)\equiv 1$。因此，

$$W_{\mathrm{q}}(t) = 1 - p_c\sum_{j=0}^{\infty}\rho^j\sum_{n=0}^{\infty}\frac{\tilde{W}_{\mathrm{q}}^{(n)}(0\mid j)t^n}{n!} \qquad (7.25)$$

通过对式（7.24）中的递推关系式进行逐次微分，可以得到各阶导数，例如，

$$\tilde{W}_{\mathrm{q}}^{(1)}(0\mid j) = -(\lambda+c\mu)\tilde{W}_{\mathrm{q}}^{(0)}(0\mid j) + \lambda\tilde{W}_{\mathrm{q}}^{(0)}(0\mid j+1) + \frac{j}{j+1}c\mu\tilde{W}_{\mathrm{q}}^{(0)}(0\mid j-1)$$

$$= -(\lambda+c\mu) + \lambda + \frac{jc\mu}{j+1} = \frac{-c\mu}{j+1}$$

$$\tilde{W}_{\mathrm{q}}^{(2)}(0 \mid j) = -(\lambda + c\mu)\tilde{W}_{\mathrm{q}}^{(1)}(0 \mid j) + \lambda\tilde{W}_{\mathrm{q}}^{(1)}(0 \mid j+1) + \frac{j}{j+1}c\mu\tilde{W}_{\mathrm{q}}^{(1)}(0 \mid j-1)$$

$$= \frac{(\lambda + c\mu)c\mu}{j+1} - \frac{\lambda c\mu}{j+2} - \frac{(c\mu)^2}{j+1}$$

把相应值代入式（7.25）中，可以得到 $W_{\mathrm{q}}(t)$ 的级数表达式。可以使用 $W_{\mathrm{q}}(t)$ 及其互补函数来推导排队时间的普通矩，具体推导过程可参阅参考文献（Parzen，1960）。

接下来讨论 $M/G/1/\infty/\mathrm{LCFS}$ 排队模型。在该模型中，如果顾客到达时服务员处于忙碌状态，则该顾客的排队时间等于其到达的时刻 T_{A} 与（该顾客到达后的）第一个顾客完成服务的时刻 T_{S} 之间的间隔，加上 $(T_{\mathrm{A}}, T_{\mathrm{S}})$ 内到达的其他 $n \geqslant 0$ 个顾客的忙期之和。

为了推导 $W_{\mathrm{q}}(t)$，首先考虑 $(T_{\mathrm{A}}, T_{\mathrm{S}})$ 内有 n 个顾客到达且 $T_{\mathrm{S}} - T_{\mathrm{A}} \leqslant x$ 的联合概率。$R(t)$ 为剩余服务时间的累积分布函数（见第 6.1.5 节）：

$$\mathrm{Pr}\{(T_{\mathrm{A}}, T_{\mathrm{S}}) \text{ 内有 } n \text{ 个顾客到达且 } T_{\mathrm{S}} - T_{\mathrm{A}} \leqslant x\} = \int_0^x \frac{(\lambda t)^n \mathrm{e}^{-\lambda t}}{n!} \mathrm{d}R(t)$$

$$R(t) = \mu \int_0^t [1 - B(x)]\mathrm{d}x$$

已知 $\pi_0 = 1 - \rho$，使用类似于 $M/G/1$ 排队模型的忙期的推导方法，可得

$$W_{\mathrm{q}}(t) = 1 - \rho + \mathrm{Pr}\{\text{系统忙碌}\} \cdot \sum_n \mathrm{Pr}\{(T_{\mathrm{A}}, T_{\mathrm{S}}) \text{ 内有}n\text{个顾客到达}, T_{\mathrm{S}} - T_{\mathrm{A}}$$

$$\leqslant t - x, \text{这些顾客的忙期之和为 } x\} \tag{7.26}$$

由于该排队模型使用的是后到先服务的规则，所以当服务员为一个顾客提供完服务后，下一个接受服务的顾客是最后到达的顾客。然而，忙期的分布与第 6.1.6 节中讨论的先到先服务模型的忙期的分布相同，这是因为顾客的总服务时间不会因排队规则的改变而改变。用 $G(x)$ 来表示忙期的累积分布函数，用 $G^{(n)}(x)$ 来表示其 n 重卷积，式（7.26）可以写为

$$W_{\mathrm{q}}(t) = 1 - \rho + \rho \sum_{n=0}^{\infty} \int_0^t \int_0^{t-x} \frac{(\lambda u)^n \mathrm{e}^{-\lambda u}}{n!} \mathrm{d}R(u)\mathrm{d}G^{(n)}(x)$$

交换积分的顺序可得

$$W_q(t) = 1 - \rho + \rho \sum_{n=0}^{\infty} \int_0^t \frac{(\lambda u)^n e^{-\lambda u}}{n!} dR(u) \int_0^{t-u} dG^{(n)}(x)$$

$$= 1 - \rho + \rho \sum_{n=0}^{\infty} \int_0^t \frac{(\lambda u)^n e^{-\lambda u}}{n!} G^{(n)}(t-u) dR(u) \qquad (7.27)$$

尽管该 $W_q(t)$ 的表达式足以满足某些场景的需求，但该式可以进一步优化，使其不包含 $G(t)$。参考文献（Cooper，1981）给出的最终形式为

$$W_q(t) = 1 - \rho + \lambda \sum_{n=1}^{\infty} \int_0^t \frac{(\lambda u)^{n-1} e^{-\lambda u}}{n!} \left[1 - B^{(n)}(u)\right] du \qquad (7.28)$$

其中，$B^{(n)}(t)$ 是服务时间的累积分布函数的 n 重卷积。

还有许多使用了其他排队规则的模型，但是如前所述，我们认为以上讨论足以满足本书读者的需求。需要强调的是，每个规则的分析方法均不相同，感兴趣的读者可以参阅相关文献（Cooper，1981）。

接下来介绍保守性。利特尔法则以及整体和局部随机平衡都是保守性定律的例子（见第 1.4 节和第 3.1 节）。保守性的一般性思路是，在平稳状态下随机选取的任何有限（包括无穷小）时间区间内，状态函数的平均变化为 0。这类结果在具有优先级的系统的建模中起着非常重要的作用（见第 4.4 节）。

例如，利特尔法则的结论表明，在随机选取的有限时间区间内，队列或系统中顾客的总等待时间的平均变化为 0。类似地，我们可以发现，在各时间区间内，服务完系统中所有顾客所需的时间的平均变化为 0。更进一步地说，$\rho = 1 - p_0$ 对于所有 $G/G/1$ 排队模型均成立，这意味着，在随机选取的有限时间区间内，系统中顾客数的平均净变化为 0，这是因为 $\rho = 1 - p_0$ 等价于 $\lambda = \mu(1 - p_0)$。

此外，在第 6.1.3 节证明 $\pi_n = p_n$ 对于 $M/G/1$ 排队模型成立的过程中，也用到了保守性的概念。实际上，该证明过程中包含了一个更一般的结论，即 $q_n = \pi_n$ 对于任意平稳的 $G/G/c$ 排队模型均成立。由第 6.1.3 节中的式（6.27）可以得到这一结论，等号右边是 q_n，等号左边是 π_n；此外，在这一证明过程中，没有对服务员的数量、到达时间间隔的分布以及服务时间的分布进行假设，所以 $q_n = \pi_n$ 对于所有 $G/G/c$ 排队模型均成立。由于在证明 $p_n = \pi_n$ 的最后一步

时，仅需要假设到达过程为泊松过程，所以 $p_n = \pi_n$ 对于所有 $M/G/c$ 排队模型均成立。

可以使用另一种略为不同的方法来推导以上结论，在这一过程中，会用到参考文献（Krakowski，1974）使用的逻辑，以及类似推导系统容量有限的排队模型的 q_n 时使用的逻辑（见第 3.5 节）：

$$q_n \equiv \Pr\{\text{系统中有 } n \text{ 个顾客}|\text{即将有一个顾客到达}\}$$

$$= \lim_{\Delta t \to 0} \frac{\Pr\{\text{系统中有 } n \text{ 个顾客且 } (t, t + \Delta t) \text{ 内有一个顾客到达}\}}{\Pr\{(t, t + \Delta t) \text{ 内有一个顾客到达}\}}$$

类似地，

$$\pi_n = \lim_{\Delta t \to 0} \frac{\Pr\{\text{系统中有} n + 1 \text{个顾客且} (t, t + \Delta t) \text{内有一个顾客离开}\}}{\Pr\{(t, t + \Delta t) \text{内有一个顾客离开}\}}$$

当系统处于稳态时，q_n 和 π_n 的分子必定相等，这是因为从状态 n 到 $n+1$ 的极限转移速率（当 $\Delta t \to 0$ 时）必定等于从状态 $n+1$ 到 n 的极限转移速率（分别为 q_n 和 π_n 的分子的含义）。此外，对于稳态系统，由于到达速率必定等于离开速率，所以 q_n 和 π_n 的分母也相等。因此，$q_n = \pi_n$ 对于所有 $G/G/c$ 排队系统均成立。

如果到达过程为泊松过程，则 q_n 的分子 [忽略 $o(\Delta t)$ 项] 为 $p_n \lambda \Delta t$，分母为 $\lambda \Delta t$，因此，

$$q_n = \lim_{\Delta t \to 0} \frac{p_n \lambda \Delta t}{\lambda \Delta t} = p_n$$

由上述论证，很容易得到 $G/M/1$ 排队模型中 q_n 与 p_n 之间的关系。从状态 $n+1$ 到 n 的极限转移速率为 μp_{n+1}，当系统处于稳态时，该极限转移速率必定等于从状态 n 到 $n+1$ 的极限转移速率，也就是说，q_n 的分子必定等于 $p_{n+1} \mu \Delta t$ [再次忽略 $o(\Delta t)$ 项]。到达速率必定等于离开速率 $\mu(1 - p_0) = \mu \rho$，所以 q_n 的分母等于 $\mu \rho \Delta t$，可得

$$q_n = \lim_{\Delta t \to 0} \frac{p_{n+1} \mu \Delta t}{\mu \rho \Delta t} = \frac{\mu p_{n+1}}{\lambda}$$

该结果与第 7.4 节中使用半马尔可夫过程得到的结果相同。由于 $q_n = r_0^n \cdot (1 - r_0)$，其中 r_0 是母函数方程 $\beta(r) = r$ 的根（见第 6.3.1 节），所以 $p_{n+1} = \rho r_0^n (1 - r_0)$，这与第 7.4 节中的结果相同。关于保守性更多的一般性讨论，读者

可以参阅参考文献（Krakowski，1973；1974），也可以参考第 6.1.11 节及参考文献（Brill，2008）中与水平穿越相关的讨论。

接下来讨论保守性在优先级排队模型中所起的作用。首先定义一个工作量保守的排队规则，每个顾客的服务需求不受排队规则的影响，并且只要有顾客在等待，服务员就不会处于空闲状态。对于优先级排队系统，了解虚拟等待时间、工作积压（或工作量，工作量的典型变化模式如图 7.1 所示）以及顾客的服务和等待时间之间的关系有助于了解系统是如何运行的。在非优先级排队系统（例如，使用先到先服务规则的 $G/G/1$ 排队模型）中，很容易得到虚拟等待时间和模型的一般参数之间的关系。如果将系统处于稳态时的平均虚拟等待时间 V 分为平均排队时间 V_q 和平均剩余服务时间 R，那么，

$$V_q = \frac{L_q}{\mu} = \frac{\lambda W_q}{\mu}$$

当到达过程为泊松过程时，由习题 6.5 可得

$$V = V_q + R = \frac{\lambda}{\mu} W_q + \frac{\lambda}{2} \mathrm{E}\left[S^2\right]$$

使用 PK 公式并进行简化，可得

$$V = \frac{\lambda}{\mu} \cdot \frac{\rho^2 + \lambda^2 \mathrm{Var}[S]}{2\lambda(1 - \lambda/\mu)} + \frac{\lambda\left(\mathrm{Var}[S] + 1/\mu^2\right)}{2} = \frac{\rho^2 + \lambda^2 \mathrm{Var}[S]}{2\lambda(1 - \lambda/\mu)}$$

正如所设想的，上式即为 W_q 的表达式。

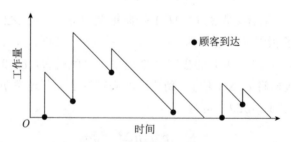

图 7.1　$G/G/1$ 排队模型的样本工作量

需要注意的是，当系统具有优先级时，以上结果可能会有所不同。在优先级排队系统中，到达的顾客的排队时间不能简单地通过计算排在其前面的顾客的服务时间来得到。对于任意系统，一个重要的值是顾客的服务时间与排队时间

的乘积，该值表示顾客在等待的时间内对剩余工作量的总贡献。此外，顾客的服务时间对 V 的贡献为 $S^2/2$（0 至 S 的均值）。如果假设规则是工作量保守且非抢占的（泊松输入或其他），则 $R = \lambda S^2/2$ 且 $\mathrm{E}[S \cdot T_{\mathrm{q}}] = V_{\mathrm{q}}/\lambda$。

对于 $M/M/1$ 和 $M/G/1$ 排队模型，可以得到一些结果。

对于任何平稳的 $M/M/1/GD$ 排队模型，有

$$\mathrm{E}[S \cdot T_{\mathrm{q}}] = \frac{V_{\mathrm{q}}}{\lambda} = \frac{V - R}{\lambda} = \frac{W_{\mathrm{q}} - \lambda \mathrm{E}[S^2]/2}{\lambda} = \frac{\rho}{\mu^2(1-\rho)}$$

由于指数分布具有无记忆性，所以上式也适用于抢占的情况。对于 $M/G/1/GD$ 排队模型，有

$$\mathrm{E}[S \cdot T_{\mathrm{q}}] = \frac{V - R}{\lambda} = \frac{W_{\mathrm{q}} - \lambda \mathrm{E}[S^2]/2}{\lambda} = \frac{\rho \mathrm{E}[S^2]}{2(1-\rho)}$$

7.6　排队系统的设计与控制

有时可以将排队模型分为两类——**描述性**（descriptive）和**规范性**（prescriptive 或 normative）。描述性模型是描述实际情况的模型，而规范性模型是通过对实际情况进行约束来实现最优行为的模型。

到目前为止，本书所讨论的排队模型大多是描述性模型，对于这些模型，给定到达和服务模式并指定排队规则及配置，就可以得到系统的效益指标及状态概率。描述性模型不会试图规定任何行为（例如，增加一个服务员，或将先到先服务规则改为优先级规则），仅仅是对当前情况进行描述。

对比之下，规范性模型需要考虑资源分配的问题，例如，使用线性规划来确定某一销售周期内每类产品的产量，这一模型指出了变量的最优值，即在生产产品所需资源的限制下，每类产品的产量应当是多少。因此，该模型是规范性模型，它规定了最优的行为方式。已有许多关于规范性模型的研究，这类研究通常被称为排队系统的设计与控制。

设计和控制模型用于确定最优的系统参数（在本书中，这些参数实际上是变量，例如，最优的平均服务速率或最优的通道数）。需要优化哪些参数完全取决于所建模的系统，即实际可控制的特定参数集。

可控制参数通常是服务模式（μ 或服务时间的分布）、通道数、排队规则或这些参数的组合。有时甚至可以控制到达的顾客数，例如，将到达的顾客分流至

特定服务员处、设置截断、增加或减少服务员数，等等。此外，也可以通过征收通行费来控制到达速率。然而，在许多情况下，一些参数无法完全受"设计"的控制或可能仅有几种可能性，例如，物理空间大小可能会限制通道数的增加，或者工人可能会抗议服务员数的减少。类似的影响可能会固定一部分可控制参数或限制其他潜在的可控制参数。

有时较难区分设计和控制模型。一般来说，设计模型本质上是静态的，即在经典描述性模型的基础上叠加成本或利润函数，来优化 λ、μ、c 或这些参数的组合。控制模型本质上更具动态性，通常用于确定系统的最优控制策略。

例如，考虑一个 $M/M/c$ 排队系统，我们希望求得 c 的最优值，以平衡顾客的等待时间和服务员的空闲时间。在已经确定使用单变量策略的情况下（单变量 c 表示系统中的服务员数），还需要通过使用描述性等待时间信息并叠加一个关于 c 最小化的成本函数，来求 c 的最优值。这类问题就是设计问题。

与此相对比，我们或许想知道某个单变量策略（c）是否是最优的。也就是说，可能 (c_1, c_2) 策略更优，即当队列大小超过 N 时，服务员数应由 c_1 改为 c_2，当队列大小回落至 N 及以下时，服务员数应由 c_2 改为 c_1。或者，最优的策略可能是 (c_1, c_2, N_1, N_2)，即当队列大小达到 N_1 时，服务员数由 c_1 改为 c_2，当队列大小回落至 N_2（$N_2 < N_1$）及以下时，服务员数由 c_2 改为 c_1。这类问题是控制问题。

设计和控制问题的分析方法差异很大，而利用这一点或许是区分这两类问题最简单的方式。对于设计问题，我们使用排队系统的基本概率结果来构建目标（成本、利润、时间等）函数，并通常在某些约束条件（也是排队系统概率指标的函数）下，使目标函数最大化或最小化，会使用到经典的优化方法（微积分、线性、非线性或整数规划）。对于控制问题，会使用到动态规划（如值的迭代或策略迭代）等方法，所有这些方法均属于**马尔可夫决策问题**（Markov decision problems，MDP）的求解方法。

举一个简单的例子，考虑一个 $M/M/c/K$ 排队系统，该系统会向每个顾客收取固定的费用，而为顾客提供服务的成本取决于顾客在系统中花费的总时间。我们希望求得最优的截断值 $K(1 \leqslant K < \infty)$，使平均利润率最大化。设 R 是向每个接受服务的顾客收取的费用，C 是单位时间内每个顾客产生的成本。该问题为经典的优化问题，需要求解下式：

$$\max_{K} Z = R\lambda(1 - p_k) - C\lambda(1 - p_k)W \tag{7.29}$$

式（3.47）和式（3.50）中分别给出了 p_K 和 W。该问题为整数规划问题，由于可以证明 Z 是关于 K 的凹函数，所以可以令 K 的值从 1 逐步增加，直到找到使利润最大的 K 值（Rue et al.，1981）。

在该设计问题中，假设 "最优" 策略是取单一的 K 值。最优策略也可能是取两个 K 值：当队列大小达到 K_1 时拒绝顾客进入系统，当队列大小回落至 K_2（$K_1 > K_2$）及以下时允许顾客进入系统。实际上，对于该成本结构，取单一的 K 值是最优的（Rue et al.，1981），可以通过值迭代来对此进行证明。我们将后一种分析归为控制问题，而不是设计问题。在该设计问题中，预先假定策略的形式是取单一的 K 值，然后使用经典的优化方法来使目标函数 Z 最大化。

本节将主要讨论设计问题（不会过多讨论优化方法的细节），对于这类问题，我们已在前文中进行了许多概率分析。

7.6.1　设计问题

尽管没有明确指出，但我们实际上已对规范性模型有所接触，具体来说，读者可以参考例 3.10、4.3 和 6.5 以及习题 3.7、3.8、3.28、3.29、3.45、3.46、3.47、3.59、3.68 和 3.69，来了解如何对规范性模型进行分析。

布里格姆（Brigham，1955）描述了排队设计模型最早的一个应用，其中讨论了如何确定波音公司工具仓库中服务窗口职员数的最优值。布里格姆从观测数据中近似推断出到达过程为泊松过程且服务时间服从指数分布，因此可以使用 $M/M/c$ 排队模型。通过估算职员的空闲时间成本与顾客的等待时间成本（因顾客排队而为系统带来的成本），布里格姆给出了最优职员数的函数（关于 λ/μ 以及顾客等待时间成本与职员空闲时间成本的比值的函数）曲线图。

莫尔斯（Morse，1958）讨论了如何优化 $M/M/1$ 排队模型（船舶到达单泊位码头）的平均服务速率 μ。莫尔斯希望求得 μ 的最优值，使得与 μ 成正比的服务成本以及与顾客的平均等待时间 W 成正比的等待时间成本最小。这一问题并不难解决：对关于 μ 的总成本函数求导，并令导数等于 0 即可。莫尔斯还讨论了 $M/M/1/K$ 排队模型，其中包括与 μ 成正比的服务成本以及因顾客流失而造成的利润损失；莫尔斯将该问题视为利润模型问题，且同样使用微积分来求最优的 μ。

莫尔斯还考虑了有不耐烦顾客的排队模型，且讨论了如何求这类模型的最优服务速率。服务速率越快，顾客止步的概率越低。同样，莫尔斯考虑了每个顾客带来的利润以及与 μ 成正比的服务成本（见习题 7.24）。此外，莫尔斯还讨论

了如何求 $M/M/c/c$ 排队模型的最优通道数（使得顾客不会形成等待的队列），在这种情况下，莫尔斯假设服务成本与 c 成正比，而不是与 μ 成正比，且同样考虑了因顾客流失而造成的利润损失（按每个顾客能带来的利润进行计算）。莫尔斯的求解结果是以曲线图的形式呈现的，给定 λ、μ 以及服务成本与每个顾客能带来的利润的比值，可以得到 c 的最优值。

最后，莫尔斯考虑了若干机器维修模型，其中成本与 μ 成正比，机器的盈利率取决于机器正常运行的时间。对此，莫尔斯构建了一个预防性维修函数。

读者也可以参阅参考文献（Hillier et al., 1995）来了解更多排队经济学的设计模型。该参考文献中，希利尔（Hillier）和利伯曼（Lieberman）讨论了 3 类模型，第一类涉及优化 c，第二类涉及优化 μ 和 c，第三类涉及优化 λ 和 c。他们也讨论了关于 λ、c 和 μ 的优化。前面提到的莫尔斯的许多模型都是上述某一类的特例。接下来给出该文献中的一些例子。

首先考虑一个 $M/M/c$ 排队模型，其中 c 和 μ 未知。假设每个服务员对每个顾客的服务成本为 C_S，每个顾客的等待时间成本为单位时间 C_W，则平均成本率（单位时间平均成本）为

$$E[C] = cC_S\mu + C_W L \tag{7.30}$$

首先考虑 c 的最优值，可以发现对于给定的 ρ 值，第一项与 c 无关。此外，莫尔斯证明了，对于给定的 ρ 值，L 随 c 的增加而增加。所以当 $c=1$ 时，$E[C]$ 最小。接下来考虑 $M/M/1$ 排队模型的 μ 的最优值。

由式（7.30）可得

$$E[C] = C_S\mu + C_W L = C_S\mu + C_W \frac{\lambda}{\mu - \lambda}$$

取导数 $dE[C]/d\mu$ 并令其等于 0，可得

$$0 = C_S - \frac{\lambda C_W}{(\mu^* - \lambda)^2} \quad \Rightarrow \quad \mu^* = \lambda + \sqrt{\frac{\lambda C_W}{C_S}}$$

通过观察二阶导数的符号，可以确认 μ^* 是使 $E[C]$ 最小的值。

希利尔和利伯曼对以上结论给出了一个有趣的说明：如果一个服务通道由一组服务员组成，平均服务速率与该组中的服务员数成正比，那么设置一个较大的服务员组（$M/M/1$），令该组中的服务员数与 μ^* 相对应，要优于设置多个较

小的服务员组（$M/M/c$）。显然，给定单个服务员的服务速率 μ，使用 μ^* 来求服务员数（μ^*/μ）未必可以得到整数值。然而，由于平均成本函数是凸函数，所以可以通过检查与 μ^*/μ 值最接近的两边的整数值来确定最优服务员数。当然，仅当满足以下假设时，以上结论才成立：服务员组的服务速率与组中的服务员数成正比且成本函数是线性的。斯蒂达姆（Stidham，1970）扩展了该模型，他放宽了到达时间间隔和服务时间服从指数分布的假设，且考虑了非线性成本函数。他证明了即使放宽这些假设，$c=1$ 通常也是最优的。

希利尔和利伯曼还讨论了另一个模型，他们通过给定的 μ，来求最优的 λ（分配至各服务员处的最优顾客数）和 c。他们考虑了这样一个场景：需要为总体顾客（如办公楼中的职员）提供某种服务设施（如休息室）。需要确定分配至每个设施的总体比例（等价于设施数），以及每个设施的最优通道数（在休息室的例子中，一个通道对应于一个隔间）。为简化分析，假设所有设施的 λ 和 c 均相同。设 λ_p 是总体的平均到达速率，需要求最优的 λ，用 λ^* 来表示该最优值（分配至一个设施的最优平均顾客数），可得最优设施数为 $\lambda_\mathrm{p}/\lambda^*$。

用 C_S 表示每个服务员的单位时间边际成本，C_f 表示每个设施的单位时间固定成本，我们希望 $\mathrm{E}[C]$ 关于 c 和 λ（或 c 和 n）最小，$\mathrm{E}[C]$ 可以写为

$$\mathrm{E}[C] = (C_\mathrm{f} + cC_\mathrm{S})\, n + nC_\mathrm{W}L, \quad n = \lambda_\mathrm{p}/\lambda$$

希利尔和利伯曼证明了在非常一般的条件下（$C_\mathrm{f} \geqslant 0, C_\mathrm{S} \geqslant 0$ 及 $L = \lambda W$），最优解是 $\lambda^* = \lambda_\mathrm{p}$，等价于 $n = 1$，即仅提供一个服务设施。该问题退化为求 c 的最优值，该最优值可使下式最小化：

$$\mathrm{E}[C] = cC_\mathrm{S} + C_\mathrm{W}L$$

希利尔和利伯曼以及布里格姆（Brigham，1955）讨论了该问题。

值得进一步考虑的是，该模型表明，无论具体场景是什么，$n=1$ 都是最优的。如果使用该模型，则会得出这样的结论：在一座摩天大楼里仅设立一间大型休息室是最优的。这显然是荒谬的，希利尔和利伯曼指出了原因：该模型没有考虑顾客前往设施的行程时间。如果行程时间非常少可忽略不计（在某些情况下可能是这样），那么设立单个设施是最优的。如果需要考虑行程时间，则设立单个设施未必是最优的，结果与行程时间的长短相关。希利尔和利伯曼给出了许多行程时间模型及例子，感兴趣的读者可以参阅参考文献（Hillier et al.，1995）。

截至目前，我们主要关注设计最优的服务设施（c 或 μ），上述情况是一个例外，其中考虑了 λ。第 7.6 节的开头讨论了另一个涉及到达过程的设计模型，式（7.29）给出了该模型的目标函数。让我们简单地回顾一下这个模型，并重新考虑式（7.29）的成本标准。我们希望求出使式（7.29），即系统的平均利润率，最大化的 K。这类问题在与设计和控制相关的文献中被称为**社会优化**（social optimization），这类问题关注如何使整个系统的收益最大化，而不是单个顾客带来的收益。可以从单个顾客的角度重新定义这个问题，将 R 视为每个接受服务的顾客可带来的收益，将 C 视为因顾客在系统中停留而需支出的单位时间费用。此时，目标函数为

$$Z = R - \frac{C(N+1)}{\mu}$$

其中 N 为顾客到达时看见的系统中的顾客数。考虑到自身利益，顾客仅当 $Z \geqslant 0$ 或 $N \leqslant R\mu/C - 1$ 时加入队列。如果所有顾客均使用该策略，则该过程可以建模为 $M/M/1/K$ 排队模型，其中，$K = \lfloor R\mu/C \rfloor$，且 $\lfloor x \rfloor$ 是小于或等于 x 的最大整数。鲁等人（Rue et al., 1981）证明了，该系统的 K 的最优值小于或等于由个体最优准则得出的 K 值。在涉及到达速率的控制问题中，社会优化和个体优化之间的差异会经常出现。

本节的最后给出一个与排队网络设计相关的例子。

■ 例 7.6

本例由格罗斯等人（Gross et al., 1983）给出。考虑一个具有 3 个节点的杰克逊闭网络，第一个节点 U 表示运行单元总体，节点 U 处有 M 个服务员，表示所需的 M 个运行单元。节点 U 处有队列表示有备用单元，有空闲服务员表示运行单元数小于 M。第二个节点 B 表示本地维修，第三个节点 D 表示远程维修。节点 B 和 D 处分别有 c_B 和 c_D 个服务员。

每个单元发生故障的时间间隔服从参数为 λ 的指数分布。本地维修和远程维修的时间均服从指数分布，平均维修速率分别为 μ_B 和 μ_D。当一个单元发生故障时，进行本地维修的概率为 α，进行远程维修的概率为 $1 - \alpha$；单元完成本地维修后，恢复运行状态的概率为 $1 - \beta$，进行远程维修的概率为 β；完成远程维修的单元均恢复运行状态。

需要求最优的备用单元数以及本地维修和远程维修节点处最优的服务员数，求得的结果需要满足单元的可用性约束条件。具体来说，需要求

$$\min_{y,c_{\mathrm{B}},c_{\mathrm{D}}} Z = k_{\mathrm{S}}y + k_{\mathrm{B}}c_{\mathrm{B}} + k_{\mathrm{D}}c_{\mathrm{D}}, \text{ 满足 } \sum_{n=M}^{M+y} p_n \geqslant A$$

其中

$p_n = n$ 个单元处于运行状态的稳态概率

$M = $ 运行单元总体

$A = M$ 个单元处于运行状态的最小时间占比

$y = $ 备用单元数

$c_{\mathrm{B}} = $ 本地维修节点处的服务员数

$c_{\mathrm{D}} = $ 远程维修节点处的服务员数

$k_{\mathrm{B}} = $ 本地维修节点处每个服务员的年雇用成本

$k_{\mathrm{D}} = $ 远程维修节点处每个服务员的年雇用成本

$k_{\mathrm{S}} = $ 每个备用单元的年运行成本

需要使用优化算法来确定决策变量 y、c_{B} 和 c_{D},并使用第 5 章中杰克逊闭网络的理论来确定稳态概率 $\{p_n\}$。

假设所有节点的占用时间(服务时间)均为独立的指数分布随机变量。在节点 U,占用时间为单元发生故障的时间间隔,发生故障的平均速率为 $\lambda \equiv \mu_{\mathrm{U}}$。在节点 B 和 D,占用时间为修复时间,平均修复速率分别为 μ_{B} 和 μ_{D}。由式(5.17)可得

$$p_{n_{\mathrm{U}},n_{\mathrm{B}},n_{\mathrm{D}}} = \frac{1}{G(N)} \cdot \frac{\rho_{\mathrm{U}}^{n_{\mathrm{U}}}}{a_{\mathrm{U}}(n_{\mathrm{U}})} \cdot \frac{\rho_{\mathrm{B}}^{n_{\mathrm{B}}}}{a_{\mathrm{B}}(n_{\mathrm{B}})} \cdot \frac{\rho_{\mathrm{D}}^{n_{\mathrm{D}}}}{a_{\mathrm{D}}(n_D)}$$

其中 $n_{\mathrm{U}} + n_{\mathrm{B}} + n_{\mathrm{D}} = N$,且

$$a_i(n) = \begin{cases} n!, & n < c_i, i = U, B, D \\ c_i^{n-c_i} c_i!, & n \geqslant c_i, i = U, B, D \end{cases}$$

路由概率矩阵为

$$\boldsymbol{R} = \{r_{ij}\} = \begin{array}{c} \\ U \\ B \\ D \end{array} \begin{pmatrix} U & B & D \\ 0 & \alpha & 1-\alpha \\ 1-\beta & 0 & \beta \\ 1 & 0 & 0 \end{pmatrix}$$

将 $\{r_{ij}\}$ 代入式（5.14）并使用丰前的算法来计算常数 $G(N)$。求得联合概率后，再次使用丰前的算法来计算约束条件中的边缘概率 $\{p_{n_U}\}$。

求得的概率分布是关于决策变量 y、c_B 和 c_D 的函数，该分布表现出与这些变量相关的单调性，这一点对于隐枚举法优化算法的构造非常重要，但我们不详细讨论该优化算法。对于该问题，直接给出以下结果：

$$\min_{y,c_B,c_D} Z = 20y + 8c_B + 10c_D \tag{7.31}$$

满足 $\displaystyle\sum_{n_U=M}^{M+y} p_{n_U} \geqslant 0.9 \ (A_1)$ 且 $\displaystyle\sum_{n_U=0.9M}^{M+y} p_{n_U} \geqslant 0.98 \ (A_2)$。

参数 $\alpha = 0.5$，$\beta = 0.5$，$u = 1$ 且 $\mu_B = \mu_D = 5$。本例涉及两个可用性约束条件，第一个约束条件 (A_1) 要求总体（M）处于运行状态的时间占比为 90%，第二个约束条件 (A_2) 要求 90% 的总体处于运行状态的时间占比为 98%。

对于小规模问题，优化算法非常高效。计算效率不仅与隐枚举法相关，而且与概率计算效率相关，而后者与丰前的算法效率相关。表 7.2 中列出了该问题的一些示例结果。在该表的最后一行，仅使用了约束条件 A_1，而没有使用约束条件 A_2。约束条件越多，隐枚举法的效率越高。因此，使用最后一行数据来求解式（7.31）最费时。

表 7.2 样本结果

M	c_B^*	c_D^*	y^*	Z^*	A_1	A_2	使用丰前的算法
5	2	2	3	96	0.938	0.982	25
10	3	3	5	154	0.926	0.988	38
20	4	6	8	252	0.907	0.989	66
30	6	8	11	348	0.904	—	137

在这类问题中，由于概率非常复杂，且要求决策变量取整数值，所以通常需要使用隐枚举法等搜索方法，即首先指定一组决策变量，然后基于约束条件求解目标函数。由此来看，隐枚举法似乎非常适合求解这类问题。

7.6.2 控制问题

如前所述，控制问题侧重于确定最优策略的形式。学者们通常对研究什么情况下平稳策略（如前一节所讨论的）是最优的更感兴趣。一些学者讨论了如何确定控制参数的最优值，但这方面的研究似乎比较少。

这类问题的研究方法通常涉及对动态规划函数方程的分析，该函数方程由目标函数得到，目标函数在有限或无限规划周期内使总贴现成本（利润）流或平均成本（利润）率最小化（最大化）。由于这类分析方法与前面介绍的方法大不相同，所以本书仅介绍一些一般概念，并向读者提供相关参考文献。

最早讨论排队控制问题的有罗马尼（Romani，1957）和莫德等人（Moder et al.，1962），他们研究的变量均为 $M/M/c$ 排队系统中的服务员数。由于策略的形式是预先确定的，所以严格来说，这两个参考文献中的分析应当归类于静态设计范畴，但这些分析构成了大量服务速率控制问题的研究核心。罗马尼考虑了这样一个策略，如果队列中的顾客数达到某个临界值，则新顾客到达时会加入额外的服务员，以避免队列中的顾客数超过临界值。当新增的服务员完成服务且没有顾客在队列中等待时，他们将被移除。

莫德和菲利普斯（Phillips）对罗马尼的模型做了修改，在他们的模型中，共有 c_1 个可用的服务员。如果队列大小超过临界值 M_1，则新顾客到达时会加入额外的服务员，这与罗马尼的模型类似；不同的是，莫德和菲利普斯将可增加的服务员数的上限设为 c_2。此外，在莫德和菲利普斯的模型中，当新增的服务员完成服务且队列大小降至另一个临界值 M_2 以下时，这些服务员将被移除。

上述文献推导出了常用的效益指标，如空闲时间、平均队列长度、平均等待时间以及初始平均通道数，但没有考虑明确的成本函数或优化方法，也没有尝试证明所选择的策略是最优的，所以这些模型属于静态设计模型。实际上，这些模型更偏向于描述性模型，而不是规范性模型，尽管上述文献对不同参数值（如队列大小的临界值，在这些临界值处会增加或移除服务员）下的效益指标进行了比较。

亚丁等人（Yadin et al.，1967）对莫德和菲利普斯的模型进行了推广，他们假设服务速率可以随时变化且由决策者控制。用 $\mu_0, \mu_1, \cdots, \mu_k, \cdots$ 表示可能的服务速率，其中 $\mu_{k+1} > \mu_k$ 且 $\mu_0 = 0$，可以将他们的模型策略表述为：当系统大小增加至 R_k 且服务速率等于 μ_{k-1} 时，服务速率将增加至 μ_k；当系统大小降至 S_k 且服务速率为 μ_{k+1} 时，服务速率将降至 μ_k。策略参数 $\{R_k\} = \{R_1, R_2, \cdots, R_k, \cdots\}$ 和 $\{S_k\} = \{S_0, S_1, \cdots, S_k, \cdots\}$ 为整数向量，且 $R_{k+1} > R_k$，$S_{k+1} > S_k$，$R_{k+1} > S_k$，$S_0 = 0$，即可以由 $\{R_k\}$ 和 $\{S_k\}$ 的一组特定取值得到特定的决策规则（策略）。由于假设输入过程为泊松过程且服务时间服从指数分布，所以该排队模型本质上是具有状态相依服务模式的 $M/M/1$ 排队模型。

请注意，这类模型也可用于对以下场景进行建模：随着系统状态的变化，会增加或移除额外的服务通道。

基于以上的策略类型，亚丁和瑙尔（Naor）推导出了稳态概率、平均系统大小以及单位时间内速率转换的平均次数。尽管没有施加任何特定的成本函数来比较不同的策略，但亚丁和瑙尔对该问题进行了一般性的讨论。给定可能的服务速率集合 $\{u_k\}$、成本结构（由与顾客等待时间、服务速率和速率转换次数成正比的成本构成）以及用于表示特定策略的集合 $\{R_k\}$ 和 $\{S_k\}$，可以计算出该策略的平均成本。因此，可以对不同的策略（不同的 $\{R_k\}$ 和 $\{S_k\}$）进行比较。他们也指出求最优策略是极为困难的，即极难求得使平均成本最小化的特定集合 $\{R_k\}$ 和 $\{S_k\}$。

对于有两个服务速率的场景，格布哈特（Gebhard，1967）讨论了两个特定的服务速率转换策略，这一讨论也同样基于泊松输入和指数分布服务时间的假设（状态相依的 $M/M/1$ 排队模型）。格布哈特将第一个策略称为单级控制：当系统大小小于或等于 N_1 时，使用服务速率 μ_1；在其他情况下，使用服务速率 μ_2。格布哈特将第二个策略称为双级滞环控制：当系统大小增加至 N_2 时，服务速率转换为 μ_2；当系统大小减少至 N_1 时，服务速率转换为 μ_1。术语**滞环**（hysteretic）[参考文献（Yadin et al.，1967）中也使用了该术语] 源于控制回路，我们可以在系统大小与服务速率的关系图中看到控制回路。在推导出稳态概率、平均系统大小以及平均服务转换速率之后，格布哈特基于特定的成本函数（包括服务成本和排队成本）对这两个策略进行了比较。

由于格布哈特以及亚丁和瑙尔同时发表了论文，所以这两篇论文中没有指出格布哈特的策略是亚丁和瑙尔的策略的特例。如果使用亚丁和瑙尔使用的符号，则对于单级控制策略，$R_1 = 1$，$R_2 = N_1 + 1$ 且 $S_1 = N_1$；对于双级滞环控制策略，$R_1 = 1$，$R_2 = N_2$ 且 $S_1 = N_1$。

海曼（Heyman，1968）讨论了状态相依的 $M/G/1$ 排队模型，其中服务速率可能为 0（服务器关闭）或 μ（服务器开启）。他考虑了服务器的启动成本、关闭成本和运行时的单位时间成本以及顾客的等待成本。海曼证明了最优策略形式为：当系统中有 n 个顾客时开启服务器，当系统为空时关闭服务器。海曼分析了各种情况的组合，涉及随时间变化的贴现成本或非贴现成本，以及有限或无限的规划周期。

该参考文献（Heyman，1968）是本节中提到的第一个可以恰当地归类至排队控制范畴的文献，该文献讨论的重点在于确定策略的最优形式。此外，对于前面提到的各种情况的组合（有贴现成本或没有贴现成本，以及无限规划周期或有限规划周期），海曼讨论了如何确定最优的 n，但这些问题不是海曼的研究重点。

索贝尔（Sobel，1969）讨论了海曼提出的问题，即服务速率可能为 0（服务器关闭）或 μ（服务器开启），但索贝尔将结果推广到了 $G/G/1$ 排队模型，并且假设了更一般的成本结构。他仅考虑了无限周期内的平均成本率（非贴现）准则，并证明了几乎任何类型的平稳策略均可以通过对海曼的策略稍加推广而得到，以及在广泛使用的成本函数下，该策略是最优的。该策略的形式为：当系统大小不超过 m 时，不提供服务（关闭服务器）；当系统大小增加至 $M(M > m)$ 时，打开服务器，且保持服务器处于工作状态，直到系统大小减少至 m。索贝尔将该策略称为 (M,m) 策略，很容易看出海曼的策略是索贝尔的策略的真子集，即海曼的策略是 $m = 0$ 时的 (M,m) 策略。索贝尔的结论是严格定性的，他证明了对于这类问题，几乎任何类型的策略均可以归类于他提出的 (M,m) 策略。他还证明了在哪些条件下 (M,m) 策略是最优的，但没有讨论对于特定的成本，如何确定 M 和 m 的最优值。关于这方面的更多讨论，请参阅参考文献（Heyman et al.，1984）。

对库存问题的相关理论有一定了解的读者会注意到 (M,m) 策略与经典的 (S,s) 库存策略之间的相似性。索贝尔在他的论文中证明了 (M,m) 策略可以应用于生产库存系统，在这种情况下，该策略变为：如果库存大于或等于 M，则停止生产；当库存减少至 m 时，开始生产并持续生产，直到库存增加至 M。

参考文献（Sobel，1974）对服务速率的控制进行了讨论，有兴趣深入了解这一内容的读者可以参阅该文献。另一个参考文献（Bengtsson，1983）也与服务控制问题相关。此外，参考文献（Heyman et al.，1984）也对服务控制问题中的大部分内容进行了讨论。

与控制问题相关的早期研究集中于服务参数的控制上（直至今日这方面的研究仍在继续），而后续的许多研究涉及到达过程的控制。社会优化和个体优化的最优策略形式以及这些场景下的最优策略对比是研究的热点。想深入研究这一内容的读者可以参阅参考文献（Stidham，1982；Rue et al.，1981）。关于设计和控制问题的一般讨论，读者可以参阅参考文献（Crabill et al.，1977；Stidham et al.，1974）。参考文献（Serfozo，1981；Serfozo et al.，1984）讨论了如何同时控制马尔可夫排队系统的到达速率和服务速率，并且推导出了自然单调最优策略的存在条件。

在另一类略为不同的控制问题中，需要确定瞬时排队系统停止运行的最优时间，即确定何时关闭队列（关闭商店）。这类问题通常涉及收入损失与加班成本之间的权衡。分析这类问题的方法与分析到达或服务控制问题的动态规划方法不同，感兴趣的读者可以参阅参考文献（Prabhu，1974）。与排队控制问题相关的另一个研究来自参考文献（Puterman，1991），该文献对马尔可夫决策过程进行了更一般的讨论。

7.7 统 计 推 断

在排队分析中，统计（相比于概率）侧重基于观测数据来进行到达过程和服务过程的参数估计和分布估计。在实践中，通常需要使用可观测数据来确定排队系统的到达过程和服务过程，所以尽可能地充分利用数据尤为重要。由于存在许多与离散事件仿真建模相关的统计问题，所以我们将推断这一广泛的主题分为两部分（本节以及第 9.3 节）来介绍。本节仅讨论与**后验分析**（posteriori analysis）相关的统计问题，即收集与排队系统行为相关的数据，并通过观察这些数据来推断到达过程和服务过程。我们将对后验分析与**先验分析**（priori analysis）进行对比，通过先验分析来为某个排队模型选择合适的到达时间间隔分布或服务分布（解析分析或仿真分析），或单独分析到达时间间隔或服务时间。我们将在第 9.3 节讨论先验分析问题，需要注意的是在排队论中分布的选择和估计非常重要。

使用已知的统计方法有助于充分利用现有数据，或确定应该获取哪些以及多少新数据。这是排队论研究的一个重要方面，因为排队模型的输出统计不会比输入更好。此外，当使用统计方法来估计输入参数（例如基于数据来估计）时，输出效益指标实际上变为随机变量，且学者们感兴趣的通常是得到关于它们的置信推断。关于这一内容考克斯（Cox，1965）、克拉克（Clarke，1957）、比林斯利（Billingsley，1961）、沃尔夫（Wolff，1965）、哈里斯（Harris，1974）等人进行了更多讨论，读者可以参阅相关文献。

如前所述，本节主要讨论统计推断问题，在这类问题中，假定有适用的模型形式。这类问题可以进一步细分为估计、假设检验和置信推断问题，这些问题之间相互关联。

任何统计方法的第一步均是确定样本信息的可用性。选择的估计方法和估计量的形式在很大程度上取决于监测过程的完整性。如果可以在某一时段内完整地观察系统，从而可以记录每个顾客的服务过程，则问题较容易解决；如果仅能得到部分信息，如顾客离开时刻的队列大小，则问题会变得复杂。

实际上，在排队系统的早期统计研究中，都假定在一段时间内可以充分地观察系统，因此可以得到每个顾客到达的时刻以及开始和结束服务的时刻等完整信息。正如我们所预期的，可以假定这类系统为连续时间马尔可夫链。关于这一内容以及相关课题，克拉克（Clarke，1957）完成了一系列论文，他求得了 $M/M/1$ 排队系统的到达参数和服务参数的 **最大似然估计量**（maximum-likelihood estimator，MLE），以及这两个统计量的方差-协方差矩阵。在克拉克之后，贝奈斯（Beneš，1957）对 $M/M/\infty$ 排队模型进行了类似的论述。接下来简要讨论克拉克进行的基础性研究。

可以通过如下方法得到最大似然估计量：首先，构造一个（或多个）模型参数的似然函数 L，令 L 等于观测样本的联合密度函数；模型参数的最大似然估计量是使 L 最大化的值，所以下一步是求 L 的自然对数的最大值，通常用 $\mathcal{L}$ 表示 L 的自然对数，且该数学计算并不难。

接下来介绍克拉克的研究结果。假设有一个平稳的 $M/M/1$ 排队系统，平均到达速率 λ 和平均服务速率 μ（$\rho \equiv \lambda/\mu$）未知。假设初始状态时队列中没有顾客，并同时考虑 $N(0) = n_0$ 以及忽略初始系统大小条件下的似然值。显然，状态转移时间间隔服从指数分布，如果不考虑初始状态，则均值为 $1/(\lambda + \mu)$，如果考虑初始状态，则均值为 $1/\lambda$。从零状态开始的所有跳跃都是向上跳跃，而从非零状态向上跳跃的概率为 $\lambda/(\lambda + \mu)$，向下跳跃的概率为 $\mu/(\lambda + \mu)$，这些概率与过去的系统状态无关。

假设对系统进行时长为 t 的观察，t 足够大以保证得到适当数量的观测值，且 t 的选取需要独立于到达过程和服务过程，使得采样间隔与 λ 和 μ 无关。分别用 t_e 和 t_b 来表示系统处于空闲状态和忙碌状态的时间（$t_b = t - t_e$）。此外，用 n_c 表示已接受服务的顾客数，n_{ae} 表示到达空闲系统的顾客数，n_{ab} 表示到达忙碌系统的顾客数，$n_a = n_{ae} + n_{ab}$ 表示到达的总顾客数。以上为克拉克使用的符号，在该场景中，这些符号使用起来非常方便。

似然函数的各项可由以下信息得到：

（1）在一个非零状态下停留的时段（长度为 x_b），当有顾客到达或离开时，该时段结束；

（2）在零状态下停留的时段（长度为 x_e），当有顾客到达时，该时段结束；

（3）观察的最后一个（未结束的）时段（长度为 x_1）；

（4）到达忙碌系统的顾客数；

（5）离开系统的顾客数；

（6）初始顾客数 n_0。

可知似然函数由以下几项（分别与以上信息对应）组成：

（1）$(\lambda + \mu)e^{-(\lambda+\mu)x_b}$；

（2）$\lambda e^{-\lambda x_e}$；

（3）$e^{\lambda x_1}$ 或 $e^{-(\lambda+\mu)x_1}$；

（4）$\lambda/(\lambda + \mu)$；

（5）$\mu/(\lambda + \mu)$；

（6）$\Pr\{N(0) = 0\}$。

由于 $\sum x_b = t_b$、$\sum x_e = t_e$ 且 $n_{ae} + n_{ab} = n_a$，所以似然函数为（x_1 包含在 t_b 或 t_e 中）

$$L(\lambda, \mu) = (\lambda + \mu)^{n_c + n_{ab}} e^{-(\lambda+\mu)\sum x_b} \lambda^{n_{ae}} e^{-\lambda\sum x_e} .$$

$$\left(\frac{\lambda}{\lambda + \mu}\right)^{n_{ab}} \left(\frac{\mu}{\lambda + \mu}\right)^{n_c} \Pr\{n_0\}$$

$$= e^{-(\lambda+\mu)t_b} \lambda^{n_a} e^{-\lambda t_e} \mu^{n_c} \Pr\{n_0\}$$

似然函数 L 的自然对数形式为

$$\mathcal{L}(\lambda, \mu) = -\lambda t - \mu t_b + n_a \ln \lambda + n_c \ln \mu + \ln \Pr\{n_0\} \tag{7.32}$$

如果系统处于平衡状态，则可以忽略初始系统大小，且可以通过求解以下方程来得到最大似然估计量 $\hat{\lambda}$ 和 $\hat{\mu}$（$\hat{\rho} = \hat{\lambda}/\hat{\mu}$）：

$$\frac{\partial \mathcal{L}}{\partial \lambda} = 0, \quad \frac{\partial \mathcal{L}}{\partial \mu} = 0$$

在这种情况下，

$$\frac{\partial \mathcal{L}}{\partial \lambda} = -t + \frac{n_a}{\lambda}, \quad \frac{\partial \mathcal{L}}{\partial \mu} = -t_b + \frac{n_c}{\mu}$$

因此，

$$\hat{\lambda} = \frac{n_a}{t}, \quad \hat{\mu} = \frac{n_c}{t_b} \tag{7.33}$$

以上结果可以通过观察每个顾客的到达时间间隔和服务时间并取样本平均值（忽略最后一个未结束的时段）而得到，第 9.3 节中将证明 $\hat{\lambda}$ 和 $\hat{\mu}$ 是最大似然估计量。

由于假设系统处于平衡状态，所以 $\hat{\rho} = \hat{\lambda}/\hat{\mu} < 1$ 一定成立；如果该条件不成立，则需要假设 $\hat{\lambda}/\hat{\mu} \approx 1$ 并使 $\mathcal{L}(\lambda, \mu) + \theta(\lambda, \mu)$ 最小化，其中 θ 是**拉格朗日乘子**（Lagrange multiplier），并得到作为通用估计量的 $\hat{\lambda} = \hat{\mu} = (n_{\mathrm{a}} + n_{\mathrm{c}})/(t + t_{\mathrm{b}})$。

如果假设不能忽略 $N(0)$，那么为了得到有意义的结果，需要对初始系统大小的分布进行假设。如果已知 ρ 小于 1，且令 $\Pr\{N(0) = n_0\} = \rho^{n_0}(1 - \rho)$，那么系统处于稳态。然而，我们希望在 ρ 可能大于 1 的假设下进行估计。在这种情况下，系统大小的分布不再是几何分布，需要使用另一种方法来进行估计，在某种程度上可以选择任意的分布。

接下来对此进行说明，令 $\Pr\{N(0) = n_0\} = \rho^{n_0}(1 - \rho)$，此时式（7.32）变为

$$\mathcal{L}(\lambda, \mu) = -\lambda t - \mu t_{\mathrm{b}} + n_{\mathrm{a}} \ln \lambda + n_{\mathrm{c}} \ln \mu + n_0(\ln \lambda - \ln \mu) + \ln \left(\frac{1 - \lambda}{\mu} \right)$$

则

$$\frac{\partial \mathcal{L}}{\partial \lambda} = -t + \frac{n_{\mathrm{a}}}{\lambda} + \frac{n_0}{\lambda} - \frac{1}{\mu - \lambda}$$

$$\frac{\partial \mathcal{L}}{\partial \mu} = -t_{\mathrm{b}} + \frac{n_{\mathrm{c}}}{\mu} - \frac{n_0}{\mu} + \frac{\lambda}{\mu(\mu - \lambda)}$$

因此，估计量 $\hat{\lambda}$ 和 $\hat{\mu}$ 是以下方程的解

$$
\begin{aligned}
0 &= -t + \frac{n_{\mathrm{a}} + n_0}{\hat{\lambda}} - \frac{1}{\hat{\mu} - \hat{\lambda}} \\
0 &= -t_{\mathrm{b}} + \frac{n_{\mathrm{c}} - n_0}{\hat{\mu}} + \frac{\hat{\lambda}}{\hat{\mu}(\hat{\mu} - \hat{\lambda})}
\end{aligned}
\tag{7.34}
$$

第一个方程可以简化为

$$\hat{\mu} - \hat{\lambda} = \frac{\hat{\lambda}}{n_{\mathrm{a}} + n_0 - \hat{\lambda} t}$$

从第二个方程中消去 $\hat{\mu}$，得到一个关于 $\hat{\lambda}$ 的二次方程，由该二次方程可以得到 $\hat{\lambda}$ 的两个值。任何负值均是无效的，由有效的 $\hat{\lambda}$ 值，可以得到相应的 $\hat{\mu}$ 值。此

外，使得 $\hat{\mu} \leqslant 0$ 或 $\hat{\lambda}/\hat{\mu} > 1$ 的任何估计量对 $(\hat{\lambda}, \hat{\mu})$ 也是无效的。如果两个解均是有效的，则保留使似然函数最大化的解。如果两个解均是无效的，且无效的原因是 $\hat{\lambda}$ 的值为负，则令 $\hat{\lambda}$ 的值为一个很小的正数 ϵ；其他情况下，令 $\hat{\lambda} = \hat{\mu}$。

对于不能忽略初始系统大小的情况，还有另一种求解方法。由于 n_0 与稳态平均系统大小之差的影响随后会消除，所以可以在式（7.33）中增加一项：用初始系统大小减去稳态平均系统大小的估计量，然后将该差值除以 t_b；对于 $\hat{\lambda}$ 也可采用类似的方法求解。

因此，可得以下近似值：

$$\hat{\lambda} \approx \frac{n_a}{t} + \frac{n_0 - (n_a t_b/n_c t)/(1 - n_a t_b/n_c t)}{t}$$
$$\hat{\mu} \approx \frac{n_c}{t_b} + \frac{n_0 - (n_a t_b/n_c t)/(1 - n_a t_b/n_c t)}{t_b} \tag{7.35}$$

其中 $(n_a t_b/n_c t)/(1 - n_a t_b/n_0 t)$ 是 L 的估计量，即 $\hat{L} = \hat{\rho}/(1 - \hat{\rho})$。需要注意的是，给出的 λ 和 μ 的所有估计量均是一致的。

考克斯（Cox，1965）和利利福斯（Lilliefors，1966）讨论了基于式（7.33）中给出的最大似然估计量来求 $M/M/1$ 排队系统的流量强度的置信区间。由于顾客的到达时间间隔是独立同指数分布的随机变量，所以 t 是埃尔朗类型的 n_a，均值为 n_a/λ，因此，λt 是埃尔朗类型的 n_a，均值为 n_a。类似地，μt_b 是埃尔朗类型的 n_c，均值为 n_c。如果谨慎地指定采样停止规则以保证 n_a 和 n_c 的独立性，则比值 $t_b/t\rho$ 的分布为 $F_{2n_c,2n_a}(t_b/t\rho)$，其中 $F_{a,b}(x)$ 是自由度为 a 和 b 的一般 F 分布（当将埃尔朗分布转换为 χ^2 分布时，自由度中的 2 很重要，由两者的比值可得 F 分布）。由式（7.33）可知 $t_b/t\rho = (n_c/n_a)\hat{\rho}/\rho$，因此，通过直接使用 F 分布，很容易求得置信区间，置信水平为 $1 - \alpha$ 的置信上限 ρ_u 可由下式求得

$$\frac{n_c\hat{\rho}}{n_a\rho_u} = F_{2n_c,2n_a}(\alpha/2)$$

置信水平为 $1 - \alpha$ 的置信下限 ρ_l 可由下式求得

$$\frac{n_c\hat{\rho}}{n_a\rho_l} = F_{2n_c,2n_a}(1 - \alpha/2)$$

以此类推，可以求得任意常用的效益指标（关于 ρ 的函数）的置信区间。

■ **例 7.7**

观察 $M/M/1$ 排队系统，在 $t = 400\,\text{h}$ 的观察时长内，有 60 个顾客到达并完成服务。在这 400 h 内，服务员处于忙碌状态的总时长为 300 h。需要求流量强度 ρ 的 95% 置信区间。

根据前文的讨论可知，$\hat{\lambda} = 60/400 = \dfrac{3}{20}$，$\hat{\mu} = 60/300 = \dfrac{1}{5}$，所以 $\hat{\rho} = \dfrac{3}{4}$。已知 $\alpha = 0.05$，需要求 $1 - \alpha$ 置信水平上的置信区间。两个自由度均为 120，所以置信上限和置信下限为

$$\frac{n_{\text{c}}\hat{\rho}}{n_{\text{a}}\rho_{\text{u}}} \doteq 0.70 \quad \Rightarrow \quad \rho_{\text{u}} \doteq \frac{\hat{\rho}}{0.70} \doteq 1.07$$

$$\frac{n_{\text{c}}\hat{\rho}}{n_{\text{a}}\rho_{\text{l}}} \doteq 1.43 \quad \Rightarrow \quad \rho_{\text{l}} \doteq \frac{\hat{\rho}}{1.43} \doteq 0.52$$

因此，可得流量强度 ρ 的 95% 置信区间为 $(0.52, 1.07)$。

可以将以上思路扩展至具有多个服务员的指数分布排队模型，以及具有埃尔朗分布输入过程及（或）服务过程的模型。此外，比林斯利（Billingsley, 1961）对连续时间马尔可夫链的似然估计进行了详细的研究，其中涵盖极限理论和假设检验。沃尔夫（Wolff, 1965）扩展了比林斯利的研究，并使用这些研究成果来求生灭排队模型的结果。

接下来讨论如何将似然方法应用于 $M/G/1$ 排队模型。这一过程与前面类似，不同之处在于，由于服务时间不再具有无记忆性，所以似然函数发生了变化，不能再使用数据来区分空闲时段和忙碌时段，此时似然函数由以下 4 个部分组成：到达时间间隔 x，服从指数分布，对似然函数的贡献为 $\lambda \text{e}^{-\lambda x}$；为 n_{c} 个顾客提供服务的时间 x，对似然函数的贡献为 $b(x)$；最后一个顾客接受服务的时间（如 x_{l}），对似然函数的贡献为 $1 - B(x_{\text{l}})$；初始顾客数。

因此，似然函数可以写为

$$L(\lambda, \mu) = \text{e}^{-\lambda(t - x_{\text{l}})} \lambda^{n_{\text{a}}} \left(\prod_{i=1}^{n_{\text{c}}} b(x_i) \right) [1 - B(x_{\text{l}})] \Pr\{n_0\}$$

似然函数的自然对数形式为

$$\mathcal{L}(\lambda, \mu) = n_{\text{a}} \ln \lambda - \lambda(t - x_{\text{l}}) + \sum_{i=1}^{n_{\text{c}}} \ln b(x_i) + \ln[1 - B(x_{\text{l}})] + \ln \Pr\{n_0\}$$

然后对上式求导，这之后的推导与 $M/M/1$ 排队模型的推导相同。

■ **例 7.8**

在本例中，需要求 $M/E_2/1$ 排队模型的最大似然估计量，其中平均到达率为 λ，平均服务时间为 $2/\mu$。由于 $b(t) = u^2 t e^{-\mu t}$，所以由前文的讨论可知，对数似然函数为

$$\mathcal{L}(\lambda, \mu) = n_{\mathrm{a}} \ln \lambda - \lambda(t - x_1) + \sum_{i=1}^{n_{\mathrm{c}}} (2\ln \mu + \ln x_i - \mu x_i)$$

$$+ \ln \left(1 - \int_0^{x_1} \mu^2 t e^{-\mu t} \mathrm{d}t\right) + \ln \Pr\{n_0\}$$

埃尔朗分布函数中的积分可以用泊松随机变量的和来表示［见式（2.10）］：

$$\int_0^{x_1} \mu^2 t e^{-\mu t} \mathrm{d}t = 1 - \mathrm{e}^{-\mu x_1} \sum_{i=0}^{1} \frac{(\mu x_1)^i}{i!}$$

因此，

$$\mathcal{L}(\lambda, \mu) = n_{\mathrm{a}} \ln \lambda - \lambda(t - x_1) + 2n_{\mathrm{c}} \ln \mu + \sum_{i=1}^{n_{\mathrm{c}}} \ln x_i - \mu \sum_{i=1}^{n_{\mathrm{c}}} x_i$$

$$+ \ln \left(\mathrm{e}^{-\mu x_1} + \mu x_1 \mathrm{e}^{-\mu x_1}\right) + \ln \Pr\{n_0\}$$

可得偏导数为

$$\frac{\partial \mathcal{L}}{\partial \lambda} = \frac{n_{\mathrm{a}}}{\lambda} - (t - x_1) + \frac{\partial \ln \Pr\{n_0\}}{\partial \lambda}$$

$$\frac{\partial \mathcal{L}}{\partial \mu} = \frac{2n_{\mathrm{c}}}{\mu} - \sum_{i=1}^{n_{\mathrm{c}}} x_i - x_1 + \frac{x_1}{1 + \mu x_1} + \frac{\partial \ln \Pr\{n_0\}}{\partial \mu}$$

如果假设初始状态的选择与 λ 和 μ 无关，那么可以通过令偏导数等于 0 来得到 λ 和 μ 的最大似然估计量

$$\hat{\lambda} = \frac{n_{\mathrm{a}}}{t - x_1}$$

$\hat{\mu}$ 是以下二次方程的合适解：

$$x_1 \left(x_1 + \sum_{i=2}^{n_{\mathrm{c}}} x_i\right) \hat{\mu}^2 + \left(\sum_{i=1}^{n_{\mathrm{c}}} x_i - 2n_{\mathrm{c}} x_1\right) \hat{\mu} - 2n_{\mathrm{c}} = 0$$

到目前为止，我们介绍了基于完整的信息来分析简单排队过程的方法，现在假设有某些类型的信息无法获取。例如，假设仅观察 $M/G/1$（G 未知）排队系统的平稳输出，且需要估计平均服务时间和平均到达时间间隔。假设系统处于平衡状态，平均到达时间间隔 $1/\lambda$ 必定等于离开时间间隔的长期算术平均值。如果用 $\bar{d}$ 表示平均离开时间间隔，则 λ 的最大似然估计量为 $\hat{\lambda} = 1/\bar{d}$。

如果服务时间服从指数分布，那么输出的极限分布与输入的极限分布相同，在这种情况下，无法推断平均服务时间。如果假设服务时间不服从指数分布，那么就可以对平均服务时间进行估计。任何 $M/G/1$ 排队模型的离开时间间隔的累积分布函数为（回想一下，$p_0 = 1 - \lambda/\mu$）

$$C(t) = \frac{\lambda}{\mu}B(t) + \left(1 - \frac{\lambda}{\mu}\right)\int_0^t B(t-x)\lambda e^{-\lambda x}\mathrm{d}x \tag{7.36}$$

其中最后一项是服务时间和到达时间间隔的累积分布函数的卷积。当服务时间为常数时，式（7.36）退化为

$$C(t) = \begin{cases} 0, & t < 1/\mu \\ \lambda/\mu, & t = 1/\mu \\ \lambda/\mu + (1 - \lambda/\mu)(1 - e^{-\lambda(t-1/\mu)}), & t > 1/\mu \end{cases}$$

由于 $t = 1/\mu$ 的概率不为 0，所以可以通过令 $1/\mu$ 与观测到的最小离开时间间隔相等，来直接求得估计量。

如果服务时间的分布不是指数分布，也不是确定性分布，则可以取式（7.36）的 LST，得到

$$C^*(s) = \frac{(1 + s/\mu)B^*(s)}{1 + s/\lambda} \tag{7.37}$$

其中 $B^*(s)$ 是服务时间的累积分布函数的 LST，其形式是已知的，但参数的值是未知的。通过使用足够多的方程可以确定 $B(t)$ 的所有参数，进而可以通过式（7.37）的逐次微分得到 $C(t)$ 和 $B(t)$ 各阶矩之间的关系。然而仍存在一个问题：相继离开的顾客的离开时间间隔可能是相关的，当基于数据来计算阶矩时，需要考虑其相关性。例如，如果有足够多的数据，且数据足够分散，则可以认为这些数据构成了近似随机的样本，从而可以使用基于非相关观测值的公式。建议读者在做出任何最终的置信推断之前，通过计算相继观测值之间的样本相关系数来

检验是否具有相关性。习题 7.32 要求读者解决这类问题。考克斯（Cox，1965）也讨论了这类问题。

我们对前面的问题稍加修改，考虑 $M/G/1$ 排队模型，其中 G 是已知的，且同时对系统的输入和输出进行观察。这类问题的分析过程与前面非常相似，不同之处在于，由于我们对有序的到达时刻和离开时刻进行了观察，所以可以得到相继到达的顾客的等待时间。$B(t)$ 的 LST 与顾客在系统中的等待时间的累积分布函数 $W(t)$ 的 LST 之间的关系为［见式（6.33）］

$$W^*(s) = \frac{(1 - \lambda/\mu)sB^*(s)}{s - \lambda + \lambda B^*(s)} \tag{7.38}$$

这同样也是自相关曲面问题。基于前面所提到的假设，当 $B(t)$ 是指数分布函数时，可得

$$\left. \frac{\mathrm{d}W^*(s)}{\mathrm{d}s} \right|_{s=0} = -\frac{1}{\mu - \lambda}$$

因此，

$$\hat{W} = \frac{1}{\hat{\mu} - \hat{\lambda}} \;\Rightarrow\; \hat{\mu} = \hat{\lambda} + \frac{1}{\hat{W}}$$

事实上，对于任何单参数服务时间分布，可以直接使用 PK 公式［由式（7.38）的一阶导数或第 6.1 节的结果得到］

$$W = \frac{1}{\mu} + \frac{(\lambda/\mu)^2 + \lambda^2\sigma_S^2}{2\lambda(1 - \lambda/\mu)}$$

例如，当服务时间服从确定性分布时，可得

$$W = \frac{1}{\mu} + \frac{\lambda/\mu^2}{2(1 - \lambda/\mu)} = \frac{2 - \lambda/\mu}{2\mu(1 - \lambda/\mu)}$$

因此，

$$\hat{W} = \frac{2 - \hat{\lambda}/\hat{\mu}}{2\hat{\mu}(1 - \hat{\lambda}/\hat{\mu})}$$

可以通过求解以下二次方程得到 $\hat{\mu}$：

$$2\hat{W}\hat{\mu}^2 - 2(\hat{W}\hat{\lambda} + 1)\hat{\mu} + \hat{\lambda} = 0$$

其中，$\hat{\lambda}$ 与前文一样可以由 $\overline{d}$ 得到。埃尔朗分布的情况作为习题留给读者自行学习（见习题 7.33）。

对于 $M/G/\infty$ 排队模型，第 6.2.2 节证明了输出和系统大小均为非齐次泊松流。因此，可以通过将所有可观测过程转换为泊松过程来对参数进行估计，由泊松过程可以很容易得到合适的估计量。

习题

7.1　将第 4.3.5 节中的 $M/E_2/1$ 排队模型寻根问题重新表述为第 7.1 节中要求的类型，然后验证第 4.3.5 节中的答案。

7.2　求 $D/E_k/1$ 排队模型的 $W_q(t)$ 的一般形式。

7.3　通过学习可知，在 $G/G/1$ 排队系统中，顾客的等待时间的分布函数的拉普拉斯变换为

$$\overline{W}(s) = \frac{1}{s} - \frac{3s^2 + 22s + 36}{3\left(s^2 + 6s + 8\right)(s+3)}$$

求 $W(t)$ 及平均等待时间。

7.4　例 6.3 中的经理发现，机器发生故障的过程不是泊松过程，而是服从表 7.3 给出的两点分布。

表 7.3　习题 7.4 的数据

到达时间间隔	概率	$A(t)$
9	$\dfrac{2}{3}$	$\dfrac{2}{3}$
18	$\dfrac{1}{3}$	1

已知服务时间服从与例 6.3 中一样的两点分布，使用林德利方程来求顾客排队时间的累积分布函数。

7.5　使用第 6.1.5 节中求 $M/G/1$ 排队模型等待时间的方法验证例 7.2 的等待时间结果。

7.6　考虑 $G/G/1$ 排队模型，服务时间在 $(0,1)$ 上均匀分布，$\lambda = 1$。稳态时，顾客到达时看见系统已有 12 个顾客。求平均排队时间。

7.7　对于到达时间间隔服从埃尔朗分布和确定性分布时的情况，分别求到达的顾客数的概率质量函数。

7.8　证明 $G/M/1$ 排队模型的虚拟空闲时间具有如下累积分布函数：

$$F(u) = A(u) + \int_u^\infty \mathrm{e}^{-\mu(1-r_0)(t-u)}\mathrm{d}A(t)$$

7.9　验证由式（7.17）到式（7.18）的推导过程。

7.10 （a） 证明式（7.18）的极点互不相同。

（b） 完全求解 $M/D/2$ 排队模型，其中 $\lambda = \mu = 1$。

7.11 使用习题 7.10（b）的状态概率的母函数，求在相同假设下排队时间的方差。

7.12 考虑一个 $M^{[X]}/M/1$ 排队模型，假设满足以下条件：如果服务员空闲时有两个或两个以上顾客在等待，则接下来的两个顾客将同时接受服务；如果服务员空闲时有一个顾客在等待，则仅该顾客接受服务；服务时间服从指数分布，平均值为 $1/\mu$，与接受服务的顾客数无关。求嵌入马尔可夫链的单步转移概率 p_{ij}。

7.13 一个机器维修系统有两个服务通道，每个通道的服务时间均服从指数分布，且满足习题 7.12 中的假设条件，求一般时间稳态概率。

7.14 考虑 $G/M/3$ 排队模型，到达时间间隔的分布与习题 7.4 相同，平均服务速率 $\mu = 0.035$。求一般时间概率。

7.15 求例 6.9 中的队列的一般时间概率分布，以及平均系统大小和队列大小。

7.16 求习题 6.35（b）中的队列的一般时间概率分布，以及平均系统大小和平均队列大小。

7.17 对于习题 6.41，用第 7.4 节的结果求一般时间概率。

7.18 求习题 6.48 中的队列的一般时间概率分布。

7.19 对于 $\lambda = \mu = 1$ 的 $G/G/1/1$ 排队模型，求 p_0、p_1、L 和 W。

7.20 考虑 $M/M/1/\infty$ 排队模型，其中 $\lambda = 1$ 且 $\mu = 3$。每个通过系统的顾客都要支付 15 美元，且顾客在系统中停留的成本是每单位时间 6 美元。

（a） 求该系统的平均利润率。

（b） 一位分析师告诉该系统的管理人员，可以在某个时间点关闭排队入口，即当队列大小达到一定规模时阻止新到的顾客排队，通过这种方式可以增加利润。你同意吗？如果同意的话，求阻止顾客排队的最优时间点？

7.21 重新计算习题 3.69，令 $C_1 = 24$ 美元，$C_2 = 138$ 美元，停机成本 $= 10$ 美元/h。

7.22 考虑一个双服务器系统，每台服务器均能以两种速率工作。服务时间服从指数分布，平均服务速率为 μ_1 或 μ_2。当系统中有 k（$k > 2$）个顾客时，两台服务器的平均速率均从 μ_1 切换到 μ_2。假设服务器低速工作时的成本为 50 美元/h，高速工作时的成本为 220 美元/h，每个顾客的等待时间（在系统中花费的时间）成本为 10 美元/h。顾客按泊松过程到达，平均每小时到达 20 个顾客，服务速率 μ_1 和 μ_2 分别为 7.5 个/h 和 15 个/h。利用习题 3.70 的结果来求 k 的最优值，并与习题 3.69 的结果进行比较。

7.23 考虑习题 3.71 中提到的具有 3 个服务速率的 $M/M/1$ 排队系统。假设将切换点 k_2 设置为 5。利用习题 3.71 的结果，求 k_1 的最优值。平均到达速率为 40 个/h，$\mu_1 = 2$ 个/h，$\mu_2 = 40$ 个/h，$\mu = 50$ 个/h。假设每个顾客的等待成本为 10 美元/h，服务成本分别为 100 美元/h、150 美元/h 和 250 美元/h。

7.24 假设有一个 $M/M/1$ 排队系统，来到系统的顾客可能会拒绝排队。此外，假设拒

绝函数 $b_n = \mathrm{e}^{-n/\mu}$，其中 μ 是平均服务速率（见第 3.10.1 节）。服务员的工资取决于其技能，因此提供服务的边际成本与 μ 成正比，约为 1.5μ 美元/h。顾客按泊松过程到达，平均每小时有 10 个顾客到达。每个接受服务的顾客带来的利润约为 75 美元。求 μ 的最优值。

7.25 考虑一个工具仓库，经理认为成本只与空闲时间有关，即服务员空闲（等待顾客到来）的时间和顾客空闲（在队列中排队等待）的时间。每个服务员的空闲成本为 30 美元/h，每个顾客的空闲成本为 70 美元/h，$1/\lambda = 50$ s，$1/\mu = 60$ s。求服务员数的最优值，并解释该结果。

7.26 考虑 $M/M/1$ 排队模型，平均服务速率 μ 受管理人员的控制。顾客在系统中等待的单位时间成本为 C_W，服务成本与平均服务速率的平方成正比，比例系数为 C_S。求 μ 关于 λ、C_S 和 C_W 的最优值。已知 $\lambda = 10$、$C_S = 2$、$C_W = 20$。

7.27 联立式（7.34）的两个方程得到 $\hat{\lambda}$ 的二次方程并求解。

7.28 求 $M/M/1$ 排队系统中 λ 和 μ 的最大似然估计量，在不考虑初始状态和在稳态时初始系统大小为 4 的两种情况下分别求解。已知 $t = 150$、$t_b = 100$、$n_a = 16$、$n_c = 12$。

7.29 假设 n_0 始终为 0，求 $M/M/1$ 排队系统中 λ、μ 和 ρ 的最大似然估计量。$t = 150$，$t_b = 100$，$n_a = 16$，$n_c = 8$。

7.30 计算习题 7.29 中 ρ 的 95% 置信区间。

7.31 求 $M/E_3/1$ 排队模型中 λ 和 μ 的最大似然估计量的公式。

7.32 使用式（7.37），由 $M/E_2/1$ 排队模型的输出来求服务参数的估计量。

7.33 对于 $M/E_2/1$ 排队模型，基于顾客在系统中的等待时间和到达时间，使用式（7.38）和后续结果求服务参数的估计量（$\hat{\mu}$）。

7.34 观察到的 $M/G/1$ 排队模型的离开时间间隔为

$$
\begin{array}{llllllllll}
0.6, & 2.4, & 1.0, & 1.1, & 0.2, & 0.2, & 0.2, & 2.7, & 1.5, & 0.3, \\
0.6, & 0.9, & 0.5, & 0.2, & 0.5, & 3.8, & 0.4, & 0.1, & 1.5, & 1.4, \\
0.7, & 0.5, & 0.1, & 0.6, & 1.6, & 1.5, & 0.5, & 0.8, & 1.3, & 0.4, \\
0.7, & 2.4, & 2.4, & 0.3, & 0.8, & 0.9, & 1.5, & 0.3, & 1.2, & 1.0, \\
0.6, & 0.1, & 0.4, & 0.3, & 2.5, & 3.5, & 0.8, & 0.6, & 9.5, & 1.6。
\end{array}
$$

判断离开时间间隔是否服从指数分布，以及该模型是否为 $M/M/1$ 排队模型。

第 8 章

界与近似解

对于许多排队系统，不能直接得到其效益指标的解析解。一种处理方法是求这些效益指标的**界**（bound）或近似解。界给出了最坏或最好情况下系统的效益指标，所以界很有用。例如，可以利用上界来确定使拥塞程度不超过规定阈值的服务员数。此外，可以用界来求近似解。例如，取上界和下界的平均值就是一种简单的近似逼近。当然，可以通过使用关于界的性能信息来得到更复杂的近似法。近似法也可以从其他理论发展而来，例如，通过分析一个不同但是与原系统相似的排队系统来更容易地得到相应的结果。

本章主要分为 3 个部分：首先，给出了稳态 $G/G/1$ 和 $G/G/c$ 排队模型中顾客在队列中的平均等待时间（也包括平均队列长度）的一些常见的上界和下界的推导；然后，推导了一些常用的近似值，其中一些是直接从第一部分给出的界推导而来的，另外一些是单独推导得到的；最后，介绍了近似法在排队网络中的应用。

8.1 界

本节首先介绍稳态 $G/G/1$ 排队模型的平均队列等待时间的上界和下界，该上界和下界仅为到达时间间隔和服务时间的一阶矩和二阶矩的函数。接下来，当到达时间间隔和服务时间分布函数的所有形式都已知，但可能过于复杂，无法用通常的方法进行分析时，我们将推导等待时间的下界。第 8.1.3 节介绍了一般多服务员排队模型的一些相关结果。

8.1.1 单服务员排队模型的基本关系

在求上界和下界之前，需要推导出当 $\rho < 1$ 时平稳 $G/G/1$ 排队模型的几个基本关系式，这些关系式涉及到达时间间隔、服务时间、闲期、等待时间和离

开时间间隔的矩。推导的结果与金曼（Kingman，1962c）和马歇尔（Marshall，1968）给出的结果有很多相似之处。

顾客在队列中等待时间的迭代方程为（见第 7.2 节）

$$W_q^{(n+1)} = \max\left\{0, W_q^{(n)} + U^{(n)}\right\} \tag{8.1}$$

其中 $U^{(n)} \equiv S^{(n)} - T^{(n)}$，$S^{(n)}$ 是第 n 个顾客的服务时间，$T^{(n)}$ 是第 n 个顾客和第 $n+1$ 个顾客到达的时间间隔。设

$$X^{(n)} = -\min\left\{0, W_q^{(n)} + U^{(n)}\right\} \tag{8.2}$$

这是从第 n 个顾客离开到第 $n+1$ 个顾客开始接受服务之间的时间，那么

$$W_q^{(n+1)} - X^{(n)} = W_q^{(n)} + U^{(n)} \tag{8.3}$$

如果 $W_q^{(n)} + U^{(n)} > 0$, 则由式（8.1）可得 $W_q^{(n+1)} = W_q^{(n)} + U^{(n)}$, 由式（8.2）可得 $-X^{(n)} = 0$。然而，如果 $W_q^{(n)} + U^{(n)} < 0$, 则 $W_q^{(n+1)} = 0$，$-X^{(n)} = W_q^{(n)} + U^{(n)}$。无论是哪种情况，$W_q^{(n+1)} - X^{(n)} = W_q^{(n)} + U^{(n)}$ 都成立。

对于一个平稳排队系统，$\mathrm{E}\left[W_q^{(n+1)}\right] = \mathrm{E}[W_q^{(n)}]$。取式（8.3）的期望可得

$$\mathrm{E}[X] = -\mathrm{E}[U] = \frac{1}{\lambda} - \frac{1}{\mu} \tag{8.4}$$

因为 X 是从一个顾客离开到下一个顾客开始接受服务之间的时间（系统处于稳态），所以也有

$$\mathrm{E}[X] = \Pr\{\text{到达的顾客发现系统为空}\} \cdot \mathrm{E}[\text{闲期的长度}] = q_0 \mathrm{E}[I]$$

其中 $\{q_n\}$ 表示到达点概率，I 表示一个闲期的长度，可得

$$\mathrm{E}[I] = \frac{\mathrm{E}[X]}{q_0} = -\frac{\mathrm{E}[U]}{q_0} = \frac{1/\lambda - 1/\mu}{q_0} \tag{8.5}$$

接下来要推导的结果是，用 U 和 I 的一阶矩和二阶矩表示的稳态 $G/G/1$ 排队模型的平均等待时间的公式。对式（8.3）等号两边同时平方，可得

$$\left(W_q^{(n+1)}\right)^2 - 2W_q^{(n+1)}X^{(n)} + \left(X^{(n)}\right)^2 = \left(W_q^{(n)}\right)^2 + 2W_q^{(n)}U^{(n)} + \left(U^{(n)}\right)^2 \tag{8.6}$$

由式（8.1）和式（8.2）可知，$W_q^{(n+1)}$ 和 $X^{(n)}$ 中必有一个为 0，所以 $W_q^{(n+1)}X^{(n)}=0$。而且，$W^{(n)}$ 和 $U^{(n)}$ 是相互独立的。然后，对式（8.6）等号两边同取期望值，且利用 $\mathrm{E}\left[\left(W_q^{(n+1)}\right)^2\right] = \mathrm{E}\left[\left(W_q^{(n)}\right)^2\right]$（由于系统处于稳态），可得

$$\mathrm{E}\left[X^2\right] = 2W_q\mathrm{E}[U] + \mathrm{E}\left[U^2\right]$$

或者可以写为

$$W_q = \frac{\mathrm{E}\left[X^2\right] - \mathrm{E}\left[U^2\right]}{2\mathrm{E}[U]} \tag{8.7}$$

现在 $\mathrm{E}[X^2] = \mathrm{Pr}\{到达的顾客发现系统为空\}\cdot\mathrm{E}[(闲期的长度)^2]$，因此可得

$$W_q = \frac{q_0\mathrm{E}\left[I^2\right] - \mathrm{E}\left[U^2\right]}{2\mathrm{E}[U]}$$

由式（8.5）可得 $\mathrm{E}[U] = -q_0\mathrm{E}[I]$，联立该式与上面关于 W_q 的表达式可得

$$\boxed{W_q = -\frac{\mathrm{E}\left[I^2\right]}{2\mathrm{E}[I]} - \frac{\mathrm{E}\left[U^2\right]}{2\mathrm{E}[U]}} \tag{8.8}$$

对式（8.3）等号两边同时立方，可得与顾客在队列中等待时间方差类似的表达式（Marshall，1968）。在到达过程为泊松过程的情况下，式（8.8）退化为 PK 公式（习题 8.2）。

在使用这些结果推导 $G/G/1$ 排队模型的界之前，可以类似地推导离开过程的结果，该结果将在第 8.4 节中使用。设 $D^{(n)}$ 是第 n 个顾客和第 $n+1$ 个顾客离开的时间间隔，那么

$$D^{(n)} \equiv S^{(n+1)} + X^{(n)}$$

$X^{(n)}$ 是第 n 个顾客离开到第 $n+1$ 个顾客开始接受服务之间的时间，$X^{(n)}$ 加上第 $n+1$ 个顾客的服务时间即为这两个顾客离开的时间间隔。因为 $S^{(n+1)}$ 和 $X^{(n)}$ 相互独立，所以

$$\mathrm{Var}\left[D^{(n)}\right] = \mathrm{Var}\left[S^{(n+1)}\right] + \mathrm{Var}\left[X^{(n)}\right] \tag{8.9}$$

根据式（8.3），且由于 $W_q^{(n)}$、$S^{(n)}$ 和 $T^{(n)}$ 相互独立，可得

$$\mathrm{Var}\left[W_{\mathrm{q}}^{(n+1)} - X^{(n)}\right] = \mathrm{Var}\left[W_{\mathrm{q}}^{(n)} + U^{(n)}\right]$$
$$= \mathrm{Var}\left[W_{\mathrm{q}}^{(n)} + S^{(n)} - T^{(n)}\right]$$
$$= \mathrm{Var}\left[W_{\mathrm{q}}^{(n)}\right] + \mathrm{Var}\left[S^{(n)}\right] + \mathrm{Var}\left[T^{(n)}\right] \qquad (8.10)$$

利用方差和协方差的基本性质可得

$$\mathrm{Var}\left[W_{\mathrm{q}}^{(n+1)} - X^{(n)}\right] = \mathrm{Var}\left[W_{\mathrm{q}}^{(n+1)}\right] + \mathrm{Var}\left[X^{(n)}\right] - 2\,\mathrm{Cov}\left[W_{\mathrm{q}}^{(n+1)} X^{(n)}\right]$$
$$= \mathrm{Var}\left[W_{\mathrm{q}}^{(n+1)}\right] + \mathrm{Var}\left[X^{(n)}\right] - 2(\mathrm{E}\left[W_{\mathrm{q}}^{(n+1)} X^{(n)}\right]$$
$$- \mathrm{E}\left[W_{\mathrm{q}}^{(n+1)}\right] \mathrm{E}\left[X^{(n)}\right])$$
$$= \mathrm{Var}\left[W_{\mathrm{q}}^{(n+1)}\right] + \mathrm{Var}\left[X^{(n)}\right] + 2\mathrm{E}\left[W_{\mathrm{q}}^{(n+1)}\right] \mathrm{E}\left[X^{(n)}\right]$$
$$(8.11)$$

最后一个等式成立是因为 $W_{\mathrm{q}}^{(n+1)} X^{(n)} = 0$（原因与前面一样）。联立式（8.10）和式（8.11），令 $n \to \infty$，且对于平稳队列，有 $\mathrm{Var}\left[W_{\mathrm{q}}^{(n+1)}\right] = \mathrm{Var}[W_{\mathrm{q}}^{(n)}]$，可得

$$\mathrm{Var}[S] + \mathrm{Var}[T] = \mathrm{Var}[X] + 2W_{\mathrm{q}}\mathrm{E}[X]$$

解出 $\mathrm{Var}[X]$，代入式（8.9）（令 $n \to \infty$），可得

$$\mathrm{Var}[D] = \mathrm{Var}[S] + \mathrm{Var}[S] + \mathrm{Var}[T] - 2W_{\mathrm{q}}\mathrm{E}[X]$$

上式可以写为

$$\boxed{\mathrm{Var}[D] = 2\sigma_B^2 + \sigma_A^2 - 2W_{\mathrm{q}}\left(\frac{1}{\lambda} - \frac{1}{\mu}\right)} \qquad (8.12)$$

其中 D 是稳态时随机离开时间间隔，$\sigma_B^2 = \mathrm{Var}[S]$，$\sigma_A^2 = \mathrm{Var}[T]$，$W_{\mathrm{q}} = \mathrm{E}\left[W_{\mathrm{q}}^{(n+1)}\right]$，且由式（8.4）可以求出 $\mathrm{E}[X]$。

8.1.2 单服务员排队模型的界

现在应用上一节推导出的一些关系来推导满足所有平稳 $G/G/1$ 排队模型（其中 $\rho < 1$）的界的表达式，读者可以再次参阅参考文献（Kingman，1962c；Marshall，1968）中的结果。

首先是平均闲期的下界。根据式（8.5），由于 $q_0 \leqslant 1$，可得 $\mathrm{E}[I] \geqslant 1/\lambda - 1/\mu$，其中等号对于 $D/D/1$ 排队模型成立。可以用这个不等式来推导 W_{q} 的一个上

界。首先将式（8.8）写为

$$W_q = \frac{-\left(\mathrm{Var}[I] + \mathrm{E}^2[I]\right)}{2\mathrm{E}[I]} - \frac{\mathrm{E}\left[U^2\right]}{2\mathrm{E}[U]}$$

由于 $\mathrm{Var}[I]$ 非负，所以

$$W_q \leqslant \frac{-\mathrm{E}^2[I]}{2\mathrm{E}[I]} - \frac{\mathrm{E}\left[U^2\right]}{2\mathrm{E}[U]} = \frac{1}{2}\left(-\mathrm{E}[I] - \frac{\mathrm{E}\left[U^2\right]}{\mathrm{E}[U]}\right) = \frac{1}{2}\left(\frac{\mathrm{E}[U]}{q_0} - \frac{\mathrm{E}\left[U^2\right]}{\mathrm{E}[U]}\right)$$

其中最后一个等式是根据式（8.5）得到的。由于 $\mathrm{E}[U] = 1/\mu - 1/\lambda < 0$ 且 $q_0 \leqslant 1$，这表明 $\mathrm{E}[U]/q_0 \leqslant \mathrm{E}[U]$，可得

$$W_q \leqslant \frac{1}{2}\left(\mathrm{E}[U] - \frac{\mathrm{E}\left[U^2\right]}{\mathrm{E}[U]}\right) = \frac{1}{2}\left(\frac{\mathrm{E}^2[U] - \mathrm{E}\left[U^2\right]}{\mathrm{E}[U]}\right) = \frac{1}{2}\left(\frac{-\mathrm{Var}[U]}{\mathrm{E}[U]}\right)$$

$$= \frac{1}{2}\left(\frac{\mathrm{Var}[S] + \mathrm{Var}[T]}{1/\lambda - 1/\mu}\right)$$

可以写为

$$\boxed{W_q \leqslant \frac{\lambda\left(\sigma_A^2 + \sigma_B^2\right)}{2(1 - \rho)}} \tag{8.13}$$

与上式类似，参考马沙尔的结论（Marchal, 1978）可以求出 W_q 的一个下界。根据式（8.7），如果能求得 $\mathrm{E}[X^2]$ 的下界，则可以求得 W_q 的下界。根据式（8.2），随机变量 X 随机小于到达时间间隔变量 T，因为 X 等于 0 或 $T - (W_q + S)$[①]，可得 $\mathrm{E}\left[X^2\right] \leqslant \mathrm{E}\left[T^2\right]$。因此，根据式（8.7）可得

$$W_q \geqslant \frac{\mathrm{E}\left[T^2\right] - \mathrm{E}\left[U^2\right]}{2\mathrm{E}[U]}$$

$$= \frac{\mathrm{Var}[T] + \mathrm{E}^2[T] - \mathrm{Var}[U] - \mathrm{E}^2[U]}{2\mathrm{E}[U]}$$

$$= \frac{\mathrm{Var}[T] + \mathrm{E}^2[T] - \mathrm{Var}[T] - \mathrm{Var}[S] - \mathrm{E}^2[S - T]}{2\mathrm{E}[U]}$$

$$= \frac{1/\lambda^2 - \sigma_B^2 - 1/\lambda^2 - 1/\mu^2 + 2/\mu\lambda}{2(1/\mu - 1/\lambda)}$$

---

① 如果对于所有 x, $\Pr\{X \leqslant x\} \geqslant \Pr\{T \leqslant x\}$，则 X 随机小于 T，写为 $X \leqslant_{\mathrm{st}} T$。

最后，该式可简化为

$$W_{\mathrm{q}} \geqslant \frac{\lambda^2 \sigma_B^2 + \rho(\rho - 2)}{2\lambda(1 - \rho)} \tag{8.14}$$

由于分子中有 -2ρ 这一项，所以当且仅当 $\sigma_B^2 > (2 - \rho)/\lambda\mu$ 时，该下限为正，因此该值并不总是有意义的。然而，这一结果有很多重要应用。

图 8.1 展示了界在 $M/G/1$ 排队模型中的应用，其中 $\lambda = 1$，$\mu = 2$。对于该排队模型，W_{q} 的精确值是已知的，见表 6.1。服务时间标准差 σ_B 的下界、上界和精确值均为二次的。

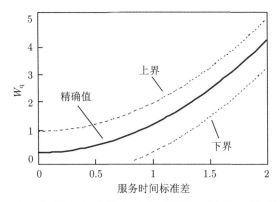

图 8.1　界（8.13）和界（8.14）应用于 $M/G/1$ 排队模型

假设到达时间间隔分布和服务时间分布都是已知的，并且分别由 $A(t)$ 和 $B(t)$ 给出。那么，系统处于稳态时顾客在队列中的等待时间的另一个下界可能是 $W_{\mathrm{q}} \geqslant r_0$，其中 r_0 是当 $\rho < 1$ 时 $f(z)$ 唯一的非负根，$f(z)$ 为

$$f(z) = z - \int_{-z}^{\infty} [1 - U(t)] \mathrm{d}t = 0$$

其中 $U(t)$ 为 $U = S - T$ 的累积分布函数。

为了证明这一点，首先观察到 $f(z)$ 确实有唯一的非负根。对于 $z \geqslant 0$，因为

$$f'(z) = 1 - [1 - U(-z)] = U(-z) \geqslant 0$$

所以 $f(z)$ 是单调递增的，因为被积函数总是正的，所以当 $z = 0$ 时，

$$f(0) = -\int_0^{\infty} [1 - U(t)] \mathrm{d}t < 0$$

当 z 较大时，如 $z = M$ 时，

$$
\begin{aligned}
f(M) &= M - \int_{-M}^{\infty} [1 - U(t)] \mathrm{d}t = M - \int_{-M}^{\infty} \int_{t}^{\infty} \mathrm{d}U(x) \mathrm{d}t \\
&= M - \int_{-M}^{\infty} \int_{-M}^{x} \mathrm{d}t \mathrm{d}U(x) = M - \int_{-M}^{\infty} (x + M) \mathrm{d}U(x) \\
&\geqslant M - \int_{-\infty}^{\infty} (x + M) \mathrm{d}U(x) = M - (\mathrm{E}[U] + M) \\
&= -\left(\frac{1}{\mu} - \frac{1}{\lambda}\right) = \frac{1 - \rho}{\lambda} > 0
\end{aligned}
$$

由于 $f(z)$ 是单调的，且从 $f(0) < 0$ 变化到 $f(M) > 0$，所以证明当 $\rho < 1$ 时 $f(z)$ 存在唯一的非负根 r_0。因此，还需要证明 $W_{\mathrm{q}} \geqslant r_0$。将 $f(z)$ 写为 $f(z) = z - f_1(z)$，其中 $f_1(z) = \int_{-z}^{\infty} [1 - U(t)] \mathrm{d}t$，可得

$$
f_1(z) = \int_{-z}^{\infty} [1 - U(t)] \mathrm{d}t \begin{cases} > z, & z < r_0 \\ \leqslant z, & z \geqslant r_0 \end{cases} \tag{8.15}
$$

函数 $f(z)$ 实际上是连续的凸函数，我们将对非负随机变量的凸函数的期望值应用**琴生不等式**（Jensen Inequality），可以得到 W_{q} 和 f_1 之间的关系（Parzen，1960）。

假设 $W_{\mathrm{q}}^{(n)} = x$，可得

$$
\begin{aligned}
\mathrm{E}\left[W_{\mathrm{q}}^{(n+1)} | W_{\mathrm{q}}^{(n)} = x\right] &= \mathrm{E}\left[\max\left\{0, x + U^{(n)}\right\}\right] \\
&= \int_{-x}^{\infty} (x + t) \mathrm{d}U^{(n)}(t) = \int_{-x}^{\infty} t \mathrm{d}U^{(n)}(t) + x\left[1 - U^{(n)}(-x)\right] \\
&= \int_{0}^{\infty} \int_{0}^{t} \mathrm{d}v \mathrm{d}U^{(n)}(t) - \int_{-x}^{0} \int_{t}^{0} \mathrm{d}v \mathrm{d}U^{(n)} + x\left[1 - U^{(n)}(-x)\right] \\
&= \int_{0}^{\infty} \int_{v}^{\infty} \mathrm{d}U^{(n)}(t) \mathrm{d}v - \int_{-x}^{0} \int_{-x}^{v} \mathrm{d}U^{(n)}(t) \mathrm{d}v + \\
&\quad x\left[1 - U^{(n)}(-x)\right]
\end{aligned}
$$

对 v 积分可得

$$
\begin{aligned}
\mathrm{E}\left[W_{\mathrm{q}}^{(n+1)}|W_{\mathrm{q}}^{(n)}=x\right] &= \int_0^\infty \left[1-U^{(n)}(v)\right]\mathrm{d}v - \int_{-x}^0 \left[U^{(n)}(v)-U^{(n)}(-x)\right]\mathrm{d}v + \\
&\quad x\left[1-U^{(n)}(-x)\right] \\
&= \int_0^\infty \left[1-U^{(n)}(v)\right]\mathrm{d}v - \int_{-x}^0 \left\{\left[1-U^{(n)}(-x)\right] - \right. \\
&\quad \left.\left[1-U^{(n)}(v)\right]\right\}\mathrm{d}v + x\left[1-U^{(n)}(-x)\right] \\
&= \int_0^\infty \left[1-U^{(n)}(v)\right]\mathrm{d}v - x\left[1-U^{(n)}(-x)\right] - \\
&\quad \int_{-x}^0 \left[1-U^{(n)}(v)\right]\mathrm{d}v + x\left[1-U^{(n)}(-x)\right] \\
&= \int_{-x}^\infty \left[1-U^{(n)}(v)\right]\mathrm{d}v = f_1(x)
\end{aligned}
$$

因此,根据全概率公式,$\mathrm{E}\left[W_{\mathrm{q}}^{(n+1)}\right] = \int_0^\infty f_1(x)\mathrm{d}W_{\mathrm{q}}^{(n)}(x)$。但由琴生不等式可知, 对于凸函数 f, $\mathrm{E}[f(x)] \geqslant f(\mathrm{E}[x])$, 所以 $\int_0^\infty f_1(x)\mathrm{d}W_{\mathrm{q}}^{(n)}(x) \geqslant f_1(\mathrm{E}\left[W_{\mathrm{q}}^{(n)}\right])$, 因此, $\mathrm{E}\left[W_{\mathrm{q}}^{(n+1)}\right] \geqslant f_1(\mathrm{E}\left[W_{\mathrm{q}}^{(n)}\right])$, 或者在稳态下,

$$
W_{\mathrm{q}} \geqslant f_1\left(W_{\mathrm{q}}\right) = \int_{-W_{\mathrm{q}}}^\infty [1-U(t)]\mathrm{d}t \tag{8.16}
$$

假设 $W_{\mathrm{q}} < r_0$, 用反证法证明该结果。式 (8.15) 表明, 对于 $W_{\mathrm{q}} < r_0$,

$$
\int_{-W_{\mathrm{q}}}^\infty [1-U(t)]\mathrm{d}t > W_{\mathrm{q}}
$$

但这与式 (8.16) 矛盾, 由此证明了该结果, 且 $r_0 \leqslant W_{\mathrm{q}}$。把上界和下界写在一起为

$$
\boxed{\max\left\{0, r_0, \frac{\lambda^2\sigma_B^2 + \rho(\rho-2)}{2\lambda(1-\rho)}\right\} \leqslant W_{\mathrm{q}} \leqslant \frac{\lambda(\sigma_A^2+\sigma_B^2)}{2(1-\rho)}} \tag{8.17}
$$

现在把界应用到 $M/M/1$ 排队模型。由式 (7.13) 可得

$$
U(t) = \begin{cases} \dfrac{\mu\mathrm{e}^{\lambda t}}{\lambda+\mu}, & t < 0 \\[2mm] 1 - \dfrac{\lambda\mathrm{e}^{-\mu t}}{\lambda+\mu}, & t \geqslant 0 \end{cases}
$$

通过解 $f(z)=0$ 可以求得下限 r_0，即

$$0 = r_0 - \int_{-r_0}^{\infty} [1 - U(t)]\mathrm{d}t = r_0 - \int_{r_0}^{0} \left(1 - \frac{\mu\mathrm{e}^{\lambda t}}{\lambda + \mu}\right)\mathrm{d}t - \int_{0}^{\infty} \frac{\lambda\mathrm{e}^{-\mu t}}{\lambda + \mu}\mathrm{d}t$$

$$= r_0 - r_0 + \frac{\mu\left(1 - \mathrm{e}^{-\lambda r_0}\right)}{\lambda(\lambda + \mu)} - \frac{\lambda}{\mu(\lambda + \mu)} = \frac{\mu^2 - \lambda^2 - \mu^2\mathrm{e}^{-\lambda r_0}}{\lambda\mu(\lambda + \mu)}$$

所以 $\mu^2 - \lambda^2 = \mu^2\mathrm{e}^{-\lambda r_0}$，或 $1 - \rho^2 = \mathrm{e}^{-\lambda r_0}$。最终可得

$$r_0 = -\frac{1}{\lambda}\ln\left(1 - \rho^2\right)$$

$M/M/1$ 排队模型的上限（8.13）为

$$\frac{\lambda\left(1/\lambda^2 + 1/\mu^2\right)}{2(1 - \rho)} = \frac{1 + \rho^2}{2\lambda(1 - \rho)}$$

当 $\rho \to 1$ 时，r_0 和上界都趋于 ∞。图 8.2 展示了 $M/M/1$ 排队模型中界的图像。实际上，所有 $G/G/1$ 排队模型的上界都有这种渐近行为，因为上界总是渐近锐利的。当 $\rho \to 0$ 时，下界变得更锐利。

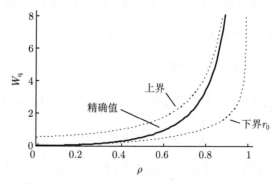

图 8.2　界（8.17）应用于 $M/M/1$ 排队模型

马歇尔在他的论文中进一步得到了一些特殊类型到达分布的可能的结果，但是这里没有必要讨论这些结果，读者可以在引用的参考文献（Marshall，1968）中查看。可以说，已知的到达时间间隔和服务时间的信息越多，界的误差越小。

■ 例 8.1

我们来看这些结果在 $G/G/1$ 排队模型中的应用，其中到达时间间隔和服务时间都是一般分布。假设服务时间与例 6.3 中的服务时间相同，即服务时间为

9 min 的概率为 $\frac{2}{3}$，为 12 min 的概率为 $\frac{1}{3}$。假设到达时间间隔为 10 min 的概率为 $\frac{2}{5}$，为 15 min 的概率为 $\frac{3}{5}$。

由已知条件可得 $\mu = \frac{1}{10}$，$\lambda = \frac{1}{13}$ 且 $\rho = \frac{10}{13}$，可以计算出 $\sigma_B^2 = 2$，$\sigma_A^2 = 6$。根据式（8.13）可以计算出上界为

$$W_q \leqslant \frac{\frac{1}{13} \times 8}{2 \times \frac{3}{13}} = \frac{4}{3} \ (\text{min})$$

由于需要求得以下非线性方程的非负根，所以求下界稍微困难一些：

$$f(r_0) = 0 = r_0 - \int_{-r_0}^{\infty} [1 - U(t)]\mathrm{d}t$$

考虑到有如此多的可用信息，可以使用第二类下界。首先直接通过到达时间间隔分布和服务时间分布的一般形式计算 $U(t)$。此时，可以发现随机变量 $U = S - T$ 的可能值为：$-6 = 9 - 15$（概率为 $\frac{2}{3} \times \frac{3}{5} = \frac{2}{5}$）；$-3 = 12 - 15$（概率为 $\frac{1}{5}$）；$-1 = 9 - 10$（概率为 $\frac{4}{15}$）和 2（概率为 $\frac{2}{15}$）。因此

$$U(t) = \begin{cases} 0, & t < -6 \\ \frac{2}{5}, & -6 \leqslant t < -3 \\ \frac{3}{5}, & -3 \leqslant t < -1 \\ \frac{13}{15}, & -1 \leqslant t < 2 \\ 1, & t \geqslant 2 \end{cases} \Rightarrow 1 - U(t) = \begin{cases} 1, & t < -6, \\ \frac{3}{5}, & -6 \leqslant t < -3 \\ \frac{2}{5}, & -3 \leqslant t < -1 \\ \frac{2}{15}, & -1 \leqslant t < 2 \\ 0, & t \geqslant 2 \end{cases}$$

所以，

$$\int_{-r_0}^{\infty} [1 - U(t)]\mathrm{d}t = \int_{-r_0}^{2} [1 - U(t)]\mathrm{d}t$$

$$= \begin{cases} \dfrac{2}{15}r_0 + \dfrac{4}{15}, & 0 \leqslant r_0 \leqslant 1 \\[2mm] \dfrac{2}{5}r_0, & 1 < r_0 \leqslant 3 \\[2mm] \dfrac{3}{5}r_0 - \dfrac{9}{15}, & 3 < r_0 \leqslant 6 \\[2mm] r_0 - 3, & r_0 > 6 \end{cases}$$

由于上界稍大于 1，推测下界应该小于 1。下界是 $r_0 = \dfrac{2}{15}r_0 + \dfrac{4}{15}$ 的解，即 $r_0 = \dfrac{4}{13}$，这一定是正确的，因为 r_0 是唯一的非负解。因此，

$$\frac{4}{13}\min \leqslant W_{\mathrm{q}} \leqslant \frac{4}{3}\min$$

但是，我们意识到该问题有精确结果。回想一下，第 7.2.2 节讨论了一个离散的例子，直接讨论了式 (6.7) 中给出的 $G/G/1$ 排队模型平稳等待时间方程的离散版本，并将累积分布函数 $W_{\mathrm{q}}(t)$ 作为一个普通马尔可夫链来求解。这种方法也可以应用到本例，求解的简要过程如下。

随机变量 U 的取值为 $(-6, -3, -1, 2)$，概率分别为 $\left(\dfrac{2}{5}, \dfrac{1}{5}, \dfrac{4}{15}, \dfrac{2}{15}\right)$。稳态等待概率 $\{w_j | j \geqslant 0\}$ 的平稳方程可由式 (6.7) 求得：

$$w_0 = w_0 p_{00} + w_1 p_{10} + w_2 p_{20} + w_3 p_{30} + w_4 p_{40} + w_5 p_{50} + w_6 p_{60}$$

$$w_1 = w_2 p_{21} + w_4 p_{41} + w_7 p_{71}$$

$$w_j = \sum_i w_i p_{ij}, \quad j \geqslant 2$$

非零转移概率 $\{p_{ij}\}$ 为

$$p_{00} = \Pr\{U < 0\} = \frac{13}{15}, \quad p_{02} = \Pr\{U = 2\} = \frac{2}{15}$$

$$p_{10} = \Pr\{U \leqslant -1\} = \frac{13}{15}, \quad p_{13} = \Pr\{U = 2\} = \frac{2}{15}$$

$$p_{20} = \Pr\{U \leqslant -2\} = \frac{3}{5}, \quad p_{21} = \Pr\{U = -1\} = \frac{4}{15}$$

$$p_{24} = \frac{2}{15}, \quad p_{30} = \frac{3}{5}, \quad p_{32} = \frac{4}{15}, \quad p_{35} = \frac{2}{15}, \quad p_{40} = \frac{2}{5}, \quad p_{41} = \frac{1}{5}$$

$$p_{43} = \frac{4}{15}, \quad p_{46} = \frac{2}{15}, \quad p_{50} = \frac{2}{5}, \quad p_{52} = \frac{1}{5}, \quad p_{64} = \frac{4}{15}, \quad p_{57} = \frac{2}{15}$$

$$p_{i,i-6} = \frac{2}{5}, \quad p_{i,i-3} = \frac{1}{5}, \quad p_{i,i-1} = \frac{4}{15}, \quad p_{i,i+2} = \frac{2}{15}, \quad i \geqslant 6$$

因此，$\{w_j\}$ 为以下方程组的解：

$$\begin{cases} w_j = \dfrac{2}{15}w_{j-2} + \dfrac{4}{15}w_{j+1} + \dfrac{1}{5}w_{j+3} + \dfrac{2}{5}w_{j+6}, \quad j \geqslant 2 \\[2mm] w_1 = \dfrac{4}{15}w_2 + \dfrac{1}{5}w_4 + \dfrac{2}{5}w_7 \\[2mm] w_0 = \dfrac{13}{15}(w_0 + w_1) + \dfrac{3}{5}(w_2 + w_3) + \dfrac{2}{5}(w_4 + w_5 + w_6) \end{cases} \tag{8.18}$$

下一步是求由方程组（8.18）的第一个方程得到的以下八次算子多项式方程的根：

$$6D^8 + 3D^5 + 4D^3 - 15D^2 + 2 = 0$$

在应用求根算法时，可以发现除了通常的 1 个根外，还有 4 个复根和 3 个实根，分别为（约等于）

$$0.3885, \quad -0.3481, \quad -1.2681, \quad 0.6353 \pm 1.0274\mathrm{i}, \quad -0.5215 \pm 1.0296\mathrm{i}$$

只有 0.3885 和 -0.3481 的绝对值（或模）小于 1，因此，通解为

$$w_j \doteq C_1(0.3885)^j + C_2(-0.3481)^j \tag{8.19}$$

为了求 C_1 和 C_2，根据 $\{w_j\}$ 的和必须为 1 这个条件，联立方程组（8.18）的第二个和第三个方程求得的结果为 $C_1 \doteq 0.4349$，$C_2 \doteq 0.3894$。

有一个重要的理论将任意 $G/G/1$ 排队模型的解与刚才讨论的离散形式联系起来，即队列连续性（Kennedy，1972；Whitt，1974），其关键思想是，如果到达时间间隔分布和服务时间分布可以分别表示为分布序列的极限（例如，$\{A_n\} \to A$，$\{B_n\} \to B$），那么由 $\{A_n\}$ 和 $\{B_n\}$ 形成的队列序列求得的效益指标的极限可以作为由 A 和 B 形成的 $G/G/1$ 排队模型的效益指标。如果允许序列 $\{A_n\}$ 和 $\{B_n\}$ 被构造成越来越精确的离散近似值，那么前文讨论的方法可以用来测量由 $\{A_n\}$ 和 $\{B_n\}$ 形成的单个队列，并相应地估计其极限。这一方法在理论上是可行的，但如果该极限不能尽早收敛，该方法很难应用到实际计算中。如果发生这

种情况，可以简单地使用少量的到达时间间隔值和服务时间值作为近似值，然后按照例 8.1 的方法进行计算。

随机占优的概念也可以用于求界和/或近似值，其关键思想是，如果一个队列的到达时间间隔随机变量（设为 T_1）随机小于第二个队列的到达时间间隔随机变量（设为 T_2），并且第二个队列的服务时间变量（设为 S_2）随机小于第一个队列的服务时间变量（设为 S_1），则第一个队列的等待时间将随机大于第二个队列的等待时间。因此，第一个队列的 W 和 W_q 将大于第二个队列的 W 和 W_q。我们确实可以通过找到一个可解且符合随机序的到达时间间隔和服务时间累积分布函数的组合，来求复杂的 $G/G/1$ 排队系统的界。

将随机序的概念直接应用于例 8.1 的计算是非常有价值的，其关键思想是，对于每一个连贯的顾客 j，其等待概率 w_j 都收敛于其平稳极限，而第 k 个顾客的等待时间随机大于其前一个顾客的等待时间。因此，可以尽可能多地计算，直到结果收敛。在很多情况下，结果可以很快收敛到下界。在本例中，前 3 个顾客（在初始顾客之后）的等待概率如表 8.1 所示。

表 8.1　前 3 个顾客的等待概率

等待时间	概率		
	顾客 1	顾客 2	顾客 3
0	$\dfrac{13}{15} \doteq 0.8667$	$\dfrac{187}{225} \doteq 0.8311$	$\dfrac{2803}{3375} \doteq 0.8305$
1	0	$\dfrac{8}{225} \doteq 0.0356$	$\dfrac{104}{3375} \doteq 0.0308$
2	$\dfrac{2}{15} \doteq 0.1333$	$\dfrac{26}{225} \doteq 0.1156$	$\dfrac{374}{3375} \doteq 0.1108$
3	0	0	$\dfrac{32}{3375} \doteq 0.0095$
4	0	$\dfrac{4}{225} \doteq 0.0178$	$\dfrac{52}{3375} \doteq 0.0154$
5	0	0	0
6	0	0	$\dfrac{8}{3375} \doteq 0.0024$
期望值	$\dfrac{4}{15} \doteq 0.2667$	$\dfrac{76}{225} \doteq 0.3378$	$\dfrac{1204}{3375} \doteq 0.3567$

利用式（8.19）可以计算出 $\{w_j\}$，W_q 为 $\sum j w_j$。计算可得

$$w_0 \doteq 0.8244, \quad w_1 \doteq 0.0334, \quad w_2 \doteq 0.1128, \quad w_3 \doteq 0.0091,$$

$$w_4 \doteq 0.0156, \quad w_5 \doteq 0.0019, \quad w_6 \doteq 0.0022$$

使用 $\sum j w_j$ 中的前 50 项得到 W_q 约为 0.37724。即使只有 3 个顾客，表中针对顾客 3 的值也与精确值相差不远。

8.1.3 多服务员排队模型的界

从目前得出的有限结果中可以清楚地看到，界对于分析 $G/G/c$ 排队模型非常有用。为了得到 $G/G/c$ 排队模型的一些界，回顾第 3 章到第 6 章，从单服务员排队模型相对于多服务员排队模型的优点（例如习题 3.18 和习题 3.19）出发，来讨论多服务员排队模型的界。

首先，对于 $G/G/c$ 排队模型，假设每个服务队列的平均到达速率为 λ，平均服务速率为 μ。设 W_q 表示系统中的顾客在队列中的平均等待时间。

为了求 W_q 的上界，可以考虑对原始 $G/G/c$ 排队模型进行以下修正：假设顾客按循环顺序分配给 c 个服务员，即第一个顾客被分配到服务员 1，第二个顾客被分配到服务员 2，…… 第 $c+1$ 个顾客被分配到服务员 1，…… 依此类推；不允许顾客换队。因为即使在其他服务员空闲的情况下，顾客也需要等待其被分配的服务员空闲才能接受服务，所以这种修正会降低系统的效率。

基于此修正，每个服务员现在可以看作一个单独的单服务员 $G/G/1$ 排队模型，其中到达时间间隔分布是原始到达时间间隔分布的 c 重卷积，服务时间分布没有变化。例如，对于 $M/G/4$ 排队模型，循环顺序分配导致有 4 个独立的 $E_4/G/1$ 排队模型，其中每个排队模型的到达速率为 $\lambda/4$。每个排队模型的到达过程不是相互独立的。

设 W_{q1} 表示一个单服务员排队模型的平均队列等待时间。W_{q1} 是 W_q 的上界，因为循环顺序分配给原始系统增加了限制（Brumelle，1971b）。事实上，可以进一步观察到分配后的等待时间是随机顺序的。如果单服务员排队模型是可解的，那么可以使用 W_{q1} 的确切值作为 W_q 的上界。否则，可以使用之前推导出的 $G/G/1$ 排队模型的上限 [式（8.13）]，但需要进行以下修正：每个 $G/G/1$ 排队模型的到达速率为 λ/c，到达时间方差为 $c\sigma_A^2$。因此，修正式（8.13），可得

$$W_q \leqslant W_{q1} \leqslant \frac{(\lambda/c)\,(c\sigma_A^2 + \sigma_B^2)}{2(1 - \lambda/c\mu)} = \frac{\lambda\,(c\sigma_A^2 + \sigma_B^2)}{2c(1 - \rho)}, \quad \rho = \lambda/c\mu$$

金曼（Kingman，1965）推测有另外一种近似方法（类似于上面的界，但 σ_B^2 要除以 c）在渐近意义上是成立的。该近似方法保持服务员数不变，并设 $\rho \to 1$，

队列等待时间分布将收敛于一个指数分布，该指数分布的期望为

$$W_{\mathrm{q}} \approx \frac{\lambda\,(c\sigma_A^2 + \sigma_B^2/c)}{2c(1-\rho)}, \qquad \rho = \lambda/c\mu$$

科勒斯特罗姆（Kollerstrom，1974）证明了这种渐近结果（在一些假设条件下）的可行性。有关队列等待时间的矩的扩展结果，请参阅参考文献（Kollerstrom，1979）。李等人（Li et al.，2017）给出了一些非渐近界和相关结果的综述。

为了求得 $G/G/c$ 排队模型中 W_{q} 的下界，考虑类似的 $G/G/1$ 排队系统，在该排队系统中，到达时间间隔分布与原始系统相同，但服务员的工作速率比原始系统快 c 倍，即平均服务时间为 $1/c\mu$，服务时间的方差为 σ_B^2/c^2，队列利用率为 $\rho = \lambda/c\mu$。

通过系统中的剩余工作量来比较这两个排队系统。我们的直觉是两个排队系统具有相同的到达过程，但是单服务员排队系统以 $c\mu$ 的速率为顾客服务（当顾客存在时），而多服务员排队系统以最快 $c\mu$ 的速率为顾客服务。因此，单服务员排队系统中的剩余工作量少于多服务员排队系统中的剩余工作量。

设 ω 为原始 $G/G/c$ 排队系统的平均剩余工作量，那么

$$\omega = \frac{L_{\mathrm{q}}}{\mu} + r \cdot \mathrm{E}[\text{每个服务员的剩余服务时间}]$$

其中 $r = \lambda/\mu$ 为处于忙碌状态的平均服务员数。因此可得

$$\omega = \frac{\lambda W_{\mathrm{q}}}{\mu} + \frac{\lambda}{\mu} \cdot \frac{\mathrm{E}\,[S^2]}{2/\mu} = \frac{\lambda W_{\mathrm{q}}}{\mu} + \frac{\lambda\,(\sigma_B^2 + 1/\mu^2)}{2}$$

设 ω_2 为修正的 $G/G/1$ 排队系统的平均剩余工作量。我们可能会认为该系统与多服务员排队系统一样，每个顾客平均为系统带来 $1/\mu$ 单位的工作。但是，在单服务员的情况下，服务员以每单位时间服务 c 个顾客的速率（而不是每单位时间服务 1 个顾客的速率）工作。在这样的假设条件下，

$$\omega_2 = \frac{L_{\mathrm{q}2}}{\mu} + \rho \cdot \mathrm{E}[c \cdot \text{服务员的剩余服务时间}]$$

其中 $\rho = \lambda/c\mu$ 为处于忙碌状态的平均服务员数。如果设 S_2 表示此修正排队系统中的随机服务时间，则

$$\omega_2 = \frac{\lambda W_{\mathrm{q}2}}{\mu} + \frac{\lambda}{c\mu} \cdot \frac{c \cdot \mathrm{E}\,[S_2^2]}{2/c\mu} = \frac{\lambda W_{\mathrm{q}2}}{\mu} + \frac{\lambda\,(\sigma_B^2 + 1/\mu^2)}{2c}$$

布鲁梅勒（Brumelle，1971b）证明了 $\omega \geqslant \omega_2$，这表明

$$\frac{\lambda W_{\mathrm{q}}}{\mu} + \frac{\lambda\left(\sigma_B^2 + 1/\mu^2\right)}{2} \geqslant \frac{\lambda W_{\mathrm{q}2}}{\mu} + \frac{\lambda\left(\sigma_B^2 + 1/\mu^2\right)}{2c}$$

所以

$$W_{\mathrm{q}} \geqslant W_{\mathrm{q}2} - \frac{\mu(c-1)\left(\sigma_B^2 + 1/\mu^2\right)}{2c}$$

同样，可以使用 $W_{\mathrm{q}2}$ 的精确值（如果已知）或基于式（8.14）使用 $W_{\mathrm{q}2}$ 的下限。对于这里考虑的 $G/G/1$ 排队系统，平均服务时间为 $1/c\mu$，服务时间方差为 σ_B^2/c^2。因此，修正式（8.14）可得

$$W_{\mathrm{q}2} \geqslant \frac{\lambda^2\sigma_B^2/c^2 + \rho(\rho-2)}{2\lambda(1-\rho)}, \qquad \rho = \lambda/c\mu$$

将上界和下界写在一起为

$$\boxed{\left(\frac{\lambda^2\sigma_B^2 + c^2\rho(\rho-2)}{2\lambda c^2(1-\rho)} - \frac{\mu(c-1)\left(\sigma_B^2 + 1/\mu^2\right)}{2c}\right)^+ \leqslant W_{\mathrm{q}} \leqslant \frac{\lambda\left(c\sigma_A^2 + \sigma_B^2/c\right)}{2c(1-\rho)}}$$

其中 $(x)^+ \equiv \max\{0, x\}$。

8.2　近　　似

本节给出了评估 $G/G/1$ 和 $G/G/c$ 排队模型性能的几种近似方法。上一节推导出了这些排队模型的界。可以证明其界始终是有效的，但近似值可能有些偏差。虽然通常推导近似值有严格的数学分析过程，但并不一定需要通过数学证明来说明近似值的准确度——近似值高于或低于精确值，或者近似值的精度——近似值与精确值的接近程度。

本节考虑 3 种类型的近似方法，并基于巴特等人（Bhat et al.，1979）提出的方法对其进行分类。

第一种是利用界。例如，其中一种方法是取 $G/G/1$ 排队模型的上界和下界的加权平均值，加权系数取决于流量强度。

第二种是用已知的排队系统来近似结果不易求得的排队系统，我们称这种近似方法为系统近似。例如，用 $M/E_k/c$ 或 $M/\Pi_k/c$ 排队模型来近似估算 $M/G/c$ 排队模型。

第三种是用一个更容易处理的过程来近似排队过程。这类**过程近似**（process approximation）的一个例子是用连续扩散或流体过程来代替离散排队过程，并使用渐近或极限结果。

下面几节将更详细地介绍这 3 种近似方法。

8.2.1　用界来近似

当 $\rho \to 1$ 时，上界（8.13）变得精确，所以将上界乘以 ρ 中的一个分数函数可能是有意义的，要求当 $\rho \to 1$ 时，该分数函数本身趋于 1。马沙尔（Marchal, 1978）提出的分数函数为

$$\frac{1+\mu^2\sigma_B^2}{1/\rho^2+\mu^2\sigma_B^2}=\frac{\rho^2+\lambda^2\sigma_B^2}{1+\lambda^2\sigma_B^2}$$

利用该分数函数可使 $M/G/1$ 排队模型的近似值更精确。上界（8.13）乘以该分数函数，得到 W_q 的近似值为

$$\hat{W}_q=\frac{\lambda(\sigma_A^2+\sigma_B^2)}{2(1-\rho)}\cdot\frac{\rho^2+\lambda^2\sigma_B^2}{1+\lambda^2\sigma_B^2}$$

为了证明这一近似值对 $M/G/1$ 排队模型是精确的，设 $\sigma_A^2=1/\lambda^2$，则该近似值可以简化为

$$\frac{\lambda(1/\lambda^2+\sigma_B^2)}{2(1-\rho)}\cdot\frac{\rho^2+\lambda^2\sigma_B^2}{1+\lambda^2\sigma_B^2}=\frac{\rho^2+\lambda^2\sigma_B^2}{2\lambda(1-\rho)}$$

上式正是 PK 公式。马沙尔已经证明这个公式也适用于 $G/M/1$ 排队模型。随着服务时间或到达时间间隔偏离指数分布，任意 $G/G/1$ 排队模型的近似值偏差也会变大。然而，由于上界的渐近锐利性，近似值的精度随流量强度的增加而增加。

马沙尔还提出可以使用其他加权系数，如

$$\frac{\rho^2\sigma_A^2+\sigma_B^2}{\sigma_A^2+\sigma_B^2}$$

则可以推导出一个新的近似值：

$$\hat{W}_q=\frac{\rho(\lambda^2\sigma_A^2+\mu^2\sigma_B^2)}{2\mu(1-\rho)}$$

这个近似值对于 $M/G/1$ 排队模型和 $D/D/1$ 排队模型也是精确的。该公式是 3 项因子的乘积形式：变异系数、流量强度因子和时间尺度因子。可以写为

$$\hat{W}_q=\frac{C_A^2+C_B^2}{2}\cdot\frac{\rho}{1-\rho}\cdot\frac{1}{\mu}\tag{8.20}$$

其中 C 表示变异系数（标准差/期望）。$M/M/1$ 排队模型的 W_q 表达式（3.29），$M/G/1$ 排队模型的 W_q 表达式（6.2）和 $G/G/1$ 排队模型的 W_q 表达式分别可以写为

$$W_q(M/M/1) = \frac{1+1}{2} \cdot \frac{\rho}{1-\rho} \cdot \frac{1}{\mu}$$

$$W_q(M/G/1) = \frac{1+C_B^2}{2} \cdot \frac{\rho}{1-\rho} \cdot \frac{1}{\mu}$$

$$W_q(G/G/1) \approx \frac{C_A^2+C_B^2}{2} \cdot \frac{\rho}{1-\rho} \cdot \frac{1}{\mu}$$

在从 $M/M/1$ 排队模型到 $M/G/1$ 排队模型的过程中，我们考虑了服务分布的平方变异系数；在从 $M/G/1$ 排队模型到 $G/G/1$ 排队模型的过程中，我们考虑了到达时间间隔分布的平方变异系数。前两个公式是精确的，最后一个公式是近似的。$G/G/1$ 排队模型的 W_q 近似值可以看作 $M/M/1$ 排队模型中顾客的等待时间乘以可变项 $(C_A^2 + C_B^2)/2$。

基于这一观察结论，可以为 $G/G/c$ 排队模型创建一个类似的近似值。将 $M/M/c$ 排队模型中的等待时间乘以可变项，即

$$\begin{aligned}
\hat{W}_q &= \frac{C_A^2+C_B^2}{2} W_q(M/M/c) \\
&= \frac{C_A^2+C_B^2}{2} \cdot \frac{r^c p_0}{c \cdot c!(1-\rho)^2} \frac{1}{\mu}
\end{aligned} \tag{8.21}$$

其中 p_0 是 $M/M/c$ 排队系统为空的概率，见式（3.34）和式（3.36）。这种近似被称为**艾伦-库宁近似**（Allen-Cunneen approximation，简称 AC 近似），详细介绍请参阅参考文献（Allen，1990）。还可以设 $C(c, r)$ 为 $M/M/c$ 排队模型中所有服务员都处于忙碌状态的概率，由式（3.40）可得

$$C(c, r) = \frac{r^c}{c!(1-\rho)} p_0$$

则近似值可以写为

$$\hat{W}_q = \frac{C_A^2+C_B^2}{2} \cdot \frac{C(c, r)}{c(1-\rho)} \cdot \frac{1}{\mu}$$

当 $c = 1, C(c, r) = \rho$ 时，AC 近似值退化为马沙尔在式（8.20）中给出的值。

8.2.2　系统近似

如前所述，用 $M/E_k/c$ 或 $M/H_k/c$ 排队模型来近似 $M/G/c$ 排队模型都是常见的系统近似的例子。前文提到，埃尔朗分布在建模系统时具有很大的灵活性，特别是当埃尔朗分布被推广到第 4.3.2 节中首次提到的更全局的阶段型分布时。通常，埃尔朗分布和混合指数分布都很容易表示为阶段型分布，将这两种分布作为服务时间分布可以得到完全可解的排队系统。

第 7.2.1 节的结果中证明了如果假设到达时间间隔分布和服务时间分布都可以表示为独立且不一定相同的指数分布随机变量（通常被称为**广义埃尔朗分布**，generalized Erlang，简称 GE）的卷积，则 $G/G/1$ 排队模型可以大大简化。当允许这些指数分布的期望为共轭对时（因此它们的斯蒂尔切斯变换是逆多项式），史密斯（Smith，1953）称这些分布为 K_n（n 是多项式的阶数）。其他文献（Cohen，1982）将 K_n 定义为一类分布，其变换为有理函数（显然包括逆多项式）；但我们仍参考考克斯（Cox，1955）早期的工作，将这类分布称为 R_n（n 为分母多项式的阶数）。K_n 类分布包括所有正则埃尔朗分布，但不包括混合指数分布和混合埃尔朗分布（实际上两者都是 R_n 的一种）。当 K_n 类变换的分母多项式有实根和相异根时，相关分布被称为**广义超指数分布**（generalized hyperexponential，简称 GH 分布），详细介绍请参阅参考文献（Botta at al.，1980）。我们还提到**阶段型分布**（phase-type distribution，简称 PH 分布）也有有理函数变换，尽管不一定是逆多项式形式。综上，可以把这些分布的关系表示为（Harris，1985）

$$GE \subset K_n \subset R_n, \quad GH \subset K_n \subset R_n, \quad PH \subset R_n$$

现在，在双 K_n 假设下（即 $K_m/K_n/1$ 排队模型），结果（与 $GE/GE/1$ 排队模型一样）为

$$W_q^*(s) = \frac{\prod\limits_{i=1}^{n} (-z_i/\mu_i)(s+\mu_i)}{s\prod\limits_{i=1}^{n}(s-z_i)}$$

其中，$\{\mu_i\}$ 是服务时间累积分布函数指数分解的单个参数，$\{z_i\}$ 是多项式方程 $A^*(-s)B^*(s) - 1 = 0$ 的具有负实部的根。因为上式将 $W_q^*(s)$ 转换为可逆形式，所以这是等待时间分布的一个很好的简化。然后将部分分数展开，可得

$$W_{\mathrm{q}}^*(s) = \frac{1}{s} + \sum_{i=1}^n \frac{k_i}{s - z_i} \quad \text{（假设所有 } z_i \text{ 均不相同）}$$

因此，

$$W_{\mathrm{q}}(t) = 1 + \sum_{i=1}^n k_i e^{z_i t}$$

其中 $\{k_i\}$ 可以用常规的方法求得，并且符号是任意的，$\{k_i\}$ 的复共轭与 $\{z_i\}$ 的复共轭成对出现。R_n 分布的结果完全类似。

史密斯（Smith，1953）证明了即使到达时间间隔是任意分布，也会有类似的结果，即 $G/K_n/1$ 和 $G/R_n/1$ 排队模型具有与 G 形式无关的混合指数型等待时间分布，其中 $\{z_i\}$ 是可能的超越方程 $A^*(-s)B^*(s) - 1 = 0$ 实部为负的根。因此现在可以很好地近似 $G/G/1$ 排队模型。

原始排队模型结构的任何近似匹配方法都可能涉及参数估计过程。为此，感兴趣的读者可以参考基础统计学方面的资料以及第 9.3.2 节中的内容。

8.2.3 过程近似

如前所述，将过程近似定义为用更容易处理的非排队问题来代替实际的排队问题。本节主要通过在随机游动、随机收敛等方面使用新的概率推断方法来解决交通拥塞的排队系统和非平稳排队系统中的问题，以及通过使用连续时间扩散模型来解决交通拥塞的排队系统中的问题。

8.2.3.1 交通拥塞和非平稳排队模型

本节的目的是给出流量强度略小于 1 $(1 - \varepsilon < \rho < 1)$ 以及大于或等于 1 $(\rho \geqslant 1)$ 的 $G/G/1$ 排队模型的一些有趣的极限结果和近似值。流量强度略小于 1 的排队系统被称为饱和的或交通拥塞的排队系统，流量强度大于或等于 1 的排队系统被称为非平稳的、发散的或不稳定的排队系统。当然，前面推导的瞬态结果对于交通拥塞的队列和非平稳队列都成立，因为在推导过程中没有对 ρ 的大小进行假设。

对于极限结果，使用虚拟等待时间 $V(t)$（时刻 t 到达的顾客将经历的等待时间）和实际等待 $W^{(n)}$（第 n 个顾客的实际等待时间）来构造随机序列，然后证明该随机序列随机收敛。这个结论将被应用于求顾客在队列中的虚拟和实际等待时间的近似分布及其期望。此外，我们还将求平均等待时间的界，其中一些直接由极限结果得出。虽然我们将得出一些理论结果，但由于这些结果中允许时间趋于无穷，所以这些结果的实用性还有待探索，可能需要采取纠正措施。在实际生产生活中，通常不允许存在拥塞的系统运行很长时间。

（1）交通拥塞

首先讨论 $G/G/1$ 排队模型中的交通拥塞问题。对于该排队模型，系统完全由到达时间间隔和服务时间序列确定，如果这些序列中的每一个都包含独立同分布随机变量（序列之间也相互独立），那么，在交通拥塞的情况下，排队时间近似服从指数分布，期望为

$$W_q^{(H)} = \frac{1}{2} \cdot \frac{\mathrm{Var}[T] + \mathrm{Var}[S]}{1/\lambda - 1/\mu} = \frac{\lambda(\sigma_A^2 + \sigma_B^2)}{2(1-\rho)} \tag{8.22}$$

其中 T 是方差为 σ_A^2 的随机到达时间间隔，S 是方差为 σ_B^2 的随机服务时间。注意式（8.22）也是式（8.13）给出的 W_q 的上界。

现在通过一个启发式的论点来求得相关结果（Kingman, 1962b），该论点基于随机游动。回想一下，将 $U^{(n)} \equiv S^{(n)} - T^{(n)}$ 定义为第 n 个顾客的服务时间和第 n 个到达时间间隔（即第 n 个顾客和第 $n+1$ 个顾客到达的时间间隔）之差。通过递归并应用林德利方程，可以推导出第 n 个顾客在队列中的排队时间 $W^{(n)}$ 为 $U^{(1)}, \cdots, U^{(n-1)}$ 的显函数：

$$
\begin{aligned}
W_q^{(n)} &= \max\left\{W_q^{(n-1)} + U^{(n-1)}, 0\right\} \\
&= \max\left\{\max\left\{W_q^{(n-2)} + U^{(n-2)}, 0\right\} + U^{(n-1)}, 0\right\} \\
&= \max\left\{\max\left\{W_q^{(n-2)} + U^{(n-2)} + U^{(n-1)}, U^{(n-1)}\right\}, 0\right\} \\
&= \max\left\{W_q^{(n-2)} + U^{(n-2)} + U^{(n-1)}, U^{(n-1)}, 0\right\}
\end{aligned}
$$

继续递归可得

$$W_q^{(n)} = \max\left\{U^{(1)} + \cdots + U^{(n-1)}, U^{(2)} + \cdots + U^{(n-1)}, \cdots, U^{(n-1)}, 0\right\} \tag{8.23}$$

假设队列开始时为空，因此在递归的最后一步中 $W_q^{(1)} = 0$。那么，$W_q^{(n)}$ 是 $U^{(n-1)}, U^{(n-2)}, \cdots, U^{(1)}$ 的部分和的最大值，其中求和按相反顺序进行。如果把部分和 $P^{(k)}$ 定义为

$$P^{(k)} \equiv \sum_{i=1}^{k} U^{(n-i)}$$

则式（8.23）可以写为

$$W_{\mathrm{q}}^{(n)} = \max_{n-1 \geqslant k \geqslant 0} P^{(k)}$$

假设当 $k = 0$ 时，$P^{(k)}$ 为 0，且 $P^{(k)}$ 为 n 的隐性函数。那么，$P^{(k)}$ 是随机游动，因为它是独立同分布跳跃的累积和，其中每个跳跃都服从 $U^{(i)}$ 分布（随机游动终止于 $k = n - 1$）。设跳跃的期望 α 和方差 β 定义为

$$\alpha \equiv -\mathrm{E}\left[U^{(i)}\right] = -\left(\frac{1}{\mu} - \frac{1}{\lambda}\right) = \frac{1-\rho}{\lambda}$$

$$\beta^2 \equiv \mathrm{Var}\left[U^{(i)}\right]$$

如果 $\rho < 1$，则 α 为正。我们有

$$\mathrm{E}\left[P^{(k)}\right] = -k\alpha \ \text{且} \ \mathrm{Var}\left[P^{(k)}\right] = k\beta^2$$

图 8.3 展示了 $P^{(k)}$ 的一个样本路径，其中 $n = 300$。每一个跳跃对应于 $U^{(i)}$ 的一个观察；$P^{(k)}$ 是单个跳跃的累积和，其中 k 的范围为 0 到 299；$W_{\mathrm{q}}^{(300)}$ 是该范围内 $P^{(k)}$ 的最大值，$E_2/E_4/1$ 排队模型是随机游动情况的一个特例。到达时间间隔服从二阶埃尔朗分布，其中 $\lambda = 1$ （即 $\mathrm{E}\left[T^{(n)}\right] = 1/\lambda = 1$ 且 $\mathrm{Var}[T^{(n)}] = 1/\left(2\lambda^2\right) = 1/2$，见第 4.3.1 节）。服务时间服从四阶埃尔朗分布，期望

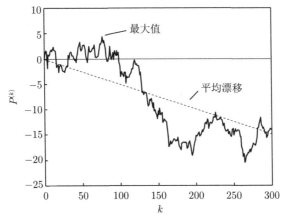

图 8.3 $E_2/E_4/1$ 排队模型的随机游动示例

值 $1/\mu = 0.95$（即 $\mathrm{E}\left[S^{(n)}\right] = 1/\mu = 0.95$ 且 $\mathrm{Var}[S^{(n)}] = 1/\left(4\mu^2\right) = 0.95^2/4$）。因此，$\rho = 0.95, \alpha = 0.05$ 且 $\beta^2 = 0.73$。图 8.3 还展示了向下漂移的期望 $\mathrm{E}\left[P^{(k)}\right] = -0.05k$。

对于有限的 n，$W_\mathrm{q}^{(n)}$ 是具有 n 项的随机游动的最大值。当系统处于稳态时，令 $n \to \infty$，等待时间分布是具有负漂移的随机游动的最大值（或上确界）：

$$W_\mathrm{q}^{(\infty)} = \sup_{k \geqslant 0} P^{(k)}$$

前面的讨论适用于任何 $\rho < 1$ 的 $G/G/1$ 排队模型。现在，我们讨论交通拥塞模型的应用，其基本思想是，如果 $\rho \to 1$，那么 $P^{(k)}$ 可以用**布朗运动**（Brownian motion）来近似。关于布朗运动的介绍，请参阅参考文献（Ross，2014）。直观地说，布朗运动可以看作一个随机游动序列的极限，其中跳跃大小趋于 0，跳跃时间间隔趋于 0。随机游动发生在离散时间，而布朗运动发生在连续时间。更具体地说，随机过程 $\{X(t)|t \geqslant 0\}$ 是具有漂移系数 $-\alpha$ 和方差参数 β^2 的布朗运动过程，如果 $X(0) = 0$，$X(t)$ 具有平稳和独立的增量，且 $X(t) \sim N(-\alpha t, \beta^2 t)$（期望为 $-\alpha t$、方差为 $\beta^2 t$ 的正态分布）。

$P^{(k)}$ 有 3 个性质，前两个性质分别为：$P^{(0)} = 0$ 和 $P^{(k)}$ 具有平稳独立增量（因为 $U^{(i)}$ 是独立同分布的）。当 ρ 略小于 1 时，α 较小且为正（假设 λ 不太小），因此随机游动中的跳跃较小。对于较大的 k 值，$P^{(k)}$ 是大量独立随机变量之和。中心极限定理表明 $P^{(k)}$ 近似服从正态分布，其期望为 $-k\alpha$，方差为 $k\beta^2$，离散值 k 代替连续值 t，这是第三个性质，该性质是近似的。

综上，稳态时顾客在队列中的等待时间分布是具有负漂移的随机游动的上确界。当 ρ 略小于 1 时，随机游动近似于布朗运动。现在，使用关于布朗运动上确界的一个结果（Baxter et al.，1957）。如果 $X(t)$ 是具有负漂移 $(-\alpha < 0)$ 和方差参数为 β^2 的布朗运动，则 $X(t), 0 \leqslant t < \infty$ 的上确界是期望为 $\beta^2/2\alpha$ 的指数分布。由此可以推导出顾客在队列中的等待时间近似服从指数分布，期望为

$$\frac{\beta^2}{2\alpha} = -\frac{1}{2} \cdot \frac{\mathrm{Var}[U]}{\mathrm{E}[U]} = \frac{1}{2} \cdot \frac{\mathrm{Var}[T] + \mathrm{Var}[S]}{1/\lambda - 1/\mu} \tag{8.24}$$

即式（8.22）给出的结果。

前面的论点本质上是启发式的，正式的证明思路有所不同，涉及特征函数（Kingman，1962b；Asmussen，2003）。本节并没有给出严格的证明，只是简单地陈述了交通拥塞排队系统的结果。

定理 8.1　考虑一个 $G/G/1$ 排队系统序列，编号为 j。对于排队系统 j，设 T_j 表示随机到达时间间隔，S_j 表示随机服务时间，$\rho_j < 1$ 表示流量强度，$W_{q,j}$ 表示稳态时顾客在队列中的随机等待时间。设 $\alpha_j = -\mathrm{E}[S_j - T_j]$ 且 $\beta_j^2 = \mathrm{Var}[S_j - T_j]$。假设 $T_j \xrightarrow{\mathrm{df}} T$，$S_j \xrightarrow{\mathrm{df}} S$ 且 $\rho_j \to 1$，其中 $\xrightarrow{\mathrm{df}}$ 表示依分布收敛。

如果满足以下两个条件：（1）$\mathrm{Var}[S-T] > 0$，（2）存在 $\delta > 0$，使得 $\mathrm{E}\left[S_j^{2+\delta}\right]$ 和 $\mathrm{E}\left[T_j^{2+\delta}\right]$ 对所有 j 都小于某个常数 C，则

$$\frac{2\alpha_j}{\beta_j^2} W_{q,j} \xrightarrow{\mathrm{df}} \mathrm{Exp}(1)$$

这两个条件排除了交通拥塞的特殊情况，条件（1）表明极限分布并不都是确定的，条件（2）表明 T_j^2 和 S_j^2 不会变得任意大。综上，当 $\rho \to 1$ 时，排队系统不一定处于交通拥塞状态。特别是，可以在 ρ 任意趋近于 1 的情况下构造排队系统，使其不处于交通拥塞状态，如例 8.2 和例 8.3 所示。

■ **例 8.2**

考虑一个确定性排队系统，其中到达时间间隔 $T^{(n)} = 1$，服务时间 $S^{(n)} = 1 - \epsilon$，ϵ 是一个足够小的正数。对于这个排队系统，$\rho = 1 - \epsilon$ 可以任意趋近于 1。但是，该排队系统并没有处于交通拥塞状态，因为每个顾客在队列中的等待时间为 0。本例不满足定理 8.1 的条件（1）。

■ **例 8.3**

本例来自参考文献（Kingman, 1962b）。考虑一个 $G/G/1$ 排队系统，其中 $\rho < 1$。在每个到达时间间隔 $T^{(n)}$ 和每个服务时间 $S^{(n)}$ 中加一个定值 B。$U^{(n)} = S^{(n)} - T^{(n)}$ 不变，因为 $S^{(n)}$ 和 $T^{(n)}$ 中的 B 相互抵消了。因此，即使 $B \to \infty$ 时 $\rho \to 1$，也不会产生交通拥塞，因为等待时间序列 $W_q^{(n)}$ 不变。本例不满足定理 8.1 的条件（2）。

■ **例 8.4**

在本例中，可以将精确结果与通过交通拥塞定理 [式（8.22）] 得到的近似值进行比较。考虑一个 $M/G/1$ 排队系统，到达速率为 λ，$\mathrm{E}[S] = 1/\mu$，且 $\mathrm{Var}[S] = \sigma_B^2$。对于该排队系统，可以使用 PK 公式（见第 6.1.1 节）求出准确的结果：

$$W_q = \frac{\rho^2 + \lambda^2 \sigma_B^2}{2\lambda(1-\rho)} = \frac{\lambda(1/\mu^2 + \sigma_B^2)}{2(1-\rho)}$$

根据式（8.22）可得交通拥塞近似值为

$$W_{\mathrm{q}}^{(H)} = \frac{\lambda\left(1/\lambda^2 + \sigma_B^2\right)}{2(1-\rho)}$$

交通拥塞近似值的相对误差为

$$\frac{W_{\mathrm{q}}^{(H)} - W_{\mathrm{q}}}{W_{\mathrm{q}}} = \frac{\lambda\left(1/\lambda^2 - 1/\mu^2\right)}{2(1-\rho)} \cdot \frac{2(1-\rho)}{\lambda\left(1/\mu^2 + \sigma_B^2\right)} = \frac{1-\rho^2}{\rho^2 + \lambda^2\sigma_B^2}$$

因此，$W_{\mathrm{q}} \to W_{\mathrm{q}}^{(H)}$ 的速率大致等于 $\rho^2 \to 1$ 的速率。

我们注意到实际上系统始终以服务速率为 $c\mu$ 的单服务员排队系统运行，所以还可以将 $G/G/1$ 排队系统的界扩展到 $G/G/c$ 排队系统。因此，交通拥塞排队系统中的顾客在队列中的等待时间为

$$W_{\mathrm{q}}^{(H)} \approx \frac{\mathrm{Var}[T] + (1/c^2)\,\mathrm{Var}[S]}{2(1/\lambda - 1/c\mu)}$$

（2）饱和系统 $(\rho \geqslant 1)$

林德利求解 $M/M/1$ 排队系统和 $G/G/1$ 排队系统的等待时间的方法不能用来求解 $\rho \geqslant 1$ 时的结果。当 $\rho \geqslant 1$ 时，无论是 $G/G/1$ 排队系统还是 $M/M/1$ 排队系统，都不能直接通过推广存在于平稳队列的收敛理论来求解，因为随着时间的增加，相关的量变得过大，因此需要一种全新的方法。这种新方法是通过适当地缩放和移动随机变量以达到某种形式的收敛。例如，当研究 $W^{(n)}$（第 n 个顾客的等待时间）时，可以通过求解 $(W^{(n)} - an)/b\sqrt{n}$ 来得到 $W^{(n)}$，其中 a 和 b 是选取的合适的常数。

结果表明，当 $\rho > 1$ 时，新随机变量的分布收敛于正态分布。我们再次利用

$$W_{\mathrm{q}}^{(n+1)} = \max\left\{0, W_{\mathrm{q}}^{(n)} + U^{(n)}\right\} \tag{8.25}$$

其中 $U^{(n)} = S^{(n)} - T^{(n)}$，但需要假设 $\mathrm{E}[U] > 0$。首先，设 $1/\mu - 1/\lambda = E[U] > 0$，即 $\rho > 1$。可以预期，当 n 变大时，差值 $\Delta W_{\mathrm{q}}^{(n)} \equiv W_{\mathrm{q}}^{(n+1)} - W_{\mathrm{q}}^{(n)}$ 近似于 $U^{(n)}$，因为通过观察式（8.25），可以发现当 $\rho > 1$ 时，$W_{\mathrm{q}}^{(n+1)}$ 不太可能再等于 0。但本节前面提到，经过标准化变换

$$Y_n = \frac{\sum U^{(i)} + n\alpha}{\sqrt{n}\beta}, \qquad \alpha < 0$$

$\sum U^{(i)}$ 将依分布收敛于标准正态分布。因为，$W_{\mathrm{q}}^{(0)} = 0$，

$$\sum_{i=0}^{n-1} \Delta W_{\mathrm{q}}^{(i)} = W_{\mathrm{q}}^{(n)} = \sum_{i=0}^{n-1} U^{(i)}$$

因此，

$$\Pr\left\{ \frac{W_{\mathrm{q}}^{(n)} + n\alpha}{\sqrt{n}\beta} \leqslant x \right\} \to \int_{-\infty}^{x} \frac{\mathrm{e}^{-t^2/2}}{\sqrt{2\pi}} \mathrm{d}t \tag{8.26}$$

式（8.26）的一个直接结果是当确定系统中顾客数为 n 时，新到达的顾客不需要等待的概率的估计值为

$$\Pr\left\{ W_{\mathrm{q}}^{(n)} = 0 \right\} = \Pr\left\{ \frac{W_{\mathrm{q}}^{(n)} + n\alpha}{\sqrt{n}\beta} \leqslant \frac{n\alpha}{\sqrt{n}\beta} \right\}$$

$$= \int_{-\infty}^{n\alpha/\sqrt{n}\beta} \frac{\mathrm{e}^{-t^2/2}}{\sqrt{2\pi}} \mathrm{d}t = \Phi(n\alpha/\sqrt{n}\beta)$$

其中 $\Phi(\cdot)$ 是标准正态分布的累积分布函数。

通过使用切比雪夫不等式，可以得出一个有趣的替代近似值，该近似值不使用正态分布，即

$$\Pr\{|X - \mu| \geqslant k\sigma\} \leqslant \frac{1}{k^2}$$

对于具有两个矩的任何变量 X 都成立。用 $W_{\mathrm{q}}^{(n)}$ 代替 X，可得

$$\Pr\left\{ W_{\mathrm{q}}^{(n)} = 0 \right\} = \Pr\{X \leqslant 0\} = \frac{1}{2}(\Pr\{X \leqslant 0\} + \Pr\{X \geqslant -2n\alpha\})$$

$$= \frac{1}{2} \Pr\{|X + n\alpha| \geqslant -n\alpha\} \leqslant \frac{\beta^2}{2n\alpha^2}$$

这为任意到达的顾客发现系统处于空闲状态的概率提供了一个相当合理的上界。当 $n \to \infty$ 时，这个上界的值会变为 0。

8.2.3.2 扩散近似

我们已经看到，交通拥塞的 $G/G/1$ 排队模型具有指数型等待时间，所以，当 $\rho = 1 - \epsilon$ 时，该排队过程为生灭过程且该排队模型为 $M/M/1$ 排队模型，与到达和服务分布的形式无关，这一点似乎是很合理的（回忆习题 6.38，如果

$G = M$，$M/G/1$ 排队模型有指数型等待时间；如果 $G = M$，$G/M/1$ 排队模型也有指数型等待时间）。然而，这是不正确的，因为根据式（8.24）可知，该排队过程的等待时间与到达时间间隔和服务时间的方差有关。但对于交通拥塞的 $M/M/1$ 排队系统的瞬态系统大小分布，采用扩散型的连续近似，可以得到一个相当简单的近似结果。在此之后，使用另一种类似的方法来求交通拥塞的 $M/G/1$ 排队系统中顾客在队列中的等待时间的瞬态分布的扩散近似值。

首先考虑生灭过程的基本随机游动近似，得到 $M/M/1$ 排队系统大小分布的扩散结果，每 Δt 个单位时间，生灭过程变化一次，且具有转移概率：

$$\Pr\{\text{单位时间状态增加 }1\} = \lambda \Delta t$$

$$\Pr\{\text{单位时间状态减小 }1\} = \mu \Delta t$$

$$\Pr\{\text{无变化}\} = 1 - (\lambda + \mu)\,\Delta t$$

假设此时由于队列处于交通拥塞状态，随机游动不受限制，在 0 处可自由增减。

该基本随机游动显然是一个马尔可夫链，因为其未来行为只是其当前状态的概率函数，与过去的状态无关。更具体地说，随机游动经 n 步转移后在位置 k 的概率 $p_k(n)$ 由 C-K 方程给出：

$$p_k(n+1) = p_k(n)[1 - (\lambda + \mu)\Delta t] + p_{k+1}(n)\mu\Delta t + p_{k-1}(n)\lambda\Delta t$$

经过一定的代数运算后，该式可以写为

$$
\begin{aligned}
\frac{p_k(n+1) - p_k(n)}{\Delta t} &= \frac{\mu + \lambda}{2}\left[p_{k+1}(n) - 2p_k(n) + p_{k-1}(n)\right] + \\
&\quad \frac{\mu - \lambda}{2}\left[p_{k+1}(n) - p_k(n)\right] + \\
&\quad \frac{\mu - \lambda}{2}\left[p_k(n) - p_{k-1}(n)\right]
\end{aligned}
\tag{8.27}
$$

可以观察到式（8.27）是用离散形式的导数表示的：等号左边是关于步（时间）的，等号右边是关于状态变量的。如果适当地取式（8.27）的极限，令两个转移之间的时间间隔和步的大小都趋于 0，那么可以发现最终会得到一个扩散型的偏微分方程。

更准确地说，用 θ 表示单位状态变化长度，用 Δt 表示步时，由式（8.27）可得

$$\frac{p_{k\theta}(t+\Delta t) - p_{k\theta}(t)}{\Delta t} = \frac{\mu+\lambda}{2}\left[p_{(k+1)\theta}(t) - 2p_{k\theta}(t) + p_{(k-1)\theta}(t)\right] +$$

$$\frac{\mu-\lambda}{2}\left[p_{(k+1)\theta}(t) - p_{k\theta}(t)\right] +$$

$$\frac{\mu-\lambda}{2}\left[p_{k\theta}(t) - p_{(k-1)\theta}(t)\right] \qquad (8.28)$$

设 Δt 和 θ 都趋于 0，保持 $\Delta t = \theta^2$ 的关系（保证了状态方差是有意义的），同时令 $k \to \infty$，使得 $k\theta \to x$。令 $p_{k\theta} \to p(x, t|X_0 = x_0)$，这是系统状态 X 的概率密度，假设排队系统在大小为 x_0 处开始运行。利用一阶导数和二阶导数的定义，式（8.28）变成

$$\frac{\partial p(x, t|x_0)}{\partial t} = \frac{\mu+\lambda}{2} \cdot \frac{\partial^2 p(x, t|x_0)}{\partial x^2} + (\mu - \lambda)\frac{\partial p(x, t|x_0)}{\partial x} \qquad (8.29)$$

这是著名的扩散方程的一种形式，其中描述了布朗运动下粒子的运动（Prabhu，1965b；Heyman et al., 1982）。这种特殊形式的扩散方程通常称为**福克尔-普朗克方程**（Fokker-Planck equation），此外，该方程也是科尔莫戈罗夫向前方程的一种形式，适用于连续状态马尔可夫过程。

在以下的界条件下求解式（8.29）：

$$p(x, t|x_0) \geqslant 0$$

$$\int_{-\infty}^{\infty} p(x, t|x_0)\,\mathrm{d}x = 1$$

$$\lim_{t \to 0} p(x, t|x_0) = 0, \quad x \neq x_0$$

其中前两个条件是概率密度的一般性质，而第三个条件是时刻 0 的连续性要求。然后可以证明（Prabhu，1965b），式（8.29）的解为

$$p(x, t|x_0) = \frac{\mathrm{e}^{-[x-x_0+(\mu-\lambda)t]^2/2(\mu+\lambda)t}}{\sqrt{2\pi t(\mu+\lambda)}}$$

这是一个从 x_0 开始的**维纳过程**（Wiener process），漂移为 $-(\mu - \lambda)t$，方差为 $(\mu + \lambda)t$。所以，随机过程 $X(t)$ 服从正态分布，期望为 $x_0 - (\mu - \lambda)t$，方差为 $(\mu + \lambda)t$，因此

$$\Pr\left\{n - \frac{1}{2} < X(t) < n + \frac{1}{2}\Big|X_0 = x_0\right\} \approx \int_{n-1/2}^{n+1/2} N\left(x_0 - [\mu - \lambda]t, [\mu + \lambda]t\right)\mathrm{d}t$$

但这个结果的意义不大，因为 $\lambda < \mu$，所以漂移是负的，过程最终达到一个负均值（这是由于忽略了 0 处不可自由左右游动；如果 x_0 较大，则近似值是有效的，因为这样队列就不可能为空）。为了消除这种可能性，必须在 $x = 0$ 处对游动设置一道不可穿透的屏障，屏障是以附加界条件的形式添加的，即对于任意 t，

$$\lim_{x \to 0} \frac{\partial p(x, t|x_0)}{\partial t} = 0$$

添加该界条件是因为整个过程不能越过 0 变为负，所以 $p(x, t|x_0) = 0$。因此，当 $x < 0$ 时，$\Delta p(x, t|x_0) = 0$，且 $\lim_{x \to 0} \Delta p(x, t|x_0) = 0$。新的解为

$$p(x, t|x_0) = \frac{1}{\sqrt{2\pi(\lambda + \mu)t}} \left[e^{-[x-x_0-(\lambda-\mu)t]^2/2(\mu+\lambda)t} + \right.$$

$$e^{-2x(\mu-\lambda)/(\mu+\lambda)} \left(e^{-[x+x_0-(\lambda-\mu)t]^2/2(\mu+\lambda)t} + \right.$$

$$\left. \left. \frac{2(\mu-\lambda)}{\mu+\lambda} \int_x^\infty e^{-[y+x_0-(\lambda-\mu)t]^2/2(\mu+\lambda)t} \mathrm{d}y \right) \right] \tag{8.30}$$

当 $\rho = 1 - \epsilon$ 时，该解可作为任意 $M/M/1$ 排队模型的近似解。

我们再做两个特别有趣的计算：第一个是在整个推导过程中允许 $\lambda = \mu$；第二个是当 $t \to \infty$ 时，观察 $p(x, t|x_0)$ 的极限。当 $\lambda = \mu$ 时，式（8.29）简化了很多，变为

$$\frac{\partial p(x, t|x_0)}{\partial t} = \lambda \frac{\partial^2 p(x, t|x_0)}{\partial x^2}$$

使用与式（8.30）相同的界条件，该微分方程的解为

$$p(x, t|x_0) = \frac{1}{\sqrt{4\pi\lambda t}} \left(e^{-(x-x_0)^2/4\lambda t} + e^{-(x+x_0)^2/4\lambda t} \right)$$

也是一个维纳过程，但没有漂移。该过程可以用来求任何 $\rho = 1$ 的 $M/M/1$ 排队模型的近似瞬态解。另外，在式（8.29）中令 $t \to \infty$，可得

$$0 = \frac{\mu+\lambda}{2} \cdot \frac{\mathrm{d}^2 p(x)}{\mathrm{d}x^2} + (\mu-\lambda)\frac{\mathrm{d}p(x)}{\mathrm{d}x}$$

这是一个齐次的二阶线性微分方程，解为

$$p(x) = C_1 + C_2 e^{-2[(\mu-\lambda)/(\mu+\lambda)]x}$$

由于 $p(x)$ 的积分必须为 1，所以 $C_1 = 0$ 且 $C_2 = (\mu + \lambda)/2(\mu - \lambda)$。可以看到 $p(x)$ 是指数概率密度，这一点如我们所料，因为 $M/M/1$ 排队模型的队列长度服从几何分布，而几何分布正是指数分布的离散对应形式。当 $\rho \to 1$ 时，$(1 + \rho)/2 \approx \rho$，所以 $(\mu + \lambda)/[2(\mu - \lambda)] = (1 + \rho)/[2(1 - \rho)]$ 的期望是有意义的，因此，$(1 + \rho)/[2(1 - \rho)] \approx \rho/(1 - \rho)$，这是 $M/M/1$ 排队模型的一般结果。

另一种近似法是对构成随机游动的独立同分布随机变量使用中心极限定理，使用相同的极限证明方法和变量表示，可以得到与之前相同的结果。

处于交通拥塞状态的 $M/G/1$ 排队系统的顾客在队列中的等待时间扩散近似结果由盖弗（Gaver，1968）给出。为了近似虚拟队列等待时间 $V(t)$（在本节推导过程中，虚拟等待时间比实际队列等待时间更容易求得。但对于 $M/G/1$ 排队模型，两者难度是一样的）的条件 "密度函数"，如 $w_\mathrm{q}(x, t | x_0)$（回忆第 3 章，这不是真实的密度函数，因为顾客在队列中等待时间为 0 的概率是非零的），其期望 μ 和方差 σ^2 近似为

$$\Delta t = \mathrm{E}[V(t + \Delta t) - V(t) | V(t)] = (\lambda \mathrm{E}[S] - 1)\Delta t + 0(\Delta t)$$

$$\sigma^2 \Delta t = \mathrm{Var}[V(t + \Delta t) - V(t) | V(t)] = \lambda \mathrm{E}\left[S^2\right] \Delta t + 0(\Delta t)$$

因为假设一个交通拥塞的排队系统在时间增量 Δt 内虚拟等待时间的变化是服务完 Δt 内到达的所有顾客所需的总服务时间减去 Δt。但我们知道，$V(t)$ 是一个连续参数、连续状态马尔可夫过程，因此其条件 "密度函数" $w_\mathrm{q}(x, t | x_0)$ 满足福克尔-普朗克方程（Newell，1972）

$$\frac{\partial w_\mathrm{q}(x, t | x_0)}{\partial t} = -\mu \frac{\partial w_\mathrm{q}(x, t | x_0)}{\partial x} + \frac{\sigma^2}{2} \cdot \frac{\partial^2 w_\mathrm{q}(x, t | x_0)}{\partial x^2}$$

其中界条件为

$$w_\mathrm{q}(x, t | x_0) \geqslant 0$$

$$\int_0^\infty w_\mathrm{q}(x, t | x_0)\,\mathrm{d}x = \frac{\lambda}{\mu}$$

$$\lim_{t \to 0} w_\mathrm{q}(x, t | x_0) = 0, \qquad x \neq 0$$

从前面关于交通拥塞的讨论来看，如果

$$\frac{-\mu}{\sigma^2} = \frac{1 - \lambda \mathrm{E}[S]}{\lambda \mathrm{E}[S^2]}$$

是正的且较小，那么扩散解应该是一个很好的近似值。$w_{\mathrm{q}}(x,t|x_0)$ 的最终表达式
为

$$w_{\mathrm{q}}\left(x,t|x_0\right)=\frac{1}{\sqrt{2\pi t\sigma^2}}\left[\mathrm{e}^{-(x-x_0-\mu t)^2/\sigma^2 t}\right.$$

$$\left.+\mathrm{e}^{2x\mu/\sigma^2}\left(\mathrm{e}^{-(x-x_0-\mu t)^2/\sigma^2 t}+\frac{2\mu}{\sigma^2}\int_x^\infty \mathrm{e}^{-(y-x_0-\mu t)^2/\sigma^2 t}\mathrm{d}y\right)\right]$$

本节没有详细讲解排队中的扩散近似，只做了一个简单的介绍，详细内容请
参阅参考文献（Feller，1971；Karlin et al.，1975）。

8.3 确定性流体排队模型

对于在一定时间段内到达大量顾客的排队系统，可以将顾客流近似为连续
流体。此时，可以将顾客视为无限可分的对象，类似于流体的流动，而不是离散
实体。

考虑一个泊松过程 $A(t)$，到达速率 $\lambda = 1$。图 8.4 展示了前 10 个顾客到达
过程的样本路径，还展示了到达顾客数的期望 $\mathrm{E}[A(t)] = \lambda t$。在这个特定的样
本路径中，观察到的到达顾客数比到达顾客数的期望要多（例如，$A(5) = 8 >
5 = \mathrm{E}[A(5)]$）。

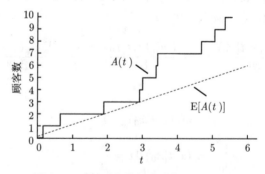

图 8.4 　泊松过程的样本路径（$\lambda = 1$）

图 8.5 展示了同一过程在较长时间范围内的表现。左图展示了前 100 个顾
客到达的过程，右图展示了前 1000 个顾客到达的过程。随着时间范围的增加，
$A(t)$ 看起来越来越平滑。图 8.4 和图 8.5 展示的实际上是相同的样本路径，唯

一的区别是时间范围长短不同。在短时间范围内，过程的离散性很明显，与到达时间间隔的随机行为一样（如图 8.4 所示）。前 1000 个顾客的到达过程更像是一条连续的直线，其原因是 $A(t)$ 的变异系数随 $t \to \infty$ 而变为 0，也就是说，$\mathrm{Var}[A(t)] = \lambda t$，所以标准差除以期望就是 $\sqrt{\lambda t}/\lambda t = 1/\sqrt{\lambda t}$。对于较大的 t，到达过程相对于其期望的变化很小，因此看起来几乎是相同的。

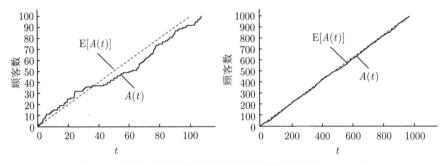

图 8.5　较长时间范围内的泊松过程的样本路径（$\lambda = 1$）

图 8.6 展示了流体排队模型的模拟过程。排队的人就像水龙头里的水，服务员是排水管，队列中的顾客数是水槽里的水量。服务速率 μ 是通过排水管的最大流速。如果到达速率 λ 为常数且 $\lambda < \mu$，即水的排出速率比输入速率快，因此水槽中没有积水（队列长度保持为 0）。相反，如果 $\lambda > \mu$，即水的输入速率比排出速率快，即队列长度随时间线性增加。更有趣的是，当输入速率随时间变化时，水位可能上升或下降。流体模型的一个关键优点是能够处理非平稳排队模型，本书中的大多数其他排队模型都是用来处理平稳排队模型的。

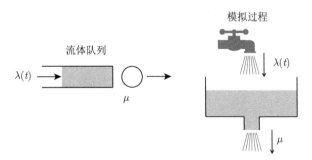

图 8.6　流体排队模型的模拟过程

8.3.1　一般关系

设 $A(t)$ 和 $D(t)$ 分别表示时刻 t 前累计到达和离开的顾客数。在流体模型中，由于假定流体是无限可分的，所以 $A(t)$ 和 $D(t)$ 是连续的。可以通过对到达速率直接积分得到累计到达的顾客数

$$A(t) = \int_0^t \lambda(u)\mathrm{d}u$$

图 8.7 展示了 $A(t)$ 和 $D(t)$ 的概念图。这两个函数都必须是非递减的，而且还必须满足 $A(t) \geqslant D(t)$，因为顾客不能在到达系统之前离开系统。

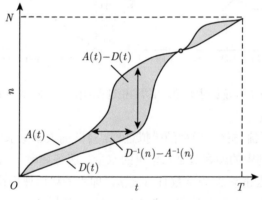

图 8.7　流体排队系统的一般概念图

在图 8.7 中，$A(t)$ 和 $D(t)$ 之间的垂直距离是时刻 t 的队列长度。$D^{-1}(n)$ 和 $A^{-1}(n)$ 之间的水平距离是第 n 个顾客在队列中花费的时间，假定服务规则为先到先服务。（这是一个不严格的解释，因为该模型中的顾客是无限可分的，所以 n 可能是一个类似于 4.7 的数字。）两条曲线之间的面积（用 area 表示）可以通过对 n 进行积分求得

$$\mathrm{area} = \int_0^N \left[D^{-1}(n) - A^{-1}(n) \right] \mathrm{d}n$$

由于 $D^{-1}(n) - A^{-1}(n)$ 是第 n 个顾客在队列中花费的时间，因此对 n 进行积分得出的是所有顾客在队列中花费的总时间。对 t 进行积分可以得到相同的面积：

$$\mathrm{area} = \int_0^T [A(t) - D(t)]\mathrm{d}t$$

设上面两个式子相等，两边同除以 T，可得

$$\frac{1}{T}\int_0^T [A(t) - D(t)]\mathrm{d}t = \frac{N}{T} \cdot \frac{1}{N}\int_0^N \left[D^{-1}(n) - A^{-1}(n) \right]\mathrm{d}n$$

等号左边是平均队列长度（即 L）。N/T 是时间范围内的平均到达速率（即 λ）。阴影部分面积除以到达的总顾客数 N 是每个顾客在系统中的平均等待时间（即 W）。因此，上式即为 $L = \lambda W$。此分析假设系统开始和结束状态都为空（否则这两个面积不一定相等）。这个结果基本上与第 1.4 节给出的利特尔法则相同，只是这里使用的是连续变量。

8.3.2　基本模型

考虑顾客按连续流体的方式到达排队系统，到达速率 $\lambda(t)$ 随时间变化。系统中只有一个服务员，该服务员的服务速率为 μ（图 8.6）。目标是求队列长度（或水槽中流体的总量），队列长度为时间的函数。

$D(t)$ 可以基于以下原则求得。首先，顾客离开的速率不能大于 μ，因为 μ 是服务员提供服务的最大速率，即 $\mathrm{d}D(t)/\mathrm{d}t \leqslant \mu$。第二，当队列非空 [即 $A(t) > D(t)$] 时，顾客的离开速率正好等于 μ，即当有顾客等待时，服务员以其最大速率工作。第三，当队列为空 [即 $A(t) = D(t)$] 时，顾客的离开速率不能大于 $\lambda(t)$，即顾客不能在到达系统之前离开系统。这些原则可以归纳为方程（Daganzo，1997）

$$\frac{\mathrm{d}D(t)}{\mathrm{d}t} = \begin{cases} \mu, & A(t) > D(t) \\ \min\{\lambda(t),\mu\}, & A(t) = D(t) \end{cases} \tag{8.31}$$

对 $\mathrm{d}D(t)/\mathrm{d}t$ 积分可以得到 $D(t)$。这一过程可以用图直观地表示为：给定累计到达的顾客数 $A(t)$，绘制尽可能靠近 $A(t)$ 但不超过 $A(t)$ 的 $D(t)$，且 $D(t)$ 的导数不超过 μ；当曲线偏离时，绘制斜率为 μ 的 $D(t)$，直到 $D(t)$ 与 $A(t)$ 重新相交。下面的例子说明了该过程。

■ 例 8.5

一段路上的最大流量是每分钟 20 辆车。如图 8.8（a）所示，汽车到达速率随时间变化。使用流体近似法，求每辆车的平均等待时间。

首先，如图 8.8（b）所示，通过对 $\lambda(t)$ 积分求出累计到达的顾客数 $A(t)$。然后，通过如下过程构造 $D(t)$：对于 $t \leqslant 20$，$D(t) = A(t)$，因为在此时间段内

$\lambda(t) < \mu = 20$（即汽车到达后即可离开）。在 b 点（$t = 20$）处，到达速率超过最大服务速率，所以 b 点之后 $D(t)$ 的斜率为 $\mu = 20$。$D(t)$ 在 d 点重新与 $A(t)$ 相交，之后 $D(t)$ 与 $A(t)$ 重合（因为 d 点之后，$\lambda(t) < \mu$）。

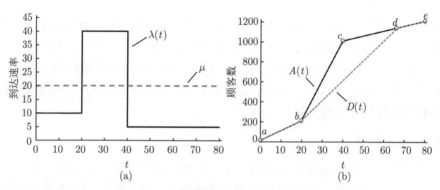

图 8.8   到达速率随时间变化的流体模型

为了计算总的等待时间，需要求出 $\triangle bcd$ 的面积。b 点的坐标为 $(20, 200)$，c 点的坐标为 $(40, 1000)$，d 点是直线 cd 和 bd 的交点，直线 cd 穿过 c 点且斜率为 5，直线 bd 穿过 b 点且斜率为 20，所以两条直线的方程为

$$y(t) - 1000 = 5(t - 40) \quad \text{和} \quad y(t) - 200 = 20(t - 20)$$

联立这两个方程可得

$$5(t - 40) + 1000 = 20(t - 20) + 200$$

可以求得 $t = 200/3$，所以 d 点的坐标为 $\left(66\frac{2}{3}, 1133\frac{1}{3}\right)$。因此，通过计算可得 $\triangle bdc$ 的面积为

$$\frac{1}{2} \times \frac{140}{3} \times 400 = \frac{28000}{3} \doteq 9333.33$$

这是所有车的等待时间总和。在时间区间 $[0, 80]$ 共有 1200 辆车到达，所以平均每辆车的等待时间为

$$\frac{1}{1200} \times \frac{28000}{3} = \frac{70}{9} \doteq 7.78 \ (\text{min})$$

可以观察到一个关键结果，即使高峰时段在 $t = 40$ 处"结束"，即到达速率下降到小于服务速率，但排队的车直到 $t = 65$ 才为 0。这说明，即使在高峰时

段结束后，拥堵仍可能持续一段时间。这也解释了道路上清除交通事故后为什么还会发生一段时间的拥堵。

在前面的分析中，假设服务速率恒定。但这一过程可以很容易地推广到时变服务速率 $\mu(t)$ 的情况。与前面相同的逻辑，离开速率满足下式：

$$\frac{\mathrm{d}D(t)}{\mathrm{d}t} = \begin{cases} \mu(t), & A(t) > D(t) \\ \min(\lambda(t), \mu(t)), & A(t) = D(t) \end{cases} \tag{8.32}$$

把式（8.31）中 μ 替换为 $\mu(t)$ 即得式（8.32）。同样的图形过程也适用：将 $D(t)$ 画得尽可能接近 $A(t)$，而其导数不超过 $\mu(t)$。下例（例如，Daganzo, 1997）中到达速率恒定，但服务速率有变化。

■ 例 8.6

汽车到达红绿灯的过程是一个确定的流体过程，到达速率为 λ。只考虑一个流动方向。绿灯亮时，车辆通过十字路口的速率为 μ。红灯亮时，十字路口没有车流。设 R 和 G 分别为一个周期内红灯和绿灯的持续时间。求车辆在红绿灯处的平均等待时间。

图 8.9 展示了到达过程 $A(t)$ 和离开过程 $D(t)$。在该图中，$R=5$，$G=10$，$\lambda=5$，$\mu=10$（下面的计算中没有使用这些具体值）。红灯亮时，车辆开始排队，直到绿灯亮，这时队列开始清空。当排队车辆数为 0 时，汽车无须排队即可通过十字路口，直到再次变换为红灯亮。

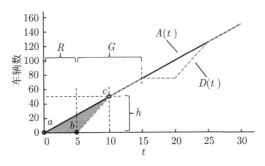

图 8.9　红绿灯流体模型的到达和离开过程

为了保证整个排队系统的稳定，一个周期内到达的车辆数 $\lambda(R+G)$ 必须小于一个周期内可以通过的最大车辆数 μG，即

$$\lambda(R+G) < \mu G \quad \text{或} \quad \frac{\lambda}{\mu} < \frac{G}{R+G}$$

为了计算每辆车的平均等待时间，首先求出 $\triangle abc$ 的面积，其面积表示一个周期内所有车辆的等待时间总和。$\triangle abc$ 的面积为 $Rh/2$。为了求 h，需要求出直线 ac 和直线 bc 交点的坐标，两条直线的表达式分别为 $y(t)=\lambda t$ 和 $y(t)=\mu(t-R)$。可以求出交点横坐标为 $t=\mu R/(\mu-\lambda)$，所以 $h=\lambda\mu R/(\mu-\lambda)$，一个周期内所有车辆的等待时间总和为

$$\frac{1}{2}Rh=\frac{\lambda\mu R^2}{2(\mu-\lambda)}$$

因此，所有车辆的等待时间总和与红灯时间长度的平方成正比。一个周期内的车辆总数为 $\lambda(R+G)$，因此，每辆车的平均等待时间为

$$\frac{\mu R^2}{2(\mu-\lambda)(R+G)}=\frac{R}{2(1-\lambda/\mu)(1+G/R)}$$

该平均等待时间是对一个周期内所有车辆（而不仅仅是经历了等待的车辆）来说的平均值。

假设 λ 和 μ 是定值，则可以通过选择 R 和 G 来使等待时间最小化。简单地说，可以减小 R 和/或增大 G，从而使绿灯的时间占比更大。更合理地说，可能要求 $R=G$，这样对两个方向的车辆更公平。令 $R=G$，可得每辆车的平均等待时间为

$$\frac{R}{4(1-\lambda/\mu)}$$

这意味着，通过设 $R=G\to 0$，可以任意减小平均等待时间。但是流体模型有一些局限性。流体模型假定汽车是无限可分的；$R(=G)$ 的值较小，意味着信号灯在红灯和绿灯之间快速切换。实际生活中，如果信号灯在红灯和绿灯之间快速切换，任何车都不可能通过。该模型还隐含汽车能够从停止位置立即加速到全速的假设。在流体模型中，如果"排水管"在打开和关闭之间连续地切换，则"排水管"的工作模式与打开一样，只是流速为打开时的一半。假设满足稳定性条件 $\lambda<\mu/2$，液体到达时会迅速排出，因此不会形成队列。

8.3.3　重新审视道路模型

前面在对车辆通过红绿灯的过程进行建模时，没有明确说明排队系统的"队列"到底是什么，以及"队列"位于何处。在超市，物理队列和服务员之间有一个清晰的界限，但在一个道路上，这种界限就不那么清晰了。一辆在等红灯但仍

缓慢行驶的汽车同时在"接受服务"和"等待"。这辆车正在接受服务，因为它在沿着道路前进，但它也在等待，因为此时它的行驶速度慢于畅通无阻时的速度。

　　现在更仔细地考虑这个问题。这里给出的思路基于参考文献（Daganzo，1997）。图 8.10 展示了车辆到达红绿灯的过程。考虑在 A 点和 B 点之间形成的队列。设 $A(t)$ 为时刻 t 前累计通过 A 点的车辆数，设 $D(t)$ 为时刻 t 前累计通过 B 点的车辆数。例 8.6 中隐含了假设：（1）队列不会排到 A 点之后；（2）从队列中的任何位置到 B 点的时间为 0。

　　这两个假设本质上是矛盾的。在 A 点离 B 点较远的情况下，假设（1）是合理的，在 A 点离 B 点较近的情况下，假设（2）是合理的，因此很难同时满足这两个假设。

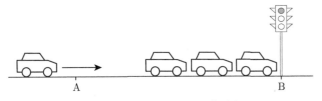

图 8.10　车辆到达红绿灯的过程

　　可以通过定义虚拟到达过程来解决这一矛盾。设 τ 表示从 A 点到 B 点的无阻碍行驶时间。设 $V(t)$ 表示在没有任何拥堵的情况下通过 B 点的车辆数量，即 $V(t) = A(t-\tau)$。$A(t)$ 与 $D(t)$ 之间的关系可以用图解法建立（如图 8.11 所示）：将到达曲线 $A(t)$ 向右移动 τ，得到虚拟需求 $V(t) = A(t-\tau)$ 的图像；根据式（8.31）确定 $D(t)$，但用 $V(t)$ 代替 $A(t)$。

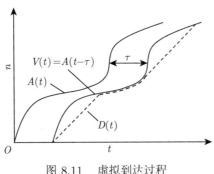

图 8.11　虚拟到达过程

　　这种方法解决了两种假设之间的矛盾。具体来说，我们已经考虑了从 A 点到 B 点的行驶时间，所以不需要假设（2）。因此，可以将 A 点移到使假设（1）成立的位置（即队列不会排到 A 点之后）。

在该模型中，排队长度通常定义为虚拟离开车辆数与实际离开车辆数之差，即 $V(t) - D(t)$。请注意，这个差值与物理队列（如超市中的队列）不对应。排队长度可以被解释为在时刻 t 处于 A 点和 B 点之间并且正在经历等待的车辆数（这些车辆在 A 点和 B 点之间的行驶时间大于无阻碍的行驶时间 τ）。

8.3.4　串联队列

现在考虑两个串联的队列。第一个队列的离开速率为 μ_1，第二个队列的离开速率 $\mu_2 < \mu_1$。设 $A_1(t)$ 表示第一个队列累计到达的车辆数，$A_2(t)$ 表示第二个队列累计到达的车辆数。类似地，设 $D_1(t)$ 和 $D_2(t)$ 分别表示两个队列累计离开的车辆数。串联队列的基本原理是，一个队列的离开过程是下一个队列的到达过程，即 $D_1(t) = A_2(t)$。

为了对该过程进行几何分析，采用与之前相同的方法。如图 8.12 所示，首先根据 $A_1(t)$ 得到 $D_1(t)$，然后 $D_1(t)$ 为下一个队列的到达过程 $A_2(t)$，再用相同的方法根据 $A_2(t)$ 得到 $D_2(t)$。$A_1(t)$ 与 $D_1(t)$ 之间的面积是第一个队列车辆的等待时间总和，$A_2(t)$ 与 $D_2(t)$ 之间的面积是第二个队列车辆的等待时间总和。图 8.12 的几何图形是基于 $\mu_1 > \mu_2$ 这一假设的。如果 $\mu_1 < \mu_2$，则第二个队列就不会有车辆排队，因为第二个队列的通行能力大于最大到达速率（第一个队列的最大离开速率）。如前所述，虚拟到达过程的概念也可以应用于串联队列。

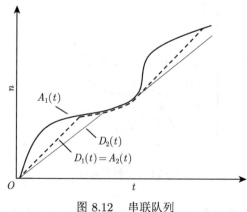

图 8.12　串联队列

8.4　网络近似

第 5.2 节和第 5.3 节分析了服务时间和外部到达时间间隔均服从指数分布的杰克逊排队网络。对于这些排队网络，可以得到精确的分析结果。本节讨论服务时间分布不是指数分布的排队网络，通常无法获得这种排队网络的精确分析结果，因此需要使用近似法。

在排队网络中，有很多方法可以用来近似求解排队系统的效益指标。本节介绍单队列分解法。这种方法是将网络分解成更小的子网，然后将子网作为独立的队列进行分析。子网通常是单独的队列，如图 8.13 所示。

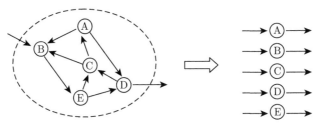

图 8.13　单队列分解法示意

单队列分解法的基本思想是为每个队列构造一个到达流，该到达流与原始网络中的到达流尽可能匹配。例如，图 8.13 中到达节点 B 的到达流应该与原始网络中到达节点 B 的到达流相匹配。到达原始网络中的节点 B 的到达流由来自节点 A 的顾客、节点 C 的顾客和外部顾客组成。为节点 B 构造了一个近似到达流后，节点 B 处的队列就可以视为一个独立的队列，这样就可以使用本章前面讨论的各种近似方法。

本节介绍一种参数分解法来近似每个节点的到达流。本节所讨论的内容主要来源于参考文献（Whitt，1983）。本节具体讨论一种双参数法，该方法构造了一个近似的更新过程，其中到达时间间隔的一阶矩和二阶矩与原始网络中给定节点的一阶矩和二阶矩近似匹配。该方法的基本假设是每个节点的到达过程可以很好地近似为更新过程。一般来说，到达网络中某个节点的过程不是一个更新过程，因为到达时间间隔不一定是相互独立的。例外情况是，如果上游节点的到达过程为泊松过程且服务时间服从指数分布，则下游节点的到达过程为更新过程，见第 5.2 节的相关讨论。关于用更新过程近似节点到达过程的方法的讨论，请参阅参考文献（Whitt，1982；Albin，1984）。

8.4.1 基本假设和表示符号

在讨论近似法之前，首先说明基本假设和表示符号。考虑一个由 k 个节点组成的排队网络，每个节点处有一个服务员，节点 i 处的服务时间是累积分布函数为 $B_i(t)$，期望为 $1/\mu_i$，平方变异系数为 C_{Bi}^2 的随机变量，即如果 S_i 是节点 i 处的随机服务时间，则 $\mu_i \equiv 1/\mathrm{E}[S_i]$ 且 $C_{Bi}^2 \equiv \mathrm{Var}[S_i]/\mathrm{E}^2[S_i]$，各节点处的服务时间是独立同分布随机变量。在节点 i 处完成服务的顾客转移到节点 j 的概率为 r_{ij}，$r_{i0} \equiv 1 - \sum_{j=1}^{k} r_{ij}$ 为顾客离开系统的概率。顾客从系统外部到达节点 i 的过程为更新过程，该过程的到达时间间隔具有一般的累积分布函数 $H_i(t)$，期望为 $1/\gamma_i$，平方变异系数为 C_{0i}^2。所有服务时间、外部到达时间间隔和路径转换都相互独立。假设每个节点处的顾客都少于系统容量。

该网络类似于开放的杰克逊排队网络（第 5.2 节），但服务时间和外部到达时间间隔服从一般分布，而不是指数分布。表 8.2 总结了与该网络相关的参数。第一组是与输入相关的参数，这些参数定义了我们要分析的网络，第二组是与输出相关的参数，可以通过下一节中介绍的分析方法求得。

表 8.2 网络符号

类别	符号	含义
输入	k	网络中的节点数
	r_{ij}	从节点 i 转移到节点 j 的概率
	$B_i(t)$	节点 i 处服务时间分布的累积分布函数
	$H_i(t)$	系统外部顾客到达节点 i 处的到达时间间隔的累积分布函数
	μ_i	节点 i 处的服务速率
	γ_i	系统外部顾客到达节点 i 处的到达速率
	C_{Bi}^2	节点 i 处服务时间分布的平方变异系数
	C_{0i}^2	系统外部顾客到达节点 i 处的到达时间间隔的平方变异系数
输出	λ_i	节点 i 处的流量
	ρ_i	节点 i 处的服务员利用率（$\rho_i = \lambda_i/\mu_i$）
	C_{Aj}^2	到达节点 j 处的到达时间间隔的平方变异系数
	C_{Di}^2	从节点 j 处离开的时间间隔的平方变异系数
	C_{ij}^2	从节点 i 处转移到节点 j 处的时间间隔的平方变异系数
	W_{qi}	节点 i 处的顾客在队列中的平均等待时间

8.4.2 参数分解

现在描述一个过程，以获得每个节点到达过程的近似双参数。第 5 章中介绍了一种通过平均流量来获得近似单参数的方法，具体来说，对于开放杰克逊网络模型，得到了一组方程［式（5.10a）］，其中顾客到达节点的平均速率等于离开节点的平均速率，求解这些方程可以得到进入每个节点的顾客的平均流量 λ_i。

式（5.10a）同样适用于本节中的网络，因为流入和流出一个节点的流量相等这一原则不依赖于服务时间服从指数分布这一假设。因此，得到以下与式（5.10a）相同的表达式：

$$\lambda_i = \gamma_i + \sum_{j=1}^{k} \lambda_j r_{ji}, \quad i = 1, \cdots, k \tag{8.33}$$

如果所有节点处的顾客数都低于系统容量，则上式成立。由于方程是线性的，所以很容易求得 λ_i，这为双参数分解法提供了第一个参数。

用来描述到达过程的第二个参数是 C_{Ai}^2，即到达节点 i 处的到达时间间隔的平方变异系数。λ_i 与到达时间间隔的一阶矩有关，而 C_{Ai}^2 与其二阶矩有关。与之前一样，该方法是基于将进入节点的顾客流与离开节点的顾客流相关联，得到一组关于 C_{Ai}^2 的方程。然而，虽然关于平均流量的方程（8.33）是精确的，但关于 C_{Ai}^2 的方程是近似的。

为了得到平衡方程，将进入和离开节点的顾客流分为 3 个阶段，如图 8.14 所示：叠加、排队和分流。在叠加阶段，来自不同节点的到达流被合并到给定节点的单个到达流中；在排队阶段，合并到达流由排队系统处理；在分流阶段，离开的顾客流根据离开后的目的地被分成不同的离开流。

基本思想是得到各阶段将输入流和输出流相联系的方程，然后联立 3 个阶段的方程，得到可用于求解 C_{Ai}^2 的方程组。λ_i 的精确值和 C_{Ai}^2 的近似值提供了进入节点 i 的到达流的双参数近似。由此，可以使用本章前面给出的近似公式求出效益指标的近似值。

现在更详细地描述这个过程，先推导图 8.14 中每个阶段的平衡方程。

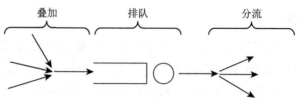

图 8.14　顾客在排队网络中的一个节点游动

8.4.2.1　叠加

到达节点 i 的顾客流是由不同来源 j 的顾客相叠加得到的，包括来自网络外部的顾客到达流 $(j=0)$。下面的方程通过参数 C_{Ai}^2 和 C_{ji}^2 近似地将叠加到达流与分量流联系起来：

$$C_{Ai}^2 = \frac{\gamma_i}{\lambda_i} C_{0i}^2 + \frac{1}{\lambda_i} \sum_{j=1}^{k} \lambda_j r_{ji} C_{ji}^2, \qquad i = 1, \cdots, k \tag{8.34}$$

该方程中，首先将分量流假设为独立的更新过程，然后将叠加流假设为更新过程。这些假设通常不成立。即使第一种假设成立，通常也不能根据第一种假设得到第二种假设。事实上，当且仅当所有分量过程都是泊松过程时，独立更新过程的叠加本身才是一个更新过程，此时叠加过程也是泊松过程（Cinlar，1972）。如第 5.2 节所述，如果上游节点的到达过程为泊松过程且服务时间服从指数分布，则下游节点的到达过程为更新过程。因此，用来推导式（8.34）的这些假设通常只是对实际网络行为的近似。

为了推导式（8.34），考虑网络中的节点 i。设 $N_{ji}(t)$ 为时刻 t 前从节点 j 到节点 i 的顾客数（其中 $j = 0, 1, \cdots, k$，$N_{0i}(t)$ 表示从网络外部到达节点 i 的顾客数）。假设 $N_{ji}(t)$ 是一个更新过程，并且这些过程彼此独立。设 X_{ji} 为这个过程的随机到达时间间隔。设 $N_i(t) \equiv N_{0i}(t) + \cdots + N_{ki}(t)$ 为节点 i 的叠加到达过程，假设 $N_i(t)$ 也是一个更新过程。设 X_i 表示该过程的随机到达时间间隔。定义以下极限（假设存在）：

$$\lambda_{ji} \equiv \lim_{t \to \infty} \frac{\mathrm{E}\left[N_{ji}(t)\right]}{t} \quad \text{且} \quad v_{ji} \equiv \lim_{t \to \infty} \frac{\mathrm{Var}\left[N_{ji}(t)\right]}{t} \tag{8.35}$$

即 λ_{ji} 是顾客离开节点 j 到达节点 i 的平均速率。因为假设分量过程是独立的

（近似值），所以可得

$$\mathrm{E}\left[N_i(t)\right] = \mathrm{E}\left[N_{0i}(t)\right] + \cdots + \mathrm{E}\left[N_{ki}(t)\right]$$
$$\mathrm{Var}\left[N_i(t)\right] = \mathrm{Var}\left[N_{0i}(t)\right] + \cdots + \mathrm{Var}\left[N_{ki}(t)\right] \tag{8.36}$$

由式（8.35）和式（8.36）可得

$$\lambda_i = \lambda_{0i} + \cdots + \lambda_{ki}, \quad v_i = v_{0i} + \cdots + v_{ki}$$

其中 $\lambda_i \equiv \lim_{t\to\infty} \mathrm{E}\left[N_i(t)\right]/t$，$v_i \equiv \lim_{t\to\infty} \mathrm{Var}\left[N_i(t)\right]/t$。

对于更新过程 $N_i(t)$，到达时间间隔分布的前两阶矩 $\mathrm{E}[X_i]$ 和 $\mathrm{E}[X_i^2]$ 与更新过程的极限值 λ_i 和 v_i 之间存在一对一的关系。具体来说，对应关系为（Smith，1959）

$$\lambda_i = \frac{1}{\mathrm{E}\left[X_i\right]} \quad \text{和} \quad v_i = \frac{\mathrm{E}\left[X_i^2\right] - \mathrm{E}^2\left[X_i\right]}{\mathrm{E}^3\left[X_i\right]}$$

第一种关系说明平均到达速率是平均到达时间间隔的倒数。从这些关系中可得

$$C_{Ai}^2 \equiv \frac{\mathrm{Var}\left[X_i\right]}{\mathrm{E}^2\left[X_i\right]} = \frac{\mathrm{E}\left[X_i^2\right] - \mathrm{E}^2\left[X_i\right]}{\mathrm{E}^2\left[X_i\right]} = v_i\mathrm{E}\left[X_i\right] = \frac{v_i}{\lambda_i}$$

类似关系适用于每个分量的更新过程，即 $C_{ji}^2 = v_{ji}/\lambda_{ji}$。联立上面几个方程可得

$$C_{Ai}^2 = \frac{v_i}{\lambda_i} = \frac{1}{\lambda_i}\sum_{j=0}^{k} v_{ji} = \frac{1}{\lambda_i}\sum_{j=0}^{k} \lambda_{ji}C_{ji}^2 = \frac{\gamma_i}{\lambda_i}C_{0i}^2 + \frac{1}{\lambda_i}\sum_{j=1}^{k} \lambda_j r_{ji}C_{ji}^2$$

其中，$\gamma_i = \lambda_{0i}$ 是从网络外部到达节点 i 的到达速率，$\lambda_j r_{ji} = \lambda_{ji}$ 是从节点 j 到节点 i 的到达速率。

这种近似到达流的方法基于一种渐近法（Whitt，1982），在该渐进法中，选择近似更新过程使得渐进过程的渐近值（例如 $\lim_{t\to\infty} \mathrm{E}\left[N_i(t)\right]/t$ 和 $\lim_{t\to\infty} \mathrm{Var}\left[N_i(t)\right]/t$）与原始过程的渐近值相匹配。还有许多其他方法可以近似队列中的到达流。例如，平稳区间法（Whitt，1982）是选择一个近似更新过程，使得更新区间的矩与原始过程中区间平稳分布的矩相匹配。阿尔宾（Albin，1984）和惠特（Whitt，1983）给出了一种混合方法，这种方法结合了渐近法和平稳区间法的结果。

8.4.2.2 排队

到达节点 i 的顾客在队列中等待、接收服务，然后离开节点。以下方程（近似地）将顾客的到达流与顾客的离开流联系起来：

$$C_{Di}^2 = \rho_i^2 C_{Bi}^2 + \left(1 - \rho_i^2\right) C_{Ai}^2, \quad i = 1, \cdots, k \tag{8.37}$$

该方程受界条件的限制。当 $\rho_i = 1$ 时，队列是饱和的，因此离开时间间隔与服务时间相匹配，所以 $C_{Di}^2 = C_{Bi}^2$。当 $\rho_i \approx 0$ 时，到达的顾客很少，因此到达的时间间隔很大。因为服务时间相对很小，所以离开的时间间隔约等于到达的时间间隔，即 $C_{Di}^2 \approx C_{Ai}^2$。

方程的具体形式是通过将到达过程近似为一个更新过程来实现的。如前所述，到达网络中的队列的过程通常不是更新过程。然而，如果用更新过程来近似到达过程，那么队列的行为就像一个 $G/G/1$ 排队模型（即到达时间间隔是独立同分布随机变量，因此连续到达时间间隔之间没有相关性）。然后可以利用前面得到的一些研究成果，特别是第 8.1.1 节推导出了稳态 $G/G/1$ 排队模型的以下结果 [式（8.12）]，其中 $\rho < 1$：

$$\mathrm{Var}[D] = 2\sigma_B^2 + \sigma_A^2 - 2W_{\mathrm{q}}\left(\frac{1}{\lambda} - \frac{1}{\mu}\right)$$

D 是稳态队列的随机离开时间间隔，σ_A^2 是到达时间间隔的方差，σ_B^2 是服务时间的方差。上式两边同除以 $\mathrm{E}^2[D]$，可得

$$\frac{\mathrm{Var}[D]}{\mathrm{E}^2[D]} = 2\frac{\sigma_B^2}{\mathrm{E}^2[D]} + \frac{\sigma_A^2}{\mathrm{E}^2[D]} - 2\frac{W_{\mathrm{q}}}{\mathrm{E}^2[D]}\left(\frac{1}{\lambda} - \frac{1}{\mu}\right)$$

设 S 为随机服务时间，设 T 为稳态时随机到达时间间隔。那么

$$\frac{\mathrm{Var}[D]}{\mathrm{E}^2[D]} = 2\frac{\mathrm{E}^2[S]}{\mathrm{E}^2[D]} \cdot \frac{\sigma_B^2}{\mathrm{E}^2[S]} + \frac{\mathrm{E}^2[T]}{\mathrm{E}^2[D]} \cdot \frac{\sigma_A^2}{\mathrm{E}^2[T]} - 2\frac{W_{\mathrm{q}}}{\mathrm{E}^2[D]}\left(\frac{1}{\lambda} - \frac{1}{\mu}\right)$$

由于 $\rho < 1$ 且排队系统处于稳态，平均离开速率等于平均到达速率，即 $1/\mathrm{E}[D] = \lambda$。特别是 $\mathrm{E}[D] = \mathrm{E}[T]$ 和 $\mathrm{E}[S]/\mathrm{E}[D] = \lambda/\mu$。因此，前面的方程可以写为

$$C_D^2 = 2\rho^2 C_B^2 + C_A^2 - 2\lambda W_{\mathrm{q}}(1 - \rho)$$

这里用前面得出的式（8.20）来求 W_q 的近似值（如果到达过程为泊松过程，则该值是精确的）：

$$W_q \approx \frac{\rho}{1-\rho} \cdot \frac{C_A^2 + C_B^2}{2} \cdot \frac{1}{\mu}$$

把 W_q 的近似值代入前面的方程，可得

$$C_D^2 = 2\rho^2 C_B^2 + C_A^2 - \rho^2 \left(C_A^2 + C_B^2 \right)$$

$$= \rho^2 C_B^2 + \left(1 - \rho^2 \right) C_A^2$$

将这一结果应用到每个单独的队列 i 可得到式（8.37）。我们注意到，存在比式（8.37）更好的近似值（Whitt，1983；1984；1995）。本节的目的是为这种类型的近似值提供一种初步的处理方法。

8.4.2.3 分流

离开节点 i 的顾客根据每个顾客的目的地 j 被分为不同的流。以下方程通过参数 C_{ij}^2 和 C_{Di}^2（近似地）将分流过程与整个离开过程联系起来：

$$C_{ij}^2 = r_{ij} C_{Di}^2 + (1 - r_{ij}), \qquad i = 1, \cdots, k \tag{8.38}$$

该方程将节点 i 的离开过程近似为一个更新过程。一般来说，从节点离开的过程不是更新过程（Berman et al.，1983）。

为了推导式（8.38），考虑节点 i，假设一个顾客刚刚从节点 i 转移到节点 j，设 Y 为从现在到再有顾客从节点 i 转移到节点 j 的时间。对于整个离开过程（顾客离开节点 i 到任何目的地），设 $Y_1, Y_2, \cdots$ 为离开时间间隔。因为这是一个近似的更新过程，$Y_1, Y_2, \cdots$ 是独立同分布的随机变量。另外，一个顾客从节点 i 转移到节点 j 的概率为 r_{ij}，与所有其他因素无关。因此，

$$Y = \sum_{n=1}^{N} Y_n$$

其中 N 是期望为 $1/r_{ij}$ 的几何随机变量。在给定 N 的条件下，可得

$$E[Y] = E[E[Y|N]] = E\left[N E\left[Y_n\right]\right] = E[N] E\left[Y_n\right] = \frac{E\left[Y_n\right]}{r_{ij}}$$

类似地，

$$\operatorname{Var}[Y] = \operatorname{E}[\operatorname{Var}[Y|N]] + \operatorname{Var}[\operatorname{E}[Y|N]]$$

$$= \operatorname{E}[N\operatorname{Var}[Y_n]] + \operatorname{Var}[N\operatorname{E}[Y_n]]$$

$$= \operatorname{E}[N]\operatorname{Var}[Y_n] + \operatorname{Var}[N]\operatorname{E}^2[Y_n]$$

$$= \frac{1}{r_{ij}}\operatorname{Var}[Y_n] + \frac{1 - r_{ij}}{r_{ij}^2}\operatorname{E}^2[Y_n]$$

可得

$$C_{ij}^2 \equiv \frac{\operatorname{Var}[Y]}{\operatorname{E}^2[Y]} = \operatorname{Var}[Y]\frac{r_{ij}^2}{\operatorname{E}^2[Y_n]} = r_{ij}\frac{\operatorname{Var}[Y_n]}{\operatorname{E}^2[Y_n]} + 1 - r_{ij} = r_{ij}C_{Di}^2 + 1 - r_{ij}$$

综上，式（8.38）在更新过程的马尔可夫路径下是精确的。在这里，有马尔可夫路径，但是从节点 i 离开的过程通常不是更新过程。

8.4.2.4 结果的综合

联立式（8.34）、式（8.37）和式（8.38）可以得到关于 C_{Ai}^2 的方程：

$$C_{Ai}^2 = \frac{\gamma_i}{\lambda_i}C_{0i}^2 + \sum_{j=1}^{k}\frac{\lambda_j}{\lambda_i}r_{ji}\left\{r_{ji}\left[\rho_j^2 C_{Bj}^2 + \left(1 - \rho_j^2\right)C_{Aj}^2\right] + 1 - r_{ji}\right\} \tag{8.39}$$

其中 $i = 1, \cdots, k$。这些方程关于 C_{Ai}^2 是线性的，因此，给定 r_{ij}、C_{0i}^2 和 C_{Bi}^2，该方程可以通过计算机相对容易地求解［先解式（8.33）得到 λ_i，再求 $\rho_i = \lambda_i/\mu_i$］。

■ 例 8.7

考虑一个排队网络，其路径概率如图 8.15 所示。离开一个队列的路径概率总和小于 1 说明有部分顾客从该队列离开排队网络。每个队列都只有一个服务员。节点 1 处的服务时间服从期望为 $1/20$ 的 E_5 分布。类似地，节点 2、3 和 4 处的服务时间也服从 E_5 分布，但期望分别为 $1/10$、$1/20$ 和 $1/15$。外部顾客从节点 1 和节点 2 到达排队系统，到达节点 1 和节点 2 时间间隔均服从 E_2 分布，期望分别为 $1/9$ 和 $1/6$。本例满足本节讨论的所有其他假设。当系统处于稳态时，对网络中每个节点到达时间间隔的期望和平方变异系数进行近似。

E_k 分布的平方变异系数为 $1/k$，见式（4.18）和式（4.19）。因此，路径矩阵和网络参数（定义见表 8.2）为

$$\mathbf{R} = \begin{pmatrix} - & 1/10 & 4/5 & - \\ - & - & 1 & - \\ - & - & - & 2/3 \\ 1/10 & - & - & - \end{pmatrix} \quad \text{且}$$

i	γ_i	μ_i	C_{0i}^2	C_{Bi}^2
1	9	20	1/2	1/5
2	6	10	1/2	1/5
3	—	20	—	1/5
4	—	15	—	1/5

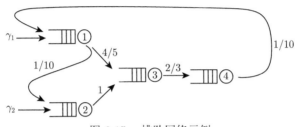

图 8.15　排队网络示例

流量平衡方程［式（8.33）］为

$$\begin{cases} \lambda_1 = 9 + \dfrac{1}{10}\lambda_4 \\[2mm] \lambda_2 = 6 + \dfrac{1}{10}\lambda_1 \\[2mm] \lambda_3 = \dfrac{4}{5}\lambda_1 + \lambda_2 \\[2mm] \lambda_4 = \dfrac{2}{3}\lambda_3 \end{cases}$$

求解这组方程得到每个队列的平均净到达速率 λ_i，并由此得到利用率 ρ_i：

$$\lambda_1 = 10, \quad \lambda_2 = 7, \quad \lambda_3 = 15, \quad \lambda_4 = 10$$

$$\rho_1 = \frac{1}{2}, \quad \rho_2 = \frac{7}{10}, \quad \rho_3 = \frac{3}{4}, \quad \rho_4 = \frac{2}{3}$$

则该网络的平方变异系数方程（8.39）为

$$C_{A1}^2 = \frac{9}{10} \times \frac{1}{2} + \frac{10}{10} \times \frac{1}{10} \times \left\{ \frac{1}{10} \times \left[\left(\frac{2}{3}\right)^2 \times \frac{1}{5} + \left(1 - \left(\frac{2}{3}\right)^2\right) C_{A4}^2 \right] + \frac{9}{10} \right\}$$

$$C_{A2}^2 = \frac{6}{7} \times \frac{1}{2} + \frac{10}{7} \times \frac{1}{10} \times \left\{ \frac{1}{10} \times \left[\left(\frac{1}{2}\right)^2 \times \frac{1}{5} + \left(1 - \left(\frac{1}{2}\right)^2\right) C_{A1}^2 \right] + \frac{9}{10} \right\}$$

$$C_{A3}^2 = \frac{10}{15} \times \frac{4}{5} \times \left\{ \frac{4}{5} \times \left[\left(\frac{1}{2}\right)^2 \times \frac{1}{5} + \left(1 - \left(\frac{1}{2}\right)^2\right) C_{A1}^2 \right] + \frac{1}{5} \right\}$$

$$+ \frac{7}{15} \times \left\{ \left[\left(\frac{7}{10}\right)^2 \times \frac{1}{5} + \left(1 - \left(\frac{7}{10}\right)^2\right) C_{A2}^2 \right] \right\}$$

$$C_{A4}^2 = \frac{15}{10} \times \frac{2}{3} \times \left\{ \frac{2}{3} \times \left[\left(\frac{3}{4}\right)^2 \times \frac{1}{5} + \left(1 - \left(\frac{3}{4}\right)^2\right) C_{A3}^2 \right] + \frac{1}{3} \right\}$$

可以简化为

$$C_{A1}^2 = \frac{1217}{2250} + \frac{1}{180} C_{A4}^2$$

$$C_{A2}^2 = \frac{781}{1400} + \frac{3}{280} C_{A1}^2$$

$$C_{A3}^2 = \frac{1303}{7500} + \frac{8}{25} C_{A1}^2 + \frac{119}{500} C_{A2}^2$$

$$C_{A4}^2 = \frac{49}{120} + \frac{7}{24} C_{A3}^2$$

这些方程关于 C_{Ai}^2 都是线性的，解为

$$C_{A1}^2 \doteq 0.5439, \quad C_{A2}^2 \doteq 0.5637, \quad C_{A3}^2 \doteq 0.4820, \quad C_{A4}^2 \doteq 0.5489$$

分析排队网络的最后一步是使用每个到达过程的双参数（即 λ_i 和 C_{Ai}^2）来估计每个队列的性能。由于将所有队列的到达过程都近似为独立的更新过程，所以每个队列都可以被视为单独的 $G/G/1$ 排队模型。因此，可以使用第 8.2.1 节中给出的近似值。这里，使用克雷默等人（Kraemer et al., 1976）提出的式（8.20）的变体。具体来说，$G/G/1$ 排队模型中顾客在队列中的平均等待时间近似为

$$\boxed{W_{\mathrm{q}} \approx \frac{\rho}{1-\rho} \cdot \frac{C_A^2 + C_B^2}{2} \cdot \frac{1}{\mu} g\left(\rho, C_A^2, C_B^2\right)} \tag{8.40}$$

其中

$$g\left(\rho, C_A^2, C_B^2\right) = \begin{cases} \exp\left(-\dfrac{2(1-\rho)}{3\rho} \cdot \dfrac{(1-C_A^2)^2}{C_A^2 + C_B^2}\right), & C_A^2 < 1 \\ 1, & C_A^2 \geqslant 1 \end{cases} \tag{8.41}$$

当 $C_A^2 \geqslant 1$ 时，式（8.40）和式（8.41）退化为式（8.20）。

综上，本节所述的参数分解法包括以下步骤：

（1）用式（8.33）求平均流量 λ_i；

（2）用式（8.39）求每个节点的到达时间间隔的平方变异系数 C_{Ai}^2；

（3）用近似公式［如式（8.40）和式（8.41）将节点分别作为单独的 $G/G/1$ 排队模型中的队列进行分析］。

除了第一步是精确计算 λ_i 外，所有其他步骤都是近似计算，特别是式（8.39）是 3 个方程的综合，每个方程至少需要一个近似假设，因此 W_q 的最终结果也是一个近似值。尽管该方法在许多情况下都适用，但已经有学者发现了该方法不适用的例子，可参阅参考文献（Suresh et al.，1990；Kim，2004）。因此，应谨慎使用该方法。

■ **例 8.8**

继续考虑例 8.7，根据式（8.40）可以求得节点 1 处的顾客在队列中的平均等待时间为

$$W_{q1} \approx \frac{1/2}{1-1/2} \times \frac{0.5439 + 0.2}{2} \times \frac{1}{20} g(0.5, 0.5439, 0.2) \doteq 0.0154$$

同理，对于其他节点，有

$$W_{q2} \approx 0.0830, \quad W_{q3} \approx 0.0469, \quad W_{q4} \approx 0.0456$$

8.4.3　多服务员

前面描述的参数分解法可以很容易地扩展到具有多个服务员的排队模型。扩展过程主要有两个变化：首先将排队方程（8.37）推广到多服务员排队模型，然后将 $G/G/1$ 排队模型的近似方程替换为 $G/G/c$ 排队模型的近似方程。叠加方程（8.34）和分流方程（8.38）保持不变，因为叠加和分流过程不涉及排队。

为了推广排队方程（8.37），惠特（Whitt，1983）的建议如下：

$$\begin{aligned}
C_{Di}^2 &= 1 + \left(1 - \rho_i^2\right)\left(C_{Ai}^2 - 1\right) + \frac{\rho_i^2}{\sqrt{c}}\left(C_{Bi}^2 - 1\right) \\
&= \frac{\rho_i^2}{\sqrt{c}} C_{Bi}^2 + \left(1 - \rho_i^2\right) C_{Ai}^2 + \rho_i^2 \left(1 - \frac{1}{\sqrt{c}}\right)
\end{aligned} \tag{8.42}$$

该近似值具有以下属性。

首先，当 $c = 1$ 时，该近似值退化为式（8.37）。其次，该近似值给出了 $M/M/c$ 和 $M/G/\infty$ 排队模型的精确结果，在这两种模型中，稳态时队列的离开过程均为泊松过程。特别是，对于 $M/M/c$ 排队模型（$C_{Ai}^2 = 1$ 且 $C_{Bi}^2 = 1$），由式（8.42）可得 $C_{Di}^2 = 1$，这与泊松离开过程一致。同理，对于 $M/G/\infty$ 排队模型（$C_{Ai}^2 = 1$ 且 $c = \infty$），由式（8.42）可得 $C_{Di}^2 = 1$。联立新的排队方程与现有的叠加方程（8.34）和分流方程（8.38），得到了式（8.38）的修正版本：

$$C_{Ai}^2 = \frac{\gamma_i}{\lambda_i} C_{0i}^2 + \sum_{j=1}^{k} \frac{\lambda_j}{\lambda_i} r_{ji} \left\{ r_{ji} \left[\frac{\rho_j^2}{\sqrt{c}} C_{Bj}^2 + \left(1 - \rho_j^2\right) C_{Aj}^2 + \right. \right.$$

$$\left. \left. \rho_j^2 \left(1 - \frac{1}{\sqrt{c}}\right) \right] + 1 - r_{ji} \right\}, \quad i = 1, \cdots, k \tag{8.43}$$

同样，这些方程是关于 C_{Ai}^2 的线性方程。对于 $G/G/c$ 排队模型，第 8.2.1 节给出了 W_q（稳态时顾客在队列中的平均等待时间）的近似值，见式（8.21）。综上，推广到多服务员排队模型的近似法包括以下步骤：

（1）用式（8.33）求平均流量 λ_i；

（2）用式（8.43）求每个节点的到达时间间隔的平方变异系数 C_{Ai}^2；

（3）用式（8.21）将节点分别作为单独的 $G/G/c$ 排队模型进行分析。

习题

8.1 例 6.3 和习题 7.4 中的轴承公司现在处境艰难，因为该公司发现，平均每小时有 5 台机器出现故障的估计有些乐观，更现实的估计是每小时有 6 台机器出现故障。然后观察到，$\frac{2}{3}$ 的故障需要 9 min 的维修时间，$\frac{1}{3}$ 的故障需要 12 min 的维修时间，服务速率也是 6 台/h。使用第 8.2.3 节的交通拥塞近似法来确定把 9 min 维修时间降低为何值时能保证机器的平均等待时间是以前的两倍，即 72 min。

8.2 证明：在到达过程为泊松过程的情况下，式（8.8）退化为 W_q 的 PK 公式。

8.3 给出一个 $G/G/1$ 排队模型的例子，其中式（8.13）中的上界是精确的。

8.4 组件到达只有一名检查员的检查站。到达的时间间隔是相互独立的，并且服从超指数分布，概率密度函数为

$$a(t) = 0.1 e^{-t/3} + 0.07 e^{-t/10}$$

约 $\frac{1}{4}$ 的组件是中型部件，约 $\frac{3}{4}$ 的组件是小型部件。中型部件的检查时间服从指数分布，平均检查时间为 9 min。小型部件的检查时间也服从指数分布，平均检查时间为 5 min。排队规则为先到先服务，并且到达的组件类型（中型部件或小型部件）的顺序

是独立的。生产线主管想知道最坏情况下的平均等待时间（组件在检验站的平均总时间）可能是多少。

8.5 使用第 8.1 节中得出的结论计算 $D/M/1$ 排队模型的 W_q 的界。

8.6 考虑一个 $D/G/1$ 排队系统，其中到达时间间隔为 2 min，服务时间分为 0 min 和 3 min，两种服务时间的概率相等，进行马尔可夫链精确分析，求出顾客在队列中的等待时间的平稳分布。

8.7 求习题 8.6 中 $D/G/1$ 排队系统的 W_q 的上界和下界，并与精确结果进行比较。

8.8 习题 8.1 的轴承公司，把维修时间从 9 min 降低为何值时能保证机器等待 400 min 以上的时间占比小于 5%？

8.9 习题 3.6 的研究生助教发现，新学期顾客的到达速率增加到 20 个/h。如果服务时间仍然服从指数分布，平均服务时间为 4 min，则使用第 8.2 节的结果求出第 n 个顾客（n 很大）必须等待的概率约为多少？将此结果与切比雪夫近似进行比较。

8.10 证明式（8.30）中的概率密度函数 $p(x, t|x_0)$ 满足扩散偏微分方程［式（8.29）］。

8.11 将中心极限定理应用于一维随机游动，其中向左移动的概率为 q，向右移动的概率为 p，不移动的概率为 r。然后使用第 9.1 节中求极限的步骤［式（8.30）即通过这一步骤推导而来］来证明该连续过程是维纳过程，维纳密度满足与式（8.29）相同形式的方程。

8.12 飞机以每小时 30 架的速度到达机场。在天气好的时候，机场的运输能力是每小时 40 架飞机。在大雾天气，机场的运输能力下降到每小时 20 架。假设机场上午 8 点到 10 点有雾。使用流体近似，并且只考虑上午 8 点到中午 12 点之间到达的飞机，每架飞机的平均等待时间是多少？

8.13 图 8.16 展示了排队系统累计到达顾客数随时间的变化。假设系统每分钟服务 5 个顾客。使用流体近似，计算：

（a）每个顾客的平均等待时间；

（b）任何顾客的最长等待时间；

（c）假设此队列的输出是第二个队列的输入，该队列的服务速率为每分钟 4 个顾客。给出第二个队列长度随时间变化的曲线图。

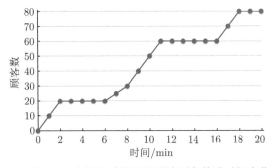

图 8.16 习题 8.13 中排队系统累计到达顾客数随时间变化的曲线

8.14 考虑汽车通过红绿灯的过程。车辆通过红绿灯是一个开/关过程，速度为 $\lambda(t)$，如图 8.17 所示。关闭时间为 6 min，打开时间为 6 min。在打开期间，车辆以每分钟 50 辆 的速度通过红绿灯。下游道路每分钟可通过 40 辆车。$\lambda(t)$ 的函数曲线如图 8.18 所示。

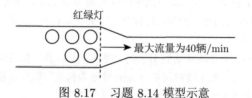

图 8.17　习题 8.14 模型示意

（a）使用流体近似法求下游道路上每辆车的平均等待时间。

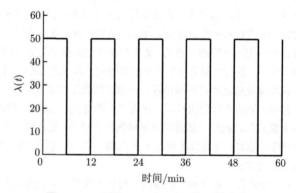

图 8.18　习题 8.14 中 $\lambda(t)$ 的函数曲线

（b）假设 $\lambda(t)$ 是一个总平均值相同的锯齿函数（如图 8.19 所示），求每辆车的平均等 待时间。

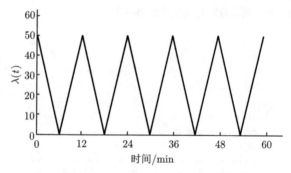

图 8.19　习题 8.14（b）中 $\lambda(t)$ 的函数曲线

（c）你觉得（a）和（b）中的结果哪个更大，为什么？

8.15 顾客到达某三明治店的速率如图 8.20 所示，平均每小时服务 30 个顾客。使用流体近似对此系统建模。

（a）画出队列长度随时间变化的函数。

（b）求午餐高峰时段结束的时间，即队列为空的时间。如果需要，假设下午 2 点之后的到达速率仍然为 20 个/h。

（c）求在午餐高峰时段到达的顾客的平均排队等候时间（即排队等候时间大于 0 的顾客的平均等待时间）。

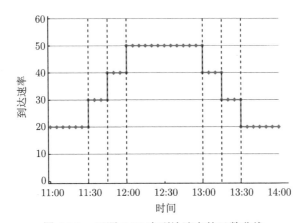

图 8.20 习题 8.15 中到达速率的函数曲线

8.16 在某地铁站，列车到达后乘客下车，下车后乘客搭乘自动扶梯离开车站。每 6 min $(0, 6, 12, \cdots)$ 有一列橙线列车到达，80 个乘客下车。每 3 min $(0, 3, 6, 9, \cdots)$ 有一列蓝线列车到达，60 个乘客下车。假设每分钟最多能有 60 个乘客通过地铁自动扶梯。

（a）使用流体近似，求乘客使用自动扶梯的平均等待时间。

（b）假设列车到达时间错开：橙线列车的到达时刻为 0, 6, 12, $\cdots$，蓝线列车的到达时刻为 1, 4, 7, $\cdots$，重新计算（a）的结果。

8.17 交通信号灯路口有左转车道。信号灯在红灯、左转绿灯箭头（汽车可以左转）和普通绿灯（汽车可以左转，但必须礼让前面的车辆）之间交替变换，3 种信号灯的时长分别为 2 min、1 min 和 1 min。当左转绿灯箭头亮时，汽车以每分钟 15 辆的速度通过信号灯，但当普通绿灯亮时，每分钟只能通过 10 辆。想要左转的汽车的到达速率是每分钟 6 辆。在流体近似下，等待左转的车辆的平均等待时间是多少？

8.18 图 8.21 为高速公路入口匝道的示意图。通过 A 点的最大速率为每分钟 60 辆车。由于 B 点有一个信号灯，所以车辆分批进入高速公路。停车灯每 2 min"关闭"一次，在此期间没有汽车进入高速公路；然后"打开" 1 min，在此期间车辆进入高速公路的速率为每分钟 30 辆车。在 A 点拥堵期间，假设一半的车辆从 B 点到达。

（a）在保持系统稳定的条件下，通过 C 点的车辆最大流量是多少？

（b）假设通过 C 点的流速为每分钟 45 辆车。使用流体近似法，高速公路上每辆车由于经过入口匝道而平均等待多长时间？

（c）每辆车在匝道上的平均等待时间是多少？

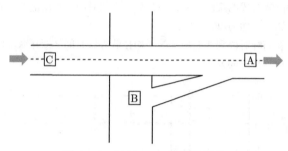

图 8.21　习题 8.18 的模型示意

8.19　假设你是一家三明治店的老板，店里共有两个服务员，你正在考虑选择两种服务模式中的哪种：（1）串联模式：第一个服务员接受顾客订单并收款，而第二个服务员制作三明治；（2）并联模式：每个服务员都完整地服务一个顾客，包括接受订单、收款和准备食物。在这两种模式中，都只有一个队列。使用流体近似分析这两个排队系统，到达速率由图 8.22 给出。在第一种模式中，假设第一个服务员服务一个顾客需要 1.5 min，而第二个服务员服务一个顾客需要 2.5 min。在第二种模式中，假设每个服务员服务一个顾客需要 4 min。

（a）对于这两种服务模式，使用流体模型求队列中的平均顾客数。对于串联服务模式，请给出两个队列中的平均总顾客数。假设时间范围是从第一个顾客到达系统时开始，到系统为空时结束。

（b）哪种服务模式更好？这一答案的直观解释是什么？

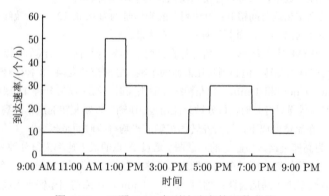

图 8.22　习题 8.19 中到达速率的函数曲线

第 9 章
数值方法与仿真方法

对于稳态马尔可夫排队模型之外的其他模型，很难求得简洁的解析解，典型的例子有 $G/G/c$ 排队模型、非阶段型 $G/G/1$ 排队模型、瞬态问题和非马尔可夫网络。为了求得这些情况下的解，需要使用数值方法或仿真方法。

本章将讨论 3 类数值方法。首先，介绍一些用于求稳态和瞬态结果的数值方法。接下来讨论如何求拉普拉斯变换或拉普拉斯-斯蒂尔切斯变换的逆变换。这些变换方法很重要，在求解排队问题时经常用得到。有时很难通过解析方法求得逆变换，所以我们会介绍如何使用数值方法来求逆变换。最后，将简要介绍用于排队建模的离散事件仿真方法。

9.1 数 值 方 法

前一章介绍了近似方法，本章将讨论如何对我们所感兴趣的场景进行精确分析。在许多情况下无法得到简洁的解析公式，但我们仍可以对系统进行分析，并得到数值结果，这些数值结果通常在预设的误差范围内。

在分析稳态情况时，需要联立并求解线性代数方程（方程数可能非常多），我们希望找到高效的方法来求解这类方程组。在分析瞬态情况时，通常需要求解一阶线性微分方程组，有很多可用于求解这类方程组的数值方法。

数值求解方法的缺点是，需要为所有参数赋值，并且当参数的值改变时，需要重新计算。然而，在其他方法无法使用的情况下，数值方法通常可以帮助我们求得结果。

9.1.1 稳态解

对于可进行马尔可夫分析的排队模型，通过求解以下**离散参数马尔可夫链**（discrete-parameter Markov chain，DPMC）的平稳方程，可以得到稳态解：

$$\boldsymbol{\pi} = \boldsymbol{\pi P}$$

$$\boldsymbol{\pi e} = 1$$

连续参数马尔可夫链（continuous-parameter Markov chain，CPMC）的平稳方程为

$$0 = \boldsymbol{pQ}$$

$$1 = \boldsymbol{pe}$$

其中 $\boldsymbol{\pi}$（或 $\boldsymbol{p}$）是稳态概率向量，$\boldsymbol{P}$ 是离散参数马尔可夫链的转移概率矩阵，$\boldsymbol{Q}$ 是连续时间马尔可夫链的无穷小生成元，$\boldsymbol{e}$ 是全 1 向量（见第 2.3.3 节）。对于有限源排队模型、有限等待空间排队模型等，$\boldsymbol{P}$ 和 $\boldsymbol{Q}$ 是有限维矩阵，该问题退化为求解线性方程组。对于离散参数马尔可夫链，方程 $\boldsymbol{\pi} = \boldsymbol{\pi P}$ 总是可以写为 $0 = \boldsymbol{\pi Q}$，其中 $\boldsymbol{Q} = \boldsymbol{P} - \boldsymbol{I}$。

例如，考虑 $M/G/1/3$ 排队系统，希望求得顾客离开时刻的稳态系统大小概率。在顾客离开的时刻，系统有 3 种可能的状态：顾客离开时看到系统为空；顾客离开时看到系统中还有 1 个顾客；顾客离开时看到系统中还有 2 个顾客。因此，根据第 6.1.7 节，该嵌入马尔可夫链的转移概率矩阵为

$$\boldsymbol{P} = \begin{pmatrix} k_0 & k_1 & 1-k_0-k_1 \\ k_0 & k_1 & 1-k_0-k_1 \\ 0 & k_0 & 1-k_0 \end{pmatrix}$$

其中

$$k_n = \Pr\{\text{在 1 个顾客接受服务期间有 } n \text{ 个顾客到达}\} = \frac{1}{n!}\int_0^\infty (\lambda t)^n \mathrm{e}^{-\lambda t}\mathrm{d}B(t)$$

因此，如果指定 $B(t)$ 和 λ，则可以计算出 k_0 和 k_1 的值，此时该问题退化为求解以下 3×3 的线性方程组（$\boldsymbol{\pi} = \boldsymbol{\pi P}$ 中总有一个方程是冗余的）：

$$\begin{cases} (\pi_0, \pi_1, \pi_2) = (\pi_0, \pi_1, \pi_2)\begin{pmatrix} k_0 & k_1 & 1-k_0-k_1 \\ k_0 & k_1 & 1-k_0-k_1 \\ 0 & k_0 & 1-k_0 \end{pmatrix} \\ \pi_0 + \pi_1 + \pi_2 = 1 \end{cases}$$

现在重新考虑例 6.3。假设当有 3 台或 3 台以上的机器停机时（这种情况对于生产来说是不可容忍的），会请来 1 位维修人员，此时，可以使用 $M/G/1/3$

排队模型来对该维修过程进行建模。服务时间服从两点分布，所以可得

$$k_n = \frac{2}{3n!}e^{-3/4}\left(\frac{3}{4}\right)^n + \frac{1}{3n!}e^{-1}$$

因此（以下结果均保留两位小数）

$$k_0 = \frac{2}{3}e^{-3/4} + \frac{1}{3}e^{-1} = 0.43, \quad k_1 = \frac{1}{2}e^{-3/4} + \frac{1}{3}e^{-1} = 0.36$$

为了得到 $\boldsymbol{\pi}$，需要求解方程组：

$$\begin{cases} (\pi_0, \pi_1, \pi_2) = (\pi_0, \pi_1, \pi_2) \begin{pmatrix} 0.43 & 0.36 & 0.21 \\ 0.43 & 0.36 & 0.21 \\ 0 & 0.43 & 0.57 \end{pmatrix} \\ \pi_0 + \pi_1 + \pi_2 = 1 \end{cases}$$

重写为 $\boldsymbol{0} = \boldsymbol{\pi Q}$ 的形式，可得

$$\begin{cases} (0, 0, 0) = (\pi_0, \pi_1, \pi_2) \begin{pmatrix} -0.57 & 0.36 & 0.21 \\ 0.43 & -0.64 & 0.21 \\ 0 & 0.43 & -0.43 \end{pmatrix} \\ 1 = \pi_0 + \pi_1 + \pi_2 \end{cases}$$

由于 $\boldsymbol{0} = \boldsymbol{\pi Q}$ 中总有一个方程是冗余的，所以可以将矩阵 $\boldsymbol{Q}$ 的最后一列元素全部替换为 1，将等号左边的零向量的最后一个元素 0 替换为 1，从而将以上方程组合并为

$$(0, 0, 1) = (\pi_0, \pi_1, \pi_2) \begin{pmatrix} -0.57 & 0.36 & 1 \\ 0.43 & -0.64 & 1 \\ 0 & 0.43 & 1 \end{pmatrix} \tag{9.1}$$

上式可以写为

$$\boldsymbol{b} = \boldsymbol{\pi A}$$

其中 $\boldsymbol{b}$ 是"修正的"零向量，$\boldsymbol{A}$ 是"修正的"矩阵 $\boldsymbol{Q}$。由于 $\boldsymbol{\pi} = \boldsymbol{bA}^{-1}$，所以要求出 $\boldsymbol{A}^{-1}$。实际上，由于向量 $\boldsymbol{b}$ 中仅有最后一个元素为非零元素，只需要求出 $\boldsymbol{A}^{-1}$ 的最后一行，该行包含了所有 π_i。$\boldsymbol{A}^{-1}$ 的最后一行为 $(0.29, 0.38, 0.33)$，所

以 $\pi_0 = 0.29$, $\pi_1 = 0.38$ 且 $\pi_2 = 0.33$。因此，当状态空间较大时，求解这类问题的关键在于找到一种高效的矩阵求逆方法。

可以使用另一种方法来处理 $\mathbf{0} = \boldsymbol{\pi}\boldsymbol{Q}$ 的冗余性。前文将 $\mathbf{0} = \boldsymbol{\pi}\boldsymbol{Q}$ 中的一个方程替换为 $1 = \pi_0 + \pi_1 + \pi_2$，在此处，令任一个 π_i 等于 1，求解 $(n-1)\times(n-1)$ 的非奇异方程组（由等于 1 的变量来求其余 $n-1$ 个变量），然后对得到的 π_i 重新进行规范化。使用与前面相同的例子，令 π_2 等于 1，可得 $(n-1)\times(n-1)$ 的方程组

$$(0, -0.43) = (\pi_0, \pi_1) \begin{pmatrix} -0.57 & 0.36 \\ 0.43 & -0.64 \end{pmatrix}$$

该式的形式仍然为 $\boldsymbol{b} = \boldsymbol{\pi}\boldsymbol{A}$，此时 $\boldsymbol{b}$ 和 $\boldsymbol{\pi}$ 是具有两个元素的向量，$\boldsymbol{A}$ 是 2×2 的矩阵。解为 $\boldsymbol{\pi} = \boldsymbol{b}\boldsymbol{A}^{-1}$，即 $(\pi_0, \pi_1) = (0.88, 1.17)$。由于需要将 $\pi_2 = 1$ 包含在内，所以进行重新规范化，可得 $\pi_0 = 0.88/3.05 = 0.29$，$\pi_1 = 1.17/3.05 = 0.38$，$\pi_2 = 1/3.05 = 0.33 (0.88 + 1.17 + 1 = 3.05)$，这与我们前面得出的结果相同。

在实际系统中，我们很可能会遇到具有数千或数万行和列的矩阵，例如，具有百万个状态的排队网络问题，因此，需要找到用于求解大型方程组的高效方法。

在许多排队场景中，需要求逆的矩阵很稀疏，即矩阵中的大多数元素为 0。例如，在生灭过程中，仅主对角线、上对角线和下对角线上的元素是非零的，其他元素均为 0（如例 2.16）。对于规模较大的方程组，可以使用计算机程序包来求解。此外，由于马尔可夫排队系统的方程是线性的，所以可以使用大型线性程序包来求解。可以构造一个具有等式约束以及合适的目标函数的线性规划问题，并使用这类程序包来求解排队系统的方程。

对于许多大型马尔可夫排队系统，迭代求解方法是十分高效的。例如，可以使用基本的马尔可夫链递推方程［式（2.13）］，即 $\boldsymbol{\pi}^m = \boldsymbol{\pi}^{(m-1)}\boldsymbol{P}$，令 m 的值充分大。使用与前面相同的例子，其中

$$\boldsymbol{\pi}^{(0)} = (1, 0, 0), \quad \boldsymbol{P} = \begin{pmatrix} 0.43 & 0.36 & 0.21 \\ 0.43 & 0.36 & 0.21 \\ 0 & 0.43 & 0.57 \end{pmatrix}$$

可得

$$\boldsymbol{\pi}^{(1)} = \boldsymbol{\pi}^{(0)}\boldsymbol{P} = (0.43, 0.36, 0.21), \quad \boldsymbol{\pi}^{(2)} = \boldsymbol{\pi}^{(1)}\boldsymbol{P} = (0.34, 0.37, 0.29)$$

$$\boldsymbol{\pi}^{(3)} = \boldsymbol{\pi}^{(2)}\boldsymbol{P} = (0.31, 0.38, 0.31), \quad \boldsymbol{\pi}^{(4)} = \boldsymbol{\pi}^{(3)}\boldsymbol{P} = (0.30, 0.38, 0.33)$$

$$\boldsymbol{\pi}^{(5)} = \boldsymbol{\pi}^{(4)}\boldsymbol{P} = (0.29, 0.38, 0.33), \quad \boldsymbol{\pi}^{(6)} = \boldsymbol{\pi}^{(5)}\boldsymbol{P} = (0.29, 0.38, 0.33)$$

可以看到，经过 5 次迭代，向量 $\boldsymbol{\pi}$ 的值（精确到小数点后两位）等于前面求得的稳态解。该方法称为**雅可比迭代**（Jacobi iteration）方法，可用于求解一般线性方程组［如式（8.3）］，稍后将讨论这一内容。

高斯-赛德尔迭代（Gauss-Seidel iteration）方法是雅可比迭代的一个变体，计算 $\pi_{j+1}^{(m)}$ 时，使用每个新的 $\pi_j^{(m)}$，而不是仅使用 $\pi^{(m-1)}$ 元素。例如，用 $\boldsymbol{P}_i$ 来表示矩阵 $\boldsymbol{P}$ 的第 i 列，有

$$\pi_0^{(1)} = \boldsymbol{\pi}^{(0)}\boldsymbol{P}_1 = (1,0,0)\begin{pmatrix} 0.43 \\ 0.43 \\ 0 \end{pmatrix} = 0.43$$

将 $\boldsymbol{\pi}^{(0)}$ 从 $(1,0,0)$ 调整为 $(0.43,0,0)$，然后计算

$$\pi_1^{(1)} = (0.43,0,0)\boldsymbol{P}_2 = (0.43,0,0)\begin{pmatrix} 0.36 \\ 0.36 \\ 0.43 \end{pmatrix} = 0.15$$

类似地，可得

$$\pi_2^{(1)} = (0.43,0.15,0)\boldsymbol{P}_3 = (0.43,0.15,0)\begin{pmatrix} 0.21 \\ 0.21 \\ 0.57 \end{pmatrix} = 0.12$$

以同样的方式可得

$$\pi_0^{(2)} = (0.43,0.15,0.12)\boldsymbol{P}_1 = 0.25, \quad \pi_1^{(2)} = (0.25,0.15,0.12)\boldsymbol{P}_2 = 0.20$$

$$\pi_2^{(2)} = (0.25,0.20,0.12)\boldsymbol{P}_3 = 0.16$$

进一步迭代可得

$$\pi_0^{(3)} = (0.25,0.20,0.16)\boldsymbol{P}_1 = 0.19, \quad \pi_1^{(3)} = (0.19,0.20,0.16)\boldsymbol{P}_2 = 0.21$$

$$\pi_2^{(3)} = (0.19,0.21,0.16)\boldsymbol{P}_3 = 0.18$$

再迭代两次可得

$$\pi_0^{(4)} = 0.17, \quad \pi_1^{(4)} = 0.21, \quad \pi_2^{(4)} = 0.18$$
$$\pi_0^{(5)} = 0.16, \quad \pi_1^{(5)} = 0.21, \quad \pi_2^{(5)} = 0.18$$

进行 5 次迭代，并对所得结果进行规范化，可得稳态时 $\boldsymbol{\pi}$ 的估计值（精确到小数点后两位）：

$$(0.16/0.56, 0.21/0.56, 0.18/0.56) = (0.29, 0.38, 0.32)$$

这与前面通过矩阵求逆和雅可比迭代得到的结果相同。

这两种迭代可用于求解任何有限线性方程组，如连续参数马尔可夫链的平稳方程 $\boldsymbol{0} = \boldsymbol{pQ}$（Maron，1982；Cooper，1981）。事实上，雅可比迭代和高斯-赛德尔迭代方法一般用于求解方程组，而不是在有限离散参数马尔可夫链中进行逐步转移（为方便起见，使用雅可比迭代和高斯-赛德尔迭代来指代前面提到的马尔可夫链迭代）。

例如，考虑连续参数马尔可夫链的有限方程组：

$$\begin{cases} \boldsymbol{0} = \boldsymbol{pQ} \\ 1 = \boldsymbol{pe} \end{cases}$$

如前所述，由于 $\boldsymbol{0} = \boldsymbol{pQ}$ 中总有一个方程是冗余的，所以可以将矩阵 $\boldsymbol{Q}$ 的最后一列元素全部替换为 1，并用 1 替换零向量的最后一个元素，从而将 $\boldsymbol{0} = \boldsymbol{pQ}$ 与 $1 = \boldsymbol{pe}$ 合并为线性方程组

$$\boldsymbol{b} = \boldsymbol{pA}$$

其中 $\boldsymbol{b} = (\boldsymbol{0}, 1)$ 且

$$\boldsymbol{A} = \begin{pmatrix} -q_0 & q_{0,1} & \cdots & q_{0,N-2} & 1 \\ q_{10} & -q_1 & \cdots & q_{1,N-2} & 1 \\ \vdots & \vdots & & \vdots & \vdots \\ q_{N-1,0} & q_{N-1,1} & \cdots & q_{N-1,N-2} & 1 \end{pmatrix} \tag{9.2}$$

可以使用直接求解的方法，如本节开头所使用的方法（即在 $M/G/1/3$ 排队模型的例子中使用的方法），且仅需要计算 $\boldsymbol{A}^{-1}$ 的最后一行，因为 $\boldsymbol{b}$ 中仅最后一个元素是非零的（最后一个元素为 1），所以有

$$\boldsymbol{p} = (a_{N-1,0}, a_{N-1,1}, \cdots, a_{N-1,N})$$

其中，$a_{N-1,j}$ 是 $\boldsymbol{A}^{-1}$ 的最后一行的第 j 个元素。也可以使用另一种方法，即令某个 p_i 等于 1，求解 $(N-1) \times (N-1)$ 的非奇异方程组 $\boldsymbol{b} = \boldsymbol{pA}$，然后重新规范化 $\{p_i\}$。稍后将对第二种方法进行更多的讨论。

可以使用标准矩阵求逆方法（如**高斯-若尔当消元法**，Gauss-Jordan elimination method）来求解中等规模的方程组；但是，对于状态空间较大的系统（例如，网络中 N 的值可能为 10 000、50 000, 甚至 100 000），雅可比迭代和高斯-赛德尔迭代可能更高效。

用雅可比迭代求解方程组非常机械，类似于在离散参数马尔可夫链中进行逐步转移。如果将矩阵 $\boldsymbol{A}$ 分解为下三角矩阵 $\boldsymbol{L}$、对角矩阵 $\boldsymbol{D}$ 和上三角矩阵 $\boldsymbol{U}$，使得 $\boldsymbol{L} + \boldsymbol{D} + \boldsymbol{U} = \boldsymbol{A}$，那么方程 $\boldsymbol{b} = \boldsymbol{pA}$ 可以写为 $\boldsymbol{b} = \boldsymbol{p}(\boldsymbol{L} + \boldsymbol{D} + \boldsymbol{U})$ 或 $\boldsymbol{pD} = \boldsymbol{b} - \boldsymbol{p}(\boldsymbol{L} + \boldsymbol{U})$。从任意 $\boldsymbol{p}^{(0)}$ 开始，使用以下方程进行迭代，直到结果满足迭代停止条件：

$$\boldsymbol{p}^{(n+1)}\boldsymbol{D} = \boldsymbol{b} - \boldsymbol{p}^{(n)}(\boldsymbol{L} + \boldsymbol{U})$$

一般来说，使用雅可比迭代不能保证收敛性，收敛性通常取决于方程的排序以及产生这些方程的具体问题。对于由连续时间马尔可夫链产生的方程组（如前面所提到的），科珀等人（Cooper et al., 1991）证明了，当使用 $(N-1) \times (N-1)$ 的非奇异方程组（通过令某个 p_i 等于 1 得到）时，可以保证收敛性，而在本节的例子中，可以看到式（9.2）中 $N \times N$ 方程组也是收敛的。

高斯-赛德尔迭代是雅可比迭代的一个变体，每当计算出 $\boldsymbol{p}^{(n+1)}$ 的一个新元素，在计算 $\boldsymbol{p}^{(n+1)}$ 的下一个元素时，就用该元素替换 $\boldsymbol{p}^{(n)}$ 的旧元素，这一过程正如在马尔可夫链中进行逐步转移。

为说明如何使用雅可比迭代和高斯-赛德尔迭代来求解方程组，再次考虑前面离散时间马尔可夫链的例子，式（9.1）中给出了 $N \times N$ 的方程组。该例子中的矩阵 $\boldsymbol{A}$ 为

$$\boldsymbol{A} = \begin{pmatrix} -0.57 & 0.36 & 1 \\ 0.43 & -0.64 & 1 \\ 0 & 0.43 & 1 \end{pmatrix}$$

可以写为 $\boldsymbol{A} = \boldsymbol{L} + \boldsymbol{D} + \boldsymbol{U}$，其中

$$\boldsymbol{L} = \begin{pmatrix} 0 & 0 & 0 \\ 0.43 & 0 & 0 \\ 0 & 0.43 & 0 \end{pmatrix}, \quad \boldsymbol{D} = \begin{pmatrix} -0.57 & 0 & 0 \\ 0 & -0.64 & 0 \\ 0 & 0 & 1 \end{pmatrix}, \quad \boldsymbol{U} = \begin{pmatrix} 0 & 0.36 & 1 \\ 0 & 0 & 1 \\ 0 & 0 & 0 \end{pmatrix}$$

由 $\boldsymbol{\pi}^{(n+1)}\boldsymbol{D} = \boldsymbol{b} - \boldsymbol{\pi}^{(n)}(\boldsymbol{L} + \boldsymbol{U})$ 可得

$$\left(\pi_0^{(n+1)}, \pi_1^{(n+1)}, \pi_2^{(n+1)}\right) \begin{pmatrix} -0.57 & 0 & 0 \\ 0 & -0.64 & 0 \\ 0 & 0 & 1 \end{pmatrix}$$

$$= (0, 0, 1) - \left(\pi_0^{(n)}, \pi_1^{(n)}, \pi_2^{(n)}\right) \begin{pmatrix} 0 & 0.36 & 1 \\ 0.43 & 0 & 1 \\ 0 & 0.43 & 0 \end{pmatrix}$$

因此，

$$-0.57\pi_0^{(n+1)} = 0 - 0.43\pi_1^{(n)}$$
$$-0.64\pi_1^{(n+1)} = 0 - 0.36\pi_0^{(n)} - 0.43\pi_2^{(n)}$$
$$\pi_2^{(n+1)} = 1 - \pi_0^{(n)} - \pi_1^{(n)}$$

可以写为

$$\pi_0^{(n+1)} = 0.75\pi_1^{(n)}$$
$$\pi_1^{(n+1)} = 0.56\pi_0^{(n)} + 0.67\pi_2^{(n)} \tag{9.3}$$
$$\pi_2^{(n+1)} = 1 - \pi_0^{(n)} - \pi_1^{(n)}$$

因此，对于雅可比迭代，选择初始向量 $\boldsymbol{\pi}^{(0)}$，例如 $(1, 0, 0)$，可得

$$\pi_0^{(1)} = 0.75 \times 0 = 0, \quad \pi_1^{(1)} = 0.56 \times 1 + 0.67 \times 0 = 0.56,$$
$$\pi_2^{(1)} = 1 - 1 - 0 = 0, \quad \pi_0^{(2)} = 0.75 \times 0.56 = 0.42,$$
$$\pi_1^{(2)} = 0.56 \times 0 + 0.67 \times 0 = 0, \quad \pi_2^{(2)} = 1 - 0 - 0.56 = 0.44$$

以此类推。

对于高斯-赛德尔迭代，将式（9.3）修改为如下形式：

$$\pi_0^{(n+1)} = 0.75\pi_1^{(n)}$$
$$\pi_1^{(n+1)} = 0.56\pi_0^{(n+1)} + 0.67\pi_2^{(n)}$$
$$\pi_2^{(n+1)} = 1 - \pi_0^{(n+1)} - \pi_1^{(n+1)}$$

如果使用矩阵来表示，则可修改为 $\left(\boldsymbol{U}^T + \boldsymbol{D}\right)\boldsymbol{\pi}^{(n+1)} = \boldsymbol{b} - \boldsymbol{L}^T\boldsymbol{\pi}^{(n)}$，其中 $\boldsymbol{\pi}^{(n+1)}$ 和 $\boldsymbol{\pi}^{(n)}$ 是列向量，T 表示转置。计算过程如下：

$$\pi_0^{(1)} = 0.75 \times 0 = 0, \quad \pi_1^{(1)} = 0.56 \times 1 + 0.67 \times 0 = 0.56, \quad \pi_2^{(1)} = 1 - 0 - 0 = 1$$
$$\pi_0^{(2)} = 0.75 \times 0 = 0, \quad \pi_1^{(2)} = 0.56 \times 0 + 0.67 \times 1 = 0.67, \quad \pi_2^{(2)} = 1 - 0 - 0.67 = 0.33$$

以此类推。表 9.1 列出了 21 次迭代的结果（保留两位小数）。

表 9.1　雅可比迭代和高斯-赛德尔迭代的计算结果

迭代次数	雅可比迭代的计算结果			高斯-赛德尔迭代的计算结果		
	π_0	π_1	π_2	π_0	π_1	π_2
0	1.00	0.00	0.00	1.00	0.00	0.00
1	0.00	0.56	0.00	0.00	0.00	1.00
2	0.42	0.00	0.44	0.00	0.67	0.33
3	0.00	0.53	0.58	0.50	0.50	0.00
4	0.40	0.39	0.47	0.38	0.21	0.42
5	0.29	0.54	0.21	0.16	0.37	0.48
6	0.40	0.31	0.17	0.27	0.47	0.25
7	0.23	0.34	0.29	0.36	0.37	0.28
8	0.25	0.32	0.42	0.28	0.34	0.38
9	0.24	0.43	0.42	0.25	0.40	0.34
10	0.32	0.42	0.32	0.30	0.40	0.30
11	0.31	0.40	0.26	0.30	0.37	0.33
12	0.30	0.35	0.29	0.28	0.38	0.35
13	0.26	0.36	0.35	0.28	0.39	0.33
14	0.27	0.38	0.38	0.29	0.38	0.32
15	0.29	0.40	0.35	0.29	0.38	0.33
16	0.30	0.39	0.31	0.28	0.38	0.33
17	0.30	0.38	0.30	0.29	0.38	0.33
18	0.29	0.37	0.33	0.29	0.38	0.33
19	0.28	0.38	0.33	0.28	0.38	0.33
20	0.28	0.39	0.35	0.29	0.38	0.33
21	0.29	0.39	0.32	0.29	0.38	0.33

　　从表中可以看出，在保留两位小数的情况下，高斯-赛德尔迭代大约在 14 次迭代后收敛，但无法知道雅可比迭代是否在 21 次迭代后收敛。如前所述，使用迭代时，收敛性通常是一个需要考虑的问题。在许多例子中，对于某些方程排序，这两种迭代是不收敛的，而对于其他方程排序则是收敛的。此外，初始向量的选择也会影响收敛性。如果马尔可夫链存在极限分布，则由马尔可夫过程得到的方程组的解是收敛的（Cooper，1981）。如前所述，科珀等人（Copper et al., 1991）证明了对于连续时间马尔可夫过程，如果使用平稳方程的 $(N-1) \times (N-1)$ 矩阵形式（令某个 p_i 等于 1，求解其余 $N-1$ 个 p_i，然后进行重新规范化），则可以保证收敛性；但对于平稳方程的 $N \times N$ 矩阵形式 [其中一个方程被 $\sum p_i = 1$ 替换，见式（9.2）]，则不能保证收敛性。

. 考虑马尔可夫链迭代 $\pi^{(n+1)} = \pi^{(n)}P$，由马尔可夫理论可知，该迭代会收敛于合适的 P。可以发现，经过 5 次迭代后，该迭代结果比由雅可比迭代或高斯-赛德尔迭代得到的结果更接近于真实解。然而，对于这些方法的优劣比较，我们不能得出结论，感兴趣的读者可参阅参考文献（Gross et al., 1984）。

当求解连续参数马尔可夫链的稳态概率时，如果使用马尔可夫链的逐步转移理论而不是直接求解平稳方程组，则需要找到合适的嵌入离散参数马尔可夫链。例如，在生灭过程中，我们或许会想到使用嵌入跳跃（转移点）链，但由于该链具有周期性，所以不存在稳态。我们将在下一节介绍求瞬态解的方法时考虑一个嵌入链，该嵌入链具有稳态解，且该嵌入离散参数过程的稳态概率与一般时间（连续参数过程）的稳态概率相同。

当使用这些迭代时，还需要设置迭代停止条件。通常使用柯西准则，即当 $\max_i \left| p_i^{(n+1)} - p_i^{(n)} \right| < \epsilon$ 时，停止计算。但是否可以使用柯西准则取决于收敛的类型和速度，在某些情况下，使用柯西准则会导致明显的错误（Gross et al., 1984）。

可以通过使用一种被称为**超松弛**（overrelaxation）的加权方法（Maron, 1982）来提高高斯-赛德尔迭代的收敛速度。我们不再详细讨论如何求解稳态方程，转而讨论用于求瞬态解的数值方法，以及如何使用这些数值方法来求稳态解。

9.1.2 瞬态解

从概念上看，对于马尔可夫排队模型，可以通过求解科尔莫戈罗夫微分方程

$$p'(t) = p(t)Q$$

得到瞬态解。

只要矩阵 Q 是有限维的，就可以使用数值方法求解这些一阶线性微分方程，通常使用数值积分方法，如**欧拉方法**（Euler method）、**泰勒方法**（Taylor method）、**龙格-库塔方法**（Runge-Kutta method, RK method）或**预估校正方法**（predictor corrector method，也称 **p-c 方法**）。

另一种对于排队模型非常适用的方法称为**随机化方法**（randomization method），该方法的优点是具有概率解释，我们将通过直接的概率分析来推导该方法。本节将介绍这些方法。

9.1.2.1 数值积分法

数值积分法可用于求解一般常微分方程组

$$\boldsymbol{p}'(t) \equiv \begin{pmatrix} p_1'(t) \\ p_2'(t) \\ \vdots \\ p_k'(t) \end{pmatrix} = \begin{pmatrix} f_1\left(p_1, \cdots, p_k; t\right) \\ f_2\left(p_1, \cdots, p_k; t\right) \\ \vdots \\ f_k\left(p_1, \cdots, p_k; t\right) \end{pmatrix} \equiv \boldsymbol{f}(\boldsymbol{p}, t)$$

其中初始值 $\boldsymbol{p}(t_0)$ 是已知的。标准求解方法通常是欧拉方法、泰勒方法、龙格-库塔方法或预估校正方法的变体。

泰勒方法和龙格-库塔方法是基于泰勒级数展开公式来求近似解：

$$p_i(t + h) = p_i(t) + hp'(t) + \frac{h^2}{2}p''(t) + \cdots + \frac{h^n}{n!}p_i^{(n)}(t) + R_n$$

其中 $i = 1, \cdots, k$。但龙格-库塔方法是对二阶和更高阶导数作近似替换，而不是像泰勒方法一样进行精确求导。欧拉方法是特殊的龙格-库塔方法，即欧拉方法是当 $k = 1$ 时的龙格-库塔方法。一些文献（Bookbinder et al.，1979；Grassmann，1977；Liitschwager et al.，1975；Neuts，1973）使用了这些方法来求排队系统的瞬态解。

预估校正方法需要获取前几个点的信息来计算下一个点。预估校正方法首先使用公式来预估下一个 $\boldsymbol{p}(t)$ 的值，然后使用更精确的公式来校正该预估值。与泰勒方法和龙格-库塔方法不同，预估校正方法不是自启动的，因此，需要使用龙格-库塔方法或泰勒方法来求得第一个 $\boldsymbol{p}(t)$ 的值。在计算的每一步，预估校正方法均可以给出局部截断误差的估计值，而泰勒方法和龙格-库塔方法无法得到该估计值。参考文献（Ashour et al.，1973）在分析排队问题时使用了预估校正方法。

下面通过一些简单的例子来介绍数值积分方法。关于更详细的内容，感兴趣的读者可以参阅参考文献（Maron，1982）。考虑 $M/M/1/1$ 排队系统，我们已经使用分析方法求得了该系统的瞬态解（见第 3.11.1 节）。需要求解的微分方程（3.72）为

$$\frac{\mathrm{d}p_1(t)}{\mathrm{d}t} = -\mu p_1(t) + \lambda p_0(t) = -\mu p_1(t) + \lambda\left[1 - p_1(t)\right] = -(\mu + \lambda)p_1(t) + \lambda \quad (9.4)$$

设 $\lambda = 1$、$\mu = 2$、$p_1(0) = 0$，由式（3.73）可得解为 $p_1(t) = (1 - \mathrm{e}^{-3t})/3$。接下来使用欧拉方法来对式（9.4）进行数值求解。当 Δt 很小时，

$$\frac{\mathrm{d}p_1(t)}{\mathrm{d}t} \approx \frac{p_1(t + \Delta t) - p_1(t)}{\Delta t}$$

所以式（9.4）近似为

$$p_1(t + \Delta t) \approx p_1(t) - \Delta t(\mu + \lambda)p_1(t) + \lambda \Delta t \approx p_1(t) - 3\Delta t p_1(t) + \Delta t \qquad (9.5)$$

对于 $t = 0, \Delta t, 2\Delta t, \cdots$，可以进行递归求解，且可以得到以下递归关系式：

$$p_1((n+1)\Delta t) = (1 - 3\Delta t)p_1(n\Delta t) + \Delta t, \qquad n \geqslant 1$$
$$p_1(\Delta t) = (1 - 3\Delta t)p_1(0) + \Delta t = \Delta t$$

表 9.2 列出了 $t = 0, \Delta t, 2\Delta t, 3\Delta t$ 时的数值解，其中 $\Delta t = 0.01$，也列出了对应的解析解。为了达到更高的精度，可以令 Δt 取更小的值。

表 9.2　数值解（由欧拉方法得出）与解析解的对比

n	$t = n\Delta t$	$p_1(n\Delta t)$	$p_1(t)$ 的精确值	误差
0	0.00	0.0000	0.0000	0.0000
1	0.01	0.0100	0.0099	0.0001
2	0.02	0.0197	0.0194	0.0003
3	0.03	0.0291	0.0287	0.0004

欧拉方法被称为一阶方法，接下来对此进行解释。考虑 $p_1(t + \Delta t)$ 的泰勒级数展开式

$$p_1(t + \Delta t) = p_1(t) + \Delta t p_1'(t) + \frac{\Delta t^2}{2!} p_1''(t) + \cdots + \frac{(\Delta t)^{n-1}}{(n-1)!} p_1^{(n-1)}(t) + R_n$$

上式为一阶展开式，可以近似地写为 $p_1(t + \Delta t) \approx p_1(t) + \Delta t p_1'(t)$，将式（9.4）中的 $p_1'(t)$ 代入，得到式（9.5）。可以通过二阶近似

$$p_1(t + \Delta t) \approx p_1(t) + \Delta t p_1'(t) + \frac{\Delta t^2}{2} p_1''(t)$$

来达到更高的精度。

我们由式（9.4）求得 $p_1'(t)$。为了求 $p_1''(t)$，对式（9.4）的等号右边求导，得到 $p_1''(t) = -(\mu + \lambda)p_1'(t)$。此时，二阶近似为

$$p_1(t + \Delta t) \approx p_1(t) + \Delta t \left[-(\mu + \lambda)p_1(t) + \lambda \right] + \frac{\Delta t^2}{2} \left[-(\mu + \lambda)p_1'(t) \right]$$

$$= [1 - (\mu + \lambda)\Delta t]p_1(t) + \lambda \Delta t - \frac{\Delta t^2}{2}(\mu + \lambda) \left[-(\mu + \lambda)p_1(t) + \lambda \right]$$

$$= \left[1 - (\mu + \lambda)\Delta t + (\mu + \lambda)^2 \frac{\Delta t^2}{2} \right] p_1(t) + \lambda \Delta t - (\mu + \lambda)\lambda \frac{\Delta t^2}{2}$$

$$= \left(1 - 3\Delta t + \frac{9\Delta t^2}{2}\right) p_1(t) + \Delta t - \frac{3\Delta t^2}{2}$$

表 9.3 列出了精确解、一阶近似解与二阶近似解。可以看出，越高阶，近似解的精度越高，但建立近似公式的难度也越大。

表 9.3 一阶近似与二阶近似的对比

t	精确解	一阶近似	误差	二阶近似	误差
0.00	0.0000	0.0000	0.0000	0.0000	0.0000
0.01	0.0099	0.0100	0.0001	0.0099	0.0000
0.02	0.0194	0.0197	0.0003	0.0195	0.0001
0.03	0.0287	0.0291	0.0004	0.0288	0.0001

对于更复杂的问题，使用数值积分方法进行求解的过程与上面类似，不同之处在于需要求解多组方程组，而在上面的例子中，只需要求解一组方程组（见习题 9.1）。然而，如果可以完全确定某个时刻 t 的方程组，则可以确定时刻 $t+\Delta t$ 的方程组，因为 $p_0(t+\Delta t), p_1(t+\Delta t), \cdots, p_N(t+\Delta t)$ 是 $p_0(t), p_1(t), \cdots, p_N(t)$ 的函数，即

$$p_n(t+\Delta t) = f\left(p_0(t), p_1(t), \cdots, p_N(t)\right), \qquad n = 0, 1, \cdots, N$$

然后可以从已知的初始值 $p_0(0), p_1(0), \cdots, p_N(0)$ 开始，使用数值积分方法递归计算方程组，步长为 Δt，正如前面在 $N=1$ 时的特殊情况下所做的计算。

关于数值积分方法，还需要考虑的问题是：为什么称这类方法为数值积分方法？原因在于这些公式可以由微积分基本定理得到，即

$$p(t+\Delta t) = p(t) + \int_t^{t+\Delta t} p'(t)\mathrm{d}t$$

由于不知道 $p(t)$ 的值，所以不能直接使用该方程。前面介绍的近似方法等同于对积分进行数值计算，例如，该方程中积分的一阶近似值为 $\Delta t p'(t)$。

9.1.2.2 随机化方法

尽管随机化方法是用于求解微分方程组 $\boldsymbol{p}'(t) = \boldsymbol{p}(t)\boldsymbol{Q}$（由马尔可夫排队系统得到）的计算方法，但本节使用该方法来分析随机过程，而不用于求解微分方程的数值解。考虑一个有限生灭过程，其转移速率矩阵如下：

$$Q = \begin{pmatrix} -q_{00} & \lambda_0 & 0 & 0 & \cdots & & & 0 \\ \mu_1 & -q_{11} & \lambda_1 & 0 & \cdots & & & 0 \\ 0 & \mu_2 & -q_{22} & \lambda_2 & & & & 0 \\ \vdots & & \ddots & \ddots & \ddots & & & \vdots \\ 0 & 0 & 0 & 0 & \cdots & \mu_{N-1} & -q_{N-1,N-1} & \lambda_{N-1} \\ 0 & 0 & 0 & 0 & \cdots & 0 & \mu_N & -q_{NN} \end{pmatrix} \quad (9.6)$$

其中 q_{ii} 是第 i 行非对角元素的和。假设该生灭过程处于状态 n（系统中有 n 个顾客），且停留在状态 n，直到有顾客到达（生）或完成服务（灭）。顾客的到达时间间隔服从均值为 $1/\lambda_n$ 的指数分布，服务时间服从均值为 $1/\mu_n$ 的指数分布。当有这两个事件（顾客到达和顾客完成服务）中的一个发生时，该系统离开状态 n。因此，该系统在状态 n 停留的时间是这两个指数分布随机变量中的较小值，该较小值服从均值为 $1/(\lambda_n + \mu_n)$ 的指数分布。

由第 2.4.1 节所知，因顾客到达而发生状态转移的概率为 $\lambda_n/(\lambda_n + \mu_n)$，因顾客完成服务而发生状态转移的概率为 $\mu_n/(\lambda_n + \mu_n)$。因此，我们可以将该系统视为在每个状态停留时间服从指数分布的马尔可夫过程［在状态 n 处停留时间的平均值是 $(\lambda_n + \mu_n)^{-1}$］，从状态 n（$\mu_0 = \lambda_N = 0$）向上转移一步（到达状态 $n+1$）的概率为 $\lambda_n/(\lambda_n + \mu_n)$，向下转移一步（到达状态 $n-1$）的概率为 $\mu_n/(\lambda_n + \mu_n)$。此外，可以证明，顾客到达或完成服务的发生与状态停留时间无关。

也可以使用**蒙特卡罗方法**（Monte Carlo method）来模拟这个例子。首先创建状态转移事件，然后使用简单的**伯努利分布**（Bernoulli distribution）来建立状态的变化——过程的状态是增加 1 还是减少 1。状态转移事件的建立较为复杂，需要对指数分布进行抽样，该指数分布具有状态相依的参数 $\lambda_n + \mu_n$。

为了避免这一情况，可以通过以下方式重现该过程：求该过程的最小平均停留时间（状态转移时间间隔），该值对应于 $\lambda_n + \mu_n$ 的最大值，即对应于矩阵 Q（该过程的无穷小生成元）的最小对角线元素。用 Λ 表示 $\lambda_n + \mu_n$ 的最大值，用 $-q_n$ 表示矩阵 Q 的对角线元素，即

$$q_n = \begin{cases} \lambda_0, & n = 0 \\ \lambda_n + \mu_n, & n = 1, 2, \cdots, N-1 \\ \mu_N, & n = N \end{cases}$$

为了重现我们所预期的转移发生过程，建立一个参数为 Λ（停留时间服从指数分布，均值为常数 $1/\Lambda$）的泊松过程，然后对该过程进行稀松化，以得到预期的状态相依的转移速率。稀松化是指当按参数为 Λ 的泊松过程发生一次状态转移事件且当前状态为 n 时，以概率 q_n/Λ（伯努利分布的成功概率）记录该次转移，以概率 $1 - q_n/\Lambda$（伯努利分布的失败概率）忽略该次转移。通过对该泊松过程进行稀松化，可以得到我们想要的状态相依的转移过程。

因此，为了重现该过程，进行如下操作。

（1）建立参数为 Λ 的泊松过程。

（2）基于伯努利分布对该参数为 Λ 的泊松过程进行稀松化，记录某次转移的概率为 q_n/Λ，忽略某次转移的概率为 $1 - q_n/\Lambda$。

（3）基于另一个伯努利分布建立状态的变化（向上或向下转移一步），向上转移一步的概率为 $\lambda_n/(\lambda_n + \mu_n)$，向下转移一步的概率为 $\mu_n/(\lambda_n + \mu_n)$。

用 $N(t), t \geqslant 0$ 表示该泊松过程，即 $N(t)$ 等于 $[0, t]$ 内发生的转移事件数，并用 Y_k 表示按泊松过程发生 k 次转移事件后的系统状态，即 Y_k 等于 $X(T_k)$，其中 $T_k = \min\{t | N(t) \geqslant k\}$。通过以这种方式观察该过程，可以推导出随机化算法，从而可以计算出 $\boldsymbol{p}(t)$。

考虑瞬态概率向量 $\boldsymbol{p}(t)$ 的元素 $p_n(t) = \Pr\{X(t) = n\}$。设 $p_{in}(t) = \Pr\{X(t) = n | X(0) = i\}$，可得

$$p_n(t) = \sum_{i=0}^{N} p_i(0) p_{in}(t) \tag{9.7}$$

基于前面所描述的过程，使用**全概率公式**（total probability formula）可得

$$p_{in}(t) = \sum_{k=0}^{\infty} \Pr\{Y_k = n \mid Y_0 = i\} \cdot \Pr\{N(t) = k\} = \sum_{k=0}^{\infty} \tilde{p}_{in}^{(k)} \frac{\mathrm{e}^{-\Lambda t} (\Lambda t)^k}{k!} \tag{9.8}$$

其中 $\tilde{p}_{in}^{(k)}$ 表示该泊松过程从状态 i 经 k 步转移到状态 n 的概率。有

$$\tilde{p}_{in} = \Pr\{\text{从状态 } i \text{ 经一步转移到状态 } n\}$$
$$= \Pr\{\text{记录该次转移}\} \cdot \Pr\{\text{从状态 } i \text{ 转移到状态 } n \mid \text{发生一次转移}\}$$

即

$$\tilde{p}_{in}^{(1)} = \begin{cases} \dfrac{q_i}{\Lambda} \cdot \dfrac{\lambda_i}{\lambda_i + \mu_i} = \dfrac{\lambda_i}{\Lambda}, & n = i+1 \\[2mm] \dfrac{q_i}{\Lambda} \cdot \dfrac{\mu_i}{\lambda_i + \mu_i} = \dfrac{\mu_i}{\Lambda}, & n = i-1 \\[2mm] 1 - \dfrac{\lambda_i + \mu_i}{\Lambda}, & n = i \\[2mm] 0, & \text{其他} \end{cases}$$

用 $\tilde{\boldsymbol{P}}$ 表示由元素 $\tilde{p}_{in}^{(1)}$ 组成的矩阵，因为 $\tilde{\boldsymbol{P}} = \boldsymbol{Q}/\Lambda + \boldsymbol{I}$。通过求 $\tilde{\boldsymbol{P}}$ 自乘 k 次，可以得到由元素 $\tilde{p}_{in}^{(k)}$ 组成的矩阵

$$\tilde{\boldsymbol{P}}^{(k)} \equiv \left\{ \tilde{p}_{in}^{(k)} \right\} = \tilde{\boldsymbol{P}}^k$$

将该式代入式（9.7）和式（9.8），可得

$$\boldsymbol{p}(t) = \sum_{k=0}^{\infty} \boldsymbol{p}(0) \tilde{\boldsymbol{P}}^{(k)} \frac{\mathrm{e}^{-\lambda t}(\Lambda t)^k}{k!} \tag{9.9}$$

为计算式（9.9）中的无穷级数，需要在某处截断该级数，如 $T(t,\epsilon)$。由于舍弃了泊松分布的尾部，所以选取的截断值要保证截断误差小于预先指定的值，如 ϵ。由式（9.9）可得

$$\begin{aligned} p_n(t) &= \sum_{k=0}^{\infty} \sum_{i=0}^{N} p_i(0) \tilde{p}_{in}^{(k)} \frac{\mathrm{e}^{-\Lambda t}(\Lambda t)^k}{k!} \\ &= \sum_{k=0}^{T(t,\epsilon)} \sum_{i=0}^{N} p_i(0) \tilde{p}_{in}^{(k)} \frac{\mathrm{e}^{-\Lambda t}(\Lambda t)^k}{k!} + \sum_{T(t,\epsilon)+1}^{\infty} \sum_{i=0}^{N} p_i(0) \tilde{p}_{in}^{(k)} \frac{\mathrm{e}^{-\Lambda t}(\Lambda t)^k}{k!} \end{aligned}$$

我们希望得到

$$\sum_{T(t,\epsilon)+1}^{\infty} \sum_{i=0}^{N} p_i(0) \tilde{p}_{in}^{(k)} \frac{\mathrm{e}^{-\Lambda t}(\Lambda t)^k}{k!} \equiv R_T < \epsilon$$

由于

$$R_T < \sum_{T(t,\epsilon)+1}^{\infty} \frac{\mathrm{e}^{-\Lambda t}(\Lambda t)^k}{k!}$$

所以通过找到使下式成立的 $T(t,\epsilon)$，可以求得误差界为 ϵ 的 $p_n(t)$：

$$\sum_{T(t,\epsilon)+1}^{\infty} < \epsilon \quad \Rightarrow \quad \sum_{k=0}^{T(t,\epsilon)} \frac{\mathrm{e}^{-\Lambda t}(\Lambda t)^k}{k!} > 1 - \epsilon \tag{9.10}$$

可得以下计算公式（向量-矩阵形式）：

$$p(t) = \sum_{k=0}^{T(t,\epsilon)} p(0)\tilde{P}^{(k)}\frac{e^{-\Lambda t}(\Lambda t)^k}{k!} \tag{9.11}$$

尽管基于生灭模型推导出了以上方法，但事实上，式（9.11）对于具有以下无穷小生成元的任意马尔可夫过程均成立：

$$Q = \begin{pmatrix} -q_0 & q_{01} & q_{02} & \cdots & q_{0N} \\ q_{10} & -q_1 & q_{12} & \cdots & q_{1N} \\ \vdots & \vdots & \vdots & & \vdots \\ q_{N0} & q_{N1} & q_{N2} & \cdots & -q_N \end{pmatrix}$$

其中 $q_i = \sum_{j \neq i} q_{ij}$，$i = 0, 1, 2, \cdots, N$。$\tilde{p}_{in}^{(1)}$ 的一般表达式为

$$\tilde{p}_{in}^{(1)} = \begin{cases} q_{ij}/\Lambda, & i \neq n \\ 1 - q_i/\Lambda, & i = n \end{cases} \tag{9.12}$$

当状态空间较大时，由于 $T(t,\epsilon)$ 可能非常大，所以计算的主要难点在于求矩阵 $\tilde{P}$ 的 k 次幂。可以使用接下来介绍的递归计算方法来解决这一难题。

用 $\phi^{(k)}$ 来表示式（9.11）中的乘积 $p(0)\tilde{P}^{(k)}$。该向量是按参数为 Λ 的泊松过程发生 k 次状态转移后的系统状态概率向量，即离散参数马尔可夫链经 k 步转移后（转移概率矩阵为 $\tilde{P}$ 的马尔可夫链 Y_k）的概率分布。由马尔可夫链理论可知

$$\phi^{(k)} = \phi^{(k-1)}\tilde{P} \tag{9.13}$$

其中 $\tilde{P} = Q/\Lambda + I$。所以可以将式（9.11）写为

$$p(t) = \sum_{k=0}^{T(t,\epsilon)} \phi^{(k)}\frac{e^{-\Lambda t}(\Lambda t)^k}{k!} \tag{9.14}$$

并使用式（9.13）来递归计算 ϕ^k。

我们所做的本质上是将具有无穷小生成元 Q 的连续参数马尔可夫链 $X(t)$ 的复杂计算，简化为具有转移概率矩阵 $\tilde{P}$ 的离散参数马尔可夫链 Y_k 的计算，矩阵 $\tilde{P}$ 通过参数为 Λ 的泊松过程将 k 与 t 联系起来。也就是说，对于 Y_k 过程

（通常称为单值化的嵌入马尔可夫链），通过按参数为 Λ 的泊松过程发生的事件转移次数来计算时间，并通过泊松概率将其与实际时间联系起来。

在排队问题中，$\tilde{P}$ 通常是稀疏矩阵，即 $\tilde{P}$ 的大多数元素为 0。例如，考虑式（9.6）中的矩阵 Q，已知 $\tilde{P} = Q/\Lambda + I$。在 $(N+1)^2$ 个元素中，非零元素的数量小于 $3(N+1)$。因此，在式（9.13）的矩阵乘法运算中，需要进行大量 0 与 0 相乘的计算。解决该问题的方法有很多，参考文献（Gross et al.，1984）中介绍了一种方法。

随机化方法也可以用于求稳态解。一种方式是简单地增大 t 的值，或不断尝试取 t 的连续值，直到 $p(t)$ 不随 t 发生明显变化。另一种方式是仅考虑具有转移概率矩阵 $\tilde{P}$ 的单值化的嵌入离散参数马尔可夫链 Y_k，并使用式（9.13）来进行递归计算，直到 $\phi^{(k)}$ 不再随时间而变化。很容易证明，具有转移概率矩阵 $\tilde{P}$ 的单值化的嵌入离散参数马尔可夫链与原连续参数马尔可夫链具有相同的稳态概率分布，即 $\lim\limits_{k\to\infty} \phi^{(k)} = \lim\limits_{t\to\infty} p(t)$，这是因为

$$\phi = \phi\tilde{P} \quad \Rightarrow \quad \phi = \phi\left(\frac{Q}{\Lambda} - I\right) \quad \Rightarrow \quad 0 = \phi\frac{Q}{\Lambda} \quad \Rightarrow \quad 0 = \phi Q$$

与使用式（9.14）相比，似乎使用式（9.13）可以更高效地求得稳态分布。尽管式（9.14）中包含了泊松概率，这可以被视为一种平滑处理方式，并且在某些情况下，式（9.14）的收敛速度可能更快。也可以使用高斯-赛德尔迭代来求解式（9.13）中的离散参数马尔可夫链。对于哪一种方法是最优的，目前尚无定论，至少在某种程度上，方法的优劣取决于具体问题。

本节讨论的重点不是给出关于数值分析的论述，而是指出数值分析对排队论的应用非常重要，这一领域在过去没有得到应有的重视。在可能的情况下求得解析解必然是很好的，但在很多情况下，当无法求得解析解时，数值方法可以帮助我们得到有意义的答案。

9.2　数值逆变换

排队系统的分析通常涉及 LST 的运算。关于这些变换的介绍，请参见附录 C。前面各章给出了几个例子，其中以变换的形式给出了我们想获得的概率分布。例如，稳态时顾客在 $M/G/1$ 排队系统中的等待时间的分布以 LST 的形式给出，见式（6.33）：

$$W^*(s) = \frac{(1-\rho)sB^*(s)}{s - \lambda\left[1 - B^*(s)\right]}$$

在该方程中，$W^*(s)$ 是系统等待时间分布的 LST，$B^*(s)$ 是服务时间分布的 LST。在本书中，其他变换形式的解的例子包括 $M/G/1$ 排队系统的忙期分布［式 (6.37)］和 $G/G/1$ 排队系统稳态时的排队时间分布［式 (7.12)］。

使用变换的最后一个重要步骤是通过求逆变换来得到相应的概率分布。在某些情况下，可以使用解析方法求逆变换。例如，在上一个方程中，如果 G 是指数分布，则可以使用解析方法来求 $W^*(s)$ 的逆变换，如例 9.1 所示。

■ 例 9.1

对于到达速率为 λ 且服务速率为 μ 的 $M/M/1$ 排队系统，使用式 (6.33) 求 $W(t)$。

服务时间分布的 LST 为 $B^*(s) = \mu/(s+\mu)$，因此，

$$
\begin{aligned}
W^*(s) &= \frac{(1-\rho)s \cdot \mu/(s+\mu)}{s - \lambda\{1 - [\mu/(s+\mu)]\}} = \frac{(1-\rho)s \cdot \mu/(s+\mu)}{s - \lambda[s/(s+\mu)]} \\
&= \frac{(1-\rho)\mu/(s+\mu)}{1 - \lambda/(s+\mu)} = \frac{(1-\rho)\mu}{s+\mu-\lambda} = \frac{\mu-\lambda}{s+\mu-\lambda}
\end{aligned}
$$

上式是均值为 $1/(\mu-\lambda)$ 的指数分布的 LST。因此，$W(t) = 1 - \mathrm{e}^{-(\mu-\lambda)t}$，这一结果与式 (3.31) 相同。

习题 6.13 是另一个例子，该习题要求读者通过逆变换来求 $M/E_2/1$ 排队系统的 $W(t)$。然而，根据变换的具体形式，使用解析方法来求逆变换可能非常困难，或可能无法求得逆变换。在某些情况下，甚至可能无法明确写出变换的解析形式，如 $M/G/1$ 排队系统忙期分布的变换，该变换以式 (6.37) 的解的形式给出。

因此，无论变换的具体形式是什么或如何对变换进行计算，一般数值方法对求逆变换都非常有用。建立数值求逆方法需要从精确的求逆公式开始，**布罗米奇围道积分**（Bromwich contour integral）是一个精确公式，定理 9.1 中给出了该公式。

首先，设 $f(t)$ 是定义在区间 $0 \leqslant t < \infty$ 上的实值函数，$\bar{f}(s)$ 是其拉普拉斯变换：

$$\mathcal{L}\{f(t)\} \equiv \bar{f}(s) \equiv \int_0^\infty \mathrm{e}^{-st} f(t)\mathrm{d}t \tag{9.15}$$

其中 s 是复变量。

定理 9.1　通过在复平面上使用以下围道积分，函数 $f(t)$ 可以由其拉普拉斯变换 $\bar{f}(s)$ 得到：

$$f(t) = \frac{1}{2\pi i} \int_{b-i\infty}^{b+i\infty} e^{st} \bar{f}(s) ds, \qquad t > 0 \tag{9.16}$$

其中 b 是实数且在 $\bar{f}$ 的所有奇点的右侧。此外，当 $t < 0$ 时，该积分等于 0。

式（9.16）并不是唯一可用于求式（9.15）的逆变换的精确公式。此外，给定一个精确求逆公式，如式（9.16），有许多方法对该公式进行数值近似计算。例如，有许多方法可以对式（9.16）中的积分进行数值近似计算。概括地说，参考文献中有许多不同的方法可用于数值逆变换。

本节简要介绍了数值逆变换。下面将详细讨论**傅里叶级数方法**（Fourier series method）。其他方法将在第 9.2.4 节中简要讨论。本节的内容主要基于阿巴特等人的综述论文（Abate et al., 1999），读者可以参阅该论文和其他参考文献来了解更多细节。

9.2.1　傅里叶级数方法

傅里叶级数方法采用的是式（9.16）中的布罗米奇围道积分。为使用该方法，首先需要将式（9.16）中的复值积分转换为式（9.21）中的实值积分。为此，做变量替换 $s = b + iu$：

$$
\begin{aligned}
f(t) &= \frac{1}{2\pi} \int_{-\infty}^{\infty} e^{(b+iu)t} \bar{f}(b+iu) du \\
&= \frac{1}{2\pi} \int_{-\infty}^{\infty} e^{bt}(\cos ut + i\sin ut) \bar{f}(b+iu) du \\
&= \mathrm{Re}\left[\frac{1}{2\pi} \int_{-\infty}^{\infty} e^{bt}(\cos ut + i\sin ut) \bar{f}(b+iu) du \right] \tag{9.17}
\end{aligned}
$$

由于 $f(t)$ 是实值函数，所以最后一个等号成立（也可以证明该积分的虚部为 0，见习题 9.23）。将该积分分为两部分：$\int_{-\infty}^{0} (\cdot) du$ 和 $\int_{0}^{\infty} (\cdot) du$。对于第一个积分，可得

$$
\begin{aligned}
&\mathrm{Re}\left[\frac{1}{2\pi} \int_{-\infty}^{0} e^{bt}(\cos ut + i\sin ut) \bar{f}(b+iu) du \right] \\
&= \mathrm{Re}\left\{ \frac{e^{bt}}{2\pi} \int_{0}^{\infty} [\cos(-ut) + i\sin(-ut)] \bar{f}(b-iu) du \right\}
\end{aligned}
$$

$$= \mathrm{Re}\left\{ \frac{\mathrm{e}^{bt}}{2\pi} \int_0^\infty [\cos ut - \mathrm{i}\sin ut]\bar{f}(b-\mathrm{i}u)\mathrm{d}u \right\}$$

$$= \frac{\mathrm{e}^{bt}}{2\pi} \int_0^\infty \{\mathrm{Re}[\bar{f}(b-\mathrm{i}u)]\cos ut + \mathrm{Im}[\bar{f}(b-\mathrm{i}u)]\sin ut\}\mathrm{d}u$$

$$= \frac{\mathrm{e}^{bt}}{2\pi} \int_0^\infty \{\mathrm{Re}[\bar{f}(b+\mathrm{i}u)]\cos ut - \mathrm{Im}[\bar{f}(b+\mathrm{i}u)]\sin ut\}\mathrm{d}u \tag{9.18}$$

第一个等号成立是因为我们进行了变量替换（将 u 替换为 $-u$）。由于 $\cos(-x) = \cos(x)$ 且 $\sin(-x) = -\sin(x)$，所以第二个等号成立。由于 $\mathrm{Re}\left[(a-bi)(c+di)\right] = ca+db$，所以第三个等号成立。由于 $\mathrm{Re}\left[\bar{f}(b-\mathrm{i}u)\right] = \mathrm{Re}\left[\bar{f}(b+\mathrm{i}u)\right]$ 且 $\mathrm{Im}\left[\bar{f}(b-\mathrm{i}u)\right] = -\mathrm{Im}\left[\bar{f}(b+\mathrm{i}u)\right]$，所以最后一个等号成立，见习题 9.22。类似地，对于第二个积分 $\int_0^\infty (\cdot)\,\mathrm{d}u$，可得

$$\mathrm{Re}\left[\frac{1}{2\pi} \int_0^\infty \mathrm{e}^{bt}(\cos ut + \mathrm{i}\sin ut)\bar{f}(b+\mathrm{i}u)\mathrm{d}u\right]$$

$$= \frac{\mathrm{e}^{bt}}{2\pi} \int_0^\infty \{\mathrm{Re}[\bar{f}(b+\mathrm{i}u)]\cos ut - \mathrm{Im}[\bar{f}(b+\mathrm{i}u)]\sin ut\}\mathrm{d}u \tag{9.19}$$

联立式（9.17）、式（9.18）及式（9.19），可得

$$f(t) = \frac{\mathrm{e}^{bt}}{\pi} \int_0^\infty \{\mathrm{Re}[\bar{f}(b+\mathrm{i}u)]\cos ut - \mathrm{Im}[\bar{f}(b+\mathrm{i}u)]\sin ut\}\mathrm{d}u \tag{9.20}$$

假设 $t > 0$，由定理 9.1 中初始围道积分的定义可知，$f(-t) = 0$，所以有

$$\int_0^\infty \mathrm{Re}[\bar{f}(b+\mathrm{i}u)]\cos ut\,\mathrm{d}u = -\int_0^\infty \mathrm{Im}[\bar{f}(b+\mathrm{i}u)]\sin ut\,\mathrm{d}u$$

因此，式（9.20）可以写为

$$\boxed{f(t) = \frac{2\mathrm{e}^{bt}}{\pi} \int_0^\infty \mathrm{Re}[\bar{f}(b+\mathrm{i}u)]\cos(ut)\mathrm{d}u} \tag{9.21}$$

也可以写为

$$f(t) = -\frac{2\mathrm{e}^{-bt}}{\pi} \int_0^\infty \mathrm{Im}[\bar{f}(b+\mathrm{i}u)]\sin(ut)\mathrm{d}u$$

使用式（9.21）来构造求逆变换的方法。

■ **例 9.2**

使用指数分布随机变量的概率密度函数 $f(t) = \lambda e^{-\lambda t}$ 来证明式（9.21）。 $f(t)$ 的拉普拉斯变换为 $\bar{f}(s) = \lambda/(s+\lambda)$（见附录 C），可得

$$\text{Re}[\bar{f}(b+iu)] = \text{Re}\left(\frac{\lambda}{b+iu+\lambda}\right) = \text{Re}\left[\frac{\lambda(b+\lambda-iu)}{(b+\lambda)^2+u^2}\right] = \frac{\lambda(b+\lambda)}{(b+\lambda)^2+u^2}$$

因此，可以将式（9.21）写为

$$f(t) = \frac{2e^{bt}}{\pi}\int_0^\infty \frac{\lambda(b+\lambda)}{(b+\lambda)^2+u^2}\cos(ut)du$$

可以使用复变函数理论（或使用积分表）来计算该积分，可得 $f(t) = \lambda e^{-\lambda t}$。

到目前为止，我们将精确的复值积分［式（9.16）］转换为精确的实值积分 ［式（9.21）］。还需要使用数值方法来计算式（9.21），该积分通常不能使用解析 方法来计算。

梯形法则（trapezoidal rule）是最简单的近似计算积分的数值方法之一：

$$\int_a^b g(x)dx \approx (b-a)\frac{g(a)+g(b)}{2}$$

当 $g(x)$ 为线性函数时，该公式是精确的，在这种情况下，积分区域为梯形。 当积分区间较大时，可以将该区间划分为若干个较小的子区间，并多次应用梯形 法则。例如，将区间 $[0,\infty)$ 划分为若干个长度均为 h 的子区间，可得

$$\int_0^\infty g(u)du \approx h\frac{g(0)}{2} + h\sum_{k=1}^\infty g(kh)$$

将梯形法则应用于式（9.21）可得

$$f(t) \approx f_h(t) \equiv \frac{he^{bt}}{\pi}\text{Re}[\bar{f}(b)] + \frac{2he^{bt}}{\pi}\sum_{k=1}^\infty \text{Re}[\bar{f}(b+ikh)]\cos(kht) \tag{9.22}$$

尽管有更精确的数值积分方法，但结果表明，在这种情况下，梯形法则非常 有效，下一节将在讨论误差界时给出原因。还需要近似计算式（9.22）中的无穷 和，通常通过截断来计算：

$$f_h(t) \approx \frac{he^{bt}}{\pi}\text{Re}[\bar{f}(b)] + \frac{2he^{bt}}{\pi}\sum_{k=1}^K \text{Re}[\bar{f}(b+ikh)]\cos(kht) \tag{9.23}$$

概略地说，当 h 变小且 K 变大时，近似精度会提高。更具体地说，如果 f 在 t 处是连续的，则当 $h \to 0$ 且 $hK \to \infty$ 时，式 (9.23) 收敛于 $f(t)$。如果 f 在 t 处不连续且 f 是累积分布函数，则式 (9.23) 收敛于 $[f(t^-) + f(t)]/2$。

除简单地进行截断外，也可以通过**求和加速**（summation acceleration）的方法来做近似计算（Wimp, 1981）。这类方法有很多，在本书讨论的范围内，**欧拉求和**（Euler summation）是一个很好的方法。考虑级数 $a = \sum\limits_{k=1}^{\infty} a_k$，设 $s_n \equiv \sum\limits_{k=1}^{n} a_k$ 为部分和。欧拉求和并不是通过单个部分和 s_n 来近似计算 a，而是通过部分和 $s_n, s_{n+1}, \cdots, s_{n+m}$ 的加权平均来近似计算 a：

$$a \approx \sum_{k=0}^{m} \binom{m}{k} 2^{-m} s_{n+k}$$

欧拉求和中的权重对应于二项概率分布。当 a_k 项的符号交替变化时，欧拉求和非常有效。

为了使用欧拉求和来近似计算式 (9.22)，我们选取适当的参数 b 和 h，使得式 (9.22) 中的无穷级数可以写为交错级数的形式。设 $h = \pi/2t$ 且 $b = A/2t$，其中 A 是一个新的常数。在这种情况下，$\cos(kht)$ 的取值为 -1、0 或 1。式 (9.22) 可以写为

$$f_h(t) = f_A(t) \equiv \frac{\mathrm{e}^{A/2}}{2t} \left\{ \bar{f}\left(\frac{A}{2t}\right) + 2 \sum_{k=1}^{\infty} (-1)^k \mathrm{Re}\left[\bar{f}\left(\frac{A+2k\pi\mathrm{i}}{2t}\right) \right] \right\} \qquad (9.24)$$

由于 $A/2t$ 是实数，所以 $\mathrm{Re}[\bar{f}(A/2t)] = \bar{f}(A/2t)$。该表达式的截断形式为

$$\boxed{ f_{A,n}(t) \equiv \frac{\mathrm{e}^{A/2}}{2t} \left\{ \bar{f}\left(\frac{A}{2t}\right) + 2 \sum_{k=1}^{n} (-1)^k \mathrm{Re}\left[\bar{f}\left(\frac{A+2k\pi\mathrm{i}}{2t}\right) \right] \right\} } \qquad (9.25)$$

如果对于较大的 k 值，$\bar{f}\left(\dfrac{A+2k\pi\mathrm{i}}{2t}\right)$ 的实部的符号是固定的，则求和中各项的符号是交替变化的。对该级数应用欧拉求和可得

$$\boxed{ f(t) \approx f_{A,m,n}(t) \equiv \sum_{k=0}^{m} \binom{m}{k} 2^{-m} f_{A,n+k}(t) } \qquad (9.26)$$

综上，通过使用式 (9.21)，可以由拉普拉斯变换 $f(s)$ 推导出函数 $f(t)$。通过将积分离散化以及对无穷和进行截断，如式 (9.23)，可以近似计算函数 $f(t)$。

通过欧拉求和（而不是直接截断），可以更有效地近似计算函数 $f(t)$。使用欧拉求和时，需要选取适当的 h 和 b，使得式（9.24）中的级数为交错级数。需要注意的是，式（9.24）中仅有一个输入参数 A，而式（9.22）中有两个输入参数 h 和 b。欧拉求和引入了两个额外的输入参数 n 和 m，这两个参数指定了求和的起始位置以及求和的项数。

算法 9.1 使用欧拉求和的傅里叶级数算法。在给定拉普拉斯变换 $\bar{f}(s)$ 的情况下，可以使用该算法近似计算函数 $f(t)$（对于给定的 t）。使用该算法时，需要指定参数 A、m 和 n。

（1）对于 $j = n, n+1, \cdots, n+m$，使用式（9.25）计算 $f_{A,j}(t)$。

（2）使用式（9.26）近似计算 $f(t)$。

请注意，该算法的输入是函数 $f(t)$ 的**普通拉普拉斯变换**（ordinary Laplace transform）$\bar{f}(s)$，而不是分布的 LST $[F^*(s)]$，附录 C 讨论了这两个变换之间的关系。此外，第 9.2.3 节给出了该算法应用于不同变换的若干例子。

如果需要取多个 t 值进行计算，则可以先计算式（9.26）中二项分布的系数。使用该算法需要指定参数 A、m 和 n 的值。阿巴特等人（Abate et al.，1999）使用 $A = 19$、$m = 11$ 及 $n = 38$ 作为默认值。我们将在下一节详细讨论使用该方法时所产生的数值误差。

9.2.2 误差分析

当使用傅里叶级数算法进行数值逆变换时，有以下 3 个误差源。

（1）离散化误差：使用式（9.22）中的无穷和来近似计算式（9.21）中的积分。

（2）截断误差：使用有限和来近似计算式（9.22）中的无穷和。

（3）舍入误差：使用计算机进行计算时，计算机的位数有限。

接下来讨论如何使用傅里叶级数算法的输入参数来控制以上误差。

9.2.2.1 离散化误差

离散化误差定义为 $f_A(t) - f(t)$，式（9.24）中给出了 $f_A(t)$。可以证明，如果 t 是 $f(\cdot)$ 的连续点，则离散化误差为（Abate et al.，1999）

$$f_A(t) - f(t) = \sum_{k=1}^{\infty} e^{-kA} f((2k+1)t) \tag{9.27}$$

如果对于 $x > 3t$，$|f(x)| \leqslant C$，则离散化误差的上界为

$$|f_A(t) - f(t)| \leqslant \sum_{k=1}^{\infty} Ce^{-kA} = C\frac{e^{-A}}{1 - e^{-A}} \approx Ce^{-A} \tag{9.28}$$

由于该无穷和是几何级数，所以上式中的等号成立。由于假设 A 的值较大，所以分母 $1 - e^{-A}$ 约等于 1，从而上式中的约等号成立。$|f(x)|$ 对 $x > 3t$ 有界这一假设并不具有约束性，例如，如果 $f(x)$ 是累积分布函数，则对于所有 x，$|f(x)| \leqslant 1$ 均成立。此外，常见的概率密度函数 $f(x)$ 也满足该性质。综上，离散化误差约为 Ce^{-A}，通过令 A 足够大，可以使该误差足够小。然而，增大 A 会使舍入误差增大，因此需要取折中值，稍后会讨论这一内容。

关于式（9.27）的详细证明，读者可以参阅参考文献（Abate et al., 1999），在此仅对该证明做简要说明。在推导过程中，需要基于 $f(t)$ 构造一个周期函数，然后写出该周期函数的傅里叶级数，将所得结果乘以 $e^{A/2}$ 可以得到式（9.24）中的近似表达式 $f_A(t)$。也就是说，可以由傅里叶级数（而不需要使用布罗米奇围道积分）来推导 $f_A(t)$，傅里叶级数方法的名字由此而来。

9.2.2.2 截断误差

离散化误差的公式为式（9.27），而截断误差没有对应的公式。然而，可以通过将 $f(t)$ 的一个估计值与另一个更精确的估计值进行比较，来估计误差，例如，计算欧拉求和中连续项的差：

$$\begin{aligned}
f_{A,m,n}(t) - f(t) &\approx f_{A,m,n}(t) - f_{A,m,n+1}(t) \\
&= [f_{A,m,n}(t) - f(t)] - [f_{A,m,n+1}(t) - f(t)]
\end{aligned} \tag{9.29}$$

与 $f_{A,m,n}(t)$ 相比，$f_{A,m,n+1}(t)$ 是 $f(t)$ 的更精确的估计值，所以项 $[f_{A,m,n+1}(t) - f(t)]$ 比项 $[f_{A,m,n}(t) - f(t)]$ 小很多。

9.2.2.3 舍入误差

通过令 A 任意大，可以使式（9.27）中的离散化误差任意小。然而，增大 A 会使舍入误差增大。式（9.25）中包含系数 $e^{A/2}$，$e^{A/2}$ 随 A 的增大而快速增大。对于式（9.25）括号中的项，通常可以按计算机精度量级（例如 10^{-14}）来计算其舍入误差。计算 $f_{A,K}(t)$ 时产生的总舍入误差约等于 $e^{A/2}$ 乘以机器精度。也就是说，离散化误差和舍入误差均为 A 的函数，当离散化误差变小时，舍入

误差会变大。阿巴特等人（Abate et al., 1999）对傅里叶级数方法进行了扩展，该扩展方法可用于控制舍入误差，其基本思路是选取适当的参数，以取离散化误差和舍入误差的折中值，这里不对该扩展方法进行详细讨论。

综上，当使用算法 9.1 时，需要指定参数 A、m 及 n 的值。可以根据式（9.28）中的近似上界 Ce^{-A} 来选取满足离散化误差要求的 A。此外，可以根据 $f_{A,m,n}(t) - f_{A,m,n+1}(t)$ 来估计包括截断误差在内的总误差 [即 $f_{A,m,n}(t) - f(t)$]。如果估计的总误差非常大，则可以选取更大的 m 和 n 来减小误差。如果需要同时减小舍入误差，请参见参考文献（Abate et al., 1999）中的方法，其使用 $A = 19$、$m = 11$ 及 $n = 38$ 作为默认值。

9.2.3 示例

本节给出与 $M/G/1$ 排队系统相关的若干示例。目标是求顾客在系统中的等待时间的累积分布函数 $W(t)$ 以及顾客在队列中的等待时间的累积分布函数 $W_{\mathrm{q}}(t)$。

式（6.33）和式（6.34）分别给出了 $W(t)$ 和 $W_{\mathrm{q}}(t)$ 的 LST $W^*(s)$ 和 $W_{\mathrm{q}}^*(s)$。我们不可能总是使用解析方法来求得逆变换，所以在本节使用数值方法。

为了使用傅里叶级数方法和式（9.25），需要使用 $W(t)$ 和 $W_{\mathrm{q}}(t)$ 的普通拉普拉斯变换，而不是 LST。普通变换 $\bar{W}(s)$ 和 $\bar{W}_{\mathrm{q}}(s)$ 与 LST $W^*(s)$ 和 $W_{\mathrm{q}}^*(s)$ 之间的关系如下：

$$\bar{W}(s) = \frac{W^*(s)}{s} \quad \text{且} \quad \bar{W}_{\mathrm{q}}(s) = \frac{W_{\mathrm{q}}^*(s)}{s}$$

附录 C 对该关系进行了更详细的讨论。因此，由式（6.33）可得

$$\bar{W}(s) = \frac{W^*(s)}{s} = \frac{(1-\rho)B^*(s)}{s - \lambda[1 - B^*(s)]}$$

为了用该方程进行计算，将复数写为其分量形式，如 $s = a + bi$，则有

$$\bar{W}(a+bi) = \frac{(1-\rho)B^*(a+bi)}{a + bi - \lambda[1 - B^*(a+bi)]}$$

此外，令 $B^*(a+bi) \equiv c + di$，即 $c \equiv \mathrm{Re}[B^*(a+bi)]$ 且 $d \equiv \mathrm{Im}[B^*(a+bi)]$（$c$ 和 d 是关于 a 和 b 的隐函数）。可得

$$\bar{W}(a+bi) = \frac{(1-\rho)(c+di)}{a+bi - \lambda[1 - (c+di)]} = \frac{(1-\rho)(c+di)}{(a - \lambda + \lambda c) + (b + \lambda d)i}$$

因此，

$$\mathrm{Re}[\bar{W}(s)] = (1-\rho)\frac{c(a-\lambda+\lambda c)+d(b+\lambda d)}{(a-\lambda+\lambda c)^2+(b+\lambda d)^2} \tag{9.30}$$

■ **例 9.3**

对于 $M/M/1$ 排队系统，$B^*(s) = \mu/(s+\mu)$。因此，

$$B^*(a+bi) = \frac{\mu}{a+bi+\mu} = \frac{\mu(a+\mu-bi)}{(a+\mu)^2+b^2}$$
$$= \frac{\mu(a+\mu)}{(a+\mu)^2+b^2} + \frac{-\mu bi}{(a+\mu)^2+b^2}$$

代入式（9.30）的 c 和 d 的表达式为

$$c = \frac{\mu(a+\mu)}{(a+\mu)^2+b^2} \quad \text{且} \quad d = \frac{-\mu b}{(a+\mu)^2+b^2} \tag{9.31}$$

为了使用算法 9.1，需要求式（9.25）中变换的表达式，即

$$\mathrm{Re}\left[\bar{W}\left(\frac{A+2k\pi i}{2t}\right)\right] \tag{9.32}$$

对于 $M/G/1$ 排队系统，式（9.30）给出了该表达式，其中 $a = A/2t$，$b = k\pi/t$，c 和 d 取决于服务时间的分布。例如，如果服务时间的分布是指数分布，则 c 和 d 由式（9.31）给出。通过计算式（9.25）和式（9.26）中的有限和，可以得到 $W(t)$ 的估计值。对不同的 t 值重复这一操作，可以得到完整的累积分布函数 $W(t)$[①]。图 9.1 展示了 $M/M/1$ 排队系统的示例结果，其中 $\lambda = 0.2$、$\mu = 1.0$，且使用了算法 9.1 中的默认参数值。稍后将讨论如何计算 $W_\mathrm{q}(t)$。

对于 $M/M/1$ 排队系统，已知 $W(t)$ 是均值为 $1/(\mu-\lambda)$ 的指数分布随机变量的累积分布函数，见式（3.31）。因此，可以将数值估计值与精确值进行比较，以分析数值方法的精度。图 9.2 展示了估计 $W(t)$ 时产生的数值误差。设 $W_\mathrm{appx}(t)$ 为数值估计值。绝对误差为 $|W_\mathrm{appx}(t) - W(t)|$，相对误差为 $|W_\mathrm{appx}(t) - W(t)|/[1-W(t)]$。该相对误差是估计尾部概率 $W^c(t) = 1-W(t)$ 时产生的，$W^c(t)$ 随 t 的增加而迅速减小。在本例中，对于所有 t，绝对误差均小于 10^{-8}。由于尾部概率 $W^c(t)$ 随 t 的增加而减小，所以相对误差随 t 的增加而增大。

---

① 对于 $t = 0$，不能直接使用式（9.25）进行计算。然而，$t = 0$ 处的函数值通常是已知的，在这种情况下，不需要使用数值近似方法来计算 $t = 0$ 处的函数值。

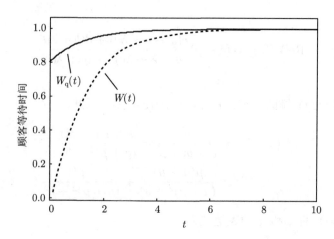

图 9.1 $\mu = 1$ 且 $\lambda = 0.2$ 的 $M/M/1$ 排队系统的数值结果

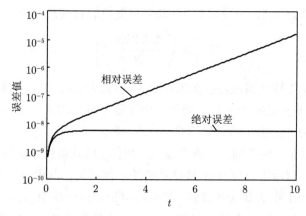

图 9.2 $W(t)$ 的绝对误差 $|W_{\mathrm{appx}}(t) - W(t)|$ 及相对误差 $|W_{\mathrm{appx}}(t) - W(t)|/[1 - W(t)]$

■ 例 9.4

对 $M/M/1$ 排队系统的 $W_{\mathrm{q}}(t)$ 进行数值估计。由式（6.34）可得 $W_{\mathrm{q}}(t)$ 的拉普拉斯变换为

$$\bar{W}_{\mathrm{q}}(s) = \frac{W_{\mathrm{q}}^*(s)}{s} = \frac{1 - \rho}{s - \lambda[1 - B^*(s)]}$$

和前文一样，如果令 $s = a + b\mathrm{i}$ 及 $B^*(s) = c + d\mathrm{i}$，则

$$\bar{W}_{\mathrm{q}}(a + b\mathrm{i}) = \frac{1 - \rho}{a + b\mathrm{i} - \lambda[1 - (c + d\mathrm{i})]} = \frac{1 - \rho}{(a + \lambda c - \lambda) + (b + \lambda d)\mathrm{i}}$$

且

$$\mathrm{Re}\left[\bar{W}_\mathrm{q}(a+bi)\right] = \frac{(1-\rho)(a+\lambda c-\lambda)}{(a+\lambda c-\lambda)^2+(b+\lambda d)^2} \tag{9.33}$$

同样，c 和 d 分别是 a 和 b 的隐函数。当服务时间服从指数分布时，可由式（9.31）得到 c 和 d。

可以由算法 9.1 得到累积分布函数 $W_\mathrm{q}(t)$（使用默认参数）。结果如图 9.1 所示（对于该系统，$\lambda=0.2$ 且 $\mu=1$）。估计 $W_\mathrm{q}(t)$ 时产生的相对误差与图 9.2 所示的 $W(t)$ 的相对误差类似。

■ **例 9.5**

对 $M/D/1$ 排队系统的 $W_\mathrm{q}(t)$ 进行数值计算（服务时间服从确定性分布且为确定的值 D）。当服务时间服从确定性分布时，$B^*(s)=\mathrm{e}^{-sD}$。因此，

$$\bar{W}_\mathrm{q}(s) = \frac{W_\mathrm{q}^*(s)}{s} = \frac{1-\rho}{s-\lambda\left[1-B^*(s)\right]} = \frac{1-\rho}{s-\lambda\left[1-\mathrm{e}^{-sD}\right]}$$

为了计算 $\mathrm{Re}[\bar{W}_\mathrm{q}(a+bi)]$，使用对任意 $M/G/1$ 排队系统均成立的式（9.33），并根据服务时间分布，用适当的表达式替换 c 和 d：

$$c \equiv \mathrm{Re}\left[B^*(a+bi)\right] = \mathrm{Re}\left[\mathrm{e}^{-(a+bi)D}\right] = \mathrm{e}^{-aD}\cos(bD)$$
$$d \equiv \mathrm{Im}\left[B^*(a+bi)\right] = \mathrm{Im}\left[\mathrm{e}^{-(a+bi)D}\right] = -\mathrm{e}^{-aD}\sin(bD)$$

如算法 9.1 中所描述的，通过计算式（9.25）和式（9.26）中的有限和，可以得到 $W_\mathrm{q}(t)$ 的估计。

对于 $M/D/1$ 排队系统，可以使用解析方法得到 $W_\mathrm{q}(t)$（Erlang，1909），其表达式为

$$W_\mathrm{q}(t) = (1-\rho)\sum_{i=0}^{\lfloor t/D \rfloor} \mathrm{e}^{-\lambda(iD-t)}\frac{(iD-t)^i}{i!}\lambda^i$$

其中 $\lfloor x \rfloor$ 是小于或等于 x 的最大整数。图 9.3 展示了该模型的示例结果，其中 $\lambda=0.05$ 且 $D=10$（$\rho=\lambda D=0.5$）。图中给出了 $W_\mathrm{q}(t)$ 的数值估计以及相对误差 $|W_\mathrm{q,appx}(t)-W_\mathrm{q}(t)|/[1-W_\mathrm{q}(t)]$。尽管累积分布函数 $W_\mathrm{q}(t)$ 对于 $t>0$ 是连续的，但其导数在 $t=D$ 时是不连续的（在本例中，$D=10$）。当 $t=D$ 时，相对误差明显增大。这说明了一个普遍现象，即在函数的不连续点处（或在导函数的不连续点处，如本例中的情况），进行数值逆变换会引入新的问题。关于处理这类问题的方法，请参阅参考文献（Sakurai，2004）。

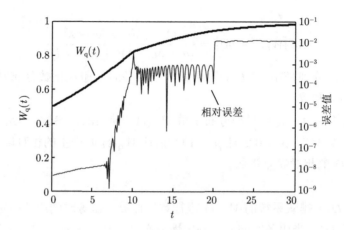

图 9.3　$M/D/1$ 排队模型 $W_q(t)$ 的数值估计

■ **例 9.6**

在本例中，对 $M/E_2/1$ 排队系统的 $W_q(t)$ 进行数值计算。使用式（9.33）来计算 $\mathrm{Re}[\bar{W}_q(a+bi)]$，其中 c 和 d 由服务时间的分布确定。由于二阶埃尔朗分布是两个指数随机变量的卷积，所以其 LST 是两个指数分布随机变量的 LST 的乘积：

$$B^*(s) = \frac{\mu}{s+\mu} \cdot \frac{\mu}{s+\mu}$$

因此，

$$
\begin{aligned}
B^*(a+bi) &= \frac{\mu^2}{(a+bi+\mu)^2} = \frac{\mu^2}{a^2 - b^2 + \mu^2 + 2a\mu + 2abi + 2\mu bi} \\
&= \frac{[\mu^2\,(a^2 - b^2 + \mu^2 + 2a\mu)] - [\mu^2(2ab + 2\mu b)]\,i}{(a^2 - b^2 + \mu^2 + 2a\mu)^2 + (2ab + 2\mu b)^2}
\end{aligned}
$$

分别用该表达式的实部和虚部来替换式（9.33）中的 c 和 d。数值求逆过程与前面的例子相同。

9.2.4　其他数值求逆方法

到目前为止，我们介绍了一种数值求逆方法，即傅里叶级数方法。此外，我们还介绍了用于提高傅里叶级数方法收敛速度的加速方法，即欧拉求和方法。傅里叶级数方法可由布罗米奇围道积分［式（9.16）］推导得出。式（9.16）并不是唯一可用于求逆变换的精确公式。本节将简要介绍一些其他的求逆公式，以及基于这些公式的数值方法，但我们不对这些方法进行详细讨论，感兴趣的读者可以参阅参考文献（Piessens，1975；Piessens et al.，1976），以及参考文献（Abate et al.，1992）中的文献综述。

另一个可作为数值方法基础的精确公式是**波斯特-威德反演公式**（Post-Widder inversion formula）（Feller，1971）：

$$f(t) = \lim_{n \to \infty} \frac{(-1)^n}{n!} \left(\frac{n+1}{t}\right)^{n+1} \bar{f}^{(n)}\left(\frac{n+1}{t}\right)$$

其中，$\bar{f}^{(n)}$ 是 $\bar{f}$ 的 n 阶导数。该公式的离散形式为（Gaver，1966）

$$f(t) = \lim_{n \to \infty} f_n(t) \equiv \lim_{n \to \infty} (-1)^n \frac{\ln 2}{t} \cdot \frac{(2n)!}{n!(n-1)!} \Delta^n \bar{f}\left(\frac{n \ln 2}{t}\right) \tag{9.34}$$

其中 $\Delta \bar{f}(n\alpha) = \bar{f}(n\alpha + \alpha) - \bar{f}(n\alpha)$ 及 $\Delta^k = \Delta(\Delta^{k-1})$。也就是说，式（9.34）使用了有限差分，而不是导数。两个求逆公式均成立的充分条件是，$f(\cdot)$ 是在 t 处连续的有界实值函数。与布罗米奇围道积分不同，$f(t)$ 通过变换 $\bar{f}$ 的导数（或差分）来表示，而不是通过积分来表示。第一个公式是**亚格曼-斯特费斯特方法**（Jagerma-Stehfest procedure）的基础（Jagerman，1978；1982），第二个公式是**盖弗-斯特费斯特方法**（Gaver-Stehfest procedure）的基础（Gaver，1966），参考文献（Abate et al.，1992）对这两个方法进行了总结。参考文献（Stehfest，1970）给出了调整这两个方法的加速方法。

接下来介绍的公式是用**拉盖尔方法**（Laguerre method）求逆的基础。该公式将 $f(t)$ 展开为**拉盖尔多项式**（Laguerre polynomial）的无穷和：

$$f(t) = e^{-t/2} \sum_{n=0}^{\infty} q_n L_n(t)$$

其中 $L_n(t) = \sum_{k=0}^{n} \binom{n}{k} \frac{(-t)^k}{k!}$ 是拉盖尔多项式。通过以下级数展开来定义系数 q_n：

$$\sum_{n=0}^{\infty} q_n z^n \equiv \frac{1}{1-z} \bar{f}\left(\frac{1+z}{2(1-z)}\right)$$

因此，$f(t)$ 由系数 q_n 确定，而系数 q_n 由拉普拉斯变换 $\bar{f}(\cdot)$ 确定。该数值实现的基本思路是，计算有限个系数 q_n，然后使用有限和来近似计算 $f(t)$。关于拉盖尔方法的更多细节，可参阅参考文献（Weeks，1966；Abate et al.，1996，1997）。

拉盖尔方法的优点是提供了完整的函数 $f(t)$。也就是说，当在不同的 t 值处计算 $f(t)$ 时，只需要确定一次系数 q_n。如参考文献（Abate et al., 1996）中所提到的 "对于较大的 t 的集合，该方法可以得到一个好的近似函数。然而，如果 $f(t)$ 在一个 t 值处表现得不好，则拉盖尔方法在所有 t 值处均会出现问题"。

参考文献（Abate et al., 2006）提供了一个框架，可以将许多数值求逆方法统一起来。在该框架中，通过变换 $\bar{f}$ 在不同点处的计算结果的有限线性组合来近似计算

$$f(t) \approx \frac{1}{t} \sum_{k=0}^{n} \omega_k \bar{f}\left(\frac{\alpha_k}{t}\right)$$

其中 ω_k 和 α_k 是常数。更早期的论文（Zakian，1969；1970；1973）也提出了该框架。许多求逆方法（例如，使用欧拉求和的傅里叶级数方法）是该一般框架的具体实例。

9.3　离散事件随机仿真

目前为止，我们讨论的模型和解析方法往往不能充分地描述一个特定的排队系统。这可能是因为涉及输入或服务模式的特点、系统设计的复杂性、排队规则的性质，或这些因素的共同作用。例如，对于具有回路的多服务站多服务员系统，其中服务时间呈（截断）正态分布且具有复杂的优先级，无法使用解析方法对其进行建模。此外，对于本书前面讨论的一些模型，我们仅提供了稳态结果，如果需要分析瞬态情况，或者概率分布随时间而变化，那么可能得不到解析结果或无法通过高效的数值方法求解。对于这类问题，可以考虑使用仿真分析。然而，需要强调的是，如果有可用的解析模型，应该首选使用这些模型；只有在无可用的解析模型且近似结果不满足条件，或者这些模型过于复杂以至于求解时间过长的情况下，才应该使用仿真。

对于难以使用解析方法分析的系统，尽管可以通过仿真来分析，但仿真本身并不是万能的。当使用仿真时，可能会遇到很多困难。由于仿真与实验分析相似，所以在对现实情况做推论的过程中，我们会遇到所有与执行实验类似的常见问题，并且需要关注执行时长、重复次数和统计显著性等问题。不过，可以借助于统计学（包括实验设计）的相关知识来解决这些问题。

对排队系统进行优化设计时，会发现仿真分析的另一个缺点。假设对于特定排队系统，已知其系统的冲突成本，需要确定系统的最优通道数或最优服务速

率。如果可以建立解析模型，则可以使用数学优化方法（微积分、数学规划等）。然而，如果有必要使用仿真来对系统进行分析，那么需要使用搜索实验输出的方法。从简洁性考虑，这些搜索方法通常劣于数学优化方法。实验者通常仅会尝试少数备选方案，并简单地选择其中最优的，然而，很可能这些方案都不是最优的，甚至不是接近最优的。在仿真过程中，实验者能否得到较优的方案通常取决于实验者能否选取合适的方案进行实验。由于具有这些潜在的缺点，仿真分析常常被称为一门"艺术"。然而，随着仿真方法的进步（Rubinstein，1986），它与解析建模相比，具有越来越强的竞争力，且在许多情况下，仿真是唯一的方法。仿真对于交通、制造和通信系统的建模非常重要。这些系统通常具有随机性，其中各种随机过程以复杂的方式相互作用。如果不对随机性、路由概率等性质的假设进行简化，则通常不能使用解析建模方法。

本节概述了离散事件随机仿真的一些要点，关于更多详细内容，读者可以参阅与基础仿真相关的文献（Banks et al.，2013；Fishman，2001；Law，2014；Leemis et al.，2006）。

9.3.1 仿真模型的组成

可以认为仿真建模由 3 个阶段组成：输入分布的选择（有时称为输入建模）和随机数的生成，记录，输出分析。我们关注随机系统的建模，所以有必要选择并建立适当的随机现象。例如，可以使用排队网络来对电信中心进行建模，网络中的节点具有不同的到达时间间隔分布和服务时间分布。我们需要确定这些到达时间间隔及服务时间服从哪些概率分布（有时可以使用按实际数据建立的经验分布）。然后由这些不同的分布生成随机数，使得系统能在运行的过程中被观察。当选择了分布且生成了随机数后，记录阶段将对系统中移动的事务进行跟踪，并为进行中的随机过程设置计数器，以计算相应的效益指标。输出分析涉及计算系统的效益指标，以及使用适当的统计方法来做出与系统性能相关的有效表述。

下面通过例 9.7 这个简单的假设性例子来说明这 3 个阶段。

■ 例 9.7

一家产品制造商与客户签订了一份合同，该客户向其订购 20 件主打产品。该制造商的经理希望基于当前的生产能力，使用离散事件方法来分析情况。客户随机在月初下订单，并希望订单可以尽快完成。下订单的时间间隔可能为 2 个月、7 个月或介于 2 至 7 个月之间，所有时间间隔的概率均相等。该产品制造商的生产能力如下：订单仅在月底发货，完成订单所需的时间可能为 1 个月、6 个月或介于 1 至 6 个月之间，所有时间的概率均相等。订单处理系统一次只能处理一个订单，当订单到达时，如果正在处理其前面的订单，则该订单需要等待，直到处理完前面的订单。基于当前的生产能力，经理希望了解系统中的平均订单数、订单在系统中花费的平均时间、订单在系统中花费的最大时间以及系统处于空闲状态的时间占比。第一个订单的日期是已知的，该制造商会第一时间建立生产线以接收第一个订单。当处理完最后一个订单（第 20 个订单）后，生产线将被拆除。

我们决定将概率分布视为离散型均匀分布，从而简化输入建模，也更容易生成随机输入数据，即可以通过（相当于）掷一个公平的骰子来生成随机输入数据。下订单的时间间隔服从 (2, 7) 上的离散型均匀分布，服务时间服从 (1, 6) 上的离散型均匀分布。因此，为生成到达时间间隔的数据，需要掷骰子 19 次，并将每个值加 1，以此得到第一个订单之后的订单的到达时间间隔。

对于服务时间，骰子本身的值足以满足要求，需要掷骰子 20 次。通过掷骰子而生成的输入数据见表 9.4。

表 9.4　例 9.7 的输入数据

数据分类	输入数据
订单到达时间间隔	−, 7, 2, 6, 7, 6, 7, 2, 5, 4, 5, 3, 2, 6, 2, 4, 2, 6, 5, 5
服务时间	1, 3, 2, 3, 6, 5, 4, 5, 1, 1, 3, 1, 3, 2, 2, 6, 5, 1, 3, 5

使用表 9.4 中的输入数据，可以建立一个记录表，如表 9.5 所示（请注意，表 9.4 和表 9.5 本质上与第 1.6 节的表 1.4 和表 1.6 相同）。在时刻 0 处，第一个订单进入系统，服务时间为 1 个月，该订单在时刻 1 处离开系统，主时钟的值增加至 1。订单 2 在主时钟 $0 + 7 = 7$ 处到达，主时钟的值增加至 7，由于其到达时系统中没有订单，所以该订单将在主时钟 $7 + 3 = 10$ 处（到达时刻加服务时间）离开系统。订单 3 在主时钟 $7 + 2 = 9$ 处到达，由于其到达时订单 2 仍在接受服务，所以时刻的值增加至 9，且订单 3 进入排队队列。当订单 2 在主时钟 10 处离开系统时，订单 3 开始接受服务。订单 3 在主时钟 12 处离开系统，而订单 4 在主时钟 $9 + 6 = 15$ 处才到达，所以订单 3 离开系统时主时钟的值增加至 12。以这种方式继续进行记录，直到第 20 个订单完成处理。

这样的记录表（对于实际的复杂系统，该表会变得非常复杂）可以帮助我们计算效益指标。由表 9.5 可以直接得到每个订单在队列中的等待时间以及在系统中的总等待时间。例如，订单 1 在主时钟 0 处进入系统并立即开始接受服务，在主时钟 1 处离开系统；订单 1 的排队时间为 0，在系统中花费的时间为 1 个月。订单 2 在主时钟 7 处到达并立即开始接受服务，在主时钟 10 处离开系统；订单 2 在系统中花费的时间为 3 个月。订单 3 在主时钟 9 处到达，由于订单 2 仍在接受服务，所以订单 3 进入排队队列；订单 3 在主时钟 10 处离开队列并开始接受服务，在主时钟 12 处离开系统（没有在表 9.5 中列出）；订单 3 的排队时间为 1 个月，在系统中花费的时间为 3 个月。由表 9.5 很容易计算出平均等待时间和最大等待时间，也可以得到队列长度、系统大小以及闲期；然而，为了求均值，需要付出较多努力，因为需要根据不同的队列长度和系统大小所占的时间比例进行加权（见第 1.6 节）。

表 9.5　例 9.7 的输入数据记录

| 主时钟 | 下一个事件 | | 队列中的订单 | 服务中的订单 |
	到达	离开		
0	[2], 7	[1], 1		→ [1]
1	[2], 7	[2], 10		[1] →
7	[3], 9	[2], 10		→ [2]
9	[4], 15	[2], 10	→ [3]	[2]
10	[4], 15	[3], 12	[3] →	→ [3][2] →
⋮	⋮	⋮	⋮	⋮
81	[20], 86	[19], 84		→ [19]
84	[20], 86			[19] →
86		[20], 91		→ [20]
91				[20] →

注：[n], t = [订单编号], 发生时的主时钟。

在本例中，队列中的最大订单数为 1，系统中的最大订单数为 2，订单的最长排队时间为 4 个月（订单 17），订单在系统中花费的最长时间为 9 个月（订单 17）。平均队列长度为 0.13，平均系统大小为 0.81，系统处于空闲状态的平均时间占比为32%，订单在队列和系统中的平均等待时间分别为 0.6 个月和 3.7 个月。

9.3.2　输入建模与随机数生成

本节讨论如何选择合适的分布来表示系统的随机模式（输入建模）以及由所选择的分布生成随机数，还将简要讨论伪随机数生成器。

9.3.2.1　输入建模

输入建模不仅适用于仿真，且对于任何概率建模均是必要的，包括解析和数值处理。输入建模在排队模型的建模中是最重要的，因为任何模型的输出表现至多只能与其输入一样好。输入建模中的两个主要问题是分布族的选择（如指数分布、埃尔朗分布、正态分布），以及选择分布族之后对参数的估计。我们首先考虑这两个问题中较容易的一个，即选择分布族后对参数的估计。由于指数分布及其相关分布（如埃尔朗分布）在解析建模中的重要性，我们主要使用这些分布来进行说明。然而，读者应当了解，在现代仿真软件包中，几乎可以使用任何已知的统计分布，这是仿真建模的主要优势之一。

9.3.2.2　参数估计

假设已选择了分布族，且已有与实际事务相关的可用数据（到达时间间隔或服务时间）。进一步假设已有大小为 n 的随机样本，如 $t_1, t_2, \cdots, t_n$。参数估计的两个经典方法分别是**最大似然估计**（maximum likelihood estimate，MLE）以及**矩估计**（method of moments，MOM），第 7.7 节已经讨论过最大似然估计方法。

最大似然估计量具有一些很好的统计性质，可以由以下方式得到最大似然估计量：假设有参数为 θ 的指数分布，希望根据样本数据来估计 θ，假设观测值相互独立，可得以下似然函数（样本的联合密度函数）：

$$L(\theta) = \prod_{i=1}^{n} \theta e^{-\theta t_i} = \theta^n e^{-\theta \sum\limits_{i=1}^{n} t_i}$$

其中 t_i 是第 i 个样本观测值（例如，到达时间间隔或服务时间）。θ 的最大似然估计量是使 L 最大化的值。通常更容易求得 $\ln L = \mathcal{L}$ 的最大值。因此，设 $\hat{\theta}$ 为 θ 的最大似然估计量，则 $\hat{\theta}$ 是使下式成立的 θ 值：

$$\max_{\theta} \mathcal{L}(\theta) = \max_{\theta} \left\{ n \ln \theta - \theta \sum_{i=1}^{n} t_i \right\}$$

取 $\mathrm{d}\mathcal{L}/\mathrm{d}\theta$ 并令其等于 0，可得 $\hat{\theta}$：

$$\frac{n}{\hat{\theta}} - \sum_{i=1}^{n} t_i = 0 \quad \Rightarrow \quad \hat{\theta} = \frac{n}{\sum\limits_{i=1}^{n} t_i} = \frac{1}{\bar{t}}$$

其中 $\bar{t} \equiv \left(\sum\limits_{i=1}^{n} t_i \right) / n$ 是样本均值。

令经验均值与理论均值相等，可以得到与上面相同的 θ 的估计量。该方法（令理论矩与样本矩相等）称为矩估计方法，是一种快速的估计方法，但该方法得出的结果通常与最大似然估计方法得出的结果不相同。前面提到，最大似然估计量具有很好的统计性质，但一般来说，矩估计量不具有这些性质。在本书中，主要关注估计量是否具有一致性，即当样本大小趋于 ∞ 时，$\hat{\theta}$ 是否依概率收敛于 θ。可以证明，在一般条件下，可以保证由最大似然估计方法得到的解具有一致性，但不能保证由矩估计方法得到的解具有一致性。然而，矩在排队论中非常重要。例如，$M/G/1$ 排队模型的 PK 公式仅依赖于服务时间分布的均值和方差；**金曼-马歇尔上界**（Kingman-Marshall upper bound）和**高负荷近似**（heavy-traffic approximation）仅依赖于到达时间间隔分布和服务时间分布的前两个矩（均值和方差）。因此，当对排队模型的参数进行估计时，即使从统计意义上看矩估计量不如最大似然估计量，矩估计量可能仍是较好的选择。

接下来考虑另一个例子：对于埃尔朗分布，求其概率密度函数的两个参数的最大似然估计量和矩估计量。首先推导最大似然估计量，埃尔朗分布的概率密度函数为

$$f(t) = \frac{\phi(\phi t)^{k-1}\mathrm{e}^{-\phi t}}{(k-1)!}$$

似然函数可以写为

$$L(\phi, k) = \prod_{i=1}^{n} \frac{\phi\left(\phi t_i\right)^{k-1}\mathrm{e}^{-\phi t_i}}{(k-1)!} = \frac{\phi^{nk}\mathrm{e}^{-\phi\sum_{i=1}^{n} t_i}\left(\prod_{i-1}^{n} t_i\right)^{k-1}}{[(k-1)!]^n}$$

似然函数的对数形式为

$$\mathcal{L}(\phi, k) = nk\ln\phi - \phi\sum_{i=1}^{n} t_i + (k-1)\sum_{i=1}^{n}\ln t_i - n\ln(k-1)!$$

因此，

$$\frac{\partial\mathcal{L}}{\partial\phi} = \frac{nk}{\phi} - \sum_{i=1}^{n} t_i \quad\Rightarrow\quad \hat{\phi} = \frac{\hat{k}}{\bar{t}}$$

其中 $\bar{t}$ 是数据的样本均值。为了得到完整的 $(\hat{\phi}, \hat{k})$，将 k 看作连续变量（如 x），x 的最大似然估计量 $\hat{x}$ 是下式的数值解：

$$\frac{\partial\mathcal{L}}{\partial x} = 0 = n\ln\hat{\phi} + \sum_{i=1}^{n}\ln t_i - n\psi(\hat{x})$$

$$= n(\ln\hat{x} - \ln\bar{t}) + \sum_{i=1}^{n}\ln t_i - n\psi(\hat{x})$$

其中 $\psi(x)$ 是 Γ 函数的对数的导数，即 $\psi(x) \equiv \mathrm{d}\ln\Gamma(x)/\mathrm{d}x$。参考文献（Abramowitz et al.，1964）中给出了函数 $\psi(x)$。当 x 不太小（如 $x \geqslant 3$）时，以下是 $\psi(x)$ 的一个很好的近似：

$$\psi(x) \approx \ln\left(x - \frac{1}{2}\right) + \frac{1}{24\left(x - \dfrac{1}{2}\right)^2}$$

因此，k 的最大似然估计量 $\hat{k}$ 是 $[\hat{x}]$ 还是 $[\hat{x}] + 1$（$[x]$ 是不超过 x 的最大整数）取决于使对数似然函数取得更大值的是 $([\hat{x}]/\hat{t}, [\hat{x}])$ 还是 $(([\hat{x}] + 1)/\bar{t}, [\hat{x}] + 1)$。

在埃尔朗分布的例子中，很容易由矩估计方法求得结果。由于有两个参数，所以需要两个方程：

$$\bar{t} = \frac{\tilde{k}}{\tilde{\phi}} \quad \text{和} \quad s^2 = \frac{\tilde{k}}{\tilde{\phi}^2}$$

其中 s^2 是样本方差。因此，根据以上两个方程的联立解，可得以下矩估计量：

$$\tilde{\phi} = \frac{\bar{t}}{s^2} \quad \text{且} \quad \tilde{k} = \left[\frac{\bar{t}^2}{s^2}\right] \text{ 或 } \left[\frac{\bar{t}^2}{s^2}\right] + 1$$

对于埃尔朗分布（以及大多数分布），矩估计方法和最大似然估计方法给出的参数估计量不同。如果使用最大似然估计方法求得的均值和方差与样本数据的均值和方差之间有很大差异，则我们可能会使用矩估计方法，而不使用最大似然估计方法。

9.3.2.3 分布选择

本节讨论使用哪个分布族来表示输入分布（到达时间间隔和服务时间），这一内容较为复杂，但非常重要。选择合适的备选概率分布时，需要尽可能多地了解潜在分布的特点以及待建模场景的物理信息。一般来说，首先需要确定对于到达过程和服务过程，哪些概率函数适用。例如，已知指数分布具有马尔可夫性（无记忆性），那么对于我们所研究的实际场景，具有马尔可夫性是否是合理的条件？假设需要对一个具有单个服务员的服务模式进行描述，如果为所有顾客提供的服务均是重复的，那么我们可能会认为，顾客已接受服务的时间越长，在给定时间间隔内完成服务的概率就越大（不具有无记忆性）。在这种情况下，指数分布不是合适的备选概率分布。然而，如果服务具有诊断性（需要找出问题并解决问题），或者为不同顾客提供的服务之间有很大差异，那么指数分布或许是好的选择。

也可以由概率密度函数的图像及其矩得到更多信息，参考文献（Law, 2014）给出了大多数标准分布族的图像。标准差与均值之比称为**变异系数**（coefficient of variation），即 $C = \sigma/\mu$，变异系数是非常有用的指标。对于指数分布，$C = 1$；对于 E_k 分布（k 阶埃尔朗分布，$k > 1$），$C < 1$；对于 H_k 分布（超指数分布，$k > 1$），$C > 1$。因此，为选择合适的分布，需要尽可能多地了解分布的特点和待建模系统的物理信息，并对可用数据进行一定的统计分析。

对于到达时间间隔和服务时间的备选概率分布，可以使用**可靠性理论**（reliability theory）的一个概念来对其进行描述，即**故障率**（failure rate，也被称为**失效率**）。接下来将故障率与指数分布的马尔可夫性联系起来，可以使用故障率来对概率分布做一般性描述。

假设希望选择一个概率分布来描述连续随机变量 T（例如，到达时间间隔或服务时间），该随机变量的累积分布函数为 $F(t)$。概率密度函数 $f(t) = \mathrm{d}F(t)/\mathrm{d}t$ 可以这样解释：

$$f(t)\mathrm{d}t \approx \Pr\{t \leqslant T \leqslant t + \mathrm{d}t\}$$

即可以将 $f(t)\mathrm{d}t$ 解释为随机变量 T 的取值落在 t 附近的近似概率。累积分布函数 $F(t)$ 是随机变量 T 的取值小于或等于 t 的概率。定义形如条件概率的故障率函数满足

$$h(t)\mathrm{d}t \approx \Pr\{t \leqslant T \leqslant t + \mathrm{d}t \mid T \geqslant t\}$$

$h(t)\mathrm{d}t$ 是在 T 的取值大于或等于 t 的条件下，T 的取值落在 t 附近的近似概率。例如，假设随机变量 T 表示到达时间间隔，如果已知自最近一个顾客到达以来已经过了时间 t，则在时间间隔 $\mathrm{d}t$ 内有顾客到达的近似概率为 $h(t)\mathrm{d}t$；假设随机变量 T 表示服务时间，如果已知顾客已接受服务的时间为 t，则该顾客在时间 $\mathrm{d}t$ 内完成服务的近似概率为 $h(t)\mathrm{d}t$。

根据条件概率定理，可得

$$
\begin{aligned}
h(t)\mathrm{d}t &\approx \Pr\{t \leqslant T \leqslant t + \mathrm{d}t \mid T \geqslant t\} \\
&= \frac{\Pr\{t \leqslant T \leqslant t + \mathrm{d}t \text{ 或 } T \geqslant t\}}{\Pr\{T > t\}} = \frac{f(t)\mathrm{d}t}{1 - F(t)}
\end{aligned}
$$

因此，

$$h(t) = \frac{f(t)}{1 - F(t)} \tag{9.35}$$

故障率函数（或失效率函数）$h(t)$ 可能随 t 的增大而增大（称为**递增失效率**，increasing failure rate，IFR），也可能随 t 的增大而减小（称为**递减失效率**，decreasing failure rate，DFR），还可能为常数（称为**恒定失效率**，constant failure rate，CFR；视为既是 IFR，也是 DFR），或者是以上情况的组合。当 $h(t)$ 为常数时，表示概率分布具有无记忆性，稍后将基于指数分布来说明这一点。

如果假设服务满足以下事实，即顾客已接受服务的时间越长，顾客越有可能在下一个 dt 内完成服务，则需要使用 IFR 分布来描述服务时间，即与分布函数 $f(t)$ 相对应的 $h(t)$ 为递增失效率函数。

根据式（9.35）可知，可以由 $f(t)$ 得到 $h(t)$。因此，为描述到达时间间隔和服务时间的备选概率分布 $f(t)$，故障率是一个重要的信息来源［与 $f(t)$ 的图像形状同等重要］。

考虑指数分布的概率密度函数 $f(t) = \theta\mathrm{e}^{-\theta t}$，由式（9.35）可得 $h(t)$ 为

$$h(t) = \frac{\theta\mathrm{e}^{-\theta t}}{\mathrm{e}^{-\theta t}} = \theta$$

因此，指数分布的故障率（失效率）为常数，指数分布具有无记忆性。假设在特定的排队场景中，需要使用 IFR 分布来描述服务时间。可以证明，埃尔朗分布（$k > 1$）为 IFR 分布。第 4.3.1 节给出了埃尔朗分布的概率密度函数，设 $\theta = k\mu$，可得

$$f(t) = \frac{\theta^k t^{k-1}\mathrm{e}^{-\theta t}}{(k-1)!}$$

且（见习题 9.3）

$$F(t) = \frac{\theta^k}{(k-1)!}\int_0^t \mathrm{e}^{-\theta x}x^{k-1}\mathrm{d}x = 1 - \sum_{i=0}^{k-1}\frac{(\theta t)^i\mathrm{e}^{-\theta t}}{i!} \tag{9.36}$$

因此，

$$h(t) = \frac{\theta^k t^{k-1}\mathrm{e}^{-\theta t}}{(k-1)!\sum_{i=0}^{k-1}(\theta t)^i\mathrm{e}^{-\theta t}/i!} = \frac{\theta(\theta t)^{k-1}}{(k-1)!\sum_{i=0}^{k-1}(\theta t)^i/i!}$$

如果不进行数值计算，很难判断 $h(t)$ 是如何随 t 变化的。然而，可以证明（见习题 9.4），$h(t)$ 可以写为

$$h(t) = \frac{1}{\displaystyle\int_0^\infty (1 + u/t)^{k-1}\mathrm{e}^{-\theta u}\mathrm{d}u} \tag{9.37}$$

很容易看出，对于 $k > 1$，当 t 增大时，分母中的被积式减小，所以积分减小，因此 $h(t)$ 随 t 的增大而增大（IFR）。此外，当 $t \to \infty$ 时，$h(t) \to \theta$，即 $y = \theta$ 是 $h(t)$ 的水平渐近线，且 $h(0) = 0$。因此，虽然 $h(t)$ 随 t 的增大而增大，但增大的速度越来越慢，最终趋于常数 θ。

反过来，假设需要满足相反的 IFR 条件，即 $h(t)$ 随 t 的增大而增大，但增大的速度越来越快。**韦布尔分布**（Weibull distribution）可以满足该条件，其互补累积分布函数为 $1 - F(t) = \mathrm{e}^{-\theta t^{\alpha}}$。事实上，当韦布尔分布的形状参数 α 取不同值时，可以得到增大速度递减的 IFR 分布、增大速度恒定（与 t 成正比）的 IFR 分布、增大速度递增的 IFR 分布，甚至可以得到 DFR 分布，或具有 CFR 的指数分布。尽管韦布尔分布不能对排队场景进行解析分析（除非韦布尔分布退化为指数分布），但韦布尔分布可以作为仿真分析的备选分布。在许多情况下，可能会有多个合理的备选分布。例如，如果需要得到增大速度递减的 IFR 分布，可以考虑韦布尔分布或埃尔朗分布族。

我们再给出一个选择合适的备选分布的例子。假设希望得到增大速度递减的 IFR 分布，但同时希望满足 $C > 1$。埃尔朗分布满足第一个条件，但不满足第二个条件，所以埃尔朗分布不能作为备选分布。已知任何指数分布的混合均为 DFR 分布（Barlow et al.，1975）。事实上，巴洛（Barlow）和普罗斯坎（Proschan）证明了，所有 IFR 分布均有 $C < 1$，而所有 DFR 分布均有 $C > 1$。但反之不成立，$C < 1$ 不能表明是 IFR 分布，$C > 1$ 不能表明是 DFR 分布，$C = 1$ 不能表明是 CFR 分布。对数正态分布族满足以上条件，当其参数取不同值时，可以得到小于、等于或大于 1 的 C。对数正态分布族的故障率函数既是 IFR 函数，也是 DFR 函数，即其故障率函数在一定范围内是 IFR 函数，在一定范围内是 DFR 函数。所以，如果需要满足 IFR 条件，那么就必须接受 $C < 1$。可以直观地对此进行解释：$C > 1$ 通常出现在服务时间服从混合分布（如指数分布的混合）的情况下，因此，如果顾客已接受服务的时间非常长，那么该顾客的类型很可能是要求长服务时间的类型，所以在下一个 dt 内完成服务的概率会变小；而在满足 IFR 条件的情况下，不同顾客的服务模式之间更加一致，所以有 $C < 1$。

需要再次指出，为选择合适的概率模型，需要尽可能多地了解所考虑的概率分布族的特点以及待建模场景的信息。在大多数情况下，可以获取到待建模过程的数据，但并非总是如此。稍后将讨论可以获取到的数据的情况，并讨论如何使用这些数据来帮助我们选择合适的分布族。在此之前，需要简要地说明，当无法获取数据时（如对新系统进行建模时），前面讨论的内容变得非常重要。在没有数据的情况下，有时会选择**三角形分布**（triangular distribution），建模者需要设置最小值、最大值和最可能值，作为三角形分布的 3 个参数。**β 分布**（β-distribution）族更为灵活，其图像形状有多种可能，且可以根据"专家意见"来确定合适的参数（β 分布有两个参数，这两个参数均会影响分布的形状）。关于无可用数据情况下的分布选择，参考文献（Law，2014；Banks et al.，2013）给出了进一步讨论。

接下来讨论有可用的到达时间间隔和服务时间的观测数据的情况，假设这些数据来自同一时间段（即在采集数据时，随机过程没有随时间发生变化，如流量高峰期），则有必要检查实际数据是否来自同一时间段。此外，假设所有观测值均相互独立，则有必要检查数据是否是独立同分布的，为此可以进行独立同分布检验，感兴趣的读者请参阅参考文献（Leemis，1996；Law，2014）。

假设有独立同分布的样本数据。为了确定合适的分布族，首先需要计算样本均值、样本标准差和样本变异系数 C。数据的直方图很有用，直方图的形状取决于用于累积频率（落于每个区间内的观测值数量）的区间长度。一般来说，需要选取合适的区间长度，使每个区间内至少有 5 个观测值，且至少有 5 个区间，尝试取不同的区间长度是一个很好的方法。假设我们观察了直方图，考虑了待建模系统的物理特点以及分布族的特点，并在此基础上选择了一个备选分布。可以进行各种统计检验，来判断该备选分布是否是合理的选择。我们将介绍 3 种通用的统计检验，它们适用于所有分布族，此外，还将介绍一种适用于指数分布的统计检验。

χ^2 **检验**（chi-square test）是常用（但不一定是最好）的统计检验方法。该检验假设数据是以直方图的形式呈现的，直方图的每个块（称为频率类）给出了其所覆盖区间内的观测值数量。一般来说，每个区间的长度相等，这些区间覆盖了所有样本数据。各区间内的观测值数量有所不同，由此可以得到近似于概率密度函数的图像。图 9.4 展示了 25 个服务时间观测值的直方图。

27.6, 28.9, 3.8, 16.6, 13.3, 3.3, 7.8, 55.3, 12.6, 1.8, 12.9, 4.8, 12.6, 8.8,
3.3, 2.7, 0.6, 1.3, 1.1, 21.3, 11.3, 14.9, 15.7, 8.6, 9.6

均值、标准差和变异系数 C 分别为 12.02、11.91 和 0.991。实际观测值可能会多于 25 个，此处使用该较小的数据集是为了易于理解。

C 接近于 1，所以可以考虑将指数分布族作为备选分布族。均值的最大似然估计量和矩估计量均为 12.02。图 9.4 中的直方图大致呈指数分布，首先对这些数据进行 χ^2 检验，来判断指数分布是否是合理的选择。检验统计量 χ^2 为

$$\chi_k^2 = \sum_{i=1}^{n} \frac{(o_i - c_i)^2}{e_i}$$

其中，o_i 是观察到的第 i 个频率类中的观测值数量，e_i 是基于假设的分布得到的第 i 个频率类中的期望观测值数量，k 是自由度数量，k 总是等于频率类的数量减 1，然后减去参数估计的数量。当然，需要采取防备措施，以避免一个频率类中的观测值数量过少（一般来说，大于或等于 5 个观测值）。

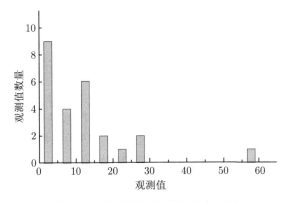

图 9.4　服务时间样本数据的直方图

为了得到 e_i，对区间上的理论分布进行积分，例如，如果 i^- 是第 i 个区间的低点，i^+ 是高点，那么对于指数分布有

$$e_i = n \int_{i^-}^{i^+} \theta e^{-\theta t} dt = n \left(e^{-\theta i^-} - e^{-\theta i^+} \right)$$

其中，用最大似然估计量 $\hat{\theta}$ 来替换 θ，n 是样本大小。在该例子中，$\hat{\theta}$ 为 1/12.02。

χ^2 检验有两个变体：等区间和等概率。等区间表示 $i^+ - i^-$ 的值相等，在该例子中，$i^+ - i^- = 5.0$。等概率表示 e_i 的值相等，在这种情况下，$i^+ - i^-$ 的值会发生变化。我们对两个变体均进行了分析，结果见表 9.6。对于等区间检验，我们将最后 8 个区间合并为 1 个区间，即 $(20, \infty)$，该区间内的频率为尾频率。对于等概率检验，令每个区间内的理论频率均为 5。

由于有 3 个自由度，所以 5% 水平的临界值是 7.815（计算过程可以参见任意统计教科书），这两个检验均不否认数据来自指数分布的假设。

表 9.6　χ^2 检验的两个变体对比

区间	上限值	样本频率	理论频率	对统计量的贡献
(a) 等区间				
1	5	9	8.51	0.028
2	10	4	5.61	0.462
3	15	6	3.70	1.429
4	20	2	2.44	0.079
5	∞	4	4.74	<u>0.115</u>
总统计量				2.113
(b) 等概率				
1	2.682	4	5	0.2
2	6.140	5	5	0
3	11.014	4	5	0.2
4	19.345	8	5	1.8
5	∞	4	5	<u>0.2</u>
总统计量				2.4

在进行 χ^2 检验时，需要非常谨慎，建议分析人员参考统计文献中关于这一问题的详细论述。χ^2 检验有以下缺点：需要大量样本（在我们的例子中，样本数 25 过小）；高度依赖于时间轴区间的数量和位置的选择；对于一些备选分布，可能有非常高的 2 型误差（即接受错误假设的概率）。

另一个常用的拟合优度检验是**科尔莫戈罗夫-斯米尔诺夫检验**（Kolmogorov-Smirnov test，KS 检验）。KS 检验将经验累积分布函数与理论累积分布函数进行对比，并使用修正后的最大绝对偏差作为检验统计量，即

$$K = \max_{j} \max \left\{ \left| \frac{j}{n} - F(t_j) \right|, \left| \frac{j-1}{n} - F(t_j) \right| \right\} \tag{9.38}$$

其中 t_j 是第 j 个（有序递升的）观测值，$F(t_j)$ 是第 j 个观测值处的假设分布函数值。然而，正如我们所看到的，该检验假设累积分布函数 F 是已知的。如果需要进行 KS 检验，读者可以在许多已出版的文献中找到检验统计量的临界值表。然而，如果假设的累积分布函数的参数是未知的，且需要根据数据对参数进行估计，则必须建立一个特殊的 KS 表，或针对累积分布函数 F 所属的分布族来修正检验统计量，或同时进行以上两个操作。参考文献（Lilliefors，1967；1969）中给出了正态分布和指数分布的例子。对于使用估计均值的分布，通用 KS 表给出的结果非常保守，也就是说，实际达到的显著性水平将远远低于通用 KS 表给出的结果。在我们的例子中（需要再次指出，样本数 25 过小，不能进行

任何有意义的拟合优度检验，但这有助于对该方法进行说明），由式（9.38）得到的最大偏差 K 为 0.11739。斯蒂芬斯（Stephens，1974）建议使用 $\tilde{K}$ 作为检验统计量，并使用修正后的表（Law，2014），可得

$$\tilde{K} = \left(K - \frac{0.2}{n}\right)\left(\sqrt{n} + 0.26 + \frac{0.5}{\sqrt{n}}\right)$$

5％水平的临界值为 1.094，且由于 $\tilde{K}$ 等于 $(0.117 - 0.2/25) \times (5 + 0.26 + 0.5/5) = 0.415$，所以 KS 检验不否认该假设。

KS 检验的一个变体是**安德森-达林检验**（Anderson-Darling test，AD 检验），与 KS 检验（仅使用最大偏差）不同，AD 检验使用所有偏差（实际上是所有平方偏差的加权平均值，越靠近分布的尾部，权重越大）。同样，对于某些分布（指数分布是其中之一），可以使用特殊的表。在上面的例子中，检验统计量为 0.30045，5％水平的临界值为 1.29，所以 AD 检验不否认该假设。

拟合优度检验要求有大量样本，此外，如果需要根据样本来估计参数，那么许多拟合优度检验都具有局限性。对于指数分布，可以使用特定的检验。由于指数分布对排队场景的解析建模非常重要，所以这里介绍一个适用于指数分布的检验——**F 检验**（F-test），对于几乎所有假设的备选指数分布，该检验都非常有效（即判断备选指数分布是否合理的能力非常强），且通常会优于其他检验。

为了进行 F 检验，对 n 个发生时间间隔 t_i 进行随机分组，一组中有 $r\,(\approx n/2)$ 个 t_i，另一组中有 $n - r$ 个 t_i。有统计量

$$F = \frac{\sum\limits_{i=1}^{r} t_i / r}{\sum\limits_{i=r+1}^{n} t_i / (n-r)} \tag{9.39}$$

F 是两个埃尔朗分布随机变量的比值，当指数分布的假设成立时，F 服从自由度为 $2r$ 和 $2(n-r)$ 的 F 分布。因此，由一组数据计算出 F，并对 F 进行双尾 F 检验，可以判断该流是否为指数流。很容易将该 F 检验的论点扩展至有随机出现的不完整的发生间隔周期的情况（在维修问题中很常见）。读者可以在大多数权威的统计类图书中获取到 F 分布的临界值表。接下来，使用前面的样本数据来对 F 检验进行说明。

数据是随机排序的，将前 13 个观测值相加可得 201.3，将后 12 个观测值相加可得 99.2。由式（9.39）可得 $F = (201.3/13)/(99.2/12) \doteq 1.873$。$F_{26,24}$ 的 95％临界值分别为 0.45 和 2.26，所以 F 检验接受数据服从指数分布的假设。

在本节的最后，需要说明一下，可以使用一些软件包来运行数据，这些软件包将给出数据的最优分布（如 ExpertFit）。需要注意的是，这些软件包大多数使用机器学习来估计参数，并且可以基于多个标准（不仅仅使用拟合优度检验）来选择最优分布。通常，由软件包选出的最优模型与样本的二阶矩及更高阶矩之间有很大差异。由某些解析理论（如 PK 公式和高负荷近似）可知，一阶矩和二阶矩非常重要，且在这些情况下，仅需要关注一阶矩和二阶矩，甚至没有考虑实际分布。参考文献（Juttijudata, 1996；Gross et al., 1997）证明了矩的重要性。因此，需要提醒读者的是，如果理论分布的矩与样本的矩（尤其是前三或前四阶矩）有很大差异，则不要选择该分布。

许多仿真建模研究学者建议，与其尝试选择理论概率分布，不如简单地使用经验分布，也就是使用样本直方图，这与统计领域的**自助法**（bootstrap）非常相似。关于哪一种方式更好，请读者参阅参考文献（Fox, 1981；Kelton, 1984）。

9.3.2.4 随机数生成

当选择了合适的概率分布来表示输入过程（到达时间间隔和服务时间）后，需要基于输入过程生成有代表性的观测值，来 "运行" 仿真系统。后面各节将讨论需要生成多少观测值（即观察仿真系统的时长）。

由给定的概率分布 [如 $f(x)$] 生成独立同分布的随机数的过程通常包括两个阶段：（1）生成在 $(0,1)$ 上均匀分布的伪随机数；（2）使用伪随机数从 $f(x)$ 得到随机数（观测值）。我们首先讨论如何生成在 $(0,1)$ 上均匀分布的伪随机数，然后讨论如何使用这些伪随机数从指定的 $f(x)$ 生成随机数。

大多数计算机编程语言均提供了伪随机数生成器，"伪" 表明随机数完全是由数学算法生成的，"随机" 表明它们通过了统计检验（主要检验所有值是否具有相等的概率以及是否具有统计独立性）。大多数计算机程序均是基于**线性同余方法**（linear-congruential method）来生成伪随机数的，该方法涉及模运算，并使用了递归公式

$$r_{n+1} = kr_n + a \ (\mathrm{mod}\ m) \tag{9.40}$$

其中 k、a 和 m 是正整数（$k < m$ 且 $a < m$）。该公式表明，$kr_n + a$ 除以 m 所得的余数为 r_{n+1}。我们需要选择初始值 r_0，该初始值称为种子，且 r_0 值应该小于 m。

例如，如果 $k = 4$，$a = 0$ 且 $m = 9$，且令 r_0 为 1，则可以生成以下数：

$$1, 4, 7, 1, 4, 7, 1, 4, 7, \cdots$$

由于最小的数（除以 9 的余数）可能是 0，最大的数可能是 8，所以随机数的范围是 0~8。进行规范化，即将所有数除以 $m = 9$，使其落入区间 $(0,1)$ 内，需要注意的是，由于 0 是可取的数，所以实际上是使随机数落入区间 $[0,1)$ 内。规范化结果为

$$0.111, 0.444, 0.778, 0.111, 0.444, 0.778, \cdots$$

显然，该随机数序列是不可接受的。首先，9 个可能的数中仅出现了 3 个；其次，该序列是循环的，循环长度为 3。如果我们希望得到 3 个以上的随机数，那么此序列是不可用的。因此，将 k 改为 5，a 改为 3，m 改为 16，r_0 改为 7 [参考文献（Law，2014）中的一个例子]，可得

$$7, 6, 1, 8, 11, 10, 5, 12, 15, 14, 9, 0, 3, 2, 13, 4, 7, 6, 1, 8, \cdots$$

此时，随机数范围为 0~15，且生成了这一范围内的所有数，由此得到一个全循环生成器，但循环长度为 16 [使用式（9.40）得到的任意流的最大循环长度是 $m - 1$]。进行规范化，即将所有数除以 16，使其落入区间 $[0,1)$ 内 [如果希望得到在 $(0,1)$ 上均匀分布的随机数，那么可以舍弃生成的 0]。

因此，需要非常谨慎地选择 k、a 和 m（在某种程度上，也需要谨慎地选择 r_0）。如果在 32 位和 64 位的计算机上使用仿真软件包进行模运算，当 m 的取值分别为 $2^{31} - 1$ 和 2^{48} 时，效果似乎较好。关于随机数生成的更多讨论，感兴趣的读者可以参阅参考文献（L'Ecuyer，2006）。

我们希望由特定的概率分布 [例如，累积分布函数为 $F(x)$] 生成有代表性的观测值。可以使用多种方法来进行这一操作。本节介绍最常用的方法，感兴趣的读者可以参阅相关文献来进一步了解。

我们要介绍的方法有时被称为**逆变换法**（inverse transformation method，也称**概率变换法**、**逆生成法**）。最好通过图像来描述该方法，考虑累积分布函数的图像，如图 9.5 所示，我们希望由该累积分布函数生成随机数。该方法首先生成在 $(0,1)$ 上均匀分布的随机变量，如 $r_1, r_2, \cdots$。为了得到 x_1，即对应于 $F(x)$ 的第一个随机数，只需要输入纵坐标 r_1，然后进行上下投影，如图 9.5 所示，可得横坐标 x_1。使用 $r_1, r_2, \cdots$ 重复该过程，可得 $x_2, x_3, \cdots$。

为证明该方法是有效的，需要证明使用该方法生成的随机数（设为 X_i）满足 $\Pr\{X_i \leqslant x\} = F(x)$。观察图 9.5，可得 $\Pr\{X_i \leqslant x\} = \Pr\{R_i \leqslant F(x)\}$。由于 R_i 在

$(0,1)$ 上均匀分布，所以可得 $\Pr\{R_i \leqslant F(x)\} = F(x)$，因此 $\Pr\{X_i \leqslant x\} = F(x)$。请注意，该方法也适用于离散分布，在这种情况下，该累积分布函数是阶跃函数，因此仅生成离散的 X 值。

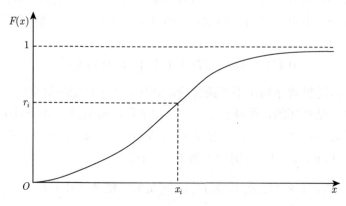

图 9.5　使用逆变换法生成随机数的累积分布函数

对于某些理论分布，可以使用解析方法进行逆运算。例如，考虑参数为 θ 的指数分布，其累积分布函数为 $F(x) = 1 - \mathrm{e}^{-\theta x}, x \geqslant 0$。输入在 $(0,1)$ 上均匀分布的随机数 r（作为纵坐标），进行投影后得到结果 x，这一过程相当于通过求解以下方程来得到 x：

$$r = 1 - \mathrm{e}^{-\theta x} \quad \Rightarrow \quad \mathrm{e}^{-\theta x} = 1 - r$$

由于 r 在 $(0,1)$ 上均匀分布，所以 r 和 $1-r$ 均可以作为随机数，因此可以将上式写为 $\mathrm{e}^{-\theta x} = r$。对等式两边同时取自然对数，可得

$$x = \frac{-\ln r}{\theta} \tag{9.41}$$

然而，不能使用解析方法来对所有概率分布进行逆运算。对于一些连续分布，可以使用其他方法来生成随机数，有时使用数值积分方法，更常见的是利用概率论的基本概念来辅助随机数的生成。下面通过 k 阶埃尔朗分布来说明如何利用统计理论。这里并不对埃尔朗分布的累积分布函数进行逆运算，而是取 k 个指数随机数的和，如前面所讨论的，很容易通过求逆生成这些随机数，实际上，这一过程生成了习题 4.22 的数据。因此，对于需要由均值为 $1/\mu$ 的 k 阶埃尔朗分布生成随机数的情况，通过使用下式，可以由在 $(0,1)$ 上均匀分布的随机

数 $r_1, r_2, \cdots, r_k$ 得到这类随机数，如 x：

$$x = \sum_{i=1}^{k}\left(-\frac{\ln r_i}{k\mu}\right) = -\frac{\ln \prod_{i=1}^{k} r_i}{k\mu}$$

对于排队场景的建模，另一个有用的连续分布是混合指数分布，其概率密度函数为

$$f(t) = \sum_{i=1}^{n} p_i \lambda_i \mathrm{e}^{-\lambda_i t}$$

每一个观测值本质上均是两个相互独立的概率事件的结果。也就是说，首先使用离散混合概率 $\{p_i\}$ 来选择相关的指数分布子总体，然后在选定第 j 个总体的情况下，使用均值 $1/\lambda_j$ 及式（9.41）来生成一个指数分布随机数。关于生成其他概率分布（例如，正态分布、Γ 分布、对数正态分布）的随机数的方法，请参阅参考文献（Law，2014）。

综上，可以由任何概率分布生成随机数，尽管在某些情况下，这一过程非常耗时，或只能得到近似结果。然而，在大多数情况下，这一过程并不复杂，并且可以使用大多数现代仿真软件来解决这类问题。

接下来讨论仿真分析的记录阶段。

9.3.3　记录

如前所述，仿真模型的记录阶段会跟踪在系统中移动的事件，并在进行中的过程上设置计数器，用于计算各种系统效益指标。仿真建模器支持多种语言和软件包，例如通用语言 C++、Java 和 Visual Basic，这些语言使建模具有较大的灵活性，需要读者进行认真编程，此外还有各种仿真语言包。由例 9.7 可以了解，编程涉及由输入概率分布生成的随机数，跟踪不同事件在不同时刻处于什么位置，并需要通过进行统计计算来得到输出的效益指标。

许多不同类型的仿真模型对输出统计分析所需的记录、随机数的生成、数据采集方法的要求是相似的，由此促使了各种仿真语言包的开发。这些仿真语言包（例如 Arena、ProModel 和 AutoMod）使得仿真模型的编程变得非常容易。但是，由于模型需要与软件包的语言环境相配，所以建模的灵活性有所降低。在大多数情况下，这并不是问题。一般来说，编程越容易，灵活性就越小（语言环境的约束性越强）。

大多数常用的仿真语言使用**下一事件方法** (next-event approach) 来做记录（而不是固定时间增量方法），在该方法中，主时钟的值直接增加至下一个事件发生的时刻，而不是以固定的时间增量增加（对于许多增量，可能没有发生事件，见表 1.6 和表 9.5），如例 9.7。此外，大多数基于事件的记录方式使用了事件处理方法，即对事件在系统中的移动过程中进行跟踪。关于编程语言的更多讨论，请参阅参考文献（Banks et al.，2013；Law，2014）。关于仿真软件包的综述，请参阅参考文献（Swain，2017），该综述一般每两年更新一次。

QtsPlus 提供了一个仿真演示模块，该模块可以对以下排队系统进行仿真：单服务员和多服务员的排队系统、具有优先级的排队系统、具有多类顾客的排队系统、小型排队网络。QtsPlus 在输入分布的选择上有一定的局限性，且不能进行自动的统计输出分析。QtsPlus 的定位并不是与商业仿真软件包竞争，而是使读者对离散事件仿真程序有一定的了解，其唯一需要的软件是 Excel。

9.3.4 输出分析

为了从仿真输出中得出可靠的结论，需要进行大量思考且要非常细心。当对随机系统进行仿真时，单次运行产生的输出值本质上具有统计性，所以需要进行合理的实验设计和统计分析来得到有效的结论。与传统意义上的对总体进行抽样（需要付诸大量努力来获取具有独立观测值的随机样本）不同，在仿真建模中，通常使用**方差缩减方法**（variance reduction technique，VRT）来得到相关性，所以用于分析样本数据的现有经典统计方法将不再适用。接下来介绍可以用于分析仿真输出的一些基本方法。

仿真模型主要有两种：**终止模型** (terminating model) 和**连续模型**（continuing model，也称为**非终止模型**）。终止模型有自然开始和停止时间，例如，银行上午 9:00 开门，下午 3:00 关门（例 7.2 中的模型就是终止模型）。与终止模型不同，连续模型没有开始和停止时间，例如，对于生产过程，一个班次结束时遗留的工作会在下一个班次开始时继续进行，从这个意义上说，生产过程在持续进行。在这些情况下，我们通常关注稳态结果。在对这类系统进行仿真时，需要确定初始的瞬态过程在何时结束，且该仿真在何时处于稳态。

首先考虑终止模型的仿真，如例 7.2。不能由单次运行得出任何统计结论，例如，最大等待时间是单个观测值，即仅具有一个观测值的样本。可以通过使用不同的随机数流来重复运行实验，按顺序得到每次运行的到达时间和处理时间，从而生成一个具有多个独立观测值的样本，并且可以使用经典的统计方法来分析该样本。假设重复 n 次，将得到 n 个最大等待时间值，如 $w_1, w_2, w_3, \cdots, w_n$。假设 n 足够大，则可以使用**中心极限定理**（central limit theorem）计算最大等待时间的平均值和样本标准差，通过以下公式可得 $100(1-\alpha)\%$ 的**置信区间**（confidence interval，CI）：

$$\bar{w} = \frac{\sum\limits_{i=1}^{n} w_i}{n}$$

$$s_w = \sqrt{\frac{\sum\limits_{i=1}^{n}\left(w_i - \bar{w}\right)^2}{n-1}}$$

置信区间为

$$\left[\bar{w} - \frac{t(n-1, 1-\alpha/2)s_w}{\sqrt{n}}, \bar{w} + \frac{t(n-1, 1-\alpha/2)s_w}{\sqrt{n}}\right]$$

其中 $t(n-1, 1-\alpha/2)$ 是自由度为 $n-1$ 的 t 分布的 $1-\alpha/2$ 上临界值。

对于连续模型的仿真，我们希望得到稳态结果，由随机过程的遍历理论可知

$$\lim_{T \to \infty} \frac{1}{T}\int_0^T X^n(t)\mathrm{d}t = \mathrm{E}\left[X^n\right]$$

因此，如果运行足够长的时间，结果将趋近于极限平均值。然而，我们不清楚足够长时间是多长，并且我们通常希望得到置信区间。因此，还需要解决两个问题：何时达到稳态，以及何时停止仿真的运行。假设解决了这两个问题，并且决定在达到稳态后对 n 个事件进行仿真，并测量顾客在特定队列中等待接受服务的时间，由此可以得到 n 个排队等待时间值，再次用 w_i 来表示（此时 w_i 是实际等待时间，而不是最大等待时间）。我们希望计算这 n 个值的均值和标准差，并使用前面的方法得到置信区间。然而，这些 w_i 是相关的，如果使用前面给出的 s_w 公式，则计算出的方差会远低于真实值。有许多方法可用于对所需数据的相关性进行估计并使用这些相关的数据来估算标准差，但这需要对单个数据集进行大量估计，会造成统计精度降低的问题。

为了解决相关性的问题，可以再次重复运行 m 次，每次使用不同的随机数种子，如我们在仿真终止模型时所做的。对于每次运行，计算 w_i 的平均值，用

$\bar{w}_j$ 表示第 j 次重复运行的平均值，即

$$\bar{w}_j = \frac{\sum\limits_{i=1}^{n} w_{ij}}{n}$$

其中 w_{ij} 是第 j 次重复运行时事件 i 的等待时间，$i = 1, 2, \cdots, n$ 且 $j = 1, 2, \cdots, m$。此时 $\bar{w}_j$ 是相互独立的，与终止模型的仿真类似，通过以下公式可得 $100\,(1 - \alpha)\%$ 的置信区间：

$$\bar{w} = \frac{\sum\limits_{j=1}^{m} \bar{w}_j}{m}$$

$$s_{\bar{w}_j} = \sqrt{\frac{\sum\limits_{j=1}^{m} \left(\bar{w}_j - \bar{w}\right)^2}{m - 1}}$$

置信区间为

$$\left[\bar{w} - \frac{t(m - 1, 1 - \alpha/2)s_{\bar{w}_j}}{\sqrt{m}}, \bar{w} + \frac{t(m - 1, 1 - \alpha/2)s_{\bar{w}_j}}{\sqrt{m}} \right]$$

回到前面提到的连续模型仿真中的两个问题（即何时达到稳态以及何时停止每次仿真的运行），下面首先讨论后者，然后讨论前者。运行长度（n）和重复次数（m）均会影响标准误差的大小（$s_{\bar{w}_j}/\sqrt{m}$）。对于给定的置信度（$1 - \alpha$），标准误差越小，置信区间越精确（范围越小）。已知标准误差随 m 的平方根的增大而减小，所以重复次数越多，置信区间越精确。此外，我们可以想到，对于给定的重复次数，当运行长度 n 增大时，$s_{\bar{w}_j}$ 的值会减小，所以运行长度越大，置信区间越精确。因此，在固定的计算机运行时间内，需要权衡 n 和 m 的大小。n 和 m 的设置也可以看作一门艺术，可以尝试通过仿真来做权衡。

确定预热期（使过程趋于稳态所需的初始时间）也并不容易。在实践中，通常忽略了预热期，我们希望运行过程中有足够多的数据点，从而在系统趋于稳态后获取的数据可以使瞬态效应变得不明显。一种常用且科学的方法是将运行过程分为瞬态期和稳态期两部分。该方法的基本思路是，如果可以计算出过程趋于稳态的时刻或所需的事件数，那么在主时钟到达该时刻之前，不记录（用于计算输出效益指标的）数据，即舍弃瞬态期的观测值。如何确定该时刻是输出分析

中较为困难的问题，许多学者提出了可用的方法，读者可以参考前面提到的与基础仿真相关的文献，在此仅对一些方法稍做讨论。

韦尔希（Welch，1983）提出的方法似乎非常有效（同样，对预热期的分析更像是一门艺术，而不是一门科学），参考文献（Law，2014）中也提到了该方法。在该方法中，需要选择一个输出效益指标（例如，等待接受服务的平均时间），在每次重复运行的过程中（对每个事件重复运行仿真）计算该指标的平均值（也就是说，如果重复运行次数为 m，运行长度为 n，则对每次重复运行得到的事件 i 的 m 个值取平均值，$i = 1, 2, \cdots, n$），对这些事件平均值的相邻值取移动平均值，绘制这些值的曲线，并观察曲线何时趋于稳定。建议读者尝试取不同的移动平均值窗口（移动平均值中相邻点的数量）。同样，需要对移动平均值窗口的大小以及曲线趋于稳定的点做出主观判断。

在凯尔顿等人（Kelton et al.，1983）提出的回归方法中，也用到了上述的事件平均值。n 个事件平均值被分为 b 个批次。为最后一个批次的数据拟合回归线，如果回归线的斜率不显著异于 0，则认为数据处于稳态。然后在该回归拟合中加入倒数第二个批次的数据，再次进行检验，如果回归线的斜率不显著异于 0，则认为最后 $2b$ 个值处于稳态。继续进行这一过程，当斜率显著异于 0 时，则认为该批次以及所有前面的批次均处于瞬态。该方法基于这样的假设，即当系统的初始状态为空时，效益指标随时间单调变化。同样，需要对 n、m 和 b 的值做出主观判断。

第三个方法与前两个方法的不同之处在于，不尝试找出进入稳态的点，而是对瞬态效应的偏移进行估计，以确定数据是否表现出初始条件偏移（Schruben，1982）。该方法可与上述两个方法之一结合使用，以检验所选择的预热期是否足以消除初始条件偏移。

假设已经确定了预热期，在非终止模型的仿真实验中，为了避免每次重复运行（重复运行 m 次）时舍弃预热期的初始观测值，可以使用**批均值**（batch means）方法（Law，1977；Schmeiser，1982）。我们不重复运行，而是进行一次较长的运行（例如，mn 个事件），然后将该运行过程分为 m 段（批），每段（批）有 n 个事件。假设这些段的效益指标近似独立（如果这些段足够长，那么段与段之间的相关性应当很小），从而可以用标准差的经典估计方法，即这些段表现得好像是独立重复运行的。确定置信区间的方法与确定 m 次独立重复运行的置信区间的方法相同，但此时，仅需要舍弃一个预热期，而不是 m 个预热期。

还可以使用其他方法，如**再生法**［regenerative method，参阅参考文献（Crane et al.，1975；Fishman，1973a，b）］及**时间序列分析**［time series analysis，参阅参考文献（Fishman，1971；Schruben，1982）］。

在比较两个备选的系统设计时，最常用的手段是使用**成对 t 置信区间法**（paired t CI）来比较两个设计的特定的效益指标。例如，假设对一个排队系统进行仿真，设计 1 中有两个服务员，这两个服务员在一个服务站中以特定的速率提供服务；设计 2 中使用了自动化机器来替代这两个服务员，系统负责人员对事件的平均占用时间感兴趣。分别对设计 1 和设计 2 运行一次仿真，并分别计算平均占用时间，然后计算这两个平均占用时间的差值。分别对设计 1 和设计 2 重复运行 m 次，得到 m 个差值，即 $d_i, i = 1, 2, \cdots, m$。与前面描述的方式类似，通过计算 d_i 的平均值和标准差，并使用 t 分布来得到平均差的 $100(1-\alpha)\%$ 的置信区间

$$\left[\bar{d} - \frac{t(m-1, 1-\alpha/2)s_{d_i}}{\sqrt{m}}, \bar{d} + \frac{t(m-1, 1-\alpha/2)s_{d_i}}{\sqrt{m}} \right]$$

在一次重复运行中，应当尽可能对每个设计使用相同的随机数流，使得观测到的差值仅与设计方案的参数变化相关，与生成的随机数的随机性无关。当然，在不同的重复运行中使用的是不同的随机数流。

公共随机数法（common random numbers）是一种方差缩减方法，该方法对于缩小置信区间非常有效，后文将对此进行讨论。

有多种方法可以用来对两个以上的设计进行比较。上述比较两个系统的方法，可以用于对所有系统进行两两比较。然而，如果对于某个设计对，置信区间的置信水平为 $1-\alpha$，且共有 k 个设计对，那么与所有设计对相关的置信叙述中的置信度降至 $1-k\alpha$（**邦费罗尼不等式**，Bonferroni inequality）。因此，如果希望总置信度为 $1-\alpha$，那么每个设计对的置信度均必须为 $1-\alpha/k$。

还可以使用各种排序和选择方法，例如，选择 k 个系统中的最优系统，选择一个大小为 r 的子集，其中包含 k 个系统中的最优系统，或选择 k 个系统中最优的 r 个系统。为了解更多细节，读者可以参阅参考文献（Law，2014）。

接下来讨论一些方差缩减方法。与实际场景中的抽样不同，仿真建模器可以对生成的随机数的随机性进行控制。通常，在仿真运行中，在某些随机数之间引入相关性可以减小方差并缩小置信区间。考虑前面使用成对 t 置信区间方法的

例子，如果使用公共随机数法，则在一次重复运行中，会在两个效益指标之间引入正相关性，从而减小由所有重复运行得到的平均差的方差。

另一个方法为**对偶变量法**（antithetic variates，AV），该方法在某个设计的两个连续重复运行之间引入负相关性，其思路是使一次重复运行中较大的随机值被另一次重复运行中较小的随机值抵消。对这两次重复运行的效益指标取均值，得到一个"观测的"效益指标。因此，如果进行 m 次重复运行，则最终仅对 $m/2$ 个独立的值取均值，并使用该均值来计算置信区间，这 $m/2$ 个值的方差远远低于 m 个独立观测值的方差。

其他方差缩减方法包括**间接估算法**（indirect estimation）、**条件抽样法**（conditioning）、**重要性抽样法**（importance sampling）和**控制变量法**（control variates），感兴趣的读者可以参阅仿真理论的基础教材。

第 9.3 节开头提到仿真的一个缺点是较难找到最优的系统设计。有许多对比方法可以帮助我们从所有尝试的设计中找到最优的，但找到真正最优的设计是非常困难的。敏感度分析和优化已经引起了相当多的关注，读者可以参阅参考文献（Chen et al.，2011；Fu et al.，2008；Andradóttir，1998；Rubinstein et al.，1998；Rubinstein，1986）。

9.3.5　模型验证

模型验证是仿真研究中一个非常重要的步骤，建模人员常常忽略这一点。在开始开发仿真模型之前，仿真分析员应该非常熟悉其研究的系统，并且需要让系统的管理人员和操作人员参与进来，从而使各方就实现研究目标所需的**细节层次**（level of detail）达成一致。合适的细节层次往往是最粗糙但仍然可以提供所需答案的层次。仿真建模存在一个问题：由于可以对任何细节层次进行建模，所以往往在模型的开发中包含了过多细节，这可能会非常低效且事与愿违。

有效性（validity）与**检验**（verification）和**可信度**（credibility）密切相关。检验与程序调试相关，以确保计算机程序执行预期的操作。由于有许多方法可用于调试计算机程序，所以需要满足的检验要求通常是要实现的三个目标中最直接的一个。

有效性用来判断模型是否能准确地描述实际场景，可信度用来判断模型对用户而言是否是可信的。为了满足有效性和可信度的要求，需要用户尽可能早且频繁地参与研究。研究目标、合适的系统性能指标以及细节层次需要达成一致且尽可能保持简单。建模人员和用户应该定期保存、更新和签署假设日志。

在可能的情况下，如果对运行中的系统进行建模，则应该根据实际系统的性能来检查仿真模型的输出。如果该模型可以（在统计学意义上）复制实际数据，则有效性和可信度均会提高。如果当前的系统不存在，那么如果模型可以在理论结果已知的条件下运行（例如，在研究排队系统时，可以将仿真结果与由排队理论得出的结果进行比较），并且仿真结果与理论结果相同，则该仿真模型可以通过验证。模型可以在多种条件下运行，并由用户检验结果的合理性来验证模型的有效性和可信度。在大多数仿真文献中，至少有一节专门讨论这一重要的主题，感兴趣的读者可以参阅参考文献（Carson，1986；Law，2005；Gass et al.，1980；Sargent，2013；Schruben，1980）。

习题

9.1 对于机器维修问题，$M = Y = c = 1$，$\lambda = 1$，且 $\mu = 1.5$，求 $t = \frac{1}{2}$ 和 $t = 1$ 时的 $p_2(t)$，$p_1(t)$ 及 $p_0(t)$，其中 $p_0(0) = 1$ 且 $p_2(0) = p_1(0) = 0$。
    （a）使用拉普拉斯变换；
    （b）使用欧拉方法，$\Delta t = 0.10$；
    （c）使用随机化方法，$\epsilon = 0.01$。

9.2 对于习题 9.1，求近似稳态概率分布：
    （a）使用雅可比迭代，一致化嵌入离散参数马尔可夫链的转移概率矩阵为 $\tilde{\boldsymbol{P}}$；
    （b）使用高斯-赛德尔迭代，转移概率矩阵为 $\tilde{\boldsymbol{P}}$；
    （c）结合习题 9.1（c）的结果，说明使用随机化方法来求 t 足够大时的 $\boldsymbol{p}(t)$ 的优点。

9.3 证明埃尔朗分布的累积分布函数 $F(t)$ 可以写为式（9.36）。

9.4 证明埃尔朗分布的故障率函数 $h(t)$ 可以写为式（9.37）。

9.5 使用伪随机数生成器从以下分布中创建 5 个观测值：
    （a）5 至 15 之间的均匀分布；
    （b）均值为 5 的指数分布；
    （c）均值为 5 的三阶埃尔朗分布。

9.6 使用伪随机数生成器从以下分布中创建 10 个观测值：
    （a）混合指数分布，混合概率为 $\left(\frac{1}{3}, \frac{2}{3}\right)$，子总体均值为 5 和 10；
    （b）Γ 分布，均值为 5，方差为 10。

9.7 使用伪随机数生成器从以下分布中创建 5 个观测值：
    （a）三角形分布，其中

$$f(x) = \begin{cases} 2x/3, & 0 \leqslant x < 1 \\ 1 - x/3, & 1 \leqslant x \leqslant 3 \end{cases}$$

（b） 泊松分布，均值为 2；

（c） 满足表 9.7 的离散分布。

表 9.7 习题 9.7（c）的数据

项目	数据			
数据值	1	3	4	5
概率	0.1	0.3	0.2	0.4

9.8 使用 QtsPlus 中的 $G/G/1$ 仿真模型来对表 9.8 给出的单服务员排队模型进行仿真，并估算 L、L_q、W 和 W_q。

表 9.8 习题 9.8 的数据

项目	数据		
到达时间间隔/min	4	5	6
到达时间间隔发生概率	0.1	0.3	0.6
服务时间/min	4	5	6
服务时间发生概率	0.5	0.3	0.2

9.9 使用任意计算机语言编写一个面向事件的仿真程序，给出单通道排队模型的平均系统大小和排队等待时间，该模型的到达时间间隔和服务时间由用户指定。使用服从指数分布的到达时间间隔和服务时间来检查程序，并将结果与 $M/M/1$ 排队模型的已知结果进行比较。

9.10 使用任意计算机语言编写 $G/G/1$ 排队模型仿真器。仿真器要可以对任意数量的顾客进行仿真，并需要确定 $M/G/1$ 排队模型的等待时间。可以使用任意服务时间分布（指数分布除外），且 ρ 小于 1，初始运行大小为 10 000。将你的答案与 PK 公式中的答案进行比较。增大初始运行大小并再次进行比较，可以得出什么结论？

9.11 使用仿真语言（例如 ProModel 和 Arena）来对习题 9.9 的模型进行编程，并比较编程效果。

9.12 使用任意计算机语言编写一个仿真器，用于处理单服务员的机器修复问题，机器发生故障的时间间隔服从指数分布，均值为 2，服务时间服从指数分布，均值为 2，有 4 台机器。

9.13 你已经编写了一个通用的单通道排队模型仿真器，可以仿真任何输入过程和服务模式。为了验证该仿真器的可行性，你决定使用指数分布到达时间间隔（均值为 10）和指数分布服务时间（均值为 8）来运行仿真。以下是由 20 个重复运行得到的平均系统大小：

> 5.21, 3.63, 4.18, 2.10, 4.05, 3.17, 4.42, 4.91, 3.79, 3.01,
> 3.71, 2.98, 4.31, 3.27, 3.82, 3.41, 5.00, 3.26, 3.19, 3.63

基于这些值，你能得出什么结论？

9.14 编写一个仿真程序，用于估计 $G/G/1$ 排队模型稳态时的平均等待时间。到达时间间隔的累积分布函数（混合指数分布）为

$$A(t) = 1 - \frac{e^{-t}}{2} - \frac{e^{-2t}}{2}$$

服务时间的累积分布函数为

$$B(t) = 1 - e^{-(4n/3)t}$$

其中 n 是服务开始时系统中的顾客数。

9.15 表 9.9 列出了排队系统两个备选设计的对比结果。基于系统仿真，该表给出了每个设计的平均等待时间，重复运行了 15 次仿真，每一次运行使用相同的随机数流。哪一个设计更可取？

表 9.9　习题 9.15 的数据

重复次数	平均等待时间	
	设计 1	设计 2
1	23.02	23.97
2	25.16	24.98
3	19.47	21.63
4	19.06	20.41
5	22.19	21.93
6	18.47	20.38
7	19.00	21.97
8	20.57	21.31
9	24.63	23.17
10	23.91	23.09
11	27.19	26.93
12	24.61	24.82
13	21.22	22.18
14	21.37	21.99
15	18.78	20.61

9.16 针对习题 9.15 提出了第三个设计。表 9.10 列出了 15 次重复仿真（使用与之前相同的随机数流）的结果。该设计比设计 2 好吗？请从统计和实践的角度进行分析。

表 9.10　习题 9.16 的数据

重复次数	结果
1~5	23.91,24.95,21.52,20.37,21.90
6~10	20.17,21.90,21.26,23.10,23.02
11~15	26.90,24.67,22.09,21.91,20.60

9.17　使用以下概率密度函数求超指数分布的 LST：

$$f(t) = p_1\lambda_1 e^{-\lambda_1 t} + (1 - p_1)\,\lambda_2 e^{-\lambda_2 t}$$

9.18　考虑二阶埃尔朗分布，概率密度函数为 $f(t) = 4\mu^2 t e^{-2\mu t}$。$f(t)$ 是两个指数分布的卷积，每个分布的均值为 $1/2\mu$。用以下两种不同的方法计算该埃尔朗分布的 LST：

（a）　使用 LST 的定义并进行直接积分，见附录 C.3；

（b）　使用变换的卷积特性。

9.19　基于式（9.17），证明：

$$\mathrm{Im}\left[\frac{1}{2\pi}\int_{-\infty}^{\infty} e^{bt}(\cos ut + \mathrm{i}\sin ut)\bar{f}(b + \mathrm{i}u)\mathrm{d}u\right] = 0$$

［提示：参考式（9.18）和式（9.19）的推导。］

9.20　证明：

（a）　$\mathrm{Re}\left[\bar{f}(a - bi)\right] = \mathrm{Re}[\bar{f}(a + bi)]$；

（b）　$\mathrm{Im}\left[\bar{f}(a - bi)\right] = -\mathrm{Im}[\bar{f}(a + bi)]$。

9.21　基于例 9.2，证明：

$$f(t) = \frac{2e^{bt}}{\pi}\int_0^\infty \frac{\lambda(b + \lambda)}{(b + \lambda)^2 + u^2}\cos(ut)\mathrm{d}u = \lambda e^{-\lambda t}$$

（a）　证明积分可以用复变量 z 来表示：

$$f(t) = \mathrm{Re}\left[\frac{e^{bt}}{\pi}\int_{-\infty}^{\infty} \frac{\lambda(b + \lambda)}{(b + \lambda)^2 + z^2}e^{\mathrm{i}zt}\mathrm{d}z\right]$$

（b）　证明该积分近似为：

$$f(t) \approx \mathrm{Re}\left[\frac{e^{bt}}{\pi}\int_{\gamma_R} \frac{\lambda(b + \lambda)}{(b + \lambda)^2 + z^2}e^{\mathrm{i}zt}\mathrm{d}z\right]$$

其中 γ_R 是半径为 R 的半圆，基部在实轴上，从 $-R$ 延伸至 R（覆盖正的虚平面），设 R 很大；

（c）　求被积函数的极点和留数；

（d）　复变量的留数定理指出，围道积分 $\displaystyle\int_{\gamma_R}$ 等于 $2\pi i$ 乘以围道内极点的留数之和。基于该定理，推导该积分。

9.22　使用数值逆变换的傅里叶级数方法，证明 $\mathrm{Re}\left[\bar{f}(b - \mathrm{i}u)\right] = \mathrm{Re}[\bar{f}(b + \mathrm{i}u)]$ 及 $\mathrm{Im}\left[\bar{f}(b - \mathrm{i}u)\right] = -\mathrm{Im}\left[\bar{f}(b + \mathrm{i}u)\right]$。

9.23　使用数值逆变换的傅里叶级数方法，证明式（9.17）的虚部为 0，即证明

$$\mathrm{Im}\left[\frac{1}{2\pi}\int_{-\infty}^{\infty} e^{bt}(\cos ut + \mathrm{i}\sin ut)\bar{f}(b + \mathrm{i}u)\mathrm{d}u\right] = 0$$

（需要使用习题 9.22 的结果）。

附录 A

符号及缩写

本附录的表 A.1 给出了本书中常用的符号及缩写的定义，但不包括仅偶尔出现在部分章节中的符号。符号按字母顺序排列；希腊符号按其英文名称首字母排列，例如，λ（lambda）位于 L 下。在同一字母下，拉丁符号先于希腊符号列出。最后列出的是非文字符号，如角分符号（′）和星号 (∗)。

表 A.1　符号及缩写的定义

符号及缩写	定义
$A/B/X/Y/Z$	排队模型的表示，其中 A 表示到达时间间隔分布，B 表示服务时间分布，X 表示服务员数或服务通道数，Y 表示系统容量限制，Z 表示排队规则
$A(t)$	到达时间间隔的累积分布函数；（在部分章节中也被定义为）时刻 t 前累计到达的顾客数
$a(t)$	到达时间间隔的概率密度函数
$B(t)$	服务时间的累积分布函数
$b(t)$	服务时间的概率密度函数
b_n	（1）到达时间间隔内有 n 个顾客完成服务的概率；（2）带有止步的排队模型的止步函数
C	（1）任意常数；（2）单位时间成本，通常表示为函数 $C(\cdot)$；（3）变异系数（coefficient of variation），$C \equiv \sigma/\mu$
c	并行通道数（服务员数）
CDF	累积分布函数（cumulative distribution function）
C-K	查普曼-科尔莫戈罗夫（Chapman-Kolmogorov），一种方程
CTMC	连续时间马尔可夫链（continuous-time Markov chain）
C_S	服务员的单位时间边际成本
c_n	批次大小为 n 的概率
C_W	顾客的单位等待时间成本
$C(t)$	离开时间间隔的累积分布函数
$C(z)$	$\{c_n\}$ 的概率母函数
$c(t)$	离开时间间隔的概率密度函数
D	（1）确定性分布，用于描述到达时间间隔或服务时间；（2）线性差分算子，$Dx_n = X_{n+1}$；（3）线性微分算子，$Dy(x) = \mathrm{d}y/\mathrm{d}x$

符号及缩写	定义
$D(t)$	时刻 t 前累计离开的顾客数
$\bar{d}$	观测到的平均离开时间间隔
DFR	递减失效率（decreasing failure rate）
df	分布函数（distribution function）
Δy_n	第一个有限差分，$\Delta y_n = y_{n+1} - y_n$
E_k	k 阶埃尔朗分布，用于描述到达时间间隔或服务时间
$E[\cdot]$	期望
η_{ij}	从状态 i 转移到状态 j 之前在状态 i 停留的时间
FCFS	先到先服务（first come first served）
$F_n(t)$	（自上一个顾客离开后）在时刻 t 系统中有 n 个顾客且 t 小于离开时间间隔的联合概率
$F_{ij}(t)$	已知过程从状态 i 出发且下一步转移至状态 j 的情况下，转移时间小于或等于 t 的条件概率（条件累积分布函数）
f_{ij}	从状态 i 转移至状态 j 的概率
$f_{ij}^{(n)}$	从状态 i 出发，转移 n 步首次到达状态 j 的概率
G	一般分布，用于描述到达时间间隔或服务时间
GD	一般排队规则
$G(N)$	封闭网络中的归一化常数
$G(t)$	$M/G/1$ 和 $G/M/1$ 排队模型的忙期的累积分布函数
$G(z)$	服务时间服从埃尔朗分布的排队模型的稳态概率 $\{p_{n,i}\}$ 的母函数
$G_j(t)$	在已知过程从状态 i 出发的情况下，转移至下一个状态的时间小于或等于 t 的条件概率（条件累积分布函数）
γ_i	从外部到达网络中节点 i 的速率
H_k	k 阶超指数分布
H	超指数分布（平衡的 H_2），用于描述到达时间间隔或服务时间
$H(z,y)$	（1）$\{p_{n,i}\}$ 的概率母函数；（2）具有两个优先级的排队模型的联合母函数
$H_{ij}(t)$	从状态 i 出发，第一次转移至状态 j 所需时间的累积分布函数
$H_r(y,z)$	具有两个优先级的排队模型中，$P_{mr}(z)$ 的母函数
$h(u)$	概率分布的失效率或故障率
I	服务时间服从埃尔朗分布的排队模型中，正在接受服务的顾客所处的服务阶段（随机变量）
IFR	递增失效率（increasing failure rate）
I_u	可用服务员的平均空闲时间
$I_n(\cdot)$	第一类修正贝塞尔函数
$\tilde{I}(t)$	服务员的空闲时间大于 t 的概率（互补累积分布函数）

符号及缩写	定义
$\tilde{I}_n(t)$	$c-n$ 个空闲服务员中有一个服务员的空闲时间大于 t 的条件概率（条件互补累积分布函数）
$i(t)$	空闲时间的概率密度函数
$J_n(\cdot)$	一般贝塞尔函数
K	系统容量限制（系统大小的截断点）
K_q	使到达的顾客止步的最大队列长度（随机变量）
$K(z)$	$\{k_n\}$ 的概率母函数
$K_i(z)$	$\{k_{n,i}\}$ 的概率母函数
k_n	为一个顾客提供服务的时间内到达 n 个顾客的概率
$k_{n,i}$	在已知开始服务时系统中有 i 个顾客的情况下，为一个顾客提供服务的时间内有 n 个顾客到达的概率
L	平均系统大小
LCFS	后到先服务（last come first served）
LST	拉普拉斯-斯蒂尔切斯变换（Laplace-Stieltjes transform）
LT	拉普拉斯变换（Laplace transform）
$L^{(D)}$	离开时刻的平均系统大小
$L^{(P)}$	埃尔朗排队模型中，系统中的平均阶段数
$L^{(n)}$	（1）系统中类型为 n 的顾客的平均数；（2）串联或循环网络中服务站 n 处的平均系统大小
$L_{(k)}$	系统大小的 k 阶阶乘矩
L_q	平均队列长度
L_q'	非空队列的平均大小
$L_q^{(D)}$	离开时刻的平均队列长度
$L_q^{(P)}$	埃尔朗排队模型中，队列中的平均阶段数
$L_q^{(n)}$	（1）队列中类型为 n 的顾客的平均数；（2）串联或循环网络中服务站 n 处的平均队列长度
$L_{q(k)}^{(D)}$	离开时刻队列长度的 k 阶阶乘矩
$L(\cdot)$	似然函数
$\mathcal{L}(\cdot)$	（1）对数似然函数；（2）拉普拉斯变换
Λ	矩阵 $\boldsymbol{Q}$ 的最小对角线元素
λ	平均到达速率（与系统大小无关）
λ_n	（1）系统中有 n 个顾客时的平均到达速率；（2）类型为 n 的顾客的平均到达速率
M	（1）泊松到达过程或泊松服务过程（等价于指数分布到达时间间隔或指数分布服务时间）；（2）有限的总体大小
MLE	最大似然估计（量）[maximum-likelihood estimate（estimator）]
MOM	矩估计（method of moments）

符号及缩写	定义
$M_X(t)$	随机变量 X 的矩母函数
m_i	在一次访问期间，在状态 i 停留的平均时间
m_{ij}	从状态 i 到状态 j 的平均首达时间
m_{jj}	状态 j 的平均回转时间
μ	平均服务速率（与系统大小无关）
$\mu^{(B)}$	批量排队模型的平均服务速率
μ_n	（1）系统中有 n 个顾客时的平均服务速率；（2）服务员 n 的平均服务速率；（3）类型为 n 的顾客的平均服务速率
N	稳态时系统中的顾客数（随机变量）
N_q	稳态时队列中的顾客数（随机变量）
$N(t)$	在时刻 t 系统中的顾客数（随机变量）
$N_q(t)$	在时刻 t 队列中的顾客数（随机变量）
n_a, n_{ae}, n_b	观测到的到达系统、空系统和忙碌系统的顾客数（$n_a = n_{ae} + n_b$）
$o(\Delta t)$	Δt 的高阶无穷小，$\lim\limits_{\Delta t \to 0} o(\Delta t)/\Delta t = 0$
ω	平均剩余工作量
$\boldsymbol{P}$	离散时间马尔可夫链的单步转移概率矩阵
PDE	偏微分方程（partial differential equation）
PH	阶段型分布
PK	波拉切克-辛坎（Pollaczek-Khintchine），一种公式
PR	具有优先级的排队规则
$P(z), P(zt)$	$\{p_n\}$ 和 $\{p_n(t)\}$ 的概率母函数
$P_{mr}(z)$	优先级排队模型的稳态概率 $\{p_{mnr}\}$ 的概率母函数
$\boldsymbol{p}$	连续时间马尔可夫链的稳态概率向量
p_n	（1）系统中有 n 个顾客的稳态概率；（2）连续时间马尔可夫链处于状态 n 的稳态概率
$p_n^{(B)}$	批量排队系统中有 n 个顾客的稳态概率
$p_n^{(P)}$	埃尔朗排队系统中有 n 个阶段的稳态概率
$p_n(t)$	在时刻 t 系统中有 n 个顾客的概率
p_{ij}	从状态 i 到状态 j 的单步转移概率
$p_{n,i}$	（1）服务时间服从埃尔朗分布的排队模型中，系统中有 n 个顾客且正在接受服务的顾客处于第 i 个阶段的稳态概率；（2）到达时间间隔服从埃尔朗分布的排队模型中，系统中有 n 个顾客且下一个即将到达的顾客处于第 i 个阶段的稳态概率
$p_{ij}^{(n)}$	从状态 i 出发，转移 n 步到达状态 j 的转移概率

符号及缩写	定义
$p_{n,i}(t)$	（1）服务时间服从埃尔朗分布的排队模型中，在时刻 t 系统中有 n 个顾客且正在接受服务的顾客处于第 i 个阶段的概率；（2）到达时间间隔服从埃尔朗分布的排队模型中，在时刻 t 系统中有 n 个顾客且下一个即将到达的顾客处于第 i 个阶段的概率
$p_{mnr}(t)$	在时刻 t 系统中有 m 个优先级为 1 的顾客以及 n 个优先级为 2 的顾客，且正在接受服务的顾客的优先级为 r 的概率（$r=1,2$）
$p_{i,j}(u,s)$	在时刻 u 处于状态 i，时刻 s 转移至状态 j 的转移概率
$p_{n_1,n_2,\cdots,n_k}(t)$	在时刻 t 串联网络中服务站 1 处有 n_1 个顾客，服务站 2 处有 n_2 个顾客，……，服务站 k 处有 n_k 个顾客的概率
$p_{n_1,n_2,\cdots,n_k}$	与 $p_{n_1,n_2,\cdots,n_k}(t)$ 对应的稳态概率
p-c	预估校正（predictor corrector），一种数值积分方法
$\Pi(z)$	$\{\pi_n\}$ 的概率母函数
$\boldsymbol{\pi}$	离散时间马尔可夫链的稳态概率向量
π_n	（1）离开时刻系统中有 n 个顾客的稳态概率；（2）离散时间马尔可夫链处于状态 n 的稳态概率
$\boldsymbol{Q}$	连续时间马尔可夫链的无穷小生成矩阵
$Q_{ij}(t)$	已知过程从状态 i 出发的情况下，在时间 t 内转移至状态 j 的联合条件概率（条件累积分布函数）
q_n	到达的顾客看见系统中有 n 个顾客的稳态概率
$\boldsymbol{R}$	网络路由概率矩阵
$R(t)$	剩余服务时间的分布函数
Re	复数的实部
RK	龙格-库塔（Runge-Kutta），一种数值积分方法
RSS	随机服务（random selection for service）
RV	随机变量（random variable）
r	对于多通道排队模型，$r=\lambda/\mu$；对于服务时间服从埃尔朗分布的排队模型，$r=\lambda/k\mu$
r_i	多项式方程的第 i 个根（如果仅有一个根，则用 r_0 来表示）
r_n	在 $(0,1)$ 上均匀分布的第 n 个随机数
r_{ij}	排队网络中，顾客接受完服务站 i 处的服务后转移至服务站 j 处的路由概率
$r(n)$	中途退出函数
ρ	流量强度（对于单通道排队模型以及所有网络模型，$\rho=\lambda/\mu$；对于多通道排队模型，$\rho=\lambda/c\mu$）
S	稳态时的服务时间（随机变量）
SMP	半马尔可夫过程（semi-Markov process）
$S^{(n)}$	第 n 个到达的顾客的服务时间（随机变量）

符号及缩写	定义
$S_k^{(n)}$	第 n 个到达的类型为 k 的顾客的服务时间（随机变量）
$S_k(S_k')$	为 $n_k(n_k')$ 个类型为 k 的等待的顾客提供服务的时间（随机变量）
S_0	正在接受服务的顾客的剩余服务时间（随机变量）
s_n	多通道排队系统中 n 个服务员处于忙碌状态（c$-n$ 个服务员处于空闲状态）的概率
S_X	随机变量 X 的样本标准差
σ^2, σ_B^2	服务时间分布的方差
σ_A^2	到达时间间隔分布的方差
σ_k	优先级排队模型中，流量强度之和，即 $\sigma_k = \sum \lambda_i/\mu_i$
T	（1）在系统中花费的时间（随机变量），均值为 W；（2）稳态时的到达时间间隔（随机变量）；（3）稳态时的离开时间间隔（随机变量）
$T^{(n)}$	第 n 个和第 $n+1$ 个顾客的到达时间间隔（随机变量）
T_A	到达时刻
T_i	随机过程在状态 i 停留的时间（随机变量）
T_S	完成服务的时刻
T_{busy}	忙期长度（随机变量）
T_q	在队列中花费的时间（随机变量），均值为 W_q
$T_{b,i}$	$M/M/c$ 排队模型中，i 个通道的忙期长度（随机变量）
t_b, t_e, t	观测到的系统处于忙碌状态的时间、观测到的系统为空的时间以及总观测时间（$t = t_b + t_e$）
τ_i	按泊松过程到达的第 i 个顾客的到达时刻
U	稳态时服务时间与到达时间间隔的差，$U = S - T$（随机变量）
$U^{(n)}$	第 n 个顾客的服务时间与第 n 个和第 $n+1$ 个顾客的到达时间间隔的差，$U^{(n)} = S^{(n)} - T^{(n)}$（随机变量）
$U(t)$	（1）$U = S - T$ 的累积分布函数；（2）返回最近一次转移前的节点的时间累积分布函数
$U^{(n)}(t)$	$U^{(n)}$ 的累积分布函数
$U_i(t)$	已知过程从状态 i 出发的情况下，返回最近一次转移前的节点的时间累积分布函数
$\text{Var}[\cdot]$	方差
V	平均虚拟等待时间
$V(t)$	虚拟等待时间函数
v_j	（1）半马尔可夫过程处于状态 j 的稳态概率；（2）封闭网络中的相对吞吐量
W	系统中的平均等待时间
$W^{(n)}$	串联或循环网络中服务站 n 处的等待时间（包括服务时间）
W_k	系统中的等待时间的 k 阶普通矩
W_q	队列中的平均等待时间

符号及缩写	定义
$W_{q,k}$	队列中的等待时间的 k 阶普通矩
$W(t)$	系统中的等待时间的累积分布函数
$W_q^{(H)}$	高负荷系统中，队列中的平均等待时间
$W_q^{(n)}$	（1）第 n 个到达的顾客在队列中的等待时间（随机变量）；（2）优先级为 n 的顾客在队列中的平均等待时间；（3）排队网络中服务站 n 处，队列中的平均等待时间
$W_q(t)$	队列中的等待时间的累积分布函数
$\tilde{W}_q(t\|j)$	对于 $M/M/c$ 排队模型，当系统中已有 $c+j$ 个顾客时，到达的顾客在队列中的等待时间大于 t 的概率
$X(t)$	状态空间为 X 且参数为 t 的随机过程
x, x_i	所观测的排队系统的时间段，以及所观测的类型为 i（忙碌、空闲等）的时间段
$[x]$	不超过 x 的最大整数值
$\doteq$	近似等于
$\sim$	渐近
$\in$	集合成员
$*$	（1）LST；（2）书中明确定义的其他作用
$^{-}$	拉普拉斯变换
$\binom{n}{c}$	二项分布系数，$\binom{n}{c} = n!/[(n-c)!c!]$
$[\cdot]$	批量排队模型
$(\cdot)$	（1）卷积的阶数；（2）微分的阶数；（3）离散参数马尔可夫链中的步数（转移次数）
$'$	（1）微分；（2）条件的，例如 p'_n 是在系统不为空的条件下，系统中有 n 个顾客的条件概率分布；（3）书中明确定义的其他作用
$\sim$	（1）互补累积分布函数；（2）书中明确定义的其他作用

附录 B

模型与分布

本附录提供了 3 张表。表 B.1 列出了本书中讨论的模型以及求得的结果，表 B.2 和表 B.3 分别列出了连续概率分布和离散概率分布的关键结果。

表 B.1　模型及其求得的结果

模型（表示法的解释见第 1.3 节的表 1.1）	模型结果[①]				
	$\{p_n\}$	效能指标（L、L_q、W、W_q）	等待时间分布	节号	QTS 模块
		(a) 稳态			
FCFS					
$M/M/1$	a	a	a	3.2	$\checkmark$
$M/M/1/K$	a	a	a	3.5	$\checkmark$
$M/M/c$	a	a	a	3.3	$\checkmark$
$M/M/c/K$	a	a	a[②]	3.5	$\checkmark$
$M/M/c/c$	a	a	—	3.6	$\checkmark$
$M/M/\infty$	a	a	—	3.7	$\checkmark$
有限源 $M/M/c$	a	a	a	3.8	$\checkmark$
状态相依服务 $M/M/1$	a, n[③]	a, n[③]	0	3.9	$\checkmark$
不耐烦顾客 $M/M/c$	a, n[③]	a, n[③]	a, n[③]	3.10	—
$M^{[X]}/M/1$	g	a	0	4.1	$\checkmark$
$M/M^{[Y]}/1$	a[④]	a[④]	0	4.2	$\checkmark$
$M/M^{[Y]}/c$		间接提及		4.2	—
$M/E_k/1\ (M/D/1)$	$g, (a)$	a	0	4.3.3	$\checkmark$
$M/D/1$	a	a	a	6.1, 9.2.3	$\checkmark$
$M/D/c$	g	a	0	7.3	$\checkmark$
$E_k/M/1\ (D/M/1)$	a[④]	n	n	4.3.4	$\checkmark$
$E_j/E_k/1$		可得部分数值结果——参阅给出的参考文献		4.3.5	$\checkmark$
$M/M/1$ 重试	a	a	0	4.5	$\checkmark$
$M/G/1$	n	a	n	6.1.1~6.1.6	$\checkmark$

模型（表示法的解释见第 1.3 节的表 1.1）	模型结果[①]				
	$\{p_n\}$	效能指标（L、L_q、W、W_q）	等待时间分布	节号	QTS 模块
$M/G/1/K$	a	a	0	6.1.7	—
不耐烦顾客 $M/G/1$		间接提及——参阅给出的参考文献		6.1.8	—
有限源 $M/G/1$		参阅给出的参考文献		6.1.8	—
$M^{[X]}/G/1$	g, n[③]	a, n[③]	0	6.1.9	—
$M/G^{[K]}/1$		参阅给出的参考文献		6.1.8	—
状态相依服务 $M/G/1$	n	n	0	6.1.10	—
$M/G/c$		高阶矩的利特尔关系式		6.2.1	—
$M/G/c/c$	a	a	—	6.2.2	$\checkmark$
$M/G/\infty$	a	a	—	6.2.2	$\checkmark$
$G/M/1$	a[④]	a[④]	a[④]	6.3.1, 7.4	$\checkmark$
$G/M/c$	a[④]	n	a[④]	6.3.2	$\checkmark$
$G/M/1/K$		间接提及——参阅给出的参考文献		6.3.2	—
$G/M/c/K$		间接提及——参阅给出的参考文献		6.3.2	—
不耐烦顾客 $G/M/1$		间接提及——参阅给出的参考文献		6.3.2	—
不耐烦顾客 $G/M/c$		间接提及——参阅给出的参考文献		6.3.2	—
$G/M^{[Y]}/1$		间接提及——参阅给出的参考文献		6.3.2	—
$G/M^{[Y]}/c$		间接提及——参阅给出的参考文献		6.3.2	—
$G/E_k/1$		间接提及——参阅给出的参考文献		7.1	—
$G^{[K]}/M/1$				7.1	—
$G/PH_k/1$		间接提及——参阅给出的参考文献		7.1	—
$G/G/1$	0	n, 边界, 近似	n	7.2, 8.1, 8.2	$\checkmark$
$G/G/c$	0	边界, 近似	0	8.1.3, 8.2.1	—
优先级					
$M/M/1$, 两个优先级	g	a	0	4.4.1	$\checkmark$
$M/M/1$, 多个优先级	0	a	0	4.4.2	$\checkmark$
$M/M/1$ 抢占	g	a	0	4.4.3	$\checkmark$
$M/G/1$, 多个优先级	0	0	a	6.1.8	$\checkmark$
$M/M/c$, 多个优先级	0	a	0	4.4.2	$\checkmark$

模型（表示法的解释见第 1.3 节的表 1.1）	模型结果[1]				
	$\{p_n\}$	效能指标（L、L_q、W、W_q）	等待时间分布	节号	QTS 模块
串联					
$M/M/c$	a	a	a	5.1.1	√
$M/M/1$ 有阻塞		部分结果，取决于模型		5.1.2	—
循环					
$M/M/1, M/M/c$	a	a	0	5.4	√
网络					
$M/M/1, M/M/c$	a	a	0	5.2，5.3	√
$G/G/c$	—	近似	0	8.4	√
		（b）瞬态			
$M/M/1/1$	a	n[2]	—	3.11.1	—
$M/M/1$	a, n	n[2]	0	3.11.2	√
$M/M/\infty$	a, n	a, n[2]	—	3.11.3，9.1.2	√
$M/M/c$	n	n[2]	0	9.1.2	—
$M/M/c/k$	n	n[2]	0	9.1.2	—
有限源 $M/M/c$	n	n[2]	0	9.1.2	—
一般生灭	n	n[2]		9.1.2	—
$M/G/1$		间接提及——参阅给出的参考文献		6.1.8	—
$M/G/\infty$		间接提及——参阅给出的参考文献		6.2.2	—
$G/M/1$		间接提及——参阅给出的参考文献		6.3.2	—

① 表示法：a 表示有解析结果；n 表示有数值结果；g 表示有以母函数或拉普拉斯变换的形式给出的结果；0 表示没有结果；—表示不适用。

② 间接提及，未给出。

③ 取决于具体模型。

④ 求得非线性方程的一个根后，可以得到解析结果，求根过程或许会涉及数值分析。

表 B.2 连续概率分布：矩、矩母函数

名称	概率函数 $f(x)$，连续函数	参数	均值 E[X]	方差 $E[X - E[X]]^2$	矩母函数 $E[e^{tx}]$
均匀分布	$f(x) = \dfrac{1}{b-a}$	$-\infty < a < b < \infty$	$\dfrac{a+b}{2}$	$\dfrac{(b-a)^2}{12}$	$\dfrac{e^{tb} - e^{ta}}{t(b-a)}$
正态分布	$f(x) = \dfrac{1}{\sigma\sqrt{2\pi}} e^{-(x-\mu)^2/(2\sigma^2)}$	$-\infty < \mu < \infty, \sigma > 0$	μ	σ^2	$e^{t\mu+(t^2\sigma^2)/2}$
指数分布	$f(x) = \theta e^{-\theta x}$	$\theta > 0$	$\dfrac{1}{\theta}$	$\dfrac{1}{\theta^2}$	$\dfrac{\theta}{\theta - t}$
Γ 分布	$f(x) = \dfrac{1}{\Gamma(\alpha)\beta^\alpha} x^{\alpha-1} e^{-x/\beta}$	$\alpha, \beta > 0$	$\alpha\beta$	$\alpha\beta^2$	$\left(\dfrac{1/\beta}{1/\beta - t}\right)^\alpha$
k 阶埃尔朗分布	$f(x) = \dfrac{(\theta k)^k}{(k-1)!} x^{k-1} e^{-k\theta x}$	$\theta > 0, k = 1, 2, \cdots$	$\dfrac{1}{\theta}$	$\dfrac{1}{k\theta^2}$	$\left(\dfrac{k\theta}{k\theta - t}\right)^k$
二项超指数分布	$f(x) = p\theta_1 e^{-\theta_1 x} + (1-p)\theta_2 e^{-\theta_2 x}$	$0 < p < 1, \theta_1, \theta_2 > 0$	$\dfrac{p}{\theta_1} + \dfrac{1-p}{\theta_2}$	$\dfrac{p}{\theta_1^2} + \dfrac{1-p}{\theta_2^2} - \dfrac{2p(1-p)}{\theta_1\theta_2}$	$\dfrac{p\theta_1}{\theta_1 - t} + \dfrac{(1-p)\theta_2}{\theta_2 - t}$
χ^2 分布	$f(x) = \dfrac{1}{2^{n/2}\Gamma(n/2)} x^{(n/2)-1} e^{-x/2}$	$n = 1, 2, \cdots$	n	$2n$	$\left(\dfrac{1/2}{1/2 - t}\right)^{n/2}$
β 分布	$f(x) = \dfrac{\Gamma(\alpha+\beta)}{\Gamma(\alpha)\Gamma(\beta)} x^{\alpha-1}(1-x)^{\beta-1}$	$\alpha, \beta > 0$	$\dfrac{\alpha}{\alpha+\beta}$	$\dfrac{\alpha\beta}{(\alpha+\beta)^2(\alpha+\beta+1)}$	$\sum_{j=0}^\infty \dfrac{\Gamma(\alpha+\beta)\Gamma(\alpha+j)(t)^j}{\Gamma(\alpha)\Gamma(\alpha+\beta+j)\Gamma(j+1)}$

说明：通过用 it 替换 t，可以由矩母函数得到特征函数 $E[e^{it}]$。

表 B.3 离散概率分布：矩，矩母函数

名称	概率函数 $p(x)$，离散函数	参数	均值 $\mathrm{E}[X]$	方差 $\mathrm{E}[X-\mathrm{E}[X]]^2$	矩母函数 $\mathrm{E}[e^{tx}]$	概率母函数 $\sum\limits_{m=0}^{\infty} p(m)z^m$
伯努利分布	$p(x) = \begin{cases} p, & x=1 \\ 1-p, & x=0 \end{cases}$	$0 \leqslant p \leqslant 1$	p	$p(1-p)$	pe^t+1-p	$1-p+pz$
二项分布	$p(x) = \dbinom{n}{x} p^x(1-p)^{n-x}$	$n=1,2,\cdots 0 \leqslant p \leqslant 1$	np	$np(1-p)$	$(pe^t+1-p)^n$	$(pz+1-p)^n$
泊松分布	$p(x) = \dfrac{e^{-\lambda}\lambda^x}{x!}$	$\lambda > 0$	λ	λ	$e^{\lambda(e^t-1)}$	$e^{-\lambda(1-z)}$
几何分布	$p(x) = p(1-p)^x$	$0 \leqslant p \leqslant 1$	$\dfrac{1-p}{p}$	$\dfrac{1-p}{p^2}$	$\dfrac{p}{1-(1-p)e^t}$	$\dfrac{p}{1-(1-p)z}$
负二项分布	$p(x) = \dbinom{k+x-1}{x} p^k(1-p)^x$	$k > 0\ 0 \leqslant p \leqslant 1$	$\dfrac{k(1-p)}{p}$	$\dfrac{k(1-p)}{p^2}$	$\left(\dfrac{p}{1-(1-p)e^t}\right)^k$	$\left(\dfrac{p}{1-(1-p)z}\right)^k$

说明：通过用 it 替换 t，可以由矩母函数得到特征函数 $\mathrm{E}[e^{it}]$。

附录 C

变换和母函数

在排队论中，有时很难明确地得到我们感兴趣的概率分布，例如顾客在队列中等待时间的累积分布函数或系统中顾客数的概率分布。通常更容易获得这些分布的相关变换或母函数。本附录简要介绍变换和母函数的概念，并介绍变换和母函数可用于排队分析的关键属性。

C.1 拉普拉斯变换

变换是函数从一个空间到另一个空间的映射。对于特定的函数，直接求解某些方程可能非常困难，但通过函数的变换来求解方程通常容易一些。求解变换后的函数，再将所得结果变换回原函数，从而得到要求的函数的解。在排队模型的分析中，**拉普拉斯变换**（Laplace transform，LT）是一种常用的特殊变换。

设 $f(t)$ 是定义在 $[0,\infty)$ 上的实值函数，$f(t)$ 的 LT 为

$$\mathcal{L}\{f(t)\} \equiv \bar{f}(s) \equiv \int_0^\infty \mathrm{e}^{-st} f(t)\mathrm{d}t \tag{C.1}$$

其中 s 是复变量。在广泛的条件下，可以证明，对于某个常数 α，$\bar{f}(s)$ 在 $\mathrm{Re}(s) > \alpha$ 的半平面上是解析的。表 C.1 给出了一些常用函数的 LT。

例 C.1

计算函数 $f(t) = \mathrm{e}^{-at}$ 的 LT。根据式（C.1）可得

$$\bar{f}(s) = \int_0^\infty \mathrm{e}^{-st}\mathrm{e}^{-at}\mathrm{d}t = \lambda \int_0^\infty \mathrm{e}^{-(s+a)t}\mathrm{d}t = \frac{1}{s+a} \tag{C.2}$$

拉普拉斯-斯蒂尔切斯变换（Laplace-Stieltjes transform，LST）也是我们需要用到的变换。设 $F(t)$ 是定义在 $[0,\infty)$ 上的实值函数，$F(t)$ 的 LST 为

$$\mathcal{L}^*\{F(t)\} \equiv F^*(s) \equiv \int_0^\infty \mathrm{e}^{-st}\mathrm{d}F(t)$$

其中积分是**勒贝格-斯蒂尔切斯积分**（Lebesgue-Stieltjes integral）。可以认为 $F(t)$ 是非负随机变量 X 的累积分布函数，所以

$$F^*(s) \equiv \mathrm{E}\left[\mathrm{e}^{-sX}\right] = \int_0^\infty \mathrm{e}^{-st}\mathrm{d}F(t) \qquad (\mathrm{C}.3)$$

表 C.1 常用函数 LT 表

$f(t)$	$\bar{f}(s)$	
1	$\dfrac{1}{s}$	
t	$\dfrac{1}{s^2}$	
t^n	$\dfrac{n!}{s^{n+1}}$	$n = 0, 1, \cdots$
e^{-at}	$\dfrac{1}{s+a}$	
$t\mathrm{e}^{-at}$	$\dfrac{1}{(s+a)^2}$	
$t^n\mathrm{e}^{-at}$	$\dfrac{n!}{(s+a)^{n+1}}$	$n = 0, 1, \cdots$
$\cos bt$	$\dfrac{s}{s^2+b^2}$	
$\sin bt$	$\dfrac{b}{s^2+b^2}$	
$\mathrm{e}^{-at}\cos bt$	$\dfrac{s+a}{(s+a)^2+b^2}$	
$\mathrm{e}^{-at}\sin bt$	$\dfrac{b}{(s+a)^2+b^2}$	

例 C.2

计算期望为 $1/\lambda$ 的指数随机变量的 LST：

$$F^*(s) = \int_0^\infty \mathrm{e}^{-st}\mathrm{d}F(t) = \int_0^\infty \mathrm{e}^{-st}\lambda\mathrm{e}^{-\lambda t}\mathrm{d}t = \frac{\lambda}{s+\lambda} \qquad (\mathrm{C}.4)$$

例 C.3

计算在区间 $[a, b]$ 上均匀分布的随机变量的 LST（其中 $a > 0$ 且 $b > a$）：

$$F^*(s) = \int_0^\infty \mathrm{e}^{-st}\mathrm{d}F(t) = \int_a^b \mathrm{e}^{-st}\frac{1}{b-a}\mathrm{d}t = \frac{\mathrm{e}^{-st}}{b-a}\bigg|_{t=a}^{t=b} = \frac{\mathrm{e}^{-sh}-\mathrm{e}^{-sa}}{b-a}$$

例 C.4

计算离散随机变量 X 的 LST，其中 $\Pr\{X=2\}=2/5$ 且 $\Pr\{X=7\}=3/5$：

$$F^*(s)=\int_0^\infty \mathrm{e}^{-st}\mathrm{d}F(t)=\frac{2}{5}\mathrm{e}^{-2s}+\frac{3}{5}\mathrm{e}^{-7s}$$

当随机变量 X 具有密度函数 $f(t)$ 时，普通 LS 和 LST 可以关联起来。在这种情况下，式（C.3）简化为

$$F^*(s)=\int_0^\infty \mathrm{e}^{-st}\mathrm{d}F(t)=\int_0^\infty \mathrm{e}^{-st}f(t)\mathrm{d}t=\bar{f}(s) \qquad\text{(C.5)}$$

换言之，累积分布函数 $F(t)$ 的 LST 等于概率密度函数 $f(t)$ 的 LT。可以通过分部积分进一步计算上述方程：

$$F^*(s)=\int_0^\infty \mathrm{e}^{-st}\mathrm{d}F(t)=\mathrm{e}^{-st}F(t)\Big|_{t=0}^{t=\infty}+\int_0^\infty s\mathrm{e}^{-st}F(t)\mathrm{d}t$$

现在，由于 $F(t)$ 是累积分布函数（所以 $F(t)\leqslant 1$），$\lim\limits_{t\to\infty}\mathrm{e}^{st}F(t)=0$。另外，由于假设 X 是概率密度函数为 $f(t)$ 的非负随机变量，所以 $F(0)=0$。综上，有

$$F^*(s)=s\bar{F}(s) \qquad\text{(C.6)}$$

更一般地说，式（C.6）适用于任何非负随机变量的累积分布函数 $F(t)$，无论分布是否具有密度函数（Billingsley，1995）。

下面的两个例子说明了式（C.6）的用法。在例 C.5 中，随机变量有密度函数；在例 C.6 中，随机变量没有密度函数。

例 C.5

使用式（C.6）计算期望为 $1/\lambda$ 的指数随机变量的 LST：

$$\bar{F}(s)=\int_0^\infty \mathrm{e}^{-st}F(t)\mathrm{d}t=\int_0^\infty \mathrm{e}^{-st}\left(1-\mathrm{e}^{-\lambda t}\right)\mathrm{d}t$$

$$=\int_0^\infty \mathrm{e}^{-st}\mathrm{d}t-\int_0^\infty \mathrm{e}^{-(s+\lambda)t}\mathrm{d}t=\frac{1}{s}-\frac{1}{s+\lambda}=\frac{\lambda}{s(s+\lambda)}$$

使用式（C.6）可得 $F^*(s)=s\bar{F}(s)=\lambda/(s+\lambda)$，这一结果与式（C.4）相同。

例 C.6

计算累积分布函数和 $W_q(t)$ 的 LST，其中

$$W_q(t) = 1 - \rho e^{-\mu(1-\rho)t}, \qquad t \geqslant 0$$

这是 $M/M/1$ 排队系统中顾客在队列中等待时间的稳态分布 [式 (3.30)]。现在，因为 $W_q(t)$ 在 $t = 0$ 处是不连续的，所以 $W_q(t)$ 在 $t = 0$ 处没有概率密度函数。特别地，$W_q(0^-) = 0$，而 $W_q(0) = 1 - \rho$，所以在 $t = 0$ 处的概率质量为 $1 - \rho$。换言之，顾客在队列中的等待时间正好为 0 的概率为 $1 - \rho$。

下面用两种方法计算 $W_q^*(s)$。首先，直接使用式（C.3）。除了点 $t = 0$ 外，$W_q(t)$ 是连续可微的，所以

$$dW_q(t) = \rho\mu(1-\rho)e^{-\mu(1-\rho)t}dt, \qquad t > 0$$

因此，由式（C.3）可得

$$W_q^*(s) = \int_0^\infty e^{-st}dW_q(t) = (1-\rho) + \int_0^\infty e^{-st}\lambda(1-\rho)e^{-\mu(1-\rho)t}dt$$

其中 $1 - \rho$ 是 $t = 0$ 处点质量的 LST。计算积分，可得

$$W_q^*(s) = (1-\rho) + \frac{\lambda(1-\rho)}{s+\mu(1-\rho)}$$

$$= \frac{s(1-\rho) + \mu(1-\rho)^2 + \lambda(1-\rho)}{s+\mu(1-\rho)}$$

$$= \frac{(s+\mu)(1-\rho)}{s+\mu(1-\rho)}$$

在第二种方法中，先使用 $W_q(t)$ 的普通 LS，然后使用式（C.6），可得

$$\bar{W}_q(s) = \int_0^\infty e^{-st}W_q(t)dt = \int_0^\infty e^{-st}\left(1 - \rho e^{-\mu(1-\rho)t}\right)dt$$

$$= \int_0^\infty e^{-st}dt - \int_0^\infty \rho e^{-[s+\mu(1-\rho)]t}dt$$

$$= \frac{1}{s} - \frac{\rho}{s+\mu(1-\rho)}$$

然后可以计算

$$W_q^*(s) = s\bar{W}_q(s) = 1 - \frac{\rho s}{s + \mu(1 - \rho)}$$

$$= \frac{s + \mu(1 - \rho) - \rho s}{s + \mu(1 - \rho)} = \frac{(s + \mu)(1 - \rho)}{s + \mu(1 - \rho)}$$

两种方法得到的结果相同。

LT 有两个有用的性质：概率分布与其变换之间存在一一对应的关系，概率分布可以由它的 LST 唯一确定；独立随机变量卷积的 LST 是独立随机变量 LST 的乘积，也就是说，如果 $F^*(s)$ 是 X 的 LST，$G^*(s)$ 是 Y 的 LST，那么 $F^*(s)G^*(s)$ 是 $X + Y$ 的 LST，只要 X 和 Y 是独立的。由于 LST 的逆变换是唯一的，所以可以通过求两个随机变量的 LST 的乘积的逆变换，来确定随机变量之和的分布。

例 C.7

设 X_1 和 X_2 是期望为 $1/\lambda$ 的独立同分布指数随机变量。如式（C.4）所示，X_1 和 X_2 的 LST 均为 $F^*(s) = \lambda/(\lambda + \mu)$。因此，$X_1 + X_2$ 的 LST 为

$$G^*(s) = F^*(s)F^*(s) = \frac{\lambda^2}{(s + \lambda)^2}$$

从表 B.2 可以看出，这是期望为 $2/\lambda$ 的二阶埃尔朗随机变量的 LST。在 s 处的随机变量的 LST 的值等于在 s 处的矩母函数的值，接下来介绍矩母函数。

矩母函数与随机变量 X 的 LST 密切相关。矩母函数定义为

$$M_X(t) \equiv E\left[e^{tX}\right] \tag{C.7}$$

如果 X 是具有累积分布函数 $F(x)$ 的非负随机变量，则

$$M_X(t) = \int_0^\infty e^{tx} dF(x) \tag{C.8}$$

该式类似于式（C.3）中的 LST，但用 t 替换了 $-s$。即 $M_X(t) = F^*(-t)$。

例 C.8

期望为 $1/\lambda$ 的指数随机变量的矩母函数为

$$M_X(t) = \mathrm{E}\left[\mathrm{e}^{tX}\right] = \int_0^\infty \mathrm{e}^{tx}\lambda\mathrm{e}^{-\lambda x}\mathrm{d}x$$

$$= \lambda\int_0^\infty \mathrm{e}^{-(\lambda-t)x}\mathrm{d}x$$

$$= \frac{\lambda}{\lambda-t}, \qquad t < \lambda$$

这与式（C.4）中的 LST 相同，但用 t 替换了 $-s$。

例 C.9

期望为 λ 的泊松随机变量的矩母函数为

$$M_X(t) = \mathrm{E}\left[\mathrm{e}^{tX}\right] = \sum_{n=0}^\infty \mathrm{e}^{tn}\frac{\mathrm{e}^{-\lambda}\lambda^n}{n!}$$

$$= \mathrm{e}^{-\lambda}\sum_{n=0}^\infty \frac{(\lambda\mathrm{e}^t)^n}{n!}$$

$$= \mathrm{e}^{-\lambda}\mathrm{e}^{\lambda\mathrm{e}^t}$$

$$= \exp\left[\lambda\left(\mathrm{e}^t - 1\right)\right]$$

矩母函数可以用来求随机变量 X 的矩。将式（C.7）展开为

$$M_X(t) = \mathrm{E}\left[1 + tX + \frac{t^2X^2}{2!} + \frac{t^3X^3}{3!} + \cdots\right]$$

然后，假设可以转换求期望与求和的顺序[①]，则

$$M_X(t) = 1 + \mathrm{E}[X]t + \frac{\mathrm{E}\left[X^2\right]}{2!}t^2 + \frac{\mathrm{E}\left[X^3\right]}{3!}t^3 + \cdots$$

X 的矩可以通过对 $M_X(t)$ 求导数得到：

$$M_X(0) = 1$$

$$M_X'(0) = \mathrm{E}[X]$$

$$M_X''(0) = \mathrm{E}\left[X^2\right]$$

$$\vdots$$

---

① 如果 $M_X(t)$ 在 0 附近的某个开放区间 $(-\epsilon, \epsilon)$ 对 t 是有限的，那么 X 具有所有阶的有限矩（Billingsley，1995），且 $M_X(t)$ 在此区间上是解析的。当 X 服从重尾分布时［如帕累托分布 $F^c(x) = 1/(1+x)^3$］，对于 $t > 0$，式（C.8）中的积分是无穷大的，且不能通过将 $M_X(t)$ 展开为幂级数来求矩。

一般形式为

$$E[X^n] = \left.\frac{\mathrm{d}^{(n)} M_X(t)}{\mathrm{d}t^n}\right|_{t=0}$$

如果 $M_X(t)$ 可以写成幂级数，则 $E[X^n]$ 是 t^n 项前面的系数乘以 $n!$。

例 C.10

指数分布随机变量的矩母函数为

$$M_X(t) = \frac{\lambda}{\lambda - t} = \frac{1}{1 - t/\lambda} = \sum_{n=0}^{\infty} \left(\frac{t}{\lambda}\right)^n$$

因此，$E[X^n] = n!/\lambda^n$。

例 C.11

对于一个期望为 λ 的指数分布随机变量 X，满足

$$M_X(t) = \exp\left[\lambda\left(e^t - 1\right)\right]$$

$$M_X'(t) = \exp\left[\lambda\left(e^t - 1\right)\right] \cdot \lambda e^t$$

$$M_X''(t) = \exp\left[\lambda\left(e^t - 1\right)\right]\left(\lambda e^t\right)^2 + \lambda e^t \cdot \exp\left[\lambda\left(e^t - 1\right)\right]$$

所以，$E[X] = M_X'(0) = \lambda$，$E[X^2] = M_X''(0) = \lambda^2 + \lambda$。因此可得 $\mathrm{Var}[X] = E[X^2] - E^2[X] = \lambda$。

矩母函数具有类似于拉普拉斯变换的性质，特别是矩母函数与概率分布之间存在一一对应的关系，独立随机变量之和的矩母函数是单个随机变量矩母函数的乘积。

C.2 母函数

考虑一个具有幂级数展开式的函数 $G(z)$：

$$G(z) = \sum_{n=0}^{\infty} g_n z^n = g_0 + g_1 z + g_2 z^2 + g_3 z^3 + \cdots \tag{C.9}$$

对于某一范围的 z，如果级数收敛，则称 $G(z)$ 为序列 g，g_1，$g_2 \cdots$ 的**母函数**（generating function，GF）。这里定义的母函数与工程中经常使用的 z 变换密

切相关，z 变换定义为 $\sum\limits_{n=0}^{\infty} g_n z^n$。正如拉普拉斯变换可以用于求解某些微分方程一样，母函数也可以用于求解某些差分方程。

例 C.12

求以下差分方程的解：

$$g_{n+2} - 2g_{n+1} + g_n = a, \qquad n = 0, 1, 2, \cdots$$

边界条件为 $g_0 = 0$ 和 $g_1 = 0$。

求解上述差分方程的一种方法是使用附录 D.2 中介绍的特征方程。这里利用母函数来求解。首先将所有项乘以 z^n，然后对 n 从 0 到 ∞ 求和：

$$\sum_{n=0}^{\infty} g_{n+2} z^n - 2 \sum_{n=0}^{\infty} g_{n+1} z^n + \sum_{n=0}^{\infty} g_n z^n = a \sum_{n=0}^{\infty} z^n$$

$$z^{-2} \sum_{n=0}^{\infty} g_{n+2} z^{n+2} - 2z^{-1} \sum_{n=0}^{\infty} g_{n+1} z^{n+1} + \sum_{n=0}^{\infty} g_n z^n = \frac{a}{1-z}$$

$$z^{-2} \sum_{n=2}^{\infty} g_n z^n - 2z^{-1} \sum_{n=1}^{\infty} g_n z^n + \sum_{n=0}^{\infty} g_n z^n = \frac{a}{1-z}$$

将 $\sum\limits_{n=0}^{\infty} g_n z^n = G(z)$ 代入其中可得

$$z^{-2} \left[G(z) - z g_1 - g_0 \right] - 2z^{-1} \left[G(z) - g_0 \right] + G(z) = \frac{a}{1-z}$$

利用边界条件 $g_0 = 0$ 和 $g_1 = 0$ 可得

$$z^{-2} G(z) - 2z^{-1} G(z) + G(z) = \frac{a}{1-z}$$

求得 $G(z)$ 为

$$G(z) = \frac{a z^2}{(1-z)^3}$$

因此，序列 $g, g_1, \cdots$ 有母函数 $G(z)$。为了求得这一序列，将 $G(z)$ 展开为幂级数。一般的方法是使用麦克劳林级数：

$$G(z) = G(0) + G'(0)z + \frac{G''(0)z^2}{2} + \cdots + \frac{G^{(n)}(0)z^n}{n!} + \cdots$$

求这个级数需要对 $G(z)$ 进行连续微分，而 $G^{(n)}(0)$ 的一般表达式难以求得，所以很难用麦克劳林级数求解。

利用已知的 $1/(1-z)$ 的级数展开，即

$$\frac{1}{1-z} = \sum_{n=0}^{\infty} z^n, \qquad |z| < 1 \tag{C.10}$$

由于 $G(z)$ 的分母中有 $(1-z)^3$，所以要让式（C.10）的分母也包含 $(1-z)^3$，这可以通过取式（C.10）的二阶导数来实现：

$$\frac{2}{(1-z)^3} = \sum_{n=2}^{\infty} n(n-1)z^{n-2}$$

因此，

$$G(z) = \frac{az^2}{(1-z)^3} = \frac{az^2}{2} \cdot \frac{2}{(1-z)^3}$$

$$= \frac{az^2}{2} \sum_{n=2}^{\infty} n(n-1)z^{n-2}$$

$$= \sum_{n=2}^{\infty} \frac{an(n-1)}{2} z^n$$

由于 g_n 是 z^n 的系数，所以

$$g_n = \frac{an(n-1)}{2}, \qquad n \geqslant 2$$

该式对 $n = 0$ 和 $n = 1$ 也成立，所以可得边界条件 $g_0 = 0$ 和 $g_1 = 0$。

上面这个例子讨论的是一个任意的差分方程，与排队论没有特殊关系。在排队论中，差分方程常常涉及概率分布 $p_0, p_1, \cdots$ 的连续值之间的关系。例如，对于 $M/M/1$ 排队模型，设 p_n 表示系统中有 n 个顾客的长期时间占比。如第 3.2 节，概率关系如式（3.6）：

$$(\lambda + \mu)p_n = \mu p_{n+1} + \lambda p_{n-1}, \qquad n \geqslant 1$$

或者可以写为

$$\mu p_{n+1} - (\lambda + \mu)p_n + \lambda p_{n-1} = 0, \qquad n \geqslant 1$$

这是一个二阶差分方程，解这种方程需要用到一种更特殊的母函数。

概率母函数（probability generating function，PGF）是一种特殊的母函数，其中 $g, g_1, g_2 \cdots$ 序列对应于非负整数值随机变量的概率。具体地说，设 X 是一个随机变量，概率为

$$\Pr\{X = n\} = p_n, \qquad n = 0, 1, 2, \cdots$$

且 $\sum\limits_{n=0}^{\infty} p_n = 1$，则

$$P(z) \equiv \mathrm{E}\left[z^X\right] = \sum_{n=0}^{\infty} p_n z^n \tag{C.11}$$

是随机变量 X 的概率母函数。整数值随机变量的概率母函数类似于式（C.7）中定义的矩母函数，但用 z 代替 e^t。

如前文关于母函数的讨论，可以将 $P(z)$ 写成幂级数，由于 p_n 是级数中 z_n 的系数，所以概率母函数可用于确定概率 $p_0, p_1, \ldots$

概率母函数也可用于直接求随机变量的矩，而无须推导 $\{p_n\}$。在某些情况下，即使已知 $P(z)$ 是解析形式的，将 $P(z)$ 展开为幂级数也并不容易。尽管如此，知道 $P(z)$ 仍然非常有用，因为 $P(z)$ 可以用来求分布的矩。

$P(z)$ 的前两阶导数为

$$P'(z) = \sum_{n=1}^{\infty} n p_n z^{n-1}$$

$$P''(z) = \sum_{n=2}^{\infty} n(n-1) p_n z^{n-2}$$

求 $P(z)$、$P'(z)$ 和 $P''(z)$ 在 $z = 1$ 处的值：

$$P(1) = \sum_{n=0}^{\infty} p_n = 1$$

$$P'(1) = \sum_{n=1}^{\infty} n p_n = \mathrm{E}[X]$$

$$P''(1) = \sum_{n=2}^{\infty} n(n-1) p_n = \mathrm{E}[X(X-1)]$$

一般表达式为

$$P^{(n)}(1) = \mathrm{E}[X(X-1)(X-2)\cdots(X-n+1)]$$

即 $P(z)$ 在 $z = 1$ 处的 n 阶导数给出了 X 的 n 阶阶乘矩。因为可以得到阶乘矩与正则矩（$\mathrm{E}[X]$, $\mathrm{E}[X^2]$, $\mathrm{E}[X^3]$, $\cdots$）的关系式，所以 $P(z)$ 可用于求分布的矩。

例 C.13

求随机变量的期望、方差和概率分布，其概率密度函数为

$$P(z) = \mathrm{e}^{-\lambda(1-z)}$$

$P(z)$ 的前两阶导数为

$$P'(z) = \lambda \mathrm{e}^{-\lambda(1-z)}$$

$$P''(z) = \lambda^2 \mathrm{e}^{-\lambda(1-z)}$$

然后可得

$$\mathrm{E}[X] = P'(1) = \lambda$$

$$\mathrm{E}[X(X-1)] = P''(1) = \lambda^2$$

可以由 $\mathrm{E}[X(X-1)]$ 和 $\mathrm{E}[X]$ 来求 $\mathrm{Var}[X]$：

$$\begin{aligned}
\mathrm{Var}[X] &= \mathrm{E}\left[X^2\right] - \mathrm{E}^2[X] \\
&= \left(\mathrm{E}\left[X^2\right] - \mathrm{E}[X]\right) + \mathrm{E}[X] - \mathrm{E}^2[X] \\
&= \lambda^2 + \lambda - \lambda^2 \\
&= \lambda
\end{aligned}$$

为了求概率分布 $\{p_n\}$，将 $P(z)$ 展开为幂级数

$$P(z) = \mathrm{e}^{-\lambda(1-z)} = \mathrm{e}^{-\lambda}\mathrm{e}^{\lambda z} = \mathrm{e}^{-\lambda}\sum_{n=0}^{\infty}\frac{(\lambda z)^n}{n!} = \sum_{n=0}^{\infty}\frac{\mathrm{e}^{-\lambda}\lambda^n}{n!}z^n$$

z^n 的系数即为 p_n，因此可得

$$p_n = \frac{\mathrm{e}^{-\lambda}\lambda^n}{n!}$$

这是泊松随机变量的分布（期望为 λ，方差为 λ）。

附录 D

微分方程和差分方程

微分方程和差分方程在大多数排队模型的求解中起到了关键作用。本附录将回顾与微分方程和差分方程有关的一些基本知识。

D.1 常微分方程

微分方程是指含有未知函数及其导数的关系式。例如

$$3\frac{\mathrm{d}^2 y}{\mathrm{d}x^2} + 14x\frac{\mathrm{d}y}{\mathrm{d}x} - x^3 y = 6\mathrm{e}^x \tag{D.1}$$

其中 y 是 x 的函数，即 $y = y(x)$。我们主要关注的是如何求式（D.1）的一般形式的解 $y(x)$。在讨论解常微分方程的方法之前，先介绍微分方程分类中涉及的术语。

D.1.1 分类

如果一个微分方程只包含全导数（与偏导数相对），则称之为**常微分方程**（ordinary differential equation）。根据**阶数**（order）和**级数**（degree），微分方程可以进一步分类。

$$a_0(x)\frac{\mathrm{d}^n y}{\mathrm{d}x^n} + a_1(x)\frac{\mathrm{d}^{n-1} y}{\mathrm{d}x^{n-1}} + \cdots + a_{n-1}(x)\frac{\mathrm{d}y}{\mathrm{d}x} + a_n(x)y = f(x) \tag{D.2}$$

被称为 n 阶线性常微分方程，阶数是指自变量导数的最高阶数，级数是指因变量 y 及其导数的指数。如果微分方程中没有出现因变量及其微分项的乘积，该微分方程为线性微分方程，否则为非线性微分方程。当系数 $a_n(x)$ 与 x 无关时，则方程称为常系数微分方程。如果式（D.2）的等号右边为 0，则方程称为齐次方程。因此，方程

$$a_0\frac{\mathrm{d}^n y}{\mathrm{d}x^n} + a_1\frac{\mathrm{d}^{n-1} y}{\mathrm{d}x^{n-1}} + \cdots + a_{n-1}\frac{\mathrm{d}y}{\mathrm{d}x} + a_n y = 0$$

是常系数 n 阶线性齐次微分方程。除非同时讨论常微分方程和偏微分方程，否则一般说的微分方程就是指常微分方程。

D.1.2　求解

本附录仅讨论线性常微分方程的解。非线性微分方程的求解过程非常复杂，而且，排队模型涉及的微分方程通常都是线性的。

考虑以下二阶常系数线性微分方程：

$$y'' + 3y' + 2y = 6e^x \tag{D.3}$$

其中用撇号表示微分。式（D.3）的一个解为

$$y = e^x \tag{D.4}$$

可以将式（D.4）代入式（D.3）来验证。式（D.4）称为式（D.3）的一个**特解**（particular solution）。式（D.4）的另一个解为

$$y = C_1 e^{-x} + e^x \tag{D.5}$$

其中 C_1 是任意常数。也可以通过将式（D.5）代入式（D.3）来验证，该解包含特解［式（D.4）］，是更一般的解。我们需要求微分方程的最一般形式的解，这种解称为**通解**（general solution）。结果表明式（D.3）的通解为

$$y = C_1 e^{-x} + C_2 e^{-2x} + e^x \tag{D.6}$$

指定任意常数 C_1 和 C_2 可以得到任意特解。例如，当 $C_1 = C_2 = 0$ 时，可得特解［式（D.4）］。可以证明，线性常微分方程通解中常数的个数等于阶数 n。由于式（D.3）为二阶，所以式（D.6）给出的通解中有两个常数。

还有一种求得通解［式（D.6）］的方法。首先考虑由式（D.3）得到的齐次方程的解。设等号右边为 0，则式（D.3）变为线性齐次方程

$$y'' + 3y' + 2y = 0 \tag{D.7}$$

$C_1 e^{-x}$ 和 $C_2 e^{-2x}$ 都为式（D.7）的解。此外，e^x 是原非齐次方程（D.3）的解。常微分方程的通解是其所对应的齐次方程的所有解（齐次方程的通解）的线性组合加非齐次方程的特解。可以证明，n 阶线性齐次常微分方程有 n 个解，因

此通解为这 n 个解（从而产生 n 个任意常数）的线性组合加非齐次方程的一个特解，详细证明可参阅参考文献（Rainville et al.，1969）。

求特解必须利用边界条件来求通解的常数。边界条件是对某一特定 x，函数 $y(x)$ 的值，可由微分方程所表示的模型得到边界条件。对于式（D.3）给出的方程，假设从式（D.3）表示的物理模型可知，当 $x = 0$ 时，函数及其导数必须等于 0，即

$$y(0) = y'(0) = 0$$

将该边界条件代入式（D.6）可得

$$0 = C_1 + C_2 + 1$$
$$0 = -C_1 - 2C_2 + 1$$

两个方程包括两个未知数，可以求得 $C_1 = -3$，$C_2 = 2$。因此，可得该特解

$$y = -3\mathrm{e}^{-x} + 2\mathrm{e}^{-2x} + \mathrm{e}^x$$

对于 n 阶方程，需要 n 个边界条件才能根据通解求得一个特解。因此，这里提出的求解微分方程的基本方法是：先求出通解，然后利用边界条件求出所需的特解。本附录的重点是求通解。

D.1.3 分离变量法

最容易解的微分方程是可分离变量的微分方程，可以通过对两边进行积分得到通解。例如，考虑方程

$$y\frac{\mathrm{d}y}{\mathrm{d}x} = 3x^2 + 2\mathrm{e}^x$$

可以写为

$$y\mathrm{d}y = \left(3x^2 + 2\mathrm{e}^x\right)\mathrm{d}x$$

两边同时积分，且合并两边由不定积分产生的任意常数，可得

$$\frac{y^2}{2} = x^3 + 2\mathrm{e}^x + C$$

一般来说，如果有以下形式的方程［即使 $g(y)$ 和 $u(y)$ 是非线性的］：

$$f(x)g(y)\frac{\mathrm{d}y}{\mathrm{d}x} = h(x)u(y)$$

分离变量可得

$$\frac{g(y)}{u(y)}\mathrm{d}y = \frac{h(x)}{f(x)}\mathrm{d}x$$

则通解为

$$\int \frac{g(y)}{u(y)}\mathrm{d}y = \int \frac{h(x)}{f(x)}\mathrm{d}x + C \qquad (\text{D.8})$$

虽然到目前为止的例子都是一阶线性微分方程，但在高阶线性方程中也可以分离变量。例如，对于方程

$$\frac{\mathrm{d}^2 y}{\mathrm{d}x^2} = f(x)$$

可以通过积分两次来求解，因为

$$\frac{\mathrm{d}^2 y}{\mathrm{d}x^2} = \frac{\mathrm{d}(\mathrm{d}y/\mathrm{d}x)}{\mathrm{d}x}$$

第一次积分可得

$$\frac{\mathrm{d}^2 y}{\mathrm{d}x^2} = \int f(x)\mathrm{d}x + C_1$$

再进行第二次积分，可得

$$y = \int \left[\int (x)\mathrm{d}x \right] \mathrm{d}x + C_1 x + C_2$$

例 D.1

求以下方程的通解：

$$y'' = 6x^2$$

第一次积分可得

$$y' = 2x^3 + C_1$$

第二次积分可得

$$y = \frac{1}{2}x^4 + C_1 x + C_2$$

D.1.4 一阶线性微分方程

一阶线性微分方程一般可以写为

$$\frac{\mathrm{d}y}{\mathrm{d}x} + a(x)y = f(x) \tag{D.9}$$

如果能确定一个函数 $g(x)$，当式（D.9）的两边都乘以 $g(x)$ 时，方程可以写为

$$\frac{\mathrm{d}(gy)}{\mathrm{d}x} = gf \tag{D.10}$$

则可以用分离变量法来求解，即解为

$$gy = \int gf\mathrm{d}x + C$$

也可以写为

$$y = \frac{1}{g}\int gf\mathrm{d}x + \frac{C}{g} \tag{D.11}$$

像 g 这样的函数被称为**积分因子**（integrating factor）。对于一阶线性微分方程，可以通过如下方法求 g：利用微分的乘积法则，两边同除 g，式（D.10）可以写为

$$\frac{\mathrm{d}y}{\mathrm{d}x} + \frac{y}{g}\cdot\frac{\mathrm{d}g}{\mathrm{d}x} = f \tag{D.12}$$

为了使式（D.12）与式（D.10）相等，则必须有

$$\frac{1}{g}\cdot\frac{\mathrm{d}g}{\mathrm{d}x} = a(x)$$

两边同时积分可得

$$\ln g = \int a(x)\mathrm{d}x + C_1$$

或者可以写为

$$g = \mathrm{e}^{C_1}\mathrm{e}^{A(x)}$$

其中 $A(x) = \int a(x)\,\mathrm{d}x$。由于只需要求一个特定的 g，使得式（D.9）和式（D.12）相等，所以可以将常数 C_1 设为我们想要的任何值。设 $C_1 = 0$ 最方便，因此，合适的积分因子为

$$g = \mathrm{e}^{A(x)} \tag{D.13}$$

将式（D.13）代入式（D.11），可得 y 的最终解：

$$y = \mathrm{e}^{-A(x)} \int \mathrm{e}^{A(x)} f(x)\mathrm{d}x + C\mathrm{e}^{-A(x)} \tag{D.14}$$

不幸的是，不能用类似的方法来求高阶线性微分方程的解。然而，我们将考虑一些特定类型的高阶方程。

D.1.5 常系数线性微分方程

最简单的高阶线性方程是系数与 x 无关的方程，即常系数线性微分方程：

$$a_0 \frac{\mathrm{d}^n y}{\mathrm{d}x^n} + a_1 \frac{\mathrm{d}^{n-1} y}{\mathrm{d}x^{n-1}} + \cdots + a_{n-1} \frac{\mathrm{d}y}{\mathrm{d}x} + a_n y = f(x) \tag{D.15}$$

解常系数线性微分方程的方法是首先求以下齐次方程的 n 个解：

$$a_0 \frac{\mathrm{d}^n y}{\mathrm{d}x^n} + a_1 \frac{\mathrm{d}^{n-1} y}{\mathrm{d}x^{n-1}} + \cdots + a_{n-1} \frac{\mathrm{d}y}{\mathrm{d}x} + a_n y = 0 \tag{D.16}$$

然后求非齐次方程的一个特解。

式（D.16）的形式表明，齐次方程的解的形式为 e^{rx}，因为其 n 阶导数是函数本身的倍数，即

$$\frac{\mathrm{d}^n \mathrm{e}^{rx}}{\mathrm{d}x} = r^n \mathrm{e}^{rx} \tag{D.17}$$

如果 e^{rx} 是式（D.16）的一个解，则有

$$\left(a_0 r^n + a_1 r^{n-1} + \cdots + a_{n-1} + a_n \right) \mathrm{e}^{rx} = 0$$

这表明，对于平凡解（$y = \mathrm{e}^{rx} \neq 0$），有

$$a_0 r^n + a_1 r^{n-1} + \cdots + a_{n-1} + a_n = 0 \tag{D.18}$$

方程（D.18）称为**特征方程**（characteristic equation）或**算子方程**（operator equation）。也可以通过把导数看作一个算子直接得到特征方程，比如把导数看作算子 D，即

$$Dy = \frac{\mathrm{d}y}{\mathrm{d}x}$$

$$D^2 y = D(Dy) = \frac{\mathrm{d}^2 y}{\mathrm{d}x^2}$$

$$\vdots$$

$$D^n y = D\left(D^{n-1}y\right) = \frac{\mathrm{d}^n y}{\mathrm{d}x^n}$$

因此式（D.16）可以写为

$$\left(a_0 D^n + a_1 D^{n-1} + \cdots + a_{n-1}D + a_n\right) y = 0$$

其中特征方程用算子 D 而不是用 r 表示。

将特征方程的 n 个根用 $r_1, r_2, \cdots, r_n$ 表示，则上面方程可以写为

$$\left(r - r_1\right)\left(r - r_2\right)\cdots\left(r - r_n\right) y = 0$$

因此，理论上，可以通过因式分解①求得这 n 个根。如果这 n 个根是不同的，那么就有齐次方程（D.16）的 n 个解 $\mathrm{e}^{r_i x}$（$i = 1, 2, \cdots, n$）。所以式（D.16）一般形式的解为

$$y = C_1 \mathrm{e}^{r_1 x} + C_2 \mathrm{e}^{r_2 x} + \cdots + C_n \mathrm{e}^{r_n x}$$

如果这 n 个根中有相同的，则解少于 n 个。用如下方法找相同的根：假设 r_1 是特征方程的二重根，写为

$$\left(r - r_1\right)^2 \left(r - r_2\right)\cdots\left(r - r_{n-1}\right)\mathrm{e}^{rx} = 0 \tag{D.19}$$

有

$$\frac{\partial \left(r - r_1\right)^2}{\partial r} = 2\left(r - r_1\right)$$

可以发现当 $r = r_1$ 时，关于 r 的偏导数等于 0，所以如果 $\mathrm{e}^{r_1 x}$ 是一个解，那么 $\left(\partial \mathrm{e}^{rx}/\partial r\right)|_{r=r_1} = x\mathrm{e}^{r_1 x}$ 也是一个解。要验证 $x\mathrm{e}^{r_1 x}$ 是一个解，考虑 $x\mathrm{e}^{rx}$ 形式的解。将 $x\mathrm{e}^{rx}$ 代入式（D.16）可得

$$a_0 \frac{\mathrm{d}^n x\mathrm{e}^{rx}}{\mathrm{d}x^n} + a_1 \frac{\mathrm{d}^{n-1}x\mathrm{e}^{rx}}{\mathrm{d}x^{n-1}} + \cdots + a_{n-1}\frac{\mathrm{d}x\mathrm{e}^{rx}}{\mathrm{d}x} + a_n x\mathrm{e}^{rx} = 0$$

由于

$$x\mathrm{e}^{rx} = \frac{\partial \mathrm{e}^{rx}}{\partial r}$$

---

① 如果得到的特征方程不能进行因式分解，则可能需要用数值方法。

则可以写为

$$a_0 \frac{\partial^n \left(\partial \mathrm{e}^{rx}/\partial r \right)}{\partial x^n} + \cdots + a_{n-1} \frac{\partial \left(\partial \mathrm{e}^{rx}/\partial r \right)}{\partial x} + a_n \frac{\partial \mathrm{e}^{rx}}{\partial r} = 0$$

改变微分的顺序可得

$$a_0 \frac{\partial \left(\partial^n \mathrm{e}^{rx}/\partial x^n \right)}{\partial r} + \cdots + a_{n-1} \frac{\partial \left(\partial \mathrm{e}^{rx}/\partial x \right)}{\partial r} + a_n \frac{\partial \mathrm{e}^{rx}}{\partial r} = 0$$

因此可以写为

$$\frac{\partial}{\partial r} \left(a_0 \frac{\partial^n \mathrm{e}^{rx}}{\partial x^n} + \cdots + a_{n-1} \frac{\partial \mathrm{e}^{rx}}{\partial x} + a_n \mathrm{e}^{rx} \right) = 0$$

或者

$$\frac{\partial}{\partial r} \left[\left(a_0 r^n + a_1 r^{n-1} + \cdots + a_{n-1} r + a_n \right) \mathrm{e}^{rx} \right] = 0$$

但我们已经说过，特征方程可以因式分解得到 $n-1$ 个根，如式（D.19），所以

$$\frac{\partial}{\partial r} \left\{ \left[(r - r_1)^2 (r - r_2) \cdots (r - r_{n-1}) \right] \mathrm{e}^{rx} \right\} = 0$$

这个方程确实适用于 $r = r_1$，因为关于 r 的偏导数在 $r = r_1$ 时等于 0。因此，与二重根 r_1 相关的解为

$$C_1 \mathrm{e}^{r_1 x} + C_2 x \mathrm{e}^{r_1 x}$$

这一结果可以推广到 k 重根，即如果 r_1 为多重根，则与 r_1 相关的解为

$$C_1 \mathrm{e}^{r_1 x} + C_2 x \mathrm{e}^{r_1 x} + C_3 x^2 \mathrm{e}^{r_1 x} + \cdots + C_k x^{k-1} \mathrm{e}^{r_1 x}$$

当有多个根时，如果不能进行因式分解，则必须借助数值方法，比如可能只能求得特征方程的 $n-k$ 个不同根。为了找出哪个根（或哪些根）是多重根，只需取特征方程的偏导数，并检查偏导数在哪个根（或哪些根）处等于 0。如果特征方程在某个根处只有一阶偏导数等于 0，则该根为二重根。如果特征方程在某个根处的 k 阶偏导数均等于 0，则该根为 $k+1$ 重根。

例 D.2

求以下方程的通解：

$$\frac{\mathrm{d}^3 y}{\mathrm{d} x^3} - 4 \frac{\mathrm{d} y}{\mathrm{d} x} = 0$$

特征方程为

$$D^3 - 4D = 0$$

因式分解为

$$D(D+2)(D-2) = 0$$

根为 $r_1 = 0$、$r_2 = -2$ 和 $r_3 = 2$，所以通解为

$$y = C_1 + C_2 \mathrm{e}^{-2x} + C_3 \mathrm{e}^{2x}$$

例 D.3

求以下方程的通解：

$$\frac{\mathrm{d}^3 y}{\mathrm{d}x^3} - 4\frac{\mathrm{d}^2 y}{\mathrm{d}x^2} + 5\frac{\mathrm{d}y}{\mathrm{d}x} - 2y = 0$$

特征方程为

$$D^3 - 4D^2 + 5D - 2 = 0$$

因式分解为

$$(D-2)(D-1)^2 = 0$$

根为 $r_1 = 2$ 和 $r_2 = r_3 = 1$，所以可得

$$y = C_1 \mathrm{e}^{2x} + C_2 \mathrm{e}^x + C_3 x \mathrm{e}^x$$

如果不能对特征方程进行因式分解，但可以确定 2 和 1 是两个不同的根，那么，由于特征方程是三次的，我们知道一定有一个根是二重根。为了找到哪个根是二重根，取特征方程的偏导数

$$3D^2 - 8D + 5$$

求其在 $D = 2$ 和 $D = 1$ 处的值：

$$3 \times 2^2 - 8 \times 2 + 5 = 1$$

$$3 \times 1^2 - 8 \times 1 + 5 = 0$$

所以 $D = 1$ 为二重根。

关于常系数非齐次线性微分方程特解的确定，现在还有待讨论。求非齐次方程特解的方法有 4 种：待定系数法，常数变易法，微分算子法，拉普拉斯变换法。在此简要讨论第一种和第三种方法。附录 C 中介绍了拉普拉斯变换。

D.1.6　待定系数法

如果式（D.15）中给出的微分方程的等号右边是 x^m（m 是整数）、$\sin bx$、$\cos bx$、e^{bx} 和/或两个或多个这样的函数的乘积，那么可以使用**待定系数法**（undetermined coefficients）来求特解。

首先定义函数 $f(x)$ 及其导数的族。上面指定的函数各阶导数及其自身构成的集合是有限集合，且对于这些函数，函数及其导数是线性独立的。表 D.1 列出了上述函数的族。如果一个函数是 n 项这类函数的乘积，则该函数的族为每一项的族成员的所有可能乘积。例如，x^2 的族成员包括 x^2、x 和 1，$\cos x$ 的族成员包括 $\sin x$ 和 $\cos x$，则 $x^2\cos x$ 的族成员包括 $x^2\cos x$、$x\cos x$、$\cos x$、$x^2\sin x$、$x\sin x$ 和 $\sin x$。

该方法分以下 3 步进行。

（1）假设 $f(x)$ 是表 D.1 中给出的函数或函数乘积的线性组合，则列出每个函数的族，并去掉所有元素都包含在其他族中的族。

（2）如果任何族中有一个元素也是齐次方程的解，则用一个新族替换该族，新族的元素为原始族的元素乘以 x（或所需 x 的最小幂），这样，新族中就没有元素是齐次方程的解。将所有族合并，构造所需的族。

（3）假设特解是所构造族的所有元素的线性组合，将这个特解代入微分方程，求出线性组合的常数。

表 D.1　部分函数及其族

函数	族
x^m	$x^m, x^{m-1}, x^{m-2}, \cdots, x^2, x, 1$
$\sin bx$	$\sin bx, \cos bx$
$\cos bx$	$\cos bx, \sin bx$
e^{bx}	e^{bx}

例 D.4

求以下方程的通解：

$$y''' - y' = 2x + 1 - 4\cos x + 2\mathrm{e}^x$$

齐次方程的通解可以通过前面介绍的方法求得：

$$y = C_1 + C_2\mathrm{e}^x + C_3\mathrm{e}^{-x}$$

原方程等号右边的函数的族分别为

$$\{x, 1\}, \{1\}, \{\cos x, \sin x\}, \{e^x\}$$

因为 $\{1\}$ 包含在 $\{x, 1\}$ 中，所以省略 $\{1\}$。此外，由于 1 和 e^x 都是齐次方程的解，所以用 $\{x^2, x\}$ 和 $\{xe^x\}$ 分别代替其所在的族，则所构造族为

$$\left\{x^2, x, \cos x, \sin x, xe^x\right\}$$

所以特解的形式为

$$y_p = Ax^2 + Bx + C\cos x + D\sin x + Exe^x$$

将上式代入微分方程可得

$$C\sin x - D\cos x + E\left(xe^x + 3e^x\right) -$$
$$\left[2Ax + B - C\sin x + D\cos x + E\left(xe^x + e^x\right)\right]$$
$$= 2x + 1 - 4\cos x + 2e^x$$

整理可得

$$-2Ax - B + 2C\sin x - 2D\cos x + 2Ee^x = 2x + 1 - 4\cos x + 2e^x$$

根据对应项的系数相等，可得

$$A = -1, \quad B = -1, \quad C = 0, \quad D = 2, \quad E = 1$$

因此，特解为

$$y_p = -x^2 - x + 2\sin x + xe^x$$

所以通解为

$$y = C_1 + C_2 e^x + C_3 e^{-x} - x^2 - x + 2\sin x + xe^x$$

D.1.7　微分算子法

还是用例 D.4 中的方程来说明微分算子法。微分方程为

$$y''' - y' = 2x + 1 - 4\cos x + 2e^x$$

用算子表示为

$$D^3 y - Dy = g$$

与前面一样，g 为等号右边项。上式可以因式分解为

$$D(D+1)(D-1)y = g$$

设

$$y_1 = (D+1)(D-1)y \tag{D.20}$$

有

$$Dy_1 = g$$

即

$$\frac{\mathrm{d}y_1}{\mathrm{d}x} = g$$

直接积分可得

$$
\begin{aligned}
y_1 &= \int g \mathrm{d}x + C_1 \\
&= \int (2x + 1 - 4\cos x + 2\mathrm{e}^x)\,\mathrm{d}x + C_1 \\
&= x^2 + x - 4\sin x + 2\mathrm{e}^x + C_1
\end{aligned}
$$

将上式代入式（D.20）可得微分方程

$$(D+1)(D-1)y = x^2 + x - 4\sin x + 2\mathrm{e}^x + C_1$$

再设

$$y_2 = (D-1)y \tag{D.21}$$

然后可得

$$(D+1)y_2 = x^2 + x - 4\sin x + +2\mathrm{e}^x + C_1$$

即

$$\frac{\mathrm{d}y_2}{\mathrm{d}x} + y_2 = x^2 + x - 4\sin x + 2\mathrm{e}^x + C_1 \tag{D.22}$$

式（D.22）是一个一阶微分方程，可由附录 D.1.4 中给出的式（D.14）求解，可得

$$
\begin{aligned}
y_2 &= \mathrm{e}^{-x} \int \mathrm{e}^x \left(x^2 + x - 4\sin x + 2\mathrm{e}^x + C_1\right) \mathrm{d}x + C_2 \mathrm{e}^{-x} \\
&= x^2 - x + 1 - 2\sin x + 2\cos x + \mathrm{e}^x + C_1 + C_2 \mathrm{e}^{-x}
\end{aligned}
$$

将上式代入式（D.21）又可以得到一个一阶微分方程

$$(D - 1)y = x^2 - x + 1 - 2\sin x + 2\cos x + e^x + C_1 + C_2 e^{-x}$$

再利用一阶微分方程的求解公式可得

$$y = e^x \int e^{-x} \left(x^2 - x + 1 - 2\sin x + 2\cos x + e^x + C_1 + C_2 e^{-x} \right) dx + C_3 e^x$$

$$= -x^2 - x - 2 + 2\sin x + x e^x - C_1 - \frac{C_2}{2} e^{-x} + C_3 e^x$$

重新定义任意常数，则得到的解与例 D.4 中的解一致。这种微分算子法只适用于常系数方程。本质上，任何常系数方程都可以用算子表示法写为

$$f(D)y = g(x)$$

如果函数 $f^{-1}(D)$ 可以根据下面方程求得：

$$f(D)f^{-1}(D) = 1$$

则方程的解为

$$y = f^{-1}(D)g(x)$$

上述方法涉及确定逆微分运算。

D.1.8 降低阶数

特解的讨论到此为止，现在回到通解。如果已知 n 阶线性微分方程的一个齐次方程的解，那么可以通过求解一个新的 $n-1$ 阶线性微分方程来确定该解的其余部分，这与在已知一个根的情况下减少代数方程的次数是一样的。考虑二阶方程

$$y'' + a_1 y' + a_2 y = g \tag{D.23}$$

其中 y 和 g 是 x 的函数，系数 a_1 和 a_2 也可以是 x 的函数。假设通过检验可以找到齐次方程的一个解，用 $y_1(x)$ 表示该解，即

$$y_1'' + a_1 y_1' + a_2 y = 0 \tag{D.24}$$

如果设

$$y = y_1 v$$

满足

$$(y_1 v)'' + a_1 (y_1 v)' + a_2 y = g$$

即

$$y_1 v'' + 2y_1' v' + y_1'' v + a_1 (y_1 v' + v y_1') + a_2 y_1 v = g$$

则 y 是式（D.23）的解。

整理上式可得

$$y_1 v'' + (2y_1' + a_1 y_1) v' + (y_1'' + a_1 y_1' + a_2 y_1) v = g \qquad \text{(D.25)}$$

由于 y_1 是齐次方程的解，联立式（D.24）和式（D.25）可得

$$y_1 v'' + (2y_1' + a_1 y_1) v' = g$$

设 $u = v'$，则可得关于 u 的一阶微分方程

$$y_1' u' + (2y_1' + a_1 y_1) u = g \qquad \text{(D.26)}$$

可由附录 D.1.4 给出的式（D.14）求解上式。最后，通过对 $v' = u$ 积分可以求得 v，然后可得通解 $y = y_1 v$。

例 D.5

考虑以下微分方程：

$$y'' - y = x$$

可以看出齐次方程的一个解为

$$y_1 = \mathrm{e}^x$$

将该解代入式（D.26）可得一阶微分方程

$$\mathrm{e}^x u' + 2\mathrm{e}^x u = x$$

也可以写为

$$u' + 2u = x\mathrm{e}^{-x}$$

由式（D.14）可以求得其解为

$$u = \mathrm{e}^{-x}(x - 1) + C_1 \mathrm{e}^{-2x}$$

通过对 $v' = u$ 积分可得

$$v = -xe^{-x} - \frac{C_1}{2}e^{-2x} + C_2$$

可得通解（重新定义常数 C_1）为

$$y = y_1 v = -x + C_1 e^{-x} + C_2 e^x$$

D.1.9　线性微分方程组

本节讨论常系数线性微分方程组。首先，考虑以下有两个未知数的方程：

$$\frac{\mathrm{d}^2 y_1}{\mathrm{d}x^2} - y_1 - 2y_2 = g_1(x)$$

$$\frac{\mathrm{d}^2 y_2}{\mathrm{d}x^2} - 2y_2 - 3y_1 = g_2(x) \tag{D.27}$$

用算子表示为

$$\left(D^2 - 1\right) y_1 - 2y_2 = g_1$$

$$-3y_1 + \left(D^2 - 2\right) y_2 = g_2$$

使用**克拉默法则**（Cramer rule）可得以下两个单变量微分方程：

$$\begin{vmatrix} (D^2 - 1) & -2 \\ -3 & (D^2 - 2) \end{vmatrix} y_1 = \begin{vmatrix} g_1 & -2 \\ g_2 & (D^2 - 2) \end{vmatrix}$$

$$\begin{vmatrix} (D^2 - 1) & -2 \\ -3 & (D^2 - 2) \end{vmatrix} y_2 = \begin{vmatrix} (D^2 - 1) & g_1 \\ -3 & g_2 \end{vmatrix}$$

可以写为

$$\left(D^4 - 3D^2 - 4\right) y_1 = \left(D^2 - 2\right) g_1 + 2g_2$$

$$\left(D^4 - 3D^2 - 4\right) y_2 = \left(D^2 - 1\right) g_2 + 3g_1$$

因为 g_1 和 g_2 是 x 的已知函数，所以可以执行算子的微分，等号右边用两个已知函数 $h_1(x)$ 和 $h_2(x)$ 表示，从而得到

$$\left(D^4 - 3D^2 - 4\right) y_1 = h_1(x)$$

$$\left(D^4 - 3D^2 - 4\right) y_2 = h_2(x)$$

这两个方程有相同的特征方程（通常可以根据原方程等号左边的行列式得到），因此两个齐次方程的通解形式相同。用 r_1、r_2、r_3 和 r_4 表示特征方程的 4 个根，可得齐次方程的解为

$$y_1 = C_1 e^{r_1 x} + C_2 e^{r_2 x} + C_3 e^{r_3 x} + C_4 e^{r_4 x}$$

$$y_2 = C_5 e^{r_1 x} + C_6 e^{r_2 x} + C_7 e^{r_3 x} + C_8 e^{r_4 x} \tag{D.28}$$

虽然有 8 个常数，但它们并不都是相互独立的，将式（D.28）代入式（D.27）中任意一个方程（令等号右边等于 0），可得这些常数之间的关系。计算可得

$$C_5 = \frac{r_1^2 - 1}{2} C_1, \quad C_6 = \frac{r_2^2 - 1}{2} C_2, \quad C_7 = \frac{r_3^2 - 1}{2} C_3, \quad C_8 = \frac{r_4^2 - 1}{2} C_4$$

式（D.28）是式（D.27）的齐次方程的解，可以使用待定系数法求特解。

例 D.6

求以下方程组的解 y_1 和 y_2：

$$\begin{cases} y_1' - 2y_1 + 2y_2' = 2 - 4e^{2x} \\ 2y_1' - 3y_1 + 3y_2' - y_2 = 0 \end{cases} \tag{D.29}$$

首先考虑齐次方程的解，用算子将齐次方程组表示为

$$\begin{cases} (D-2)y_1 + 2Dy_2 = 0 \\ (2D-3)y_1 + (3D-1)y_2 = 0 \end{cases} \tag{D.30}$$

则特征方程为

$$\begin{vmatrix} D-2 & 2D \\ 2D-3 & 3D-1 \end{vmatrix} = 0$$

展开行列式可得

$$-D^2 - D + 2 = 0$$

通过因式分解可以求得两个根为 1 和 –2，所以齐次方程组的解为

$$y_1 = C_1 e^x + C_2 e^{-2x}$$

$$y_2 = C_3 e^x + C_4 e^{-2x}$$

为了确定常数之间的关系，将上述方程代入式（D.30）中的任意一个方程，可得

$$C_1 = 2C_3, \qquad C_2 = -C_4$$

因此

$$y_1 = C_1 \mathrm{e}^x + C_2 \mathrm{e}^{-2x}$$
$$y_2 = \frac{C_1}{2} \mathrm{e}^x - C_2 \mathrm{e}^{-2x}$$

这里使用待定系数法来求特解。要考虑的族是 $\{1, \mathrm{e}^{2x}\}$，则

$$y_{1,p} = A + B\mathrm{e}^{2x}$$
$$y_{2,p} = C + D\mathrm{e}^{2x}$$

将以上方程代入式（D.29）可得

$$2B\mathrm{e}^{2x} - 2A - 2B\mathrm{e}^{2x} + 4D\mathrm{e}^{2x} = 2 - 4\mathrm{e}^{2x}$$
$$4B\mathrm{e}^{2x} - 3A - 3B\mathrm{e}^{2x} + 6D\mathrm{e}^{2x} - C - D\mathrm{e}^{2x} = 0$$

整理可得

$$-2A + 4D\mathrm{e}^{2x} = 2 - 4\mathrm{e}^{2x}$$
$$-3A - C + (B + 5D)\mathrm{e}^{2x} = 0$$

根据对应项的系数相等，可得

$$-2A = 2, \quad 4D = -4, \quad -3A - C = 0, \quad B + 5D = 0$$

最终可得

$$A = -1, \quad B = 5, \quad C = 3, \quad D = -1$$

所以通解为

$$y_1 = C_1 \mathrm{e}^x + C_2 \mathrm{e}^{-2x} - 1 + 5\mathrm{e}^{2x}$$
$$y_2 = \frac{C_1}{2} \mathrm{e}^x - C_2 \mathrm{e}^{-2x} + 3 - \mathrm{e}^{2x}$$

当然，这一方法可以推广到有 n 个微分方程的方程组。对于有 n 个微分方程的方程组，可以通过计算 $n \times n$ 行列式得到特征方程。

D.1.10　总结

在求解线性常微分方程时，首先要确定变量是否可分。如果变量是可分的，则可通过直接积分求得通解，如附录 D.1.3 所示。如果变量不可分，但方程是一阶方程，则根据附录 D.1.4 中的式（D.14）求解。

对于高阶常系数微分方程，通过求特征方程的根（见附录 D.1.5），然后用待定系数法求特解（见附录 D.1.6），可以得到齐次方程的通解。使用微分算子法（见附录 D.1.7）也可以求常系数非齐次线性方程的通解。如果齐次方程的一个或多个解是已知的，则可以降低方程的阶数（见附录 D.1.8），从而得到更容易求解的低阶方程。

最后，附录 D.1.9 讨论了常系数线性微分方程组的解。

D.2　差分方程

考虑一个自变量为 x 的函数，其中 x 是离散变量（x 只能取整数值）。因为该函数只存在于离散点，我们用 y_x 而不是 $y(x)$ 来表示这类函数。y_x 的一阶有限差分为

$$\Delta y \equiv y_{x+1} - y_x$$

二阶有限差分为

$$\Delta^2 y = \Delta(\Delta y) = (y_{x+2} - y_{x+1}) - (y_{x+1} - y_x)$$
$$= y_{x+2} - 2y_{x+1} + y_x$$

n 阶差分为

$$\Delta^n y = \Delta\left(\Delta^{n-1} y\right)$$

定义算子 D 为

$$Dy_x = y_{x+1}$$
$$D^2 y_x = D\left(Dy_x\right) = y_{x+2}$$
$$\vdots$$
$$D^n y_x = D\left(D^{n-1} y_x\right) = y_{x+n}$$

可以很容易地看出 Δ 和 D 之间的关系为

$$D^n = (\Delta + 1)^n$$

D.2.1 常系数线性差分方程

关于 y_x 的方程

$$y_{x+n} + a_1 y_{x+n-1} + \cdots + a_{n-1} y_{x+1} + a_n y_x = g_x \qquad \text{(D.31)}$$

称为 n 阶常系数线性差分方程。这里不讨论系数是 x 的函数的情况。

可以看到差分方程和微分方程有许多相似之处，求解方法也非常相似。解式（D.31）的方法与解常系数线性微分方程的方法非常相似。可以证明，式（D.31）的通解为齐次方程（g_x 替换为 0）的所有解的线性组合加上式（D.31）的特解。另外，对于 n 次方程，有 n 个与齐次方程的解相关的任意常数，可以根据 n 个边界条件求得这些常数。

用类似于附录 D.1.5 中的方法来求齐次方程的解。首先，用算子符号将式（D.31）写为

$$\left(D^n + a_1 D^{n-1} + \cdots + a_{n-1} D + a_n \right) y_x = 0$$

齐次方程的解的形式为 r^x（与微分方程的 e^{rx} 相对），其中 r 是特征方程的根，特征方程为

$$D^n + a_1 D^{n-1} + \cdots + a_{n-1} D + a_n = 0$$

在式（D.31）中设 $y^x = r^x$，可得

$$r^{x+n} + a_1 r^{x+n-1} + \cdots + a_{n-1} r^{x+1} + a_n r^x = 0$$

提出 r^x，可得

$$r^x \left(r^n + a_1 r^{n-1} + \cdots + a_{n-1} r + a_n \right) = 0$$

但由于 r 是特征方程的根，所以等号左边等于 0。

由于特征方程有 n 个根，所以齐次方程的通解为

$$y_x = C_1 r_1^x + C_2 r_2^x + \cdots + C_n r_n^x$$

多重根的处理方式类似于微分方程。对于 k 重根，特征方程关于 D 的前 $k-1$ 阶导数必须为 0，且 k 个解的形式为 r^x，$x r^x$，$x(x-1)r^x$，$\cdots$，$x(x-1)\cdots(x-k+1)r^x$，因为取 r^x 的第 i 阶导数可以得到 $x(x-1)\cdots(x-i+1)r^x r^{-i}$，且 r^{-i} 可以合并到任意常数中。

可以采用待定系数法求式（D.31）的特解，下面在例 D.7 中介绍这一过程。

例 D.7

考虑差分方程

$$y_{x+2} + 6y_{x+1} + 9y_x = 16x^2$$

用算子表示的齐次方程为

$$\left(D^2 + 6D + 9\right) y_x = 0$$

特征方程在 -3 处有两个根。因此，解为

$$y_x = C_1(-3)^x + C_2 x(-3)^x$$

下面求特解。关于 x^2 的族为 $\{x^2,\, x,\, 1\}$，因此

$$y_{x,p} = Ax^2 + Bx + C$$

将其代入原方程可得

$$A(x + 2)^2 + B(x + 2) + C + 6\left[A(x + 1)^2 + B(x + 1) + C\right] +$$
$$9\left(Ax^2 + Bx + C\right) = 16x^2$$

整理可得

$$16Ax^2 + (16A + 16B)x + 10A + 8B + 16C = 16x^2$$

根据对应项的系数相等，可得

$$16A = 16, \quad 16A + 16B = 0, \quad 10A + 8B + 16C = 0$$

最终可得

$$A = 1, \quad B = -1, \quad C = -\frac{1}{8}$$

所以特解为

$$y_{x,p} = x^2 - x - \frac{1}{8}$$

所以通解为

$$y_x = C_1(-3)^x + C_2 x(-3)^x + x^2 - x - \frac{1}{8}$$

D.2.2　线性差分方程组

差分方程组的求解方法类似于附录 D.1.9 中微分方程的求解方法。首先用算子表示法写出方程，利用等号左边 "系数" 的行列式找到特征方程，求出特征方程的根，再将 r_i^x 的线性组合（不是微分方程的 $e^{r_i, x}$）作为齐次方程的解。然后，通过将齐次方程的解代入齐次方程组，可以得到常数之间的关系，进而减少常数的个数。然后，用待定系数法求出一个特解（如果方程是非齐次的）。

例 D.8

考虑以下差分方程组，求解 y 和 z：

$$\begin{cases} y_{x+1} - 3y_x + z_{x+1} - 3z_x = 2 \\ 2y_{x+1} - 5y_x + 3z_{x+1} - 3z_x = 6 \times 4^x \end{cases} \tag{D.32}$$

首先通过求解特征方程得到齐次方程的解，特征方程为

$$\begin{vmatrix} D - 3 & D - 3 \\ 2D - 5 & 3D - 3 \end{vmatrix} = 0$$

计算行列式可得

$$D^2 - D - 6 = 0$$

通过因式分解可以求得根为 3 和 -2。因此，齐次方程组的解为

$$y_x = C_1 \cdot 3^x + C_2 \cdot (-2)^x$$
$$z_x = C_3 \cdot 3^x + C_4 \cdot (-2)^x$$

为了减少任意常数的数目，将原始方程组（D.32）中等号右边设为 0，然后将上面的解代入其中，可得

$$C_3 = -\frac{1}{6}C_1, \quad C_4 = -C_2$$

因此，齐次方程组的解为

$$y_x = C_1 \cdot 3^x + C_2(-2)^x$$
$$z_x = -\frac{C_1 \cdot 3^x}{6} - C_2(-2)^x$$

用待定系数法来求特解。式（D.32）中的第一个方程等号右边的族为 $\{1\}$，第二个方程等号右边的族为 $\{4^x\}$，因此，有

$$y_{x,p} = A + B \cdot 4^x$$
$$z_{x,p} = C + D \cdot 4^x$$

将其代入式（D.32）可得

$$A + 4B \cdot 4^x - 3A - 3B \cdot 4^x + C + 4D \cdot 4^x - 3C - 3D \cdot 4^x = 2$$
$$2A + 8B \cdot 4^x - 5A - 5B \cdot 4^x + 3C + 12D \cdot 4^x - 3C - 3D \cdot 4^x = 6 \times 4^x$$

简化可得

$$-2A - 2C + (B + D) \cdot 4^x = 2$$
$$-3A + (3B + 9D) \cdot 4^x = 6 \times 4^x$$

根据对应项的系数相等可得

$$-2A - 2C = 2, \quad B + D = 0, \quad -3A = 0, \quad 3B + 9D = 6$$

计算可得

$$A = 0, \quad B = -1, \quad C = -1, \quad D = 1$$

可得通解为

$$y_x = C_1 \cdot 3^x + C_2 \cdot (-2)^x - 4^x$$
$$z_x = -\frac{C_1 \cdot 3^x}{6} - C_2(-2)^x - 1 + 4^x$$

这种利用待定系数求方程组特解的方法并不总是有效的。例如，可以验证待定系数法不能用于求以下方程组的特解：

$$\begin{cases} y_{x+1} - 2y_x + 2z_x = 2 \\ 2y_{x+1} - 3y_x + 3z_{x+1} - z_x = 6 \times 4^x \end{cases}$$

对于这种情况，需要使用其他方法。但是，由于排队论中遇到的微分方程和差分方程基本上都是齐次的，所以本书不再进一步详细讨论如何求特解。

附录 E

QtsPlus软件

QtsPlus 可用于 Windows 系统的 Excel（2010 或更高版本）或 MacOS 系统的 Excel（2011 或更高版本）。安装文件可以在作者（肖特尔）的网站上找到。

要运行模型，首先打开 QtsPlus.xlsm 工作簿。模型类型分为 8 类，如单服务员模型或多服务员模型。模型类别菜单包含在"**Cover**"工作表中，如图 E.1 所示。

Model Category	Description
Basic	Fundamentals of queueing theory: Markov Chains; Probability Distributions; Finite, Linear Difference Equations; Finite and Infinite Birth/Death Processes; Numerical Approximations
Single-Server Models	Broad class of single-server queueing models.
Multi-Server Models	Collection of models for multiple-server queues.
Bulk Models	Models to analyze bulk arrival and/or service queues.
Priority Models	Models for multi-class, priority queues.
Network Models	Models for analyzing a network of single and multi-server queues.
Bounds and Approximations	Collection of Models Providing Bounds and Approximations.
Simulation Models	Collection of simulation models.

图 E.1　QtsPlus 软件的主菜单

例如，要运行 $M/G/c/c$ 排队模型，在"**Cover**"工作表中点击"**Multi-Server Models**"。在结果列表中，点击"$M/G/c/c$"，将显示该模型的工作簿，并在顶部显示说明和指导。如果出现提示，请点击"**Enable Macros**"。要得到该模型的结果，请根据需要更改"**Input Parameters**"中的参数，然后点击"**Solve**"，就可以得到"**Results**"（输出效益指标）。例如，假设要运行一个 $\lambda = 4$、$\mu = 1/2$（或 $1/\mu = 2$）和 $c = 5$ 的模型，输入这些参数值，然后点击"**Solve**"，就会显示相应的输出值，如图 E.2 所示。

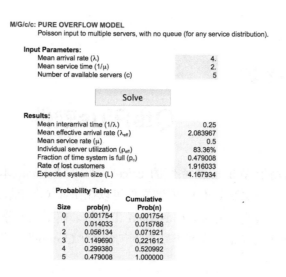

图 E.2 $M/G/c/c$ 排队模型示例

图 E.3 展示了无备用机器的马尔可夫单服务员有限源排队模型的例子。此模型的顶部有指导说明。要求解具体的模型，输入相关参数，然后点击"**Solve**"，如图 E.3 所示。除了系统效益指标（如 W、W_q、L 和 L_q）外，该模型还可以用于计算系统大小的平稳概率，并给出概率图，如图 E.4 所示。

图 E.3 单服务员有限源排队模型示例

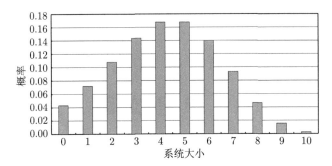

图 E.4　系统大小分布概率图

参考文献

ABATE, J., CHOUDHURY, G., AND WHITT, W. 1999. An introduction to numerical transform inversion and its application to probability models. In *Computational Probability*, W. Grassman, Ed. Kluwer, Boston, 257-323.

ABATE, J., CHOUDHURY, G. L., AND WHITT, W. 1996. On the Laguerre method for numerically inverting Laplace transforms. *INFORMS Journal on Computing 8*, 413-427.

ABATE, J., CHOUDHURY, G. L., AND WHITT, W. 1997. Numerical inversion of multidimensional Laplace transforms by the Laguerre method. *Performance Evaluation 31*, 229-243.

ABATE, J., AND WHITT, W. 1989. Calculating time-dependent performance measures for the $M/M/1$ queue. *IEEE Transactions on Communications 37*, 10, 1102-1104.

ABATE, J., AND WHITT, W. 1992. The Fourier-series method for inverting transforms of probability distributions. *Queueing Systems 10*, 5-88.

ABATE, J., AND WHITT, W. 2006. A unified framework for numerically inverting Laplace transforms. *INFORMS Journal on Computing 18*, 4, 408-421.

ABRAMOWITZ, M., AND STEGUN, I. A. 1964. *Handbook of Mathematical Functions*. Vol. 55. Courier Corporation.

ALBIN, S. L. 1984. Approximating a point process by a renewal process, II: Superposition arrival processes to queues. *Operations Research 32*, 5, 1133-1162.

ALLEN, A. O. 1990. *Probability, Statistics, and Queueing Theory with Computer Science Applications*, 2nd ed. Academic Press, New York.

ANDRADÓTTIR, S. 1998. A review of simulation optimization techniques. In *Proceedings of the 1998 Winter Simulation Conference*. IEEE, Piscataway, NJ, 151-158.

ARTALEJO, J. R. 1999. Retrial queues. *Mathematical and Computer Modeling 30*, 1-6.

ASHOUR, S., AND JHA, R. D. 1973. Numerical transient-state solutions of queueing systems. *Simulation 21*, 117-122.

ASMUSSEN, S. 2003. *Applied Probability and Queues*, 2nd ed. Springer, New York.

AVI-ITZHAK, B., AND NAOR, P. 1963. Some queuing problems with the service station subject to breakdown. *Operations Research 11*, 3, 303-320.

BAILEY, N. T. J. 1954. A continuous time treatment of a single queue using generating functions. *Journal of the Royal Statistical Society: Series B 16*, 288-291.

BANKS, J., CARSON, J. S., NELSON, B. L., AND NICOL, D. M. 2013. *Discrete-Event System Simulation: Pearson New International Edition*. Pearson.

BARBOUR, A. D. 1976. Networks of queues and the methods of stages. *Advances in Applied Probability 8*, 584-591.

BARLOW, R. E., AND PROSCHAN, F. 1975. *Statistical Theory of Reliability and Life Testing*. Holt, Rinehart and Winston, New York.

BASKETT, F., CHANDY, K. M., MUNTZ, R. R., AND PALACIOS, F. G. 1975. Open, closed and mixed networks of queues with different classes of customers. *Journal of the Association for Computing Machinery 22*, 248-260.

BAXTER, G., AND DONSKER, M. D. 1957. On the distribution of the supremum functional for processes with stationary independent increments. *Transactions of the American Mathematical Society 85*, 1, 73-87.

BENEŠ, V. E. 1957. A sufficient set of statistics for a simple telephone exchange model. *Bell System Technical Journal 36*, 939-964.

BENGTSSON, B. 1983. On some control problems for queues. *Linköping Studies in Science and Technology, Dissertation No. 87*.

BERMAN, M., AND WESTCOTT, M. 1983. On queueing systems with renewal departure processes. *Advances in Applied Probability 15*, 657-673.

BERTSIMAS, D., AND NAKAZATO, D. 1995. The distributional Little's law and its applications. *Operations Research 43*, 2, 298-310.

BHAT, U. N., SHALABY, M., AND FISCHER, M. J. 1979. Approximation techniques in the solution of queueing problems. *Naval Research Logistics Quarterly 26*, 311-326.

BILLINGSLEY, P. 1961. *Statistical Inference for Markov Processes*. University of Chicago Press, Chicago.

BILLINGSLEY, P. 1995. *Probability and Measure*, 3rd ed. Wiley, New York.

BODILY, S. E. 1986. Spreadsheet modeling as a stepping stone. *Interfaces 16*, 5 (September-October), 34-52.

BOLCH, G., GREINER, S., DE MEER, H., AND TRIVEDI, K. S. 2006. *Queueing Networks and Markov chains*, 2nd ed. Wiley, Hoboken, NJ.

BOOKBINDER, J., AND MARTELL, D. 1979. Time-dependent queueing approach to helicopter allocation for forest fire initial attack. *Information Systems and Operational Research 17*, 58-70.

BOTTA, R. F., AND HARRIS, C. M. 1980. Approximation with generalized hyperexponential distribution: Weak convergence results. *Queueing Systems 1*, 169-190.

BRIGHAM, G. 1955. On a congestion problemin an aircraft factory. *Journal of the Operations Research Society of America 3*, 412-428.

BRILL, P. H. 2008. *Level Crossing Methods in Stochastic Models*. Springer, New York.

BRUELL, S. C., AND BALBO, G. 1980. *Computational Algorithms for Closed Queueing Networks*. North Holland, Operating and Programming Systems Series, P. J. Denning, Ed., New York.

BRUMELLE, S. 1972. A generalization of $L = \lambda W$ to moments of queue length and waiting times. *Operations Research 20*, 6, 1127-1136.

BRUMELLE, S. L. 1971a. On the relation between customer and time averages in queues. *Journal of Applied Probability 8*, 3, 508-520.

BRUMELLE, S. L. 1971b. Some inequalities for parallel-server queues. *Operations Research 19*, 402-413.

BUNDAY, B. D., AND SCRATON, R. E. 1980. The $G/M/r$ machine interference model. *European Journal of Operational Research 4*, 399-402.

BURKE, P. J. 1956. The output of a queueing system. *Operations Research 4*, 699-714.

BURKE, P. J. 1969. The dependence of service in tandem $M/M/s$ queues. *Operations Research 17*, 754-755.

BUZEN, J. P. 1973. Computational algorithms for closed queueing networks with exponential servers. *Communications of the ACM 16*, 527-531.

CARSON, J. S. 1986. Convincing users of model's validity is challenging aspect of modeler's job. *Industrial Engineering 18*, 74-85.

ÇINLAR, E. 1972. Superposition of point processes. In *Stochastic Point Processes: Statistical Analysis, Theory, and Applications*, P. A. W. Lewis, Ed. Wiley, Hoboken, NJ, 549-606.

ÇINLAR, E. 1975. *Introduction to Stochastic Processes*. Prentice-Hall, Englewood Cliffs, NJ.

CHAMPERNOWNE, D. G. 1956. An elementary method of solution of the queueing problem with a single server and a constant parameter. *Journal of the Royal Statistical Society: Series B 18*, 125-128.

CHAUDHRY, M. L., HARRIS, C. M., AND MARCHAL, W. G. 1990. Robustness of rootfinding in single-server queueing models. *ORSA Journal on Computing 2*, 273-286.

CHAUDHRY, M. L., AND TEMPLETON, J. G. C. 1983. *A First Course in Bulk Queues*. Wiley, Hoboken, NJ.

CHEN, C. H., AND LEE, L. H. 2011. *Stochastic Simulation Optimization: An Optimal*

Computing Budget Allocation. World Scientific, New Jersey.

CLARKE, A. B. 1957. Maximum likelihood estimates in a simple queue. *The Annals of Mathematical Statistics 28*, 1036-1040.

COBHAM, A. 1954. Priority assignment in waiting line problems. *Operations Research 2*, 70-76; correction, **3**, 547.

COHEN, J. W. 1982. *The Single Server Queue*, 2nd ed. North Holland, New York.

COOPER, R. B. 1981. *Introduction to Queueing Theory*, 2nd ed. North Holland, New York.

COOPER, R. B., AND GROSS, D. 1991. On the convergence of Jacobi and Gauss-Seidel iteration for steady-state probabilities of finite-state continuous-time Markov chains. *Stochastic Models 7*, 185-189.

COX, D. R. 1955. A use of complex probabilities in the theory of stochastic processes. *Proceedings of the Cambridge Philosophical Society 51*, 313-319.

COX, D. R. 1965. Some problems of statistical analysis connected with congestion. In *Proceedings of the Symposium on Congestion Theory*, W. L. Smith and W. E. Wilkinson, Eds. University of North Carolina Press, Chapel Hill, NC.

CRABILL, T. B. 1968. Sufficient conditions for positive recurrence of specially structured Markov chains. *Operations Research 16*, 858-867.

CRABILL, T. B., GROSS, D., AND MAGAZINE, M. 1977. A classified bibliography of research on optimal design and control of queues. *Operations Research 28*, 219-232.

CRANE, M. A., AND IGLEHART, D. L. 1975. Simulating stable stochastic systems, III: Regenerative processes and discrete-event simulations. *Operations Research 23*, 33-45.

CROMMELIN, C. D. 1932. Delay probability formulae when the holding times are constant. *P. O. Electrical Engineering Journal 25*, 41-50.

DAGANZO, C. F. 1997. *Fundamentals of Transportation and Traffic Operations*. Pergamon, New York.

DISNEY, R. L. 1981. Queueing networks. *American Mathematical Society Proceedings of the Symposium on Applied Mathematics 25*, 53-83.

DISNEY, R. L. 1996. Networks of queue. In *Encyclopedia of Operations Research & Management Science*, S. I. Gass and C. M. Harris, Eds. Kluwer Academic, Boston.

DISNEY, R. L., MCNICKLE, D. C., AND SIMON, B. 1980. The $M/G/1$ queue with instantaneous Bernoulli feedback. *Naval Research Logistics Quarterly 27*, 635-644.

ERLANG, A. K. 1909. The theory of probabilities and telephone conversations. *Nyt Tidsskrift Mat. B 20*, 33-39.

ERLANG, A. K. 1917. Solution of some problems in the theory of probabilities of significance in automatic telephone exchanges. *P. O. Electrical Engineering Journal 10*, 189-197.

FABENS, A. T. 1961. The solution of queueing and inventory models by semi-Markov processes. *Journal of the Royal Statistical Society: Series B 23*, 113-127.

FALIN, G. I., AND TEMPLETON, J. G. C. 1997. *Retrial Queues*. Chapman & Hall, New York.

FELLER, W. 1968. An *Introduction to Probability Theory and Its Applications*, 3rd ed. Vol. I. Wiley, New York.

FELLER, W. 1971. *An Introduction to Probability Theory and Its Applications*, 2nd ed. Vol. II. Wiley, New York.

FISHMAN, G. S. 1971. Estimating sample size in computer simulation experiments. *Management Science 18*, 21-38.

FISHMAN, G. S. 1973a. *Concepts and Methods in Discrete Event Digital Simulation*. Wiley, New York.

FISHMAN, G. S. 1973b. Statistical analysis for queueing simulations. *Management Science 20*, 363-369.

FISHMAN, G. S. 2001. *Discrete-Event Simulation Modeling, Programming and Analysis*. Springer-Verlag, New York.

FOSTER, F. G. 1953. On stochastic matrices associated with certain queuing processes. *The Annals of Mathematical Statistics 24*, 355-360.

FOX, B. L. 1981. Fitting "standard" distributions to data is necessarily good: Dogma or myth. In *Proceedings of the 1981 Winter Simulation Conference*. IEEE, Piscataway, NJ, 305-307.

FRY, T. C. 1928. *Probability and Its Engineering Uses*. Van Nostrand, Princeton, NJ.

FU, M., CHEN, C. H., AND SHI, L. 2008. Some topics for simulation optimization. In *Proceedings of the 2008 Winter Simulation Conference*. IEEE, Piscataway, NJ, 27-38.

GANS, N., KOOLE, G., AND MANDELBAUM, A. 2003. Telephone call centers: Tutorial, review, and research prospects. *Manufacturing and Service Operations Management 5*, 79-141.

GASS, S. I., AND THOMPSON, B. W. 1980. Guidelines for model evaluation. *Operations Research 28*, 431-439.

GAVER, D. P. 1966. Observing stochastic processes and approximate transform inversion. *Operations Research 14*, 444-459.

GAVER, D. P., J. 1968. Diffusion approximations and models for certain congestion problems. *Journal of Applied Probability 5*, 607-623.

GEBHARD, R. F. 1967. A queueing process with bilevel hysteretic service-rate control. *Naval Research Logistics Quarterly 14*, 55-68.

GELENBE, E., AND PUJOLLE, G. 1998. *Introduction to Queueing Networks*, 2nd ed. Wiley, New York.

GORDON, W. J., AND NEWELL, G. F. 1967. Closed queuing systems with exponential servers. Operations Research *15*, 254-265.

GRADSHTEYN, I. S., AND RYZHIK, I. M. 2000. *Table of Integrals, Series, and Products*, 6th ed. Academic Press, New York.

GRASSMANN, W. 1977. Transient solutions in Markovian queueing systems. *Computers and Operations Research 4*, 47-56.

GREENBERG, I. 1973. Distribution-free analysis of $M/G/1$ and $G/M/1$ queues. *Operations Research 21*, 629-635.

GROSS, D., AND HARRIS, C. M. 1985. *Fundamentals of Queueing Theory*, 2nd ed. Wiley, Hoboken, NJ.

GROSS, D., AND INCE, J. 1981. The machine repair problem with heterogeneous populations. *Operations Research 29*, 532-549.

GROSS, D., AND JUTTIJUDATA, M. 1997. Sensitivity of output measures to input distributions in queueing simulation modeling. In *Proceedings of the 1997 Winter Simulation Conference*. IEEE, Piscataway, NJ.

GROSS, D., KIOUSSIS, L. C., MILLER, D. R., AND SOLAND, R. M. 1984. Computational aspects of determining steady-state availability for Markovian multi-echelon repairable item inventory models. Tech. report, The George Washington University, Washington, DC.

GROSS, D., AND MILLER, D. R. 1984. The randomization technique as a modeling tool and solution procedure for transient Markov processes. *Operations Research 32*, 343-361.

GROSS, D., MILLER, D. R., AND SOLAND, R. M. 1983. A closed queueing network model for multi-echelon repairable item provisioning. *IIE Transactions 15*, 344-352.

GROSSMAN, T. A. 1999. Teacher's forum: spreadsheet modeling and simulation improves understanding of queues. *Interfaces 29*, 3 (May-June), 88-103.

HAJI, R., AND NEWELL, G. F. 1971. A relation between stationary queue and waiting time distributions. *Journal of Applied Probability 8*, 3, 617-620.

HALFIN, S., AND WHITT, W. 1981. Heavy-traffic limits for queues with many exponential servers. *Operations Research 29*, 3, 567-588.

HARCHOL-BALTER, M. 2013. *Performance Modeling and Design of Computer Systems: Queueing Theory in Action*. Cambridge University Press, New York.

HARRIS, C. M. 1974. Some new results in the statistical analysis of queues. In *Mathematical Methods in Queueing Theory*, A. B. Clarke, Ed. Springer-Verlag, Berlin.

HARRIS, C. M. 1985. A note on mixed exponential approximations for $GI/G/1$ queues. *Computers and Operations Resesarch 12*, 285-289.

HARRIS, C. M., AND MARCHAL, W. G. 1988. State dependence in $M/G/1$ server-vacation models. *Operations Research 36*, 560-565.

HEYMAN, D. P. 1968. Optimal operating policies for $M/G/1$ queuing systems. *Operations Research 16*, 362-382.

HEYMAN, D. P., AND SOBEL, M. J. 1982. *Stochastic Models in Operations Research*. Vol. I. McGraw-Hill, New York.

HEYMAN, D. P., AND SOBEL, M. J. 1984. *Stochastic Models in Operations Research*. Vol. II. McGraw-Hill, New York.

HILLIER, F. S., AND LIEBERMAN, G. J. 1995. *Introduction to Operations Research*, 6th ed. McGraw-Hill, New York.

HUNT, G. C. 1956. Sequential arrays of waiting lines. *Operations Research 4*, 674-683.

JACKSON, J. R. 1957. Networks of waiting lines. *Operations Research 5*, 518-521.

JACKSON, J. R. 1963. Jobshop-like queueing systems. *Management Science 10*, 131-142.

JAGERMAN, D. L. 1978. An inversion technique for the Laplace transform with applications. *Bell System Technical Journal 57*, 669-710.

JAGERMAN, D. L. 1982. An inversion technique for the Laplace transform. *Bell System Technical Journal 61*, 1995-2002.

JAISWAL, N. K. 1968. *Priority Queues*. Academic Press, New York.

JEWELL, W. S. 1967. A simple proof of $L = \lambda W$. *Operations Research 15*, 6, 1109-1116.

JUTTIJUDATA, M. 1996. Sensitivity of output performance measures to input distributions in queueing simulation modeling. Ph.D. thesis, Department of Operations Research, The George Washington University, Washington, DC.

KAO, E. P. C. 1991. Using state reduction for computing steady state probabilities of $GI/PH/1$ types. *ORSA Journal on Computing 3*, 231-240.

KARLIN, S., AND TAYLOR, H. M. 1975. *A First Course on Stochastic Processes*. Academic Press, New York.

KEILSON, J., COZZOLINO, J., AND YOUNG, H. 1968. A service system with unfilled requests repeated. *Operations Research 16*, 6, 1126-1137.

KEILSON, J., AND SERVI, L. D. 1988. A distributional form of Little's law. *Operations Research Letters 7*, 5, 223-227.

KELLY, F. P. 1975. Networks of queues with customers of different types. *Journal of Applied Probability 12*, 542-555.

KELLY, F. P. 1976. Networks of queues. *Advances in Applied Probability 8*, 416-432.

KELLY, F. P. 1979. *Reversibility and Stochastic Networks*. Wiley, Hoboken, NJ.

KELTON, W. D. 1984. Input data collection and analysis. In *Proceedings of the 1984 Winter Simulation Conference*. IEEE, Piscataway, NJ, 305-307.

KELTON, W. D., AND LAW, A. M. 1983. A new approach for dealing with the startup problem in discrete event simulation. *Naval Research Logistics Quarterly 30*, 641-658.

KENDALL, D. G. 1953. Stochastic processes occurring in the theory of queues and their analysis by the method of imbedded Markov chains. *The Annals of Mathematical Statistics 24*, 338-354.

KENNEDY, D. P. 1972. The continuity of the single-server queue. *Journal of Applied Probability 9*, 370-381.

KESTEN, H., AND RUNNENBURG, J. T. 1957. Priority in waiting line problems I, II. *Indagationes Mathematicae 60*, 312-324.

KIM, S. 2004. The heavy-traffic bottleneck phenomenon under splitting and superposition. *European Journal of Operations Research 157*, 736-745.

KINGMAN, J. F. C. 1962a. The effect of queue discipline on waiting time variance. *Mathematical Proceedings of the Cambridge Philosophical Society 58*, 1, 163-164.

KINGMAN, J. F. C. 1962b. On queues in heavy traffic. *Journal of the Royal Statistical Society. Series B (Methodological) 24*, 2, 383-392.

KINGMAN, J. F. C. 1962c. Some inequalities for the queue $GI/G/1$. *Biometrika 49*, 315-324.

KINGMAN, J. F. C. 1965. The heavy traffic approximation in the theory of queues. In *Proceedings of the Symposium on Congestion Theory*. University of North Carolina Press, Chapel Hill, NC.

KOENIGSBERG, E. 1966. On jockeying in queues. *Management Science 12*, 412-436.

KOLESAR, P., AND GREEN, L. 1998. Insights on service system design from a normal approximation to Erlang's formula. *Production and Operations Management 7*, 3, 282-293.

KÖLLERSTRÖM, J. 1974. Heavy traffic theory for queues with several servers. I. *Journal of Applied Probability 11*, 3, 544-552.

KÖLLERSTRÖM, J. 1979. Heavy traffic theory for queues with several servers. II. *Journal of Applied Probability 16*, 2, 393-401.

KOSTEN, L. 1948. On the validity of the Erlang and Engset loss formulae. *Het P.T.T. Bedriff 2*, 22-45.

KRAEMER, W., AND LANGENBACH-BELZ, M. 1976. Approximate formulae for the delay in the queueing system $GI/G/1$. *Congressbook, Eighth International Teletraffic Congress*, 235.1-235.8.

KRAKOWSKI, M. 1973. Conservation methods in queueing theory. *RAIRO 7 V-1*, 63-84.

KRAKOWSKI, M. 1974. Arrival and departure processes in queues. Pollaczek-Khintchine formulas for bulk arrivals and bounded systems. *RAIRO 8 V-1*, 45-56.

LAVENBERG, S. S., AND REISER, M. 1979. Stationary state probabilities at arrival instants for closed queueing networks with multiple types of customers. Research Report RC 759, IBM T. J. Watson Research Center, Yorktown Heights, NY.

LAW, A. M. 1977. Confidence intervals in discrete event simulation: a comparison of replication and batch means. *Naval Research Logistics Quarterly 27*, 667-678.

LAW, A. M. 2005. How to build credible and valid simulation models. In *Proceedings of the 2005 Winter Simulation Conference*. IEEE, Piscataway, NJ, 27-32.

LAW, A. M. 2014. *Simulation Modeling and Analysis*, 5th ed. McGraw-Hill, New York.

L'ECUYER, P. 2006. Random number generation. In *Elsevier Handbooks in Operations Research and Management Science: Simulation*, S. G. Henderson and B. Nelson, Eds. Vol. 13. Elsevier, Amsterdam. Chap. 3.

LEDERMANN, W., AND REUTER, G. E. 1954. Spectral theory for the differential equations of simple birth and death process. *Philosophical Transactions of the Royal Society of London Series A 246*, 321-369.

LEEMIS, L. M. 1996. Discrete-event simulation input process modeling. In *Proceedings of the 1996 Winter Simulation Conference*. IEEE, Piscataway, NJ, 39-46.

LEEMIS, L. M., AND PARK, S. K. 2006. *Discrete-Event Simulation, A First Course*. Prentice Hall, Upper Saddle River, NJ.

LEMOINE, A. J. 1977. Networks of queues—a survey of equilibrium analysis. *Management Science 24*, 464-481.

LEON, L., PRZASNYSKI, Z., AND SEAL, K. C. 1996. Spreadsheets and OR/MS models: an end-user perspective. *Interfaces 26*, 2 (March-April), 92-104.

LI, Y., AND GOLDBERG, D. A. 2017. Simple and explicit bounds for multi-server queues with universal $1/(1 - \rho)$ scaling. arXiv:1706.04628.

LIITSCHWAGER, J., AND AMES, W. F. 1975. On transient queues—practice and pedagogy. 206.

LILLIEFORS, H. W. 1966. Some confidence intervals for queues. *Operations Research 14*, 723-727.

LILLIEFORS, H. W. 1967. On the Kolmogorov-Smirnov statistic for normality with mean and variance unknown. *Journal of the American Statistical Association 62*, 399-402.

LILLIEFORS, H. W. 1969. On the Kolmogorov-Smirnov statistic for the exponential distribution with mean unknown. *Journal of the American Statistical Association 64*, 387-389.

LINDLEY, D. V. 1952. The theory of queues with a single server. *Proceedings of the Cambridge Philosophical Society 48*, 277-289.

LITTLE, J. D. C. 1961. A proof for the queuing formula: $L = \lambda W$. *Operations research 9*, 3, 383-387.

LITTLE, J. D. C. 2011. Little's law as viewed on its 50th anniversary. *Operations research 59*, 3, 536-549.

MAISTER, D. 1984. The psychology of waiting lines. *Harvard Business Case* 9-684-064.

MARCHAL, W. G. 1978. Some simpler bounds on the mean queuing time. *Operations Research 26*, 1083-1088.

MARON, M. J. 1982. *Numerical Analysis, A Practical Approach.* Macmillan, New York.

MARSHALL, K. T. 1968. Some inequalities in queuing. *Operations Research 16*, 651-665.

MELAMED, B. 1979. Characterization of Poisson traffic streams in Jackson queueing networks. *Advances in Applied Probability 11*, 422-438.

MILLER, D. R. 1981. Computation of the steady-state probabilities for $M/M/1$ priority queues. *Operations Research 29*, 945-958.

MODER, J. J., AND PHILLIPS, C. R., J. 1962. Queuing with fixed and variable channels. *Operations Research 10*, 218-231.

MOLINA, E. C. 1927. Application of the theory of probability to telephone trunking problems. *Bell System Technical Journal 6*, 461-494.

MORSE, P. M. 1958. *Queues, Inventories and Maintenance.* Wiley, New York.

NEUTS, M. F. 1973. The single server queue in discrete time—numerical analysis, I. *Naval Research Logistics Quarterly 20*, 297-304.

NEUTS, M. F. 1981. *Matrix-Geometric Solutions in Stochastic Models.* Johns Hopkins University Press, Baltimore.

NEWELL, G. F. 1972. *Applications of Queueing Theory.* Chapman & Hall, London.

PALM, C. 1938. Analysis of the Erlang traffic formulae for busy-signal arrangements. *Ericsson Tech. 6*, 39-58.

PAPOULIS, A. 1991. *Probability, Random Variables and Stochastic Processes*, 2nd ed. McGraw-Hill, New York.

PARZEN, E. 1960. *Modern Probability and Its Applications.* Wiley, Hoboken, NJ.

PARZEN, E. 1962. *Stochastic Processes.* Holden-Day, San Francisco.

PERROS, H. 1994. *Queueing Networks with Blocking.* Oxford University Press, New York.

PHIPPS, T. E., J. 1956. Machine repair as a priority waiting-line problem. *Operations Research 4*, 76-85. (Comments by W. R. Van Voorhis, 4, 86).

PIESSENS, R. 1975. A bibliography on numerical inversion of the Laplace transform and applications. *Journal of Computational and Applied Mathematics 1*, 115-128.

PIESSENS, R., AND DANG, N. D. P. 1976. A bibliography on numerical inversion of the Laplace transform and applications: a supplement. *Journal of Computational and Applied Mathematics 2*, 225-228.

POLLACZEK, F. 1932. Lösung eines geometrischen wahrscheinlichkeits-problems. *Mathematische Zeitschrift 35*, 230-278.

POSNER, M., AND BERNHOLTZ, B. 1968. Closed finite queueing networks with time lags. *Operations Research 16*, 962-976.

PRABHU, N. U. 1965a. *Queues and Inventories*. Wiley, Hoboken, NJ.

PRABHU, N. U. 1965b. *Stochastic Processes*. Macmillan, New York.

PRABHU, N. U. 1974. Stochastic control of queueing systems. *Naval Research Logistics Quarterly 21*, 411-418.

PUTERMAN, M. L. 1991. *Markov Decision Processes*. Wiley, Hoboken, NJ.

RAINVILLE, E. D., AND BEDIENT, P. E. 1969. *A Short Course in Differential Equations*. Macmillan, New York.

RAO, S. S. 1968. Queueing with balking and reneging in $M/G/1$ systems. *Metrika 12*, 173-188.

REICH, E. 1957. Waiting times when queues are in tandem. *The Annals of Mathematical Statistics 28*, 768-773.

RESNICK, S. I. 1992. *Adventures in Stochastic Processes*. Birkhauser, Boston.

ROMANI, J. 1957. Un modelo de la teoria de colas con número variable de canales. *Trabajos Estadestica 8*, 175-189.

ROSS, S. M. 1996. *Stochastic Processes*, 2nd ed. Wiley, New York.

ROSS, S. M. 2014. *An Introduction to Probability Models*, 11th ed. Academic Press, New York.

RUBINSTEIN, R. Y. 1986. *Monte Carlo Optimization, Simulation and Sensitivity of Queueing Networks*. Wiley, Hoboken, NJ.

RUBINSTEIN, R. Y., AND MELAMED, B. 1998. *Modern Simulation and Modeling*. Wiley, Hoboken, NJ.

RUE, R. C., AND ROSENSHINE, M. 1981. Some properties of optimal control policies for entries to an $M/M/1$ queue. *Naval Research Logistics Quarterly 28*, 525-532.

SAATY, T. L. 1961. *Elements of Queueing Theory with Applications*. McGraw Hill, New York.

SAKURAI, T. 2004. Numerical inversion for Laplace transforms of functions with discontinuities. *Advances in Applied Probability 36*, 2, 616-642.

SARGENT, R. G. 2013. Verification and validation of simulation models. *Journal of Simulation 7*, 12–24.

SCHMEISER, B. W. 1982. Batch size effects in the analysis of simulation output. *Operations Research 30*, 556–568.

SCHRAGE, L. E., AND MILLER, L. W. 1966. The queue $M/G/1$ with the shortest remaining processing time discipline. *Operations Research 14*, 670–684.

SCHRUBEN, L. W. 1980. Establishing the credibility of simulations. *Simulation 34*, 101–105.

SCHRUBEN, L. W. 1982. Detecting initialization bias in simulation output. *Operations Research 30*, 569–590.

SERFOZO, R. F. 1981. Optimal control of random walks, birth and death processes, and queues. *Advances in Applied Probability 13*, 61–83.

SERFOZO, R. F., ANDLu, F. V. 1984. $M/M/1$ queueing decision processes with monotone hysteretic optimal policies. *Operations Research 32*, 1116–1132.

SEVICK, K. C., AND MITRANI, I. 1979. The distribution of queueing network states at input and output instants. In *Proceedings of the 4th International Symposium on Modelling and Performance Evaluation of Computer Systems*. Vienna.

SHANTHIKUMAR, J. G., AND SUMITA, U. 1987. Convex ordering of sojourn times in single-server queues: Extremal properties of FIFO and LIFO service disciplines. *Journal of Applied Probability 24*, 3, 737–748.

SIMON, B., AND FOLEY, R. D. 1979. Some results on sojourn times in cyclic Jackson networks. *Management Science 25*, 1027–1034.

SMITH, W. L. 1953. On the distribution of queueing times. *Proceedings of the Cambridge Philosophical Society 49*, 449–461.

SMITH, W. L. 1959. On the cumulants of renewal processes. *Biometrika 46*, 1–29.

SOBEL, M. J. 1969. Optimal average cost policy for a queue with start-up and shut-down costs. *Operations Research 17*, 145–162.

SOBEL, M. J. 1974. Optimal operation of queues. In *Mathematical Methods in Queueing Theory*, A. B. Clarke, Ed. Lecture Notes in Economics and Mathematical Systems 98. Springer-Verlag, Berlin, 231–236.

STEHFEST, H. 1970. Algorithm 368. Numerical inversion of Laplace transforms [D5]. *Communications of the ACM 13*, 1, 47–49.

STEPHENS, M. A. 1974. Edf statistics for goodness of fit and some comparisons. *Journal of the American Statistical Association 69*, 730 737.

STIDHAM, S. 1970. On the optimality of single-server queuing systems. *Operations Research 18*, 708–732.

STIDHAM, S. 1974. A last word on $L = \lambda W$. *Operations Research 22*, 2, 417-421.

STIDHAM, S. 1982. Optimal control of arrivals to queues and network of queues. In *21st IEEE Conference on Decision and Control*. IEEE.

STIDHAM, S., AND PRABHU, N. U. 1974. Optimal control of queueing systems. In *Mathematical Methods in Queueing Theory*, A. B. Clarke, Ed. Lecture Notes in Economics and Mathematical Systems 98. Springer-Verlag, Berlin, 263-294.

SURESH, S., AND WHITT, W. 1990. The heavy-traffic bottleneck phenomenon in open queueing networks. *Operations Research Letters 9*, 355-362.

SWAIN, J. J. 2017. Simulation: New and improved reality show. *ORMS Today 44*, 5, 38-49.

TAKÁCS, L. 1962. *Introduction to the Theory of Queues*. Oxford University Press, Oxford, England.

TAKÁCS, L. 1969. On Erlang's formula. *The Annals of Mathematical Statistics 40*, 71-78.

VAN DIJK, N. M. 1993. *Queueing Networks and Product Forms: A Systems Approach*. Wiley, New York.

VAULOT, A. E. 1927. Extension des formules d'erlang au cas où les durées des conversations suivent une loi quelconque. *Révue Generale de Electricité 22*, 1164-1171.

WALRAND, J. 1988. *An Introduction to Queueing Networks*. Prentice Hall, Englewood Cliffs, NJ.

WEEKS, W. T. 1966. Numerical inversion of Laplace transforms using Laguerre functions. *Journal of ACM 13*, 419-426.

WELCH, P. D. 1983. The statistical analysis of simulation results. In *The Computer Performance Modeling Handbook*, S. S. Lavenberg, Ed. Academic Press, New York.

WHITE, H., AND CHRISTIE, L. S. 1958. Queuing with preemptive priorities or with breakdown. *Operations Research 6*, 1, 79-95.

WHITT, W. 1974. The continuity of queues. *Advances in Applied Probability 6*, 175-183.

WHITT, W. 1982. Approximating a point process by a renewal process, I: Two basic methods. *Operations Research 30*, 1, 125-147.

WHITT, W. 1983. The queueing network analyzer. *The Bell System Technical Journal 62*, 9, 2779-2815.

WHITT, W. 1984. Approximations for departure processes and queues in series. *Naval Research Logistics Quarterly 31*, 499-521.

WHITT, W. 1991. A review of $L = \lambda W$ and extensions. *Queueing Systems 9*, 3, 235-268.

WHITT, W. 1995. Variability functions for parametric-decomposition approximations of queueing networks. *Management Science 41*, 1704-1715.

WIERMAN, A. 2011. Fairness and scheduling in single server queues. *Surveys in Operations Research and Management Science 16*, 39–48.

WIMP, J. 1981. *Sequence Transformations and Their Applications*. Academic Press, New York.

WOLFF, R. 2011. Little's law and related results. In *Wiley Encyclopedia of Operations Research and Management Science*, J. Cochran, Ed. Vol. 4. Wiley, New York, 2929–2841.

WOLFF, R. W. 1965. Problems of statistical inference for birth and death queuing models. *Operations Research 13*, 343–357.

WOLFF, R. W. 1982. Poisson arrivals see time averages. *Operations Research 30*, 2, 223–231.

WOLFF, R. W. 1989. *Stochastic Modeling and the Theory of Queues*. Prentice Hall, Englewood Cliffs, NJ.

YADIN, M., AND NAOR, P. 1967. On queueing systems with variable service capacities. *Naval Research Logistics Quarterly 14*, 43–54.

ZAKIAN, V. 1969. Numerical inversion of Laplace transform. *Electronics Letters 5*, 120–121.

ZAKIAN, V. 1970. Optimisation of numerical inversion of Laplace transforms. *Electronics Letters 6*, 677–679.

ZAKIAN, V. 1973. Properties of i_{MN} approximants. In *Padé Approximants and their Applications*, P. R. Graves-Morris, Ed. Academic Press, New York, 141–144.